Fortschritte in der Geologie von Rheinland und Westfalen

Band 38

Das Subvariscikum Nordwestdeutschlands

Struktur und Lagerstättenpotential eines Vorlandbeckens

Mit Beiträgen von

Günter Drozdzewski, Dierk Juch,
Andree J. Lommerzheim, Wilhelm-Frieder Roos,
Michael Wolff und Volker Wrede

Geologisches Landesamt Nordrhein-Westfalen
Krefeld 1994

Fortschr. Geol. Rheinld. u. Westf.	38	356 S.	177 Abb.	9 Tab.	4 Taf.	Krefeld 1994

Postfach 10 80 · D-47710 Krefeld

Redaktion: Dipl.-Geol. Hanns Dieter Hilden und
Dipl.-Geol. Dr. Rainer Wolf

Druck: R. Müller · Grevenbroich
Printed in Germany/Imprimé en Allemagne
ISSN 0071-8009
ISBN 3-86029-838-0

Vorwort

Der Außenrand des Variscischen Gebirges in Mitteleuropa, das sogenannte Subvariscikum, ist eine geologische Einheit von großer Bedeutung für viele Fragen der Geologie als Wissenschaft vom Aufbau und von der Entwicklung der Erde. Von ebenso großer Bedeutung ist das Subvariscikum aber auch durch den Reichtum an Rohstoffen, die in dieser Zone enthalten sind oder waren und deren Nutzung die ökonomische Entwicklung in Mitteleuropa entscheidend mitgestaltet hat.

Steinkohlen und Eisenerze aus den Schichten des Oberkarbons bildeten am Beginn der Industrialisierung die Basis der Montanindustrie an Rhein und Ruhr. Zeitweilig waren auch die hier auftretenden Buntmetallerze von Bedeutung. Vor allem der Abbau der Steinkohle prägt bis heute die westdeutschen Industriereviere an der Ruhr und bei Aachen. Der generelle Rückgang des Steinkohlenbergbaus seit Ende der fünfziger Jahre dieses Jahrhunderts wurde nicht durch eine Erschöpfung der geologischen Kohlenvorräte, sondern durch den wirtschaftlichen Verdrängungswettbewerb mit anderen Energieträgern – beispielsweise dem Erdöl und Erdgas – ausgelöst.

Die künstliche Verteuerung von Erdöl und Erdgas auf dem Weltmarkt während der Energiekrisen der siebziger Jahre führte zu einer rund zehn Jahre andauernden Renaissance der Steinkohle. Während dieser Zeit – und in vermindertem Umfang bis heute – wurden die Steinkohlenlagerstätten in Deutschland sehr intensiv exploriert und der Kenntnisstand vor allem über das nördliche Vorland der Förderzone des Ruhrgebiets beträchtlich erweitert. Erste Einzelergebnisse geologischer Auswertungen wurden bereits in den Bänden 32 und 33 der „Fortschritte in der Geologie von Rheinland und Westfalen" veröffentlicht. Das Schwergewicht der Beiträge lag dabei vorwiegend auf Fragen der Stratigraphie und Inkohlung der Schichten sowie auf der Genese von Kohlenwasserstoffen aus den Karbon-Kohlen.

Der vorliegende Band 38 der „Fortschritte in der Geologie von Rheinland und Westfalen" setzt die Darstellung neuer Erkenntnisse zur Lagerstättengeologie des Karbons in Westdeutschland fort. Im ersten Beitrag werden die strukturgeologischen Ergebnisse der langjährigen Untersuchungen zur Tiefentektonik des Subvariscikums zusammengefaßt. Die umfangreichen Grundinformationen, auf denen diese Untersuchungen aufbauen, wurden bereits in mehreren Sonderveröffentlichungen des Geologischen Landesamtes Nordrhein-Westfalen publiziert. Diese Publikationen wandten sich vorwiegend an den Bergbau als Nutzer der Informationen. Die jetzt vorgelegte Zusammenfassung der Untersuchungsergebnisse wendet sich darüber hinaus stärker an die strukturgeologisch arbeitenden Geologen. Sie bietet somit auch einen Beitrag zu der gegenwärtig sehr aktuellen weltweiten Diskussion um die Struktur von Orogenvorländern.

Die Analysen der Falten- und Bruchstrukturen basieren auf dem durch den Bergbau hervorragend dokumentierten und eindeutig belegbaren dreidimensionalen Tiefenaufschluß zusammenhängender Gebirgskörper. Mit ihrer Hilfe lassen sich Modellvorstellungen über die Struktur des variscischen Vorlandes, die hauptsächlich aus der Interpretation geophysikalischer Daten abgeleitet wurden, realistisch überprüfen.

Die tektonische Analyse in Form von flächendeckenden Flözprojektionen ist auch eine wichtige Grundlage für die im zweiten Beitrag dieses Bandes dargestellte Erfassung der Kohleninhalte in den westdeutschen Steinkohlenlagerstätten. Diese quantitative Erfassung der Steinkohlenressourcen wurde im Rahmen zweier vom Bundesministerium für Forschung und Technologie geförderten Forschungsvorhaben in den Jahren 1978 bis 1987 im Geologischen Landesamt Nordrhein-Westfalen durchgeführt. Die wichtigsten hier vorgestellten und erreichten Ziele dieser Vorhaben waren

- die Entwicklung eines an die Besonderheiten der Tektonik der Lagerstätten angepaßten Modells zur EDV-gestützten Erfassung und Berechnung aller Flöze,
- eine umfassende geologische Auswertung aller Lagerstättenteile,
- die Berechnung des gesamten Kohleninhalts der Lagerstätten und seine Differenzierung nach regionalen, geologischen und geometrischen Kriterien.

Der Beitrag kann allerdings nicht den gesamten Umfang der mittels Datenverarbeitung möglichen Auswertungen vorstellen, da eine vollständige Darstellung aller Auswertemöglichkeiten den Umfang des Bandes erheblich vergrößert hätte.

Der dritte Beitrag greift schließlich die wichtige Rolle der kohleführenden Schichten des Oberkarbons bei der Erdgasgenese wieder auf. Umfassende Analysen der Gase aus Explorationsbohrungen am Nordrand des Ruhrkarbons erlauben Aussagen zur Entstehung von kohlebürtigem Erdgas und seiner Migration bis in die überlagernden kretazischen Deckschichten. Dabei ist eine mehrphasige und zum Teil bis heute andauernde Entstehung der Gase anzunehmen, für die aber regionale Unterschiede eine große Rolle spielen. Durch die in jüngster Zeit begonnenen Untersuchungen, den beträchtlichen Gasinhalt der Steinkohlen – das sogenannte Flözgas („coalbed methane") – auch wirtschaftlich zu nutzen, gewinnt diese Arbeit besondere Aktualität.

Es schließt sich somit ein Bogen. Der konventionelle Steinkohlenbergbau liefert die Daten für die geologische Interpretation, die wiederum neue Möglichkeiten der Lagerstättennutzung durch die Gewinnung von Flözgas aufzeigt. Ebenso zeigt sich die Wechselbeziehung, die zwischen der optimalen ökonomischen Nutzung von Lagerstätten und den dabei gewinnbaren geowissenschaftlichen Erkenntnissen besteht. In diesem Sinne wendet sich der vorliegende Band gleichermaßen an Wissenschaftler, Bergleute und Techniker in der Hoffnung, für die jeweilige Betrachtung der geologischen Einheit des Subvariscikums neue Ansatzpunkte zu liefern.

Krefeld, im Oktober 1994 | Prof. Dr.-Ing. Peter Neumann-Mahlkau

Inhaltsverzeichnis

Fortschr. Geol. Rheinld. u. Westf.	38	7 – 187, 101 Abb., 2 Tab., 2 Taf.	Krefeld 1994

Faltung und Bruchtektonik – Analyse der Tektonik im Subvariscikum

Von Günter Drozdzewski und Volker Wrede*

Tectonics, folds, faults (normal, oblique, overthrust), tectonic stockwerks, orogenic shortening, allochthony, autochthony, crustal structure, Variscan orogen, Lower Rhine basin, Rhenish-Westphalian basin, Ibbenbüren horst, North Rhine-Westfalia

Kurzfassung: Die vorliegenden Untersuchungen gehen von regionaltektonischen Arbeiten im Ruhrrevier, im Aachen-Erkelenzer und Ibbenbürener Steinkohlenrevier aus und bauen auf den Ergebnissen auf, die im Rahmen des Untersuchungsvorhabens „Tiefentektonik der Steinkohlenlagerstätten Nordrhein-Westfalens“ am Geologischen Landesamt Nordrhein-Westfalen gewonnen wurden mit dem Ziel, Regelmäßigkeiten im tektonischen Bau der Lagerstätten vor allem zur Tiefe hin festzustellen. Die dabei angewandte Arbeitsmethodik und die regionalgeologische Situation der näher untersuchten Arbeitsgebiete werden erläutert. Die erkannten Regelmäßigkeiten im tektonischen Bau gelten offenbar für den gesamten Bereich des Subvariscikums, wie Vergleiche mit anderen Steinkohlenbergbaugebieten, aber auch mit benachbarten Regionen ohne Flözführung zeigen.

Aus den Untersuchungen lassen sich folgende Bauprinzipien des Subvariscikums herleiten: Der Faltenbau wird von vorwiegend Südwest – Nordost streichenden Falten bestimmt, deren Achsen einer deutlichen Querwellung unterworfen sind. Insgesamt lassen sich drei unterschiedlich ausgestaltete tektonische Stockwerke erkennen, die aber eine gleiche Einengung aufweisen. Die Verteilung dieser Stockwerke wird von der Achsenwellung gesteuert: In den Achsenkulminationen reichen die tieferen tektonischen Stockwerke meist in höhere stratigraphische Abschnitte hinein, während in den Achsendepressionen relativ alte Schichten den oberen tektonischen Stockwerken angehören. Die Gliederung in Syn- und Antiklinorien, die das tektonische Bild insbesondere des Ruhrkarbons bestimmt, läßt sich nur in einem höheren tektonischen Stockwerk erkennen und geht in tieferen tektonischen Stockwerken verloren.

Die orogene Einengung nimmt von Südosten nach Nordwesten kontinuierlich ab. Im Aachener Gebiet ist wegen des „Faltungsstaus“ am Brabanter Massiv der Gradient dieser Abnahme deutlich höher als im Ruhrkarbon. Die Überschiebungen sind als Elemente des orogenen Faltungsvorgangs entstanden und mit diesem zeitlich und mechanisch eng verknüpft. Verschiedene Aspekte der Zusammenhänge zwischen Falten- und Überschiebungstektonik werden diskutiert. Ebenso wird auf die Fragen nach Allochthonie oder Autochthonie des Subvariscikums und nach der Struktur der Kruste unter dem aufgeschlossenen Teil des Gebirges eingegangen.

Ein unmittelbarer genetischer Zusammenhang zwischen dem Faltungsvorgang und dem Aufreißen von Quer- und Diagonalstörungen läßt sich nicht nachweisen. Vielmehr haben jüngere, postvariscische Bewegungen erheblichen Einfluß auf das heutige Störungsmuster gehabt. Auch das reziproke Verhältnis von Störungshäufigkeit und orogener Einengung spricht eher gegen eine kausale Verknüpfung von Bruchtektonik und orogener Faltung.

Ausgehend von den neu festgestellten Altersbezügen der Bruchbewegungen werden Ansätze zur Entschlüsselung der komplexen Horizontal- und Vertikalbewegungen an den Störungen entwickelt. Es kann gezeigt werden, daß auch das magmatische und hydrothermale Geschehen im Subvariscikum sich in dieses neue Bild der tektonischen Entwicklung einfügt.

* Anschrift der Autoren: Dr. G. Drozdzewski und Dr. V. Wrede, Geologisches Landesamt Nordrhein-Westfalen, De-Greiff-Straße 195, D-47803 Krefeld

[Fold and Fault Tectonics – an Analysis of the Tectonics in the Subvariscan Foldbelt]

Abstract: The present study is based on regional tectonical investigations in the coalfields of the Ruhr, Aachen-Erkelenz, and Ibbenbüren and is founded on results obtained by the research programme "Depth tectonics of the coal deposits in North Rhine-Westphalia" carried out at the State Geological Survey of Northrhine-Westphalia. Investigation methods and the regional geological setting of areas, studied in detail, are presented. Recognized regularities of the tectonical setting seem to be applicable to the entire subvariscan zone as demonstrated by comparison with other coalfields, as well as with adjacent regions without coal bearing strata.

The following principles of the tectonical structure within the subvariscan foldbelt can be derived from the investigations: Fold tectonics are mainly characterized by SW-NE-striking folds, the axes of these being affected by distinct axial undulations. A subdivision in synclinoria and anticlinoria, determining the tectonical appearance of Carboniferous strata in the Ruhr district, can only be recognized in a higher tectonical stockwerk. Altogether, three differently built tectonical stockwerks can be recognized, nonetheless showing equal amounts of orogenic shortening. The distribution of these stockwerks is controlled by axial undulations: Within axial culminations, lower tectonical stockwerks extend into younger stratigraphic formations, whereas within axial depressions, relatively old strata belong to upper tectonical stockwerks. Orogenic shortening continually decreases from SE to NW. In the Aachen coalfield, this gradient of decrease is distinctly greater than in the Carboniferous of the Ruhr area, due to the "buttressing" of the Brabant Massif. Overthrusts have been generated as elements of the orogenic folding process and are temporally and mechanically closely related to it. Different aspects of the interactivity between fold and fault tectonics are discussed. Problematic questions of the allochthony or autochthony of the subvariscan zone and of the structure of the crust below the outcropping part of the orogen are also discussed.

No direct genetical interrelations between fold kinematics and the opening of normal and oblique faults can be established. Rather, more recent post-variscan movements considerably influenced the actual fault pattern. Moreover, the reciprocal relation between the frequency of faults and the orogenic shortening excludes a causal relation between fault tectonics and orogenic folding.

Based on new findings of the chronological interrelations between fault movements, attempts to decode the complex horizontal and vertical movements on fault plans are presented. It can be demonstrated, that even the magmatic and hydrothermal activities within the subvariscan foldbelt fit well into this new concept of the tectonical development.

[Plissement et Tectonique de Fracturation – Analyse de la tectonique dans la zone subhercynienne]

Résumé: L'étude présentée ici s'appuie sur des recherches tectoniques régionales dans les bassins houillers de la Ruhr, d'Aix la Chapelle-Erkelenz et de Ibbenbüren et est basée sur des résultats obtenus dans le cadre du programme de recherche «Tectonique de profondeur dans les dépôts houillers de la Rhénanie du Nord-Westphalie» au Service Géologique de la Rhénanie du Nord-Westphalie. La méthode d'étude et la situation géologique régionale sont expliquées en détail. Les régularités de la structure tectonique sont apparemment valables pour toute la zone subhercynienne, démontrées par des comparaisons avec d'autres régions minières de charbon mais aussi avec des structures voisines sans veines houillères.

Ainsi, dans la zone subhercynienne, les principes structuraux suivants se laissent déduire par les études faites: Le plissement est généralement déterminé par des plis en direction SW-NE, dont les axes sont affectés par une ondulation transversale prononcée. Une subdivision en synclinoria et anticlinoria, désignant surtout l'apparence tectonique de la Ruhr, n'est visible que dans un étage tectonique supérieur. Dans l'ensemble, on peut distinguer trois étages de structure tectonique différente, par contre affectés d'un rétrécissement identique. La distribution de ces étages est déterminée par des ondulations axiales: Dans les culminations axiales, les étages tectoniques plus profonds atteignent en général des formations stratigraphiques plus récentes, tandis que, dans les dépressions axiales, des formations relativement anciennes appartiennent aux étages tectoniques supérieurs. Le rétrécissement orogénique diminue continuellement du SE au NW. Dans la région d'Aix la Chapelle, le gradient de cette diminution est nettement plus élevé que celui dans la Ruhr à cause du «blocage de plissement» par le massif de Brabant. Les chevauchements sont des éléments résultant du plissement orogénique et sont temporellement et mécaniquement liés étroitement avec celui-ci. Différents aspects des relations entre tectonique de plissement et celle du chevauchement sont discutés. De même, la question d'allochthonie ou d'autochthonie de la zone subhercynienne et celle de la structure de l'écorce au-dessous de la partie affleurante de la montagne sont discutées en détail.

Une relation génétique directe entre l'acte de plissement et l'ouverture des failles transversales et diagonales ne peut être prouvée. Par contre, des mouvements plus récents, post-hercyniens, ont eu une influence considérable sur le modèle actuel des failles. Aussi, la relation réciproque entre fréquence de faille et rétrécissement orogénique contredit plutôt une relation causale entre tectonique de fracturation et plissement orogénique.

En partant des relations d'âge récemment observées, le début d'un déchiffrage des mouvements complexes horizontaux et verticaux sur les failles est développé. On peut démontrer que l'activité magmatique et hydrothermale subhercynienne, elle aussi, s'intègre dans cette image nouvelle du développement tectonique.

Inhalt

1 Einleitung

Der Steinkohlenbergbau in Deutschland ist heute mit erheblichen wirtschaftlichen Problemen konfrontiert. Diese resultieren vorwiegend aus dem generell niedrigen Preisniveau für Energierohstoffe am Weltmarkt und dem damit verbundenen starken Konkurrenzdruck durch Importkohle sowie andere Energieträger (Erdgas, Erdöl).

Die geologisch-lagerstättenkundlichen Bedingungen (Abbau relativ geringmächtiger Flöze in großer Tiefe unter teilweise ungünstigen Lagerungsverhältnissen) und die gesamtwirtschaftliche Situation (z. B. hohes Lohnniveau) belasten den Abbau der einheimischen Kohle mit hohen Kosten, die eine rentable Gewinnung unter rein wirtschaftlichen Gesichtspunkten kaum möglich erscheinen lassen. Andererseits ist Kohle der einzige heimische Energierohstoff, der noch in großen Mengen vorhanden ist. Der geologische Gesamtkohleninhalt der Steinkohlenlagerstätten in der Bundesrepublik wird auf ca. 600 Mrd. t Kohle geschätzt, von denen aber nach heutigen technischen Gesichtspunkten nur etwa 7 Mrd. t gewinnbar sein dürften (Geologisches Landesamt Nordrhein-Westfalen 1989). Die Steinkohle ist somit – langfristig gesehen – ein sicheres Potential für die Energiewirtschaft, auf das unter in der Zukunft möglicherweise veränderten Rahmenbedingungen verstärkt zurückgegriffen werden kann. Hierbei ist auch vom Einsatz alternativer Abbautechnologien (z. B. Flözgasgewinnung, in-situ-Vergasung, mikrobieller Kohlenabbau etc.) auszugehen. Derartige Technologien dürften besonders in Bereichen großer Deckgebirgsmächtigkeiten zur Anwendung kommen, wobei die Erkundung und Erschließung der Lagerstätte von Bohrlöchern aus erfolgen. Die aus dem heutigen, fast optimalen Aufschluß des Oberkarbons gewinnbare Kenntnis der Bauprinzipien des Gebirges dürfte dann beispielsweise für die Erarbeitung von Lagerstättenmodellen von größter Bedeutung werden. Auch eine umfassende und differenzierte Kohlenvorratsberechnung, wie sie am Geologischen Landesamt Nordrhein-Westfalen durchgeführt wurde (BÜTTNER et al. 1985), basiert auf der Kenntnis des strukturellen Baus des Gebirges, die erst eine Einteilung der Lagerstätte in geologisch und bergbaulich sinnvolle Einheiten ermöglicht.

Schließlich steht der Bergbau im Spannungsfeld konkurrierender wirtschaftlicher und ökologischer Interessen, wie zum Beispiel der Wassergewinnung aus Schichten des Deckgebirges, Schaffung von Deponieraum, der Beeinträchtigung der Oberfläche durch Bergsenkungen. Diese unterschiedlichen Interessen prallen gerade in einer dicht besiedelten Industrielandschaft wie dem Ruhrgebiet häufig aufeinander und erfordern politische Entscheidungen von erheblicher Tragweite. Auch hierfür ist die Lagerstättenkenntnis unverzichtbare Voraussetzung.

Vor diesem Hintergrund ist es zu sehen, daß das Geologische Landesamt Nordrhein-Westfalen seit den siebziger Jahren intensive strukturgeologische Untersuchungen durchführt, die eine umfassende Dokumentation und Analyse des tektonischen Baus der gesamten Steinkohlenlagerstätten an der Ruhr, im Aachen-Erkelenzer Revier und im Ibbenbürener Revier zum Ziel haben. Finanziert wurden diese Arbeiten bis 1987 durch das Ministerium für Wirtschaft, Mittelstand und Technologie des Landes Nordrhein-Westfalen als Untersuchungsvorhaben „Tiefentektonik"; seitdem werden die Arbeiten im Rahmen der planmäßigen Aufgaben des Geologischen Landesamtes fortgeführt.

Zunächst wurde eine systematische Sammlung, Darstellung und Beschreibung der verfügbaren Daten über den mittel- bis großtektonischen Formenschatz des Faltenbaus und der Störungstektonik durchgeführt. Hierauf aufbauend wurde versucht, Regelmäßigkeiten des tektonischen Baus sowohl in lateraler Hinsicht (d. h. im streichenden und querschlägigen Verlauf des Gebirges) wie in vertikaler Entwicklung zu erkennen und zu deuten. Die Kenntnis derartiger Regelmäßigkeiten

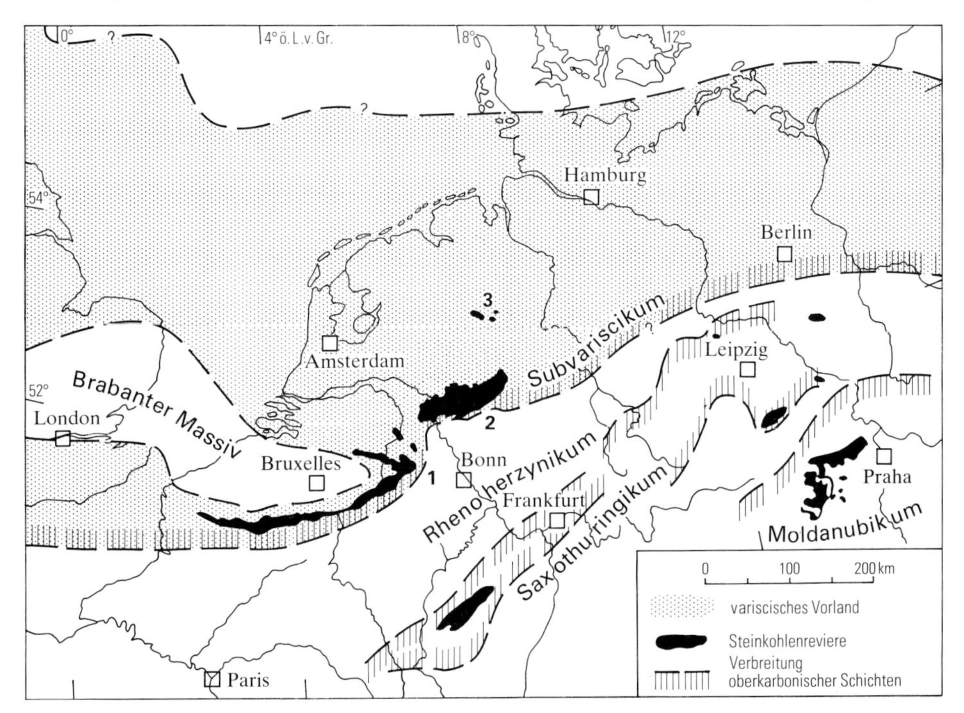

Abb. 1 Lage der Steinkohlenreviere Aachen-Erkelenz (1), Ruhr (2) und Ibbenbüren (3) im mitteleuropäischen Variscikum

gibt dem Bergbau wichtige Projektions- und Planungshilfen für eine kostenoptimale Lagerstättenbearbeitung. Vorausgesetzt, daß die erkannten Regelmäßigkeiten überregional gültig sind, erlauben sie Aussagen über die zu erwartende Lagerstättenausbildung in bislang unerschlossenen Explorations- und Reserveräumen. Das reichhaltige Datenmaterial erlaubte aber generell auch eine von wirtschaftlich-technischen Fragestellungen unabhängige Neuinterpretation der tektonischen Vorgänge im Subvariscikum.

Die Steinkohlenreviere sind sicherlich die am besten aufgeschlossenen und dokumentierten Teile des Variscikums in Mitteleuropa (Abb. 1). Allein das Ruhrkarbon erlaubt einen dreidimensionalen Einblick in einen fast lückenlos aufgeschlossenen Gebirgskörper von rund 100 km streichender Länge, 50 km querschlägiger Breite und bis zu 2 000 m Tiefe. Wie sich mittlerweile gezeigt hat, sind viele der dort erarbeiteten Erkenntnisse modellhaft auch auf andere, weniger gut bekannte Bereiche des Variscikums zu übertragen. Insbesondere zur Kinematik des orogenen Faltungsprozesses haben sich wichtige, allgemeingültige Aussagen ergeben. Es ist das Ziel der vorliegenden Ausführungen, diese Erkenntnisse unabhängig von einer allzu engen Bindung an die Probleme des Steinkohlenbergbaus den strukturgeologisch arbeitenden Geologen vorzustellen. Die Anwendung der hier dargestellten tektonischen Vorstellungen auch auf andere Gebiete, zum Beispiel im Rhenoherzynikum, ergibt wichtige Hinweise auf die Tiefenentwicklung des dort im wesentlichen nur von der Erdoberfläche her bekannten Faltenbaus. Für die zur Zeit aktuelle Diskussion über die Tiefenstruktur des Variscischen Orogens dürften die Aufschlüsse im Subvariscikum, deren genauere Kenntnis bislang auf den eher kleinen Kreis der Lagerstättengeologen beschränkt war, wichtige Argumente liefern. Die nordrhein-westfälischen Steinkohlenreviere liegen unmittelbar am Außenrand des Variscischen Orogens (Abb. 1). Orogenaußenränder stellen in den letzten Jahren bevorzugte Objekte der tektonischen Forschung dar, und der Vergleich mit entsprechenden Gebieten anderer Orogene ist ein sehr aktuelles Problem (BRIX et al. 1988).

Die ausführlichen Untersuchungen zur Genese und Altersstellung der Bruchtektonik ergeben schließlich ganz neue Ansätze zur Interpretation und Projektion der Störungsmuster im nördlichen Vorfeld der Bergbauzone und im Münsterland. Traditionelle Vorstellungen über eine enge Bindung zwischen Orogenese und Bruchbildung müssen in wesentlichen Teilen revidiert werden.

2 Methodik der Untersuchungen

2.1 Unterlagen, Datenbeschaffung

Ausgangspunkt der Untersuchungen war das markscheiderische Rißwerk der Steinkohlenbergwerke, das von den Bergbaugesellschaften zur Verfügung gestellt wurde. Hierin sind nicht nur alle gegenwärtigen und früheren Grubenbaue lagemäßig exakt verzeichnet, sondern auch meist detaillierte Angaben über die Geologie der Lagerstätte enthalten. Das Grubenbild besteht im allgemeinen aus Sohlengrundrissen, Quer- und Längsschnitten durch die Lagerstätte und Flözrissen der abgebauten Flöze im Maßstab 1 : 2 000. Hieraus sind Übersichts- und Sonderdarstellungen in verschiedenen Maßstäben abgeleitet, mitunter existieren auch Detaildarstellungen in Maßstäben bis zu 1 : 200 oder größer. Der Maßstab 1 : 2 000 ist auch der Arbeitsmaßstab, in dem die untertägige Gebirgsschichtenaufnahme durch die Markscheidereien durchgeführt wird. Die Einzelheiten der

Führung von Grubenbildern sind in der Bundesrepublik nach DIN-Normen verbindlich festgelegt.

Problematisch ist bei älteren Unterlagen mitunter die stratigraphische Zuordnung der Flöze. Vor Einführung von verbindlichen Einheitsbezeichnungen im Ruhrbergbau (OBERSTE-BRINK 1930; OBERSTE-BRINK & BÄRTLING 1930 b; FIEBIG 1954, 1957, 1960, 1961) existierten zahlreiche Lokal- und Zechenbezeichnungen für die einzelnen Flöze, die auch später noch – zum Teil bis in die Gegenwart hinein – neben den Einheitsbezeichnungen benutzt wurden und werden. Vor der Benutzung älterer Unterlagen war daher zunächst eine Überprüfung beziehungsweise Neueinstufung der Schichtenfolge vorzunehmen.

Bei der Auswertung älterer Unterlagen, die in nichtmetrischen Maßstäben (z. B. Lachter) angelegt waren, ergaben sich nur vereinzelt Probleme. Dagegen erforderte die Transformation von Kartenunterlagen, die in unterschiedlichen Koordinatensystemen angelegt sind – neben den heute üblichen Gauß-Krüger-Koordinaten wurden im Ruhrbergbau auch das Alte und Neue Bochumer sowie das Meppener Koordinatensystem benutzt –, mitunter einen größeren Aufwand.

Die Deutung von tektonischen Elementen, insbesondere von Störungen, im Grubenbild ist häufig problematisch. Viele Störungen sind bei der Gebirgsschichtenaufnahme in ihrem Charakter falsch interpretiert und entsprechend im Grubenbild vermerkt worden. Gerade bei der Störungsanalyse hat die Neubearbeitung der Unterlagen viele neue Erkenntnisse geliefert und vorher unbekannte Zusammenhänge aufgeklärt.

Neben der Auswertung der Grubenbilder und von sonstigen markscheiderischen Unterlagen flossen auch die Ergebnisse der in den siebziger und achtziger Jahren intensiv betriebenen Steinkohlenexploration in die Untersuchungen zur Tiefentektonik ein. Hierbei wirkte es sich positiv aus, daß ein ständiger enger Kontakt zwischen dem Bergbau als Auftraggeber der Explorationsmaßnahmen, den auswertenden Geologen, die vorwiegend bei der Westfälischen Berggewerkschaftskasse (jetzt DeutscheMontanTechnologie) in Bochum tätig waren, und den Regionalbearbeitern im Geologischen Landesamt bestand. Hierdurch bedingt konnten neue Ergebnisse sofort in die tektonischen Projektionen einfließen, während andererseits das ständig weiterentwickelte geologische Lagerstättenmodell den Fortgang der Explorationsmaßnahmen beeinflussen konnte.

Für die Steinkohlenexploration stehen an routinemäßig anzuwendenden Verfahren grundsätzlich nur die Reflexionsseismik sowie Bohrungen zur Verfügung (vgl. SAUER & DICKEL & RACK 1985, BENDER 1986). Die Entwicklung reflexionsseismischer Verfahren hat in den letzten Jahrzehnten bei der Anwendung auf Steinkohlenlagerstätten erhebliche Fortschritte gemacht (ARNETZL 1978, 1980; ARNETZL & KLESSA & RAU 1982; BORNEMANN & JUCH 1979). Insbesondere auch die Entwicklung der 3-D-Seismik, die den Gebirgskörper räumlich erfaßt und die Darstellung beliebiger Schnittebenen erlaubt, hat die Auswertungsmöglichkeiten beträchtlich erweitert. Dennoch werfen geologische Auswertung und Interpretation seismischer Profile weiterhin die Frage nach der Natur der seismischen Reflektoren und ihrer geologischen Relevanz auf. Die Explorationsgebiete des Ruhrreviers ermöglichen aufgrund zahlreicher seismischer Untersuchungen und des inzwischen erreichten hohen Aufschlußgrads durch Tiefbohrungen und bergmännische Aufschlüsse Vergleiche zwischen seismischem Abbild und geologischer Struktur. Möglichkeiten und Grenzen seismischer Untersuchungen im Ruhrkarbon werden im folgenden an einem Schnitt durch die östliche Essener Hauptmulde erläutert (Abb. 2). Im geologischen Schnitt (oben) sind alle, teilweise auch etwas au-

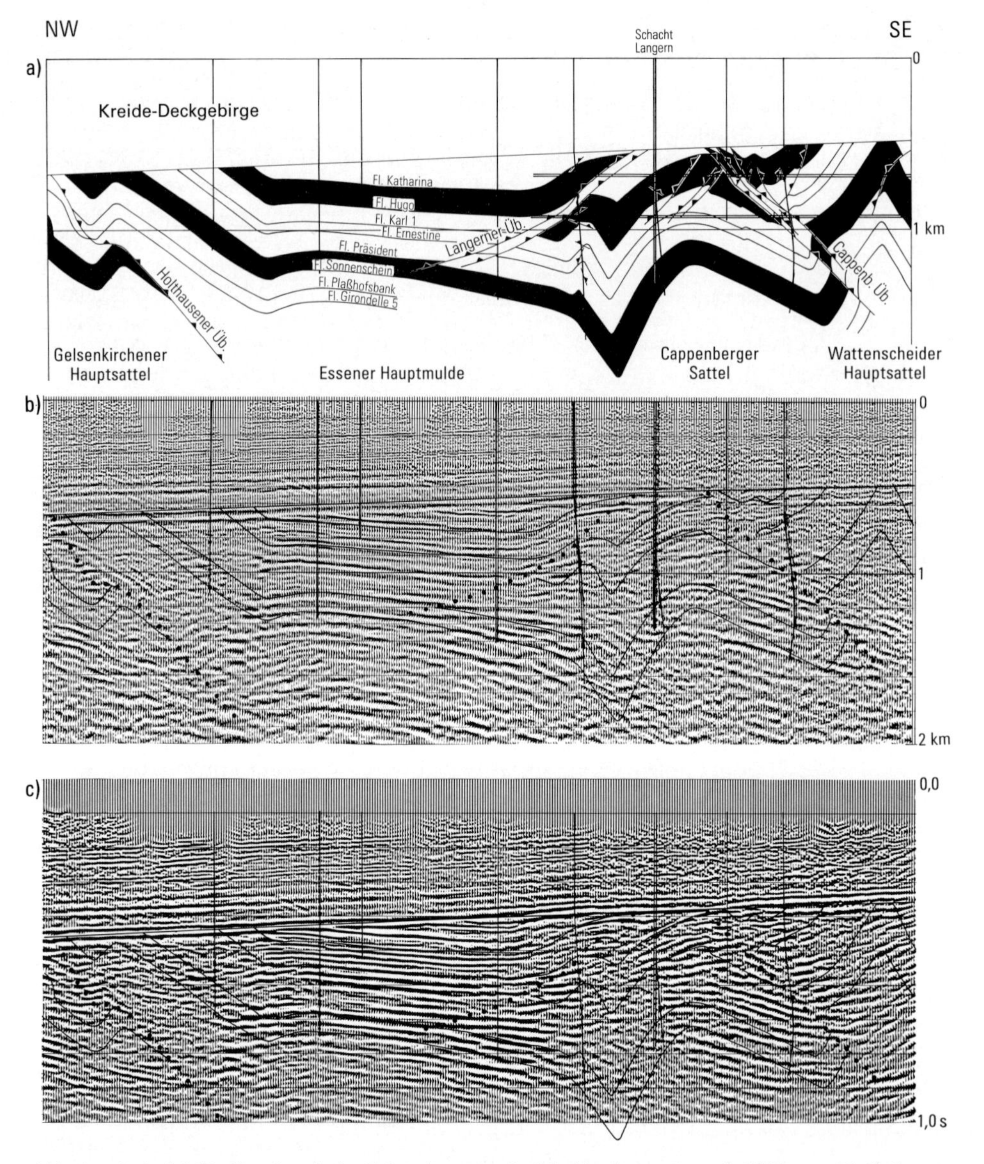

Abb. 2 Beispiel für die tektonische Erkundung der Steinkohlenlagerstätte mit Hilfe von Tiefbohrungen und Reflexionsseismik (nach Drozdzewski 1983 b)
a) geologischer Schnitt der östlichen Essener Hauptmulde; b) tiefenmigriertes Profil der Seismik Cappenberg 1976; c) zeitmigriertes Profil der Seismik Cappenberg 1976

ßerhalb der Schnittlinie gelegenen Tiefbohrungen und bergmännischen Aufschlüssen wiedergegeben. Zur größeren Anschaulichkeit sind zwei Flözpartien als schwarze Bänder hervorgehoben. Die darunter folgende Tiefen- und Zeitmigration enthält zur besseren Orientierung eine Auswahl von Flözen, die wichtigsten Überschiebungen (in Punktsignatur) und alle Bohrungen.

Der Vergleich von geologischen und reflexionsseismischen Profilen ergibt folgende Ergebnisse (s. auch S. 121):

- Die Reflexionsseismik bildet gut erkennbar das flachliegende Deckgebirge ab. In dem Beispiel zeigen insbesondere das karbonatisch ausgebildete Turon sowie das Cenoman an der Basis des Oberkreide-Deckgebirges deutliche Reflektoren.
- Im Oberkarbon werden ungestörte Bereiche mit flacher und mäßig geneigter Lagerung bis maximal 40° in der Regel gut abgebildet. Die flache Schüssel der Essener Hauptmulde enthält daher eine Vielzahl guter, langaushaltender Reflektoren. Die spezialgefaltete Muldennordflanke wird dagegen nur andeutungsweise durch die Reflexionsseismik abgebildet. Zahlreiche gute Reflektoren enthält die Südflanke des Cappenberger Sattels in der rechten Bildhälfte. Allerdings fallen die Reflektoren etwa 10° flacher ein als die Schichtung. Derartige Abweichungen zwischen Schichtung und Reflektoren können auch größere Werte erreichen.
- Tektonische Strukturen mit Neigungen über 40° und enge Spezialfalten werden entweder gar nicht abgebildet oder weisen flache Phantomhorizonte auf, wie beispielsweise der Wattenscheider Hauptsattel am rechten Bildrand in der Zeitmigration. In der Tiefenmigration fehlen diese weitgehend, dafür reichen bei 1,5 km Teufe südfallende Reflektoren aus dem flachen Nachbarbereich in die Zone mit steiler Lagerung hinein.
- Weder flache noch steile Störungen (Überschiebungen und Abschiebungen) werden im Oberkarbon durch die Reflexionsseismik direkt abgebildet. Sie können allein dadurch wahrgenommen werden, daß unterschiedlich einfallende Schichten aneinandergrenzen oder Reflektoren abrupt abbrechen. Dies trifft für die Langerner Überschiebung zu. Dagegen ist die wesentlich bedeutsamere Holthausener Überschiebung mit etwa 1 km Schubweite – wegen undeutlicher Wiedergabe des umgebenden Gebirges infolge steiler und stärker gefalteter Schichten – nur vage zu erkennen.

Zusammenfassend läßt sich feststellen, daß sich aus der Interpretation der Seismik Aussagen treffen lassen über:

- Mächtigkeit und strukturellen Aufbau des Deckgebirges
- Lage der Karbon-Oberfläche
- grobes Bild des Faltenbaus im Karbon, mitunter indirekte Hinweise auf den Verlauf von Überschiebungen
- Bruchstrukturen im Karbon, wenn diese Verwürfe über ca. 10 m aufweisen

Die routinemäßig angewandte Seismik ist dagegen nicht in der Lage, Schichten mit einem Einfallen über ca. 30 – 40° darzustellen; ebenso vermag sie keine Störungen unter ca. 10 m Verwurf wiederzugeben. Überschiebungen werden generell nur unzureichend von der Seismik erfaßt.

Für das Problem der Analyse von Bruchstrukturen unter 10 m Verwurf, die zwar geologisch wenig relevant zu sein scheinen, für den Bergbau aber von erheblicher negativer Bedeutung sein können, liegt ein Ansatz von Childs & Walsh & Watterson (1990) vor. Es soll in der Zukunft versucht werden, die dort beschriebene, aus der Erdölexploration hergeleitete Methodik auch auf die Steinkohlenexploration zu übertragen. Kernpunkt dieses Verfahrens ist die Frage, inwieweit Aussagen über die „Klein"störungen unterhalb der seismischen Auflösung aus der Extrapolation der „Groß"störungsmuster in den Seismogrammen gewonnen werden können. Dieses Problem läßt sich mit dem Mittel der „fraktalen Geometrie" behandeln. Erste Ansätze hierzu lassen sowohl Möglichkeiten wie auch Grenzen des Verfahrens erkennen (Gillespie 1991, Wrede 1992).

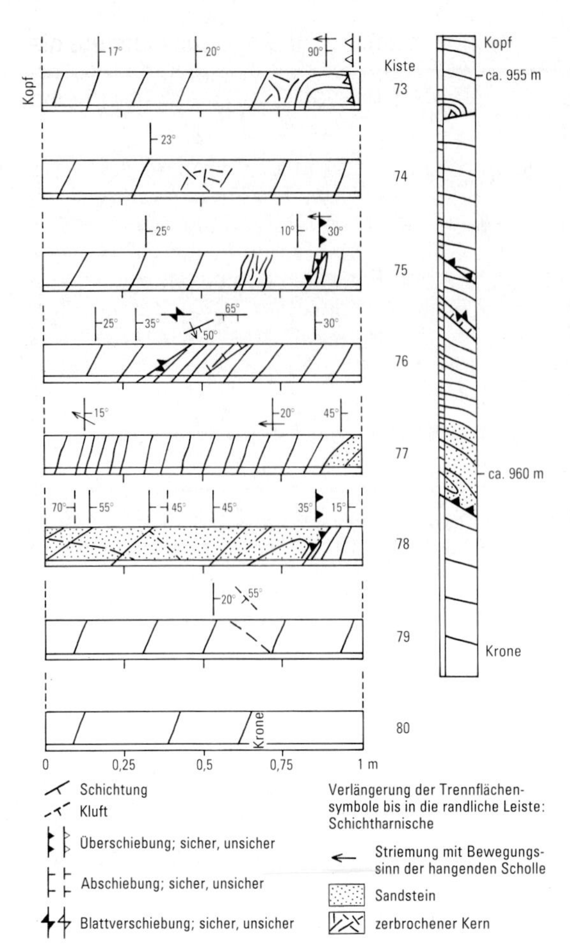

Abb. 3

Muster für die tektonische Aufnahme von Bohrkernen (verkleinert, nach DROZDZEWSKI 1980 a: Abb. 5). Im Maßstab 1 : 10 und 1 : 40 sind Schichtung und tektonische Trennflächen sowie deren Lagebeziehungen vermerkt.

Der feinrhythmische Aufbau der Schichten im Oberkarbon führt aus physikalischen Gründen heraus dazu, daß eine eindeutige Korrelation zwischen seismischen Reflexionen und bestimmten Schichten (z. B. Flözen, Sandsteinbänken) nicht möglich ist (ARNETZL & DICKEL & RAU in BENDER 1986: 308). Reflexionshorizonte sind aufsummierte Reflexionen einer Vielzahl einzelner Reflexionshorizonte. Sie bilden daher nicht jeweils eine bestimmte geologische Schicht oder Fläche ab. Es ist deshalb in der Regel auch nicht möglich, allein nach der Seismik Störungen mit Sicherheit bestimmte Verwürfe zuzuordnen.

Optimale Ergebnisse lassen sich aus der Seismik daher nur in der Kombination mit Tiefbohrungen erzielen (DROZDZEWSKI 1982 a). Hierbei erfolgt die Exploration in zwei Schritten: Zunächst werden die großtektonischen Strukturen und die generellen stratigraphischen Verhältnisse durch ein relativ weitmaschiges Bohrraster erkundet. Danach erfolgt – oft nach der Durchführung zusätzlicher seismischer Untersuchungen – eine Verdichtung des Bohrnetzes bis auf mehr als eine Bohrung pro Quadratkilometer. Seit 1970 wurden im Ruhrrevier über 700 Steinkohlenexplorationsbohrungen niedergebracht. Sie erreichen im allgemeinen Teufen von 1 200 – 1 500 m. Sämtliche Bohrungen wurden geophysikalisch vermessen (natürliche Gamma-Strahlung, Schall-Laufzeit, elektrischer Widerstand, Dichte, Kaliber etc.; vgl. D. SCHMITZ 1983) und innerhalb des Oberkarbons durchgängig gekernt.

Die detaillierte lithologische Kernaufnahme hat unter Einbeziehung paläontologischer Befunde die exakte stratigraphische Einstufung der Bohrung zum Ziel und ermöglicht so die Flözidentifikation im Einklang mit den Richtschichtenschnitten (STRACK 1989). Spezielle Untersuchungen gelten der Flözausbildung und den technisch-qualitativen Eigenschaften der erbohrten Kohle.

Für die strukturgeologischen Untersuchungen sehr wichtige Aussagen erlaubt das Verfahren der tektonischen Bohrungsbearbeitung (Abb. 3 u. 4; BORNEMANN &

JUCH 1979, DROZDZEWSKI 1980 a). Grundlage hierfür sind die Dip-Messungen, die im Rahmen der geophysikalischen Bohrlochuntersuchungen durchgeführt werden. Mit Hilfe einer 3- oder 4armigen Meßsonde wird der elektrische Widerstand

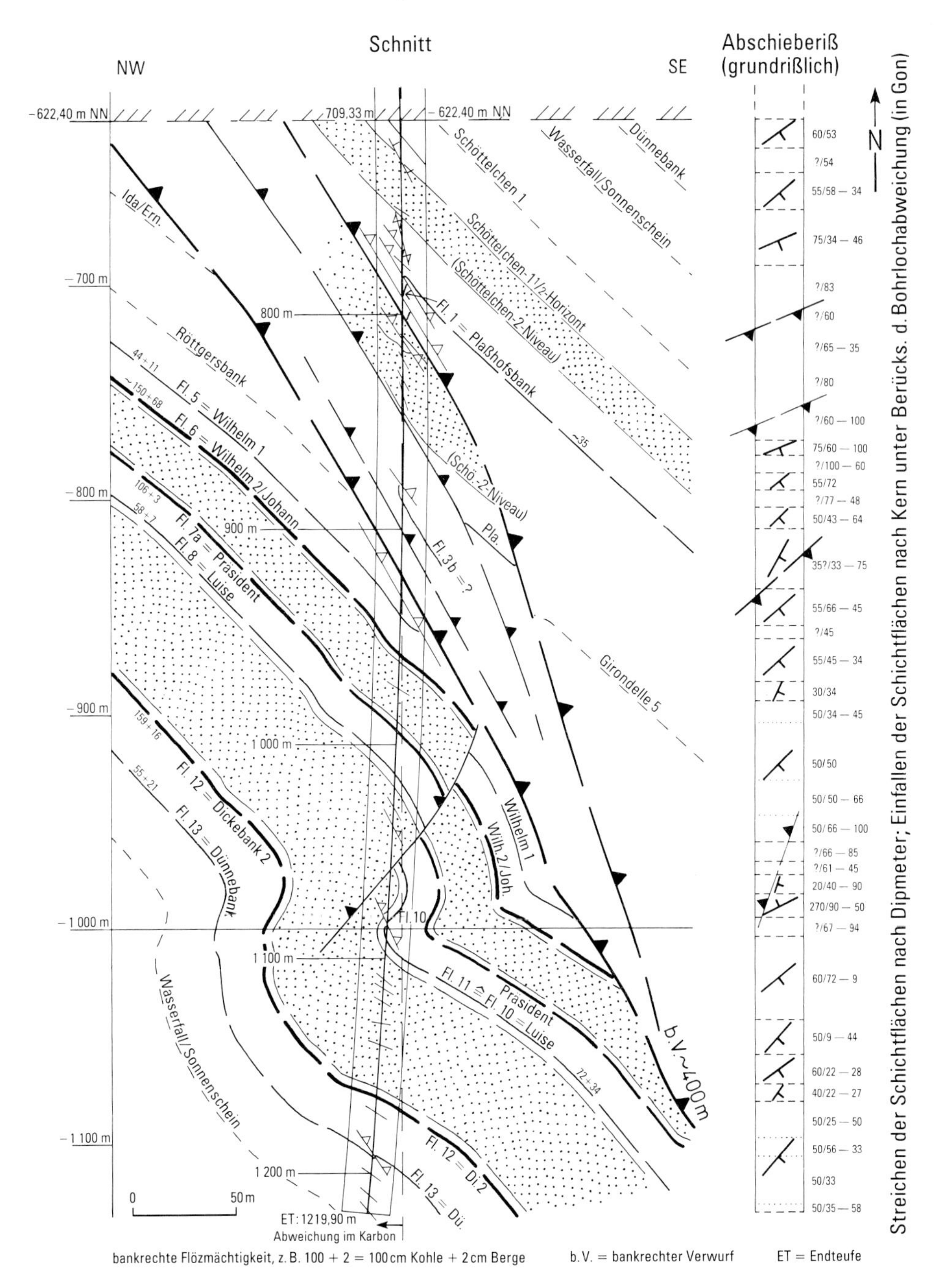

Abb. 4 Beispiel für die Darstellung der Tektonik in einer Kernbohrung im Maßstab 1 : 2 000 (verkleinerte Wiedergabe)

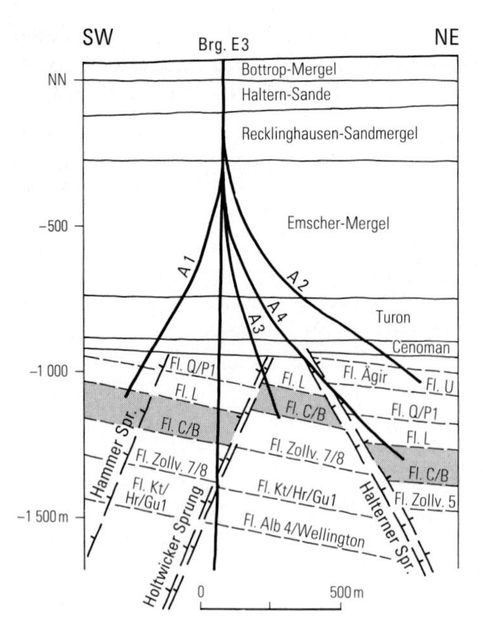

Abb. 5

Moderne Erkundung einer Störungszone im Karbon mit Hilfe abgelenkter Bohräste

des Gesteins gleichzeitig an mehreren Stellen des Bohrlochs gemessen. Ein computergestützter Vergleich der auf diese Weise erzeugten Einzelprofile erlaubt die Angabe von Streich- und Fallwerten der Schichtung sowie einzelner Trennflächen. Werden nun bei der Bohrkernaufnahme die dort erkennbaren tektonischen Trennflächen aufgezeichnet und in ihrer Lage im Bezug zur Schichtung registriert, so ist aufgrund der Dip-Messung eine absolute Orientierung des gesamten Trennflächeninventars möglich. Dieses Verfahren wurde im Rahmen des Untersuchungsvorhabens Tiefentektonik neu entwickelt und wird mittlerweile als Standardverfahren bei allen Explorationsbohrungen des Ruhrkarbons angewandt. Die Darstellung der Ergebnisse erfolgt im allgemeinen in einem tektonischen Profil der Bohrung im Maßstab 1 : 2 000 (s. Abb. 4).

Eine neue Entwicklung in der Steinkohlenexploration sind Ablenkbohrungen (Abb. 5). In der Erdölexploration hat die Richtbohrtechnik zur Herstellung stark geneigter und horizontal verlaufender Bohrungen bereits einen hohen Standard. Allerdings ist diese Technik auf großdimensionierte und mit Bohrmotoren gemeißelte Strecken ausgerichtet. Für die Seilkernbohrtechnik in der Steinkohlenexploration mit Durchmessern von 95 – 134 mm mußten neue Verfahren entwickelt werden. Aus einem vertikalen Bohrloch heraus werden mehrere Äste in unterschiedliche Richtungen abgelenkt. In der ersten Ablenkphase wird der jeweilige Neigungsaufbau in die gewünschte Richtung mittels Vorortmotor mit Rollenmeißel eingeleitet. Dabei ist kein Kerngewinn möglich; dieser Ablenkvorgang wird daher noch im Deckgebirge durchgeführt. Innerhalb des Karbons kann unter Einsatz spezieller Bohrsysteme durch weiteren Neigungsaufbau bis in die Horizontale kontinuierlich gekernt werden. Hierdurch läßt sich von einem Bohrplatz aus das Gebirge in einem Radius von etwa 1 000 m abbohren und eine entsprechende räumliche Analyse der auftretenden geologischen Strukturen durchführen. Durch dieses Verfahren ist insbesondere die Einfallsrichtung der in der Vertikalbohrung angetroffenen Störungen zweifelsfrei zu bestimmen. Auch erleichtern optimal angeordnete Bohräste die Interpretation einzelner Störungen und ihre räumliche Zuordnung zu Störungssystemen.

Eine dritte Möglichkeit zur Datenerhebung für die tiefentektonischen Untersuchungen (neben der Auswertung des Grubenbildes und der Exploration) ergab sich in den Fällen, in denen es möglich war, bergmännische Neuaufschlüsse unmittelbar unter Tage aufzunehmen. Dieses erfolgte meist punktuell und objektbezogen (z. B. bei der Durchörterung bestimmter Störungszonen). Teilweise war es aber auch möglich, längere Streckenauffahrungen über etliche Kilometer und einige Jahre hinweg kontinuierlich geologisch zu begleiten (z. B. Auffahrung Haus

Aden-Nord 1978 – 1984, KUNZ & WREDE 1985; Auffahrung Haltern-Feld, DROZDZEWSKI & HEWIG & VIETH-REDEMANN 1985; Wasserlösungsstrecke Hansa-Dorstfeld 1981 – 1982, WREDE 1984; Auffahrung Donar-Feld 1986 – 1990, KUNZ & WREDE 1988).

Die Aufnahmebedingungen sind bei konventionell aufgefahrenen Strecken (d. h. solchen, die in bergmännischer Bohr- und Schießarbeit hergestellt werden) als ungünstig zu bezeichnen. Da die Strecke unmittelbar hinter der Ortsbrust ausgebaut und verzogen wird, sind die Streckenstöße im allgemeinen nicht mehr der Beobachtung zugänglich. Eine kontinuierliche Aufnahme würde daher eine Dokumentation der Ortsbrust nach dem Wegladen eines jeden Abschlages erfordern. Die Durchführung einer solchen vollständigen Dokumentation ist aber auch für die Werksmarkscheidereien aus personellen und infrastrukturellen Gründen kaum durchführbar. Die Gebirgsschichtenaufnahme in konventionell aufgefahrenen Strekken ist daher immer auch auf Interpolationen und nachträgliche Ergänzungen angewiesen. Hieraus mag sich manche Unstimmigkeit in den älteren Grubenbildern erklären.

Wesentlich günstiger sind die Aufnahmebedingungen im Falle von Strecken, die mit Vollschnittmaschinen aufgefahren werden. Der kreisförmige Querschnitt solcher Strecken bedingt zwar teilweise geometrisch komplizierte Anschnitteffekte. Da diese Strecken aber glattwandig sind, werden sie im allgemeinen nur mit Stahlringen und Mattenverzug ausgebaut. Die Streckenstöße bleiben so der Beobachtung längerfristig zugänglich und erlauben eine kontinuierliche Aufnahme (FLACHE 1985).

Die Aufnahme wird grundsätzlich als Kartierung beider Streckenstöße durchgeführt, die zu einer Stoß-Sohlen-Darstellung kompiliert wird. (Die Streckensohle ist wegen Aufschotterung in keinem Fall unmittelbar zu beobachten.) Die Darstellung erfolgt im allgemeinen im Maßstab 1 : 200, wobei möglichst alle geologisch relevanten Beobachtungen verzeichnet werden.

2.2 Darstellung der Ergebnisse

Die tektonische Bestandsaufnahme wird in erster Linie in umfangreichen Querschnittserien dargestellt. In den Querschnitten ist eine Auswahl von besonders weitflächig aufgeschlossenen Flözen wiedergegeben. Dabei wird in der Darstellung klar zwischen Aufschlüssen, gesicherten und freien Projektionen unterschieden. Der Abstand dieser Querschnitte zueinander beträgt etwa 1 – 2 km; durch eine lagerichtige Anordnung im Generalstreichen des Gebirges wird ein räumliches Bild erzielt, das die Veränderungen des Faltenbaus im Streichen wie zur Tiefe hin deutlich werden läßt. Die Anordnung der Schnittlinien ist so gewählt, daß sie möglichst keine größeren Querstörungen durchschneiden. Läßt sich dies nicht vermeiden, so wird für die Querschnittdarstellung der Verschiebungs- beziehungsweise Abschiebungsbetrag geometrisch eliminiert: Durch vertikale Verschiebung der Schollen in den Querschnitten läßt sich der Störungsbetrag ausgleichen und das ursprüngliche Faltenbild rekonstruieren. Die Querschnitte sind in den Maßstäben 1 : 5 000 und 1 : 10 000 erarbeitet worden, der Endmaßstab der Wiedergabe ist 1 : 20 000. Im Bereich des Aachener Karbons und im nördlichen Ruhrkarbon sind zusätzlich Längsschnittserien erstellt worden, die parallel zum Faltenbau ausgerichtet sind. Sie verdeutlichen die dort besonders komplexe Bruchtektonik im Grund- und Deckgebirge.

Ergänzt werden die Querschnittserien durch tektonische Übersichtskarten in den Maßstäben 1 : 100 000, 1 : 50 000 beziehungsweise 1 : 20 000, die den

Gebirgsbau an der Karbon-Oberfläche zeigen. Hierin sind alle wichtigen Falten- und Bruchstrukturen der jeweiligen Gebiete verzeichnet, wobei bei den Abschiebungen mittels besonderer Signaturen auch der jeweilige Verwurfsbetrag angegeben wird. In den Karten ist darüber hinaus die Lage der Schnittlinien eingezeichnet, so daß sie als Lagepläne für die Schnittserien dienen. Übersichtskarten, Detailaufnahmen und Blockbilddarstellungen dienen zur Verdeutlichung der großräumigen Zusammenhänge und zur Erläuterung von Einzelstrukturen.

Für sämtliche westdeutsche Steinkohlenreviere sind solche Darstellungen mit beschreibenden und interpretierenden Erläuterungen in umfangreichen, regional gegliederten Dokumentationen veröffentlicht (Drozdzewski et al. 1980, 1985; Kunz & Wolf & Wrede 1988).

3 Geologischer Rahmen

3.1 Zur Geologie des Subvariscikums

Die externen Zonen des mitteleuropäischen Variscischen Orogens werden als Rhenoherzynische und Subvariscische Zone bezeichnet (Kossmat 1927, Stille 1930). Beide Zonen entwickelten sich während des Paläozoikums als intrakontinentales Becken am Nordrand des Variscischen Orogens. Das Becken wird im Süden von der Saxothuringischen Zone mit ihrem kristallinen Außenrand, der Mitteldeutschen Kristallinzone, begrenzt. Im Nordosten reicht das Becken bis an die Osteuropäische Plattform mit der Tornquist-(Teisseyre-)Zone, im Nordwesten bis an die kaledonische Iapetus-Sutur der Britischen Inseln.

Die Rhenoherzynische Zone ist vor allem durch mächtige devonische Beckenfüllungen mit starkem initialen Magmatismus charakterisiert. Synorogener Plutonismus und Regionalmetamorphose spielen nur eine geringe Rolle. Zu dieser Zone zählen die Ardennen, das Rheinische Schiefergebirge und der Harz. Die Subvariscische Zone ist die mit mächtigen oberkarbonischen Sedimenten gefüllte und erst jungvariscisch gefaltete Molasse-Vortiefe des Orogens. Die Abgrenzung beider Zonen gegeneinander wird meist mit dem Südrand der Oberkarbon-Verbreitung gezogen, ist jedoch schon wegen der Abhängigkeit vom jeweiligen Anschnittniveau nicht eindeutig.

Schon Kossmat (1927), der diese Gliederung des Variscischen Gebirges einführt, gibt keine klare Trennung zwischen den „Rhenohercynischen Zonen" und den „Randfalten" an. Kennzeichnend für das von ihm auch als „Westfälische Zone" bezeichnete Subvariscikum sei eine konkordante Sedimentation bis zum Oberkarbon im Randtrog des Orogens und eine erst asturische Faltung. Im nordfranzösisch-belgischen Raum legt er die Grenze zwischen Rhenoherzynikum und Subvariscikum (Westfälische Zone) aber an den Nordrand der dort auftretenden großen Überschiebungszone, so daß er das Becken von Dinant ausdrücklich zum Rhenoherzynikum zählt, obwohl auch dort Oberkarbon konkordant auf Unterkarbon liegt und erst jungvariscisch gefaltet ist. Schönenberg & Neugebauer (1981: 125) stellen daher auch das Dinant-Synklinorium noch zum Subvariscikum, obwohl dort auch eine mächtige devonische Beckenfüllung vorhanden ist und es von daher zum Rhenoherzynikum zu rechnen sein sollte. Allerdings wurde die Inde-Mulde in der streichenden Fortsetzung des Dinant-Synklinoriums bisher immer zum Subvariscikum gezählt. Für den rechtsrheinischen Bereich ist für das Subvariscikum nach Kossmat (1927: 6) „ ... eine scharfe tektonische Abgrenzung ... gegen die südlich benachbarten Gebirgszonen ... nicht mehr vorhanden". Traditionell wird dort der Südrand der Verbreitung flözführenden Oberkarbons mit dem

Südrand des Subvariscikums gleichgesetzt. Herzkämper Mulde und Inde-Mulde des Aachener Reviers, die sich strukturell entsprechen, stellen also die südlichsten Faltenstrukturen innerhalb dieser Zone dar (WREDE 1991). Die Südgrenze des Subvariscikums verläuft somit am Nordrand vom Rocroi-, Stavelot-Venn- und Remscheid-Antiklinorium (s. Abb. 6). Allerdings ist seit längerem bekannt, daß auch weiter südlich innerhalb des Rheinischen Schiefergebirges in der Attendorner Mulde noch Oberkarbon in konkordanter Lage zu den älteren Schichten verbreitet ist (HORN 1960).

Auch im Oberharz liegt nach FIGGE (1964) tiefstes Namur konkordant auf dem Unterkarbon, so daß auch hier die Faltung erst „asturisch" erfolgt sein kann (BEDERKE 1962). Von HORN & KUHN & STOPPEL (1989) wird dieses Namur-Vorkommen neuerdings angezweifelt. FABIAN (1957) beschreibt eine konkordante Auflage von Namur auf Kulm schließlich auch aus der noch ca. 15 km weiter südlich gelegenen Bohrung Northeim 1. Diese Bereiche wären somit noch zum Subvariscikum zu rechnen. Gleichgültig also, ob man die Abgrenzung der Begriffe „Subvariscikum" und „Rhenoherzynikum" an die konkordante Sedimentationsentwicklung zwischen Unter- und Oberkarbon knüpft oder an die mehr oder weniger zufällige heutige Verbreitung der Oberkarbon-Schichten, läßt sich eine eindeutige Trennung der beiden Zonen nicht durchführen. Auch nach tektonischen Gesichtspunkten (z. B. nach dem Grad der orogenen Einengung oder der Verbreitung von Schieferung) ist eine scharfe Trennung von Subvariscikum und Rhenoherzynikum nicht durchführbar.

Trotzdem soll in der vorliegenden Arbeit an den traditionell eingeführten Begriffen festgehalten werden. Dabei wird als Subvariscikum die Außenzone des Variscischen Gebirges verstanden, die sich in etwa mit der Verbreitung der gefalteten Schichten des Oberkarbons deckt. Betrachtet man den tieferen Untergrund, so

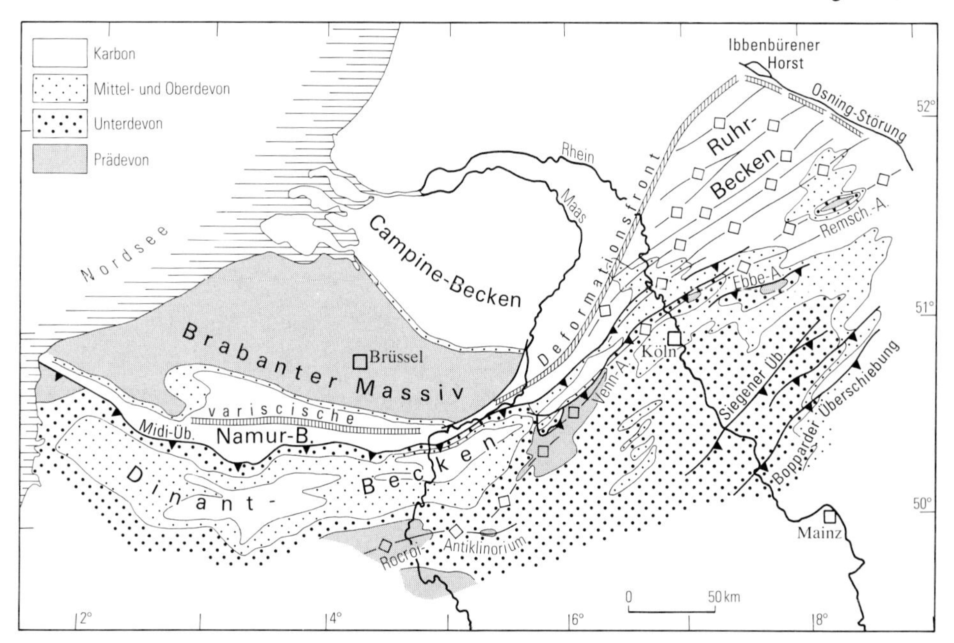

Abb. 6 Abgedeckte Strukturkarte des Subvariscikums in Mitteleuropa (Querstörungen nicht dargestellt; Quellen: Geologie 1976; Géologie 1 : 500 000; Geologisches Landesamt Nordrhein-Westfalen 1988: Abb. 1; CAZES & TORREILLES 1989: Taf. 13)

dürfte diese Zone auf einem konsolidierten Krustensegment liegen, das eventuell dem „Niederländisch-Norddeutschen Massiv“ im Sinne von Franke (1990) entsprechen könnte. Dieses reicht dann nach den Ergebnissen tiefenseismischer Untersuchungen (DEKORP Research Group 1990, Meissner & Bortfeld 1990) im Rheinischen Schiefergebirge bis unter das Siegen-Antiklinorium. Dort ist eine wichtige Krustengrenze zu erkennen, an der sich eine nördliche, reflexionsseismisch transparent erscheinende, prävariscisch konsolidierte Kruste und eine südliche, stark reflektive, variscische Kruste gegenüberstehen (vgl. Kap. 5.3).

Die Grenze des gefalteten Subvariscikums gegen das ungefaltete Vorland verläuft durch Südirland, Wales und Südengland. In Nordfrankreich, Belgien und den Niederlanden liegt sie am Südrand des Brabanter Massivs (s. auch Dunning 1977). Erst dort, wo das Brabanter Massiv rasch abtaucht, greift die variscische Faltenfront (rechtsrheinisch) weit auf das Vorland über und ist im Bereich der Bohrung Münsterland 1 über 70 km vom Nordrand des Rheinischen Schiefergebirges entfernt. Im Aachener Raum beträgt der entsprechende Abstand bei vergleichbarer orogener Verkürzung nur etwa 25 km (s. Kap. 5.2.2).

Über die prävariscische Entwicklung liegen wenige Daten vor. So sind Tiefenlage und Alter des kristallinen Basements weitgehend unbekannt. Hinweise auf seine Tiefenlage ergeben sich aus geophysikalischen Messungen, aus dem Auftreten von Tiefengesteinen in Vulkaniten (Voll 1983) und aus Mächtigkeitsbetrachtungen der sedimentären Abfolgen (vgl. hierzu Franke 1990). In Norddeutschland ergibt sich bereits aus den Mächtigkeiten des postvariscischen Deckgebirges eine Tiefenlage des kristallinen Basements von mehr als 10 – 15 km. Die Bohrung Münsterland 1 im nördlichen Ruhrbecken steht bei einer Endteufe von knapp 6 km noch im Mitteldevon. Aus der Interpretation tiefenreflexionsseismischer und magnetotellurischer Messungen ergibt sich eine Tiefenlage des kristallinen Basements von mehr als 10 km (DEKORP Research Group 1990: Abb. 21, Volbers & Jödicke & Untiedt 1990: Abb. 9). Im Untergrund des Münsterlandes sind daher auch noch mächtigere altpaläozoische und/oder präkambrische Schichtenfolgen zu vermuten.

Etwas konkreter als über das kristalline Basement sind Aussagen über das Altpaläozoikum im Bereich des Subvariscikums möglich. Sie basieren im wesentlichen auf Aufschlüssen in den Ardennen und im Brabanter Massiv. Die Mächtigkeit der kambro-ordovizischen klastischen Sedimente erreicht in den Ardennen einige Kilometer. Für das Gebiet östlich des Rheins sind die Angaben spekulativ, da prädevonische Gesteine nur lokal und unvollständig im Ebbe- und Remscheider Sattel aufgeschlossen sind.

Abbildung 7 veranschaulicht den Ablauf der variscischen Entwicklung im intensiv erforschten Rheinischen Schiefergebirge in sechs wesentlichen Stadien:

Während des Unter- und Mitteldevons bestimmt der in einzelne Hochgebiete gegliederte Nord-(Old-Red-)Kontinent die Beckensedimentation (Franke 1990). Eine „Rheinische“ Schelffazies und eine „Herzynische“ pelagische Fazies lassen sich unterscheiden (a). Mächtige siliciklastische Sedimente von mehreren Kilometern bis zu 10 km Mächtigkeit werden in diesem Zeitraum abgelagert (s. auch Meyer & Stets 1980). Das Depozenter verlagert sich während des Unterdevons links- und rechtsrheinisch von Norden nach Süden (Wo. Schmidt 1952, Meyer & Stets 1980, Paproth 1976). Im Sauerland begleitet ein saurer Vulkanismus mit Keratophyren die unterdevonische und beginnende mitteldevonische Sedimentation.

Beginnend im höheren Mitteldevon wird im Oberdevon der Nordkontinent überflutet. Auf den ehemaligen Hochgebieten bilden sich mehrere hundert Meter mächtige biohermale Riffkalkkomplexe (Massenkalk), die Tieflagen nehmen silici-

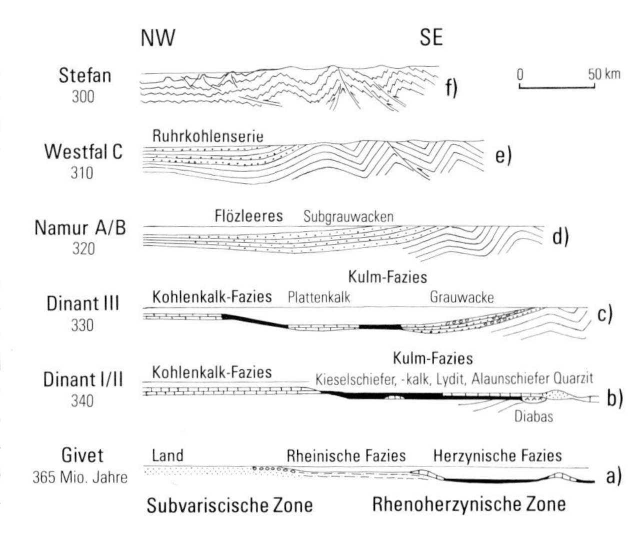

Abb. 7

Geologische Entwicklung der Rhenoherzynischen und Subvariscischen Zone vom Mitteldevon bis Oberkarbon (verändert nach WUNDERLICH 1966: Abb. 12)

klastische Sedimente auf. Tiefenaufschlüsse belegen, daß sich die faziellen Verhältnisse aus dem Rheinischen Schiefergebirge mit gewissen Abweichungen bis in die Norddeutsche Senke und in die Nordsee fortsetzen (FRANKE 1990).

Im Unterkarbon bestimmen zwei Fazies die Sedimentation: Die karbonatische Kohlenkalk-Fazies des prävariscischen Vorlandes, die von den Britischen Inseln bis nach Polen reicht, sowie die klastisch-terrigene Kulm-Fazies des variscischen synorogenen Flyschstadiums (b). Während des tieferen Unterkarbons – im Dinant I – kennzeichnen Kieselschiefer und -kalke, Lydite und Alaunschiefer die Kulm-Fazies, daneben tritt ab dem höheren Mitteldevon ein intensiver Diabas-Vulkanismus auf. In der Subvariscischen Zone sind beide Faziestypen entwickelt: Rechtsrheinisch ist die Kulm-Fazies mit geringmächtigem (100 – 200 m) Unterkarbon vertreten, das über die Bohrungen Isselburg 3 und Münsterland 1 hinaus nach Norden reicht. Die im daran anschließenden Vorland verbreitete Kohlenkalk-Plattform mit einige hundert Meter mächtigen Carbonatgesteinen greift linksrheinisch weit nach Süden bis in die Rhenoherzynische Zone vor. Auffällig ist, daß während des Oberkarbons die Kohlebildung bevorzugt in Gebieten mit Kohlenkalkverbreitung beginnt.

Die schon im Oberdevon auftretenden turbiditischen Grauwackenschüttungen rücken im höheren Unterkarbon – im Dinant III – von Süden nach Norden vor, offenbar als Ausdruck der nach Norden wandernden variscischen Faltungsfront (c). Räumlich relativ eng begrenzt treten Kulm-Mächtigkeiten von 1 – 2 km auf.

Im untersten Abschnitt des Oberkarbons, im Namur, vollzieht sich der Übergang von der marinen Fazies in die hauptsächlich nichtmarine, paralische Fazies – linksrheinisch früher als rechtsrheinisch (d). Im Raum Wuppertal, dem vermutlichen Beckenzentrum, werden ca. 2,5 km mächtige, vorwiegend feinklastische Sedimente in der Fazies des „Flözleeren“ (Namur A/B) abgelagert (FIEBIG 1970). Mit der Schüttung mächtiger fluviatiler Sande (Grenzsandsteine) an der Basis des Namurs C im Raum Hagen wird die Voraussetzung für die Bildung ausgedehnter Kohlenflöze geschaffen. Im Aachener Revier, in dem das Dinant als Kohlenkalk ausgebildet ist, setzt die Kohlebildung bereits im Namur A ein, während im Ruhrrevier die ersten Kohleflöze erst im Namur C auftreten (WREDE & ZELLER 1988, BLESS & PAPROTH 1989). Die Torfmoore sind zunächst an den Südrand der Vortiefe gebunden, breiten sich jedoch schließlich im Westfal über das gesamte Vorland aus. Die am Südrand des Ruhrreviers gelegene Beckenachse wandert im Westfal nur unerheblich nach Norden (e). Auffällig ist jedoch eine Südwest – Nordost gerichtete Zone verminderter Schichtenmächtigkeiten, die vermutlich einen „peripheral bulge“ darstellt. Diese Schwelle verlagert sich während des Westfals kontinuierlich nach Nordwesten. In gleiche Richtung verlagern sich auch die Bereiche optimaler Kohlebildung (s. S. 30).

Die jüngsten bislang erbohrten Schichten des Ruhrbeckens gehören dem Westfal C an. Westfal-D-Schichten treten zusammenhängend erst außerhalb des Ruhrbeckens nördlich der Osning-Störung auf, während Stefan-Schichten auf die Ems-Senke beschränkt sind (s. Taf. 1 in der Anl.).

Die insgesamt 5 – 7 km mächtige oberkarbonische Beckenfüllung des Subvariscikums wird zwischen Westfal D und Stefan gefaltet (f). Für die Vermutung, daß im Norden noch sedimentiert wird, während im Süden bereits die Faltungswelle die Subvariscische Zone erreicht, sprechen einige Indizien (R. TEICHMÜLLER 1956). So enthält das Finefrau-Konglomerat bei Duisburg fossilführende Devon-Kalksteine, die nach SCHAUB (1956 a) von Süden geschüttet sind. Kohleflitter und Gerölle hochinkohlter Kohle im Westfal B und C der Lippe-Mulde sprechen nach M. TEICHMÜLLER & R. TEICHMÜLLER (1950) für eine frühe Heraushebung des südlichen Vortiefenrandes. Die geringere Inkohlung am Südrand des Ruhrgebiets weist in die gleiche Richtung (R. TEICHMÜLLER 1956, JUCH 1991), ebenso wie die relativ grobklastische Ausbildung des höheren Westfals A im Inderevier (MULLER & STEINGROBE 1991, WREDE 1991). Für wesentlich stärkere tektonische Bewegungen sprechen im französischen Subvariscikum die mächtigen Kohlenkalkbrekzien von Roucourt im Westfal C vom Südrand des Namur-Synklinoriums (BARROIS & BERTRAND & PROVOST 1930).

Die postvariscische Entwicklung des Subvariscikums ist das Ergebnis wiederholter Krustenbewegungen in Form von Hebungen und Senkungen, Transgressionen und Regressionen. Damit verbunden ist eine phasenhafte, teils dehnende, teils kompressive Bruchtektonik. Abbildung 8 veranschaulicht diese postvariscische Entwicklung. Für die Trias und den Jura wird hier angenommen, daß die Sedimentation – wie auch in der Kreide – ursprünglich weiter über die Rheinische Masse hinweggegriffen hatte. Dafür spricht, daß im östlichen Ruhrgebiet an der Karbon-Oberfläche ähnlich alte Karbon-Schichten erhalten sind wie im westlichen Ruhrgebiet. Es ist daher unwahrscheinlich, daß das östliche Ruhrgebiet im Gegensatz zum westlichen im Zeitraum zwischen Karbon und Kreide Festland und Abtragungsgebiet war.

Während und vor allem nach der Faltung wird der variscische Faltengürtel im Rotliegenden regional unterschiedlich herausgehoben – der Südrand des Ruhrgebiets vermutlich ca. 5 km. Daneben führt die mit der variscischen Faltung einsetzende Achsenwellung und nachfolgende Abtragung in den Achsenaufwölbungen um ebenfalls mehrere Kilometer zu der heutigen Verbreitung der flözführenden Oberkarbon-Schichten am Nordrand des Variscikums (s. Kap. 4.2). Die Steinkohlenlagerstätten Nordrhein-Westfalens – das Ruhrrevier, das Ibbenbürener Revier sowie das Aachen-Erkelenzer Revier – sind Bestandteile des Ruhrbeckens einerseits und des Aachen-Südlimburger Beckens andererseits. Das Ruhrbecken wird im Osten vom Lippstädter Gewölbe und Osning-Lineament, im Westen von der Krefelder Achsenaufwölbung begrenzt. Westlich der Krefelder Aufwölbung reicht das Aachen-Südlimburger Becken bis an den Rand des Brabanter Massivs. Ursprünglich gehörten jedoch beide Oberkarbon-Becken einem einheitlichen Sedimentationsraum an.

Etwa zeitgleich mit der spätvariscisch einsetzenden Heraushebung des Subvariscikums im Rotliegenden beginnt die Zerblockung durch Quer- und Diagonalbrüche. Weitere bruchtektonische Phasen liegen im Zechstein, am Ende der Trias

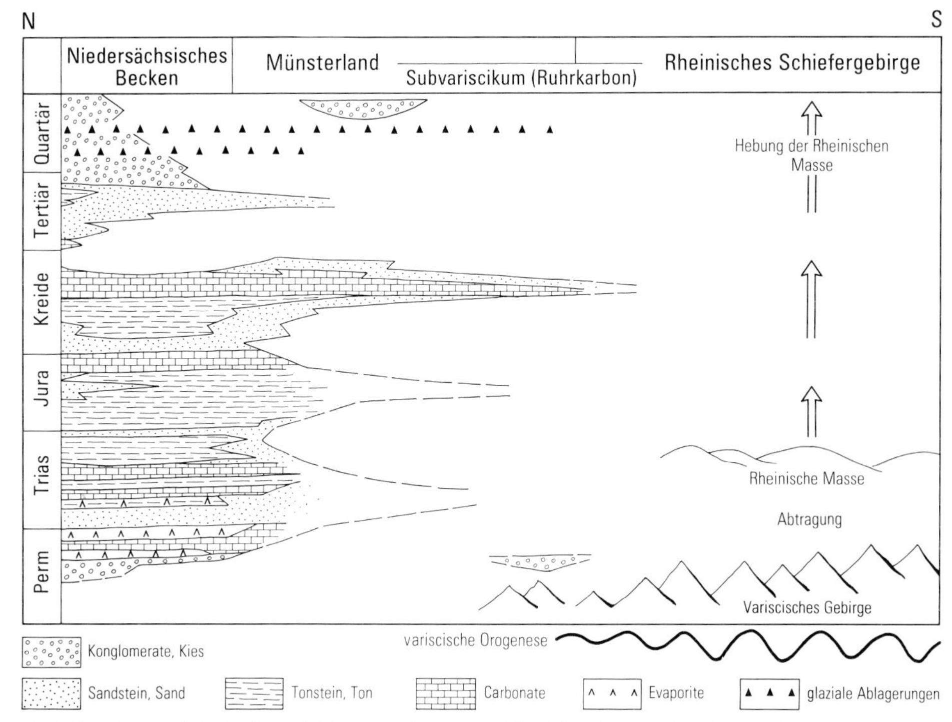

Abb. 8 Postvariscische Entwicklung in einem Nord-Süd-Schnitt vom Niedersächsischen Becken bis zum Rheinischen Schiefergebirge (verändert nach MURAWSKI et al. 1983: Abb. 13)

und der Oberkreide sowie im Tertiär (s. Kap. 5.4.3). Die Einebnungsphase im Rotliegenden hinterläßt im Subvariscikum bis auf kleine Vorkommen – wie dem Menden-Konglomerat – kaum Sedimentreste. Die Hauptmasse des Abtragungsschutts wird weiter nach Norden in das Norddeutsche Rotliegend-Becken transportiert (KATZUNG 1972, GRALLA 1988, GAST 1988, PLEIN 1978).

Ausgehend vom stefanischen Ems-Trog bildete sich zu Beginn des Zechsteins ein Nord – Süd verlaufendes Senkungsgebiet, das sich bis in das Gebiet der heutigen Niederrheinischen Bucht erstreckte und in dem sich zunächst eine dünne Decke von Zechstein-Sedimenten und darüber ein von synsedimentären tektonischen Bewegungen gesteuertes, unterschiedlich mächtiges Salzlager ablagerte.

Die mittlere Salzmächtigkeit beträgt im niederrheinischen Zechstein-Becken etwa 250 m, ist aber infolge unterschiedlicher Subsidenz in Horst- und Grabenschollen und am Ende der Trias einsetzender Salzbewegungen mehr oder weniger starken Mächtigkeitsschwankungen unterworfen (R. WOLF 1985). Eine ähnliche Verbreitung wie der Zechstein hat der am Niederrhein bis zu 700 m mächtige Buntsandstein (KNAPP 1988). Er besteht aus wenig verfestigten, häufig wasserführenden Sandsteinen sowie aus Ton- und Schluffsteinen mit salinaren Einlagerungen im oberen Teil. Wegen seiner gebirgsmechanisch ungünstigen Gesteinszusammensetzung gilt dem Buntsandstein von seiten des Bergbaus beim Schachtbau erhöhte Aufmerksamkeit (HAHNE & SCHMIDT 1982). Ablagerungen der höheren Trias ebenso wie des Juras und der Unterkreide fehlen meistens. Muschelkalk (bis 170 m) und Keuper (bis 100 m) sind aber in größerem Umfang abgelagert worden, wie Erosionsreste bezeugen. Vermutlich erreicht gegen Ende der Trias die Sedimentsäule über dem Zechstein-Salz eine Mächtigkeit von nahezu 1 000 m.

In Bereichen erhöhter tektonischer Aktivität werden lokal geringe Salzbewegungen an Schollenrändern ausgelöst. Über den Zeitraum des Juras liegen Informationen vom Bislicher Lias-Graben mit erzführendem Lias γ vor. Die über 500 m mächtige Lias-Folge und Erosionsreste vom Südrand der Niederrheinischen Bucht bei Düren (KNAUFF 1988) lassen eine ursprünglich größere Verbreitung vermuten. THIENHAUS (1962) schließt aus der Fazies des Lias im Bislicher Graben auf synsedimentäre Tektonik.

Zu Beginn der Kreide-Zeit werden erneut weite Bereiche des Subvariscikums herausgehoben und Teile des Grund- und Deckgebirges flächenhaft abgetragen. Daher sind Sedimente der Unterkreide-Zeit nur geringmächtig und lückenhaft erhalten. Ab der späten Unterkreide greift das Meer aus dem Bereich des Niedersächsischen Beckens auf das rechtsrheinische Subvariscikum über. Die im nördlichen Münsterland maximal über 2 000 m mächtige Schichtenfolge der Oberkreide besteht aus Kalksteinen sowie teilweise aus wenig verfestigten Mergel- und Sandsteinen.

Während die Nordwest – Südost verlaufenden Horste und Gräben im Bereich des Subvariscikums Folge der spät- bis postvariscischen sowie der kimmerischen Dehnungstektonik sind, gerät Mitteleuropa während der Oberkreide in das Spannungsfeld der alpidischen Orogenese mit vorherrschender Einengungstektonik (Kap. 4.4). Eine wesentliche Rolle bei der Umsetzung der generell Nord – Süd gerichteten Hauptnormalspannung in der Oberkreide spielen die im Untergrund vorhandenen Abschiebungen und Blattverschiebungen. Gräben werden im Kreide-Stockwerk zu Horsten und umgekehrt. Daneben entstehen über den großen Brüchen des Untergrundes in den Kreide-Schichten spitzwinklig zu den Brüchen verlaufende flache Falten (DROZDZEWSKI 1988). Die Kreide-Tektonik zeigt alle Kennzeichen von Transpression (HARLAND 1971). Als besonderes Beispiel für Transpressionstektonik kann die Ibbenbürener Karbon-Scholle gelten. Sie verdankt ihre Heraushebung in der späten Oberkreide kompressiven und rechtslateralen Bewegungen am seitlich versetzten Osning-Lineament (DROZDZEWSKI 1985 b).

Wie schon während des Zechsteins drang im Tertiär seit dem Oligozän das Meer von Norden in die Niederrheinische Bucht vor. Besonders entlang von großen Nordwest – Südost streichenden und Südwest fallenden Brüchen, wie Erft- und Rurrand-Sprung, werden bis zu 1 500 m mächtige sandige und tonige Tertiär-Schichten abgelagert. Im Übergangsbereich zwischen marinem und terrestrischem Ablagerungsraum bilden sich mächtige Braunkohlenflöze. Die großen Abschiebungen der Niederrheinischen Bucht sind noch heute aktiv (Geologische Struktur in Geologie 1976; QUITZOW & VAHLENSIECK 1955). Auch die über das westliche Ruhrgebiet greifenden geringmächtigen Tertiär-Ablagerungen weisen eine lebhafte Dehnungstektonik mit allerdings vergleichsweise geringen Verwürfen im Meter- bis Zehnermeterbereich auf. Ein großer Teil des Ruhrgebiets liegt schließlich unter einer meist wenig mächtigen Bedeckung quartärer Sedimente, die im Westen aus Flußablagerungen des Rhein-Maas-Systems bestehen und sonst vorwiegend glazialer Herkunft sind. In jüngster Zeit konnte am Krudenburg-Sprung nördlich von Bottrop die Existenz pleistozänzeitlicher, tektonischer Bewegungen in der Größenordnung von ca. 10 m Verwurf eindeutig belegt werden (WREDE & JANSEN 1993).

3.2 Zur sedimentären Entwicklung im Subvariscikum

Die oberkarbonischen Sedimente spiegeln das letzte Stadium der variscischen Beckenentwicklung wider. Die Fazies ändert sich während des Namurs von vollmarinen zu brackischen und limnisch-fluviatilen Verhältnissen (FÜCHTBAUER et al. 1991,

STEINGROBE 1990). Kohlebildung beginnt zuerst im belgisch-französischen Becken sowie im Aachener Revier während des Namurs A (BLESS & PAPROTH 1989, WREDE & ZELLER 1988: 40). Im Ruhrrevier treten die ersten Kohleflöze einige Millionen Jahre später während des Namurs C auf (Tab. 2, S. 31). Die Kohlebildung erreichte innerhalb der subvariscischen Vortiefe ihr Maximum während des Westfals A und B und endete während des Westfals D. Insgesamt bildeten sich während des Oberkarbons etwa 250 Flöze, aber nur etwa 50 davon erlangten wirtschaftliche Bedeutung.

Im folgenden wird die sedimentäre Entwicklung des Subvariscikums am Beispiel des Ruhrbeckens erläutert. Verglichen mit anderen Teilen der subvariscischen Vortiefe liegen aus dem Ruhrgebiet und dem nördlich anschließenden Münsterland die umfangreichsten Daten und Untersuchungsergebnisse vor (STRACK & FREUDENBERG 1984, STRACK 1989, FÜCHTBAUER et al. 1991, DROZDZEWSKI 1992). Hieraus läßt sich folglich am ehesten die zeitliche und räumliche Entwicklung der Molasse-Sedimentation im Oberkarbon rekonstruieren. Aus dem Aachener Becken liegen mittlerweile moderne sedimentologische Bearbeitungen von STEINGROBE (1990) und MULLER & STEINGROBE (1991) sowie Mächtigkeitsuntersuchungen von ZELLER (1987) vor.

Die Isopachen der Schicht- und Kohlemächtigkeiten verlaufen im Ruhrkarbon in der Regel Südwest – Nordost und damit parallel zu den Faltenachsen. Sowohl im Namur als auch im Westfal sank das Ruhrbecken im Südosten am Gebirgsrand am stärksten ab. Die Beckenachse verlagerte sich während des Oberkarbons nur geringfügig nordwärts. Beobachtungen zur Verlagerung einer Südwest – Nordost verlaufenden Schwelle sowie der Kohlefazies lassen sich jedoch im Sinne einer nach Norden wandernden Faltung interpretieren (s. S. 30).

Maximale Namur-Mächtigkeiten betragen im Raum Wuppertal ca. 3 000 m (FIEBIG 1970), maximale Westfal-Mächtigkeiten etwa 4 000 m (Abb. 9). An Westfal-Schichten sind allerdings nur etwa

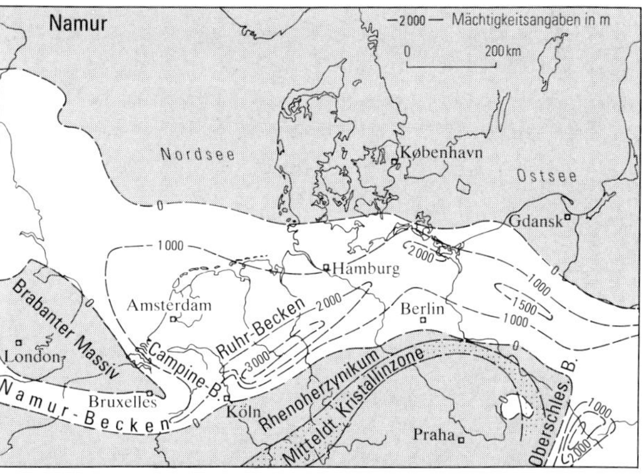

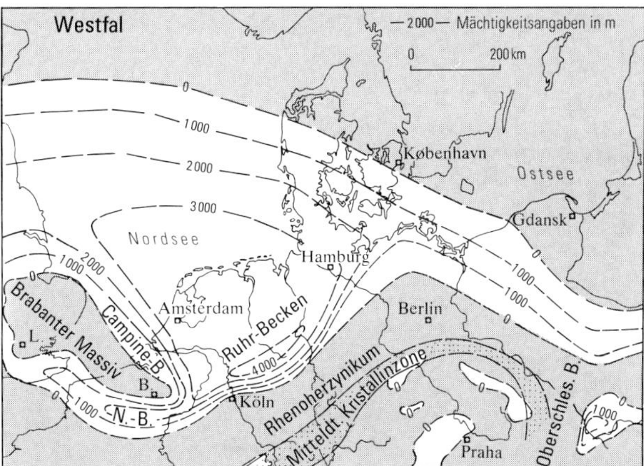

Abb. 9

Mächtigkeiten der Namur- und Westfal-Schichten in der subvariscischen Vortiefe (nach DROZDZEWSKI 1992)

2 500 m erhalten. Die Beckenachse muß noch südlich der Ruhr vermutet werden, da innerhalb der aufgeschlossenen Schichten des Oberkarbons die Mächtigkeiten nach Süden jeweils zunehmen, ohne daß eine Veränderung dieses Trends einträte. Eine wichtige Ausnahme machen allein die Schichten des Unteren Westfals A, worauf noch näher eingegangen wird.

Eine Revision der Profile der Tiefbohrungen Isselburg 3 und Münsterland 1 wirft ein neues Licht auf die Mächtigkeitsentwicklung der Oberkarbon-Schichten am Niederrhein und im Münsterland (s. Kap. 4.3.4). Aus dem Vergleich der als Meißelbohrungen niedergebrachten Tiefbohrungen mit den durchgehend gekernten Bohrungen der inzwischen nach Nordwesten vorgerückten Explorationszone des Steinkohlenbergbaus ergibt sich eine Tieferlegung der Namur/Westfal-Grenze um ca. 400 m gegenüber früheren Interpretationen (Jessen & Michelau 1963, Schuster 1963, Richwien et al. 1963, Hedemann & R. Teichmüller 1966). Die Namur-Mächtigkeit reduziert sich um diesen Betrag zugunsten des Westfals. Regional gesehen dünnt somit das Namur von 3 000 m im Südosten (Raum Wuppertal) auf 1 700 m im Nordwesten aus (Brg. Münsterland 1). Auch während des Westfals dünnen die Schichten generell nach Nordwesten aus. Eine bedeutsame Ausnahme stellt der untere Teil des Westfals A (Fl. Sarnsbank bis Flöz Präsident) dar. In diesem Abschnitt nehmen die Schichtenmächtigkeiten von Südosten nach Nordwesten zu, und zwar gleichermaßen im Ruhrgebiet wie im Aachener Gebiet. Die Ursache für diese abweichende Beckenentwicklung ist noch weitgehend ungeklärt. Möglicherweise führten Faltungsaktivitäten im Hinterland zu einer leichten Heraushebung des südlichen Beckenrandes und damit zu einer Verlagerung des Depozentrums nach Nordwesten. Diese Erklärung läßt sich durch die Fazies des Unteren Westfals A stützen. Der fragliche Abschnitt zeichnet sich durch wiederholte Schüttungen mächtiger Sandsteine mit konglomeratischen Einschaltungen aus. Von einer ähnlichen Reliefbelebung sind auch andere Becken der Vortiefe betroffen, wie beispielsweise das Oberschlesische Kohlenbecken. Im Aachener Revier ist die Zunahme der Schichtenmächtigkeiten nach Nordwesten nicht nur im Westfal A, sondern auch im Namur C zu beobachten (Strack 1989, Zeller 1987 u. im Druck).

Eine Berechnung der Subsidenzraten ergibt, daß die Absenkung des Ruhrbeckens im Namur C relativ gering ist (Tab. 1). Während des Westfals A nimmt die Subsidenzrate um mehr als 100 % zu, um vom Westfal B bis zum Westfal D wieder allmählich auf das frühere niedrige Niveau zurückzugehen. Auch dieser Befund läßt sich im Sinne einer Intensivierung orogener Bewegungen im Hinterland der Saumsenke während des Westfals A interpretieren.

Um das Beckenmuster differenzierter studieren zu können, wurden Mächtig-

Tabelle 1

Subsidenzraten im südöstlichen und nordwestlichen Teil des Ruhrkarbons (kompaktiert)

Stufe		Zeitdauer* (Mio. Jahre)	Schichtenmächtigkeit (m)		Subsidenzrate (mm/1 000 a)	
			NW	SE	NW	SE
Westfal	D	3	800		270	
	C	3	850	>1000?	280	330
	B	2	700	1000	350	500
	A	2	1350	1200	675	600
	A2	1	670	800	670	800
	A1	1	680	400	680	400
Namur C		2		650		325

*Zeitdauer der Stufen nach Lippolt et al. (1984)

keitskarten angefertigt. Sie lassen im Ruhrrevier eine Südwest – Nordost verlaufende Zone reduzierter Absenkung erkennen. Diese an beiden Enden allmählich auslaufende Schwellenregion verlagerte sich während des Westfals kontinuier-

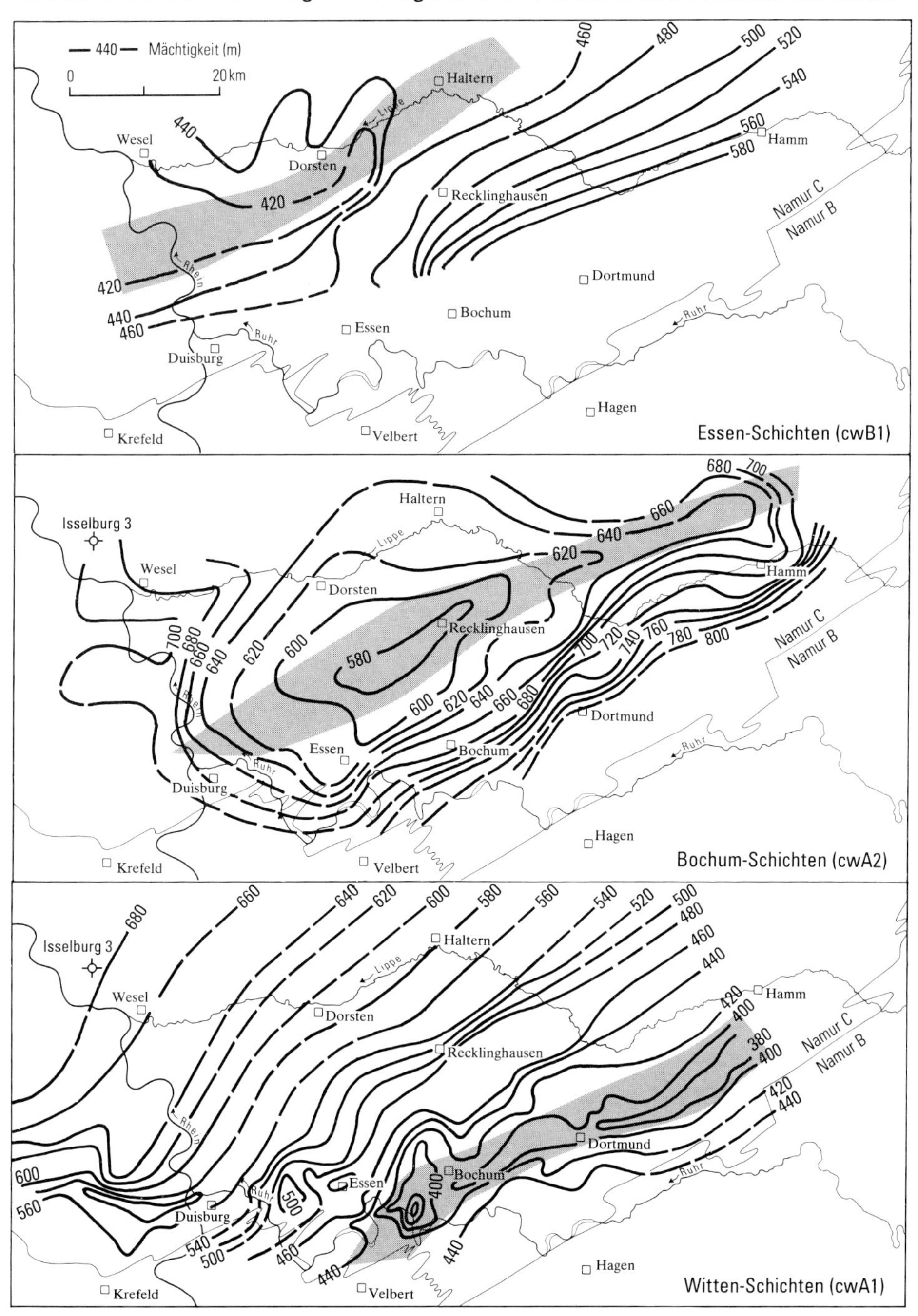

Abb. 10 Mächtigkeiten der Essen-, Bochum- und Witten-Schichten im Ruhrrevier (nach DROZDZEWSKI 1992; Raster: Zone verminderter Absenkung)

lich von Südosten nach Nordwesten (s. auch Hahne 1970, Grube 1978). Im Westfal A1 (Witten-Schichten) liegt die Schwelle im Bereich der Städte Bochum und Dortmund, im Westfal A2 (Bochum-Schichten) bei Recklinghausen und im Westfal B1 (Essen-Schichten) im Raum Dorsten – Haltern (Abb. 10). Die wandernde Schwelle ist aller Wahrscheinlichkeit nach ein „peripheral bulge" (s. z. B. Jacobi 1981). Es ist bemerkenswert, daß die Schwelle besonders ausgeprägt im Westfal A1 und unteren Westfal A2 ist, die sich – wie bereits oben ausgeführt – durch den Reichtum an grobklastischen Sedimenten und abnormale Mächtigkeitstendenzen auszeichnen. Im deutlichen Gegensatz dazu ist die Schwelle im oberen Westfal A2 und B1 mit vorherrschend feinkörnigen Sedimenten nur schwach ausgebildet. Beobachtungen zur Flözfazies im Ruhrrevier deuten darauf hin, daß die Zone reduzierter Schichtenmächtigkeiten ein paläogeographisches Element ist. Obgleich die Flözoptima lateral und zeitlich sehr starken Schwankungen innerhalb des Ruhrbeckens unterliegen (Hahne & Schloms 1967), besetzen offensichtlich der „peripheral bulge" und die Bereiche mit reiner und mächtiger Kohlebildung jeweils gleiche Räume.

Die Verlagerung des „peripheral bulge" innerhalb des Ruhrbeckens kann im Sinne der wandernden orogenen Front interpretiert werden. Da die Mächtigkeitsschwelle sich während des Westfals A (Zeitdauer ca. 2 Mio. Jahre, Lippolt et al. 1984: 137) um etwa 20 km verlagert, ergibt sich daraus ein Wandern der Faltungsfront in der Größenordnung von 1 cm/Jahr.

Aufgrund dieser Beobachtung einer während der oberkarbonischen Sedimentation sich allmählich durch das Ruhrbecken bewegenden Schwellenregion kann man eine synsedimentäre Anlage der späteren Faltenstrukturen ausschließen. Damit sind auch Auffassungen hinfällig, die im Ruhrkarbon eine synsedimentäre Tektonik verwirklicht sehen (Böttcher 1925, Bärtling 1928, Schmidt-Thome 1972). Böttcher und in seiner Nachfolge Bärtling haben Spitzfaltenstrukturen innerhalb der Bochumer Hauptmulde im Sinne synsedimentärer Einengungsvorgänge gedeutet. Nach dieser Vorstellung wurden die zuerst abgelagerten, unten gelegenen Schichten einer Muldenstruktur spitz verfaltet, während die höheren, jüngeren Schichten bis zum Muldenkern immer flacher lagern, also schwächer gefaltet sind, ohne daß es zu einer Schichtendiskordanz gekommen ist. Die synsedimentäre Faltenbildung soll demzufolge in den tiefergelegenen Schichten weiter fortgeschritten sein als in den höheren Ablagerungen (Schmidt-Thome 1972: 255). Die damals noch weitgehend projektiven Spitzfalten der Bochumer Hauptmulde haben sich infolge des bis in die fünfziger Jahre währenden Bergbaus als wesentlich weniger spektakulär erwiesen. Vor allem hat sich die von Böttcher (1925) postulierte gesetzmäßige Zunahme der Schichtenmächtigkeiten in den Muldenkernen nicht bestätigt. Der Übergang von der flachen Lagerung zur spezialgefalteten Bochumer Hauptmulde läßt sich vielmehr zwanglos im Sinne der Stockwerktektonik deuten (Wrede 1980 a; Hewig 1987, 1988).

3.3 Zur Stratigraphie des Oberkarbons

Einen Überblick über die Stratigraphie des Oberkarbons der Steinkohlenreviere Nordrhein-Westfalens gibt Tabelle 2. Im Aachener Revier mit seinen Teilrevieren Inde, Wurm und Erkelenz sind kohleführende Schichten vom Namur A bis zum Westfal B aufgeschlossen. Im Ruhrrevier reicht das Oberkarbon vom flözleeren Namur A und B und dem flözführenden Namur C bis zum Unteren Westfal C. Die jüngsten Westfal-Schichten bis zum Westfal D stehen im Ibbenbürener Revier an. Durch Bergbau und Bohrungen ist dort das Oberkarbon vom Oberen Westfal A bis zum Westfal D bekannt, in dessen unterem, noch graugefärbten Teil die Kohleführung allmählich endet, während die darüber anstehenden roten Schichten nahezu flözleer sind.

Neuere Untersuchungen haben ergeben, daß alle nordrhein-westfälischen Steinkohlenreviere einem einheitlichen zusammenhängenden Sedimentationsbecken angehören. Zwischen allen drei Gebieten (Aachen-Erkelenzer Revier, Ruhrrevier, Ibbenbürener Revier) ist eine weitgehende Gleichstellung der Flöze möglich (ZELLER 1987, STRACK 1989). Trotzdem lassen sich im Detail aber auch deutliche Unterschiede in der Entwicklung zwischen den Teilgebieten erkennen.

Im Aachener Steinkohlenrevier überlagert das Namur A meist nach einer Schichtlücke den Kohlenkalk des Visés. Aufgeschlossen sind die Schichten des Namurs vornehmlich im Inderevier, wo sie eine Mächtigkeit von ca. 800 m haben und von lokaler bergbaulicher Bedeutung waren. Die Kohleführung setzt oberhalb der flözleeren Walhorn-Schichten in den Unteren Stolberg-Schichten ein, die jedoch mit nur wenigen, geringmächtigen Flözen einen Kohleanteil von lediglich 0,25 % aufweisen. Im nördlich vorgelagerten Wurmrevier und im Erkelenzer Revier wurden nur die höchsten Teile des Namurs C punktuell aufgeschlossen (WREDE & ZELLER 1988).

Die Grenze Namur/Westfal ist durch den marinen Sarnsbank-Horizont definiert. Darüber folgen die Schichten des Westfals A1, die im Aachener Raum als Obere Stolberg-Schichten bezeichnet werden. Sie reichen bis zum marinen Horizont über Flöz Y beziehungsweise Flöz Wasserfall im Wurm- und Erkelenzer Revier, der auch im Inderevier über Flöz Kleinkohl nachgewiesen wurde. Hierüber folgen die flözreichen Kohlscheid-Schichten (Westfal A2), die bis zum marinen Horizont über Flöz A/A1 (Katharina) reichen. Im Inderevier reichen die stratigraphisch höchsten Auf-

Tabelle 2

Stratigraphische Übersicht des Karbons in Nordrhein-Westfalen

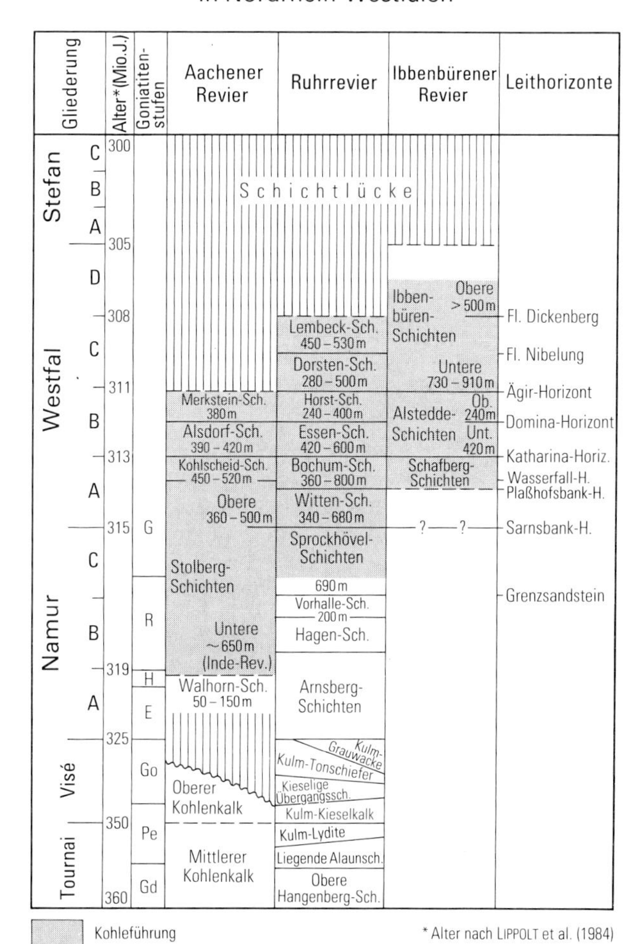

schlüsse nur bis ca. 10 – 15 m unter diesen Grenzhorizont (Wrede & Zeller 1991). Vergleicht man die stratigraphisch-fazielle Entwicklung des Namurs und Westfals A von Wurm- und Inde-Mulde, so ist festzustellen, daß diese bis zum Westfal A1 sehr ähnlich verlief.

Im Dinant und Namur ist eine Faziesdifferenzierung zwischen Wurm- und Inde-Mulde nicht feststellbar (Hahne 1933, Bouckaert & Herbst 1960). Im Westfal A1 läßt sich der marine Horizont über Flöz Breitgang (Inderevier) problemlos mit dem marinen Finefrau-Nebenbank-Horizont korrelieren; ebenso ist der Wasserfall-Horizont in beiden Revieren nachgewiesen (vgl. Zeller 1985). Die um ca. 60 cm geringere Schichtenmächtigkeit dieses stratigraphischen Abschnitts im Inderevier entspricht der analogen Entwicklung im Ruhrrevier (Wrede & Zeller 1991: Abb. 3). Während des Westfals A1 läßt sich also keine wesentliche Faziesdifferenzierung zwischen Wurm- und Inderevier feststellen.

Diese setzt erst im Westfal A2 (Bochum- bzw. Kohlscheid-Schichten) ein: Je höher man im stratigraphischen Profil steigt, desto grobklastischer und kohleärmer werden die Schichten des Indereviers im Vergleich zum Wurmrevier. Diese unterschiedliche Entwicklung, die vom Liegenden zum Hangenden hin immer deutlicher wird, erschwerte von alters her den stratigraphischen Vergleich von Wurm- und Inderevier.

Eine sedimentologische Interpretation dieser Entwicklung geben Muller & Steingrobe (1991). Es handelt sich um den Übergang von der unteren zur oberen Deltaebene. Die in der Inde-Mulde angetroffenen Sedimente repräsentieren für das höhere Westfal A2 den Bereich der oberen Deltaebene. Die im Wurmrevier gelegenen Bohrungen zeigen für denselben Zeitabschnitt eine Übergangsfazies zwischen oberer und unterer Deltaebene. Im noch weiter nördlich gelegenen Erkelenzer Revier dagegen herrschen Sedimente der unteren Deltaebene vor. Bezogen auf Zeit und Raum wird so eine von Süden nach Norden fortschreitende Entwicklung deutlich, die offenbar das allmähliche Heranrücken der Front des Variscischen Orogens an das Sedimentationsbecken während des Westfals A2 anzeigt (Wrede 1991). Die Wurm-Mulde repräsentiert einen distaleren Bereich des Beckens als das Inderevier.

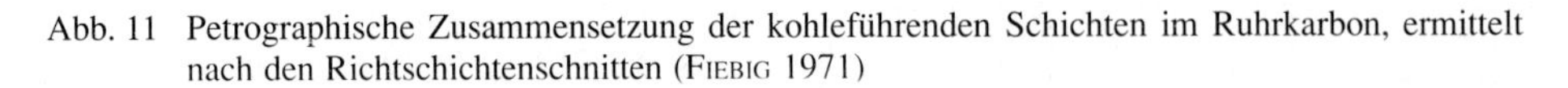
Abb. 11 Petrographische Zusammensetzung der kohleführenden Schichten im Ruhrkarbon, ermittelt nach den Richtschichtenschnitten (Fiebig 1971)

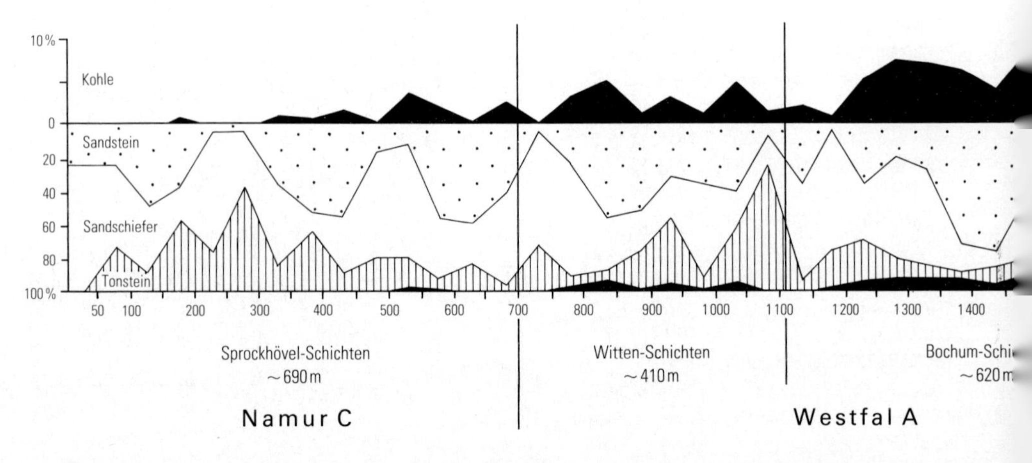

Auch die Alsdorf-Schichten des Unteren Westfals B im Wurmrevier sind relativ kohlereich. Sie reichen bis zum marinen Horizont über Flöz 30, der die Grenze zu den Merkstein-Schichten des Oberen Westfals B bildet. Diese sind nur aus dem Wurmrevier bekannt; im Inderevier ist bereits das gesamte Westfal B, im Erkelenzer Revier der höhere Teil der Alsdorf-Schichten der Erosion zum Opfer gefallen.

Im Ruhrrevier setzt die Kohleführung später ein als im Aachener Gebiet. Die bis rund 2 500 m mächtigen Schichten des Namurs A und B sind flözleer ausgebildet. Sie überlagern das Unterkarbon, das im Westen als Kohlenkalk, weiter östlich – etwa bei Velbert – in Kulm-Fazies ausgebildet ist (BACHMANN & MICHELAU & RABITZ 1971).

Die Grenze Namur B/C ist im Ruhrkarbon – wie auch im Aachener Karbon – nicht biostratigraphisch definiert. Sie wird vielmehr an die Basis der untersten „Werksandsteinbank" gelegt, die die sandsteinarme Ziegelschieferzone des Namurs B zum Hangenden abschließt. Etwa 100 m im Hangenden dieses Sandsteins setzt mit dem Flöz Sengsbänksgen die Flözführung im Ruhrkarbon ein. Die stratigraphische Gliederung der flözführenden Schichten ähnelt der im Aachener Revier. Der flözführende Abschnitt des Namurs C wird als Sprockhövel-Schichten bezeichnet; er reicht bis zum marinen Sarnsbank-Horizont.

Das Westfal A1 trägt im Ruhrkarbon die Bezeichnung Witten-Schichten und entspricht den Oberen Stolberg-Schichten im Aachener Gebiet. Die Obergrenze ist aber nicht an den Wasserfall-Horizont gelegt worden, sondern an den etwas tieferen marinen Plaßhofsbank-Horizont, der im Aachener Gebiet nur schlecht entwickelt ist und erst 1981 nachgewiesen wurde (WREDE & ZELLER 1988: 22). Die Bochum-Schichten (Westfal A2) entsprechen den Kohlscheid-Schichten, die Essen-Schichten (Unteres Westfal B) den Alsdorf- und die Horst-Schichten, beginnend mit dem Domina-Horizont über Flöz L, den Merkstein-Schichten im Aachener Karbon. Die Hangendgrenze der Horst-Schichten ist mit dem marinen Ägir-Horizont erreicht. Darüber beginnt das Westfal C, das die Dorsten-Schichten (Unteres Westfal C) umfaßt, von denen seit 1984 die Lembeck-Schichten als Oberes Westfal C abgetrennt werden (FIEBIG & GROSCURTH 1984).

Die durch Bohrungen und Bergbauaufschlüsse bekannte Schichtenfolge im Ibbenbürener Karbon beginnt mit Flöz 118, das dem Flöz Hugo des Ruhrkarbons in den Bochum-Schichten entspricht (SCHUSTER & HÄDICKE & KÖWING 1987). Diese

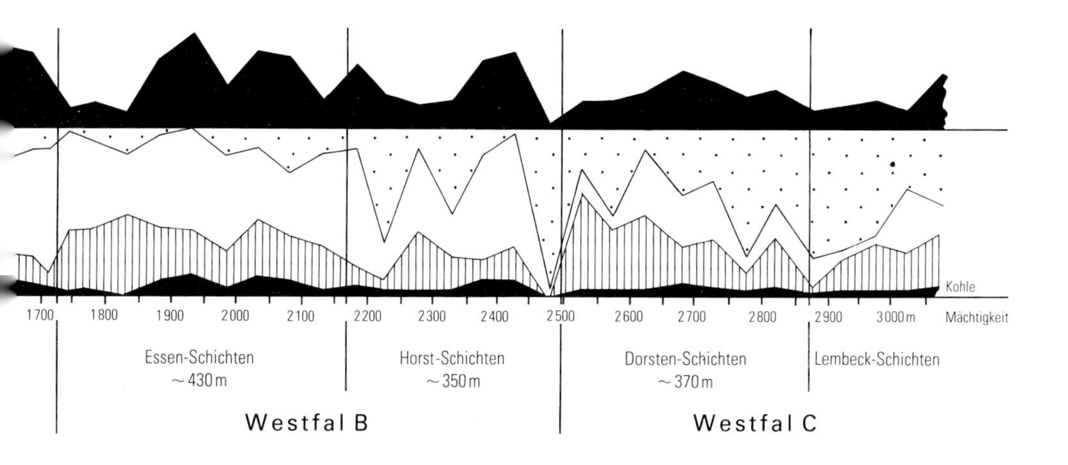

werden dort als Schafberg-Schichten bezeichnet. Der marine Katharina-Horizont als Hangendgrenze des Westfals A ist ebenfalls vorhanden. Die Schichten des Westfals B werden analog zu den Essen- und Horst-Schichten als Untere und Obere Alstedde-Schichten bezeichnet.

Das Westfal C reicht im Ibbenbürener Revier bis zum Flöz Dickenberg. Dieser Schichtenabschnitt wird als Untere Ibbenbüren-Schichten bezeichnet, darüber folgen noch die Oberen Ibbenbüren-Schichten des Westfals D. Innerhalb der Oberen Ibbenbüren-Schichten vollzieht sich ein Fazieswechsel; es treten vermehrt rot gefärbte Gesteine auf, in denen es nicht mehr zur Flözbildung gekommen ist. Hiermit schließt die flözführende Folge des Oberkarbons in Nordrhein-Westfalen ab.

Am Aufbau der flözführenden Schichten sind im Ruhrkarbon vorwiegend feinklastische Gesteine beteiligt. Es handelt sich um unreine Tonsteine, Schluffsteine und feinkörnige Sandsteine unterschiedlicher Textur, die vom Bergbau nach ihrem makroskopisch erkennbaren Sandgehalt als „Schieferton", „Sandschiefer" und „Sandstein" bezeichnet und so auch in den markscheiderischen Unterlagen vermerkt werden. Reine Tonsteine im petrographischen Sinne treten fast gar nicht auf; bemerkenswert ist ein häufig nicht unbeträchtlicher, sideritischer Carbonatgehalt der Gesteine.

Als fluviatile Rinnenbildungen kommen auch mittel- bis grobkörnige Sandsteine vor. Stellenweise enthalten sie Gerölle bis Zentimetergröße und werden vom Bergbau dann als „Konglomerate" bezeichnet. Echte Konglomerate sind aber fast ausschließlich nur vom Südrand des Beckens im Inderevier und aus dem höchsten Westfal C und D des Osnabrücker Raumes bekannt. Im Aachener Revier (mit Ausnahme der Inde-Mulde) sind die Schichten etwas sandsteinärmer, im Ibbenbürener Gebiet sandsteinreicher als im Ruhrkarbon. Die Kohlenflöze machen einen Anteil von ca. 2 – 3 % der gesamten Schichtenmächtigkeit aus. Bezogen auf die Stratigraphie läßt sich ein unterer sandsteinreicherer Abschnitt (Sprockhövel-Schichten bis Untere Bochum-Schichten), ein sandsteinärmerer mittlerer Abschnitt (Obere Bochum-Schichten und Essen-Schichten) und ein wiederum sandsteinreicherer oberer Abschnitt unterscheiden (Abb. 11).

Diese Gesteinsunterschiede reichen jedoch nicht aus, um ein unterschiedliches mechanisches Verhalten dieser Schichtenabschnitte zu bewirken (DROZDZEWSKI 1980 a). Vor allem aufgrund der in vertikaler wie lateraler Richtung häufigen Gesteinswechsel weist das Gebirge ein relativ einheitliches tektonisches Verhalten auf; auch den Flözen kommt als tektonische Gleitbahnen eine geringere Rolle zu, als vermutet werden könnte. Der interne Flözaufbau zeigt nur selten Bewegungsspuren; lediglich die meist scharfe Hangendgrenze der Flöze zum überlagernden Nebengestein dient bevorzugt als schichtparallele Gleitbahn, wie zum Beispiel Harnischflächen zeigen.

4 Regionale Tektonik

4.1 Untersuchungsgebiete

Die Kenntnisse über die Tektonik des Subvariscikums basieren in erster Linie auf großräumigen strukturgeologischen Untersuchungen in den Steinkohlenrevieren Nordrhein-Westfalens, daneben aber auch auf Untersuchungen in weniger gut erschlossenen Gebieten. Vom Aufschlußgrad her läßt sich das Subvariscikum in verschiedene von Süden nach Norden angeordnete Bereiche gliedern. Im folgenden wird zunächst der rechtsrheinische Teil, anschließend der linksrheinische Teil des Subvariscikums betrachtet. Zwischen dem Nordrand des rechtsrheinischen Schiefergebirges und dem Südrand des Münsterländer Kreide-Beckens liegt eine schmale Zone, in der flözleeres und produktives Oberkarbon zutage ausstreichen und in zahlreichen Aufschlüssen – vor allem im Ruhrtal – unmittelbar beobachtet werden können (R. Teichmüller 1955, Hahne 1958, D. Richter 1971, Pieper 1975, D. E. Meyer 1982, Meyer & Neumann-Mahlkau 1982, Drozdzewski 1982 c, Drozdzewski & Wrede 1989). Von hier hat der Steinkohlenbergbau im Mittelalter als Pingen- und Stollenabbau seinen Ausgang genommen.

Über den tektonischen Bau dieses südlichen Teils des Ruhrkarbons geben unter anderem Kartierungen im Maßstab 1 : 10 000 und dazugehörige Schnittkarten umfassend Auskunft (Amt für Bodenforschung 1949 – 1954). Eine Aktualisierung erfuhr ein Großteil dieser in der Nachkriegszeit durchgeführten Lagerstättenkartierungen seit 1980 durch die geologische Landesaufnahme. Die Blätter 4506 Duisburg, 4507 Mülheim an der Ruhr, 4508 Essen, 4509 Bochum, 4510 Witten und 4410 Dortmund der Geologischen Karte von Nordrhein-Westfalen 1 : 25 000 sind jeweils um eine Strukturkarte und eine Schnittserienkarte im Maßstab 1 : 25 000 ergänzt, die eine zusammenhängende strukturelle Darstellung des Oberkarbons in den Blattgebieten ermöglichen. Erinnert sei in diesem Zusammenhang auch an die stockwerktektonischen Arbeiten im Raum zwischen Witten und Hagen, mit denen systematische tiefentektonische Untersuchungen im Ruhrkarbon begannen (Lotze 1960, 1965; Rosenfeld 1960; R. Schmidt 1961).

Die im Norden anschließende Tiefbauzone des Ruhrreviers läßt sich in einen südlichen Teil – die Stillegungszone (mit fehlendem oder geringmächtigem Deckgebirge) – und einen nördlichen Teil – die aktive Bergbauzone (mit bis zu mehrere hundert Meter mächtigem Deckgebirge) – gliedern (Abb. 12). Das Ruhrrevier erstreckt sich in West-Ost-Richtung über mehr als 100 km, bei einer Breite von bis zu 50 km. Die westlichsten bergmännischen Aufschlüsse liegen im Raum Kamp-Lintfort zwischen Krefeld und Wesel, die östlichsten im Raum Ahlen. Im Norden hat der Bergbau seit längerem großflächig die Lippe überschritten und reicht mit seinen Explorationsgebieten bis zu einer Linie, die etwa zwischen den Orten Wesel, Haltern, Lüdinghausen, Drensteinfurt und Ahlen verläuft. Zur Zeit sind im Ruhrrevier 14 Steinkohlenbergwerke in Betrieb.

An die Bergbauzone schließt die Reservezone des Steinkohlenbergbaus an, die im Norden etwa durch die 1 200-m-Tiefenlinie des Deckgebirges begrenzt wird. In dieser Zone wurden von 1870 bis 1910 zahlreiche Mutungsbohrungen auf Steinkohle durchgeführt, die zumeist nur wenige Zehnermeter, selten über 100 m ins Karbon gingen. Die Mutungsbohrungen haben eine Fülle von Schichtlagerungswerten geliefert, die eine Gliederung des Faltenbaus in flache Mulden- und steile Sattelzonen erlauben (Hoyer 1967). Die seit Anfang der siebziger Jahre in einer 5 – 10 km breiten Zone nördlich der aktiven Bergbauzone durchgeführten modernen Tiefbohrungen sowie reflexionsseismische Messungen haben die Kenntnisse über diesen Teil der Reservegebiete erheblich verbessert.

Die strukturgeologischen Untersuchungen in den nordrhein-westfälischen Steinkohlenlagerstätten begannen im Rahmen des Untersuchungsvorhabens „Tiefentektonik" in der Emscher-Hauptmulde des Ruhrreviers. Die Schichten dieser Hauptmulde sind innerhalb der Gelsenkirchener Achsendepression weiträumig flach gelagert, zur Tiefe hin jedoch spezialgefaltet und zerschert. Da die Aufschlüsse für allgemeingültige Aussagen nicht tief genug reichten, sind die strukturellen Untersuchungen auf größere Teile der Emscher-Hauptmulde und zusätzlich auf

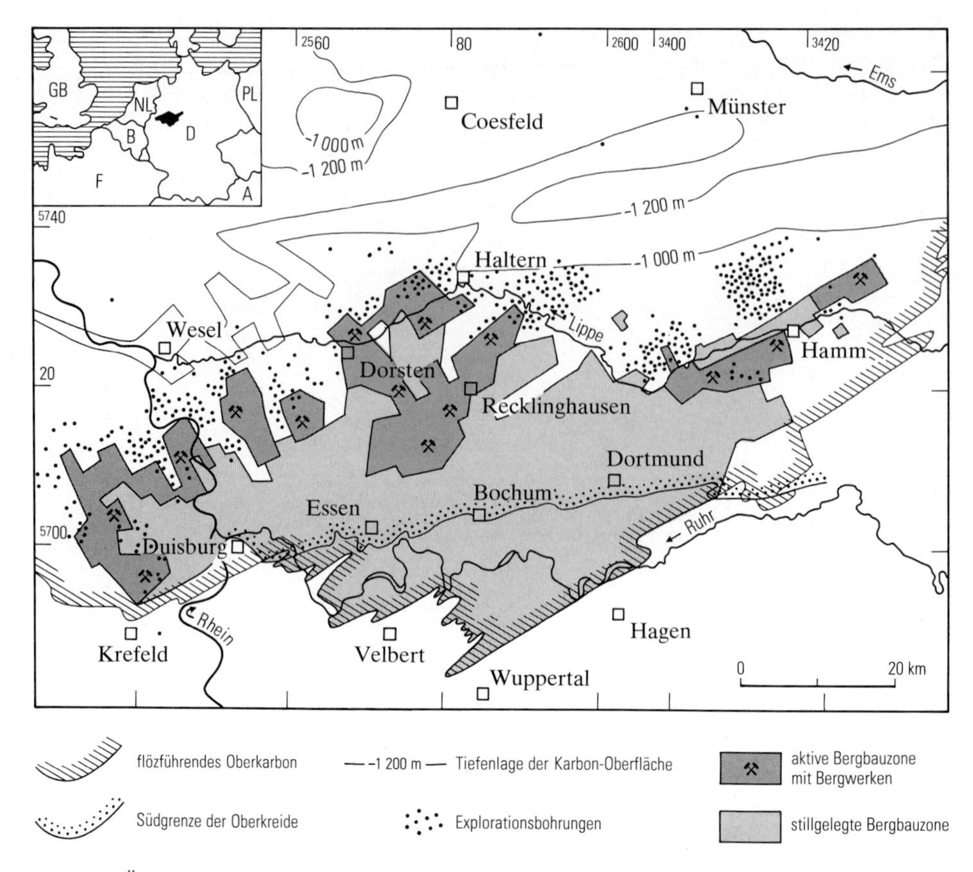

Abb. 12 Übersicht der Bergbau- und Explorationsgebiete des Ruhrreviers (Stand: 1993)

die Essener Hauptmulde ausgedehnt worden. Es wurde ein Gebiet von 50 Grubenfeldern von etwa 500 km² Größe zusammenhängend und systematisch bearbeitet. Für diesen Raum konnten neue Vorstellungen über das Abtauchen von Faltensträngen in die Trogmulden einer Achsendepression und damit über die vertikale und laterale Gliederung des Faltenbaus gewonnen werden (DROZDZEWSKI 1973).

Die Untersuchungen wurden in den folgenden Jahren auf alle Lagerstättenteile des Ruhrreviers und die übrigen Steinkohlenlagerstätten Nordrhein-Westfalens ausgedehnt, unter Einbeziehung der vom Bergbau seit 1974 intensiv durch Kernbohrungen und Reflexionsseismik untersuchten Explorationsgebiete. Die Arbeitsgebiete wurden so bemessen, daß ein oder zwei benachbarte Hauptmuldenstrukturen im Streichen zusammenhängend untersucht werden konnten. Im Ruhrrevier sind insgesamt neun Gebiete im Rahmen des Untersuchungsvorhabens „Tiefentektonik" bearbeitet und ihre Ergebnisse 1980, 1985 und 1988 publiziert worden (s. Kap. 2.2). Diese regionalen tektonischen Untersuchungen reichen im Süden bis zum Esborner Hauptsattel und damit fast bis an den Südostrand des Ruhrkarbons, im Norden bis zum Dorstener Hauptsattel und zur Raesfelder Hauptmulde. Im Ruhrrevier sind damit auf einer Aufschlußfläche von mehr als 5 000 km² der Faltenbau und die Bruchtektonik zusammenhängend tektonisch ausgewertet und in ca. 300 Schnitten dokumentiert.

Der nördliche Teil des Subvariscikums bis zur Osning-Störung ist wegen seines zum Teil mächtigen Kreide-Deckgebirges nur in groben Zügen bekannt (Taf. 1). Geologische Untersuchungen stützen sich auf wenige, aber zum Teil tiefe Bohrungen und auf ein unterschiedlich dichtes Netz meistens älterer reflexionsseismischer Messungen der Erdölindustrie sowie zum Teil gravimetrische Untersuchungen. Im Rahmen des Forschungsvorhabens „Kohlenvorratsberechnung" am Geologischen Landesamt Nordrhein-Westfalen wurde auch dieser gesamte Raum auf der Grundlage von Flözprojektionen neu bearbeitet (Juch & Arbeitsgruppe GIS 1988; Juch 1994, dieser Band, S. 189 – 307).

Am Nordrand des Subvariscikums kommt das Oberkarbon in zwei Schollen im Bereich der Osning-Störung an die Erdoberfläche, nämlich in der Ibbenbürener Karbon-Scholle und am Hüggel. Ein weiteres kleines Karbon-Vorkommen, der Piesberg bei Osnabrück, liegt im Verlauf der Piesberg-Pyrmonter Achse im Niedersächsischen Tektogen. Lediglich in dem größten dieser Vorkommen, der 15 km langen und 5 km breiten Ibbenbürener Karbon-Scholle, wird noch heute Bergbau betrieben. Das Bergwerk Ibbenbüren baut zur Zeit Flöze des Westfals B ab und ist bei Abbauteufen zwischen 1 000 und 1 500 m eines der tiefsten Steinkohlenbergwerke der Welt. Das Untersuchungsgebiet der Ibbenbürener Karbon-Scholle (Drozdzewski 1985 b) ist zwar flächenmäßig klein, hat jedoch aufgrund seiner tektonischen Position innerhalb der Osning-Störung, der Lage am Nordrand des Subvariscikums und wegen seiner tiefreichenden Aufschlüsse eine erhebliche Bedeutung für die Strukturgeologie dieses Raumes.

Im Aachen-Erkelenzer Steinkohlengebiet tritt das flözführende Oberkarbon in drei räumlich voneinander getrennten Bergbaurevieren auf: dem Inderevier, dem Wurmrevier und dem Erkelenzer Revier (Wrede 1985 b; Wrede & Zeller 1983, 1988).

Das Inderevier erstreckt sich zwischen Aachen und Eschweiler und liegt unmittelbar nördlich vom Venn-Sattel. Das Wurmrevier liegt nördlich der Stadt Aachen zwischen der deutsch-niederländischen Grenze und Jülich und ist vom Inderevier durch den stark verschuppten Aachener Sattel getrennt (Taf. 1 in der Anl.).

Das Erkelenzer Revier liegt westlich von Mönchengladbach, ca. 15 km nördlich des eigentlichen Aachener Steinkohlenreviers, und ist rund 35 km von den westlichsten Ruhrzechen entfernt. Der Erkelenzer Horst ist der höchste Teil der Venloer Scholle. Er wird nach Südwesten vom Rurrand-Sprung tektonisch gegen die Rur-Scholle begrenzt (Wrede & Zeller 1983).

Das Aachen-Erkelenzer Steinkohlengebiet ist im Norden und Osten von Ablagerungen der Niederrheinischen Bucht überdeckt, im Westen von Gesteinen der Limburger Kreide-Tafel (Knapp 1980: Taf. 1). Im Inderevier und im kleineren Umfang auch im Wurmrevier ist das flözführende Oberkarbon auch an der Erdoberfläche aufgeschlossen. Wie im südlichen Ruhrrevier begann daher im Inderevier der Steinkohlenbergbau bereits im Mittelalter.

Das Aachen-Erkelenzer Steinkohlengebiet wurde im Rahmen des Untersuchungsvorhabens „Tiefentektonik" sowohl in Einzelrevieren bearbeitet und dargestellt, als auch gebietsweise übergreifend und zusammenhängend interpretiert (Wrede 1985 a). Während die bergbaulich erschlossene Fläche des Aachen-Erkelenzer Reviers rund 180 km² groß ist, beträgt die insgesamt bearbeitete und grundrißlich dargestellte Fläche von ca. 740 km² ein Mehrfaches (Wrede 1985 b: Taf. 1, 2, 6 u. 11).

4.2 Großräumige Axialstrukturen

Betrachtet man die heutige regionale Verbreitung der flözführenden Oberkarbon-Schichten am Nordrand des Variscikums, so fällt auf, daß sie offensichtlich an großräumige Achsendepressionen gebunden ist (Abb. 13).

Wie auch bei der Untersuchung der strukturellen Verbindungen zwischen Aachener und Ruhrkarbon herausgestellt wird (Kap. 4.3.3), werden diese beiden Lagerstättenbezirke durch die Krefelder Achsenaufwölbung voneinander getrennt (Taf. 1 in der Anl.). Von der Aachen-Südlimburger Achsendepression aus heben die Faltenachsen nach Westen zu in Richtung auf die Querstruktur von Visé – Puth heraus, die den Ostrand des oberflächennahen, kaledonisch konsolidierten Brabanter Massiv markiert (Abb. 13). Dieses alte Massiv übte einen starken Einfluß auf den Baustil der variscischen Orogenfront aus (s. Kap. 4.3). Der Ostrand des Brabanter Massivs scheint sehr stark bruchtektonisch geprägt zu sein. Geophysikalische Untersuchungen dort (BLESS et al. 1980) und einige Bohrungen im Gebiet der

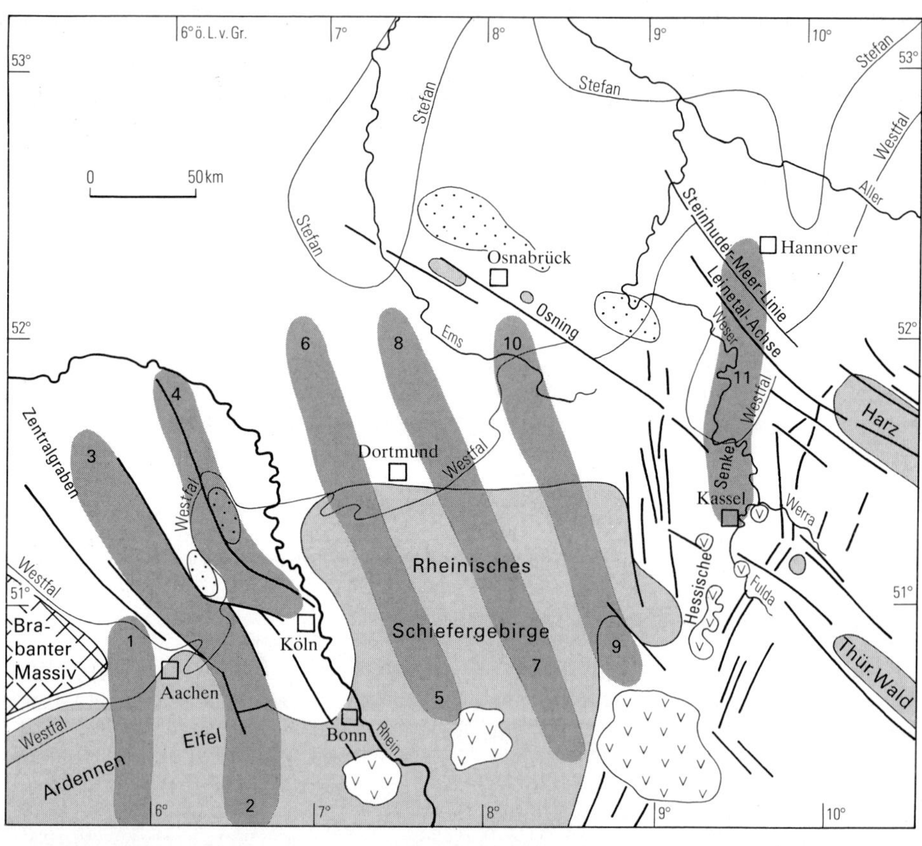

1 Struktur von Visé-Puth
2 Eifeler Nord-Süd-Zone
3 Aachen-Südlimburger Achsendepression
4 Krefelder Achsenaufwölbung
5 Bergische Muldenzone
6 Gelsenkirchener Achsendepression
7 Unna-Gießen-Fraktur
8 Hammer Achsendepression
9 Altenbürener Lineament
10 Lippstädter Gewölbe
11 Steinheimer Becken

 variscische Querzonen
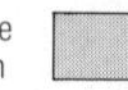 an der Oberfläche anstehendes Variscikum
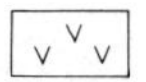 junge Vulkanite
postvariscische Intrusiva
 alpidische Brüche

Abb. 13 Quergliederung des Subvariscikums und die Bezüge zur jungen Tektonik

Struktur von Visé – Puth südlich von Maastricht (KIMPE et al. 1978, BLESS et al. 1981, BLESS 1982) haben gezeigt, daß der unter jüngeren paläozoischen Schichten verborgene Ostrand des Brabanter Massivs bereits vor dem Unterkarbon stark zerblockt war, was die Ausbildung von sehr kleinräumigen, stark differenzierten Sedimentationsbecken vor allem im Unterkarbon zur Folge hatte. Dies führte zusammen mit der anschließenden tektonischen Überprägung zu einem sehr komplizierten geologischen Bild dieses Raumes (BLESS & BOUCKAERT & PAPROTH 1980).

Im Rahmen der Untersuchungen zur Tiefentektonik des Aachener Reviers konnte gezeigt werden, daß ein Teil der dort im Oberkarbon festgestellten Störungen bereits alt angelegt ist und sich aus dem prävariscischen Untergrund durchpaust (WREDE 1985 a). In diesem Zusammenhang muß besonders auf eine Gruppe von Störungen hingewiesen werden, die das Aachener Revier in Südwest-Nordost-Richtung durchzieht und die in den Grubenaufschlüssen mit stark wechselnden Verwürfen – teils scheinbar um mehrere hundert Meter abschiebend, teils um ähnliche Beträge aufschiebend – angetroffen wurden (HERBST 1967).

Der Faltenbau beiderseits dieser Störungen unterscheidet sich deutlich. Dies weist auf ein im Bezug zur Faltung relativ hohes Alter dieser Störungen hin.

Die großräumige Achsendepression des Aachen-Südlimburger Steinkohlenbeckens ist sicher bei der variscischen Faltung angelegt worden, wie die engen Beziehungen zwischen Axialstrukturen und Falten- beziehungsweise Stockwerktektonik zeigen (Kap. 5.1). Es liegt daher nahe, sie in ihrer südöstlichen Verlängerung mit der Eifeler Nord-Süd-Zone in Verbindung zu bringen und sie somit als Teil einer alten Vorzeichnung der heutigen Niederrheinischen Bucht zu deuten (R. TEICHMÜLLER 1974). Die Eifeler Nord-Süd-Zone quert als auffällige Achsendepression den variscischen Faltenbau. In dieser Zone sind in einer Aufreihung von Muldenstrukturen mittel- bis oberdevonische Kalksteine in der sonst von Gesteinen des Unterdevons geprägten Umgebung erhalten geblieben (SCHENK 1937). Ferner macht sich diese Zone durch eine auffallend geringe Inkohlung der Schichten bemerkbar (W. MEYER 1986).

Am Nordrand der Eifel ist über dieser Achsendepression des variscischen Faltenbaus das Mechernicher Trias-Dreieck eingesenkt, das eine postvariscisch fortlebende Aktivität dieser Zone anzeigt. WIENECKE (1983) stellte heraus, daß die Struktur der Eifeler Nord-Süd-Zone beziehungsweise der Trias-Senke nach Nordwesten abknickt, sich in den Rur- beziehungsweise Zentral-Graben fortsetzt und sich nicht über die Krefelder Aufwölbung hinweg mit dem ebenfalls Nord – Süd streichenden Niederrheinischen Zechstein-Becken verbinden läßt (MURAWSKI 1964). Hiermit ist eine Verbindung geschaffen zwischen einer offenbar sehr weiträumig angelegten Axialstruktur des Variscikums und der jungen, zum Teil bis heute fortlebenden Bruchtektonik im Westteil der Niederrheinischen Bucht. Der Knick in der Streichrichtung dieser Strukturen von Nord – Süd nach Nordwest – Südost könnte – ähnlich wie der sigmoidale Verlauf der Faltenachsen (Kap. 4.3.3) – vom Sporn des Brabanter Massivs beeinflußt sein.

Die jüngere Bruchtektonik ließ ältere Störungslinien wieder aufleben, wobei im einzelnen sehr verschiedenartige Bewegungen nacheinander und nebeneinander an den Störungen abliefen. Über Einzelheiten einer permischen, triassischen oder älteren mesozoischen Bruchtektonik wissen wir wenig, da die entsprechenden Sedimente im Aachener Steinkohlengebiet fast völlig fehlen. Jedoch zeigen die Beobachtungen von TYS (1980) in der belgischen Campine und vor allem die seit der Oberkreide belegbaren „Schaukelbewegungen" an den Sprüngen, für die in Kapitel 5.4.3 dieser Arbeit verschiedene Beispiele genannt werden, wie komplex die Erscheinungen der jüngeren Bruchtektonik sind. Die heute in den Schichten des Karbons anzutreffenden Verwürfe an den Sprüngen lassen daher nur in wenigen Fällen Schlüsse über die zeitlichen Bewegungsabläufe der jeweiligen Störung zu.

Ein gewisser Trend in der Streichrichtung der reaktivierten Störungen läßt sich erkennen, wenn man die Verhältnisse von Wurm- und Erkelenzer Revier miteinander vergleicht. Im Erkelenzer Revier konnte im Einklang mit den Ergebnissen von Burkhardt & Polysos (1981) und Klostermann (1983) festgestellt werden, daß dort bevorzugt „steiler" streichende Störungen reaktiviert wurden, das heißt solche, die mehr in Nord-Süd-Richtung streichen. Im Wurmrevier und Südlimburger Revier scheint es sich dagegen eher umgekehrt zu verhalten: Dort wurden die „flacher" streichenden Störungen bevorzugt wiederbelebt, wie zum Beispiel der Ost – West verlaufende Teilast des Richtericher Sprungs als Nordgrenze des Aachener Kreide-Gebiets oder der eigenartige Verlauf der Benzenrader Störung im Deckgebirge zeigen (vgl. Abb. 80, S. 130/131).

Der Unterschied in der Generalstreichrichtung der jungen Bruchtektonik im Erkelenzer Revier nördlich und im Wurmrevier südlich des Zentral-Grabens ist ein deutliches Abbild der jungen Bewegungen dieses Gebiets, die sich nach Illies & Fuchs (1983: Abb. 1) als scherenartige Öffnung der Niederrheinischen Bucht beschreiben lassen. Dem von Heerlerheide-Störung, Feldbiß und 1. Nordöstlicher Hauptstörung einerseits und dem Rurrand-Sprung andererseits gebildeten Zentral-Graben kommt offenbar die Funktion der zentralen Trennfuge im Senkungsfeld der Niederrheinischen Bucht zu. Auffallend ist, daß sich in diesem südwestlichen Teil der Niederrheinischen Bucht kaum größere Horizontalverschiebungen nachweisen lassen. Die Konfiguration der Sprünge besonders im Erkelenzer Revier (Wrede & Zeller 1983: 34) deutet aber im Zusammenhang mit dem sigmoidalen Verlauf der Faltenachsen auf das beginnende Aufreißen einer horizontal wirksamen Scherzone im Untergrund hin (Wilcox & Harding & Seely 1973). Weiter nördlich, das heißt weiter von der Scharnierstelle der Bewegungen in der Niederrheinischen Bucht entfernt, treten nach Klostermann (1983) und Zeller & Klostermann (1984) im Bereich der Venloer Scholle und des Viersener Sprungsystems dann auch sinistrale Horizontalverschiebungen auf. In den Bohrungen Viersen 1001 und Schwalmtal 1001, die in Kapitel 4.3.3 ausführlicher beschrieben werden, sind derartige Störungen aufgeschlossen worden (Wrede, im Druck). Dort ist diese Scherzone offenbar schon weiter entwickelt als weiter im Süden.

Im Gebiet des Aachen-Südlimburger Karbon-Beckens überlagern sich also die Einflüsse der prävariscischen Zerblockung am Ostrand des Brabanter Massivs, der ausgeprägten variscischen Achsendepression in der Verlängerung der Eifeler Nord-Süd-Zone und der jungen Bruchtektonik im Zentrum der Niederrheinischen Bucht. Dieses Gebiet stellt ein Teilstück des „Niederrhein-Lineaments" dar (Franke 1990), das sich vom Nordende des Oberrhein-Grabens bis in die Nordsee verfolgen läßt. Es trennt den Krustenblock der Ostengland-Brabanter Kaledoniden vom Niederländisch-Norddeutschen Massiv (vgl. auch Klostermann 1991).

Die Krefelder Achsenaufwölbung wird in Kapitel 4.3.3 ausführlich beschrieben. Wie neuere Untersuchungen gezeigt haben, ist die strukturelle und paläogeographische Bedeutung dieser Achsenkulmination wesentlich geringer einzuschätzen, als dies in der Vergangenheit teilweise angenommen wurde (Buntebarth & Michel & R. Teichmüller 1982, Clausen & Jödicke & R. Teichmüller 1982, Paproth & Struve 1982). Zumindest für die Molassebildungen des flözführenden Oberkarbons läßt sich eine Wirksamkeit der Krefelder Aufwölbung weder aus sedimentologischer noch aus tektonischer Sicht begründen (Strack 1989; Wrede 1991; Zeller, im

Druck). Die Achsenhochlage entstand im Zusammenhang mit der variscischen Faltung.

Die östliche Begrenzung des Ruhrbeckens bildet die „Lippstädter Achsenaufwölbung", eine weitere quer zum Generalstreichen verlaufende Achsenkulminationszone. Das Ruhrbecken stellt somit, ganz ähnlich dem Aachen-Südlimburger Becken, eine breite Achsendepressionszone dar, die in sich noch gegliedert ist (Gelsenkirchener Achsendepression, Dortmunder Achsenaufwölbung, Hammer Achsendepression; vgl. Kap. 5.1). Auch diese Strukturen hängen unmittelbar mit der variscischen Faltung zusammen.

Die Gelsenkirchener Achsendepression läßt sich nach Süden hin in das Rheinische Schiefergebirge verfolgen. An dieser Zone tauchen der Remscheider Sattel nach Osten und der Ebbesattel nach Westen gegeneinander ab. Dies wird besonders deutlich in der Verbreitung des Unterdevons in beiden Antiklinorien.

Noch weiter nach Süden findet sich in der Verlängerung dieser Depression die „Bergische Muldenzone", in der es nicht nur zu bemerkenswerten streichenden Änderungen des variscischen Faltenbaus kommt, sondern auch Hinweise auf jüngere Bruchtektonik und Mineralisationen vorliegen. Die Bergische Muldenzone ist daher – ebenso wie die Eifeler Nord-Süd-Zone – nicht nur ein Element der postvariscischen Tektonik im Zusammenhang mit der jüngeren Hebung des Rheinischen Schildes (GRABERT 1983). Die engen Beziehungen beispielsweise zwischen der Achsendepression und den Faltenformen belegen vielmehr eine bereits orogene Anlage dieser Querzonen. Ebenso besitzt die Hammer Achsendepression offenbar eine Fortsetzung nach Süden. Sie liegt in der direkten Verlängerung des „Menden-Oberscheld-Lineaments" (WERNER 1988) beziehungsweise der „Unna-Gießen-Fraktur" (PILGER 1957). Auch an dieser Zone kommt es zu bedeutenden Änderungen im strukturellen Bau des Rheinischen Schiefergebirges, wie auch hier vermehrt variscische wie postvariscische Bruchstrukturen und Mineralisationen auftreten. Nach Norden hin setzt sich die Depressionszone des Ruhrbeckens in die Ems-Senke fort, die auch nach der variscischen Orogenese noch erkennbar blieb, wie die Verbreitung der dort erhaltenen spätvariscischen Stefan-Sedimente anzeigt.

Die Lippstädter Achsenaufwölbung am Ostrand des Ruhrbeckens ist eine großräumige, synorogen geprägte Queraufwölbung des Variscischen Gebirges. Da sie größtenteils unter mächtigen Sedimenten der Oberkreide verborgen ist, sind über ihren Internbau relativ wenige Einzelheiten bekannt (CLAUSEN & JÖDICKE & R. TEICHMÜLLER 1982). Im Kern der Achsenkulmination des Geseker Sattels stehen wahrscheinlich altpaläozoische (ordovicische?) Gesteine an, wie organische Relikte in Proben aus der Bohrung Soest-Erwitte 1/1 a vermuten lassen, die als Graptolithenfragmente gedeutet wurden (CLAUSEN & M. TEICHMÜLLER 1982). Daneben tritt eine Schichtenfolge auf, die vom Unterdevon bis zum Namur reichen dürfte. Ähnlich wie bei der Krefelder Aufwölbung wird im Untergrund der Lippstädter Aufwölbung die Existenz eines (?) permokarbonen Plutons vermutet. Hierfür sprechen neben geophysikalischen Indizien der Metamorphosegrad der erbohrten Gesteine und die hohe Inkohlung der organischen Relikte.

Nach Nordwesten hin bricht die Lippstädter Achsenaufwölbung relativ plötzlich an einer Flexur- beziehungsweise Überschiebungszone ab. Südlich davon traf die Bohrung Vingerhoets 93 unter geringmächtigem tiefen Namur Schichten des Unterkarbons und Oberdevons an, während in der rund 15 km nordwestlich gelegenen Bohrung Versmold 1 allein das Namur über 3 000 m mächtig ist. Bisher wurde dieses tektonische Element als östliche Fortsetzung der Sutan-Überschiebung des Ruhrkarbons gedeutet (z. B. Hoyer et al. 1974). Da diese Störung aber nachweislich schon im Raum Ahlen ausläuft (vgl. Kap. 4.3), muß diese Flexurzone neu interpretiert werden (s. S. 50/51).

Nach Südosten hin setzt sich die Lippstädter Achsenaufwölbung deutlich erkennbar in einer Querzone des Rheinischen Schiefergebirges fort, die sich als „Altenbürener Lineament" bis in die Frankenberger Bucht am Rand der Hessischen Senke verfolgen läßt (vgl. z. B. Werner 1988: Abb. II-43). Diese Zone war sicher schon vor der variscischen Orogenese in verschiedener Weise aktiv, so daß auch für die Lippstädter Achsenaufwölbung eine prävariscische Anlage denkbar erscheint.

Über die weitere Gliederung der variscischen Front nach Nordosten hin ist wenig bekannt. Generell biegt die Ausbißlinie der Westfal-Basis im weiteren Fortstreichen nach Nordosten hin um (Abb. 13, S. 38). Im Raum südlich von Hannover scheinen die Faltenachsen aber erneut stark einzutauchen, wie das weite Vorgreifen des Westfals nach Süden im Steinheimer Becken erkennen läßt. Auffälligerweise wird auch diese Senkungszone von einem postvariscischen Stefan-Trog und der Verbreitungsgrenze des Zechstein-Salzes nachgezeichnet (Brg. Texas Z1 südwestlich Celle) und deckt sich mit der neotektonischen Hessischen Senke (M. Teichmüller & R. Teichmüller & Bartenstein 1984: Taf. 1).

In diesem nordöstlichen Teil des Gebiets der subvariscischen Vortiefe werden neben den Einflüssen der variscischen Orogenese Elemente der saxonischen Bruchtektonik dominierend. Vor allem die herzynische (Westnordwest – Ostsüdost-) Richtung macht sich in Form von lang durchhaltenden Tiefenbruchlinien bemerkbar, die wahrscheinlich als Elemente eines über lange geologische Zeiträume aktiven wrench-fault-Systems zu deuten sind (Drozdzewski 1985 b, 1988; Wrede 1988 c; Haglauer-Ruppel 1989; Ruchholz 1989). In dieser Zone kam es zu Transtensions- und Transpressionsvorgängen, wie sie vor allem von der Osning-Störung beschrieben wurden. Sehr typisch für diese Störungen scheint zu sein, daß sie in der Tiefe als steile Bruchzone vorliegen, während sie in höheren tektonischen Stockwerken mit flacherem Einfallen in Form von Überschiebungen ausgebildet sind (vgl. Abb. 31, S. 74). Die nördlich parallel zum Osning verlaufende „Piesberg-Achse" scheint eine ähnlich strukturierte, wenn auch weniger deutlich entwickelte Bruchlinie zu sein (s. Taf. 1 in der Anl.). Die „Steinhuder-Meer-Linie" und die „Leinetal-Achse" haben schließlich eine Abtrennung des Steinheimer Beckens von seiner nördlichen Verlängerung (Stefan-Trog bei Hannover-Celle) bewirkt (Abb. 13). Auch das weit nördlich der variscischen Front gelegene Karbon-Vorkommen von Ibbenbüren verdankt seine extreme Heraushebung diesen großräumigen Scherbewegungen. Die innerhalb des Niedersächsischen Tektogens gelegenen jurassischen bis kreidezeitlichen Intrusiva des Bramscher Massivs und des Massivs von Vlotho ordnen sich in das herzynisch bestimmte Strukturbild ein (Stadler & R. Teichmüller 1971).

4.3 Faltenbau und Überschiebungen

Der Faltenbau des Subvariscikums wird im wesentlichen von drei Faktoren beeinflußt: von der Achsenwellung, von der Position der Strukturen zum Außenrand der variscischen Front und damit vom Maß der orogenen Einengung sowie vom Stockwerkbau. Auf die großräumige Achsenwellung ist die Verbreitung der großen Steinkohlenlagerstätten Nordrhein-Westfalens zurückzuführen. In den Bereichen der Achsenkulminationen – wie der Krefelder oder Lippstädter Achsenaufwölbung – ist das ehemals vorhandene kohleführende Oberkarbon herausgehoben und anschließend abgetragen worden.

Der Einfluß der räumlichen Lage zum Außenrand der variscischen Faltenfront wird bei einem Vergleich des linksrheinischen mit dem rechtsrheinischen Subvariscikum deutlich. Wie die Strukturkarte (Taf. 1 in der Anl.) zeigt, ist der Faltenbau in beiden Gebieten deutlich verschieden (vgl. auch Abb. 101, S. 162/163): Am Nordabfall der Eifel sind die Falten eng, stark verschuppt und deutlich nordvergent. Die Faltung klingt jedoch im Vorland rasch zugunsten von fast flacher Lagerung aus. Der Außenrand der variscischen Faltenfront liegt hier nur 25 bis 30 km von der im Venn-Sattel angenommenen Grenze zur Rhenoherzynischen Zone entfernt. Rechtsrheinisch tritt dagegen eine relativ weitgespannte Faltung auf. Der Faltengürtel des Subvariscikums dehnt sich nach Norden bis weit unter das Münsterland aus und erreicht schließlich durch das sukzessive Neueinsetzen von Faltenstrukturen eine Breite von über 80 Kilometern. Im Gegensatz zum nordvergenten Aachener Karbon zeichnet sich das Ruhrkarbon durch einen aufrechten Faltenbau mit wenig ausgeprägter Vergenz aus. Dieser Unterschied im Bau und in der Reichweite der Faltung dürfte auf das Widerlager zurückzuführen sein, das der vorvariscische Gebirgskern des Brabanter Massivs, der sich von Belgien her über die südlichen Niederlande bis an den Rand des Niederrheingebiets erstreckt, linksrheinisch der variscischen Faltungsfront entgegenstellte (WREDE 1987 a). Dort „staute" sich die vorrückende Faltungsfront an diesem relativ starren Block im Vorland, während sie sich rechtsrheinisch, wo ein solcher Störkörper offenbar nicht vorlag, ziemlich ungehindert nach Norden ausbreiten konnte. Das unterschiedliche Strukturbild beiderseits der Niederrheinischen Bucht erschwert das Erkennen von Zusammenhängen zwischen den Faltensträngen. In letzter Zeit durchgeführte tektonische Untersuchungen im Bereich der Steinkohlenlagerstätten des Aachener und Erkelenzer Reviers sowie die Auswertung neuer Forschungsbohrungen zeigen, daß die Falten nicht geradlinig unter dem Niederrheingebiet hindurchstreichen, sondern im Grundriß leicht S-förmig verbogen sind und sich so um den vermuteten Ostrand des hier bereits tiefer versenkten Brabanter Massivs herumschmiegen.

Wie in Kapitel 4.3.3 beschrieben wird, lassen sich die südlichen Faltenstrukturen des linksrheinischen und rechtsrheinischen Subvariscikums miteinander verbinden. Der Waubacher Sattel stellt die nördlichste bedeutende Faltenstruktur des Aachener Karbons dar, der damit dort den Außenrand der variscischen Front markiert. Da dem Waubacher Sattel rechtsrheinisch der Gelsenkirchener Sattel entspricht, haben alle weiter nördlich liegenden Faltenstrukturen des Ruhrkarbons keine Entsprechung im linksrheinischen Subvariscikum. Sie setzen dort an einer Südsüdwest – Nordnordost verlaufenden Linie neu ein, die etwa zwischen Krefeld und der Bohrung Münsterland 1 verläuft (Abb. 14). So setzt der Vestische Hauptsattel als bedeutende Sattelstruktur erst östlich vom Rhein ein, der Dorstener Hauptsattel westlich Dorsten und der Billerbecker Hauptsattel ca. 20 km westlich der Bohrung Münsterland 1 (vgl. Taf. 1 in der Anl.). In diesem größeren Zusammenhang betrachtet laufen die Falten des Ruhrkarbons nicht an der Krefelder Aufwölbung aus, sondern am abtauchenden Ostende des Brabanter Massivs. Die oben genannte, im Münsterland nahezu Nord – Süd verlaufende Linie markiert somit die variscische Faltenfront. Wie Aufschlüsse im Aachen-Erkelenzer Revier und im nordwestlichen Ruhrgebiet belegen, handelt es sich um einen mehrere Kilometer breiten Saum, in dem größere Falten allmählich verflachen und schließlich ganz verschwinden. Im Norden scheint die Faltungsfront allerdings an der Osning-Störung zu enden, denn die Karbon-Schollen des Osnabrücker Berglandes sind flach gelagert. Die dort erkennbaren schwachen Faltenstrukturen streichen Nordwest – Südost und sind überwiegend alpidischen Alters (DROZDZEWSKI 1985 b, 1988). Die variscische Faltenfront verläuft demnach im Bereich der Osning-Zone Nordwest – Südost und nimmt möglicherweise erst wieder zwischen Bielefeld und Detmold Südwest-Nordost-Verlauf an. Die mehr als 900 m lange Karbon-Strecke (Namur C) der Bohrung Bielefeld wies durchweg flache Lagerung auf, ebenso die 13 km östlich gelegene Bohrung Lieme 1 mit allerdings nur kurzem Karbon-Profil (Fabian 1956). Aufgrund dieser Befunde muß die Osning-Störung variscisch die Funktion einer Blattverschiebung eventuell in der Verlängerung der Loke-Scherzone (Berthelsen 1992) gehabt haben.

Der Einfluß der Stockwerktektonik auf den Faltenbau des Subvariscikums läßt sich am klarsten im Ruhrkarbon beobachten. Die paläozoischen Gesteine des Subvariscikums sinken generell nach Norden ab, so daß im Süden ältere, im Norden jüngere Schichten anstehen. Durch die spät- bis postvariscische Heraushebung der südlichen Teile des Faltengürtels werden folglich dort tiefere Gebirgsstockwerke angeschnitten als weiter im Norden. Im Hinblick auf den strukturellen Bau dieser verschieden alten Schichten läßt sich der breite Faltengürtel des rechtsrheinischen Subvariscikums in drei Zonen gliedern: Im südlichen Ruhrgebiet zwischen Remscheider Sattel und Stockumer Hauptsattel weisen die Schichten des Unterkarbons, Namurs und zum Teil des Westfals A einen ausgeprägten Spezialfaltenbau auf, in dem die Überschiebungstektonik an Bedeutung verliert. Im mittleren Ruhrgebiet, zwischen Stockumer Hauptsattel und etwa Vestischen Hauptsattel, ist in den Schichten des Westfals A und B eine deutliche Gliederung in Antiklinorien und Synklinorien (Hauptsättel und Hauptmulden) vorhanden und der vergleichsweise tiefgründige Faltenbau weist eine Reihe recht bedeutender nord- und südvergenter Überschiebungen auf (Abb. 14). Nahezu alle diese unterschiedlich großen Überschiebungen laufen innerhalb des Aufschlußbereichs sowohl la-

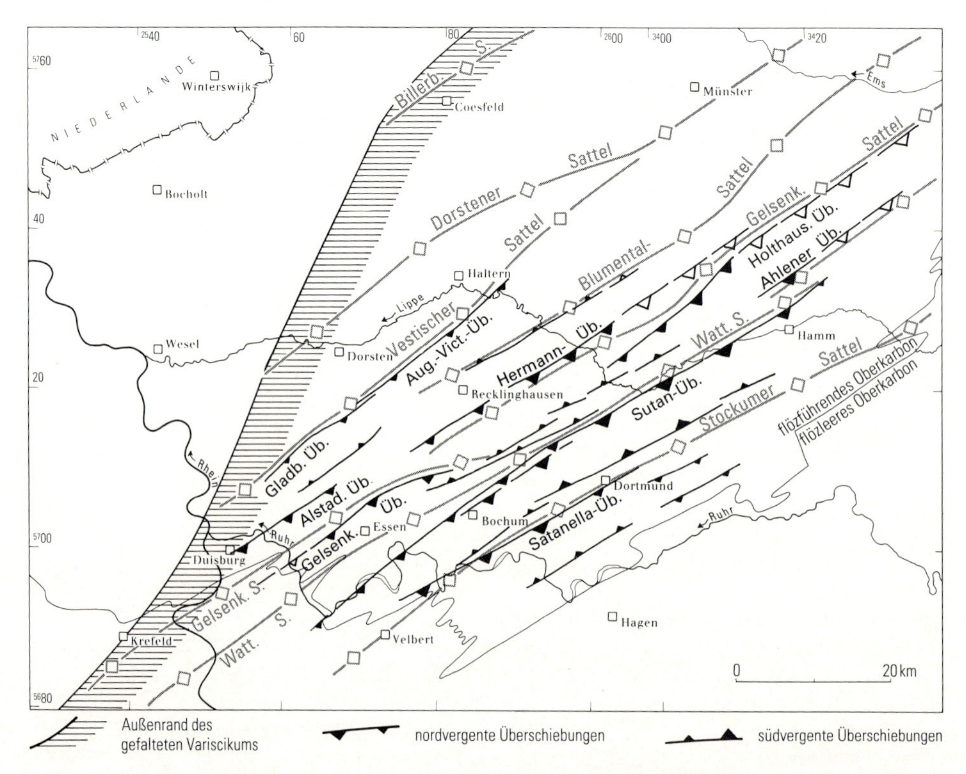

Abb. 14 Überschiebungstektonik im Ruhrkarbon; Darstellung der einzelnen Überschiebungen in unterschiedlichen Flözniveaus

teral als auch vertikal nach oben und unten in unterschiedlichen Niveaus aus und werden durch Falten kompensiert. Im nördlichen Ruhrgebiet und Münsterland, zwischen Vestischem Hauptsattel und Billerbecker Hauptsattel, überwiegen in den dort anstehenden Schichten des Westfals C breite, flache Trogmulden und relativ schmale, spezialgefaltete Antiklinorien, denen eine bedeutende Überschiebungstektonik fehlt. Diese räumliche Gliederung des Faltenbaus im Ruhrkarbon spiegelt in anschaulicher Weise den Stockwerkbau wider, wie er sich auch aus der Analyse tiefreichender bergmännischer Aufschlüsse oder dem Vergleich von Gebirgsprofilen benachbarter Horst- und Grabenschollen ergibt.

4.3.1 Aachener Karbon

Das Aachener Revier ist durch einen komplexen tektonischen Bau gekennzeichnet. In ihm überschneiden sich die Einflußzonen des spät- bis postoberkarbonischen variscischen Gebirgsbaus, des im tieferen Untergrund verborgenen, kaledonisch beeinflußten Brabanter Massivs und der jungen, teilweise bis heute fortlebenden Bruchtektonik der Niederrheinischen Bucht. Diese drei Faktoren beeinflussen sich gegenseitig und schaffen ein vielseitiges tektonisches Bild der Lagerstätte, das den Bergbau dort vor besondere Probleme stellt.

Im Aachener Revier ist das Subvariscikum lediglich 25 – 30 km breit (Taf. 1 in der Anl.). Der Südteil ist intensiv gefaltet, während im Nordteil die Oberkarbon-Schichten nur noch schwacher Faltung unterworfen sind. Wie die Aufschlüsse der belgischen Campine und des niederländischen Peelgebiets zeigen, klingt die Faltung in nordwestliche Richtung schnell ab. Im Süden des Aachener Reviers liegt die stark nordvergente Inde-Mulde. Ihr steiler bis überkippter Südflügel wird von der Venn-Überschiebung überfahren, deren Hangendes der aus devonischen und altpaläozoischen Schichten bestehende Venn-Sattel bildet. Im Norden liegt eine weitgespannte, stark asymmetrische Muldenstruktur, die der Wurm-Mulde im weiteren Sinne entspricht und deren Nordrand (Waubacher Sattel) den Außenrand des Subvariscikums markiert (s. Taf. 1). Der extrem steile Südflügel dieses Wurm-Synklinoriums entspricht dem Nordflügel des Aachener (Schuppen-)Sattels, der von bedeutenden Überschiebungen zerschert wird und in dessen Kern unterkarbonische und devonische Schichten an der Grundgebirgsoberfläche anstehen (s. Abb. 101 b, S. 162/163).

Der Venn-Sattel bildet die Grenze zwischen Rhenoherzynikum und Subvariscikum (Knapp 1980: Taf. 1). Er setzt sich im Kern aus kambrischen klastischen Gesteinen zusammen, die nach außen hin mehr oder weniger gleichmäßig von Schichten des Ordoviziums und des Devons überlagert werden. Örtlich nachgewiesene Diskordanzen zwischen Altpaläozoikum und Unterdevon belegen eine kaledonische Gebirgsbildung in diesem Raum (Holzapfel 1910, Thome 1955, Geukens 1957). An seinem Nordrand wird der altpaläozoische Kern des Venn-Sattels von der Venn-Überschiebung auf das vorgelagerte Inde-Synklinorium überschoben. Die Venn-Überschiebung ist eine komplex aus mehreren Störungen zusammengesetzte Überschiebungszone, in der sich einzelne Äste im Streichen seitlich ablösen. Der größte bekanntgewordene Verwurf dieses Störungssystems liegt ganz im Osten bei Langerwehe und beträgt dort (stratigraphisch bzw. bankrecht gemessen) ca. 4 000 m.

Die Inde-Mulde hat im bergbaulich aufgeschlossenen Gebiet die Form einer stark nach Norden gekippten, breiten Koffermulde mit einem ca. 30 – 40° südfallenden Muldennordflügel, einem normalliegenden nordfallenden Faltenmittelschenkel und einem überkippt nach Süden fallenden Muldensüdflügel. Außerhalb der

Achsendepression des Aachener Karbons ist die Inde-Mulde ein nordvergentes spezialgefaltetes Synklinorium. In der Inde-Mulde reichen die jüngsten oberkarbonischen Schichten bis Top Westfal A (WREDE & ZELLER 1991). Bemerkenswert ist eine größere südvergente Überschiebung, die Breiningerberg-Störung, im steilaufgerichteten Massenkalk-Band der Muldensüdflanke. Sie ist örtlich überkippt und hat so stellenweise das Aussehen einer streichenden Abschiebung (s. KNAPP 1980).

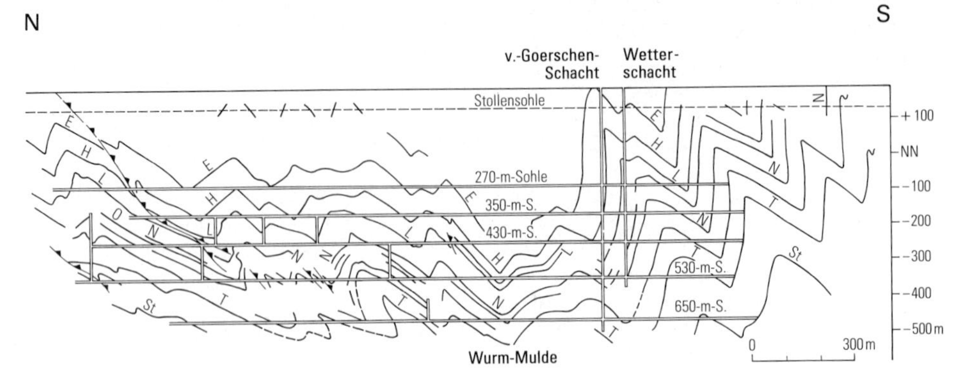

Abb. 15 Intensive Spezialfaltung (Engfaltenzone) innerhalb der Wurm-Mulde; Schnitt durch die Grube Gouley (nach WREDE 1985 a: Abb. 15)

Der Aachener Sattel ist an seiner Südflanke mehrfach verschuppt, so daß sich die stratigraphische Abfolge Oberdevon – Namur mehrfach wiederholt (Abb. 101 b, S. 162/163). Die bedeutendsten dieser nordvergenten Überschiebungen sind die Eilendorfer und die Burtscheider Überschiebung mit stratigraphischen Verwürfen von jeweils über 500 m. Im Kern des Aachener Sattels verläuft die Aachener Überschiebung. Ihr Verwurf beträgt am Ravelsberg bei Aachen ca. 1 400 m (HERBST 1962 b); er nimmt nach Westen hin – wo wegen des allgemeinen Heraushebens der Faltenachsen tiefere Gebirgsstockwerke aufgeschlossen sind – deutlich ab, so daß im Geultal nördlich Moresnet (ca. 10 km westlich von Aachen) der Verwurf nur noch einige hundert Meter beträgt (Überschiebung von Oberdevon auf Mittleren Kohlenkalk; VERHOOGEN 1935). Gleichzeitig scheint die Überschiebung zur Teufe hin aufzuspalten. Die Aachener Überschiebung wird allgemein als Fortsetzung der Faille du Midi und ihrer Begleitstörungen aus dem Lütticher Gebiet angesehen. Für diese Störungen werden im belgisch-nordfranzösischen Raum sehr große Verwürfe und insbesondere ein weitreichender Horizontaltransport der Hangendscholle nach Norden angenommen („Dinant-Decke", BLESS & BOUCKAERT & PAPROTH 1980). Auch für das Aachener Gebiet wird vor allem aufgrund der Ergebnisse reflexionsseismischer Untersuchungen die Deckennatur der Aachener Überschiebung diskutiert (MEISSNER & BARTELSEN & MURAWSKI 1981, MEISSNER et al. 1983, DURST 1985). Es sprechen in diesem Gebiet aber zahlreiche Argumente eher für eine faltungsbezogene Anlage der Störungen, ähnlich wie sie für die großen Überschiebungen des Ruhrkarbons angenommen wird. So fehlen zum Beispiel fazielle Unterschiede zwischen Hangend- und Liegendscholle der Störung. Eine östliche Begrenzung der angenommenen Dinant-Decke ist nicht bekannt, und auch die erwähnte Abnahme des Verwurfsbetrags zur Tiefe spricht eher gegen eine Deutung der Aachener Überschiebung als Schubbahn einer Dekke (WREDE 1987 a, WREDE & DROZDZEWSKI & DVOŘAK 1993).

Die Südflanke der Wurm-Mulde ist intensiv spezialgefaltet mit zum Teil mehrere hundert Meter langen, seigeren Faltenschenkeln auf der Nordseite der

Spezialsättel, denen nur kurze, flacher einfallende Sattelsüdflügel gegenüberstehen (Abb. 15). So ergibt sich das Bild einer kaskadenartigen Faltung, die die flözführenden Schichten nach Süden zu rasch heraushebt. Diese asymmetrischen Falten dokumentieren eine ursprüngliche Südvergenz der Nordflanke des Aachener Sattels, auch wenn heute als Folge einer Rotation die Achsenebenen nach Süden einfallen (s. S. 78/79 u. Abb. 36). Innerhalb des Wurmreviers nimmt die Intensität der Faltung von Süden nach Norden sehr schnell ab: Am Südrand der Wurm-Mulde beträgt die Einengung rund 40 – 50 %, aber schon einige Kilometer nördlich geht die Einengung auf weniger als 10 % zurück (s. S. 110). Dementsprechend erstreckt sich innerhalb der Aachener Achsensenke die Wurm-Mulde im weiteren Sinne als rund 10 km breites, flachwelliges Synklinorium bis zum Waubacher Sattel, dem nördlichsten ausgeprägten Faltenelement des Aachener Subvariscikums. Mit dem Herausheben der Faltenachsen nach Südwesten und Nordosten stellen sich Spezialfalten ein, die die Muldenstruktur zusätzlich gliedern. Die jüngsten in der Wurm-Mulde aufgeschlossenen Schichten gehören dem Westfal B2 an. Schichten des Westfals C treten erst nördlich vom Waubacher Sattel im Bereich des Zentral-Grabens auf (s. Taf. 1 in der Anl.).

4.3.2 Ruhrkarbon

Als Ruhrkarbon wird im folgenden der gesamte Faltenstrang des Subvariscikums zwischen Krefelder und Lippstädter Achsenaufwölbung verstanden. Im Nordosten findet dieser bis zum Billerbecker Sattel reichende Raum an der Osning-Störung seine Grenze. Der Bereich des südlichen Ruhrkarbons zwischen Remscheider Sattel und Stockumer Hauptsattel wird von aufrechten Biegegleitfalten aller Größenordnungen eingenommen. Die Mehrzahl dieser Falten weist Faltenhöhen und -breiten im Zehnermeterbereich auf. Diese kleinen Falten gehören wieder häufig größeren Falten mit Amplituden im Hundert- und Tausendmeterbereich an (s. Abb. 101 a, S. 162/163). Die Kleinfalten begleiten teils die Flanken der Großfalten, teils sind sie Spezialfaltungsbereiche in deren Kernen. Die besten Aufschlüsse bestehen im Hagener Raum im Bereich von Volme und Lenne (R. Schmidt 1961, Schemann 1962) sowie im Ruhrtal zwischen Witten und Herdecke (Rosenfeld 1960).

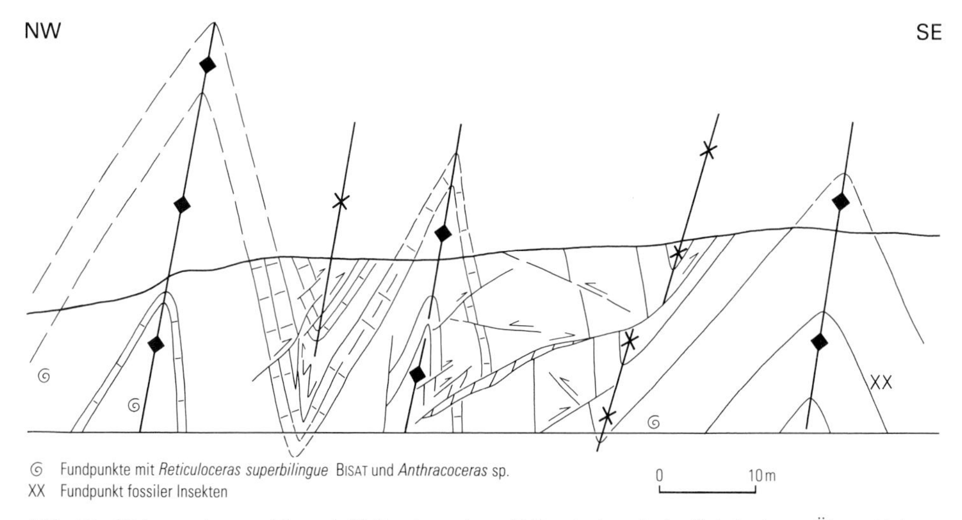

Ⓖ Fundpunkte mit *Reticuloceras superbilingue* Bisat und *Anthracoceras* sp.
XX Fundpunkt fossiler Insekten

Abb. 16 Südvergente enge Biegegleitfalten im unteren Faltenstockwerk des Ruhrkarbons. Überschiebungen sind auf die Sattelsüdflanken konzentriert (Steinbruch Hagen-Vorhalle; TK 25: 4610 Hagen)

Im südlichen Ruhrkarbon lassen sich im einzelnen folgende Hauptfaltenelemente unterscheiden: Herzkämper Hauptmulde, Esborner Hauptsattel, Wittener Hauptmulde und Stockumer Hauptsattel. Die Südflanke der Herzkämper Hauptmulde (bzw. die Nordflanke des Remscheider Sattels) ist westlich und östlich von Hagen unterschiedlich aufgebaut. Westlich von Hagen liegt einheitliches steiles Nordfallen ohne Spezialfaltung vor (PATTEISKY 1959: Abb. 8, Schnitt C – D). Ab dem Volmetal in östliche Richtung tritt in der rund 2 000 m mächtigen Abfolge des Namurs B eine Vielzahl von kleineren, meistens aufrechten Falten auf (vgl. PATTEISKY 1959: Abb. 6, Schnitt A – H). Bereichsweise häufen sich südvergente Falten, wie es an Nordflanken von Großfalten (wie etwa dem Remscheider Sattel) auch zu erwarten ist (s. Kap. 3.5.1). Südvergente Falten sind im Lennetal (SCHEMANN 1962) und in den Tongruben in Hagen-Vorhalle (Abb. 16) aufgeschlossen (R. SCHMIDT 1961, DROZDZEWSKI 1982 c). Daneben lassen sich jedoch ebensooft schwach nordvergente Falten beobachten, die vermutlich Südflanken größerer Faltenstrukturen angehören. Überschiebungstektonik tritt – wie schon eingangs bemerkt – ganz zurück und ist mit Verwürfen im Meterbereich an Falten entsprechender Größenordnung gebunden (Abb. 16).

Innerhalb dieses Spezialfaltenstockwerks treten die Herzkämper Hauptmulde und der Esborner Hauptsattel kaum als eigenständige Hauptfaltenelemente hervor. Einige Nachbarelemente des Esborner Hauptsattels, wie der Wengern-Sattel oder der Kirchhörder Sattel, haben bereichsweise sogar eine größere Amplitude als der Esborner Hauptsattel selbst. Auch eine größere weitaushaltende Esborner Überschiebung scheint entgegen früheren Annahmen nicht zu existieren (s. Geologische Karte des Ruhrkarbons 1 : 100 000, 1982; WREDE 1988 a: 41).

Die Wittener Hauptmulde setzt östlich Velbert innerhalb des nach Nordosten abtauchenden Velberter Sattels als spezialgefaltetes Synklinorium ein. Lediglich in der Hammer Achsensenke, und dort speziell im Dortmunder und Königsborner Graben, ist die Wittener Hauptmulde in Westfal-A-Schichten trogförmig ausgebildet (WREDE 1988 a). In diesem östlichen Bereich setzen innerhalb des südlichen Ruhrgebiets erstmals etwas größere, überwiegend nordvergente Überschiebungen ein, wie die Hellenbänker, Schürbank-, Margarethe- und Holzwikkeder Überschiebung (WREDE 1988 a: Taf. 8). Es handelt sich um kurze, meist nicht mehr als 10 km lange Störungen mit maximalen bankrechten Verwürfen im Hundertmeterbereich. In westliche Richtung tritt die Bedeutung der Überschiebungstektonik wieder zurück. Hier verdient unter überregionalen Aspekten lediglich die südvergente Gottessegen-Überschiebung Erwähnung, die sich immerhin über mehr als 20 km zu erstrecken scheint. Die Überschiebungen setzen häufig antithetisch zur Schichtung in Sattelnordflanken ein und nehmen nach oben rasch an Verwurf zu. In diesem Bereich des Ruhrkarbons liegt demnach der Übergang vom unteren Spezialfaltenstockwerk zum höheren Überschiebungs- und Faltenstockwerk vor.

Der Stockumer Hauptsattel ist die südlichste Faltenstruktur in dem bis zum Vestischen Hauptsattel reichenden mittleren Ruhrkarbon mit seiner deutlichen Gliederung in Antiklinorien und Synklinorien sowie zahlreichen nord- und südvergenten Überschiebungen. Er entwickelt sich im Westen bei Velbert aus dem Nordteil des Velberter Antiklinoriums (Taf. 1 in der Anl.). An seiner Südflanke entsteht innerhalb des Namurs die Satanella-Überschiebung, die im Raum Hattingen in zwei Äste aufgespalten ist (KELLER 1941, MICHELAU 1956). Das südwestliche Ende der Satanella-Überschiebung im Kohlenkalk des Velberter Sattels stellt vermutlich gleichzeitig ihre Wurzel dar. Eine Vorstellung von der Tiefenentwicklung des Stockumer Hauptsattels und der ihn begleitenden Überschiebungstektonik

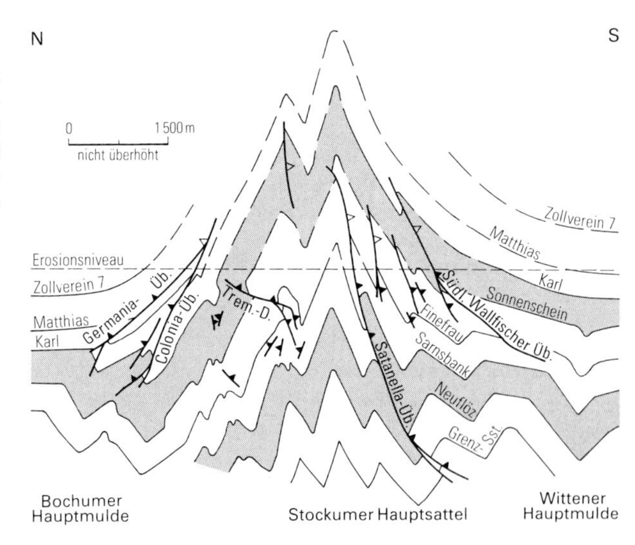

Abb. 17
Der Stockumer Hauptsattel im Raum Witten, teilweise hypothetisch ergänzt (nach WREDE 1988 a: Taf. 9, Schnitt 4). Der Schnitt zeigt den Stockwerkbau und die antivergente Ausbildung der Falten- und Überschiebungstektonik.

gibt Abbildung 17. Der Querschnitt zeigt die starke Heraushebung des Sattels innerhalb des Westfals A und die damit zunächst verbundene Zunahme des bankrechten Verwurfs an der Satanella-Überschiebung bis auf etwa 400 m. Zwischen Witten und Hattingen wurden auch bankrechte Verwürfe von über 500 m gemessen. In östliche Richtung nehmen die Verwürfe an der Satanella-Überschiebung generell ab; im Raum Dortmund läuft diese bedeutende Störung ganz aus (WREDE 1988), während sich der Stockumer Hauptsattel mehr oder weniger unverändert fortsetzt. Der etwa 20 km östlich Dortmund gelegene Monopol-III-Querschlag als östlichster Aufschluß des Stockumer Hauptsattels zeigt lediglich eine Zunahme der Spezialfalten innerhalb des Antiklinoriums (WREDE 1981, 1988 a).

Auf der Nordflanke des Stockumer Hauptsattels beziehungsweise der Südflanke der Bochumer Hauptmulde stehen der nordvergenten Satanella-Überschiebung mehrere große südvergente Überschiebungen gegenüber, von denen die wichtigsten die Colonia- beziehungsweise Scharnhorst-Überschiebung, die Germania- und die Kurler Überschiebung sind (WREDE 1980 a: Taf. 2, 3).

Die Colonia-Überschiebung setzt in Bochum innerhalb der Bochumer Hauptmulde ein und steht mit der Scharnhorst-Überschiebung im Dortmunder Raum in Verbindung (HEWIG in RABITZ & HEWIG 1987: 85). Nördlich benachbart verläuft die Germania-Überschiebung, die sich östlich Dortmund mit der Scharnhorst-Überschiebung zu einer mehrere hundert Meter breiten Störungszone zusammenschließt (WREDE 1980 a: 149). Zwar ist die Teufenerstreckung der einzelnen Überschiebungen mit bankrechten Verwürfen von jeweils 100 – 300 m geringer als im Falle der Satanella-Überschiebung, für die Gesamtheit aller Störungsbahnen auf der Nordwestflanke des Stockumer Hauptsattels ergeben sich aber ebenso große Verwürfe wie für die Satanella-Überschiebung. Bemerkenswert ist, daß die südvergenten Überschiebungen über 20 km weiter nach Nordosten reichen als die Satanella-Überschiebung. Die Störungsbahnen auf beiden Flanken des Stockumer Hauptsattels zeigen dabei gegensätzliche Überschiebungstendenzen. Während die Satanella-Überschiebung zwischen der Ruhr und Dortmund kontinuierlich an Verwurfsbetrag verliert, wachsen umgekehrt die Verwürfe der Überschiebungen an der Nordflanke im ähnlichen Maße nach Osten an. Im Kartenbild erinnern diese sich räumlich ablösenden, gegenfallenden Störungsbahnen an eine Fischschwanz-Struktur (s. Kap. 5.2.1.2).

Die Bochumer Hauptmulde taucht im Westen bei Kettwig unter der Tertiär-Bedeckung als spezialgefaltetes Synklinorium auf (Taf. 1 in der Anl.). Nach Osten behält sie diesen Charakter über die in ihrem Verbreitungsgebiet nur schwach ausgebildete Gelsenkirchener Achsendepression hinweg bis in den Bereich der Dortmunder Achsenaufwölbung bei. In der östlich folgenden Hammer Achsendepression bildet sich – bei ähnlich starker Einengung des Gebirges wie im Westen – eine etwa 5 km breite Trogmulde mit überwiegend flacher Schichtenlagerung aus (vgl. Abb. 43, S. 86). Im Osten bei Hamm setzt mit dem allmählichen Herausheben der Faltenachsen zur Lippstädter Aufwölbung wieder Spezialfaltung in der Bochumer Hauptmulde ein, die aber nur flachwellig ist.

Der Wattenscheider Hauptsattel taucht im Westen bei Kettwig ebenso wie die südlich benachbarte Bochumer Hauptmulde unter Tertiär-Bedeckung auf. 2 km westlich des Ruhrtals wurde um die Jahrhundertwende der Wattenscheider Hauptsattel in der Blei-Zink-Erzgrube Neudiepenbrock III bis 400 m Teufe erschlossen. Danach scheint sich dort der an der Oberfläche in Namur-Schichten steil aufgerichtete Wattenscheider Sattel zur Teufe hin zu verflachen. Insgesamt gesehen ist der Wattenscheider Hauptsattel am Ostrand der Krefelder Achsenaufwölbung ein relativ breites und zum Teil flachwelliges Antiklinorium (DROZDZEWSKI 1980 b, 1985 a). Im Abtauchen der Faltenachsen zur Gelsenkirchener Achsendepression hin verschmälert er sich und besteht im allgemeinen aus zwei etwa gleichwertigen Falten, innerhalb derer die mitgefaltete Sutan-Überschiebung hervorragend aufgeschlossen ist (DROZDZEWSKI 1980 b: Taf. 5; s. Abb. 51 a, S. 95). Östlich der Dortmunder Achsenkulmination dominiert ein einziger Sattel die Struktur, der bei wiederholtem Faltenverspringen nach Nordosten abtaucht und schließlich im Raum Hamm – Ahlen gemeinsam mit der Sutan-Überschiebung ausläuft (s. Abb. 35, S. 78).

Die Sutan-Überschiebung, die den Wattenscheider Hauptsattel auf seiner Südostflanke begleitet, ist mit 80 km Länge und bankrechten Verwürfen bis 900 m die bedeutendste nordvergente Überschiebung des Ruhrkarbons. Die bergbaulich sehr gut erschlossene Störung setzt im Westen bei Kettwig ein und hat in dem bekannten Essener Aufschluß Carl Funke am Baldeneysee einen Verwurf von 350 m (Abb. 18). Im Raum Lünen erreicht die Sutan-Überschiebung ihren oben genannten Maximalverwurf, um in nordöstliche Richtung allmählich an Bedeutung zu verlieren. Neue Aufschlüsse im Raum Ahlen belegen, daß die Sutan-Überschiebung in der Zeche Westfalen als sogenannte Nördliche Begleitüberschiebung ausläuft (KUNZ & WREDE 1988: 56, s. auch WREDE 1980 a: Abb. 17). Analog zur Sutan-Überschiebung läuft ebenfalls der Wattenscheider Hauptsattel aus. Beide tektonischen Elemente werden durch den nördlich gelegenen Ahlener Hauptsattel mit der Ahlener Überschiebung abgelöst.

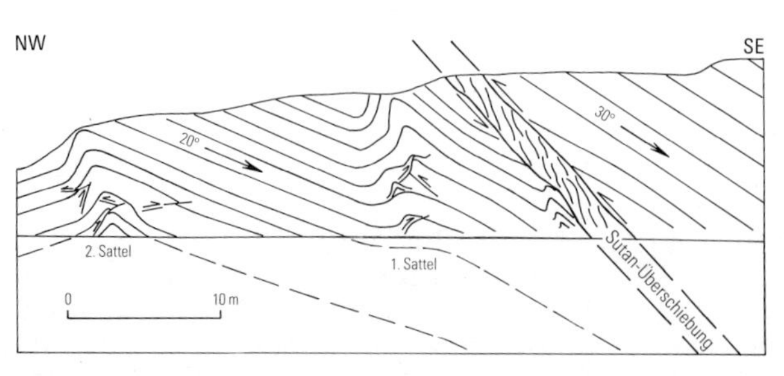

Abb. 18

Aufschluß der Sutan-Überschiebung am Baldeney-See (ehemalige Zeche Carl Funke). Spezialfaltung im Liegenden der Sutan-Überschiebung und unterschiedliches Einfallen der Hangend- und Liegendscholle lassen auf eine Abnahme des Verwurfsbetrags zur Tiefe hin schließen.

In der streichenden Fortsetzung des Wattenscheider beziehungsweise Ahlener Hauptsattels wird nördlich Oelde aufgrund seismischer Messungen ein großer gestaffelter Abbruch angenommen (HOYER et al. 1974: Taf. 1, CLAUSEN & JÖDICKE & R. TEICHMÜLLER 1982: Taf. 2 u. S. 427). Wie schon auf Seite 42 angeführt, ist diese Störungszone nicht eine direkte Fortsetzung der Sutan-Überschiebung, da diese im Raum Ahlen ausläuft. Der südliche Ast dieses gestaffelten Abbruchs könnte daher die Ahlener Überschiebung sein. Für den nördlichen Ast könnte eher die Verbindung mit zwei nördlicheren Überschiebungen in Frage kommen, nämlich der Holthausener und der Hermann-Überschiebung, die im Ruhrgebiet beide an den Gelsenkirchener Hauptsattel gebunden sind (s. Taf. 1 in der Anl.).

Die Essener Hauptmulde ist insgesamt deutlich schmaler als die südlicher gelegene Bochumer Hauptmulde. Sie zeigt in ihrem Gesamtverlauf zwischen Mülheim an der Ruhr und dem Explorationsgebiet Donar bei Werne eine starke Abhängigkeit des Faltenbaus von der Achsenwellung. Innerhalb der Gelsenkirchener und der Hammer Achsendepression ist die Essener Hauptmulde als Trogmulde ausgebildet, in den benachbarten Bereichen mit axialer Hochlage als Engfaltenmulde. Die Essener Hauptmulde erfährt im Raum nördlich Werne eine Zweiteilung. Dort hebt sich innerhalb der flachen Trogmulde allmählich der Walstedder Sattel heraus. Während sich die Nördliche Essener Mulde nach Osten mehrfach auf Kosten des Gelsenkirchener Hauptsattels weitet und so als Trogmulde mit flacher Lagerung der Schichten erhalten bleibt, wird die Südliche Essener Mulde durch das schon beschriebene Auftauchen des Ahlener Hauptsattels im Fortstreichen völlig umgestaltet und verschwindet schließlich (KUNZ & WREDE 1988). Wie der Satanella sind auch dem Sutan eine Reihe von südvergenten Überschiebungen zugeordnet, die teils die Nordflanke des Wattenscheider Hauptsattels, teils die Essener Hauptmulde durchziehen (s. Taf. 2 in der Anl.). Die größeren unter ihnen sind die Rheinelbe-, die Nördliche und die Südliche Hannibal- sowie die Waltroper Überschiebung (DROZDZEWSKI 1980 b, KUNZ 1980).

Der Gelsenkirchener Hauptsattel ist am Ostrand der Krefelder Achsenaufwölbung bei Duisburg ein etwa 5 km breites Antiklinorium. Er besteht aus mehreren, meist flachen kofferförmigen Falten. In östliche Richtung auf die Gelsenkirchener Achsendepression zu tauchen die Spezialfalten ab, verschmälern sich und laufen zum Teil aus. Dort ist der Gelsenkirchener Hauptsattel eine nur 2 km breite, diapirartige Struktur zwischen den breiten Trogmulden der Essener und Emscher-Hauptmulde (s. Taf. 2 in der Anl.). In Richtung auf die Dortmunder Achsenkulmination vollzieht sich der umgekehrte Vorgang. Der eigentliche Gelsenkirchener Hauptsattel läuft nach Osten auf die enggefaltete Essener Hauptmulde zu, während sich an der Nordflanke des Hauptsattels neue Falten bilden und im axialen Ansteigen vergrößern. Das dort wiederum etwa 5 km breite, kofferförmige Antiklinorium behält seinen Charakter weit nach Osten in Richtung auf die Hammer Achsendepression, wobei das axiale Abtauchen in die Senke hinein durch mehrere große antithetische Abschiebungen verzögert wird. An seiner Südflanke büßt der Gelsenkirchener Hauptsattel in östliche Richtung mehr und mehr Teilfalten ein und biegt insgesamt nach Norden um. Über den Internbau des Sattels geben östlich der Zeche Hermann V nur wenige Bohrungen Auskunft. Danach scheint der Gelsenkirchener Hauptsattel nördlich des Explorationsgebiets Donar wieder stärker aufgerichtet zu sein – wie bereits in der Gelsenkirchener Achsendepression.

Der Gelsenkirchener Hauptsattel wird sowohl auf seiner Südflanke als auch seiner Nordflanke von größeren nordvergenten Überschiebungen zerschert. Im Westen sind es die Gelsenkirchener und Alstadener Überschiebung, im Osten die Holthausener und Hermann-Überschiebung. Zwischen beiden Überschiebungen

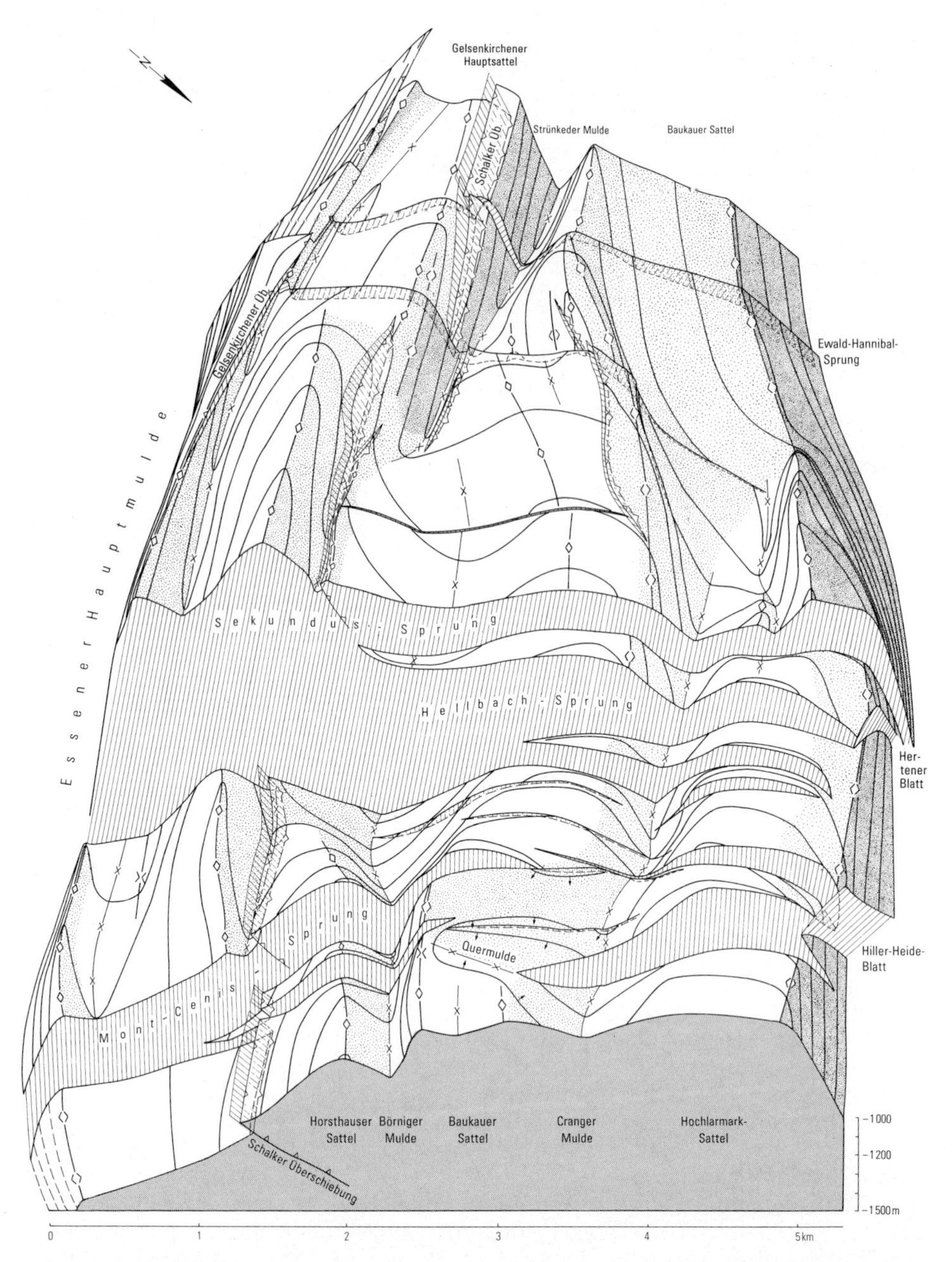

Abb. 19 Der kofferförmige Gelsenkirchener Hauptsattel in der Dortmunder Achsenaufwölbung mit der nach Osten auslaufenden Gelsenkirchener Überschiebung (nach DROZDZEWSKI 1980 b: Taf. 6). Man beachte die unterschiedlichen Richtungen der Faltenachsen.

ist das Gebirge über eine Entfernung von 20 km beziehungsweise von 10 km störungsfrei.

Die nordvergente Gelsenkirchener Überschiebung begleitet den Gelsenkirchener Hauptsattel auf dessen Südflanke (s. Abb. 14, S. 44, Abb. 19 u. Taf. 2 in der

Anl.). Infolge der großen Verwürfe von bis zu 450 m innerhalb des Westfals A reicht die Überschiebung nach Norden über das Sattelhöchste hinaus und läuft im Westfal B blind aus, das heißt die Störung erreicht nicht die ehemalige Erdoberfläche – wie Aufschlüsse der Zeche Kölner Bergwerksverein belegen (HONERMANN 1962, DROZDZEWSKI 1980 b). Im Süden durchquert die Gelsenkirchener Überschiebung zur Teufe hin die Essener Hauptmulde als schmale Störungszone (Abb. 20) und vermindert in deren Südflanke innerhalb des Namurs C ihren Verwurf auf ca. 100 m. Sie läuft vermutlich im Kern des Wattenscheider Hauptsattels aus.

Im Streichen nimmt die Verwurfshöhe der Gelsenkirchener Überschiebung kontinuierlich von Westen nach Osten ab. Die Überschiebung endet dort, wo der Gelsenkirchener Hauptsattel westlich des Marler Grabens auf die Essener Hauptmulde zu umbiegt. Etwa 20 km weiter östlich setzt die Holthausener Überschiebung – ebenfalls auf der Südflanke des Gelsenkirchener Hauptsattels – ein. Diese Störung wurde in der Bohrung Bork 7 mit ca. 400 m Verwurf angetroffen (s. Abb. 4, S. 17). Die Holthausener Überschiebung ist vermutlich in den Bereich der Bohrungen Herbern 42 und 43 zu verlängern, wo sie in zwei Ästen insgesamt etwa 1 000 m Verwurf aufweisen könnte (KUNZ & WREDE 1988: Taf. 13, Schnitt 4). Die Möglichkeit einer Fortsetzung der Holthausener Überschiebung bis in den Raum Oelde wurde bereits im Zusammenhang mit der Sutan-Überschiebung diskutiert.

Die Alstadener Überschiebung an der Nordflanke des Gelsenkirchener Hauptsattels läßt sich durch Kombination von Aufschlüssen der Zechen Alstaden und Concordia beiderseits des Neumühl-Sprungs nahezu in ihrer gesamten Teufen-

Abb. 20 Untertageaufschluß der Gelsenkirchener Überschiebung in der Essener Hauptmulde (Blindschacht S 101, Baufeld Sälzer, –980 m NN, bankrechter Verwurf ca. 300 m, Länge des Maßstabs 0,4 m)

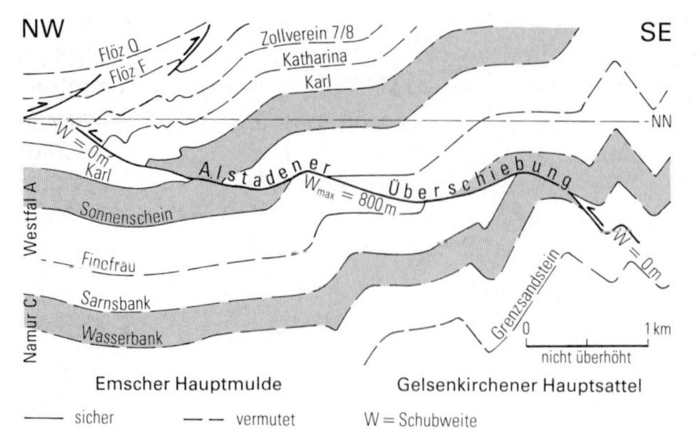

Abb. 21

Die Alstadener Überschiebung im Gelsenkirchener Hauptsattel und in der Emscher-Hauptmulde (nach DROZDZEWSKI 1985 a: Taf. 24, Schnitt 4). Der aus Schnitten beiderseits des Neumühl-Sprungs zusammengesetzte Schnitt zeigt das Auslaufen der Überschiebung zum Hangenden wie zum Liegenden hin.

erstreckung beobachten. Die Überschiebung setzt mit ihrem oberen blinden Ende im Westfal B1 ein, erreicht ihren Maximalverwurf von ca. 400 m bankrecht beziehungsweise 800 m Schubweite im Westfal A1 und vermindert ihren Verwurf in Flöz Sarnsbank auf 50 m. Sie läuft nach unten vermutlich im Namur C aus (Abb. 21).

Eine ganz ähnliche Teufenerstreckung wie die Alstadener Überschiebung hat ihr Pendant im östlichen Ruhrrevier, die Hermann-Überschiebung, die westlich von Recklinghausen auch Blumenthal-Überschiebung genannt wird. Die südfallende Störung endet in Aufschlüssen der Zechen General Blumenthal und Ewald nach oben hin blind in Schichten des Westfals B1 und erreicht im Westfal A1 maximale Verwürfe von 500 m. In Aufschlüssen östlich von Recklinghausen läuft die Herman-Überschiebung nach unten hin – wahrscheinlich innerhalb des Namurs C – in der steilen Nordflanke des Gelsenkirchener Hauptsattels als flache antithetische Störung aus (s. Taf. 2: Schnitt 6).

Diesem doppelten Paar nordvergenter Überschiebungen im Gelsenkirchener Hauptsattel stehen – wie im Falle der Satanella- und der Sutan-Überschiebung – ebenfalls südvergente Überschiebungen gegenüber. Hierzu zählen im Westen die Bottroper und Emil-Überschiebung sowie zahlreiche unbenannte Überschiebungen an der Südflanke der trogförmigen Emscher-Hauptmulde (s. Taf. 2 in der Anl.). Im Osten besteht insofern eine bemerkenswerte Situation, als dort die südvergente Haard-Überschiebung im Kern des Blumenthal-Hauptsattels offenbar die Antivergenz zur Hermann-Überschiebung im Gelsenkirchener Hauptsattel repräsentiert.

Die Emscher-Hauptmulde ist im Bereich der Krefelder Achsenaufwölbung am Außensaum der variscischen Faltung eine nur unbedeutende Faltenstruktur (s. Taf. 2: Schnitt 1). In Richtung auf die Gelsenkirchener Achsendepression verlagert sie ihr Muldentiefstes vom Nord- an den Südrand und streicht daher mit 75° ungewöhnlich flach. Innerhalb der Achsensenke entwickelt sich die Emscher-Hauptmulde zu einer 5 km breiten kofferförmigen Trogmulde, deren Nordflanke zur Teufe hin bedeutend ruhiger und harmonischer gebaut ist als die Südflanke, die tiefe Einmuldungen und südvergente, gegen die Gelsenkirchener Überschiebung gerichtete Überschiebungstektonik aufweist. Mit dem axialen Anstieg der Emscher-Hauptmulde zur Dortmunder Achsenkulmination verschmälert sich die Hauptmulde zugunsten der benachbarten Hauptsättel, wird spezialgefaltet und von Überschiebungen zerschert. Wie neuere Explorationsseismik zeigt, verbreitert sich die Emscher-Hauptmulde innerhalb der Hammer Achsendepression wieder zu einer langgestreckten Trogmulde.

Der Vestische Hauptsattel hat im Westen bis in den Raum Bottrop ebenfalls eine nur unbedeutende flache, kofferförmige Struktur, die kaum die südlich benachbarte Emscher-Hauptmulde überragt. Nördlich Gelsenkirchen hebt sich der Vestische Hauptsattel stark heraus und verbreitert sich durch Einschaltung breiter kofferförmiger Falten auf etwa 5 km. Im Raum Recklinghausen teilt sich schließlich der Vestische Hauptsattel in zwei selbständige Sättel, den Blumenthal- und den Auguste-Victoria-Hauptsattel mit der nach Osten neu einsetzenden, dazwischenliegenden Lüdinghausener Hauptmulde. Während sich der Blumenthal-Hauptsattel bis an den Osning verfolgen läßt, läuft der relativ steil streichende Auguste-Victoria-Hauptsattel südlich Münster offenbar mit dem Dorsten-Sendener Hauptsattel zusammen (JUCH & Arbeitsgruppe GIS 1988). Die trogförmige Lüdinghausener Hauptmulde ist in diesem Raum so tief eingesenkt, daß vermutlich noch Westfal-D-Schichten unter der Karbon-Oberfläche flächenhaft anstehen (s. Taf. 1 in der Anl.).

Die Überschiebungstektonik im Vestischen Hauptsattel gewinnt erst dort an Bedeutung, wo sich in östliche Richtung zwischen Bottrop und Gladbeck die Faltenstruktur deutlich heraushebt. Die nordvergente Gladbecker Überschiebung besteht bei Bottrop aus zwei Ästen mit im Streichen gegenläufigem Verwurfsverhalten. Die größere und weiter nach Osten reichende Südliche Gladbecker Überschiebung erreicht bis zu 300 m Verwurf, ehe sie im Raum südlich Marl ausläuft und seitlich versetzt durch die noch bedeutendere Auguste-Victoria-Überschiebung abgelöst wird. Mit der Verbreiterung des Auguste-Victoria-Hauptsattels in östliche Richtung ändert sich jedoch rasch die Überschiebungstektonik. Im Verbindungsquerschlag der Zeche General Blumenthal mit den Haltern-Schächten ließen sich anstelle der großen Auguste-Victoria-Überschiebung insgesamt drei Überschiebungen nachweisen (DROZDZEWSKI & HEWIG & VIETH-REDEMANN 1985). Die eigentliche Auguste-Victoria-Überschiebung ist dort auf 100 m bankrechten Verwurf zurückgegangen. Die Weseler-Berge-Überschiebung mit ihren zwei Ästen und eine weitere Störung weisen vergleichbare Verwürfe auf (FLACHE 1985).

Nördlich des Vestischen Hauptsattels sind die stratigraphisch jüngsten Teile des variscischen Faltengürtels erhalten geblieben. Allerdings liegt in diesem nördlichsten Abschnitt der Faltenfront die orogene Einengung in der Regel unter 10 % (Abb. 65, S. 108), so daß die Strukturen nur noch in abgeschwächter Form zur Ausbildung gekommen sind. Die 8 km breite Lippe-Hauptmulde mit ihrer bis zu 750 m mächtigen Westfal-C-Füllung ist wegen der geringen Einengung vom Niederrhein bis in den Raum nördlich Haltern durchgehend sehr flach ausgebildet. Trotzdem ist auch hier ein Stockwerkbau entwickelt, dessen verschiedene Niveaus am Rand der Krefelder Achsenaufwölbung ausstreichen. Während aber normalerweise die Stockwerksgrenzen im Subvariscikum in Richtung auf Achsenkulminationen ansteigen, also in jüngere stratigraphische Horizonte gelangen, läßt sich hier der umgekehrte Vorgang beobachten (s. Kap. 5.1, S. 86). Innerhalb der flachen Lippe-Mulde sind Überschiebungen nur in Einzelfällen durch Bohrungen und Bergbau bekannt geworden.

Die Übergänge der Lippe-Hauptmulde zu den benachbarten, ebenfalls flachen Hauptsätteln sind im Westen fließend. Die flache Wölbung der Schichten des Westfals B im Raum Hünxe weist allerdings eine intensive nordvergente und zurücktretend auch südvergente Überschiebungstektonik im Dekameter- bis Hundertmeterbereich auf. Erst östlich Dorsten, mit wachsender Entfernung vom Außenrand des gefalteten Variscikums, heben sich der Dorstener Hauptsattel wie auch der oben beschriebene Vestische Hauptsattel stärker heraus, so daß dort Schichten des Westfals A an der Karbon-Oberfläche ausstreichen (Brg. Holtwick 1, vgl. Geologische Karte des Ruhrkarbons 1 : 100 000, 1982). Größere Überschiebungen treten jedoch am Dorstener Hauptsattel nicht mehr auf. Der westlich Haltern teilweise bemerkenswert steil streichende Hauptsattel biegt sehr wahrscheinlich im Raum Dülmen in West-Ost-Richtung um und ist mit dem Sendener Sattel zum Dorsten-Sendener Hauptsattel zu verbinden, worauf vor allem der Verlauf einer flachen Aufwölbung der Karbon-Oberfläche hindeutet (JUCH & Arbeitsgruppe GIS 1988). Diese Interpretation wird auch durch das gravimetrische Bild gestützt (PLAUMANN 1983, 1991).

Die Existenz eines zusammenhängenden Antiklinoriums in Gestalt des Dorsten-Sendener Hauptsattels hat bemerkenswerte strukturelle Konsequenzen für die südlich angrenzende Hauptmulde. Die Lippe-Hauptmulde im Westen und die Lüdinghausener Hauptmulde im Osten scheinen sich demnach strukturell zu entsprechen, auch wenn sie durch den diagonal verlaufenden Auguste-Victoria-Hauptsattel voneinander getrennt sind.

An den Dorsten-Sendener Hauptsattel schließt sich im Norden die über 10 km breite Raesfelder Hauptmulde an, die durch sehr flachwellige Falten gegliedert ist. Allerdings hebt nördlich Münster ein vermutlich größerer Sattel heraus, in dem die Bohrung Ostbevern 1 Schichten des Westfals A antraf (HOYER et al. 1969).

Der nördlichste Hauptsattel des Ruhrkarbons ist der durch die Bohrung Münsterland 1 und durch Reflexionsseismik belegte Billerbecker Hauptsattel (Abb. 22). Innerhalb des breiten, aus mehreren Spezialsätteln bestehenden Antiklinoriums durchörterte die Bohrung Münsterland 1 (s. Kap. 4.3.4) die kofferförmige Nordflanke des Billerbecker Sattels, den südlichen Spezialsattel dieses Antiklinoriums. Knapp außerhalb des Querschnittrandes von Abbildung 22 befindet sich der nördlichste Spezialsattel – der Darfelder Sattel – der sich vor allem auch postvariscisch durch eine deutliche Heraushebung der Karbon-Oberfläche bemerkbar macht. Der Bohrbefund belegt einen erstaunlich großen Tiefgang der nördlichen Faltenelemente des Subvariscikums. Auch das tiefenseismische Profil DEKORP 2N zeigt, daß Antiklinorien und Synklinorien im Münsterland zum Teil bis in das Niveau des devonischen Massenkalks zu verfolgen sind (s. Kap. 5.3). Im Gegensatz dazu geht im Ruhrgebiet die Gliederung in Hauptsättel und Hauptmulden zur Tiefe hin noch in Schichten des Oberkarbons verloren und macht gleichförmiger Spezialfaltung Platz oder es findet sogar eine Umkehr der Strukturen statt (s. Kap. 5.1).

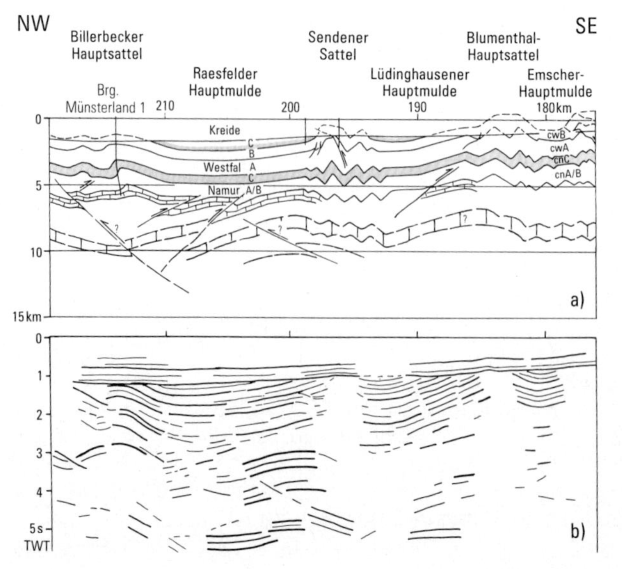

Abb. 22

Nördliches Ruhrkarbon und Bohrung Münsterland 1

a) geologischer Schnitt

b) line drawing von DEKORP 2N (Ausschnitt)

4.3.3 Strukturelle Verbindungen zwischen Ruhrkarbon und Aachener Karbon

Die nördlich beziehungsweise westlich von Viersen gelegenen Bohrungen Viersen 1001 und Schwalmtal 1001 wurden als Teil eines umfangreichen Bohrprogramms des Geologischen Landesamtes Nordrhein-Westfalen durchgeführt, das die Klärung des stratigraphischen und strukturellen Aufbaus der Krefelder Achsenaufwölbung zum Ziel hatte. Aus den Ergebnissen dieser Bohrungen und mit Hilfe anderer Aufschlüsse läßt sich das faltentektonische Bild im paläozoischen Untergrund der Niederrheinischen Bucht erschließen und erstmals eine Verbindung zwischen den Strukturen des Ruhrkarbons einerseits und dem Aachen-Erkelenzer Steinkohlengebiet andererseits herstellen (Wrede & Hilden 1988, Wrede 1991 u. im Druck).

Die Bohrung Viersen 1001 zeigt ein tektonisches Profil, das typisch ist für den Übergangsbereich zwischen einer Trogmulde und einem anschließenden Antiklinorium. Völlig übereinstimmend mit der stockwerktektonischen Entwicklung im Ruhrkarbon findet sich unter flachgelagerten Oberdevon-Schichten in einer Trogmulde eine stärkere Einmuldung, die von nordvergenten Überschiebungen zerschert ist. Solche randlichen Spezialmulden sind im Ruhrkarbon im zweiten tektonischen Stockwerk weit verbreitet und markieren die Grenze zwischen Hauptmulde und Hauptsattel. Es kann also ohne weiteres angenommen werden, daß die Bohrung Viersen 1001 den Übergangsbereich zwischen dem Gelsenkirchener Hauptsattel und der nördlich vorgelagerten Emscher-Hauptmulde erreicht hat, in dessen streichender Verlängerung sie angesetzt wurde.

Die Bohrung Schwalmtal 1001, die in etwa in der weiteren streichenden Fortsetzung dieser Struktur steht, hat mit Namur und Unterkarbon stratigraphisch jüngere Schichten erbohrt als die Bohrung Viersen 1001, da sie sich – bruchtektonisch gesehen – in einer Tiefscholle befindet. Sie hat daher nur das oberste, flach gelagerte tektonische Stockwerk in der südlichen Emscher-Hauptmulde erreicht. Eine Aussage über eine mögliche Faltung im tieferen Untergrund ist von daher nicht möglich. Die flachwellige Schichtenlagerung und die in der Tiefe zunehmende Überschiebungstektonik deuten jedoch eine beginnende faltentektonische Beeinflussung im Sinne der Stockwerktektonik an.

Auch die westliche Fortsetzung des weiter südlich gelegenen Wattenscheider Hauptsattels wurde durch die durchschnittlich mit 30 – 40° wahrscheinlich nach Nordwesten einfallenden Schichten in der Bohrung Willich 1001 südlich von Krefeld nachgewiesen. Ebenso kann kein Zweifel daran bestehen, daß sich der Velberter Sattel bis in den Bereich der südlich von Neuss gelegenen Bohrung Lanzerath 1 hin erstreckt, wie die hier steil nordfallenden oberdevonischen Schichten anzeigen. Auch die Bohrung Neuss-Hafen und die südwestlich der Bohrung Lanzerath 1 stehenden alten Bohrungen Union 227 und Neuenhausen haben ebenfalls oberdevonische Schichten angetroffen, ohne daß allerdings die Lagerungsverhältnisse bekannt geworden wären. Schon Fliegel (1932) vermutete daher, daß der Velberter Sattel mit dem Devon im Gebiet des Jackerather Horstes (Brg. Kirchherten 2) in Verbindung zu bringen wäre. Wrede (1985 b) vermutete, daß die hier neuerdings aufgeschlossenen Strukturen die nordöstliche Verlängerung des Aachener Sattels und der Aachener Überschiebung darstellen dürften. Diese Vorstellung, die aus einem Vergleich der Faltenstrukturen im Erkelenzer Gebiet und dem Aachener Revier herrührte, ist durch die neuen Explorationsmaßnahmen im Südfeld Sophia-Jacoba bestätigt worden (Arndt et al. 1988). Es kann nun kaum noch Zweifel daran geben, daß der Velberter Sattel rechtsrheinisch mit dem Aachener Sattel linksrheinisch zu verbinden ist. Dieser

Faltenstrang durchzieht mit sigmoidalem Verlauf, dessen Streichen in der Bohrung Jackerather Horst 1/1A unmittelbar nachgewiesen wurde, den Untergrund der Niederrheinischen Bucht (Abb. 23).

Da die Bohrung Neuenhausen wohl jüngere Schichten angetroffen hat als die Bohrung Lanzerath 1, steht sie also wahrscheinlich bereits südlich des Sattelhöchsten dieses Antiklinoriums in einem Bereich, der der Herzkämper oder Inde-Mulde entspricht. In der Konsequenz ergibt sich, daß auch die nördlich anschließenden Strukturen vergleichbar sein sollten: Der Baesweiler beziehungsweise Lövenicher Sattel des Aachen-Erkelenzer Gebiets, dessen Existenz durch die Bohrungen Lövenich 2 und Tenholt 2 eindeutig belegt ist, entspricht dann dem Antiklinorium, in dessen Nordflanke die Bohrung Willich 1001 steht und das mit dem Wattenscheider Hauptsattel des Ruhrkarbons zu verbinden ist. Die Wurm-Mulde des Aachener Gebiets ist also ein Äquivalent der Bochumer Hauptmulde des Ruhrkarbons. Der Waubacher beziehungsweise Wadenberger Sattel im Südwesten könnte in der Folge als ein dem Gelsenkirchener Hauptsattel entsprechendes Faltenelement aufgefaßt werden. Hier ist jedoch eine gewisse Vorsicht bei der Interpretation angebracht, da diese Strukturen nur noch schwach ausgeprägt sind und mit einem Faltenverspringen oder vorübergehend völligen Aussetzen der Faltung gerechnet werden muß.

Wie schon erwähnt, wäre dann die Inde-Mulde südlich des Aachener Sattels als Äquivalent der Herzkämper Hauptmulde aufzufassen und der Venn-Sattel mit seinem altpaläozoischen Kern entspräche dem Remscheider Sattel rechtsrheinisch. Die Korrelation von Herzkämper und Inde-Mulde hat sich neuerdings auch durch einen Vergleich der stratigraphisch-faziellen Verhältnisse und der Inkohlung in diesen beiden Syklinorien bestätigt (WREDE 1991).

Während die südlicheren Ruhrgebietsfalten sich also nach Südwesten hin fortsetzen, verlieren die nördlicheren nach Westen hin an Intensität und laufen schließlich ganz aus. Diese Beobachtung deckt sich mit den Entwicklungen, die R. WOLF (1985) im Steinkohlenrevier am linken Niederrhein beobachtet hat. Sie spiegelt einen großräumigen Trend in der Entwicklung des Außenrandes des Variscischen Orogens wider: Die Linien gleicher Einengung verlaufen nicht streng parallel zum Generalstreichen der Faltenachsen, sondern spitzwinklig dazu. So weist zum Beispiel die Lippe-Hauptmulde im östlichen Bereich des Ruhrkarbons 10 – 20 % Einengung auf, im Westen dagegen zum Teil weniger als 5 % (s. Kap. 5.2.2).

Besonders deutlich wird dies, wenn man den Gradienten der Einengung im Ruhrrevier mit dem im Erkelenzer und Aachener Revier vergleicht. Es zeigt sich, daß im Westen, das heißt im Aachener Revier, die Faltung in querschlägiger Richtung nach Nordwesten zu viel schneller an Intensität verliert als im Ruhrgebiet (Kap. 5.2.2). Im Ausgleich dafür ist die Einengung in den südlichen Strukturen des Aachener Reviers größer als die in den entsprechenden Strukturen des Ruhrkarbons. Dieser Trend ist auch schon beim Vergleich zwischen Erkelenzer Revier und Wurmrevier erkennbar. Er steht daher nicht mit der Krefelder Achsenaufwölbung in Zusammenhang. Die Ausweitung der Faltenzone in querschlägige Richtung erfolgt vielmehr schon westlich dieser Querstruktur. Da nach dieser Vorstellung der eng verschuppte und zerscherte Aachener Sattel mit der Aachener Überschiebung vom breiten Antiklinorium des Velberter Sattels abgelöst wird, ist anzu-

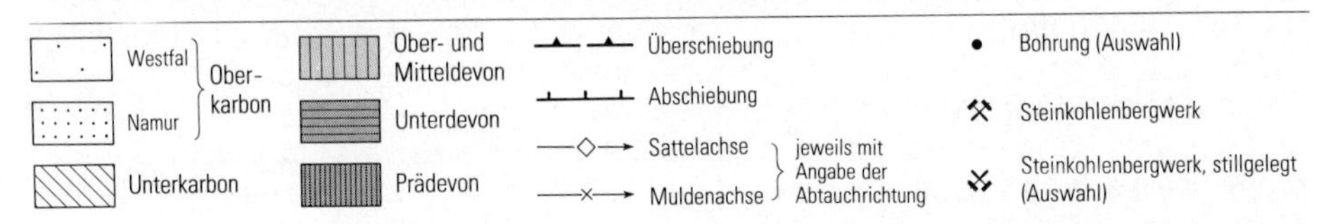

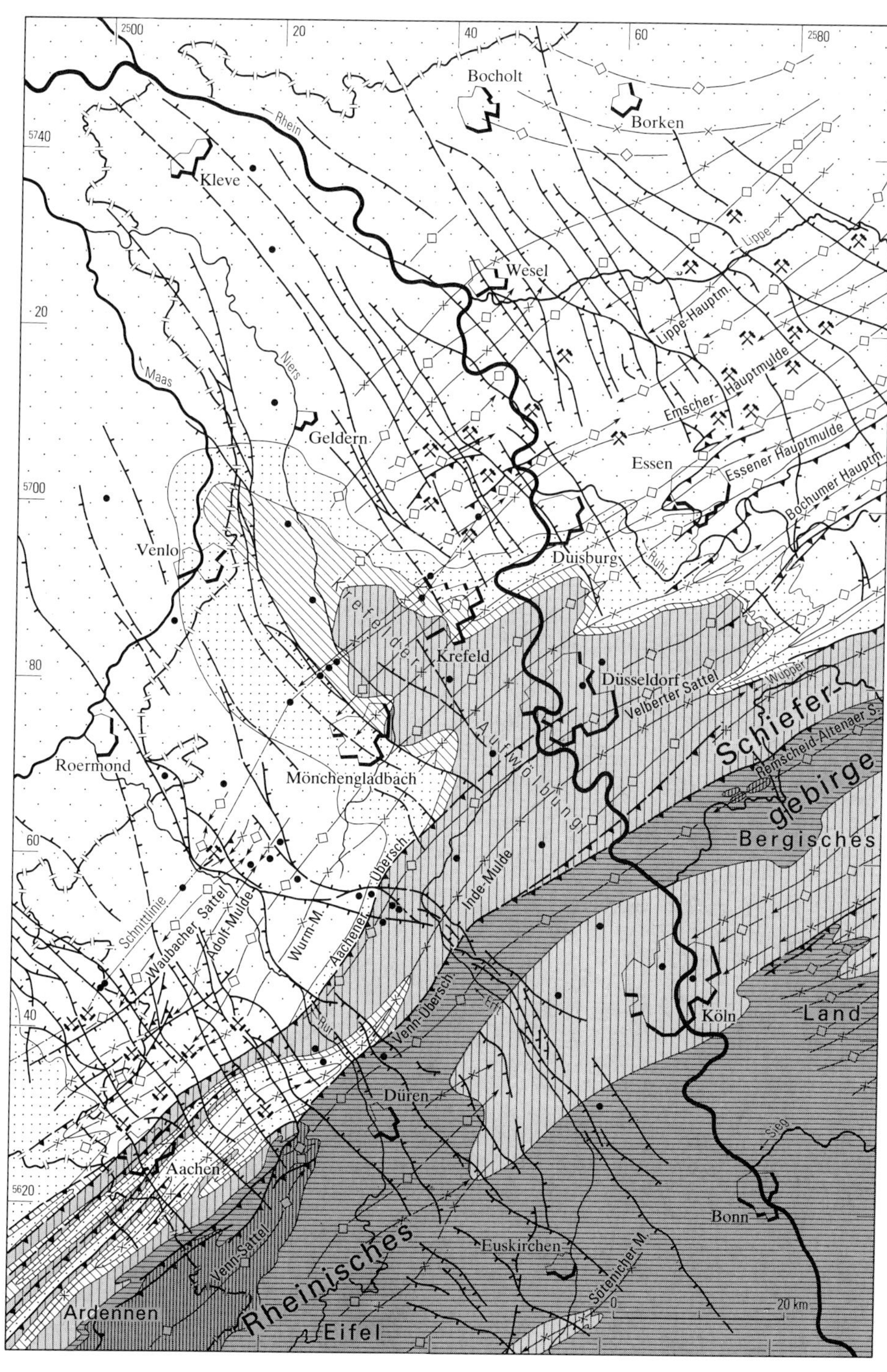

Abb. 23 Tektonische Karte des Paläozoikums im Untergrund der Niederrheinischen Bucht (nach WREDE & HILDEN 1988)

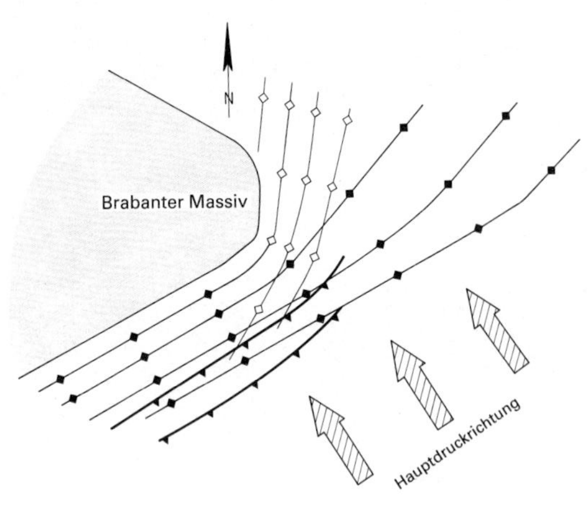

Abb. 24

Prinzipskizze zur Entstehung der Nord – Süd streichenden Spezialfalten und des Umbiegens des Generalstreichens der variscischen Falten am Ostrand des Brabanter Massivs (nach WREDE 1985 a: Abb. 49)

nehmen, daß die Aachener Überschiebung schon bald nördlich des Jackerather Horstes ausläuft.

Das Verklingen der nördlichen Falten des Ruhrgebiets in westliche Richtung ist also in einem wesentlich größeren Gesamtzusammenhang zu sehen. Es dürfte als Abbild des „Faltungsstaus" zu werten sein, der das tektonische Bild des nördlichen Variscikums südlich des Brabanter Massivs beherrscht, und der rechtsrheinisch nicht mehr wirksam wurde (WREDE 1987 a, WREDE & DROZDZEWSKI & DVOŘAK 1993). Diese die Faltung blockierende Wirkung des Brabanter Massivs kommt auch in der Verbiegung der Faltenachsen im Aachen-Erkelenzer Revier zum Ausdruck, die den Sporn dieses „Störkörpers" mit sigmoidalem Streichen umschmiegen (Abb. 24). Daneben treten dort untergeordnet auch Nord – Süd streichende Spezialfalten auf.

Als Ergebnis dieser vergleichenden Untersuchungen bleibt festzuhalten, daß sich die Hauptfaltenstränge des südlichen Ruhrkarbons bis in das Aachener Karbon verfolgen lassen. Beide Steinkohlengebiete sind an großräumige Achsensenken gebunden, in denen die Oberkarbon-Schichten erhalten blieben, während sie im Top der trennenden Krefelder Achsenaufwölbung bereits vor der Ablagerung des Zechsteins erodiert wurden. Daß die Oberkarbon-Schichten dort ursprünglich vorhanden waren, ergibt sich aus der Tatsache, daß sich die Isopachen beiderseits der Krefelder Aufwölbung zwanglos miteinander verbinden lassen (STRACK 1989: Abb. 100, ZELLER 1987: Abb. 2).

Der Übergang zwischen der weit nach Norden vorgreifenden Faltentektonik im rechtsrheinischen Ruhrkarbon und der engen Schuppen- und Faltenzone im linksrheinischen Aachener Revier vollzieht sich somit allmählich im Streichen der Orogenfront und ist nicht etwa eine Folge bedeutender sinistraler Blattverschiebungen in einer Größenordnung von 40 – 50 km Schubweite (FRANKE 1990, MEISSNER & WEVER & DÜRBAUM 1986). Die von PLEIN & DÖRHOLT & GREINER (1982) aus der Analyse seismischer Untersuchungen abgeleiteten hypothetischen Horizontalverschiebungen im Nordteil der Niederrheinischen Bucht würden mit dextralem Bewegungssinn dieser Entwicklung entgegenwirken.

4.3.4 Neue Ergebnisse der Bohrung Münsterland 1

Die 1961 geteufte Bohrung Münsterland 1 mit einer Endteufe von 5 956 m – 40 km nördlich der Bergbauaufschlüsse bei Coesfeld gelegen – war die erste Bohrung, die den devonischen Untergrund des Ruhrbeckens erreichte. Gemeinsam mit den später geteuften Bohrungen Versmold 1 (1963, Endteufe: 5 501 m) und

Isselburg 3 (1965, Endteufe: 4 398 m), die ebenfalls Devon erbohrten, tragen diese Bohraufschlüsse zu einem fundierten Bild der sedimentären und tektonischen Entwicklung des Ruhrbeckens bei. Die Ergebnisse der Bohrung Münsterland 1 wurden 1963 vom Geologischen Landesamt Nordrhein-Westfalen als Symposium publiziert. Später haben HEDEMANN & R. TEICHMÜLLER (1966) noch weitere detaillierte Ausführungen zur Stratigraphie und Diagenese des Oberkarbons in der Bohrung Münsterland 1 gemacht, wobei die stratigraphischen Einstufungen mit denen im Symposium korrespondieren.

Durch neue Erkenntnisse, die im Rahmen der umfangreichen Steinkohlenexploration der 70er und 80er Jahre gewonnen wurden, ist mittlerweile eine Erweiterung und Verbesserung der seinerzeit erzielten stratigraphischen wie tektonischen Ansprache dieser Tiefbohrungen möglich geworden.

Die Bohrung Münsterland 1 brachte in mehrfacher Hinsicht Überraschungen, die viele seinerzeit gültige Vorstellungen umstießen (HEDEMANN & R. TEICHMÜLLER 1966: 812). Zum einen traf die Bohrung das Oberkarbon in unerwartet großer Mächtigkeit an. Es reicht – überlagert von Kreide-Deckgebirge – von 1 788 bis 5 415 m und ist bis zur Endteufe von geringmächtigem Unterkarbon in Kulm-Fazies und Oberdevon sowie Mitteldevon in Massenkalk-Fazies unterlagert.

Ursprünglich hatte man mit einer erheblichen Reduktion der Schichtenmächtigkeit besonders im tieferen Oberkarbon in Richtung auf das nördliche Vorland gerechnet (R. TEICHMÜLLER 1956: Abb. 4). Zum anderen ergab sich aus der Interpretation der Bohrlochmessungen eine reiche Kohleführung, die in etwa den Verhältnissen im Ruhrrevier zu entsprechen schien. Schließlich war die Bohrung Münsterland 1 auch in tektonischer Hinsicht insofern eine Überraschung, als man die steile Nordwestflanke eines damals noch weitgehend unbekannten Sattels durchbohrte, der heute die Bezeichnung Billerbecker Sattel trägt. Er ist Teil des Billerbecker Hauptsattels (Taf. 1 in der Anl.).

Inkohlungsuntersuchungen anhand der Flüchtigen Bestandteile der durchbohrten Flözfolge stützten zunächst auch die Annahme einer größeren Überschiebung bei ca. 3 200 m (M. TEICHMÜLLER 1963, HEDEMANN & R. TEICHMÜLLER 1966). Diese Auffassung wurde später aufgrund von Reflexionsmessungen an Kohleproben relativiert, dafür wurden an mehreren Stellen Abscherhorizonte postuliert (M. TEICHMÜLLER & R. TEICHMÜLLER & WEBER 1979). Die Bohrung Münsterland 1 galt daher bislang auch als Beleg für die Existenz einer Abscherung des Ruhrkarbons von seinem Untergrund (s. z. B. BEHR & HEINRICHS 1987: Abb. 12).

Die detaillierte stratigraphische Einstufung des Oberkarbons der Bohrung Münsterland 1 bereitete von Anfang an gewisse Schwierigkeiten. Dies ist darin begründet, daß die Bohrung eine Meißelbohrung mit nur wenigen Kontrollkernen ist. Abgesehen von der obersten, 61 m langen Kernstrecke wurden von 1 877 bis 4 040 m Teufe nur zehn Kernmärsche mit insgesamt 96,1 m Kern gewonnen, also nur 4,4 % der Gesamtstrecke. Dies erschwert vor allem die Lokalisierung tektonischer Störungen, aber auch den Nachweis mariner und petrographischer Leithorizonte sowie die Feststellung dünner Kohlenflöze oder Flözniveaus. Bekanntermaßen stellt ohnehin der zyklische Aufbau des paralischen Oberkarbons mit sich ständig wiederholenden Gesteinsabfolgen Konnektierungen weit auseinanderliegender Aufschlüsse vor kaum lösbare Schwierigkeiten. Es ist daher nicht verwunderlich, daß außer der Version des Gesamtprofils (RICHWIEN et al. 1963; Abb. 25) für das flözführende Oberkarbon zwei weitere Alternativen vorgelegt wurden (JESSEN & MICHELAU 1963).

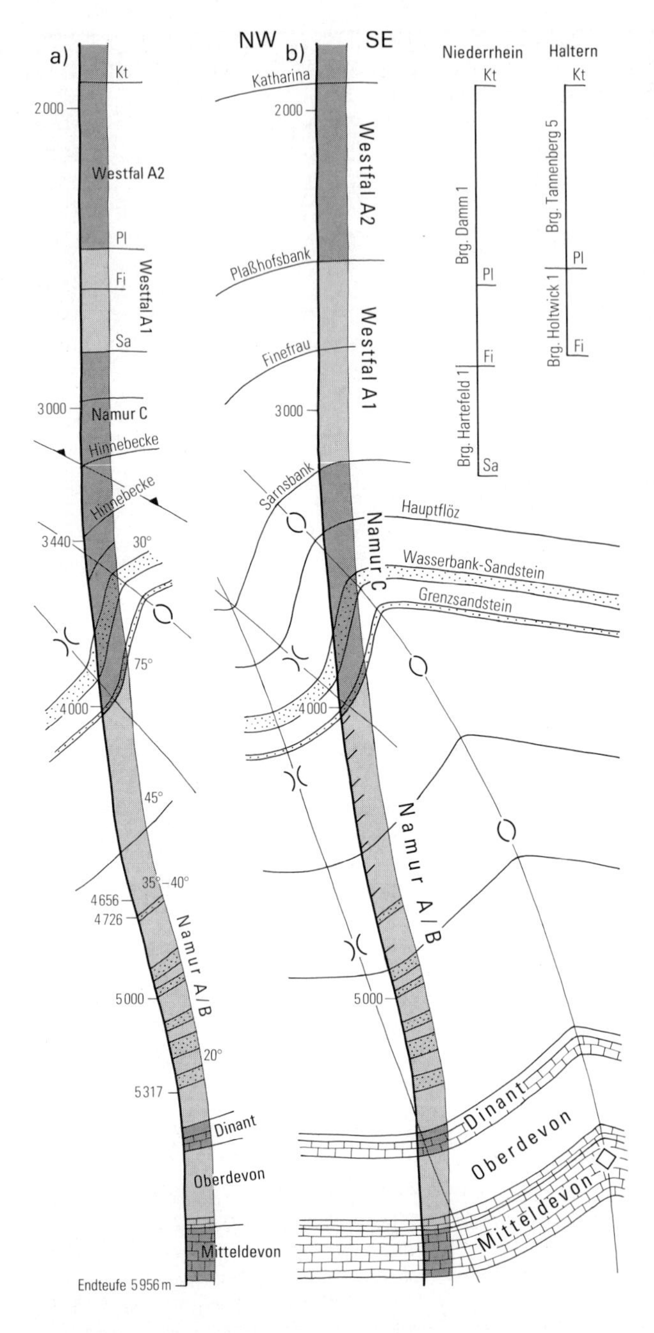

Abb. 25

Das Paläozoikum der Bohrung Münsterland 1

a) bisherige Deutung (nach RICHWIEN et al. 1963)

b) neue Deutung mit Neueinstufung des Westfals A unter Berücksichtigung von Explorationsbohrungen am Niederrhein und im Raum Haltern (Bohrteufen jeweils am linken Säulenrand)

Bei allen Flözgleichstellungen spielen Mächtigkeitsvergleiche der Sedimente eine bedeutende Rolle; denn trotz der unsteten Ablagerung einzelner Schichtenglieder „... steht fest, daß die Mächtigkeit größerer Schichtenpakete des Ruhrkarbons sich verhältnismäßig wenig ändert. Die Mächtigkeit größerer Schichtenpakete hängt eben letzten Endes allein von der epirogenen Senkung ab, die in weiten Räumen der subvariscischen Vortiefe sehr gleichmäßig verlief" (R. TEICHMÜLLER 1956: 60). Über die großräumige Mächtigkeitsentwicklung des Ruhrkarbons war allerdings bis in die sechziger Jahre noch wenig bekannt. Wir wissen heute, daß die Isopachen generell Südwest – Nordost (wie die späteren Faltenelemente) verlaufen, und im südlichen Ruhrbecken mit Ausnahme des unteren Teils des Westfals A mit größeren Mächtigkeiten zu rechnen ist als im Nordwesten (s. Kap. 3.2). Für die Bohrung Münsterland 1 sollten daher aufgrund ihrer Position im nordwestlichen Ruhrbecken eher Mächtigkeitsverhältnisse ähnlich denen des nördlichen Niederrheingebiets gelten als des geographisch näher gelegenen östlichen Ruhrgebiets (DROZDZEWSKI 1992).

Dabei ist allerdings – wie oben angedeutet – die unterschiedliche Mächtigkeitsentwicklung im Ruhrbecken während des Westfals A zu berücksichtigen. Wie die Mächtigkeitskarte der Witten-Schichten (Westfal A1) deutlich erkennen läßt, nehmen in diesem Abschnitt, anders als in älteren und jüngeren Schichtenfolgen des Oberkarbons, die Schichtenmächtigkeiten von Südosten nach Nordwesten erheblich zu (s. Abb. 10, S. 29). Explorationsbohrungen am Niederrhein weisen für die Witten-Schichten Mächtigkeiten von 640 – 660 m aus. Im Raum Haltern beträgt die Mächtigkeit allein für die Oberen Witten-Schichten (Fl. Plaßhofsbank bis Fl. Finefrau-Nebenbank) knapp 300 m (Brg. Holtwick 1). Da in der Bohrung Münsterland 1 für die gesamten Witten-Schichten nur eine Mächtigkeit von 330 m angenommen wurde, liegt der Verdacht nahe, daß eine Verwechslung des Sarnsbank-Horizontes mit dem ebenfalls hochmarinen Finefrau-Nebenbank-Horizont vorliegt. Es wurde demnach bei knapp 2 800 m Tiefe noch nicht die Westfal/Namur-Grenze erreicht, sondern erst die Grenze Obere/Untere Witten-Schichten. Eine ähnliche Verwechslung liegt offenbar auch im Falle der Bohrung Isselburg 3 vor, die in vergleichbarer struktureller Position wie die Bohrung Münsterland 1 liegt und die Witten-Schichten in einer Mächtigkeit von nur 300 m erbohrt haben soll (Wolburg 1971). Die Westfal/Namur-Grenze läge demnach in der Bohrung Münsterland 1 um den Mächtigkeitsbetrag der Unteren Witten-Schichten – im nordwestlichen Ruhrgebiet 350 – 400 m – tiefer. Da eine derartig bedeutsame stratigraphische Verschiebung Konsequenzen für die seinerzeit im Geologischen Landesamt Nordrhein-Westfalen laufende Kohlenvorratsberechnung des außerhalb der Explorationsgebiete gelegenen Münsterlandes gehabt hätte, führte D. Schmitz (DeutscheMontanTechnologie, Essen) eine Neubearbeitung der Tiefbohrungen Isselburg 3, Münsterland 1 und Versmold 1 anhand der Bohrlochdiagramme durch (Juch & Arbeitsgruppe GIS 1988: 687, D. Schmitz 1988). Für die Bohrung Münsterland 1 erbrachte sie folgende Erkenntnisse:

Die Westfal/Namur-Grenze liegt tatsächlich – wie aufgrund der Mächtigkeitstendenzen vermutet – wesentlich tiefer, und zwar bei ca. 3 200 m. Dort läßt sich ein markanter Gamma-Ray-Peak als der marine Sarnsbank-Horizont interpretieren. Geht man von dieser stratigraphischen Neueinstufung aus, ergibt sich nun für die Mächtigkeiten des Oberen Westfals A (Bochum-Schichten) 610 m, des Unteren Westfals A (Witten-Schichten) 645 m und des Namurs C (Sprockhövel-Schichten) 500 m. Letzterer Wert wäre – vorausgesetzt die Gleichsetzung des Sandsteins bei 4 030 m mit dem Grenzsandstein ist zutreffend – deutlich geringer als im Ruhrgebiet (vgl. auch Strack & Freudenberg 1984: 245, Strack 1989: 100). Die Mächtigkeitszunahme des Westfals A geht in der Bohrung Münsterland 1 also zu Lasten des Namurs, dessen Mächtigkeit jetzt nur noch ca. 1 800 m beträgt. Verglichen mit der großen Namur-Mächtigkeit von 3 000 m im Raum Wuppertal (Fiebig 1970) spiegelt sich darin eine deutliche Asymmetrie des Ruhrbeckens. Die Mächtigkeitsreduktionen im Namur der Bohrung Münsterland 1 haben Konsequenzen für die früher vermutete Überschiebungstektonik. Die bei der Erstbearbeitung unter anderem aufgrund erhöhter Namur-C-Mächtigkeit bei ca. 3 200 m angenommene Überschiebung von 150 – 200 m Verwurf (Richwien et al. 1963) kann nun entfallen, zumal auch die Bohrlochmessungen für eine so bedeutende Überschiebung keinen Hinweis lieferten. Aber auch die von M. Teichmüller & R. Teichmüller & Weber (1979) aufgrund der sprunghaften Abnahme der Illit-Kristallinität angenommene Überschiebung unterhalb 3 400 m Tiefe mit einem Verwurf von mehreren hundert Metern ist unwahrscheinlich. In diesem Falle hätte es zu einer Wiederholung des Sandsteinpakets im Namur C von 3 700 – 3 900 m und bei ca. 4 000 m kommen müssen, wofür die Bohrlochdiagramme keinen Hinweis liefern. Bereiche zwischen 4 656 m und 4 726 m sowie bei ca. 5 317 m mit auffallend hohen R_{max}-Werten – von M. Teichmüller & R. Teichmüller & Weber (1979: 233) als kleine Überschiebungen gedeutet – haben schließlich für die tektonische Struktur im Bereich der Bohrung Münsterland 1 nur untergeordnete Bedeutung. Das tektonische Hauptelement im Paläozoikum der Bohrung Münsterland 1 ist demnach die große, relativ einfach gebaute kofferförmige Faltenstruktur des Billerbecker Sattels, die sich in fünf tektonische Abschnitte gliedern läßt (s. Abb. 25):

bis –3 200 m	flacher Top des Koffersattels
bis –3 500 m	konvexer Umbiegungsbereich mit durchschnittlich 30° Einfallen
bis –4 000 m	75° steile Nordwestflanke des Koffersattels
bis –5 000 m	konkaver Umbiegungsbereich mit 45 – 30° Einfallen
bis –5 956 m	flacher Muldenbereich nördlich des Billerbecker Sattels (30 – 0° Einfallen)

Die einzelnen Abschnitte sind durch relativ kontinuierliche Übergänge miteinander verbunden. Bei Berücksichtigung gleichbleibender Schichtenmächtigkeiten im näheren Bohrungsbereich ergibt sich eine Faltenstruktur, in die sich zwanglos auch die Schichten des Unterkarbons und Devons einbeziehen lassen. Für die Annahme einer Abscherung der Oberkarbon-Schichten von ihrem unterkarbonisch/devonischen Untergrund läßt der tektonische Befund keinen Spielraum. In die gleiche Richtung weisen neue Ergebnisse reflexionsseismischer Messungen im Rahmen von DEKORP. So zeigt das seismische Profil DEKORP 2N, an dessen Nordende die Bohrung Münsterland 1 liegt, im Niveau des devonischen Massenkalks deutlich eine sattelförmige Struktur. Geneigte Reflektoren aus dem Bereich des Billerbecker Sattels und der südlich benachbarten Raesfelder Hauptmulde mit einer Laufzeit bis zu 5 beziehungsweise 8 s TWT sprechen ebenfalls gegen einen tieferliegenden Abscherhorizont (s. Abb. 22, S. 56).

4.4 Variscische und alpidische Bruchtektonik

Der Faltenbau des Subvariscikums wird von einer Vielzahl senkrecht bis diagonal zum Streichen der Faltenachsen verlaufender Querstörungen in Horste und Gräben zerlegt. Diese im allgemeinen steil einfallenden Brüche weisen eine seigere bis schräge Abschiebungstendenz auf. In der Oberkreide spielten sich an diesen Brüchen auch aufschiebende Bewegungen ab. Darauf wird gesondert eingegangen, wie auch auf die Südwest – Nordost verlaufenden Längsbrüche im Aachener Revier. Daneben treten weniger häufig auch Diagonalstörungen mit Streichrichtungen um ca. 100° und 15° auf. Bei diesen handelt es sich meistens um Blattverschiebungen mit mehr oder weniger horizontaler Bewegungskomponente.

In Tafel 1 (in der Anl.) ist nur eine Auswahl der bedeutendsten Querstörungen wiedergegeben, die im allgemeinen mehrere hundert Meter bis tausend Meter verwerfen. Daneben gibt es noch eine Vielzahl weiterer Querstörungen im Dekabis Hundertmeterbereich, so daß in weiten Bereichen des Aachen-Erkelenzer und des Ruhrreviers ein dichtes Bruchmuster vorliegt, in dem in der Regel die Großstörungen einen Abstand von 1 – 2 km haben. Nur in wenigen Fällen betragen die Abstände auch 4 – 6 km. Neben den großen Querstörungen treten kleinere Brüche in großer Zahl auf. Auf ihre Darstellung muß selbst in detaillierten Karten aus Gründen des Maßstabs verzichtet werden. Ihre Verwürfe betragen in der Regel einige Meter bis etwa 10 m und darüber. Ihre laterale Erstreckung ist oft nur gering und überschreitet selten 1 km. Da sie aber zur Teufe hin mehrere hundert Meter aushalten können, haben sie für den Steinkohlenbergbau als abbaubegrenzende Störungen große Bedeutung. Im Gegensatz zu den großtektonischen Abschiebungen scheinen die kleineren Brüche überwiegend antithetisch einzufallen.

Im Steinbruch H. Rauen am Kassenberg ist eine antithetische, westfallende Abschiebung mit 30 – 40 m Verwurf aufgeschlossen, an der zwischen hangender

Abb. 26 Antithetische Abschiebung mit in Einfallsrichtung rotierter Störungszone (Steinbruch H. Rauen, GK 25: 4507 Mülheim an der Ruhr)

und liegender Randstörung die Schichtung im Störungseinfallen rotiert wurde (Abb. 26). Derartige Schichtenverstellungen treten innerhalb der Störungszonen von Abschiebungen regelmäßig auf und sind daher besonders in Bohrungen ein wichtiges Kriterium für die Ermittlung des Störungseinfallens. Das Einfallen der Sprünge beträgt in der Regel zwischen 60 und 70°, kann jedoch bis unter 50° verflachen oder auch auf 90° versteilen.

4.4.1 Bruchtektonik im Aachener Karbon

Das Aachener Karbon ist in bruchtektonischer Hinsicht das Bindeglied zwischen dem Niederländischen Zentral-Graben und der Niederrheinischen Senke. Im Westen begrenzen den Niederländischen Zentral-Graben und auf deutschem Gebiet die Rur-Scholle drei ostfallende Störungen: der Heerlerheide-Sprung, der Feldbiß und der 1. Nordöstliche Hauptsprung (Abb. 27). Alle ostfallenden Querstörungen einschließlich Sandgewand und Diagonal-Sprung reichen im Süden nur etwa bis zum Venn-Sattel. Südlich davon ist die Niederrheinische Senke eine antithetische Schollentreppe, die von den westfallenden Störungen Rurrand-, Erft- und Viersener Sprung gebildet wird.

Südwest-Nordost-Brüche

Im Aachener und Südlimburger Revier treten neben den Überschiebungen und den Quer- und Diagonalstörungen noch ganz eigentümliche, von Südwesten nach Nordosten ungefähr im Generalstreichen des Gebirges verlaufende Störungen auf, die eine gesondere Beschreibung erfordern (WREDE 1985 b). Im einzelnen zu nennen sind hier die Willem-Adolf-Carl-Alexander-Störung, die sich durch das gesamte Südlimburger und Wurmrevier verfolgen läßt; ferner die Oranje-Störung, die in etwa dem Verlauf des Waubacher Sattels folgt. Im nördlichen Teil des Südlimburger Reviers treten dann noch die gleichgerichtete 70-m-Störung und die Emma-Hendrik-Störung auf. Diese Störungen sind vor allem deshalb bemerkenswert, weil sich an ihnen der Faltenbau – auch unter Berücksichtigung der Stockwerktektonik – abrupt ändert. Besonders deutlich wird dies bei der Willem-Adolf-Carl-Alexander-Störung im Westteil des Bergbaugebiets, wo zum Beispiel der

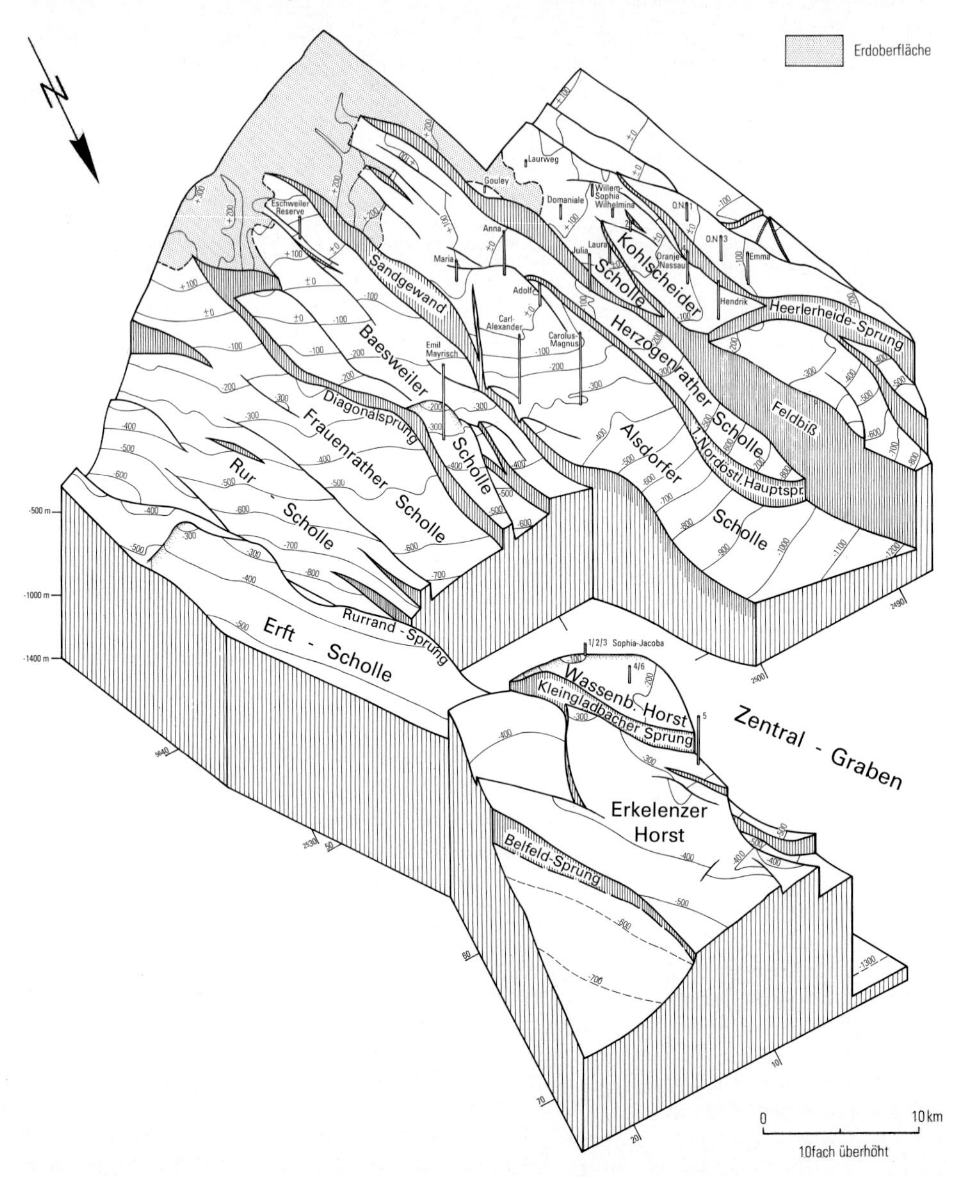

Abb. 27 Blockbild der Oberfläche des Paläozoikums im Aachen-Erkelenzer Gebiet (nach WREDE 1985 a: Abb. 65). Die vorwiegend ostfallenden großen Brüche laufen generell nach Süden aus.

fast Nord – Süd streichende Sattel von Ham nördlich der Störung keinerlei Fortsetzung findet (WREDE 1985 b: 37, 69). Bezogen auf einzelne Flöze wirkt diese Störung daher örtlich als Aufschiebung und anderenorts als Abschiebung, wobei die Verwurfsmaße bis zu jeweils rund 400 m betragen können. Das Einfallen der Störungen dieses Typs ist generell steil nach Süden gerichtet; meist besitzen sie eine breite und stark beanspruchte Störungszone (HERBST 1950). Nach Osten hin verlieren diese Störungen relativ schnell an Bedeutung; nach Westen hin lassen sie sich jedoch mit ähnlichen Störungen im Lütticher Revier in Verbindung bringen (SAX 1946, BLESS 1982). Dort liegen unter anderem mit der Faille de Cheratte, der Faille Saint-Gilles, der Faille de Seraing und der Faille Marie ebenfalls Südwest – Nordost streichende, meist steilstehende Brüche vor, deren Einfallsrichtung sich regional ändert und die daher örtlich teils als Aufschiebungen, teils als Abschiebungen ausgebildet sind (HUMBLET 1941). Auch diese Störungen trennen Bereiche unterschiedlicher Faltung. Sie laufen auffallend parallel zum lineamentären Südrand des Brabanter Massivs, dessen Randstörung das Lütticher Kohlenbecken nach Norden hin begrenzt (LEGRAND 1968) und die von BLESS (1982) hypothetisch mit der Oranje-Störung verbunden wird.

Die Erklärung für das Auftreten der genannten Störungen und ihren Einfluß auf den Faltenbau dürfte darin liegen, daß das dort nach Osten hin abtauchende Brabanter Massiv schon vor der variscischen Faltung zerblockt war und sich die einzelnen Schollen während der Faltung entlang dieser vorgezeichneten Bahnen vertikal und zum Teil wohl auch horizontal gegeneinander bewegt haben. Hiermit steht auch im Einklang, daß die Bedeutung dieser Südwest – Nordost streichenden Strukturen nach Osten hin generell abnimmt. Dort liegt der Sockel des Brabanter Massivs tiefer, von dem aus sich die Störungen in das auflagernde Gebirge durchgepaust haben. Wie weitere Betrachtungen der Verhältnisse am Nordrand des Brabanter Massivs zeigen, pausen sich auch hier offenbar die begrenzenden Strukturen oder parallel dazu verlaufende Elemente in Form von ca. 100 bis 110° streichenden Störungen bis in die Schichten des Oberkarbons durch.

Es muß daher angenommen werden, daß die genannten Störungen bereits prävariscisch als Randbrüche des Brabanter Massivs angelegt wurden (WREDE 1987 a). Diese präorogene Anlage erklärt den starken Einfluß, den die Störungen auf den Faltenbau und zumindest zum Teil auch auf die Inkohlungsverhältnisse (BABINECZ 1962) ausüben konnten. Ihr allmähliches Verklingen nach Osten entspricht dem auch geophysikalisch festgestellten Abtauchen des Brabanter Massivs in diese Richtung (BLESS et al. 1980).

Jüngere Entwicklung der Bruchtektonik

Das Aachener Steinkohlenrevier liegt in einer Zone, die bis in die Gegenwart hinein tektonisch aktiv ist. Als Folge dieser postvariscischen Bewegungen wurden viele der Störungen reaktiviert, so daß die heutigen Verwürfe die Summe zahlreicher Einzelbewegungen darstellen. Wegen der mehrphasigen, in zeitlich getrennten Schüben ablaufenden Bewegungen, die von ruhigen Sedimentations- oder Erosionsphasen unterbrochen wurden, stimmen die heute im Karbon, an der Karbon-Oberfläche und in den einzelnen Deckgebirgsschichten feststellbaren Verwurfsbeträge an ein und derselben Störung häufig nicht überein. An etlichen Störungen ist für den Zeitraum der höheren Oberkreide sogar eine Bewegungsumkehr zu erkennen: Ursprünglich als Abschiebungen angelegte Störungen wurden als Aufschiebungen wirksam, so daß über Horstschollen des Untergrundes Grabenbildungen in den jüngeren Schichten auftreten und umgekehrt (s. Abb. 80, 81,

S. 130/131). Spätere Bewegungen nahmen dann den ursprünglichen Bewegungssinn wieder auf. Derartige „Schaukelbewegungen" oder „Umkehrverwürfe" wurden bereits früher unter anderem von BREDDIN & BRÜHL & DIELER (1963) und KNAPP (1980) erwähnt. Sie sind auch aus dem Erkelenzer Revier (HERBST 1954, 1958) und dem Ruhrkarbon (z. B. BREDDIN 1929, WOLANSKY 1960, R. WOLF 1985, DROZDZEWSKI 1988) bekannt.

4.4.2 Bruchtektonik im Ruhrkarbon

Abbildung 28 zeigt die wichtigsten Bruchstrukturen im Ruhrkarbon. Die Übersicht ließe sich um zahlreiche weitere Sprünge ergänzen, wohingegen alle bedeutenden Blätter verzeichnet sind. Es entsteht so die bekannte Gliederung des Ruhrkarbons in Horst- und Grabenschollen, die eigene Namen führen (s. Geologische Karte des Ruhrkarbons 1 : 100 000, 1982). Von den großen Bruchschollen des Ruhrkarbons seien nur die bedeutendsten Gräben genannt: Dinslakener, Kirchhellener, Marler, Dortmunder, Preußen-, Königsborner und Maximilian-Graben. Nach Süden laufen die großen Bruchstrukturen ebenso wie im Aachener Revier aus (Abb. 29). Auch läßt sich eine Verringerung der Sprungbeträge beim Durchqueren von Sätteln oder das völlige Auslaufen kleinerer Sprünge beobachten (DROZDZEWSKI 1980 a: Abb. 14). Auf dieses reziproke Verhältnis von Bruchtektonik und Faltung wird in Kapitel 5.4.2 näher eingegangen.

In nördlicher Richtung ist mit einer Fortsetzung der intensiven Bruchtektonik zu rechnen. Die geringe Anzahl dargestellter Störungen auf Tafel 1 (in der Anl.) hängt allein mit dem geringen Aufschlußgrad im nördlichen Münsterland zusammen.

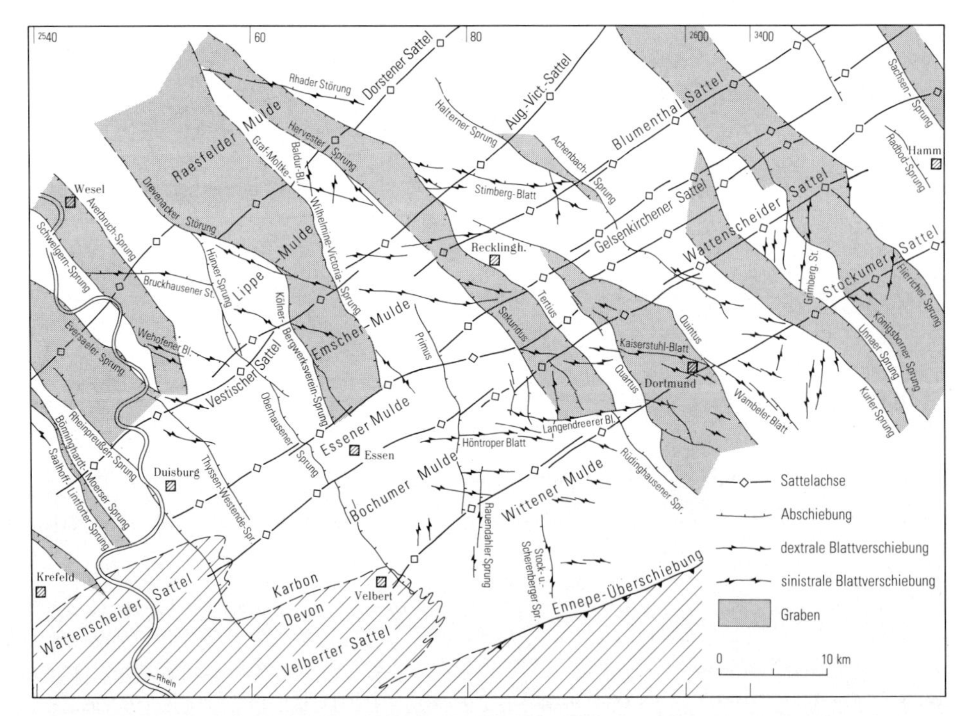

Abb. 28 Tektonische Übersicht des Ruhrkarbons mit Darstellung der wichtigsten Abschiebungen und Blattverschiebungen (nach DROZDZEWSKI 1982: Abb. 3)

Das rechtsrheinische Subvariscikum weist eine ähnlich intensive Bruchtektonik wie der linksrheinische Teil auf. Die tektonische Übersicht (Abb. 28) zeigt jedoch zwei Unterschiede. Sie betreffen zum einen das Vorkommen von Blattverschiebungen und zum anderen die Streichrichtung der Störungen.

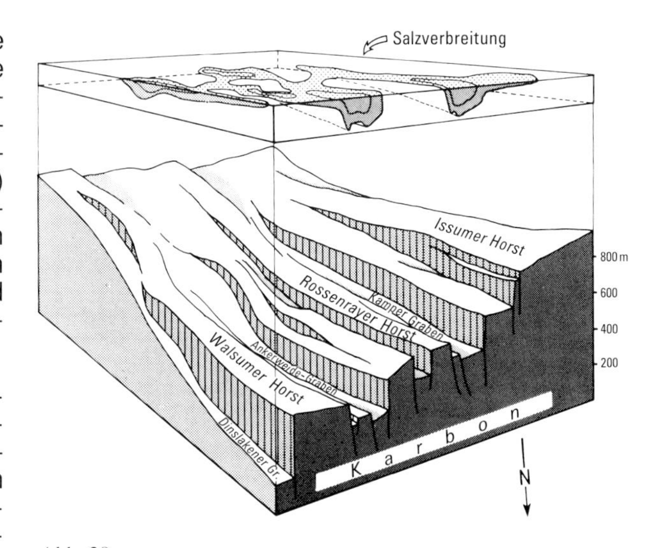

Abb. 29
Blockbild der Oberfläche des Paläozoikums im Niederrheingebiet (nach R. WOLF 1985: Abb. 81). Es zeigt das generelle Auslaufen der großen Brüche nach Süden und die Bildung von Gräben im Norden.

Beim Vergleich der Störungsrichtungen im linksrheinischen und rechtsrheinischen Subvariscikum fällt auf, das die Querstörungen rechtsrheinisch allgemein „flacher" streichen. Im Aachener Revier (WREDE 1985 b: Abb. 47) und am Niederrhein (R. WOLF 1985: Abb. 77) streichen die Querstörungen generell Nordwest – Südost (140 – 150°), im Ruhrgebiet überwiegen jedoch Brüche mit einem Westnordwest-Ostsüdost-Streichen (120 – 130°) (vgl. Abb. 79, S. 129). Die Querstörungen des Ruhrkarbons nehmen folglich eher ein herzynisches Streichen an. Herzynisch streicht auch die Osning-Störung, an der das Ruhrbecken gegen das Niedersächsische Becken grenzt. Das Ruhrkarbon unterscheidet sich vom Aachener Karbon weiterhin durch das Vorkommen von Blattverschiebungen, die dort nur ganz untergeordnet auftreten. Blattverschiebungen treten im rechtsrheinischen Ruhrkarbon in zwei Streichrichtungen auf. Am häufigsten ist die Ost-West-Richtung, während die Nord-Süd-Richtung deutlich zurücktritt. Die Ost-West-Blätter sind dextrale, die Nord-Süd-Blätter sinistrale Horizontalverschiebungen.

Zu den bekanntesten Blättern zählen im mittleren Ruhrgebiet das Höntroper, Langendreerer und Kaiserstuhl-Blatt (Abb. 28). Es handelt sich hierbei um 10 bis 15 km lange, generell Ost – West streichende Störungszonen mit dextralen Verschiebungsweiten bis zu 300 m. Im nördlichen Ruhrgebiet sind entsprechend bedeutende Strukturen das Hertener, Bertlicher und Stimberg-Blatt; für weitere große Ost – West streichende Störungen wie die Bruckhausener und Rhader Störung sind infolge der überwiegend flachen Lagerung der Schichten horizontale Bewegungen bisher nicht einwandfrei nachgewiesen. Die bedeutendsten Horizontalkomponenten überhaupt weisen die Drevenacker Störung im nördlichen Ruhrgebiet und das Wambler Blatt in der Wittener Mulde auf, die die Faltenstrukturen um jeweils bis zu über 1 km dextral verwerfen (WREDE 1992). Auffällig ist die Anordnung vieler Blattverschiebungen in lang durchhaltenden Zonen, die sich zum Teil durch das gesamte Ruhrkarbon verfolgen lassen.

Während sich die Ost-West-Richtung noch durch eine Vielzahl kleinerer Blätter mit Verschiebungen im Zehnermeter- bis Hundertermeterbereich belegen ließe, ist die Nord-Süd-Richtung als Gegenrichtung – wie schon erwähnt – deutlich unterrepräsentiert.

Horizontale Bewegungen erfolgten nicht allein an Blattverschiebungen, sondern zusätzlich auch an zahlreichen Querstörungen. Im Durchschnitt beträgt die horizontale Bewegungskomponente an den Querstörungen des Ruhrreviers ein Drittel bis zur Hälfte der vertikalen Bewegungskomponente (DROZDZEWSKI 1982 b). Die horizontalen Bewegungen sind im Ruhrrevier in der Regel dextral, am linken Niederrhein und im Aachener sowie Südlimburger Revier dagegen sinistral.

Rechtsrheinisches und linksrheinisches Subvariscikum unterscheiden sich damit nicht nur falten- sondern auch bruchtektonisch voneinander. Das am Ostrand des abtauchenden Brabanter Massivs gelegene linksrheinische Subvariscikum ist bruchtektonisch durch Nordwest – Südost streichende Brüche im Verlauf des Niederländischen Zentral-Grabens und der Niederrheinischen Senke charakterisiert. Die Querstörungen weisen, wie bereits erwähnt, sinistrale horizontale Bewegungsanteile auf. Größere laterale Seitenverschiebungen im Sinne eines in der Literatur angenommenen Niederrhein-Lineaments (HESEMANN 1971, FRANKE 1990: 66) lassen sich jedoch daraus in keinem Falle ableiten, da die variscischen Faltenelemente über die Niederrheinische Senke hinweg zwanglos miteinander zu verbinden sind (s. Kap. 4.3.3 u. Taf. 1 in der Anl.).

Das rechtsrheinische Subvariscikum wird mit Annäherung an die Osning-Zone und das Niedersächsische Becken zunehmend von herzynischen Westnordwest – Ostsüdost streichenden Brüchen geprägt. Damit gewinnt die herzynische Richtung allmählich die beherrschende Bedeutung, die ihr im nördlichen und östlichen Mitteleuropa allgemein zukommt (RICHTER-BERNBURG 1969; P. A. ZIEGLER 1982, 1987).

Wie schon für das Aachener Karbon dargelegt (Kap. 4.4.1.2), stimmen wegen der mehrphasigen Bruchtektonik die im Karbon und in den einzelnen Deckgebirgsschichten feststellbaren Verwürfe an ein und derselben Störung häufig nicht überein. Die gleiche Beobachtung trifft auch auf das rechtsrheinische Gebiet zu.

Die ältesten Bewegungen an Quer- und Diagonalstörungen lassen sich im Ruhrkarbon für den Zeitraum während der variscischen Faltung belegen (DROZDZEWSKI 1980 b: 74, KUNZ 1980: 113 u. Abb. 9, WREDE 1980 a: 168 u. Abb. 23). Es handelt sich um einzelne, meist kurze Störungsabschnitte, an denen sich der Faltenbau mehr oder weniger abrupt verändert. Zu den deutlichsten Erscheinungen dieser Art zählen die Veränderungen der Bochumer Hauptmulde an der Wieschermühlen-Störung (Abb. 30) sowie der Essener Hauptmulde am Quartus-Sprung. Andere Beispiele sind der Constantin-Sprung, der Sekundus-Sprung mit der Faltenveränderung des Hochlarmark-Sattels (Abb. 19, S. 52), der Tertius-Sprung mit der abrupten Verwurfszunahme der Westhausener Überschiebung oder der Primus-Sprung mit den abrupten Verwurfsänderungen der beiden Äste der Sutan-Überschiebung (DROZDZEWSKI 1980 b: 74, Abb. 8). In einigen Fällen wurde das an die Nähe von Querstörungen gebundene staffelförmige Verspringen von Überschiebungen beobachtet, wie der Waltroper Überschiebung am Quintus-Sprung (KUNZ 1980: Abb. 9), der Bottroper Überschiebung am Vondern-Sprung (DROZDZEWSKI 1985 a: 178) oder der Rheinpreussen-Überschiebung am Rheinpreussen-Sprung (R. WOLF 1985: Abb. 70).

Insgesamt gesehen fällt auf, daß diese frühen bruchhaften Veränderungen des Faltenbaus sich bevorzugt an Nord – Süd und Westnordwest – Ostsüdost streichenden Störungen und auch dann eher lokal als großräumig abspielten (s. Abb. 28). Dies könnte darauf hindeuten, daß die Bruchtektonik im Subvariscikum erst allmählich während der Faltung einsetzte und Brüche zunächst in Form von Diagonalstörungen aufrissen. Überträgt man die bruchtektonischen Verhältnisse vom Niederrheingebiet (R. WOLF 1985) mit seinem verschiedenalten Deckgebirge auf das Ruhrgebiet, dann ist seine Bruchtektonik im wesentlichen während mehrerer postvariscischer Bewegungsphasen entstanden (s. Kap. 5.4.3). In diesem

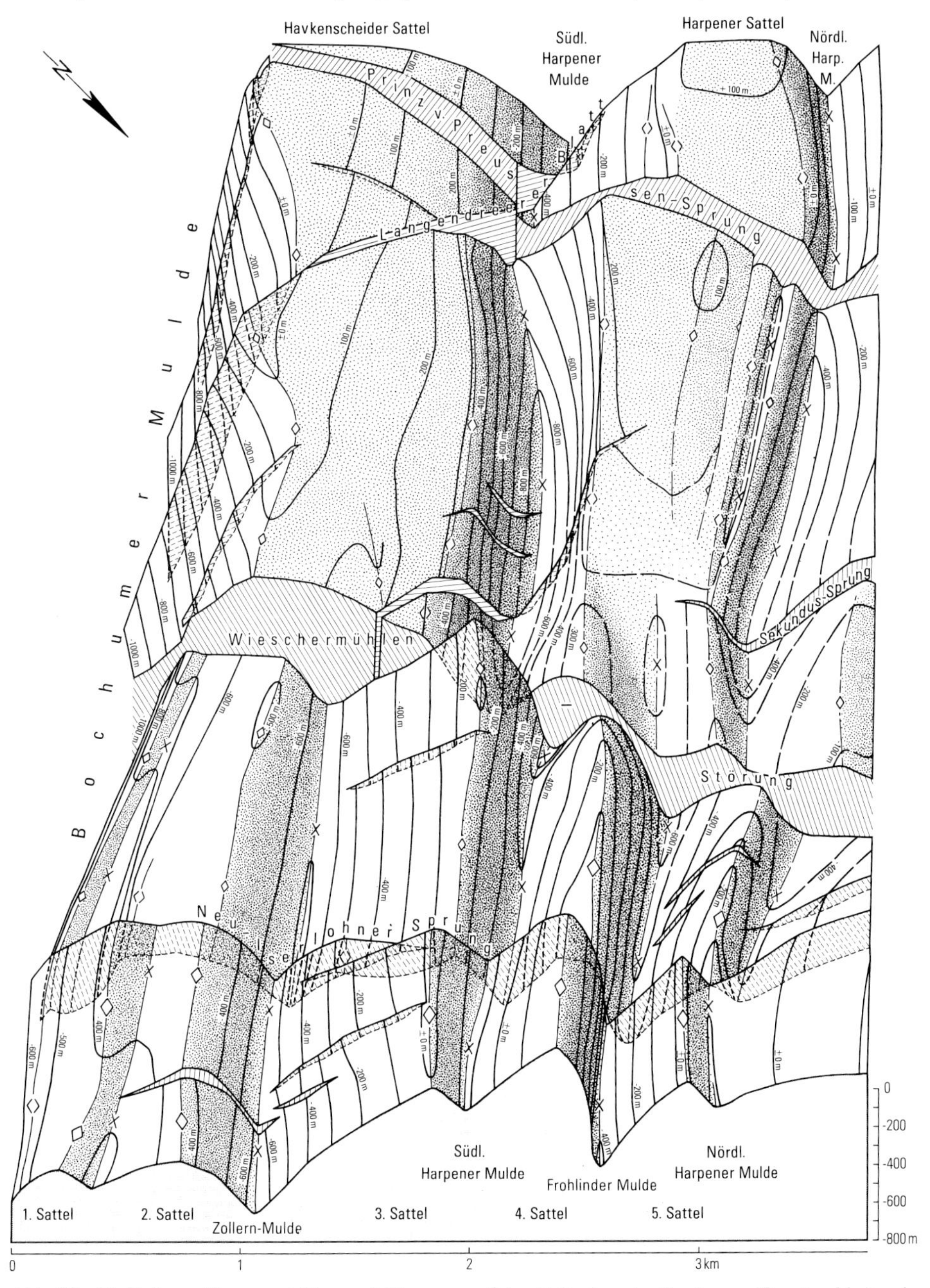

Abb. 30 Einfluß von Quer- und Diagonalstörungen auf den Faltenbau der Bochumer Hauptmulde (nach DROZDZEWSKI 1980). Im südlichen Abschnitt der Wieschermühlen-Störung ändert sich der Faltenbau abrupt, im nördlichen Abschnitt rasch, aber offenbar kontinuierlich. (Raumbild von Flöz Sonnenschein, Luftsättel über ± 0 m NN ergänzt, Blickrichtung nach Südwesten)

gesamten Zeitraum bis zumindest in das Tertiär entstanden immer auch Störungsabschnitte neu, während bestehende in unterschiedlichem Maße reaktiviert wurden.

Für den Zeitraum bis zur Zechstein-Transgression war die Bruchtektonik im Niederrheingebiet noch gering entwickelt. Die Verwürfe der Abschiebungen betragen maximal wenige Zehnermeter (R. Wolf 1985: 158). Einige große Störungen wie die Drevenacker Störung oder der Marler Sprung im nordwestlichen Ruhrgebiet weisen allerdings Präzechstein-Verwürfe in der Größenordnung von mehreren hundert Metern auf. Letztere könnten im Rotliegenden entstanden sein, wie die starke Zerblockung des norddeutschen Rotliegend-Beckens vermuten läßt (Gast 1988). Die bruchtektonische Hauptbewegungsphase im Ruhrkarbon scheint jedoch während der altkimmerischen Bewegungen im Keuper gelegen zu haben.

Die spät- und postvariscische Bruchtektonik des Ruhrgebiets ist im wesentlichen das Ergebnis einer Krustendehnung und steht im Zusammenhang mit dem Zerfall von Pangäa und der Öffnung des Nordatlantiks. Das Subvariscikum erfuhr in West-Ost-Richtung eine Dehnung in der Größenordnung von ca. 5 %. Damit verbunden dürfte sich infolge von Transtension auch ein Teil der horizontalen Bewegungen an den Quer- und Diagonalstörungen abgespielt haben. Während der Oberkreide geriet das Ruhrgebiet unter ein kompressives Spannungsfeld als Folge der alpidischen Kollision der Afrikanischen mit der Europäischen Platte. Die kompressiven Spannungen etwa in Nord-Süd-Richtung wirkten sich bevorzugt an dem existierenden Bruchmuster aus. Transpression als Kombination von Einengung und Seitenverschiebung führte zu den bekannten Umkehrverwürfen an den Quer- und Diagonalstörungen des Ruhrreviers. Die dreidimensionale kinematische Entwicklung der kretazischen Inversionsstrukturen ist offensichtlich ein sehr komplizierter Vorgang. Darauf deuten die wechselhaften aufschiebenden und oft auch abschiebenden Bewegungen hin, die ihre Ursache in dem komplexen Störungsmuster des präkretazischen Untergrundes haben.

Die kretazischen Inversionsbewegungen haben im allgemeinen ein größeres Ausmaß an großen als an kleinen Brüchen des Untergrundes und sind bedeutsamer an „flach" streichenden (WNW – ESE) als an „steil" streichenden (NW – SE) Störungen. Die Inversionsbewegungen wirkten sich im Kreide-Deckgebirge regional unterschiedlich aus, und zwar im Norden in Form flacher Falten und Flexuren, im Süden aber bruchhaft.

Nördlich des Vestischen Hauptsattels, dessen Verlauf etwa der 10 %-Linie orogener Einengung entspricht, treten die bekannten Nordwest – Südost streichenden „Kreide-Falten" auf. Breddin (1929) stellte fest, daß über den Gräben des Karbons und Perm-Trias-Deckgebirges die Oberkreide-Schichten aufgestiegen seien, über den Horsten aber absanken und sich auf diese Weise Sättel und Mulden im Kreide-Deckgebirge bildeten. Ein Vergleich der Streichrichtungen von Brüchen und Falten zeigt jedoch, daß die Falten leicht spitzwinklig zu den Brüchen des Untergrundes verlaufen (s. Abb. 87, S.141). Dies deutet darauf hin, daß die Falten durch dextrale horizontale Seitenverschiebungen an den Brüchen entstanden sind (Wilcox & Harding & Seely 1973, Drozdzewski 1988). Die laterale Erstreckung dieser Fiederfalten ist eng mit den jeweiligen Brüchen im Untergrund verbunden. Die Abbildung 87 läßt deutlich erkennen, daß der Dinslakener Kreide-Sattel an den Averbruch-Sprung gebunden ist, der Kirchhellener Kreide-Sattel an die Drevenacker Störung, der Marler Kreide-Sattel an den Sekundus-Sprung beziehungsweise die Hervester Störung und der neu benannte Rhader Kreide-Sattel an die Rhader Störung. Wie aus reflexionsseismischen Untersuchungen und Bohrbefunden hervorgeht, laufen die Brüche in der Regel nicht in die Kreide-

Schichten hinein, sondern enden an der Kreide-Basis. In einer Reihe von Fällen läßt sich allerdings beobachten, daß infolge der Reaktivierung der Bruchtektonik im Tertiär auch die Kreide-Schichten disloziert wurden.

Soweit man bei den flachen kretazischen Fiederfalten überhaupt von einer Vergenz sprechen kann, ist diese entgegengesetzt der Einfallsrichtung der Abschiebungen im Untergrund (vgl. Abb. 86, S. 140). Das ist besonders in den Fällen von Interesse, wo Kreide-Strukturen nur aus der Oberflächengeologie bekannt sind, nicht aber die sie auslösenden Brüche im tieferen Stockwerk. Dies trifft für große Teile des nordwestlichen Münsterlandes zu, wo die Kreide-Strukturen ebenfalls überwiegend Nordwest – Südost streichen (ARNOLD 1964: Abb. 1, STAUDE 1989: Abb. 7). Auch diese sehr flachen Falten sind ebenso wie die Strukturen des nordwestlichen Ruhrgebiets durch Transpression an Tiefenbrüchen entstanden.

Mehrere kretazische Falten im nordwestlichen Ruhrgebiet und Münsterland beschreiben auffällig nach Süden konvexe Bögen, indem sie aus der Nordwest-Südost- über die West-Ost- in die Südwest-Nordost-Richtung einbiegen. Der Südwest-Nordost-Verlauf der Achsen fällt, soweit die Strukturen im Grund- und Deckgebirge bekannt sind, mit variscischen Faltenachsen zusammen. Im Falle des Rhader Kreide-Sattels ist sein Nordwest-Südost-Verlauf – wie oben ausgeführt – an die Rhader Störung gebunden. Westlich Haltern läuft die Rhader Störung aus und der Kreide-Sattel biegt in den Verlauf des variscischen Dorstener Hauptsattels ein. Gleiche strukturelle Zusammenhänge zeigt die südlich benachbarte Wulfener Kreide-Mulde, die im Westen an die Rhader Störung gebunden ist, im Osten bei Haltern aber eindeutig über der variscischen Lippe-Hauptmulde verläuft. Weitere bogenförmige Kreide-Falten sind am Nordwestrand des Münsterländer Kreide-Beckens vorhanden (vgl. DROZDZEWSKI in ANDERSON et al. 1987: 20 u. Abb. 3). Die Südwest – Nordost streichenden Falten oder flachen Aufwölbungen in den Kreide-Schichten sind offenbar Reaktivierungen des variscischen Großfaltenbaus. Die beiden bedeutendsten Nordwest – Südost streichenden Kreide-Aufwölbungen liegen im Bereich des Dorstener und des Billerbecker Hauptsattels. Der Niveauunterschied der Kreide-Schichten über dem Dorstener Hauptsattel (Rhader Kreide-Sattel) und der Lippe-Hauptmulde (Wulfener Kreide-Mulde) beträgt immerhin mehr als 200 m. Eine vergleichbare „Faltenhöhe“ erreicht auch der herzynisch streichende Kirchhellener Kreide-Sattel gegenüber der Bottroper Kreide-Mulde (max. >300 m).

Wie schon ausgeführt, sind solche Falten allein im nordwestlichen Ruhrgebiet und Münsterland entwickelt, wo der Einengungsgrad des variscisch deformierten Untergrundes nur noch gering ist. Nach Südosten hin sind die Brüche im Kreide-Deckgebirge als Aufschiebungen bis zu maximal 100 m Verwurf bekannt, teilweise auch als Abschiebungen (JANSEN & DROZDZEWSKI 1986: Abb. 15). Auch bei den jüngsten bekanntgewordenen bruchtektonischen Vorgängen im Ruhrgebiet, die sich durch Verwürfe der Rhein-Hauptterrasse am Krudenburg-Sprung bemerkbar machen (Kap. 5.4.3), könnten horizontale Bewegungskomponenten eine Rolle spielen (WREDE & JANSEN 1993).

Als Grenze zwischen Rheinischer Masse und Niedersächsischem Becken wird in der vorliegenden Arbeit die Osning-Störung angesehen. Der bislang weiter südlich angenommene Münsterländer Abbruch (HESEMANN 1968) konnte bislang weder durch Bohrungen noch durch seismische Untersuchungen nachgewiesen werden (WOLBURG 1952) und existiert offensichtlich nicht.

Die Osning-Zone ist zwar in ihrem östlichen Abschnitt an der Erdoberfläche eine große südvergente Überschiebung, an der das Niedersächsische Becken auf das Münsterländer Kreide-Becken überschoben ist (Abb. 31). Zur Tiefe hin wurzelt jedoch die Osning-Überschiebung in einem steilen Tiefenbruch, wie sich aus den strukturellen Zusammenhängen im Bereich der Ibbenbürener Karbon-Scholle beziehungsweise des Schafbergs sowie des Hüggels in der nordwestlichen Fortsetzung der Osning-Zone ergibt (Drozdzewski 1985 b, 1988). Beide Karbon-Horste werden in ihrem südlichen Vorland von einer flachen, südvergenten Überschiebung begleitet. Die tektonische Position und das Verwurfsmaß der flachen Störung von etwa 1 000 m weisen sie als Äquivalent der Osning-Überschiebung aus. Infolge des bis 1 500 m Tiefe reichenden Bergbaus lassen sich die strukturellen Zusammenhänge zwischen der Osning-Überschiebung und dem steilen Tiefenbruch der Osning-Störung an der Ibbenbürener Karbon-Scholle exemplarisch aufzeigen.

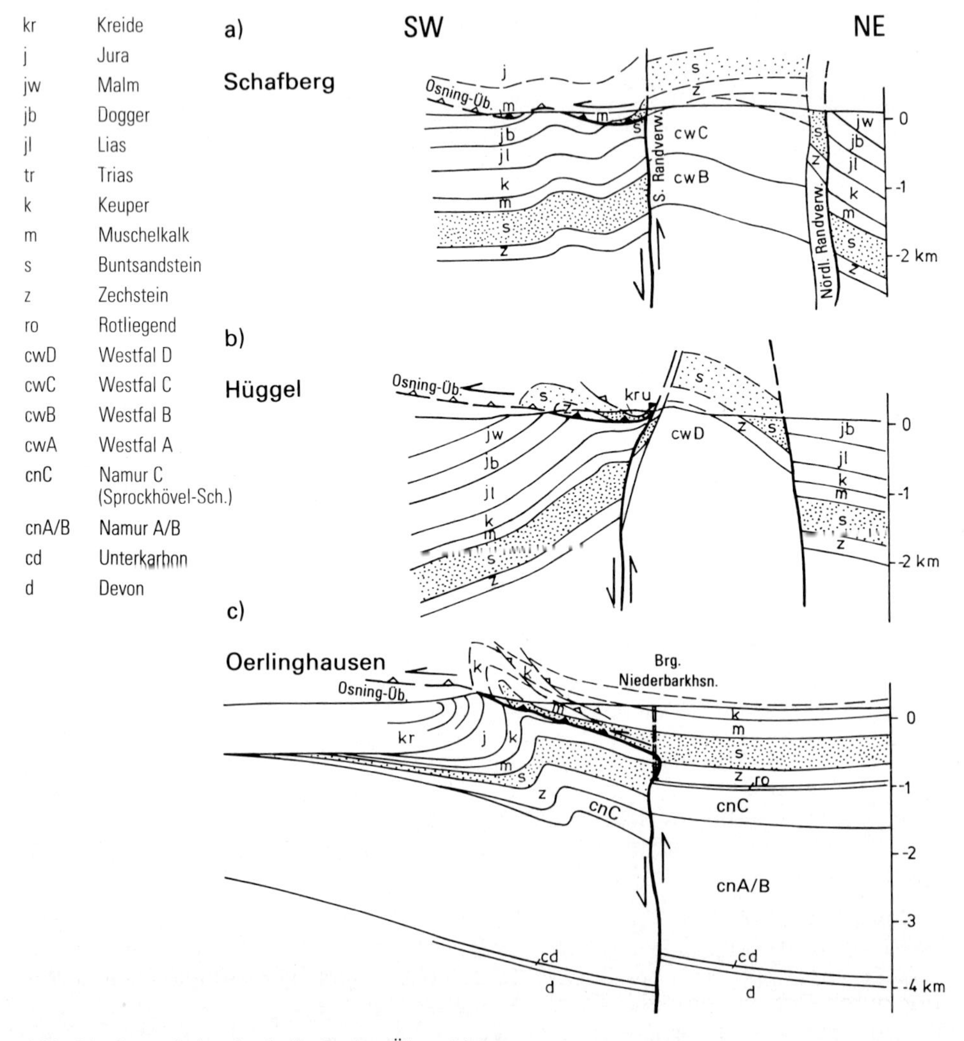

Abb. 31 Querschnitte durch die Osning-Überschiebung

a) Schafberg (nach Drozdzewski 1985); b) Hüggel (nach Harms 1981);
c) Oerlinghausen (verändert nach Arnold 1976: Schnitt A - B)

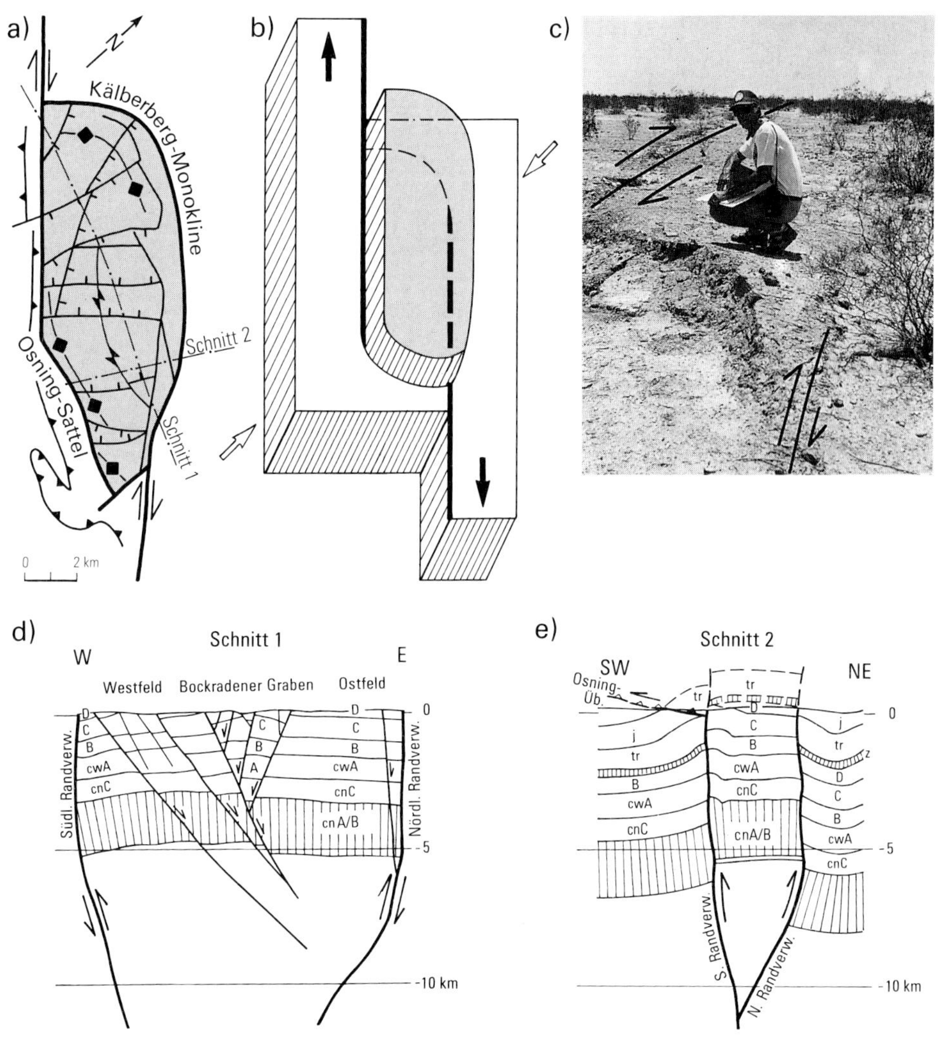

Abb. 32 Bewegungsbild der Ibbenbürener Karbon-Scholle im Grundriß und Blockbild sowie in Schnitten (nach DROZDZEWSKI 1988). Das Foto (c) zeigt ein rezentes Pendant vom San-Andreas-System in Südkalifornien.

Im Bereich des Ibbenbürener Karbon-Horstes ist die Osning-Störung gestaffelt angeordnet (Abb. 32). Der südliche Ast, die Südliche Randverwerfung, ist eine seiger stehende Störung, die an ihrem Südostende vom Osning-Sattel begleitet wird. Parallel dazu verläuft in 5 km Abstand der ebenfalls steile nördliche Ast, die Nördliche Randverwerfung. Auch an deren Ende befindet sich eine Faltenstruktur, die Kälberberg-Monokline. Beide Spezialfalten sind Fiederfalten der Osning-Störung. Ansonsten liegen die Schichten innerhalb der Karbon-Scholle flach. Eine Fortsetzung der Osning-Überschiebung in die Karbon-Scholle hinein ist nicht vorhanden, wie Bergbauaufschlüsse belegen (Abb. 32 a u. e). Die Heraushebung der Ibbenbürener Karbon-Scholle um etwa 2 km gegenüber ihrem südlichen und nördlichen, aus Jura-Schichten bestehenden Vorland beruht auf der Einengung innerhalb der konvergenten Verbindungsstruktur zwischen Nördlicher und Südlicher Randverwerfung (Abb. 32 a, b). Ausgelöst wurden die Transpressionsbewegungen durch die Nord – Süd gerichtete Kompression des spätkretazischen Spannungsfeldes und dadurch hervorgerufene dextrale Seitenverschiebungen an der Osning-Störung. Rezent lassen sich derartige Umsetzungen von Seitenverschiebungen in Vertikalbewegungen an modernen Blattverschiebungszonen wie dem ebenfalls dextralen San-Andreas-System im südlichen Kalifornien beobachten. Abbildung 32 c zeigt ein linksversetztes Teilstück einer dextralen Seitenverschiebung, an der eine Horizontalverschiebung von etwa 0,2 m zu einer Heraushebung der konvergenten Verbindungsstruktur um etwa den gleichen Betrag in der Vertikalen geführt hat. Auch hier entstand ein Pressungshorst mit einer südvergenten Überschiebung.

Während des Aufstiegs der Ibbenbürener Karbon-Scholle rissen mehrere quer zur Längserstreckung verlaufende Brüche auf, an denen neben starken Vertikalbewegungen (bis zu 450 m) auch schräge Bewegungen erfolgten. Die im wesentlichen auf die Karbon-Scholle beschränkten Querstörungen lassen sich als antithetische Riedelscherflächen interpretieren (Abb. 32 a, d).

5 Ergebnisse zur Tektonik des Subvariscikums

5.1 Falten, Achsenwellung und Stockwerktektonik

Zu den wesentlichsten Erkenntnissen, die das Untersuchungsvorhaben „Tiefentektonik" geliefert hat, gehören die Zusammenhänge zwischen Faltenbau, Achsenwellung und Stockwerktektonik. Sie wurden bereits in den Arbeiten von DROZDZEWSKI et al. (1980, 1985) sowie KUNZ & WOLF & WREDE (1988) ausführlich dargelegt und sollen hier zusammenfassend referiert werden. In den weiteren Kapiteln wird dann auf verschiedene Aspekte der Faltentektonik und ihres Zusammenwirkens mit den übrigen tektonischen Elementen näher eingegangen.

Der Faltenbau des Ruhrkarbons wird von Westsüdwest – Ostnordost streichenden Sätteln und Mulden bestimmt, die sich zu großräumigen Antiklinorien und Synklinorien anordnen. Von Südosten nach Nordwesten sind dies die Herzkämper Hauptmulde und der Esborner Hauptsattel, die allerdings nur im mittleren Ruhrgebiet ausgeprägt sind, sowie die Wittener Hauptmulde und der Stockumer Hauptsattel, die sich aus dem nach Osten hin abtauchenden Antiklinorium des Velberter Sattels entwickeln. Hierauf folgen die Bochumer Hauptmulde, der Wattenscheider Hauptsattel, die Essener Hauptmulde, der Gelsenkirchener Hauptsattel und die Emscher-Hauptmulde. Im westlichen Ruhrkarbon wird diese vom Vestischen Haupt-

Abb. 33 Querschnitt durch das Ruhrkarbon (stark verkleinerte Wiedergabe eines Schnittes der Geologischen Karte des Ruhrkarbons 1 : 100 000, 1982). Hervorgehoben sind die Unteren Sprockhövel-Schichten (Basis Namur C) als Untergrenze des flözführenden Oberkarbons.

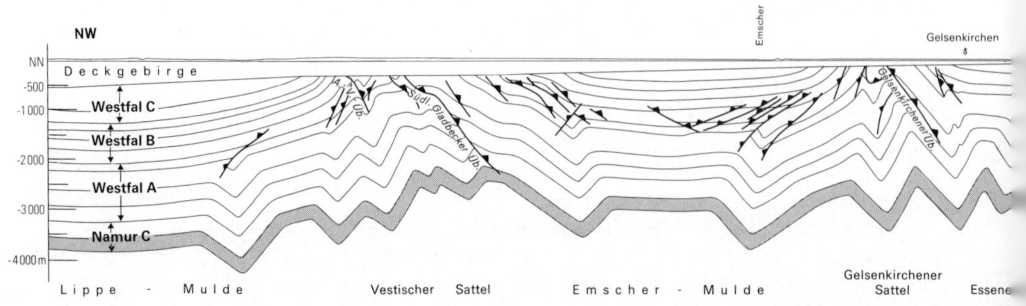

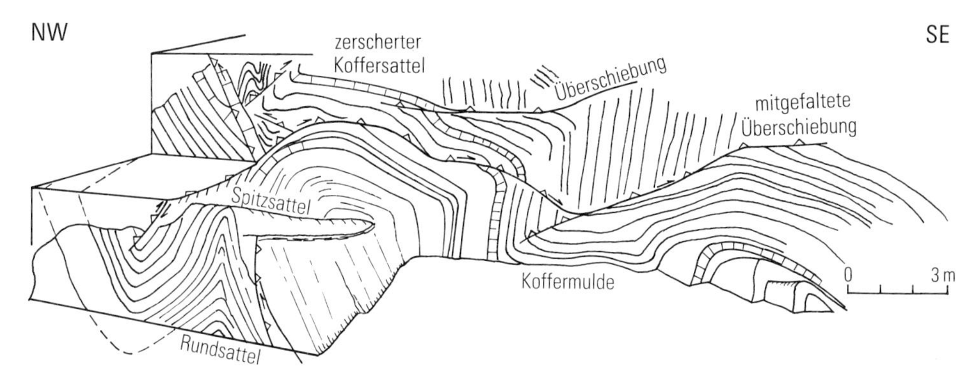

Abb. 34 Eng benachbartes Neben- und Übereinander von unterschiedlichen Faltenformen, kombiniert mit Überschiebungstektonik, im Aufschluß „Pastoratsberg" in Essen-Werden (TK 25: 4608 Velbert; nach DROZDZEWSKI & WREDE 1989)

sattel begrenzt, der sich nach Nordosten hin in den Blumenthal-Hauptsattel und den Auguste-Victoria-Hauptsattel aufspaltet, die die Lüdinghausener Hauptmulde einschließen. Nordwestlich vom Vestischem Hauptsattel beziehungsweise Auguste-Victoria-Hauptsattel erstreckt sich die weitgespannte Lippe-Hauptmulde, die durch den Dorstener Hauptsattel von der Raesfelder Hauptmulde abgegrenzt wird (Abb. 33).

Diese Antiklinorien und Synklinorien werden jeweils aus einer Vielzahl von Einzelfalten aufgebaut, die im streichenden Verlauf und auch zur Tiefe hin starken Veränderungen unterworfen sind. An Faltenformen sind Spitzfalten, Rundfalten, Kofferfalten und Monoklinen vertreten, die häufig eng benachbart nebeneinander auftreten (Abb. 34) oder sich zum Beispiel im Streichen oder auch vertikal ablösen.

Typisch ist ein meist linksseitiges Verspringen von Faltenelementen, so daß innerhalb eines Antiklinoriums von West nach Ost fortschreitend jeweils weiter nördlich gelegene Spezialfalten die Funktion des Sattelhöchsten übernehmen (Abb. 35). Ein derartiges „Faltenverspringen" vollzieht sich meist innerhalb weniger Kilometer streichender Länge und völlig unbeeinflußt von eventuell auftretender Bruchtektonik (KUNZ 1979).

Eine Systematik in der vertikalen Abfolge der Faltenformen ist nicht erkennbar: Es sind sowohl Spitzfalten vertreten, die zum Faltenkern hin in Rundfalten übergehen, wie auch umgekehrte Fälle (vgl. z. B. WREDE 1985: Abb. 45). Auf die Bedeutung von Kofferfalten im Zusammenhang mit dem Stockwerkbau wird noch gesondert eingegangen.

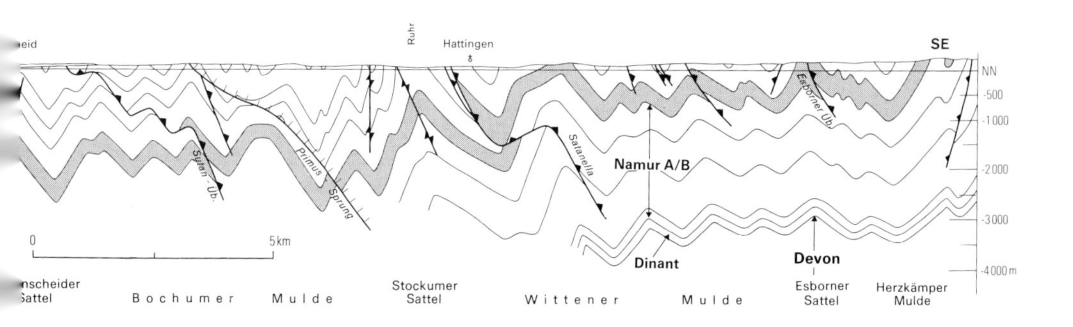

Eine Vergenz der größeren Falten ist nur bereichsweise deutlich ausgeprägt. Sie ist dann im allgemeinen nach Nordwesten gerichtet. Es kommen aber auch südvergente Falten in durchaus nennenswerter Zahl vor, während der größte Teil der Falten keine deutliche Vergenz erkennen läßt.

Bemerkenswerterweise ist die Vergenz der kleineren Falten häufig gegen den Scheitel der benachbarten Großsättel gerichtet. So sind die Spezialfalten am Nordrand einer Hauptmulde meist nordvergent, die am Südrand einer Hauptmulde eher südvergent (Abb. 36). Verstärkt wird dieser Eindruck noch durch die begleitende Überschiebungstektonik, die ebenfalls aus den Hauptmulden heraus gegen die benachbarten Hauptsättel gerichtet ist (vgl. Kap. 5.2.1). Dieser Eindruck wird noch deutlicher, wenn man statt der Vergenz die Asymmetrie der Falten betrachtet, das heißt, das Längenverhältnis zwischen den Faltenschenkeln (BREDDIN & FURTAK 1963). Fällt die Achsenebene des den Vergenzscheitel bildenden Hauptsattels selbst zum Beispiel nach Süden ein, daß heißt der Sattel ist nordvergent, so kann es vorkommen, daß die Achsenebenen der Spezialfalten auf seiner Nordflanke zwar ebenfalls nach Süden einfallen, die Spezialfalten durch das Längenverhältnis der Faltenschenkel aber trotzdem eine Ausrichtung gegen Süden erkennen lassen (Abb. 36). Ein gutes Beispiel hierfür stellt die „Engfaltenzone" in der Südflanke der Wurm-Mulde (bzw. der Nordflanke des Aachener Sattels) im Aachener Revier dar (vgl. Kap. 4.3.1).

Die Asymmetrie der Falten läßt sich auch durch die Neigung der Faltenachsenebene in Bezug zum Faltenspiegel beschreiben. Diese Neigung wurde von HOEPPENER (1957) als „Klinenz" bezeichnet und der entsprechende Winkel als „Klinenzwinkel".

Die von BREDDIN & FURTAK (1963) hervorgehobene Unterscheidung zwischen „Vergenz", daß heißt Neigung der Achsenebene, und „Asymmetrie", daß heißt Längenverhältnis der Faltenschenkel, bildet somit offenbar auch ein Kriterium zur Definition von Antiklinalstrukturen („Hauptsättel" im Sprachgebrauch des Ruhrbergbaus). Legt man diese Definition zugrunde, so soll-

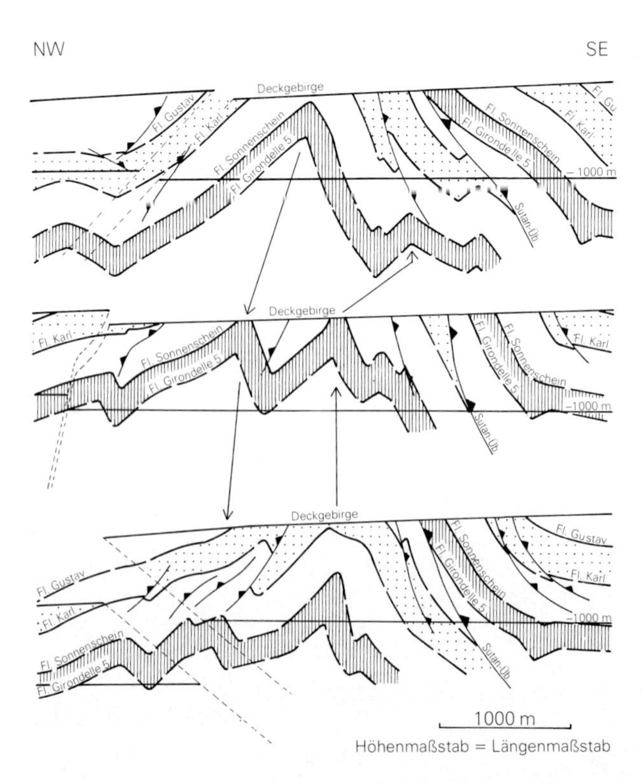

Abb. 35
Linksversetztes Ablösen (Verspringen) eines Spezialsattels als Sattelhöchstem des Wattenscheider Hauptsattels (nach KUNZ 1980: Abb. 12)

Abb. 36
Funktion der Hauptfalten als Vergenzscheitel bei aufrechter (a) und geneigter Position (b) der Hauptfaltenachsenebenen

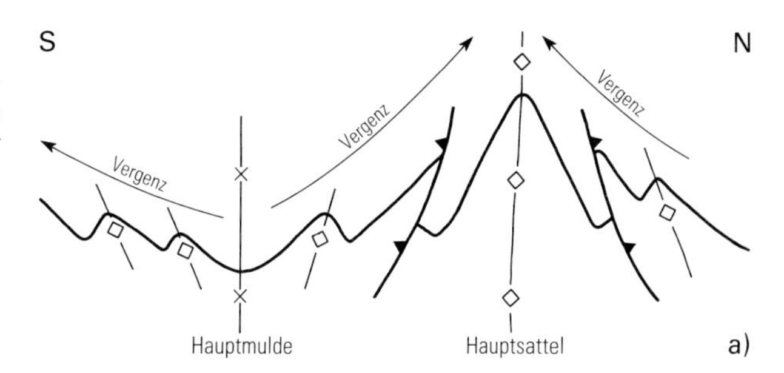

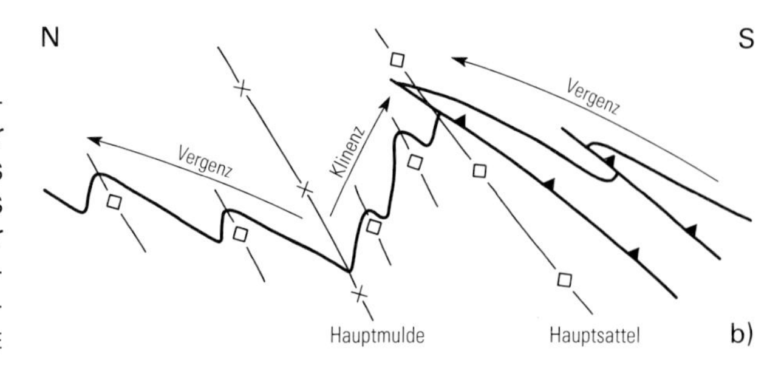

te am Südrand des Ruhrkarbons zum Beispiel eher der Kirchhörder Sattel als der Esborner Sattel als südlich an die Wittener Hauptmulde angrenzender Hauptsattel bezeichnet werden (vgl. WREDE 1988 a: Abb. 13, 14).

Der Faltenbau des Ruhrkarbons ist in großtektonischer Hinsicht relativ flach. Die Höhenunterschiede zwischen dem Tiefsten der Hauptmulden und dem Höchsten benachbarter Hauptsättel sind meist nicht größer als 2 km, häufiger liegen sie bei etwa 1 km.

Die Faltenhöhen (Abstand zwischen Sattel- und Muldenumbiegungen einer einzelnen Schicht) betragen in der Regel hundert bis einige hundert Meter. Darüber hinausgehende Faltenhöhen bis ca. 1 000 m sind recht selten, während noch höhere Werte zu den Ausnahmen gehören. Letztere konnten allerdings nur konstruktiv ermittelt werden.

Die Faltenbreiten (Abstand der Achsenflächen von Sattel zu Sattel oder Mulde zu Mulde) betragen in der Regel einige hundert Meter bis ca. 2 000 m. Sie werden noch übertroffen von den Ausmaßen der breiten trogförmigen Hauptmulden: Emscher-, Lippe- und Raesfelder Hauptmulde messen mehr als 5 km.

Der Faltenbau des Aachener Karbons ist hinsichtlich seiner Gliederung in Antiklinorien und Synklinorien sowie der Faltendimensionen dem des Ruhrkarbons durchaus vergleichbar. Ein deutlicher Unterschied besteht jedoch bezüglich der Faltenvergenz: Im Aachener Gebiet herrscht erheblich stärker ausgeprägte Nordwestvergenz vor. Besonders in der sogenannten „Engfaltenzone“ in der Südflanke des Wurm-Synklinoriums tritt sie deutlich hervor, so daß hier die steil bis überkippt einfallenden Nordflanken der Spezialsättel seit alters als „Rechtes“, die relativ dazu flach einfallenden Südflanken als „Plattes“ bezeichnet werden. Auch die fast durchweg nach Süden einfallenden Überschiebungen zeichnen diese Nordvergenz des Gebirgsbaus nach.

Obwohl die meisten dieser Falten als Spitzfalten ausgebildet sind und so ein kaskadenfaltenartiges Bild entsteht, lassen sich bei genauerer Analyse des Spezialfaltenbaus auch innerhalb dieser Zone ähnlich rasche Änderungen in der Faltenform erkennen, wie in entsprechenden Faltenstrukturen des Ruhrkarbons (WREDE 1985 b: Abb. 45).

Die Mechanik der Faltung im Subvariscikum läßt sich als Biegegleitfaltung beschreiben, bei der den Gleitvorgängen auf Schichtflächen eine entscheidende Bedeutung zukommt. Die Verteilung der Schichtharnische im Gestein ist aber insgesamt sehr unterschiedlich: Es treten einerseits Partien auf, in denen Schichtharnische sehr dicht aufeinanderfolgen (im cm-Abstand), andererseits weisen etliche Meter mächtige Gesteinsbänke keinerlei Schichtharnische auf. Die schichtparallelen Gleitvorgänge sind keineswegs bevorzugt an die Steinkohlenflöze gebunden, wie vielleicht zu erwarten wäre. Die meist intakte Internstruktur der Flöze gibt keinen Hinweis auf bedeutendere Bewegungsabläufe innerhalb der Kohle. Bewegungsspuren in Form schichtparalleler Harnische finden sich eher am meist scharf ausgebildeten Flözhangenden und bevorzugt in tonig ausgebildeten Schichtenabschnitten.

Eine statistische Untersuchung über das Auftreten von Schichtharnischen in Explorationsbohrungen ergab, daß sie sich bevorzugt entweder im Abstand von ca. 1 – 2 m finden oder aber sehr engständig im Abstand von meist 3 – 5 cm. Bezogen auf die Länge der Bohrstrecke weisen ca. 52 % der Schichten Harnische im Meterabstand auf, 12 % Harnische im Abstand von 3 – 5 cm, während an rund 36 % der Bohrkernlänge keine Schichtharnische zu beobachten sind. Dieses Bild läßt sich durch eine getrennte Betrachtung von Ton- und Sandsteinen weiter differenzieren: Es wird deutlich, daß Tonsteine eine wesentlich größere Harnischdichte aufweisen als Sandsteine. Bei den Tonsteinen sind nur ca. 24 % der Bohrlänge harnischfrei, bei den Sandsteinen fast 50 %. Die Bereiche mit engständigen Schichtharnischen machen rund 16 % beziehungsweise 7,5 % der Bohrlochlängen aus.

Interessant ist auch eine Betrachtung der Häufigkeit von Schichtharnischen in Abhängigkeit vom Schichteneinfallen. Am häufigsten treten Schichtharnische bei einem Schichteneinfallen von 30 – 40° auf (ca. 28 % aller Harnische). Besonders deutlich wird dies bei der Betrachtung der Sandsteinharnische: Hiervon liegen sogar rund 41 % in diesem Intervall.

Aus diesen Zahlen folgt, daß die Harnischbildung bevorzugt bei mittelsteil geneigten Schichten (30 – 40° Einfallen) auftritt. Tonsteine sind häufiger von Harnischen durchsetzt als Sandsteine und rund 80 % aller Harnische konzentrieren sich auf relativ schmale Zonen mit engständiger Harnischbildung. So ist es auch zu erklären, daß an verschiedenen Stellen im gefalteten Ruhrkarbon aufrecht in der Schichtung stehende fossile Baumstämme von – im Extremfall – bis zu 9 m Länge erhalten bleiben konnte, ohne schichtparallel zerschert zu werden (KLUSEMANN & R. TEICHMÜLLER 1954). Zu berücksichtigen sind bei diesen Überlegungen noch die unterschiedlichen Anteile von Ton- und Sandsteinen an der Gesamtmächtigkeit des Ruhrkarbons und die Frage, welche Verschiebungsbeträge den einzelnen Harnischen zuzuordnen sind.

Wie schon ausgeführt wurde, reichen die petrographischen Unterschiede innerhalb der Karbon-Schichten aber nicht aus, um ein großtektonisch unterschiedliches Verhalten einzelner Schichtenabschnitte zu bewirken. Offenbar sind die einzelnen Schichtenglieder zu dünn und zu raschen lateralen Änderungen der Fazies beziehungsweise Lithologie unterworfen, um großtektonisch als besonders mobile Flächen oder starre Körper wirksam werden zu können. Die von ZIMMERMANN (1963) beschriebene materialabhängige Ausbildung der tektonischen Formen ist nur im kleintektonischen Maßstab beziehungsweise bis in den Aufschlußbereich hinein wirksam. Bei mittel- bis großtektonischer Betrachtung liegt eher eine mehr oder weniger homogen reagierende Wechsellagerung der verschiedenen Gesteinskomponenten vor. Es läßt sich auch keine spezielle „Karbon-Tektonik" begründen, die auf das Vorhandensein der Flöze zurückzuführen wäre. Wie zahlreiche Aufschlußbeobachtungen zeigen, sind die Flöze oder genauer die Flözhangendgrenzen kaum stärker als tektonische Flächen wirksam gewesen als andere markante Gesteinsgrenzen auch. Die flözarmen bis flözleeren Einheiten, die am Südrand der Steinkohlengebiete aufgeschlossen sind, fügen sich nahtlos in das tektonische Bild ein, das in den kohlereichen Abschnitten weiter nördlich entwickelt ist (vgl. hierzu die umfangreichen Untersuchungen zur Tektonik am Südrand des Ruhrbeckens von LOTZE & ROSENFELD 1960; LOTZE & SCHMIDT 1961; LOTZE & ZIMMERMANN 1963; ROSENFELD 1960, 1961; LOTZE & SCHEMANN 1965).

Es ist geradezu ein Kennzeichen von Faltengebirgen, daß ihre Faltenachsen nicht horizontal liegen, sondern in ihrem Verlauf auf- und absteigen. Häufig ist das Achsenabtauchen benachbarter Falten über größere Bereiche relativ einheitlich, so daß sich weiträumige Achsendepressionen und -kulminationen herausbilden.

CLOOS (1940: 227) bezeichnete Zonen einseitig geneigter Faltenachsen, die streifenförmig das Faltengebirge quer oder spitzwinklig schneiden und sich über mehrere Faltenstränge erstrecken, als Achsenrampen. Sie sind damit Bestandteile der Achsendepressionen und -kulminationen. Wie schon erwähnt wurde, sind auch die Faltenachsen des Subvariscikums einer deutlichen Achsenwellung unterworfen (vgl. Kap. 4.2). Diese Achsenwellung ist zeitgleich mit der Faltung entstanden und nicht etwa die Folge einer jüngeren, anders orientierten Einengung.

Die Krefelder Achsenaufwölbung trennt das Ruhrkarbon vom Aachen-Südlimburger Steinkohlenbecken. Von dieser Kulmination aus sinken die Faltenachsen nach Nordosten hin ab, um in der Gelsenkirchener Achsendepression eine Tieflage zu erreichen. Daran schließt sich der Anstieg zur Dortmunder Achsenaufwölbung an. Östlich davon liegt die Hammer Achsendepression, von der aus sich

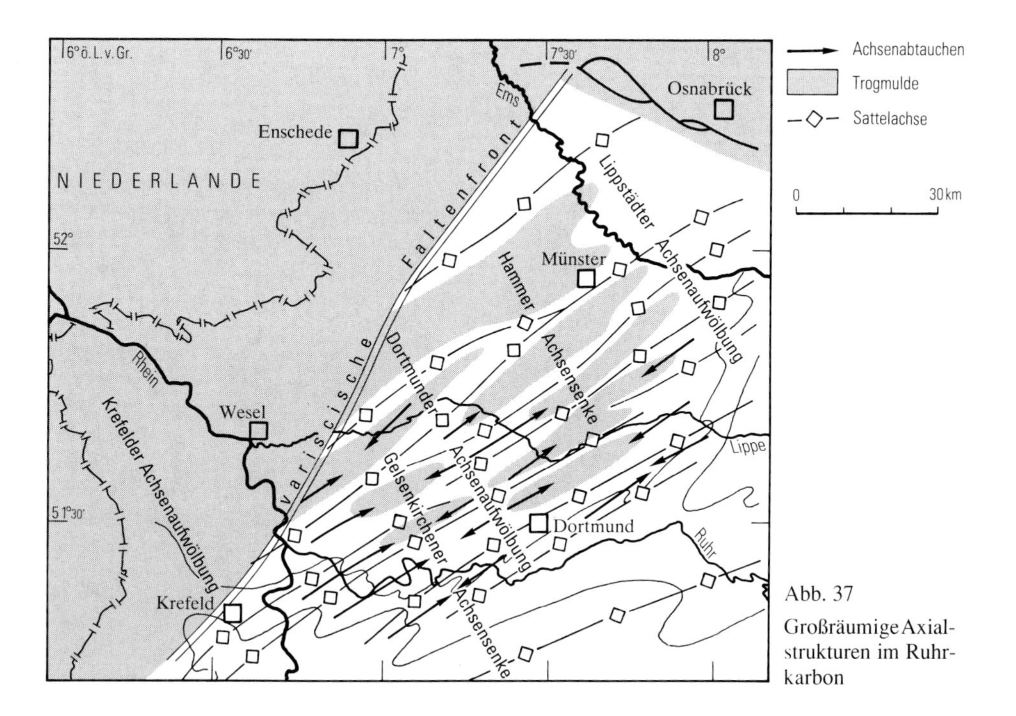

Abb. 37
Großräumige Axialstrukturen im Ruhrkarbon

die Faltenachsen dann in Richtung auf das Lippstädter Gewölbe wieder herausheben (Abb. 37). Die Streichrichtung dieser Kulminations- beziehungsweise Depressionszonen verläuft vorwiegend Nord – Süd.

Neben diesen großräumigen Axialstrukturen lassen sich auch viele lokale Sonderentwicklungen mit kleinräumigeren Depressions- und Kulminationsbereichen erkennen. Ganz am Südrand des Ruhrkarbons wird das sonst recht klare Bild der Quer- bis Diagonalwellung der Faltenachsen etwas unübersichtlicher, wie die Wittener Hauptmulde zeigt, in der zahlreiche Axialstrukturen auftreten, die sich nicht ohne weiteres mit dem Bild der nördlich anschließenden Bochumer Hauptmulde vergleichen lassen (WREDE 1988 a: 41). Möglicherweise spielt hier ein Einfluß der Bruchtektonik eine Rolle (s. S. 148).

Die Abtauchwinkel der Faltenachsen in den Achsenrampen betragen meist weniger als 10°, lokal wurden aber auch wesentlich stärkere Abtauchwinkel bis über 20° beobachtet. Im Extremfall konnte am südwestlichen Ende des Ahlener Sattels ein Wert von 45° festgestellt werden (KUNZ & WREDE 1988: 56). Da sich enge Beziehungen zwischen Faltungsstil und Achsenwellung nachweisen lassen (s. S. 86), muß die Anlage der Achsenwellung zeitgleich mit der Faltung erfolgt sein.

In vertikaler Richtung ist der Faltenbau stark disharmonisch: Es lassen sich bei etwa gleicher Einengung in den einzelnen Tiefenstufen insgesamt drei tektonische Stockwerke unterscheiden (Abb. 38):

- Ein oberstes Stockwerk ist durch weitgespannte Trogmulden und schmale hohe Hauptsättel gekennzeichnet. Spezialfalten und Überschiebungen treten hier nur innerhalb der Hauptsättel auf.
- Im zweiten Stockwerk sind innerhalb der Hauptmulden Spezialfalten und eine intensive Überschiebungstektonik zu beobachten.
- Im dritten Stockwerk herrscht intensive Spezialfaltung mit geringeren Amplituden vor, die Überschiebungstektonik verliert an Bedeutung. Aufgrund der vermehrten Spezialfaltung lassen sich keine strukturellen Unterschiede mehr zwischen Hauptsätteln und Hauptmulden erkennen.

Generell ist festzustellen, daß zur Tiefe hin die Anzahl der Falten deutlich zunimmt, die Amplituden und die Spannweiten der Falten aber abnehmen, so daß die Gesamteinengung in vertikaler Richtung sich nicht wesentlich ändert.

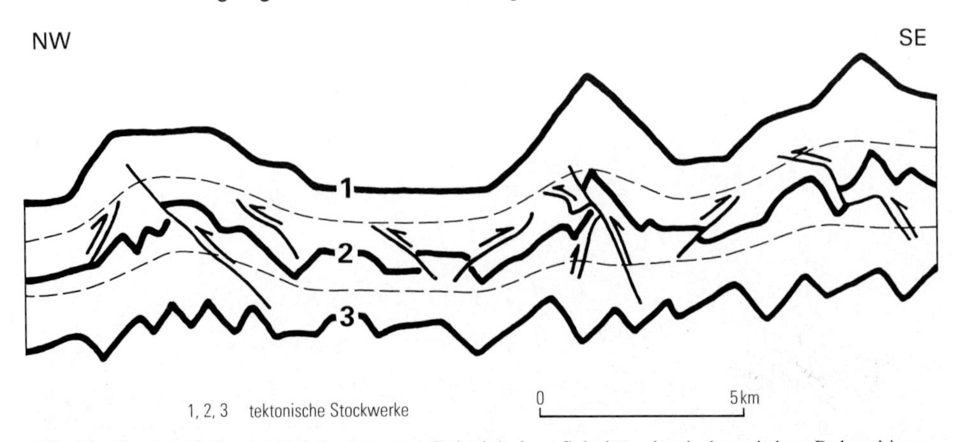

Abb. 38 Stockwerkbau des Ruhrkarbons am Beispiel eines Schnittes durch das mittlere Ruhrgebiet

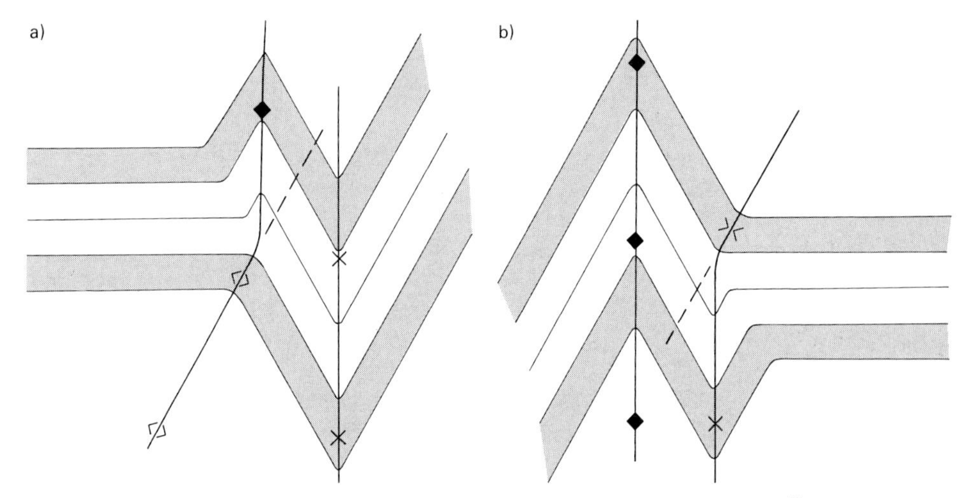

Abb. 39 Schemaskizze zur Geometrie von Schultersätteln (a) und Randmulden (b) im Übergangsbereich zwischen trogförmiger Hauptmulde und Hauptsattel

Beim Übergang von der Trogmulde des obersten Stockwerks zu den stärker spezialgefalteten, tieferen Stockwerken kommt es häufig zur Ausbildung von „Schultersätteln" beziehungsweise „Randmulden" (KUNZ 1983). Als Schultersättel werden Spitzsättel bezeichnet, die den seitlichen Umbiegungen von Koffersätteln in der Tiefe aufsitzen. Der Begriff „Schultersattel" wurde erstmalig von M. TEICHMÜLLER & R. TEICHMÜLLER (1954) geprägt, die derartige Strukturen sowohl bei der Interndeformation der Kohle als auch in großtektonischem Maßstab im südlichen Ruhrkarbon beobachteten. Randmulden bilden sich bevorzugt im Übergang von der Trogmulde zum benachbarten Hauptsattel (Abb. 39). Da beide Strukturtypen geometrisch völlig identisch sind (wenn auch spiegelverkehrt angeordnet), handelt es sich hierbei offenbar um eine gesetzmäßig entwickelte Form des Schichtlängenausgleichs zwischen unterschiedlich geformten Faltungsstockwerken gleicher Einengung. Eine Folge dieser Faltengeometrie ist, daß die Trogmulden des oberen Stockwerks zur Tiefe hin von Koffersätteln abgelöst werden. Dort, wo im Süden des Ruhrkarbons sehr tiefe Stockwerke im heutigen Erosionsniveau liegen, treten dann auch tatsächlich Koffersättel an Stelle der zu erwartenden Hauptmulden auf (z. B. Helenenberg-Sattel in der Position der Wittener Hauptmulde, s. Abb. 40). Auch diese Koffersättel werden zur Tiefe hin von anders geformten Falten (z. B. Spitzsätteln) abgelöst. Diese Erscheinung ist an Falten aller Größenordnungen zu beobachten.

Derartige Strukturänderungen im Faltenbau zur Teufe hin wurden für Knickfalten von SUPPE (1985: 341) beschrieben und lassen sich auch experimentell nachvollziehen (PATERSON & WEISS 1966; BRIX & SCHWARZ & VOLLBRECHT 1988:Abb. 9; vgl. Abb. 67, S. 112). Hiernach tritt diese Erscheinung besonders ausgeprägt bei einer orogenen Einengung zwischen ca. 30 – 40 % auf, wie sie auch in weiten Teilen des Ruhrkarbons vorliegt (Kap. 5.2.2). Das Auftreten von Koffersätteln im Ruhrkarbon scheint demnach weniger die Nähe eines oder mehrerer Abscherhorizonte anzuzeigen, wie zum Beispiel von HOEPPENER & BRIX & VOLLBRECHT (1983) und EISBACHER (1991) noch angenommen wurde, sondern eher ein Hinweis auf die Existenz von Trogmulden im darüberliegenden tektonischen Stockwerk zu sein. Die geometrischen Modelle, nach denen Koffersättel an basale Abscherungen gebunden sein sollen, gehen von einer sich zur Tiefe hin verringernden Zahl von Faltenachsen aus. Im Falle von Koffersätteln vermindert sich wegen der Kon-

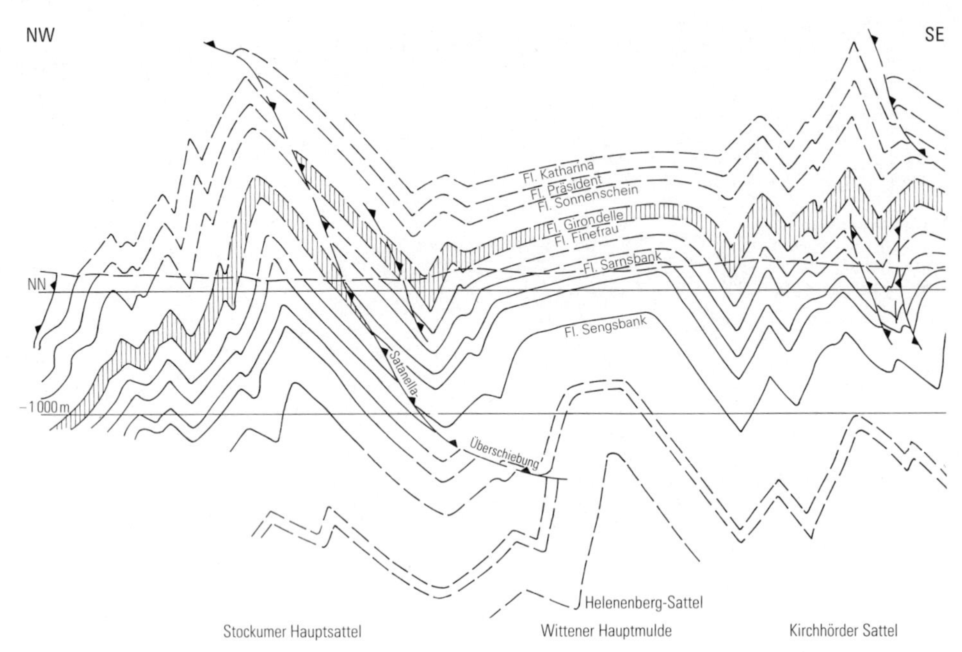

Abb. 40 Querschnitt durch die Wittener Hauptmulde im Gebiet von Sprockhövel (nach WREDE 1988 a: Abb. 14). Aufgeschlossen sind das zweite und dritte tektonische Stockwerk (Koffersattel anstelle der Mulde); das erste Stockwerk (Trogmulde) wurde nach Aufschlüssen von östlich gelegenen Zechen ergänzt.

vergenz der Faltenachsenebenen die Zahl der Achsen und es entwickelt sich ein Spitzsattel. Hieraus folgt zwingend, daß entweder die Einengung zur Tiefe hin abnehmen müßte oder aber – zum Ausgleich der Schichtlängen – Überschiebungstektonik die Faltung ersetzen muß. Dieser Fall tritt offenbar dann bevorzugt auf, wenn in den basalen Schichten prädistinierte Gleithorizonte, wie zum Beispiel evaporitische Lagen, auftreten. Der Schweizer Jura kann hierfür als Modell gelten (LAUBSCHER 1965). Wie die tiefreichenden Aufschlüsse im Ruhrkarbon aber gezeigt haben, bleibt die Zahl der Faltenachsen hier nicht nur erhalten, sondern nimmt zur Tiefe hin generell zu (u. a. wegen der Ausbildung der Randmulden im Übergangsbereich Hauptsattel/Hauptmulde). Der Ausgleich der Schichtlängen kann so auch ohne basale Abscherung erfolgen (Abb. 41; vgl. auch SUPPE 1985: Abb. 9 – 35).

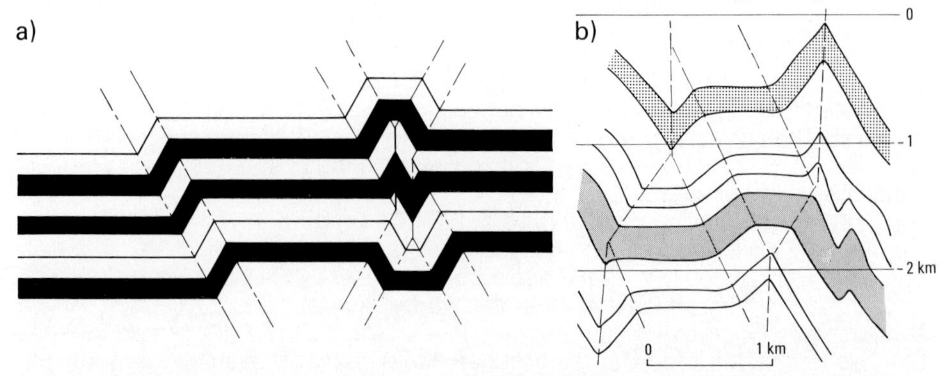

Abb. 41 Vertikale Übergänge zwischen Koffer- und Spitzfalten: a) geometrische Konstruktion (nach SUPPE 1985); b) reales Beispiel aus dem Ruhrkarbon (nach DROZDZEWSKI 1985 a: Abb. 112)

Das Prinzip des Stockwerkbaus der Falten im Subvariscikum kann daher vereinfachend so formuliert werden: Bei gleicher orogener Einengung treten in den oberen Stockwerken wenige Falten mit großen Amplituden und Spannweiten auf, in den tieferen Stockwerken dagegen viele Falten kleinerer Dimensionen. Dieses Prinzip wurde im Ansatz bereits von Kienow (1956: 156) erkannt. Die Überschiebungen des Ruhrkarbons sind in diesen Stockwerkbau eingebunden; sie dienen als Ausgleichsflächen zwischen dem unterschiedlichen Faltungsstil im ersten und dritten Stockwerk. Dies hat zur Folge, daß die Überschiebungen vor allem zum Liegenden hin häufig durch Spezialfalten ersetzt werden; im Einzelfall können sich derartige Wechsel von Überschiebungen zur Faltentektonik auch wiederholen, wie das in Abbildung 42 dargestellte Beispiel zeigt. Dort läuft die Colonia-Überschiebung zur Tiefe hin zugunsten eines Spezialsattels aus, der zum Beispiel im Flöz Helene (He) störungsfrei aufgeschlossen wurde. Weiter zur Tiefe hin klingt dieser Sattel erneut aus und wird durch eine Überschiebung ersetzt, die erst unterhalb von Flöz Plaßhofsbank auslaufen dürfte (Hewig in Stehn 1988).

Dieser Stockwerkbau des Ruhrkarbons ist nicht stratigraphisch gebunden. Es können vielmehr gleichalte Schichten in verschiedenen Teilen des Reviers ganz

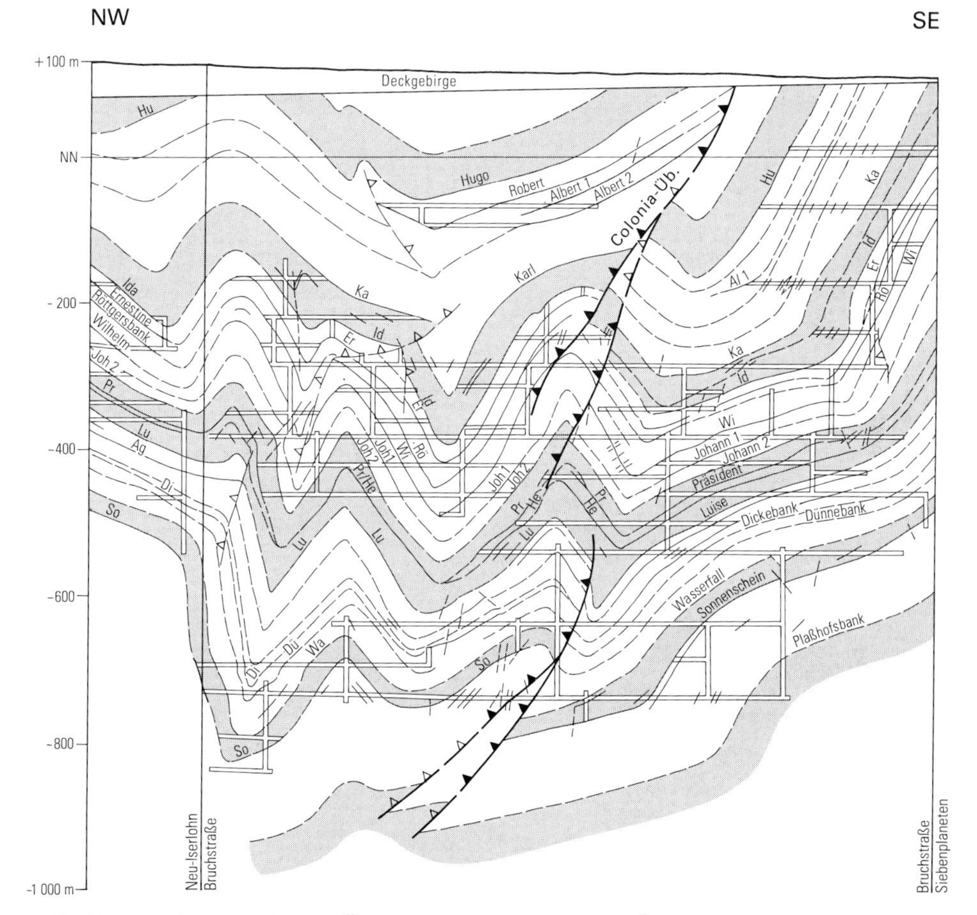

Abb. 42 Verspringen der Colonia-Überschiebung zur Teufe hin mit Überbrückung durch einen Spezialsattel (nach Hewig in Stehn 1988: Abb. 10)

unterschiedlichen Stockwerken angehören. Es läßt sich dagegen eine enge Beziehung zwischen dem Stockwerkbau und der Wellung der Faltenachsen erkennen.

In den Achsendepressionen reichen die oberen tektonischen Stockwerke bis in wesentlich tiefere stratigraphische Bereiche hinein als in den Achsenkulminationen. So reicht zum Beispiel in der Bochumer Hauptmulde im Bereich der Hammer Achsendepression das oberste Stockwerk bis in die Witten-Schichten hinein (Abbau von Flöz Mausegatt auf der Zeche Monopol), während in der benachbarten Dortmunder Achsenaufwölbung bereits die Bochum-Schichten dem zweiten bis dritten Stockwerk angehören (Abb. 43).

Diese Regel ist innerhalb des Ruhrbeckens allgemein gültig. Sie bestätigt sich nicht nur im Hinblick auf die genannten großräumigen Achsenstrukturen, sondern läßt sich auch im lokalen Maßstab beobachten. Um so mehr erstaunt es, daß nach den Untersuchungen von R. Wolf (1985: 133) am Westrand des Ruhrkarbons beim Anstieg gegen die Krefelder Achsenaufwölbung ein gegenläufiger Trend erkennbar ist. Dort verschieben sich die Grenzen der einzelnen Stockwerke in immer ältere Schichten. Diese Feststellung wird gestützt durch die Ergebnisse der Bohrungen Viersen 1001 und Schwalmtal 1001, die 1984 bis 1986 etwa im Scheitelbereich der Krefelder Aufwölbung niedergebracht wurden. Dort wurde ein ganz ähnlicher Stockwerkbau zum Ruhrkarbon festgestellt: Der Übergang vom obersten Stockwerk (flach gelagerte Schichten in einer Trogmulde) zum zweiten Stockwerk (Spezialfalten und Überschiebungen) erfolgt aber erst im Grenzbereich Oberdevon/Mitteldevon (vgl. Kap. 4.3.3).

Innerhalb des Aachener Karbon-Gebiets herrschen dagegen wieder Verhältnisse wie im Ruhrgebiet: Auch dort besteht eine Gliederung des Faltenbaus in Synklinorien und Antiklinorien, und es liegt ein dem Ruhrkarbon analoger Stockwerkbau vor. Dieser wird ebenfalls von der Achsenwellung gesteuert, so daß dort, wo die Faltenachsen ihre Tieflage erreichen, sich die Wurm-Mulde am weitesten trogförmig ausdehnt und die flache Lagerung am tiefsten in die stratigraphische Folge

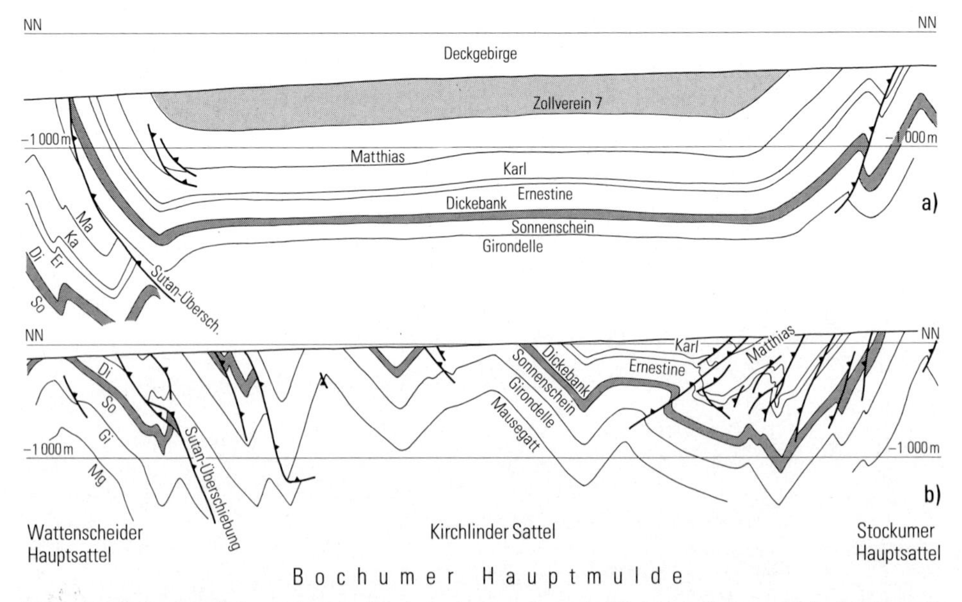

Abb. 43 Unterschiedliche stockwerktektonische Ausgestaltung der Bochumer Hauptmulde in der Hammer Achsensenke (a) und der Dortmunder Achsenaufwölbung (b) (Abstand der Schnitte 20 km)

hinabreicht. Die Tatsache, daß die Form des Faltenbaus in den Achsendepressionen grundsätzlich anders gestaltet ist als in den Achsenkulminationen, begrenzt die Möglichkeiten, den Faltenbau in einer Achsendepression durch einfache Projektion aus dem Faltenbild in der Achsenkulmination zu extrapolieren (EISBACHER 1991: 117, MACKIN 1950). Derartige Versuche haben in der Vergangenheit gerade im Ruhrkarbon häufig zu unzutreffenden Lagerstättenprojektionen geführt.

Mit den beschriebenen regelmäßigen Veränderungen des Faltenbaus sind oft bemerkenswerte Streichrichtungsänderungen der Faltenachsen verbunden. Sie treten häufig dort auf, wo sich in Achsenrampen Hauptfalten durch Divergieren oder Konvergieren ihrer Spezialfalten verbreitern oder verschmälern. Sehr deutlich ist dieses Verhalten der Faltenachsen im mittleren Ruhrgebiet am Westrand der Essener Hauptmulde und im Gelsenkirchener Hauptsattel zwischen Primus- und Sekundus-Sprung (DROZDZEWSKI 1980 b: Kap. 2.3.1.1 u. Taf. 1) zu beobachten. Aber auch in der Bochumer Hauptmulde (WREDE 1980 a: 146) und im Vestischen Hauptsattel (BORNEMANN 1980: 179) kommen Falten vor, deren Streichen erheblich vom Generalstreichen abweicht. Abweichungen um 20° vom Generalstreichen (60°) nach beiden Seiten sind in den genannten Fällen die Regel. Lokal wurden auch noch stärkere Unterschiede im Streichen benachbarter Spezialfalten nachgewiesen (BORNEMANN 1980: 178, DROZDZEWSKI 1985 a).

Diese Abweichungen von der generellen Westsüdwest-Ostnordost-Streichrichtung in die Südwest-Nordost- und West-Ost-Richtung hängen häufig mit dem Wechsel der tektonischen Position in bezug auf die axialen Kulminationen und Depressionen zusammen. Eine Deutung dieser verschiedenen Faltenrichtungen als Folge zeitlich unterschiedlicher Beanspruchungsrichtungen (ADLER 1974: Tab. 9) kann somit ausgeschlossen werden, da es sich hier eindeutig um Strukturen handelt, die gleichzeitig während der jungvariscischen Faltung entstanden.

Zusammenfassend lassen sich deutliche Beziehungen zwischen axialer Höhenlage und Faltenbau feststellen. Für eine enge zeitliche und tektomechanische Verknüpfung von Faltung und Achsenwellung sprechen im Ruhrkarbon folgende Gründe:

- Mit dem Wechsel der axialen Höhenlage sind regelmäßige Veränderungen der Hauptfalten und ihrer Spezialfalten in Form und Dimension verbunden.
- Die Achsenwellung im Ruhrkarbon ist in erster Linie eine Diagonalwellung und nur untergeordnet eine Querwellung. Die Untersuchungen ergaben vorwiegend Nord-Süd- und untergeordnet auch Ost-West-Richtungen. Diese Richtungen sind im Ruhrkarbon Scherrichtungen. Die Tatsache, daß die Achsenwellung vorzugsweise in Scherrichtungen des Faltenbaus angeordnet ist, könnte ein Hinweis auf ihre Entstehung als Folge der Faltung sein. Die Achsenwellung verdankt somit nicht nachträglichen vertikalen Bewegungen ihre Entstehung, sondern offenbar den Bewegungsvorgängen während der Faltung.

Ausgehend von diesen Erkenntnissen über die Entwicklung des Faltenbaus wurde in Abbildung 40 (S. 84) versucht, über einem strukturell sehr tiefen Bereich (3. Stockwerk) im südlichen Ruhrkarbon das erodierte Faltenbild der höheren Stockwerke zu rekonstruieren. Dabei ergibt sich ein Bild, das weitgehend dem entspricht, das weiter nördlich in den höheren Stockwerken tatsächlich aufgeschlossen ist. Bemerkenswert ist, daß dem Kirchhörder Sattel eher eine Hauptsattelfunktion zuzukommen scheint, als dem weiter südlich gelegenen Esborner Hauptsattel: Der Kirchhörder Sattel wird von zwei Trogmulden begleitet, stellt einen Vergenzscheitel dar und wird zumindest auf der Südflanke von einer bedeutenderen Überschiebung begleitet.

5.2 Überschiebungstektonik

5.2.1 Geometrische und mechanische Beziehungen zwischen Faltung und Überschiebungstektonik

5.2.1.1 Definition des Überschiebungsbegriffes und Überschiebungstypen

Vor allem aus den dargelegten Beobachtungen zur Stockwerktektonik ergibt sich, daß die Überschiebungen in die Mechanik des Faltenbaus eingebunden sind. Das nach der großräumigen Bearbeitung wichtiger Teile des Ruhrkarbons und anderer Steinkohlenlagerstätten zur Verfügung stehende Material erlaubt eine detaillierte Analyse der geometrischen und mechanischen Beziehungen zwischen dem Schichteneinfallen und der Ausbildung von Überschiebungen. Erste Analysen in dieser Art wurden von WREDE (1980 b, 1982 b) vorgelegt. Das in der Zwischenzeit hinzugekommene Untersuchungsmaterial hat die dort erarbeiteten Vorstellungen im wesentlichen bestätigt, zum Teil aber auch in wichtigen Punkten ergänzt. Die wichtigsten Ergebnisse dieser Untersuchungen werden daher hier unter Berücksichtigung des größeren regionalen Rahmens erneut vorgestellt.

Bei der Bearbeitung der Überschiebungstektonik stellte sich schnell heraus, daß die bisher in der tektonischen Nomenklatur benutzten Einteilungen der streichenden Störungen zum Beispiel in Aufschiebungen (Einfallen > 45°), Überschiebungen (Einfallen < 45°) sowie Untervorschiebungen und streichende Abschiebungen oder Wechsel, Deckel, Unterschiebungen usw. (z. B. SCHWAN 1958; ROSENFELD 1969 a, 1969 b; METZ 1967; SCHMIDT-THOME 1972; ADLER et al. 1967; KRAUSSE et al. 1978) nicht ausreichen, um den Formenschatz der entsprechenden Ruhrgebietsstörungen eindeutig zu beschreiben. Wie sich zeigte, ist auch die Eingrenzung des Begriffes „Überschiebung" auf einengende (d. h. im Querschnitt gesehen die Schichtlänge durch Doppellagerung verkürzende) Störungen nicht immer gerechtfertigt, da auch dehnende Störungsformen auftreten, die aber eine Folge der orogenen Einengung sind.

Im Rahmen vorliegender Untersuchungen sollen daher alle Elemente der bruchhaften Einengungstektonik als „Überschiebungen" bezeichnet werden. Dies sind alle tektonischen Störungen, die mehr oder weniger parallel zu den Faltenachsen streichen und Folge der orogenen Einengung sind. Etwa gleichwertig wird im Bergbau der Begriff „Wechsel" benutzt.

Überschiebungen, die gleichsinnig mit der Schichtung einfallen, werden als synthetisch bezeichnet; diejenigen, die entgegengesetzt zur Schichtung einfallen, als antithetisch. Außerdem ist zu unterscheiden, ob die Störungen steiler oder flacher als die Schichtung einfallen (vgl. WREDE 1980 b). Es lassen sich so vier Störungstypen klassifizieren, von denen jeweils eine einengende und eine dehnende Form möglich ist (Abb. 44). Bei den synthetischen Überschiebungen ist die aufschiebende Form immer einengend, die abschiebende Form immer dehnend, wenn das Einfallen der Überschiebungen größer ist, als das der Schichtung (Typ III). Kehrt sich dieses Verhältnis um (Typ IV), so ist die aufschiebende Form dehnend und die abschiebende Form einengend. Der jeweilige Einengungs- oder Dehnungsbetrag nimmt mit dem Schichteneinfallen zu. Bei den antithetischen Störungen (Typ I u. II) sind die Verhältnisse komplizierter: Wie WREDE (1980 b: 77) zeigen konnte, sind diese Störungen als Aufschiebungen einengend, wenn die Summe aus Schichten- und Überschiebungseinfallen ($\delta + \varepsilon$) kleiner 90° ist (Typ Ia, IIa), und dehnend, wenn diese Summe größer als 90° wird (Typ Ib, IIb).

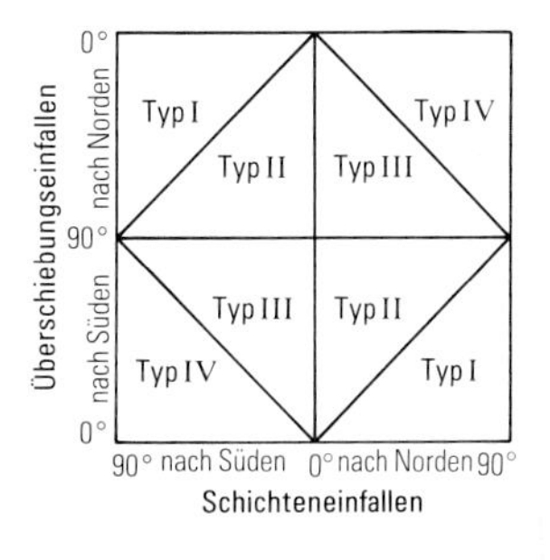

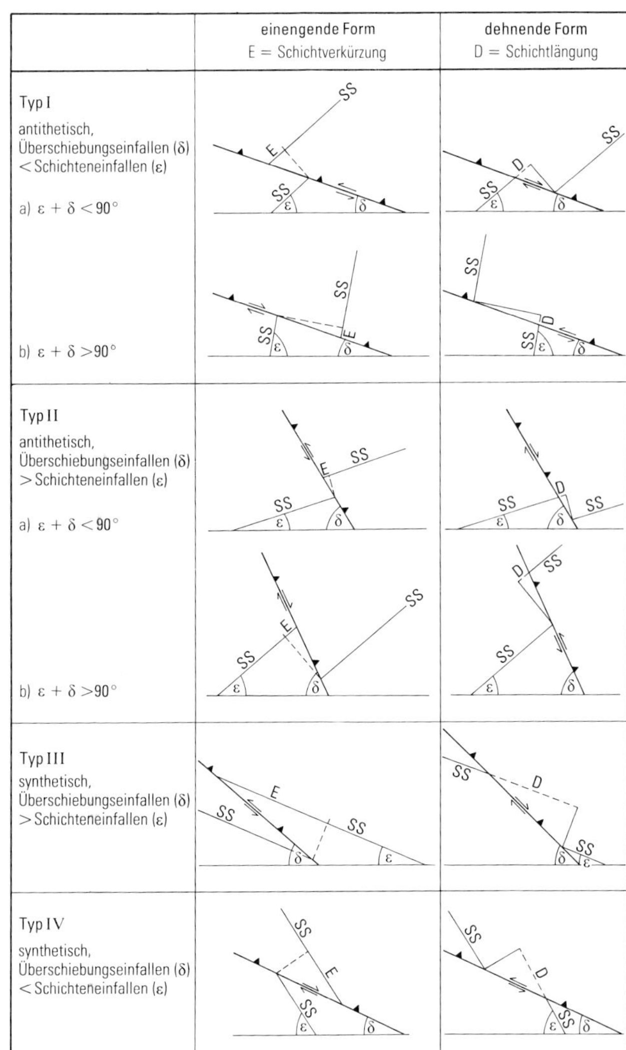

Abb. 44
Einteilung der Überschiebungen in vier Typen nach dem Verhältnis zwischen Größe und jeweiliger Richtung von Schichten- und Überschiebungseinfallen

Für den Fall, daß die Summe 90° beträgt, daß heißt die Störung senkrecht die Schichtung schneidet, ist weder Einengung noch Dehnung festzustellen.

Alle vier Störungstypen sind auch im Ruhrkarbon verwirklicht; häufig wechselt auch ein und dieselbe Störung im einfallenden oder streichenden Verlauf ihren Charakter und gehört dann unterschiedlichen Typen an. Schon aus diesem Grunde ist die bisher übliche deskriptive Bezeichnung einer bestimmten Störung als Aufschiebung, Überschiebung oder streichende Abschiebung nicht zweckmäßig. In Abbildung 45 werden Beispiele für abschiebende Überschiebungen, sowohl der dehnenden wie der einengenden Form, gezeigt. Beachtenswert ist dabei, daß im Subvariscikum alle einengenden Überschiebungen stratigraphisch aufsteigen, das heißt von ihrer Wurzel aus zum Hangenden hin immer jüngere Schichten schneiden.

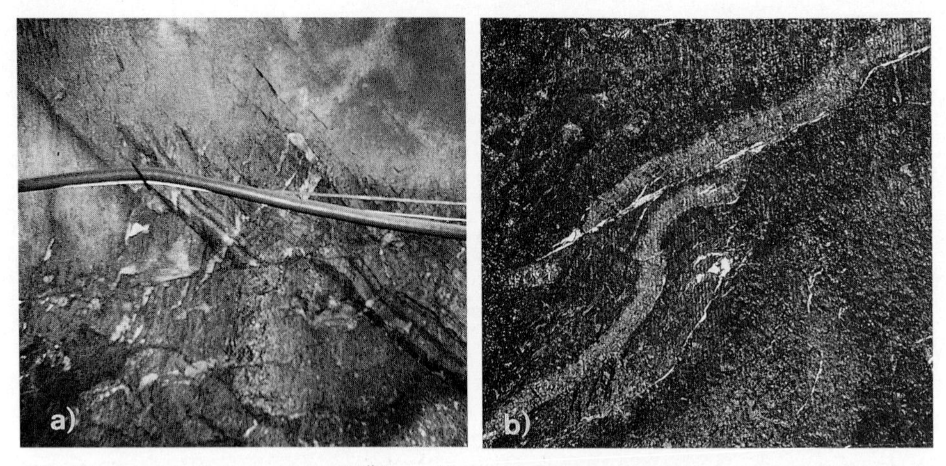

Abb. 45 a) Antithetisch-abschiebende Überschiebung mit Dehnung der Schichten (= Typ Ia in Abb. 44)
b) Synthetisch-abschiebende Überschiebung (= Typ IV in Abb. 44). Die Störung bewirkt trotz ihres abschiebenden Charakters eine Verkürzung der Schichtlänge.
(Beide Fotos: Sülz-Überleitungsstollen, TK 25: 4909 Kürten)

Wie sich zum Beispiel aus Abbildung 51 a (S. 95) ergibt, können einzelne Teilstücke einer Überschiebungsbahn in entgegengesetzte Richtungen einfallen (sog. „Mitfaltung"). Es ist daher sinnvoll, die Überschiebungen nicht nur nach ihrer Einfallsrichtung zu differenzieren, sondern auch nach ihrer Stellung innerhalb des Gebirgsbaus: Nordvergente Überschiebungen sind dann solche, deren Hangendscholle nach Norden, südvergente solche, deren Hangendscholle nach Süden bewegt wurde. Die Sutan-Überschiebung ist daher trotz ihrer teilweise nach Norden einfallenden Teilstücke als nordvergent zu betrachten, der Erin-Deckel (vgl. Abb. 62, S. 104) als südvergent.

Nach einer statistischen Auswertung von über 650 Störungen gehören etwa 15 % der Überschiebungen des Ruhrkarbons dem Typ I (antithetisch, Schichtung steiler als Überschiebung einfallend) an, 25 % dem Typ II (antithetisch, Überschiebung steiler als Schichtung), rund 51 % entsprechen dem Typ III (synthetisch, Überschiebung steiler als Schichtung) und nur 9 % dem Typ IV (synthetisch, Überschiebung flacher als Schichtung).

Der Winkel, unter dem die Überschiebungen die Schichtung schneiden, spielt für die Deutung der Störungen und ihre kinematisch-mechanische Funktion offensichtlich eine wichtige Rolle. Bereits in einem frühen Stadium der tiefentektonischen Untersuchungen im Ruhrkarbon wurde erkannt, daß zwischen dem Winkel, mit dem die Überschiebungen die Schichtung schneiden, und dem Schichteneinfallen regelmäßige Beziehungen bestehen (DROZDZEWSKI 1979). Es fiel auf, daß sich der Schnittwinkel zwischen synthetisch zur Schichtung einfallenden Überschiebungen und der Schichtung bei zunehmendem Schichteneinfallen verringert.

Die statistische Auswertung der Beziehung zwischen dem Schichteneinfallen und dem Schnittwinkel zwischen Schichtung und Überschiebungen erbrachte das in Abbildung 46 wiedergegebene Bild. Dargestellt sind hier neben der tatsächlichen Punktverteilung zwei berechnete Kurven, denen unterschiedliche, materialabhängige primäre Scherflächenwinkel γ zugrundeliegen (vgl. S. 93). Man erkennt deutlich den für syn- und antithetische Überschiebungen unterschiedlichen Verlauf der Kurven: Bei synthetischen Überschiebungen wird – wie schon erwähnt –

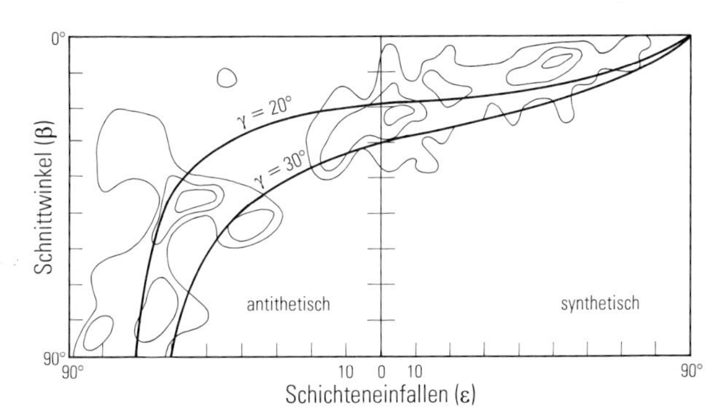

Abb. 46
Beziehung zwischen dem Schichteneinfallen und dem Schnittwinkel zwischen Schichtung und Überschiebung im Ruhrkarbon, differenziert nach synthetischen und antithetischen Störungen (nach WREDE 1980 b: Abb. 25)

der Schnittwinkel zwischen Überschiebung und Schichtung bei zunehmendem Schichteneinfallen immer kleiner, im antithetischen Bereich wächst er dagegen an, so daß bei steiler Lagerung die Überschiebungen fast senkrecht zur Schichtung verlaufen. In Abbildung 47 ist diese Entwicklung am Beispiel des Tremonia-Deckels deutlich nachzuvollziehen. Die Störung, die auf der Südflanke des Langendreerer Sattels die Schichtung synthetisch ganz spitzwinklig schneidet, wird auf der Gegenflanke des Sattels zu einer antithetischen, flach liegenden, horizontal durch die steil einfallenden Schichten schneidenden Störung, für die der Bergbau den Begriff „Deckel" prägte. Derartige „Deckel" können aber auch

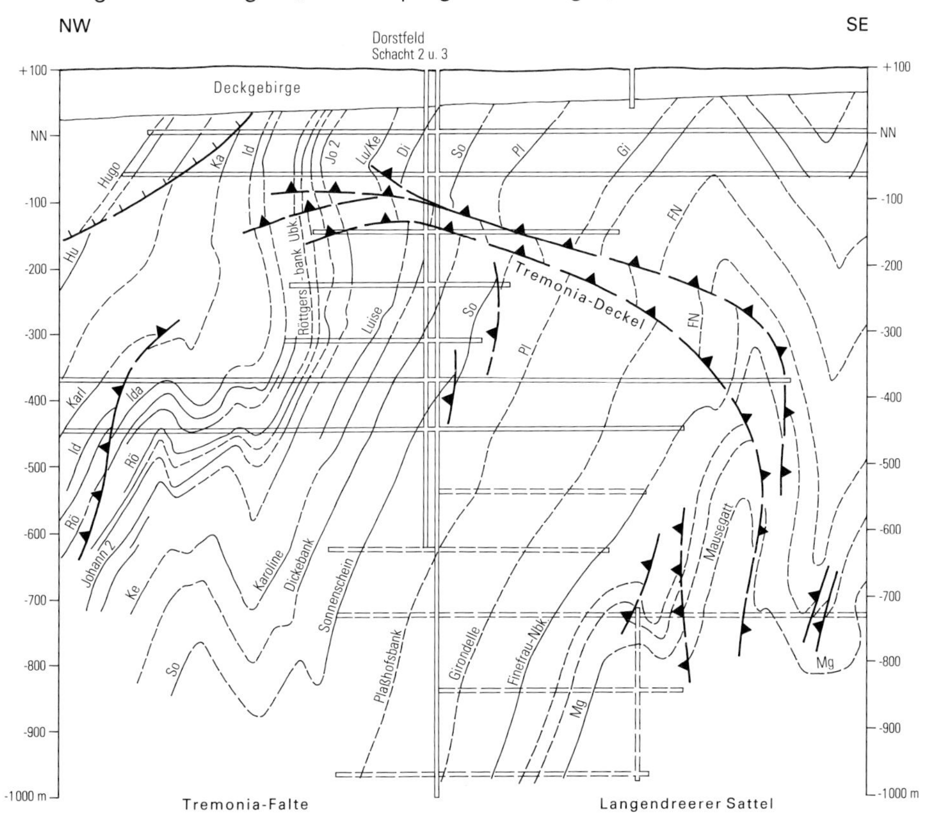

Abb. 47 Der Tremonia-Deckel im Bereich der ehemaligen Zeche Dorstfeld in Dortmund (nach HEWIG in RABITZ & HEWIG 1987: Abb. 11)

unabhängig von synthetisch ausgebildeten Fortsetzungen der Störung isoliert in steilen Faltenflanken auftreten.

Ein weiteres Beispiel für einen flach einfallenden „Deckel“ stellt die von KUNZ & WREDE (1988: Abb. 19) dargestellte südvergente Störung dar, die im Hauptquerschlag der Zeche Radbod ins Donar-Feld aufgeschlossen wurde. Dort werden die steil bis überkippt einfallenden Schichten in der Nordflanke der Wittekind-Mulde fast rechtwinklig von einer Störung durchschlagen, die dann in der Südflanke der Mulde sehr spitzwinklig zur Schichtung synthetisch verläuft (vgl. Abb. 73, S. 118).

Das Auftreten von „deckel“artigen Störungen ist keineswegs auf das Ruhrkarbon beschränkt. Im Kern der westlichen Ausläufer des Ebbe-Antiklinoriums hat zum Beispiel der Sülz-Überleitungsstollen zur Großen Dhünntalsperre (TK 25: 4909 Kürten) einen hervorragenden Aufschluß einer solchen Störung in Devon-Schichten geliefert (WREDE 1985 c).

Ein besonderes Augenmerk ist schließlich den synthetischen Überschiebungen bei überkippter Lagerung zu widmen. Da auch bei steiler Schichtenlagerung im allgemeinen noch ein – wenn auch geringer – Schnittwinkel zwischen Schichtung und synthetischen Überschiebungen vorhanden ist, ergibt sich zwangsläufig, daß die Überschiebung bei steiler, aber noch normaler Schichtenlagerung bereits eine Senkrechtstellung beziehungsweise Überkippung erfahren kann. Sie ergibt dann das Bild einer streichenden Abschiebung. Hierfür gibt es im Ruhrkarbon zahlreiche Beispiele: So wäre zum Beispiel die Überschiebung von Gottessegen (Abb. 48) zu nennen (WREDE 1988 a), die Sutan-Überschiebung im Bereich der ehemaligen Zeche Werne (KUNZ 1980: Taf. 4) oder die von MICHELAU (1954) beschriebenen „überkippten Aufschuppungen“ im Stockumer Hauptsattel bei Nierenhof. Auch im Aachener Revier treten überkippte Überschiebungen auf: Das wahrscheinlich bedeutendste Beispiel dafür ist die Breinigerberg-Störung in der Südflanke des Inde-Synklinoriums. Sie stellt nach KNAPP (1980) eine südvergente (!) Überschiebung dar, die bei der Auffaltung der Nordflanke des Venn-Antiklinoriums bis in eine überkippte Position rotiert wurde. Noch deutlicher wird die Identität von überkippten synthetischen Überschiebungen mit streichenden Abschiebungen der bisherigen Nomenklatur, wenn auch die Schichtung überkippt liegt. In der Literatur werden derartige rotierte synthetische Überschiebungen auch als Untervorschiebungen bezeichnet (SCHWAN 1958, Bundesanstalt für Geowissenschaften und Rohstoffe 1968 – 1988). Solche Fälle sind im Ruhrkarbon wegen der Seltenheit überkippter Schichtenlagerung kaum anzutreffen; sie finden sich zum Beispiel aber auch in den von MICHELAU (1954) dargestellten Beispielen oder an der Wurzelzone des Tremonia-Deckels (vgl. Abb. 47). Noch ausgeprägter wird diese Erscheinung dort, wo bedeutende überkippte Faltenflanken vorliegen, so zum Beispiel am Ostsauerländer Hauptsattel in der Lagerstätte Ramsbeck (BAUER et al. 1979) oder im Harz, wo derartige Strukturen als „Scherbrett-Tektonik“ gedeutet wurden (SCHWAB et al. 1990: Anl. 1.4).

Grundsätzlich ist also festzuhalten, daß der Schnittwinkel zwischen Überschiebungen und Schichtung keine konstante Größe ist, sondern sich in Abhängigkeit vom Schichteneinfallen verändert. Diese Abhängigkeit bedingt, daß auch das Einfallen der Überschiebungen direkt vom Schichteneinfallen abhängt, da alle drei Faktoren durch die Beziehung

$\delta = \beta + \varepsilon$ für synthetische Überschiebungen
$\delta = \beta - \varepsilon$ für antithetische Überschiebungen

miteinander verknüpft sind (Abb. 49). (δ gibt das Einfallen der Überschiebungen, ε das Schichteneinfallen und β den Schnittwinkel zwischen Schichtung und Überschiebung an.)

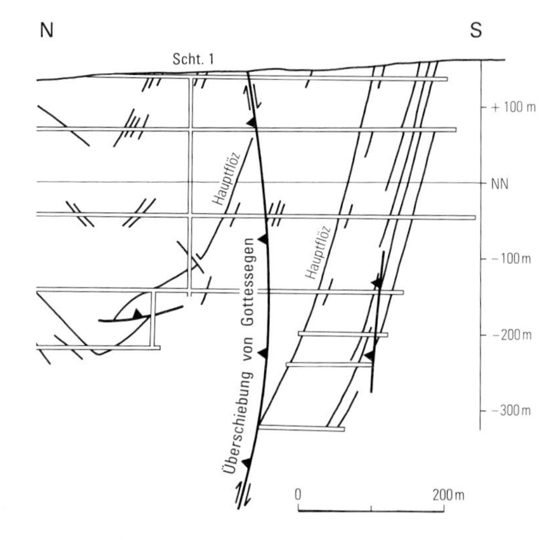

Abb. 48
Die Überschiebung von Gottessegen als Beispiel einer überkippten Überschiebung, die geometrisch an der Erdoberfläche als Abschiebung erscheint

Bei der statistischen Auswertung von Überschiebungen, die über das gesamte Ruhrkarbon verteilt liegen, wurden nun ihre Einfallswinkel und die entsprechenden Schichteinfallswinkel bestimmt und gegeneinander aufgetragen. Dabei wurde nicht nur der Grad des Einfallens berücksichtigt, sondern auch die Einfallsrichtung – jeweils nach Nord und Süd differenziert –, so daß sich eine Darstellung in vier Quadranten ergibt (Abb. 50). Die eingangs angeführten vier Überschiebungstypen finden sich in diesem Diagramm wieder (Abb. 44, S. 89). Man erkennt, wie vor allem im antithetischen Bereich bei zunehmender Faltung regelmäßige Übergänge zwischen den einzelnen Überschiebungstypen erfolgen, ebenso wenn Überschiebungen einen Faltenkern durchqueren (Schichteneinfallen = 0°).

Kennzeichnend für den Verlauf der Überschiebungen im Diagramm ist der Winkel, den sie bei flacher Schichtenlagerung einnehmen („primärer Scherflächenwin-

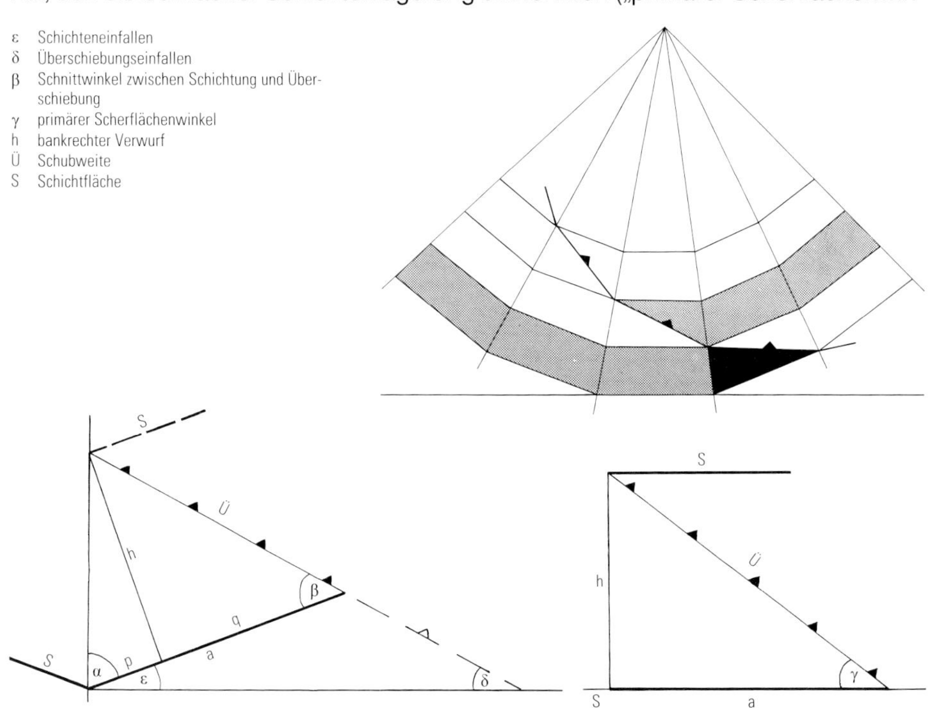

Abb. 49 Konstruktionsskizze zur Herleitung der geometrischen Beziehungen zwischen Schichteneinfallen, Überschiebungseinfallen und Schnittwinkel Schichtung/Überschiebung (nach WREDE 1980 b)

kel“). Bei den weitaus meisten Überschiebungen im Ruhrkarbon liegt er zwischen 20 und 30°. Überschiebungen mit einem kleinen primären Scherflächenwinkel (< 26,5°) werden im Verlauf der Faltung von synthetisch aufschiebenden Störungen (Typ III) des einen Faltenschenkels im Gegenflügel der Falte zunächst zu antithetischen Störungen der Typen II und I verformt („Deckel“) und geraten dann in den synthetisch abschiebenden Bereich des Diagramms (Typ IV). Eine solche Entwicklung läßt sich am Beispiel der Sutan-Überschiebung (Abb. 51 a) in der Natur nachvollziehen; sie wird von SCHOLZ (1956) als „konforme Mitfaltung“ einer Überschiebung bezeichnet. Ist der primäre Scherflächenwinkel größer als 26,5°, kommt es nicht zur Ausbildung synthetischer Flächen auf dem Faltengegenflügel, die Mitfaltung ist „inkonform“ (Abb. 51 b).

Wie WREDE (1980 b) anhand von Vergleichsrechnungen zeigen konnte, entspricht die im Diagramm der Abbildung 50 festgestellte Relation zwischen Schichteinfallswerten und Überschiebungseinfallswerten einem tektonischen Modell, bei dem die Überschiebungen syngenetisch mit der Faltung entstehen und unmittelbar in den Faltungsprozeß einbezogen werden. Der Faltungsvorgang entspricht bei diesem Modell einer Biege- oder Knickfaltung, wobei die Bewegungen vornehmlich auf den Schichtflächen ablaufen (Abb. 55, S. 99). Die bankrechten Verwürfe und die Schichtlängen zwischen den einzelnen Faltenachsen beziehungsweise zwischen Überschiebungen und Faltenachsen bleiben dabei weitgehend konstant; ein nennenswerter Materialtransport über die Faltenachsen hinweg findet nicht statt. Zerlegt man nun geometrisch die Biegefalte in eine große Anzahl

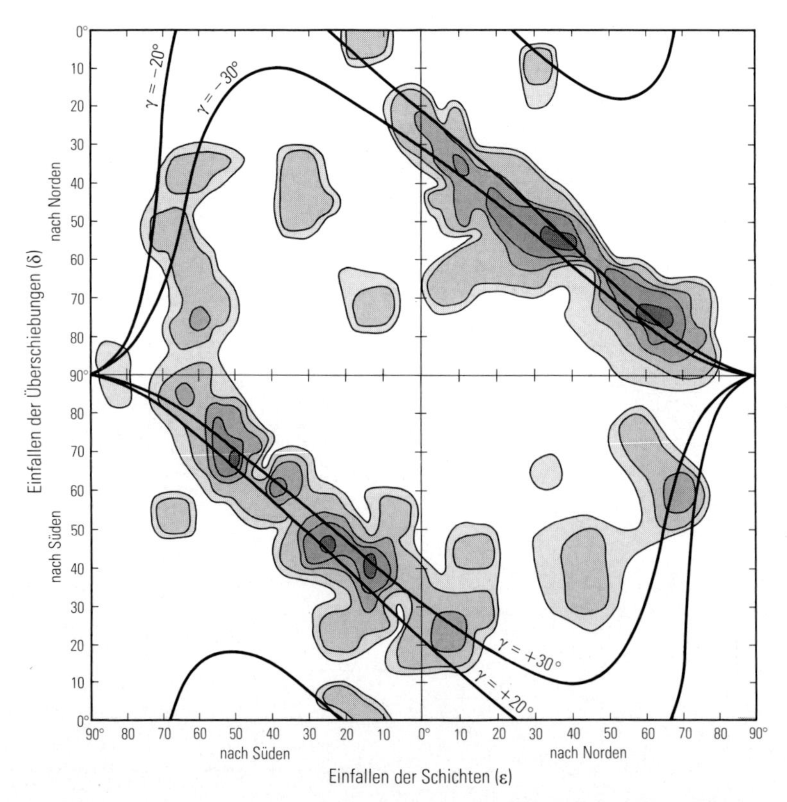

Abb. 50 Abhängigkeit des Einfallens der Überschiebungen vom Schichteneinfallen im Ruhrkarbon bei Berücksichtigung der Einfallsrichtung (nach WREDE 1980 b: Abb. 26)

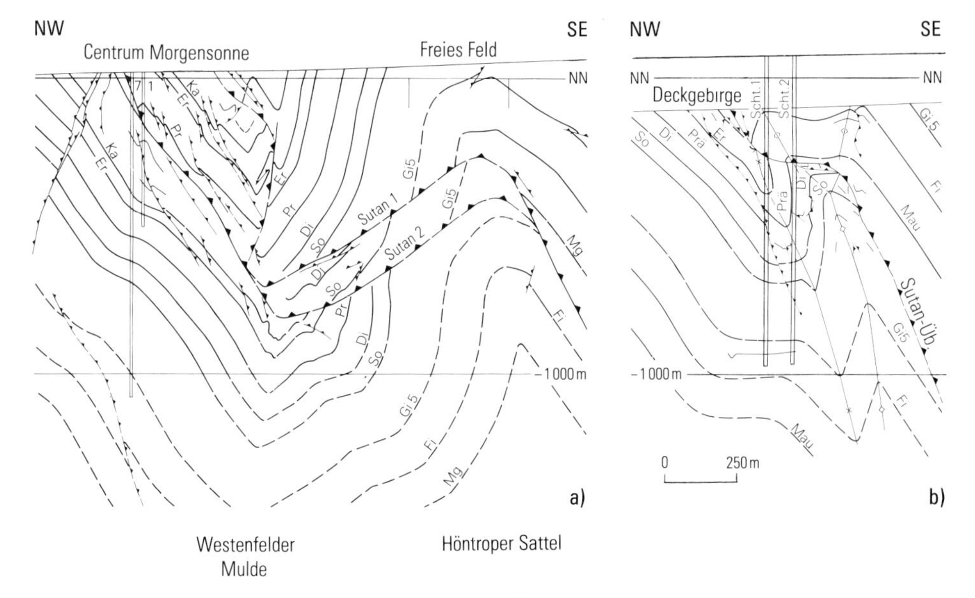

Abb. 51 Beispiel „konformer Mitfaltung" der Sutan-Überschiebung im mittleren Ruhrgebiet (a) und „inkonformer Mitfaltung" im östlichen Ruhrgebiet (b)

von Knickfalten, so läßt sich unter den genannten Voraussetzungen die Abhängigkeit des Einfallswinkels der Überschiebungen vom Schichteneinfallen durch die Formel

$$\delta = \arc\tan \frac{1}{\cot\gamma - \cot(90^\circ - \varepsilon)} - \varepsilon$$

beschreiben (Abb. 49).

Dabei ist δ der Einfallswert der Überschiebung, ε der Schichteinfallswert. (Hierbei ist das Vorzeichen zu beachten: Für antithetische Überschiebungen sind die Vorzeichen δ und ε gleich, bei synthetischen Überschiebungen entgegengesetzt.)

γ ist definiert durch $\tan\gamma = h/a$ und gibt damit den schon oben erwähnten „primären Scherflächenwinkel" an, daß heißt den Schnittwinkel zwischen Schichtung und Überschiebung bei flacher Schichtenlagerung ($\varepsilon = 0°$).

In Abbildung 50 sind die nach dieser Formel errechneten Kurven für γ-Werte von 20 und 30° eingezeichnet. Sie stimmen weitgehend mit der vorgefundenen Punktverteilung überein. Der primäre Scherflächenwinkel wird in erster Linie als materialabhängige Größe gedeutet (Bruchwinkel des Gebirges); es fällt aber auf, daß er nach der beobachteten Punktverteilung im antithetischen Bereich etwas größer ist, als im synthetischen. Insofern ist auch dieser Winkel von der Faltung beeinflußt.

Die relativ gute Übereinstimmung zwischen dem errechneten Modell und den tatsächlichen Verhältnissen läßt darauf schließen, daß es den Bedingungen der Tektonik des Ruhrkarbons nahekommt. Hieraus ergibt sich als Folgerung:

- Die Überschiebungen entstanden gleichzeitig mit der Faltung und als mechanisches Element des orogenen Einengungsvorgangs. Dies ergibt sich auch schon aus der engen Einbindung der Überschiebungen in den Stockwerkbau der Faltung.

- Es besteht eine unmittelbare Abhängigkeit zwischen dem Schichteneinfallen und dem Einfallen der Überschiebungen. Die Überschiebungen werden vom Moment ihres Aufreißens an in den Faltungsprozeß einbezogen. Eine Trennung in „mitgefaltete" und „ungefaltete" Überschiebungen ist nicht haltbar.
- Die Faltung findet in Form einer Biegegleitfaltung statt, bei der die Schichtenmächtigkeiten weitgehend konstant bleiben und ein nennenswerter Materialtransport über die Faltenachsen hinweg nicht stattfindet.

5.2.1.2 Gefaltete Überschiebungen

Eine Folge der „Mitfaltung" der Überschiebungen ist, daß sie – ganz ähnlich der Schichtung – im Kartenbild ein umlaufendes Streichen im Bereich von Faltenkernen zeigen können (Abb. 52 a). Liegt keine „konforme", sondern eine „inkonforme Mitfaltung" vor, so ist auch das umlaufende Streichen im Kartenbild nur angedeutet (Abb. 52 b). Da wegen des Bruchwinkels γ die Überschiebungen im Faltenkern (d. h. bei flacher Schichtenlagerung) noch ein Einfallen zeigen, sind die Faltenachsen von Schichtung und Überschiebungen gegeneinander verschoben. Diese Tatsache ist zum Beispiel von SCHOLZ (1956) bei seinen geometrischen Konstruktionen zur „Abwicklung" von angeblich vor der Faltung entstandenen „Wechseln" übersehen worden.

Die „mitgefalteten" Überschiebungen des Ruhrkarbons sind nicht vor der eigentlichen Faltung entstanden und dann mehr oder weniger passiv verformt worden, wie immer wieder vermutet wurde (CREMER 1894, OBERSTE-BRINK 1938, KIENOW 1956, SCHOLZ 1956, KRAUSSE et al. 1978 u. a.). Sie bildeten sich vielmehr während des Faltungsvorgangs. Da das gebirgsmechanische Modell, das der Entstehung

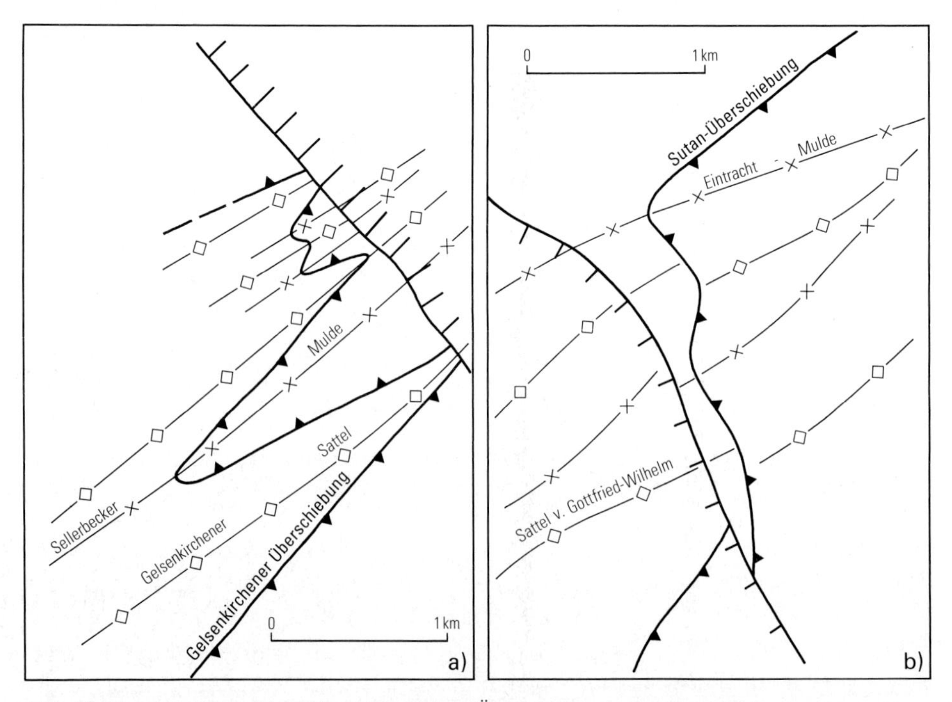

Abb. 52 Konform (a) und inkonform (b) gefaltete Überschiebungen im Kartenbild

dieser Störungen zugrunde liegt, keineswegs ungewöhnlich ist, dürfte die Verbreitung „mitgefalteter Überschiebungen" auch außerhalb des Ruhrkarbons wesentlich größer sein, als bisher angenommen wurde. Es sind lediglich im Ruhrkarbon die Aufschlußverhältnisse so gut und tiefreichend, daß diese Störungsform hier frühzeitig bekannt und analysiert werden konnte. Bei genauerer Betrachtung und günstigen Aufschlußverhältnissen lassen sich auch in anderen Teilen des Variscikums derartige Störungen nachweisen.

Auf „mitgefaltete" Überschiebungen, die GEUKENS (1957) und G. SCHMITZ (1958) aus dem Gebiet des Hohen Venns beziehungsweise der nördlichen Ardennen beschreiben, wurde schon von WREDE (1985 b) hingewiesen.

Analoge Verhältnisse weisen die Lagerstättenbezirke von Meggen und Ramsbeck (WREDE 1980 b) auf. Die tektonisch kompliziert gebaute Erzlagerstätte Ramsbeck ist grundsätzlich an ein zweischariges Gangsystem gebunden, das in der überkippten Nordflanke des Ostsauerländer Hauptsattels auftritt (BAUER et al. 1979). Bei den Störungen handelt es sich um Überschiebungen, wobei nach ihrem Einfallen „Steile" und „Flache" unterschieden werden. Die „Steilen", die mit 35 – 60° nach Südosten einfallen, müssen als überkippt liegende südvergente Überschiebungen gedeutet werden, die aufgrund mehrphasiger Bewegungen heute teils einen abschiebenden, teils aber auch einen aufschiebenden Bewegungssinn aufweisen. Die nach Nordwesten eintauchenden „Flachen" stellen deckelartige, nordvergente Überschiebungen dar.

Hervorragend aufgeschlossen waren typische „mitgefaltete" Überschiebungen auch im Sülz-Überleitungsstollen im Bergischen Land (WREDE 1985 c). Ebenso ist auffällig, daß zum Beispiel die nordvergente Siegener Hauptüberschiebung auf der Südflanke des Siegener Antiklinoriums beziehungsweise des Eifeler Hauptsattels stets synthetisch-aufschiebend verläuft (Typ III der obigen Klassifikation), während die ebenfalls nordvergente Bopparder Überschiebung in der Nordflanke des Salziger Sattels „deckenartig flach" einfällt (Typ I bzw. IV; MEYER & STETS 1975, H. LEHMANN 1959).

Auch aus anderen Faltengürteln sind zahlreiche Beispiele für „mitgefaltete Überschiebungen" bekannt geworden, wie dem Faltenjura (BUXTORF 1916, HEIM 1919), den Alpen (MILNES & PFIFFNER 1980) oder den Rocky-Mountains (BOYER & ELLIOTT 1982).

Diese Beispiele mögen genügen, um die Annahme zu begründen, daß die „Mitfaltung", das heißt die gleichzeitige Aktivität und Verformung der Überschiebungen während der Faltung, wie sie für das Ruhrkarbon belegbar ist, offenbar den Normalfall für Überschiebungen im gefalteten Gebirge darstellt. Das Fehlen großräumiger, dreidimensionaler Aufschlüsse erschwert aber das Erkennen derartiger Zusammenhänge. Die Überschiebungen stellen also Elemente des orogenen Faltungsvorgangs dar und sind daher mit diesem in engem Zusammenhang zu sehen. Lediglich für den Fall, daß bei extremer Steilstellung der Schichten ein schichtparalleles Gleiten nicht mehr zur weiteren orogenen Einengung beitragen kann, kommt es mitunter zu nicht schichtgebundener Überschiebungstektonik. Derartige Fälle sind zum Beispiel aus der extremen Engfaltenzone der Wurm-Mulde im Aachener Revier bekannt geworden (Abb. 53), wo es zur Abscherung von Faltenkernen an südvergenten Überschiebungen kommt (WREDE 1985 b). Offenbar bewirken auch diese Störungen eine weitere Verkürzung des Gebirges, nachdem die Möglichkeiten zur orogenen Einengung durch Faltung bereits weitgehend ausgeschöpft waren. Derartige Störungen, die als Rücküberschiebungen („back-thrusts") bezeichnet werden können, wurden zum Beispiel von RAMBOW (1963) in kleinem Maßstab

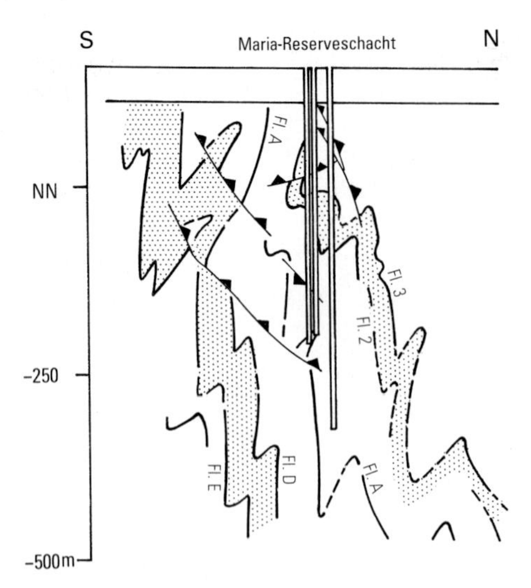

Abb. 53

Unabhängig von der Schichtenlagerung aufgerissene Überschiebungen im Bereich extremer Engfaltung am Südrand der Wurm-Mulde (nach WREDE 1985 a: Abb. 25; Flözbezeichnungen sind Zechenbezeichnungen)

aus Flözaufschlüssen beschrieben; sie lassen sich aber beispielsweise auch übertage im Steinbruch von Hagen-Vorhalle beobachten (Abb. 54). Ähnliche Strukturen wurden auch von BOLSENKÖTTER (1955: Abb. 17) im Kluftbild eines steilstehenden Kohlenflözes beobachtet.

Teilweise benutzen diese Störungen Trennflächen des Gesteins, die als „dekkel“artige Teile von Überschiebungen aufzufassen sind. Eine Trennung der einzelnen Bewegungen ist dann im Einzelfall nicht immer möglich. Der bekannte Tagesaufschluß des Nöckersberger Sattels an der Kampmannbrücke in Essen zeigt deutlich die Komplikationen, die sich aus der Existenz derartiger Rücküberschiebungen („back-thrusts“) bei geneigter Lagerung ergeben können (D. E. MEYER 1982, DROZDZEWSKI 1982 c): Aufgrund der gegenläufigen Überschiebungsbewegungen wird das Flöz Dickebank in der Südflanke des Sattels unterbrochen.

Es ergibt sich aus der Beziehung zwischen Faltung und Überschiebungen als weitere Konsequenz, daß die Schubweite von Überschiebungen in Abhängigkeit von der Faltung veränderlich ist und daher nicht als absolutes Maß für die „Größe“ einer Überschiebung herangezogen werden kann. So zeigt das Beispiel der Abbildung 55, wie sich die Schubweite synthetischer Überschiebungen (Einfallen von Schichtung und Überschiebung gleichgerichtet) bei zunehmendem Schichteneinfallen und konstantem bankrechten Verwurf vergrößert, während im antithetischen Fall (Einfallen von Schichtung und Überschiebung entgegengesetzt) die Schubweite bei gleichbleibendem bankrechten Verwurf abnimmt (NEHM 1930). Dies ist ein rein geometrischer Effekt, der auf der Annahme gleichbleibender Schichtenmächtigkeiten und unbehinderter Schichtgleitung basiert. Ein zeitlicher Ablauf in der Art, daß die Überschiebungen bereits vor der Faltung vorhanden waren, läßt sich hieraus nicht ableiten.

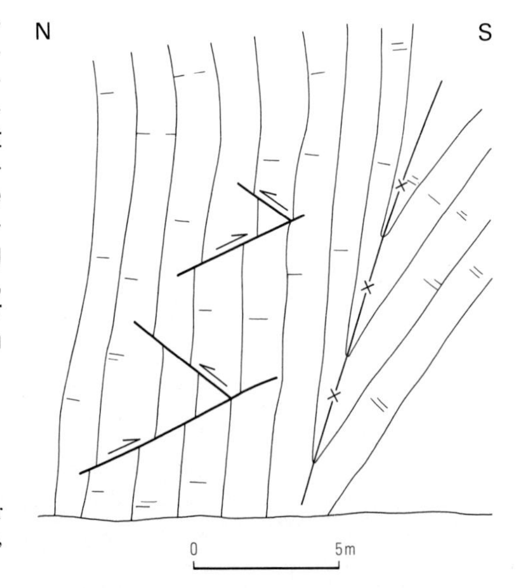

Abb. 54

Rücküberschiebungen („back-thrusts“) in einer steilen Faltenflanke (Steinbruch Hagen-Vorhalle, TK 25: 4610 Hagen; vgl. Abb. 16, S. 47)

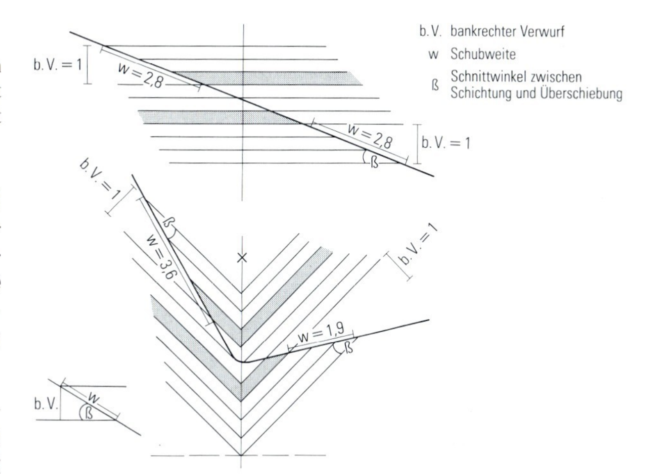

Abb. 55

Änderung der Schubweite von Überschiebungen in Abhängigkeit vom Schichteneinfallen (verändert nach NEHM 1930)

WILLIAMS & CHAPMAN (1983) haben versucht, aus der Extrapolation von sich ändernden Schubweiten heraus die im Einfallen gemessene Länge von Überschiebungen graphisch zu bestimmen.

Dabei werden in einem Koordinatensystem von einem beliebigen Referenzpunkt auf der Störung aus die Abstände zu Leithorizonten (x-Achse) und deren Verwürfe (y-Achse) aufgetragen. Es soll sich eine Gerade ergeben, deren Schnittpunkt mit der x-Achse den Endpunkt T der Überschiebung markiert (Abb. 56 a). Bei „mitgefalteten" Überschiebungen ergibt sich jedoch eine sinusartige Kurve, da der jeweilige Trend der Schubweitenänderung sich beim Durchgang der Überschiebung durch einen Faltenkern umkehrt (Abb. 56 b). Das von WILLIAMS & CHAPMAN vorgeschlagene Verfahren ist also allenfalls auf Überschiebungen anwendbar, die auf eine Faltenflanke beschränkt bleiben.

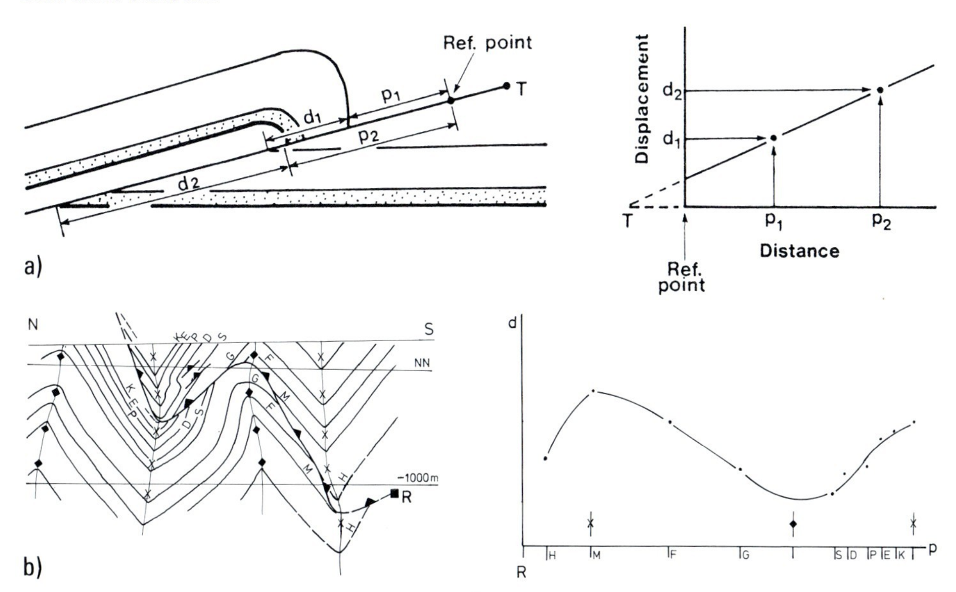

Abb. 56 a) Ermittlung des Auslaufbereiches von Überschiebungen nach WILLIAMS & CHAPMAN (1983): Von einem beliebigen Referenzpunkt R aus werden auf der Störung die Abstände zu Leithorizonten und deren jeweilige Verwürfe (Schubweite) gemessen. Trägt man diese beiden Größen gegeneinander auf, so soll sich eine Gerade bilden, deren Schnittpunkt mit der p-Achse den Endpunkt T der Überschiebung markiert.

b) Wie das dargestellte Beispiel zeigt, ergibt sich im Falle „mitgefalteter" Überschiebungen jedoch eine sinusartig geschwungene Kurve.

Abb. 57

Veränderung des bankrechten Verwurfs von Überschiebungen im Streichen (nach KUNZ 1980: Abb. 14): Auslaufen der Westhausener Überschiebung in verschiedenen Flözen. Ein Einfluß der Querstörungen auf die Änderungen des bankrechen Verwurfs ist nicht erkennbar.

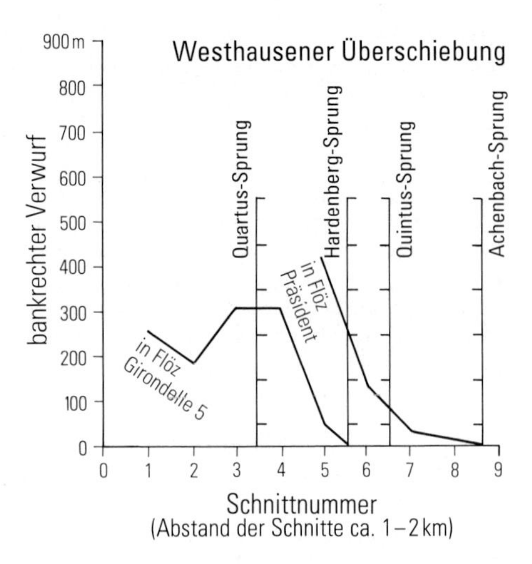

Im Gegensatz dazu haben sich regionale Änderungen des bankrechten Verwurfs der Überschiebungen als ein wichtiges Instrument zur Abschätzung der weiteren Entwicklung dieser Störungen erwiesen: Diagramme, die die Entwicklung des bankrechten Verwurfs einer Überschiebung in einem bestimmten Flöz in streichender Richtung zeigen, geben deutliche Hinweise auf das Auslaufen oder Neueinsetzen von Überschiebungen (Abb. 57).

So lassen sich an derartigen Beispielen das Auslaufen der Satanella-Überschiebung am Stockumer Hauptsattel nach Osten hin oder die wechselseitige Ablösung der Sutan- und Ahlener Überschiebung im nordöstlichen Ruhrgebiet deutlich machen. Auffallend ist dabei, daß die regionalen Änderungen des bankrechten Verwurfs im allgemeinen nicht von der Quertektonik beeinflußt werden (KUNZ 1983: 77). Bei der Ermittlung des bankrechten Verwurfs einer Überschiebung ist darauf zu achten, daß einander entsprechende Faltenflanken miteinander verglichen werden.

Versuche, die dreidimensionale Entwicklung der Überschiebungen, daß heißt sowohl in einfallender wie streichender Richtung, zu erfassen, führten zunächst nur zu wenig klaren Bildern (KUNZ 1980: Abb. 3, 4, 6). Erst die von GILLESPIE (1991, 1993) vorgeschlageneAnwendung der von BARNETT et al. (1987) für Abschiebungen entwickelten Isolinienmethode auf Überschiebungen führte nach einigen Modifikationen zu anschaulichen Ergebnissen. Bei diesem Verfahren wird als Abzisse eines Koordinatensystems die streichende Länge einer Störung aufgetragen, als Ordinate maßstabgerecht der bankrechte (stratigraphische) Abstand bestimmter Leithorizonte (z. B. Flöze). Für die Kreuzungspunkte von definierten Schnittlinien

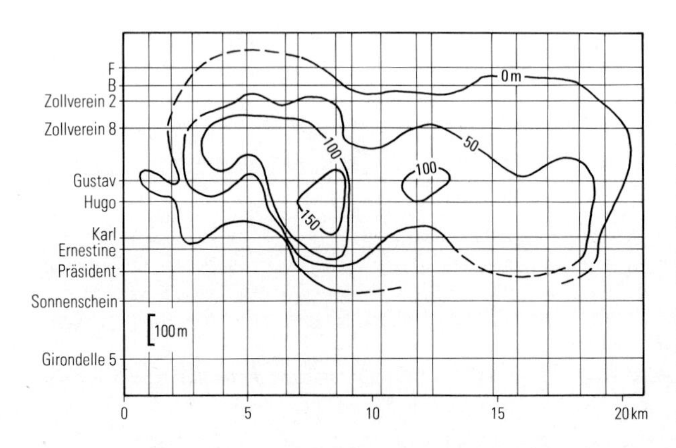

Abb. 58

Darstellung des bankrechten Verwurfs der Bottroper Überschiebung in stratigraphischer und streichender Richtung. Die vertikalen Linien bezeichnen Querschnitte, auf denen die Meßpunkte liegen, die horizontalen Linien geben die Flöze in ihrem stratigraphischen Abstand an, in denen die Messungen erfolgten.

mit diesen Leithorizonten wird der jeweilige bankrechte Verwurf an der betreffenden Störung ermittelt und dann lagerichtig in das Diagramm eingetragen. GILLESPIE benutzte stattdessen die Schubweite der Störungen als Maßzahl, was nach dem oben Gesagten zu Problemen bei der Anwendung auf „mitgefaltete" Überschiebungen führen kann. (Es hat sich als zweckmäßig erwiesen, die Länge der y-Achse zu spreizen, da die streichende Länge der Störungen meist um ein Vielfaches höher ist, als ihre stratigraphische Reichweite.) Es ergeben sich so mehr oder minder konzentrisch um einen Punkt größten Verwurfs angeordnete Linien gleichen bankrechten Verwurfs, die insgesamt angenähert das Bild einer Ellipse ergeben (Abb. 58). Nach den bisher vorliegenden, vorläufigen Ergebnissen scheint sich das Achsenverhältnis dieser Ellipsen in der Größenordnung von ca. 1 : 20 zu bewegen, das heißt die streichende Länge der Störungen ist etwa um ein 20faches größer als ihre stratigraphische Reichweite. Inwieweit Abhängigkeiten zwischen streichender Länge, stratigraphischer Reichweite und maximalem Verwurf bestehen, wie von BARNETT et al. (1987) postuliert, müssen noch ausstehende Untersuchungen klären. Problem dabei ist die Datenbeschaffung, da es nicht sehr viele Überschiebungen gibt, von denen sowohl hangende wie liegende Auslauflinien hinreichend genau bekannt sind, um gesicherte Aussagen über die Achsenlänge zu machen. Trotzdem ist das Verfahren von großem Wert für die Praxis der Lagerstättenbearbeitung, da es Aussagen über die wahrscheinliche Erstreckung von Störungen in streichender Richtung wie in stratigraphischer Hinsicht erlaubt und sich der zu erwartende Verwurf an bisher nicht aufgeschlossenen Störungsabschnitten mit ziemlicher Wahrscheinlichkeit vorhersagen läßt.

Die Tatsache, daß sich die Überschiebungen des Ruhrkarbons in dieser Form darstellen lassen, belegt, daß sie in ihrer räumlichen Erstreckung allseitig begrenzt sind. Es handelt sich also weder um „offsplays" tieferliegender Abscherbahnen (décollements) noch um „flat-ramp"-Strukturen, die in Schichtflächen einmünden, sondern um reine Faltenüberschiebungen (vgl. „break-thrusts"; MORLEY 1994: 625).

Entsprechend den theoretischen Ansätzen von BARNETT et al. (1987) sowie WALSH & WATTERSON (1990) müssen diese Störungsflächen von einem mehr oder weniger punktförmigen Bruch ausgegangen sein und haben sich dann bei Fortdauer der Beanspruchung von diesem Zentrum aus allseitig fortentwickelt.

Eine kausale Verknüpfung von Faltung und Überschiebungen sollte auch in einem Diagramm deutlich werden, in dem die relative Anzahl der Überschiebungen als Funktion der Faltungsintensität dargestellt wird. Die Faltungsintensität läßt sich durch das jeweilige Schichteneinfallen ausdrücken. Eine Annäherung an diese Frage stellt das Diagramm der Abbildung 59 dar: Wie dieses Diagramm zunächst zeigt (ungewichtete Darstellung), treten die meisten Überschiebungen bei relativ geringem Schichteneinfallen auf, und ihre Zahl nimmt mit zunehmender Faltung generell ab. Dies

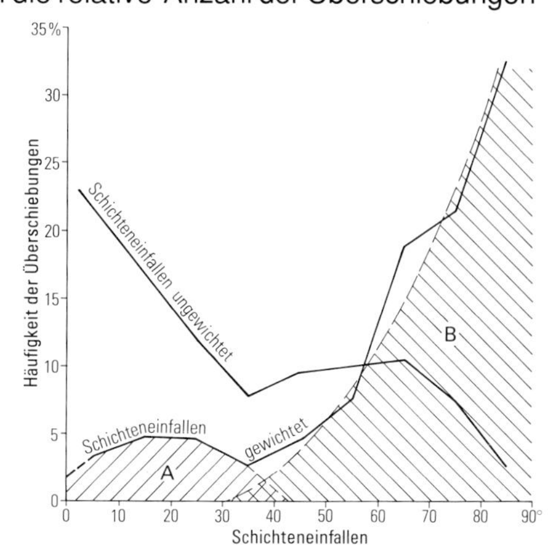

Abb. 59
Häufigkeit der Überschiebungen in Abhängigkeit vom Schichteneinfallen

deutet auf eine Substituierung von Falten durch Überschiebungen hin. Auffallend ist aber, daß bei einem Schichteneinfallen von über 30° die Zahl der Überschiebungen wieder zunimmt, so daß angenommen werden muß, daß bei stärkerer Faltung Überschiebungen neu entstehen, die ihr Aufreißen kausal dem Faltungsvorgang verdanken. Bei ganz steilem Schichteneinfallen schließlich nimmt die Zahl der Überschiebungen wieder deutlich ab. In diesem Bereich wird der Schnittwinkel zwischen Schichtflächen und (synthetischen) Überschiebungen sehr klein, so daß die erforderlichen Gleitbewegungen vorwiegend auf den Schichtflächen ablaufen können.

Gegen dieses von DROZDZEWSKI & WREDE (1989) erstmals publizierte Diagramm wurde eingewendet, daß es angesichts der stark unterschiedlichen Häufigkeitsverteilung der Schichteinfallswerte im Ruhrkarbon (flache Lagerung herrscht in weiten Gebieten vor, sehr steiles Einfallen ist relativ selten) möglicherweise eher diese Häufigkeiten widerspiegelt als die gewünschte Relation. Um diesem Einwand zu begegnen, wurden die Meßwerte entsprechend der Häufigkeit der einzelnen Schichteinfallswerte im Ruhrkarbon gewichtet. (Hierzu standen teilweise publizierte Untersuchungsergebnisse der Arbeitsgruppe Kohlenvorratsberechnung/Geologisches Informationssystem (KVB/GIS) am Geologischen Landesamt Nordrhein-Westfalen zur Verfügung, s. BÜTTNER et al. 1985.) Das so erzeugte zweite Diagramm (gewichtete Darstellung) zeigt erneut zwei Störungspopulationen (Abb. 59: A u. B). Der generelle Trend in der Häufigkeit kehrt sich jedoch gegenüber dem vorher beschriebenen Diagramm um: Eine Zunahme der Faltungsintensität bewirkt eine Zunahme der Überschiebungstektonik (WREDE 1993). Generell bestätigt sich also die kausale Verknüpfung von Faltungsvorgang und Überschiebungstektonik. Es lassen sich aber im Detail zwei überlagernde Mechanismen erkennen, die zur Genese der Überschiebungen führen:

- Überschiebungen der Gruppe A (mit ca. 13,5 % der Gesamtzahl der Überschiebungen) substituieren Falten; sie treten deshalb vorwiegend bei flacher Lagerung (ss < 40°) auf.
- Überschiebungen der Gruppe B (ca. 86,5 %) verdanken ihre Entstehung den bei der Faltung auftretenden Volumenproblemen und Stockwerkeffekten. Diese Überschiebungen entstehen erst ab einem Schichteneinfallen von über 30° und nehmen mit stärker werdender Faltung an Zahl zu.

Noch deutlicher wird die genetische Unterscheidung von Überschiebungen der Gruppen A und B, wenn man deren Einfallsrichtung (bzw. Vergenz) in die Betrachtungen einbezieht: Bei flacher Schichtenlagerung überwiegen deutlich die nordvergenten Überschiebungen gegenüber den südvergenten (Abb. 60). Von den Überschiebungen der Gruppe A sind 62 % nordvergent und nur 38 % südvergent. Bei den Überschiebungen der Gruppe B ist dieses Verhältnis praktisch

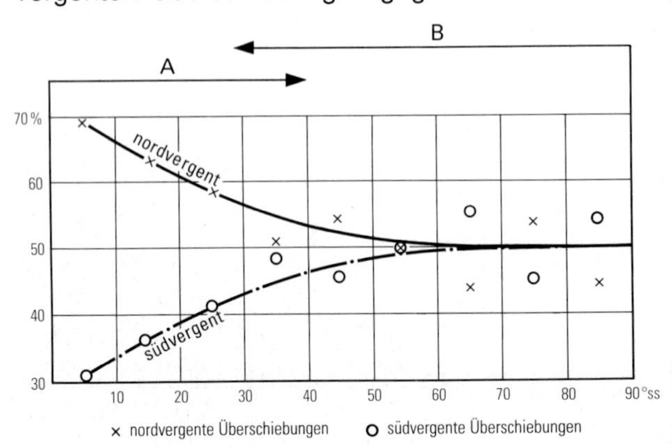

Abb. 60
Relative Häufigkeit nord- und südvergenter Überschiebungen in Abhängigkeit vom Schichteneinfallen

ausgeglichen: 49,6 % der Überschiebungen sind südvergent und 50,4 % nordvergent. Erst bei zunehmendem Schichteneinfallen wächst also der Anteil der südvergenten Überschiebungen an und ab ca. 50 – 60° Schichteneinfallen ist das Verhältnis ausgeglichen. Hieraus ist zu schließen, daß nur die Überschiebungen der Gruppe A, die die Faltung ersetzen, relativ deutlich die Nordvergenz des Gebirgsbaus nachzeichnen.

Die Überschiebungen der Gruppe B dagegen zeigen, daß bei stärkerer Einengung mehr oder weniger symmetrische Bedingungen vorliegen. Diesen Überschiebungen dürfte mechanisch das von Wrede (1980 b bzw. 1982 b) formulierte genetische Modell zugrunde liegen, nach dem die Überschiebungen die bei der Einengung in den Faltenkernen entstehenden Volumenprobleme lösen, indem sie das überschüssige Material mehr oder weniger gleichmäßig nach beiden Seiten aus den Muldenkernen heraustransportieren. Unterhalb von ca. 30° Schichteneinfallen beziehungsweise bei geringer orogener Einengung können die Volumenprobleme bei der Faltung offenbar noch allein durch schichtparalleles Gleiten gelöst werden. Diese Beobachtungen über das unterschiedlich häufige Auftreten von nord- beziehungsweise südvergenten Überschiebungen in Abhängigkeit vom Schichteneinfallen lassen sich leicht durch die Betrachtung unterschiedlich stark gefalteter Gebiete im Ruhrkarbon nachvollziehen: Im weitgehend flach gelagerten Niederrheingebiet überwiegen die nordvergenten Überschiebungen mit über 80 %. Im Bereich der Wittener Hauptmulde dagegen, wo eine intensive Spezialfaltung zu beobachten ist und eine orogene Einengung von zum Teil über 50 % erreicht wird, ist das Verhältnis fast ausgeglichen (47 % südvergent, 53 % nordvergent; vgl. R. Wolf 1985: Abb. 76 bzw. Wrede 1988 a: Abb. 16).

Bei dieser regionalen Betrachtung ist das Übergewicht der nordvergenten Überschiebungen im Gebiet geringer Einengung noch größer, als nach der statistisch ermittelten Verteilung. Dies dürfte daran liegen, daß auch in Bereichen mit hoher Einengung flache Schichtenlagerung vorkommt (z. B. in Kernbereichen von Kofferfalten). Auch in diesen Fällen bilden sich häufig Scherflächenpaare aus, die genetisch als Überschiebungen der Gruppe B anzusehen sind (Materialtransport zu den Muldenflanken hin) und somit das statistische Bild etwas unschärfer werden lassen. Einen wichtigen Strukturtyp stellen in diesem Zusammenhang die sogenannten „Fischschwänze" dar (Drozdzewski 1979): Es handelt sich hierbei um vertikal übereinander angeordnete Kombinationen von entgegengesetzt einfallenden Überschiebungen (Abb. 61). Dort, wo eine Überschiebung zum Hangenden hin ausläuft, setzt eine gegenfallende Überschiebung neu ein. Derartige Kombinationen sind weit verbreitet und in jedem Maßstab vertreten. Selbst sehr große Überschiebungen, wie zum Beispiel die

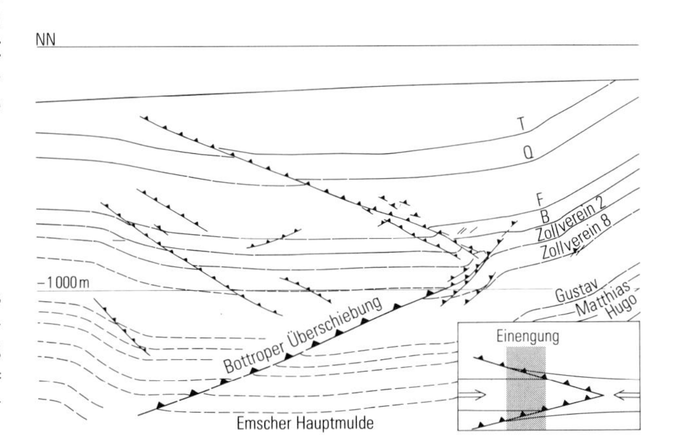

Abb. 61

Die Bottroper Überschiebung als Teil einer typischen Fischschwanz-Struktur (Drozdzewski 1979); kinematische Prinzipskizze = Krustenverkürzung ohne gerichteten Materialtransport

Sutan-Überschiebung, erweisen sich als Teile solcher Fischschwanz-Strukturen. So zeigen die Aufschlüsse am Sekundus-Sprung, in denen das obere Ende der Sutan-Überschiebung beobachtet werden kann, deutlich dessen Ablösung durch das gegenfallende System von Lothringer und Rheinelbe-Überschiebung (Abb. 62). Es ist überhaupt bemerkenswert, daß die nordvergenten Überschiebungen sich häufig auf eine einzige bedeutende Störungsfläche konzentrieren, die südvergenten dagegen als Störungsbündel auftreten (z. B. Satanella-Überschiebung/Colonia-Scharnhorst-Überschiebung am Stockumer Hauptsattel). Der mechanische Effekt der Fischschwanz-Konfiguration besteht (im Idealfall zweier gleichbedeutender Störungen) darin, daß eine Profilverkürzung durch Doppellagerung der Schichten erfolgt, ohne daß ein Materialtransport in eine bestimmte Richtung stattfindet (s. Abb. 61). Besonders deutlich wird diese Mechanik dann, wenn mehrere „Fischschwänze" vertikal übereinander angeordnet sind und so das Bild einer „reißverschlußartigen" Verzahnung der Gebirgsteile entsteht.

Neben den Idealformen oder „Fischschwänzen", bei denen die Einzelstörungen mit ihren auslaufenden Enden aneinanderstoßen, treten auch asymmetrische y- und λ-förmige Konfigurationen auf (Abb. 63). Auch die in Abbildung 53 beziehungsweise 54 (S. 98) dargestellten Störungskombinationen erfüllen letztlich die Bedingungen der Geometrie von Fischschwanz-Strukturen.

Im Aachener Gebiet liegen dem nördlichen Ruhrkarbon analoge Verhältnisse im Südlimburger Revier, im nördlichen Wurmrevier und im Zentralteil des Erkelenzer Reviers vor. Dort ersetzen die – meist nicht allzu bedeutenden – Überschiebungen die Faltung. Wegen der ausgeprägten Nordvergenz der Faltung sind das südliche Wurmrevier und das Inderevier in Hinblick auf die Vergenz der Überschiebungen kaum mit dem Ruhrkarbon vergleichbar. Südvergente Überschiebungen fehlen im Aachener Steinkohlengebiet fast völlig, wenn man zum Beispiel von der überkippt liegenden Breinigerberg-Störung absieht (s. S. 92). Generell gesehen scheinen südvergente Überschiebungen aber auch im linksrheinischen Rhenoherzynikum wesentlich verbreiteter zu sein, als bisher vielfach angenommen wurde. Dies lassen zum Beispiel die Kartierergebnisse von K.-H. Ribbert (pers. Mitt.) in der Eifel erkennen: „Ein charakteristisches streichendes tektonisches Element des

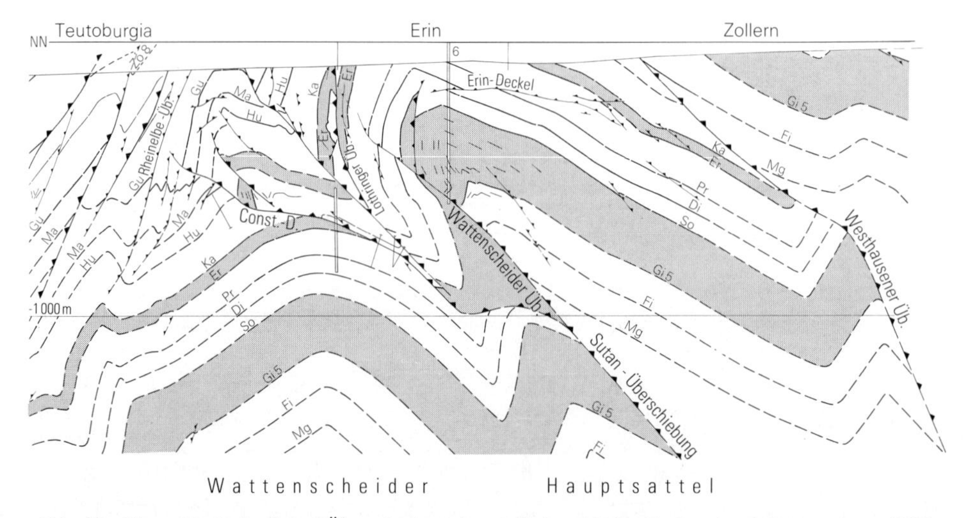

Abb. 62 Oberes Ende der Sutan-Überschiebung im südlichen Marler Graben (nach Drozdzewski 1980: Abb. 7)

Abb. 63
Asymmetrisch ausgebildete, y- und λ-förmige Fischschwanz-Strukturen im Vestischen Hauptsattel

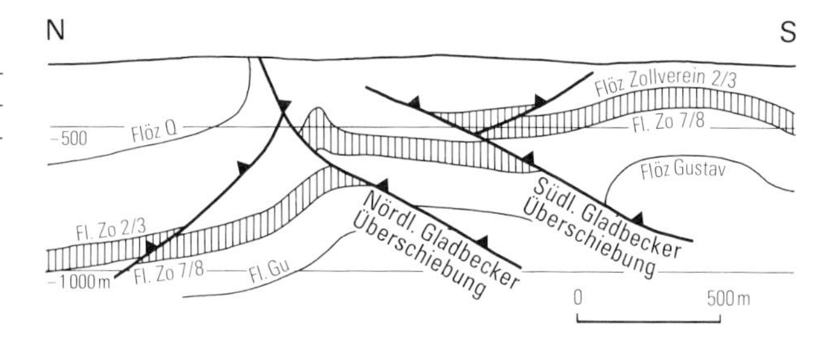

Unterdevons zwischen dem Venn-Antiklinorium und der Eifeler Kalkmuldenzone ist das Auftreten von nordfallenden (d. h. südvergenten) Aufschiebungen („Rücküberschiebungen"). Da die unterdevonischen Schichtenfolgen dieses Raumes sich nur graduell voneinander unterscheiden, ist das Vorkommen dieser Störungen nur an wenigen Stellen eindeutig belegbar. Die dem Erscheinen immer älterer Schichten in Richtung auf den Kern des Venn-Antiklinoriums widersprechende Beobachtung eines scheinbar horizontalen oder sogar nach Norden abtauchenden Faltenspiegels kann aber nur durch die Annahme zahlreicher, oft nicht eindeutig zu lokalisierender, nordfallender Aufschiebungen begegnet werden. Sie treten bevorzugt in den Nordflügeln von Großsätteln auf, wo sie bei zunehmender Vergenz des Faltenbaus auch überkippt sein können und den Charakter von Untervorschiebungen (Schwan 1958) annehmen.

Beispiele für nordfallende bis überkippte Aufschiebungen sind unter anderem folgende Strukturen:

- Störung am Südrand des Rescheider Sattels auf Blatt 5504 Hellenthal (Ribbert 1993),
- die Malsbendener Störung auf Blatt 5404 Schleiden (Ribbert 1994),
- streichende Störungen bei Troisvierges und Büllingen in Belgien (Furtak 1965)."

Eine im Aachener Revier, im Erkelenzer Revier und im nordwestlichen Ruhrkarbon nachweisbare Zone von fast ungefalteten Schichten mit zahlreichen, meist nicht sehr bedeutenden nordvergenten Überschiebungen markiert den Außenrand des Variscischen Orogens (Abb. 64). Im mittleren beziehungsweise östlichen Ruhrkarbon ist diese Zone erst wesentlich weiter nördlich, etwa im Bereich des Billerbecker Hauptsattels, zu erwarten (vgl. Abb. 14, S. 44).

Zwischen diesem Überschiebungsgürtel und dem südlich anschließenden gefalteten Bereich können im Streichen Übergänge auftreten, wie zum Beispiel die Ablösung des im Osten deutlich ausgeprägten Dorstener Hauptsattels im Raum Hünxe nach Westen hin durch eine Überschiebungszone (der Gruppe A) zeigt, die den Orogenaußenrand markiert (vgl. Bornemann 1980: Taf. 2; R. Wolf 1988: Taf. 17). Damit korrespondiert, daß auch die Linien gleicher Einengung nicht streng parallel zum Generalstreichen des Gebirges laufen, sondern spitzwinklig dazu. Dadurch bedingt ist im Osten die Einengung gleicher Strukturen meist höher als im Westen des Ruhrkarbons.

Auf den ersten Blick scheint die Entwicklung der Überschiebungen in Abhängigkeit vom Schichteneinfallen eine zeitliche Abfolge bei zunehmender Einengung widerzuspiegeln: Zuerst entstehen nordvergente Überschiebungen, denen sich dann zunehmend südvergente Überschiebungen hinzugesellen, bis das Verhältnis ausgeglichen ist. Die räumliche Anordnung des genannten Überschiebungsgürtels im nur schwach gefalteten Vorfeld des gefalteten Orogens wäre dann als Abbild einer nach Nordwesten wandernden, dann aber zum Stillstand gekomme-

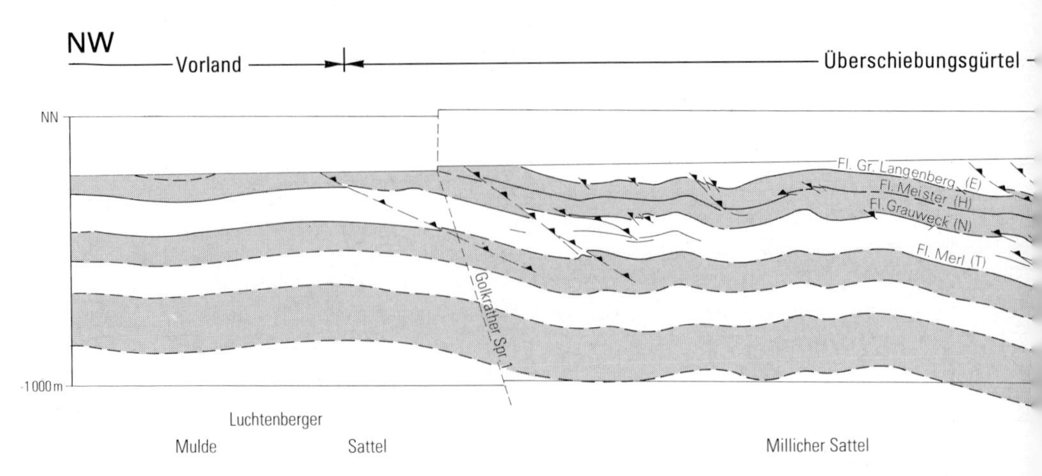

Abb. 64 Querschnitt durch den Außenrand des Variscischen Orogens im Bereich des Erkelenzer Reviers (nach WREDE 1985: Taf. 3). Zwischen Faltenzone und Vorland ist ein Bereich mit ausgeprägter nordvergenter Überschiebungstektonik eingeschaltet.

nen Orogenfront zu deuten. Da jedoch die Verteilungskurve der Überschiebungen (Abb. 59, S. 101) bei ca. 20° Schichteneinfallen ein relatives Maximum und bei 35° Schichteneinfallen ein relatives Minimum besitzt, würde dies bedeuten, daß ein Teil der Überschiebungen beim Fortgang der Faltung wieder verschwindet. Weil dies kaum denkbar ist, muß daraus geschlossen werden, daß sich zumindest ein Teil der Überschiebungen der Gruppe A (die für dieses Zwischenmaximum verantwortlich sind) erst nach dem Stillstand der Orogenfront gebildet hat. Nur so ist zu erklären, weshalb in dem vorgelagerten Überschiebungsgürtel bei flacher Schichtenlagerung mehr nordvergente Überschiebungen auftreten, als im nach Süden anschließenden, stärker eingeengten Bereich.

Als Ergebnis bleibt festzuhalten, daß die Überschiebungen des Ruhrkarbons ihre Entstehung zwei verschiedenen Mechanismen verdanken: Zum einen ersetzen sie – besonders im Spätstadium der Orogenese – die Faltung und bewirken so vornehmlich in Bereichen flacher Lagerung bruchhaft durch Doppellagerung der Schichten eine querschlägige Verkürzung des Gebirges (Überschiebungen der Gruppe A). Zum anderen lösen sie die Volumenprobleme, die bei stärkerer Biegefaltung auftreten, indem sie Materialüberschüsse aus den Muldenbereichen heraustransportieren (Überschiebungen der Gruppe B). Beide Phänomene überlagern und ergänzen sich, so daß insbesondere bei Schichteinfallswerten von ca. 40 – 60° eine Unterscheidung der beiden Gruppen nicht möglich ist beziehungsweise auch einzelne Überschiebungen beide Funktionen ausüben.

Wie die regionalen Untersuchungen gezeigt haben, gehorchen beide Gruppen den festgestellten Regeln über die Winkelbeziehungen zwischen Schichtung und Überschiebungen, so daß sie auch von daher nicht unterschieden werden können. Eine Unterteilung der Überschiebungen in „mitgefaltete" Überschiebungen („Wechsel der 1. Folge") und „ungefaltete" Überschiebungen („Wechsel der 2. Folge"), wie sie früher vorgenommen wurde (vgl. z. B. OBERSTE-BRINK 1938, SCHOLZ 1956), läßt sich aus diesem Grunde aus der dargestellten Häufigkeitsverteilung der Überschiebungen ebenfalls nicht herleiten.

Der festgestellte Dualismus in der Genese der Überschiebungen erklärt auch, weshalb ein Teil der Überschiebungen im Streichen von Falten abgelöst wird (bzw.

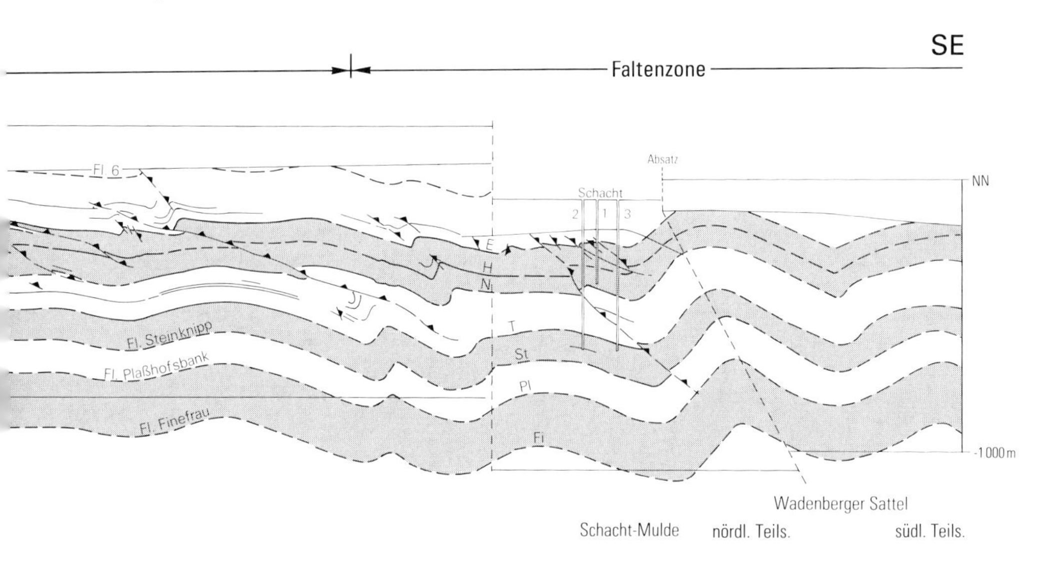

umgekehrt Falten in Überschiebungen übergehen, z. B. Auslaufen des Ahlener Sattels nach Westen; KUNZ & WREDE 1988: Schnitte 11 – 14). Andere bedeutende Überschiebungen können aber auslaufen, ohne von Falten abgelöst zu werden (z. B. Sutan-Überschiebung im Feld Westfalen, KUNZ & WREDE 1988: Schnitte 16 – 20; Satanella-Überschiebung in Dortmund, WREDE 1988 a: Schnitte 9 – 11). Die ersteren gehören zur Gruppe A der vorliegenden Einteilung, die zweiten zur Gruppe B.

5.2.2 Orogene Einengung

Die querschlägige Einengung des Gebirges ist eine wesentliche Größe, mit der sich die Auswirkungen der Orogenese quantitativ beschreiben lassen. Als Einengung des Gebirges wird die quer zum Gebirgsstreichen gemessene prozentuale Verkürzung der ursprünglich als flach lagernd angenommenen Schichten verstanden, die durch Faltung und Überschiebungstektonik bewirkt wird. Um diese Größe zu bestimmen, muß die Länge einer bestimmten Schicht (z. B. eines Flözes) innerhalb eines Querschnittes bestimmt und mit dem horizontalen Abstand der Endpunkte der betreffenden Meßstrecke verglichen werden. Für Teilbereiche des Ruhrkarbons wurden schon früher verschiedentlich Einengungsmessungen durchgeführt: So ergeben sich für das westliche Ruhrgebiet Einengungswerte, die von 5 – 7 % im Norden auf ca. 35 % im Süden ansteigen (DROZDZEWSKI 1985 a), während für das östliche Ruhrgebiet die Angaben von 20 % im Norden bis 50 % im Süden reichen (HOLLMANN 1967, WREDE 1980 a). Untersuchungen, die die regionale Entwicklung der Einengung für das gesamte Ruhrkarbon erfaßt hätten, standen jedoch noch aus. Die nach einheitlichen Kriterien erstellten Querschnitte, die im Rahmen des Untersuchungsvorhabens „Tiefentektonik" erarbeitet wurden, lieferten nun das Ausgangsmaterial für eine derartig großräumige Erfassung der Einengung des Ruhrkarbons (WREDE 1987 b).

Die dort vorgelegte Karte wurde fortgeführt und da, wo sich neue Aufschlußdaten ergaben, ergänzt (Abb. 65). Von entscheidender Bedeutung für die Ermittlung der Einengung ist die Auswahl einer geeigneten Meßbasis. Wird diese zu

Abb. 65

Orogene Einengung des Ruhrkarbons (nach WREDE 1987 b)

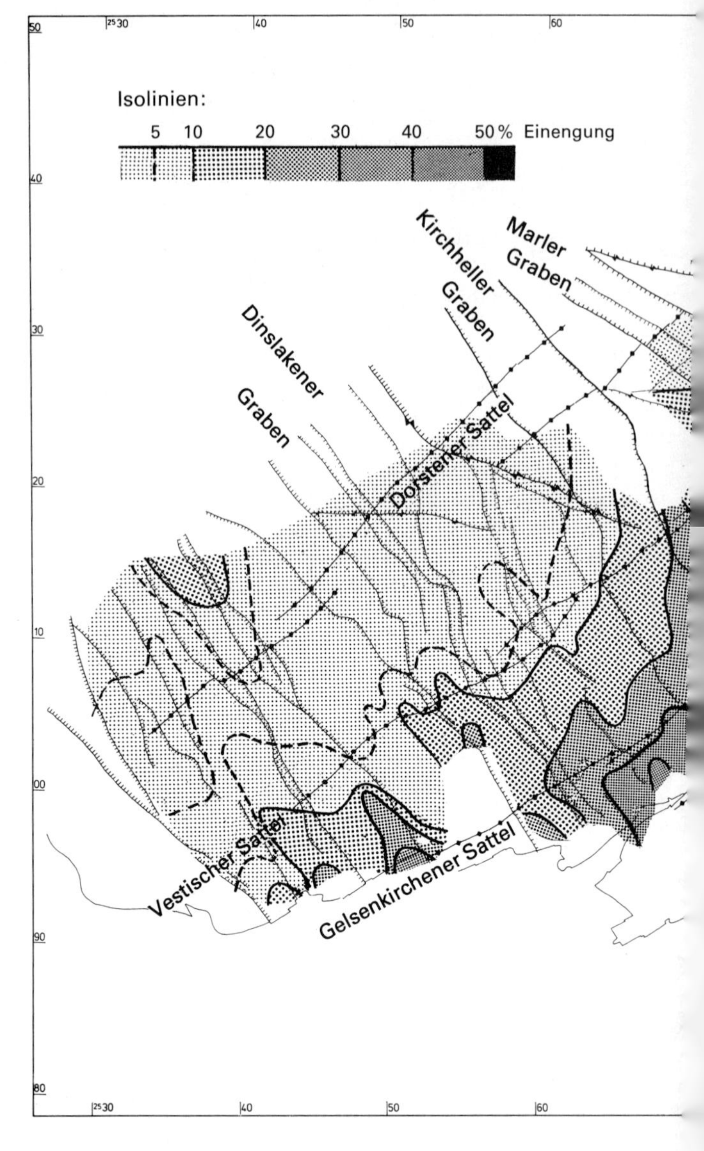

klein gewählt, so spiegeln die ermittelten Einengungswerte lediglich die lokalen Faltungsverhältnisse wider; ist die horizontale Meßbasis zu lang, entsteht ein zu wenig differenziertes Bild. Auch die Anwendung einer Meßstrecke mit fest vorgegebener Länge erscheint nicht sinnvoll, da das Bild der regionalen Einengungsunterschiede dann stark von der willkürlichen Anordnung des Meßrasters beeinflußt wird (GRIMMELMANN 1965).

Für die vorliegenden Messungen wurde als Meßbasis daher die querschlägige Breite einer gesamten Hauptfaltenstruktur gewählt, das heißt, der Abstand von einem Hauptsattelkamm bis zum benachbarten Hauptsattelkamm, so daß alle tektonischen Erscheinungen, die innerhalb einer solchen Großstruktur auftreten, erfaßt werden. Die Messungen wurden dann innerhalb eines Querschnittes fortlaufend durchgeführt, wobei sowohl die Einengung über die Hauptmulden (von Hauptsattel bis Hauptsattel) als auch über die Hauptsättel (von Hauptmuldentiefstem bis Hauptmuldentiefstem) bestimmt wurde. Die jeweiligen Meßbereiche überlappen sich dabei. Die Einengung des Gebirges – gemessen in Prozent – errechnet sich dann nach der Formel

$$E\,(\%) = 100 - \frac{100L}{F_L},$$

wobei L die horizontale Länge der Meßbasis (Abstand Hauptsattel bis Hauptsattel) und F_L die darin gemessene Flözlänge bezeichnet.

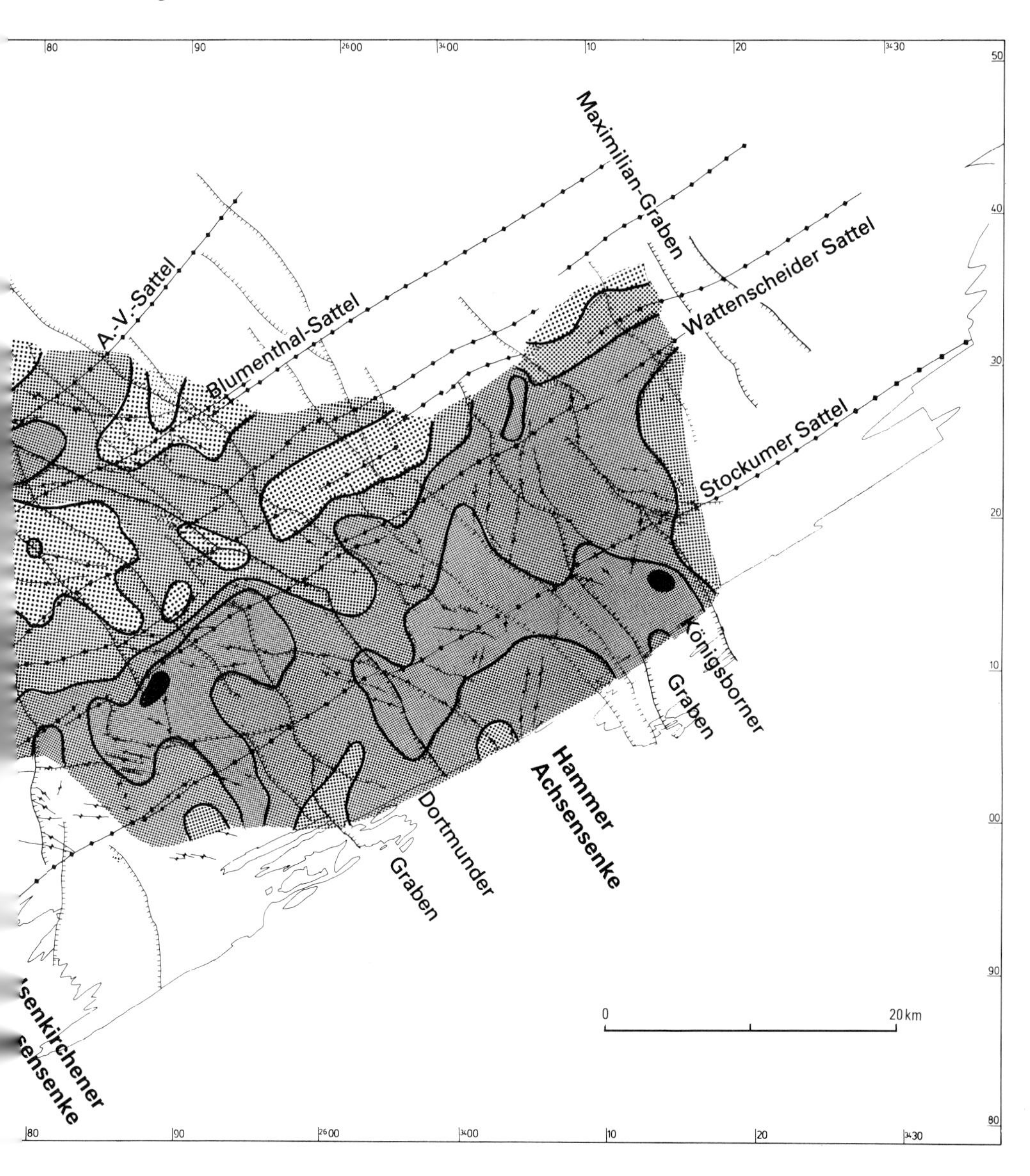

Die Einengung wurde jeweils für den stratigraphischen Bereich der Witten-Schichten (Fl. Finefrau) bestimmt. Diese Schichten sind für das gesamte Ruhrkarbon gesehen am günstigsten aufgeschlossen und lassen sich dort, wo sie unter dem Aufschlußniveau des Bergbaus liegen, noch relativ sicher projizieren.

Wie sich aus Abbildung 65 ergibt, nimmt die regionale Einengung des Ruhrkarbons querschlägig zum Streichen der Großfalten von Südosten nach Nordwesten ab. Die stärksten Einengungswerte ergeben sich in der Wittener Hauptmulde im Raum Königsborn und am Wattenscheider Hauptsattel im Gebiet östlich von Bochum mit jeweils rund 51 %. Die geringsten Einengungswerte wurden im Nordwesten des Gebiets mit Werten unter 5 % im Bereich der Lippe-Hauptmulde, des Dorstener Hauptsattels und der Schermbecker Mulde ermittelt.

Hieraus ergibt sich für das Gesamtgebiet ein durchschnittlicher Gradient der Zunahme der Einengung von ca. 1 – 2 % pro Kilometer von Nordwesten nach Südosten (Abb. 66). Dieser Gradient korrespondiert überraschend gut mit einem ähnlichen Gradienten, den MORLEY (1986) aus dem Gebiet der Kaledoniden Südnorwegens beschreibt. Dort wird im Norden des Profils eine regionale Abscherung des kaledonischen Gebirgsstockwerkes von seiner präkambrischen Unterlage an einer im Untergrund verborgenen „detachment"-Fläche angenommen („Osen-Røa-detachment"; vgl. auch RAMBERG & BOCKELIE 1981). Nach Süden hin klingt die Deformation allmählich aus und leitet nahtlos über zu einem undeformierten, autochthonen Komplex, der südlich außerhalb der Einflußzone der Abscherfläche liegt. Eine ähnliche Konfiguration wird zum Beispiel auch für das Appalachenvorland von ROOT (1973) angenommen.

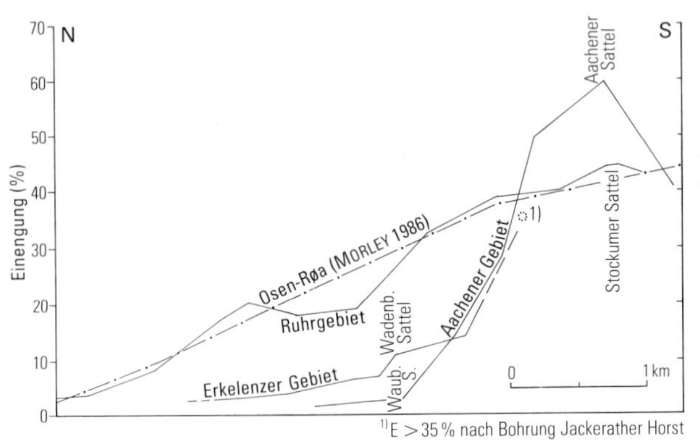

Abb. 66

Gradient der Einengung im Ruhrgebiet, im Aachener (Wurm-) und im Erkelenzer Gebiet. Zum Vergleich ist der Einengungsgradient des Osen-Røa-Detachments (Oslogebiet, Norwegen) nach MORLEY (1986) eingetragen.

Sollte der Einengungsgradient ein Kriterium für diese Frage sein, so ließe sich hieraus für das Ruhrkarbon eine ähnliche Position im Vorfeld einer „buried thrust front" ableiten (vgl. Kap. 5.2.3 sowie BRIX et al. 1988).

Interessant ist ein Vergleich des Einengungsgradienten zwischen dem Ruhrrevier und dem Aachener Gebiet (Abb. 66). Dort dürfte die Einengung im Bereich des Aachener Sattels, der dem Velberter und Stockumer Sattel des Ruhrkarbons äquivalent ist (Kap. 4.3.3), über 60 % betragen (WREDE 1988 b). Nach Süden hin ins Inderevier nimmt sie auf ca. 40 % ab. Auch BREDDIN (1963: 230) schätzt die orogene Verkürzung des Raumes zwischen Aachener Überschiebung und der Südflanke des Inde-Synklinoriums auf ca. 40 %. Nördlich des Aachener Sattels verringert sich der Gradient der Einengung sehr rasch; er beträgt im Gebiet des Waubacher Sattels und des nördlich anschließenden Südlimburger Reviers nur noch weniger als 5 %. Im Südostteil des Erkelenzer Reviers ist bei Berücksichtigung der neuen Erkenntnisse über die Faltentektonik (WALLRAFEN et al. 1988) eine ähnliche Entwicklung wie im Aachener Revier festzustellen. In diesen Gebieten spiegelt sich damit deutlich der „Faltungsstau" des variscischen Gebirges am Sockel des Brabanter Massivs (WREDE 1987 a) wider. Dieser führt zu einer Konzentration der tektonischen Aktivität in einer schmalen Zone hoher Einengung (Aachener Sattel und Überschiebung), der relativ ruhige Partien (auf dem Massiv gelegen) vorgelagert sind. Im Ruhrgebiet dagegen verteilt sich die tektonische Aktivität mit einem relativ gleichmäßig abnehmenden Gradienten über eine große querschlägige Breite.

Summiert man die durchschnittliche Einengung in beiden Gebieten über vergleichbare Meßstrecken auf, so scheint die Gesamteinengung im Aachener Revier geringer als im Ruhrkarbon zu sein. In absoluten Zahlen ausgedrückt beträgt die Verkürzung des Subvariscikums im Ruhrgebiet nördlich der Herzkämper Hauptmulde ca. 13 km, im Aachener Gebiet nördlich der Inde-Mulde etwa 10 km. Allerdings dürfte dort das System der Venn-Überschiebung im Süden des Aachener Reviers, das in der vorliegenden Berechnung nicht mehr mit erfaßt wurde, einen Ausgleich bewirken. Auch dieses Störungssystem fällt daher nicht aus dem Rahmen der orogenen Gesamteinengung, wie sie im Subvariscikum zu erwarten ist.

Im Ruhrkarbon nimmt der Einengungsgrad im Streichen der Strukturen nur geringfügig nach Osten hin zu. Im Einzelfall treten auch gegenläufige Tendenzen auf: So zeigt zum Beispiel der Gelsenkirchener Hauptsattel im Westen und im Zentrum des Ruhrkarbons, wo er eher eine Spitzsattelform aufweist (DROZDZEWSKI 1980 b, 1985 a), eine stärkere Einengung, während er im Osten des Ruhrkarbons in ausgeprägter Koffersattelgestalt (KUNZ 1980, KUNZ & WREDE 1988) ein Minimum der Einengung aufweist. Auffällig sind quer zum Streichen verlaufende Zonen höherer Einengungen im Gebiet der Gelsenkirchener und der Hammer Achsendepressionen. Im zentralen Ruhrrevier fallen darüber hinaus etwa Ost – West gerichtete Minimum- und Maximumbereiche ins Auge.

Ein genereller Unterschied in der Einengung von Hauptsätteln und Hauptmulden ergibt sich nach der beschriebenen Meßmethode nicht. Es zeigt sich vielmehr, daß gerade die Bereiche der Trogmulden in den Achsendepressionen besonders hohe Einengungswerte aufweisen, wenn die benachbarten Hauptsattelflanken mit in die Betrachtung der Hauptmulden einbezogen werden. Offensichtlich wird dort die geringe Einengung des flach lagernden Muldenkerns durch die besonders intensive Faltung der Hauptsättel nicht nur kompensiert, sondern in ihrer Wirkung sogar übertroffen. So stehen zum Beispiel der flachen Lagerung der Bochumer Hauptmulde in der Hammer Achsendepression die gerade dort extrem langen und steilen Flanken von Langendreerer und Stockumer Sattel gegenüber.

Die Vorstellungen zur Entwicklung der Einengung in vertikaler Richtung innerhalb des Ruhrkarbons haben sich im Laufe der Zeit mehrfach gewandelt und waren lange umstritten. Ausgehend von der in den Bergwerken zu beobachtenden Biegefaltung mit etwa konstanten Schichtenmächtigkeiten wurden in der Frühzeit der geologischen Bearbeitung des Ruhrgebiets Profildarstellungen erarbeitet, die ein zur Tiefe hin immer mehr verflachendes Faltenbild annahmen (z. B. CREMER & MENTZEL 1903, vgl. auch DROZDZEWSKI 1980 a: Abb. 2). Diese Konstruktion ergab sich daraus, daß es aus geometrischen Gründen nicht möglich ist, einen harmonischen Faltenbau, der ausschließlich auf Biegefalten basiert, bis in beliebige Teufen zu konstruieren (vgl. hierzu NAGEL 1975: 455). Tiefreichende Grubenaufschlüsse, die das Problem der Tiefenentwicklung der Faltung hätten klären können, fehlten zu dieser Zeit noch. Eine Konsequenz der genannten Darstellungen wäre eine zur Tiefe hin abnehmende Einengung des Gebirges gewesen. Die sich mit Vordringen des Bergbaus in die Tiefe verbessernden Aufschlußverhältnisse führten zur Entdeckung der disharmonischen Faltung im Ruhrgebiet. Da man (beim Übergang vom oberen ins zweite Stockwerk der jetztigen Gliederung) innerhalb der Hauptmulden eine Zunahme der Faltung beobachtete, wurde nunmehr in der Tiefe eine stärkere Einengung des Gebirges erwartet. Im Anschluß an die theoretischen Vorstellungen von K. LEHMANN (1920) entwickelte unter anderem BÖTTCHER (1925, 1927, 1942, 1943) sein Modell einer synsedimentären Faltung des Ruhrkarbons. Dieses Modell wurde über lange Zeit diskutiert, wobei BÖTTCHER Unterstützung zum Beispiel durch BÄRTLING (1927, 1928) fand. Unter anderem bei KELLER (1942), KUKUK (1943) und OBERSTE-BRINK (1941, 1943) stießen die Vorstellungen von BÖTTCHER hingegen auf Ablehnung und konnten schließlich widerlegt werden, da zum Beispiel weder die geforderten Diskordanzen auffindbar waren, noch die Faziesverteilung im Ruhrkarbon einen Zusammenhang zum tektonischen Baustil erkennen ließ. Allerdings rechneten auch diese Autoren mit einer Zunahme der Einengung zur Tiefe hin, die vornehmlich in Mächtigkeitsänderungen der Schichten Ausdruck finden sollte (Kukuk 1943: 392).

Die Untersuchungen zur Tiefentektonik brachten nun den Nachweis, daß innerhalb des bekannten Teufenabschnitts des Ruhrkarbons weder eine Zu- noch Abnahme der Einengung in vertikaler Richtung stattfindet (Drozdzewski 1980 b: 82, Kunz 1980: 116, Wrede 1988 a). Vielmehr zeigte sich, daß die scheinbaren Einengungsunterschiede zwischen den einzelnen tektonischen Stockwerken im Großen durch die unterschiedliche und gegenläufige Entwicklung von Hauptsätteln und Hauptmulden ausgeglichen werden, während im Kleinen die Spezialfaltung und Überschiebungstektonik einen solchen Ausgleich bewirken. Generell treten in den höheren tektonischen Stockwerken also wenige Falten mit großen Amplituden auf, in den tiefen Stockwerken viele Falten mit geringeren Amplituden; die Größe der Einengung bleibt aber gleich.

Wie auch tektonische Experimente mit geschichteten Versuchskörpern gezeigt haben (Paterson & Weiss 1966; Cobbold & Cosgrove & Summers 1971; Pulgar 1980; Brix et al. 1988: Abb. 9, 10) können die von Nagel (1975) beschriebenen geometrischen Probleme der Biegefaltung durch die Ausbildung eines disharmonischen Faltenbaus mit einer Vielzahl lokaler Abscherungen begrenzter horizontaler Reichweite und in unterschiedlichen Niveaus gelöst werden. Eine besondere Rolle spielen dabei auch Veränderungen der Faltenform zur Tiefe hin, wie Übergänge zwischen Koffer- und Spitzfalten. Es läßt sich im Ruhrkarbon an vielen Beispielen belegen, daß zum Beispiel das Auftreten von Kofferfalten nicht an das Vorhandensein großräumiger Abscherungen geknüpft ist (Hoeppener & Brix & Vollbrecht 1983), sondern lediglich einen Teilschritt in der vertikalen Faltenentwicklung darstellt. Spitz- und Kofferfalten können nebeneinander existieren und in jeder Richtung ineinander übergehen (Abb. 67, Abb. 34, S. 77; s. auch S. 83).

Die Feststellung einer in der Vertikalen weitgehend konstanten Einengung innerhalb des Ruhrkarbons erlaubt es, Tiefenprojektionen dadurch auf ihre Schlüssigkeit zu prüfen, daß die Längen unterschiedlicher Flöze im Querschnitt zwischen zwei als fix anzusehenden Punkten (z. B. Hauptsättelscheiteln) etwa gleich sein müssen (Prinzip der „balanced cross sections", Dahlstrom 1969).

Abb. 67

Ein Tonexperiment zeigt die Veränderung der Faltenformen mit zunehmender Tiefe. Die Richtung der Verkürzung war unter reinen Scherbedingungen horizontal (aus Brix et al. 1988).

Zusätzlich zu der orogenen Einengung der Schichten durch die Faltung und die damit verbundene Überschiebungstektonik hat eine materialinterne Einengung des Gebirges stattgefunden, die zum Beispiel in der Verzerrung von Fossilformen ihren Ausdruck findet. Josten (1962) beschreibt unter Bezug auf Kukuk (1938), Klusemann &

R. TEICHMÜLLER (1954) sowie BREDDIN (1956) aufrecht im Sediment stehende Baumstämme, deren Querschnitte quer zum Streichen elliptisch verformt sind und ein Achsenverhältnis von 1 : 0,6 – 1 : 0,8 (entsprechend einer Verkürzung um 20 bis 40 %) aufweisen. Diese Deformationen treten sowohl bei flacher Lagerung auf als auch bei extremer Steilstellung der Schichten. BREDDIN (1958 b) beschreibt aus dem Gebiet der Emscher-Hauptmulde Goniatiten, deren Gehäuse senkrecht zum Generalstreichen um 15 – 19 % verkürzt sind. Von K. WOLF (1987) und E. STEPHAN (Univ. Heidelberg, mdl. Mitt.) wurde bei entsprechenden Untersuchungen an Goniatiten im stark gefalteten Bereich des Wattenscheider Hauptsattels auf der Zeche Radbod (Hamm) eine Verkürzung der Gehäuse um ca. 10 % quer zum Gebirgsstreichen festgestellt. Auch die Strain-Analyse von Quarzkörnern in Sandsteinen ergibt dort eine tektonische Kompression von rund 10 % quer zum Generalstreichen (STEPHAN 1990). Da auch in dem nur ganz minimal gefalteten Gebiet des nördlichen Erkelenzer Reviers durch GRÄF (1958) und BREDDIN (1958 a) eine quantitativ ähnliche Verzerrung von Goniatiten festgestellt wurde, ist anzunehmen, daß diese materialinterne Deformation noch vor der eigentlichen Faltung abläuft. Offenbar werden zunächst die Möglichkeiten zur Interndeformation des Gesteins weitestgehend ausgeschöpft, ehe der Faltungsprozeß beginnt. Eine wesentliche Interndeformation durch oder während der Faltung scheint nicht mehr stattzufinden, ehe mit dem Einsetzen der Schieferung eine neue Form der tektonischen Deformation beginnt. Dieser Zustand wird jedoch in den Steinkohlenlagerstätten Nordrhein-Westfalens fast nirgends erreicht; lediglich aus extrem gefalteten Bereichen des Wurmreviers erwähnt BREDDIN (1956) das Auftreten von Schieferung. Im einzelnen bedarf die Frage der materialinternen Deformation der Gesteine im Subvariscikum noch näherer Untersuchungen, unter anderem auch in Beziehung zur faltentektonischen Deformation.

5.2.3 Zur Frage der Autochthonie oder Allochthonie des Subvariscikums

Von BRIX et al. (1988) wird die Frage untersucht, ob das Ruhrkarbon als Teilbereich des subvariscischen Vorlandes des Variscischen Orogens sich in einer autochthonen oder allochthonen Position befindet. In der neueren Literatur (z. B. BANKS & WARBURTON 1986, BOYER & ELLIOTT 1982, VANN & GRAHAM & HAYWARD 1986) werden häufig allochthone Modelle für Orogenvorländer favoritisiert. Auch für das Ruhrkarbon wurde die Möglichkeit eines mindestens regional wirksamen Abscherhorizontes diskutiert (z. B. HOEPPENER & BRIX & VOLLBRECHT 1983). Da ein solcher regionaler Abscherhorizont („detachment“) nirgends unmittelbar aufgeschlossen ist, müßte seine Existenz im tieferen Untergrund indirekt aus geologischen und tektonischen Erscheinungsformen abgeleitet werden, die für allochthone Vorländer diagnostisch sind. Lithologische Einheiten, die sich als Bewegungsbahnen für eine regionale Abscherung des Subvariscikums zwingend anbieten würden, sind im Untergrund des Ruhrkarbons und seiner Umgebung nicht bekannt. Hinweise auf evaporitische Lagen, wie sie zum Beispiel im Devon und Unterkarbon Belgiens auftreten, fehlen im rechtsrheinischen Schiefergebirge. Auch die altpaläozoischen Schwarzschiefer, die in den Kernen der großen Antiklinorien des Rheinischen Schiefergebirges auftreten, sind derartig in die variscische Faltung einbezogen, daß sie nicht als deren basaler Abscherhorizont betrachtet werden können. Abrupte Fazieswechsel quer zum Streichen des Gebirges, die Ausdruck einer Deckenstirn sein könnten, treten in den der Beobachtung zugänglichen Teilen des Paläozoikums nördlich und südlich des Ruhrkarbons nicht auf. Ebenso spricht die regionale Entwicklung der Inkohlungsverhältnisse eher gegen die Annahme einer allochthonen Position des Ruhrkarbons beziehungsweise des subvariscischen

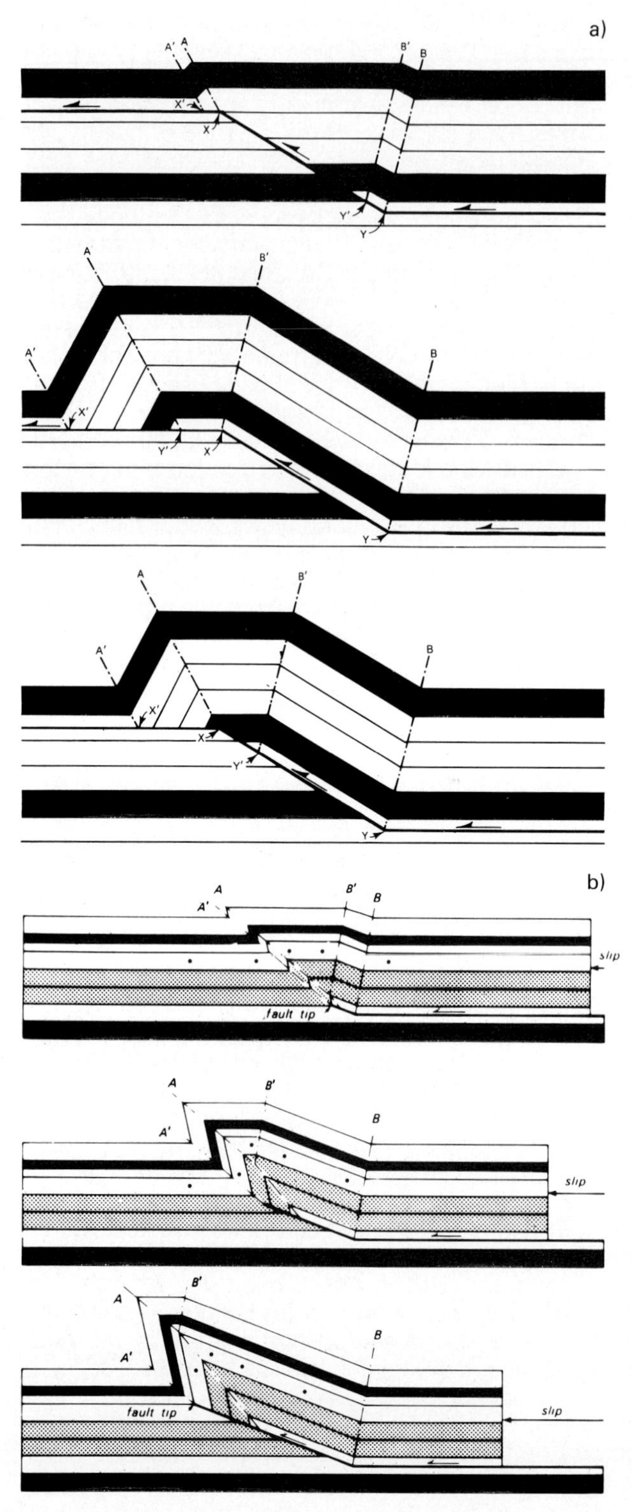

Abb. 68

Entwicklung von „fault-bend folds" (a) und „fault-propagation folds" (b) nach SUPPE (1983)

Vorlandes (vgl. M. TEICHMÜLLER & R. TEICHMÜLLER 1986).

Auch die Ausbildung der Überschiebungen gibt keine Anhaltspunkte dafür, daß sich das Ruhrkarbon im Hangenden eines regional wirksamen, basalen Abscherhorizontes befinden könnte: Das von HOEPPENER & BRIX & VOLLBRECHT (1983) dargelegte Konzept ist nicht haltbar, nach dem die Hauptsättel des Ruhrkarbons durch listrisch nach Süden einfallende Überschiebungen induziert sein sollen, die zur Tiefe hin in eine gemeinsame Scherfläche einmünden. Auch eine Deutung der Hauptsättel des Ruhrkarbons als „fault-bend folds" beziehungsweise „fault-propagation folds" im Sinne von SUPPE (1983), BUTLER (1982) und RICH (1934) scheint nach den vorliegenden Daten nicht möglich zu sein (Abb. 68). Zum einen verlaufen die großen Überschiebungen nicht im Kern der Hauptsättel, die sich nach dem genannten Modell in ihrem Hangenden aufwölben sollen, sondern auf deren Flanken. Ferner ist die Liegendscholle der Überschiebungen keineswegs ungefaltet, wie es zu erwarten wäre, sondern wurde in völlig analoger Weise in die Faltung ein-

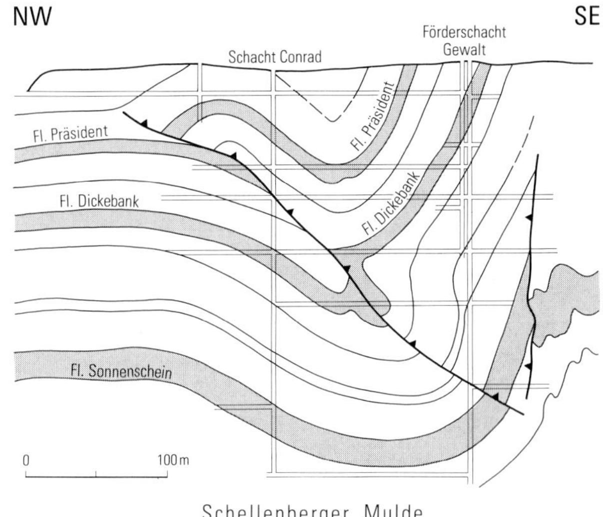

Abb. 69
Überschiebung im Grubenfeld Gewalt (Essen) mit „fault-propagation fold“ im Hangenden. Die Überschiebung läuft zur Tiefe hin jedoch antithetisch zur Schichtung aus.

bezogen wie die Hangendscholle. Es ist geradezu die Regel, daß sich im Ruhrkarbon die Faltenachsen im Querschnitt über die Überschiebungen hinweg fortsetzen. Ganz vereinzelt zu beobachtende Abweichungen von dieser Regel (z. B. Auslaufen des Constantin-Deckels, Drozdzewski 1980 b: Taf. 3, Schnitt 15) spielen für das Gesamtbild keine Rolle.

In kleintektonischem Maßstab sind derartige Falten, die von Überschiebungen induziert wurden, aber durchaus vorhanden. Innerhalb der Schellenberger Mulde (einer Teilmulde der Bochumer Hauptmulde) existiert im Grubenfeld „Gewalt“ im Süden von Essen eine nordvergente Überschiebung, die zum Hangenden hin nachweislich ausläuft. Über dem oberen Ende dieser Überschiebung wölbt sich ein Spezialsattel auf, der als „fault-propagation fold“ aufgefaßt werden kann (Abb. 69). Aber auch diese Überschiebung läuft zur Tiefe hin rasch aus, wobei sie antithetisch in Form eines „Deckels“ in die steile Nordflanke des Sattels von Gottfried Wilhelm hineinläuft. Eine Beziehung zwischen der Ausbildung des Spezialsattels im Hangenden der auslaufenden Überschiebung und einer basalen Abscherung als Wurzelzone, wie sie das Modell von Suppe (1983) suggeriert, läßt sich somit auch aus diesem, für das Subvariscikum eher als Ausnahmefall zu betrachtenden Beispiel nicht herleiten.

Die Untersuchungen zur Stockwerktektonik des Ruhrkarbons haben gezeigt, daß sich die klare Gliederung in Hauptsättel und -mulden, die für die höheren tektonischen Stockwerke bestimmend ist, in der Tiefe verliert, und örtlich sogar eine Umkehr der Strukturen zu beobachten ist (s. Kap. 5.1). Schon von daher ist eine Induzierung der Hauptsättel durch große Überschiebungen auszuschließen.

Die nur geringe Nordvergenz des Ruhrkarbons, die sich auch im zahlenmäßigen Verhältnis nordvergenter zu südvergenten Überschiebungen von ca. 60 : 40 widerspiegelt, deutet ebenfalls nicht auf eine Induzierung der Faltung durch südfallende Überschiebungen hin.

Wie die Aufschlüsse in den tieferen tektonischen Stockwerken des Ruhrkarbons zeigen, münden die Überschiebungen auch keineswegs in eine gemeinsame Abscherbahn ein. Ebenso wie zum Hangenden hin laufen die Überschiebungen zur Tiefe hin „blind“ aus. Dieses wird sehr deutlich bei der Betrachtung von strukturell tiefen Aufschlüssen am Südrand des Ruhrkarbons, wo vom Verwurf her nur noch unbedeutende Überschiebungen auftreten, die als Wurzeln größerer Überschiebungen der erodierten höheren Stockwerke interpretiert werden können

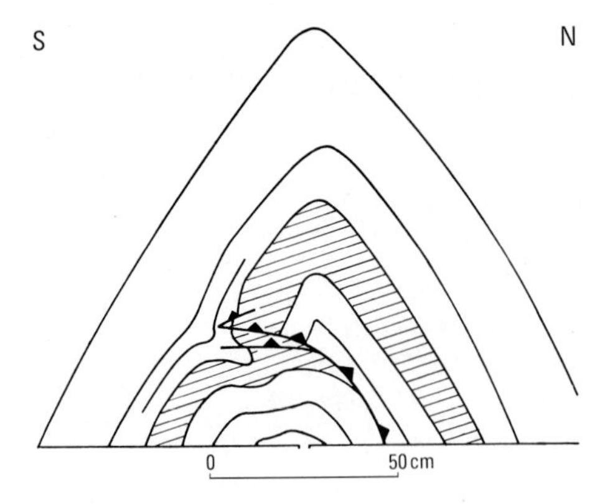

Abb. 70

Hangender Auslaufbereich einer Überschiebung in der Zeche Tremonia, Dortmund. Die Störung endet antithetisch zur Schichtung und mündet nicht in diese ein.

(Abb. 40, S. 84). Noch weiter südlich, das heißt in strukturell wie stratigraphisch noch tieferen Bereichen, treten am Südrand des Ruhrkarbons bezeichnenderweise überhaupt keine kartierbaren Überschiebungen mit großer Erstreckung mehr auf. Weder eine langdurchhaltende „Esborner Überschiebung" noch andere, in älteren Kartenwerken verzeichnete Überschiebungen (z. B. STAHL 1949, 1950, 1952) konnten bestätigt werden (vgl. FUCHS & KRUSCH 1911: 58, PATTEISKY 1959: Abb. 6).

Die Wurzelzonen der Überschiebungen liegen vielmehr in zum Teil sehr unterschiedlichen stratigraphischen Niveaus. Sie sind häufig auch antithetisch zur Schichtung ausgebildet und münden nicht in Schichtflächen ein. Auch von daher können die Überschiebungen nicht als „offsplays" einer basalen Abscherfläche aufgefaßt werden. Auch zum Hangenden hin laufen viele Überschiebungen nicht in Schichtflächen aus, die sich als „flats" zwischen rampenartigen Überschiebungen interpretieren ließen. Abbildung 70 zeigt das Beispiel einer Überschiebung, die im Bereich der Zeche Tremonia in Dortmund aufgeschlossen ist. Diese Störung läuft zum Hangenden hin aus, ohne in die Schichtung einzumünden. Im Ruhrkarbon ist ferner dort, wo Überschiebungen im Streichen en-échelon-artig verspringen, keineswegs generell eine gemeinsame „sole fault" entwickelt, wie sie DAHLSTROM (1970) für solche Fälle fordert. In einigen Fällen treten zwar Übergangszonen zwischen Überschiebungen auf, die auf den ersten Blick dem DAHLSTROMschen Modell entsprechen beziehungsweise sich auch als „Duplex"-Strukturen im Sinne von BOYER & ELLIOTT (1982) interpretieren lassen. So werden derartige Erscheinungen von

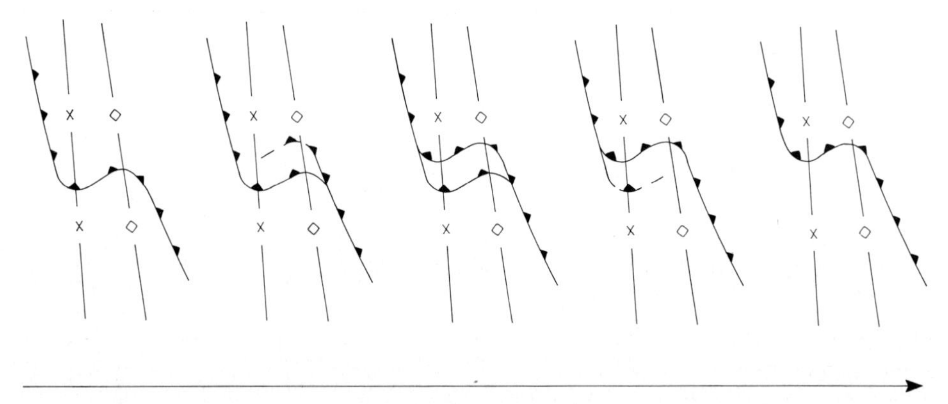

Abb. 71 Streichende Ablösung von fiedrigen Störungsästen an einer „mitgefalteten" Überschiebung (nach DROZDZEWSKI et al. 1985; vgl. Abb. 51 a, S. 95). In der Mitte bildet sich eine „Duplex"-artige Struktur aus.

DROZDZEWSKI & HEWIG & VIETH-REDEMANN (1985) von der St.-Johannes-Überschiebung im Auguste-Victoria-Sattel beschrieben (Abb. 71). Auch die Verhältnisse an der Weseler-Berge-Überschiebung, die FLACHE (1985) beschreibt, deuten in diese Richtung oder das örtliche Auftreten eines zweiten Astes an der Sutan-Überschiebung (DROZDZEWSKI 1980 b: 58; s. auch Abb. 51, S. 95). Alle diese Fälle sind jedoch von nur lokaler Bedeutung. Sie treten auffälligerweise ausschließlich in den abschiebenden Teilästen mitgefalteter Überschiebungen auf und deuten in keiner Weise auf eine großräumige Ablösung der Hangendscholle hin. Im Gegenteil ist auch in diesen Fällen die völlig konforme Faltung von Hangend- und Liegendscholle der Überschiebungen bemerkenswert.

In der Mehrzahl der beobachteten Fälle wechselseitiger Ablösung von Überschiebungen im Streichen ist dagegen eine unmittelbare Verbindung zwischen den Störungen nicht festzustellen: zum Beispiel Gladbecker Überschiebung/ Auguste-Victoria-Überschiebung (DROZDZEWSKI 1980 b), Sutan-Überschiebung/Ahlener Überschiebung (KUNZ & WREDE 1988), Waltroper Überschiebungssystem (KUNZ 1980). Daß derartige wechselseitige Ablösungen von Falten durch Überschiebungen im Streichen sehr rasch geschehen können, zeigte zum Beispiel ein Aufschluß im Kohlenkalk (Unteres Visé) bei Walhorn im belgisch-deutschen Grenzgebiet (Abb. 72).

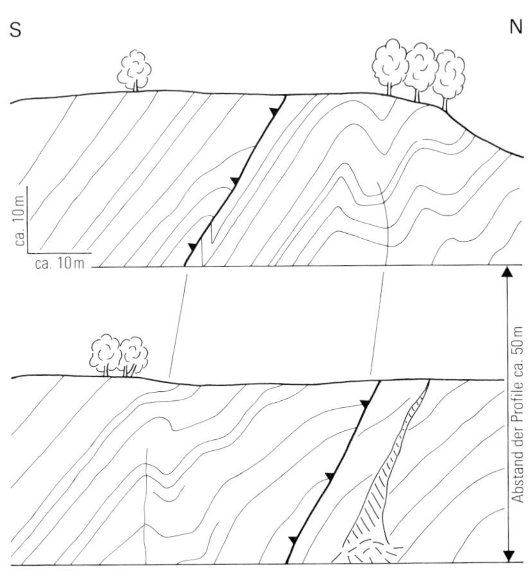

Abb. 72
Wechselseitige Ablösung von Falten und Überschiebungen im Kohlenkalk (Steinbruch Walhorn bei Eupen, Belgien)

Bewegungs- beziehungsweise Störungsbilder, wie sie WEBER (1978) für das südlich angrenzende Rhenoherzynikum beschreibt, fehlen im Ruhrkarbon völlig: Weder ist eine Bindung der großen Überschiebungen an überkippte Nordschenkel von Antiklinorien festzustellen, wie er sie für den Ostsauerländer Hauptsattel darstellt, noch gibt es Hinweise auf Überschiebungen, die einen bereits vorhandenen Faltenbau durchschnitten hätten. Die lokal zu beobachtenden Gegenvergenzen im Hangenden einiger großer Überschiebungen (z. B. Wittekind-Mulde im Donar-Querschlag; Abb. 73) lassen sich sicher nicht als passiv rotierte Strukturen deuten, wie sie WEBER im Hangenden der Siegener Hauptüberschiebung beschrieben hat. Bei solchen „backthrust"-artigen Störungskonfigurationen ist sicherlich auch an eine den Fischschwanz-Strukturen ähnliche Mechanik zu denken. Die schon erwähnte Regel, nach der sich im Ruhrkarbon die Faltenachsen im Hangenden und Liegenden der Überschiebungen generell entsprechen, schließt vielmehr eine nennenswerte Überschiebungstätigkeit nach der Faltung ebenso aus, wie die nachweisbaren engen genetischen Beziehungen von Faltung und Überschiebungstektonik (Kap. 5.2.1).

Auch eine Betrachtung der streichenden Fortsetzung der Falten-Überschiebungszone des Ruhrkarbons nach Westen zu spricht eher gegen ein Einmünden der großen Überschiebungen in einen basalen Abscherhorizont: Die von MICHELAU (1962) vorgelegte Kartendarstellung der Überschiebungen im Ruhrrevier und Aachener Revier läßt zunächst vermuten, daß hier eine durchgängige Zone von Abscherbahnen vorliegt, die lediglich durch die mit jungen Sedimenten gefüllte Niederrheinische Bucht an der Erdoberfläche unterbrochen wird. Eine genauere Analyse der Fortsetzung der Aachener Überschiebung nach Osten beziehungsweise der westlichen Verlängerung der Überschiebungen des Ruhrkarbons im Velberter Sattel, die unter anderem durch die neuen Tiefbohraufschlüsse in der Niederrheinischen Bucht angeregt wurde (WREDE 1985 b), zeigt jedoch, daß die Überschiebungen zumindest im devonischen Stockwerk nicht unmittelbar zusammenhängen. Das Verwurfsmaß der Überschiebungen nimmt zur Teufe hin ab, so daß innerhalb der Devon-Schichten des Velberter Sattels keine nennenswerte Überschiebungstektonik mehr feststellbar ist, die eine klare Verbindung zwischen den rechtsrheinisch und linksrheinisch im Oberkarbon aufgeschlossenen Störungen erlaubte. Man befindet sich hier vielmehr unter der Wurzelzone dieser Überschiebungen, die also nur einen begrenzten Tiefgang erreichen. Eine ähnliche Entwicklung läßt sich auch am Westrand des Aachener Reviers ausmachen, wo sich analog zur axialen Heraushebung der Strukturen die Verwurfsbeträge an der Aachener und Venn-Überschiebung deutlich verringern, zum Teil bis zum völligen Verschwinden der Störungen. So ist der Verwurf der Venn-Überschiebung südlich von Rott im Bereich der Achsenkulmination des Venn-Sattels so unbedeutend geworden, daß sie sich dort kartiertechnisch nicht mehr nachweisen läßt (KNAPP 1980). Wie auch neuere Explorationsergebnisse bestätigt haben, nimmt der stratigraphische Verwurf der Aachener Überschiebung von ca. 1 400 m am Ravelsberg bei Aachen (HERBST 1962 b) bis ins Geultal im belgisch-niederländischen Grenzgebiet auf maximal einige hundert Meter ab (VERHOOGEN 1935). Zusätzlich spaltet die Überschiebung dort zur Tiefe hin in mehrere Äste auf. Andererseits wird für die Aachener Überschiebung vor allem aufgrund reflexionsseismischer Untersuchungen die Fortsetzung in einen in ca. 4 000 m Tiefe gelegenen Abscher-

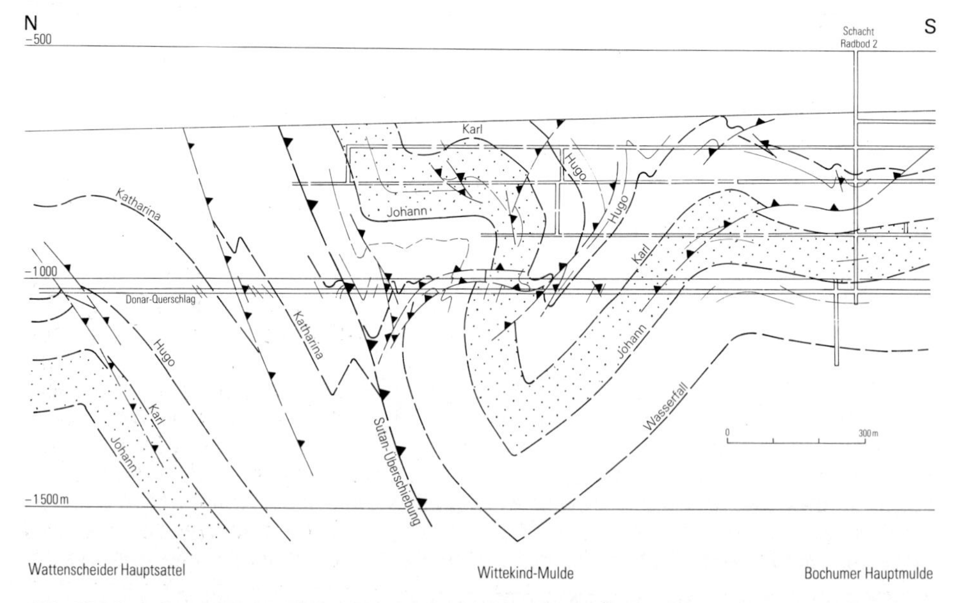

Abb. 73 Südvergente Spezialfaltung im Hangenden der Sutan-Überschiebung im Donar-Querschlag der Zeche Radbod, Hamm (nach KUNZ & WREDE 1988: Taf. 16)

Abb. 74

Schematische Darstellung der autochthonen Position des Ruhrkarbons (aus Brix et al. 1988)

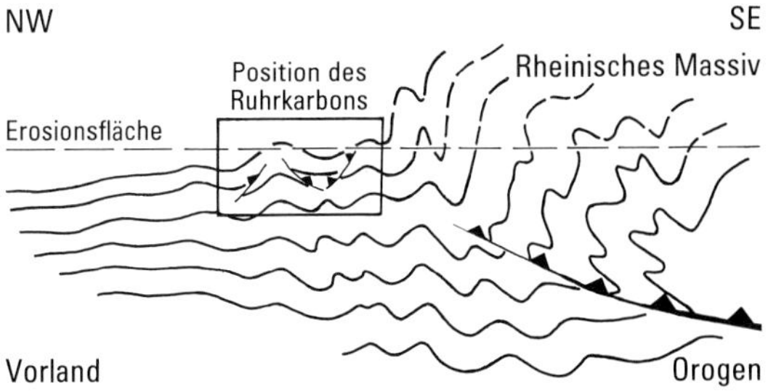

NW
SE
Position des Ruhrkarbons
Rheinisches Massiv
Erosionsfläche
Vorland
Orogen

horizont und damit eine allochthone Stellung des Venn-Massivs kontrovers diskutiert (Bless et al. 1980, Meissner & Bartelsen & Murawski 1981, Durst 1985, Wrede & Zeller 1988, Bless & Bouckaert & Paproth 1989, Wrede 1991, Wrede & Drozdzewski & Dvořak 1993).

Auch an den großen Überschiebungen des Ruhrkarbons läßt sich – wie schon geschildert wurde – eine Abnahme des Verwurfs und ein Auslaufen der Störungen zur Tiefe hin feststellen (vgl. Abb. 58, S. 100, sowie Kunz 1980: Abb. 3, 4, 6, 7, 10).

Faßt man die aufgeführten Argumente und Überlegungen zusammen, so fehlen den Überschiebungen des Subvariscikums alle Merkmale, die auf die Existenz eines basalen Abscherhorizontes im tieferen Untergrund hinweisen. Das Subvariscikum in Nordwestdeutschland läßt sich daher als autochthoner Vorlandbereich interpretieren, der noch vor der Stirn eines im Untergrund des Variscischen Orogens möglicherweise verborgenen Abscherhorizontes liegt (Abb. 74; Brix et al. 1988). Dieses hier für das rechtsrheinische Subvariscikum begründete Modell steht zum Teil in deutlichem Gegensatz zu Vorlandmodellen, wie sie für andere Orogenaußenränder entwickelt wurden (Dahlstrom 1970, Boyer & Elliott 1982, Davis & Suppe & Dahlen 1983, Banks & Warburton 1986, Morley 1986, Price 1986, Vann & Graham & Hayward 1986). Dieses Modell wird auch im wesentlichen bestätigt durch die Ergebnisse des tiefenseismischen Profils DEKORP 2N (s. Kap. 5.3), das ein Querprofil durch die Rhenoherzynische und Subvariscische Zone im Sauerland und Ruhrkarbon abbildet (DEKORP Research Group 1990).

Der dort untersuchte Abschnitt des Subvariscikums unterscheidet sich – wie schon im Zusammenhang mit der Beschreibung des Aachener Reviers angedeutet wurde – deutlich vom westeuropäischen Abschnitt des variscischen Vorlandes. Dieser wird von starker Faltung mit einem steilen Einengungsgradienten und vor allem einer bedeutenden Überschiebungs- bis Deckentektonik beherrscht, der insbesondere für den Nordrand der belgisch-französischen Ardennen kennzeichnend ist. Die Überschiebungen des Aachener Raumes stellen die östlichen Ausläufer dieser Störungen dar. Rechtsrheinisch fehlt diese ausgeprägte Überschiebungszone völlig, und es gibt zumindest im erkundbaren Niveau keine Hinweise auf großräumige Abscherungen oder einen Deckenbau. Die Faltung klingt vielmehr ganz allmählich nach Norden hin aus.

Wie bereits erläutert wurde, dürfte die Ursache für diesen gravierenden Unterschied im Baustil der Orogenfront darin liegen, daß linksrheinisch der kaledonisch konsolidierte Block des Brabanter Massivs den Fortgang der Orogenfront blokkierte, während rechtsrheinisch ein solches Massiv im oberflächennahen Untergrund fehlt. Dieser Umstand sollte bei der Diskussion über die Allochthonie und Autochthonie von Orogenvorländern berücksichtigt werden. Auch für die Frage nach der Fortsetzung der variscischen Front nach Osten könnte dieser Gedanke bedeutsam sein: Nach Hoffmann (1990), Hoffmann & Lindert (1992) sowie G. Katzung (Univ. Greifswald, mdl. Mitt. 1991) gibt es Anzeichen dafür, daß sich im Untergrund Ostdeutschlands am Südwest- beziehungsweise Südrand des dort vermuteten „Ostelbischen“ beziehungsweise „Norddeutschen Massivs“ wieder ähnliche Verhältnisse wie im Aachener Raum einstellen könnten. Insbesondere ist in den dortigen Bohrungen eine starke Zunahme der Faltungs- und Überschiebungstektonik zu beobachten. Auch ist der Raum, der zwischen der Mitteldeutschen Kristallinzone und dem prävariscischen Vorland für das Subvariscikum und Rhenoherzynikum vorhanden ist, deutlich schmaler als weiter westlich. Andererseits ist aber auch eine generelle Abnahme der Faltungsintensität in nordöstlicher Richtung gegen die russische Tafel hin nicht auszuschließen.

5.3 Zur Krustenstruktur der variscischen Front

Seit 1983 wird ein tiefenreflexionsseismisches Programm zur Erforschung der Erdkruste der Bundesrepublik Deutschland durchgeführt: DEKORP (Deutsches Kontinentales Reflexionsseismisches Programm). Ähnliche nationale Programme existieren in Westeuropa und Übersee, wie ECORS (Études Continentales et Océanographiques par Réflexion et Réfraction Sismique) in Frankreich, BIRPS (British Institutes Reflection Profiling Syndicate) in Großbritannien, NFP 20 (Nationales Forschungsprogramm 20) in der Schweiz, BELCORP (Belgian Continental Reflection Programme) in Belgien und COCORP (Consortium for Continental Reflection Profiling) in den USA.

Ziel von DEKORP ist es, ein großräumiges Netzwerk von reflexionsseismischen Linien vor allem in den Mittelgebirgen zu vermessen, wo bisher nur wenige Tiefendaten dieser Art vorliegen, da diese Räume hinsichtlich der Kohlenwasserstoffprospektion bislang kaum interessant waren (Reichert 1988). Die Ergebnisse solcher tiefenseismischen Vermessungen stellen einen wertvollen Beitrag zum Verständnis besonders der variscischen Gebirgsbildung und der mit ihr verbundenen Lagerstätten dar. Bisher wurden zwei tiefenseismische Querprofile durch das Rhenoherzynikum und Subvariscikum vermessen: rechtsrheinisch DEKORP 2N und linksrheinisch DEKORP 1. Zusätzlich wurde im Münsterländer Kreide-Bekken von DEKORP 2N aus das kurze Längsprofil DEKORP 2N-Q bis zur Bohrung Versmold 1 vermessen.

In diesem Kapitel soll vor allem das seismische Querprofil DEKORP 2N im Hinblick auf die Krustenstruktur der variscischen Front und die sich daraus ergebenden Konsequenzen für das Subvariscikum betrachtet werden. Wegen der hohen Qualität der Reflexionen des tiefenseismischen Profils DEKORP 2N liegt der Schwerpunkt der Betrachtung auf diesem Profil des DEKORP-Programms.

5.3.1 Zur Natur der Tiefenreflexionen

Die besten Informationen über die Natur der Reflektoren liegen heute aus den Explorationsgebieten des Ruhrreviers vor (s. Kap. 2.1). Das Ruhrkarbon ist nicht nur intensiv reflexionsseismisch untersucht worden, sondern bietet aufgrund umfangreicher Bohrtätigkeit und bergmännischer Aufschlußtätigkeit die Möglichkeit, das seismische Bild mit der geologischen Struktur vergleichen zu können. Wie schon im Kapitel 2.1 näher ausgeführt, werden die besten seismischen Ergebnisse dort erzielt, wo flache bis wenig geneigte Lagerung der Schichten vorherrscht. In Bereichen mit stärkerer Schichtneigung von über 40° oder intensiver Faltung sind seismische Profile arm an Reflektoren oder weisen Phantomhorizonte auf. Der nördliche Teil der Profile DEKORP 2N bildet daher unter den flachen Oberkreide-Schichten vorzüglich die breiten trogförmigen Hauptmulden des Subvaris-

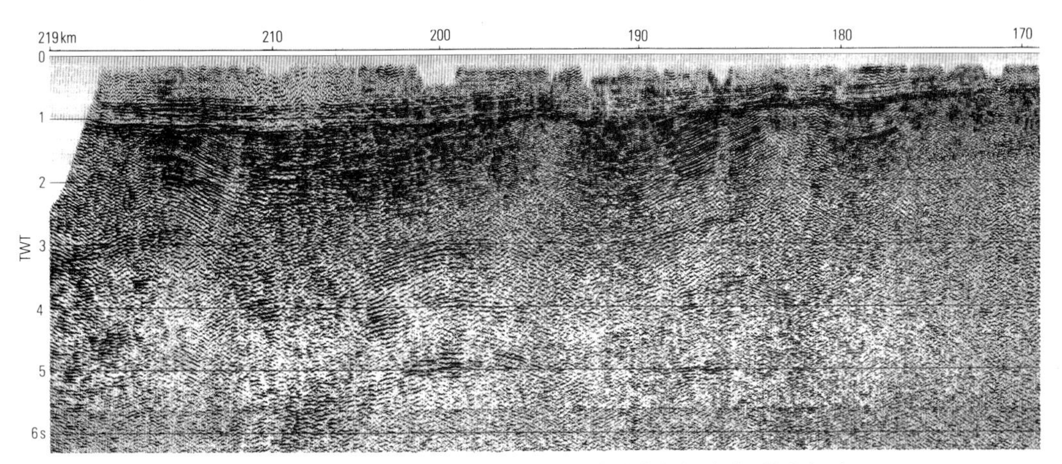

Abb. 75 Nordteil des reflexionsseismischen Profils DEKORP 2N durch das Ruhrbecken

cikums ab, während die engen, spezialgefalteten Hauptsättel dazwischen reflexionsfrei sind und wie Salzstöcke erscheinen (Abb. 75). Weder Überschiebungen noch Abschiebungen sind im Ruhrkarbon reflektiv. Störungen können daher in seismischen Profilen in aller Regel lediglich am Aussetzen oder Versetzen der Reflexionshorizonte erkannt werden.

Für die Auffassung, seismische Reflektoren überwiegend auf die Schichtung und lithologische Einheiten zu beziehen, gibt es zusätzlich zu den Erfahrungen aus der Steinkohlenexploration Hinweise aus den tiefenseismischen Profilen selbst. Im Bereich der Bohrungen Münsterland 1 (DEKORP 2N) und Versmold 1 (DEKORP 2N-Q) zeichnet sich der in beiden Aufschlüssen erbohrte devonische Massenkalk durch mehr oder weniger schmale und kräftige Reflektoren aus (vgl. DEKORP Research Group 1990: Abb. 13 und MEISSNER & BORTFELD 1990). Diese Reflektoren sind durchaus mit Reflektoren aus der Mittel- oder Unterkruste vergleichbar, die dort bevorzugt als Überschiebungen gedeutet werden (DEKORP Research Group 1990). Gegen eine Interpretation als Überschiebungen oder Deckenbahnen spricht jedoch die Tatsache, daß ebenso wie im sedimentären Stockwerk im kristallinen Stockwerk Überschiebungen oft nur meter- bis zehnermeterbreite Störungszonen darstellen, die auch bei einer Umkristallisation der Mylonite wegen der geringen Mächtigkeit von der Reflektionsseismik nicht erfaßt werden können. Ein besonders instruktives Beispiel für Überschiebungstektonik bietet das seismische Profil DEKORP 2N von Kilometer 80 – 112 (Abb. 77, S. 125). Kräftige Reflektoren am Top der Unterkruste zwischen 5 und 6 s TWT (doppelte Schallaufzeit) sind durch mehrere südfallende Überschiebungen versetzt, ohne daß diese seismisch abgebildet werden. Ohne die Möglichkeit ausschließen zu wollen, daß im Einzelfalle Reflektoren in den genannten DEKORP-Profilen auch auf Überschiebungen zurückzuführen sind, wird in der vorliegenden Untersuchung davon ausgegangen, daß die seismischen Reflektoren vorwiegend lithologische und rheologische Unterschiede in der Erdkruste abbilden. Diese Auffassung wird auch durch reflexionsseismische Untersuchungen in den Schweizer Alpen und im Südwesten der USA (LITAK et al. 1991) gestützt.

5.3.2 Das seismische Profil DEKORP 2N

Das 220 km lange tiefenseismische Profil DEKORP 2N, daß vom Taunus östlich Frankfurt/Main bis zur Bohrung Münsterland 1 reicht, ist ein nahezu vollstän-

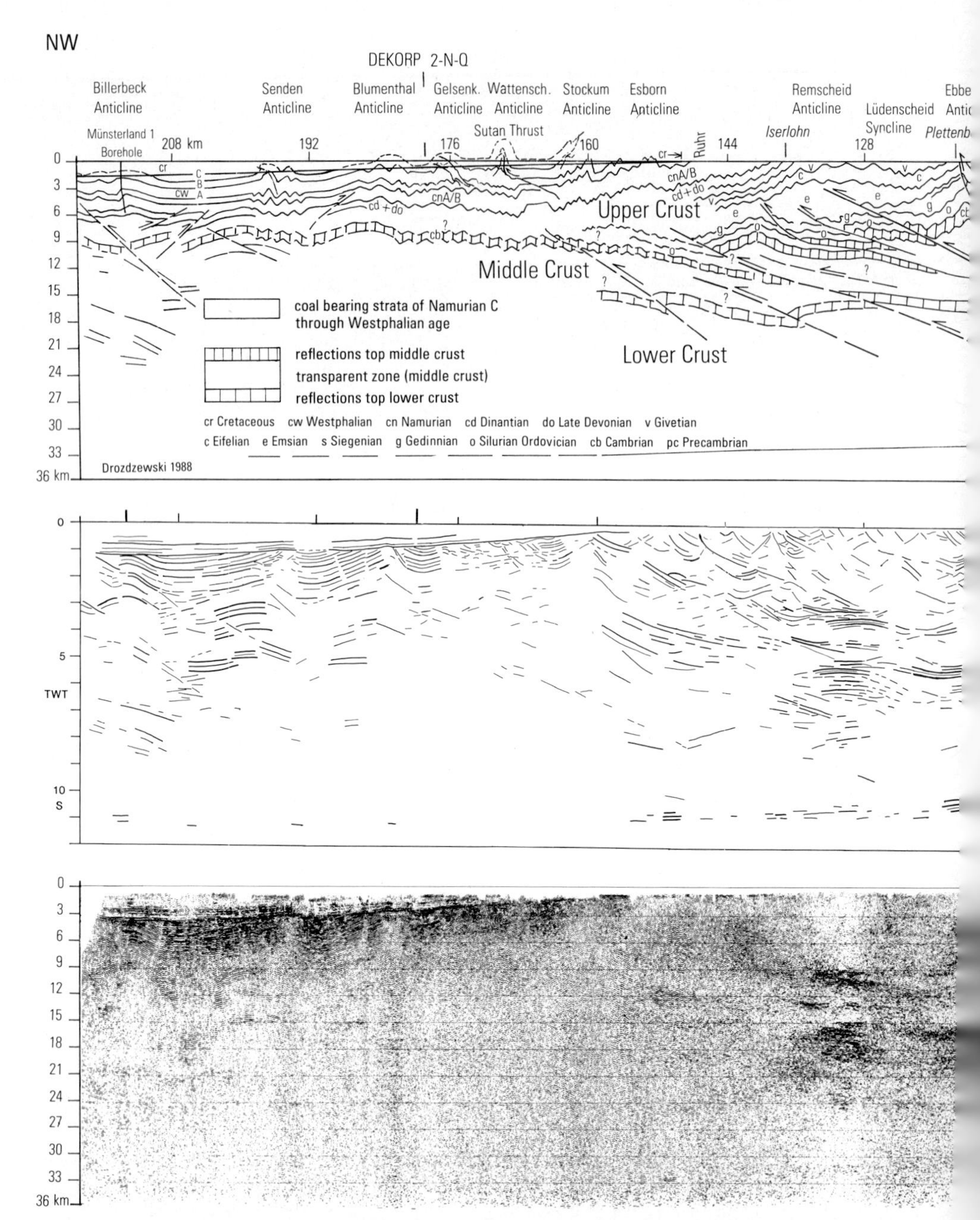

Abb. 76 Vereinfachter geologischer Querschnitt im Bereich des reflexionsseismischen Profils DEKORP 2N (a) mit einem line drawing (b) und einer koherenzgefilterten Migration der seismischen Linie (c)

diges Querprofil durch die rechtsrheinische Rhenoherzynische und Subvariscische Zone (s. DEKORP Research Group 1990). Das seismische Profil zeigt verschiedene deutliche Reflexionsmuster, die eine Gliederung der Erdkruste in drei Abschnitte erlauben:

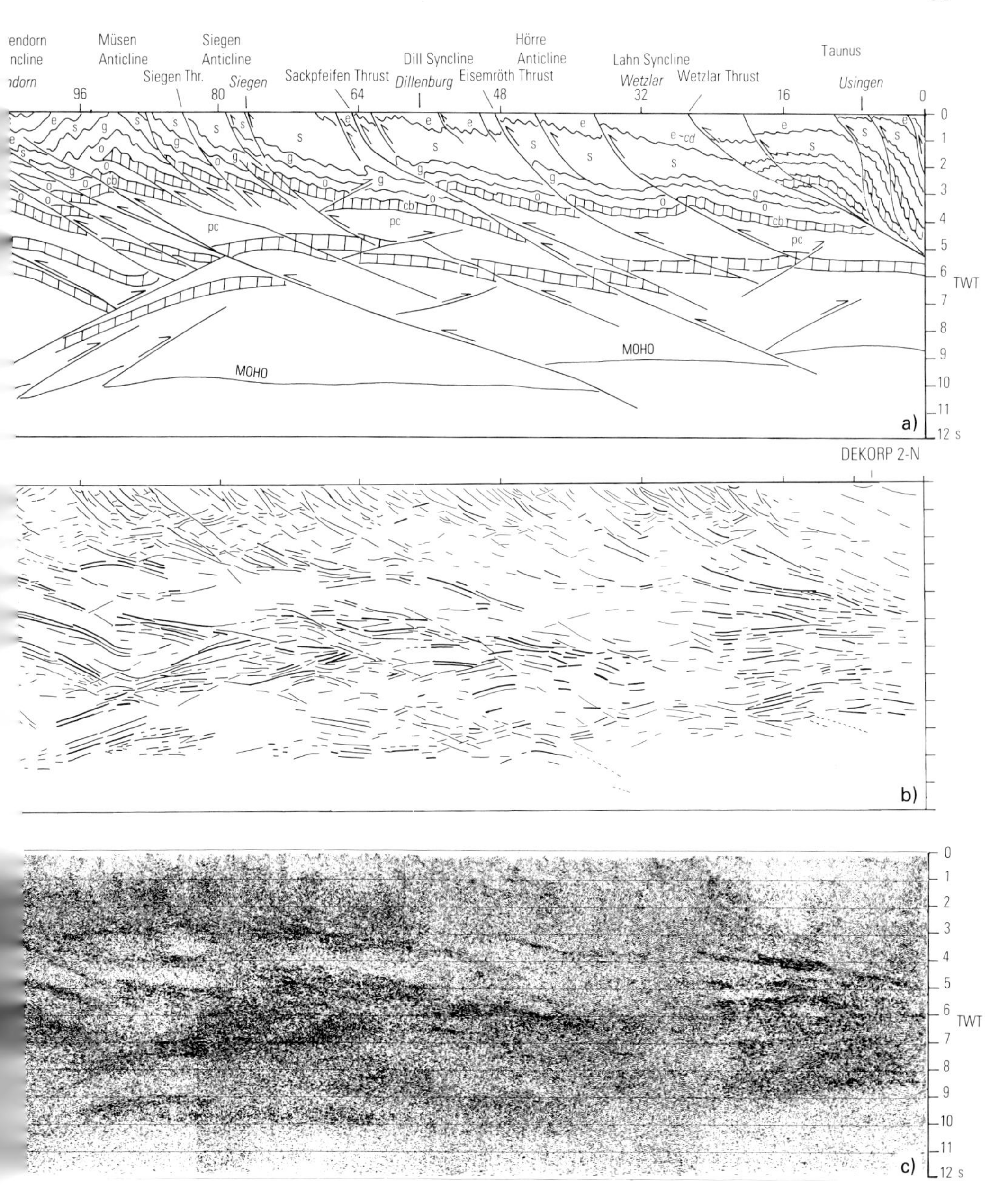

- Oberkruste (0 – 3 s TWT): hochreflektiv im nördlichen Teil der Subvariscischen Zone, weniger reflektiv in der Rhenoherzynischen Zone
- Mittelkruste (3 – 6 s TWT): transparente Zone mit kräftigen Reflektoren an der Unter- und Oberseite dieser Zone
- Unterkruste (unterhalb 6 s TWT): hochreflektiv in der Südhälfte des Profils bis ca. Kilometer 96, transparent in der anschließenden Nordhälfte

Es gibt derzeit zwei verschiedene geologische Interpretationen des seismischen Profils DEKORP 2N (DEKORP Research Group 1990). In dem einen Modell wird davon ausgegangen, daß die listrisch gekrümmten Reflektoren am Top der transparenten Mittelkruste wahrscheinlich die unteren Enden großer Überschiebungen des Rheinischen Schiefergebirges – wie die Eisemröther Überschiebung oder Siegener Hauptüberschiebung – darstellen. Die transparente Zone selbst wird als breite Abscherzone gedeutet, in die alle großen Überschiebungen der Oberkruste einmünden. In diesem nach Weber (1978) und Weber & Behr (1983) modifizierten Modell ist die gefaltete und überschobene Oberkruste von der starren Unterkruste abgeschert und nach Norden transportiert worden. Konsequenterweise werden nord- und südfallende Reflektoren der Unterkruste auf eine jüngere, bruchhafte Verformung durch reine Scherung zurückgeführt.

In einer alternativen Interpretation der Autoren werden die Verformungen der Ober- wie Unterkruste auf eine gemeinsame Deformation während der variscischen Orogenese zurückgeführt. Für diese Auffassung ergeben sich aus dem seismischen Profil DEKORP 2N mehrere bedeutsame Fakten: Faßt man die Reflektoren des Profils DEKORP 2N im wesentlichen als Schichtung auf, dann lassen sich die markanten Reflektorenbündel im Hangenden und im Liegenden der reflexionsarmen Zone der Mittelkruste lithologischen Abfolgen zuordnen, deren flachwelliger und verschuppter Großfaltenbau sich gut mit der Oberflächengeologie in Einklang bringen läßt (Abb. 76).

Altersmäßig könnte es sich bei dem Reflektorband am Top der transparenten Zone um kambrische bis präkambrische Sedimentgesteine – Wechsellagerungen von Quarziten und geschieferten Tonsteinen – handeln. Dies läßt sich aus der engen Strukturbeziehung dieses Reflektorbandes zu ordovizischen Gesteinen im Ebbe-Sattel schließen. Die transparente Zone könnte ebenfalls noch präkambrische Sedimentgesteine repräsentieren, während das darunter folgende kräftige Reflektorband am Top der Unterkruste möglicherweise das kristalline Basement darstellt. Beide Reflektorenbündel am Top und an der Basis der transparenten Zone in der Mittelkruste fallen überwiegend in die gleiche Richtung ein. Dies dürfte die Auffassung stützen, daß die Reflektoren auf lithologische Kontraste oder rheologische Grenzen zurückgehen und nicht auf tektonische Störungen.

Zwischen Taunus und Siegener Antiklinorium herrscht in der Ober- und Mittelkruste nordvergente Überschiebungstektonik vor bei flachwelligem Spezialfaltenbau mit im allgemeinen nach Süden einfallendem Faltenspiegel. Neben einer Reihe kleinerer Überschiebungen kommt der Sackpfeife-Überschiebung größere Bedeutung zu, da sie möglicherweise die gesamte Kruste durchzieht (Abb. 76). Im Müsener und Ebbe-Antiklinorium ist auch das hangende Reflektorenbündel der Mittelkruste sattelartig herausgehoben und durchsetzt von Überschiebungen, die ihren Ursprung teilweise in der Unterkruste haben.

Die reflektionsseismischen Profile DEKORP 2N wie auch DEKORP 1A und ECORS Nord de la France zeigen eine bedeutende Krustengrenze. Im Profil DEKORP 2N liegt unter dem Ebbe- und Müsener Sattel in der Unterkruste die Grenze zwischen der reflektiven variscischen Unterkruste im Süden und der transparenten prävariscischen Unterkruste des Brabanter Massivs im Norden. Letztere ist durch nord- und südfallende Überschiebungszonen keilförmig begrenzt. Im Profil DEKORP 1A ist eine vergleichbare Situation unterhalb des Venn-Sattels zu beobachten (DEKORP Research Group 1990).

Die nordfallende Überschiebungszone im Profil DEKORP 2N quert die gesamte Unterkruste. An ihrem oberen Ende sitzen mehrere südfallende Überschiebungen

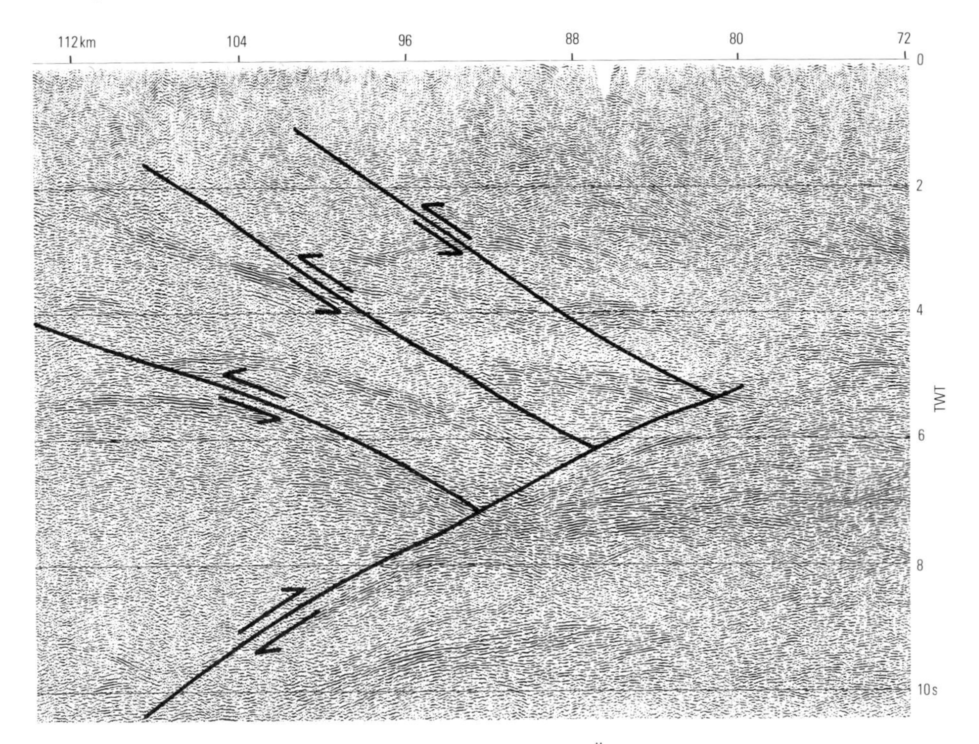

Abb. 77 Fischschwanz-Geometrie der großen nordfallenden Überschiebungszone in der Unterkruste und mehrerer südfallender Überschiebungen in der Oberkruste (Profil DEKORP 2N, Ausschnitt vom Nordrand des Rheinischen Schiefergebirges, vgl. Abb. 76)

auf, die nach Art von Rücküberschiebungen das Reflektorband am Top Unterkruste verschuppen (Abb. 77). Die meisten dieser Überschiebungen enden blind und laufen hauptsächlich in Schichten des Unterdevons aus. Nur die Ebbe-Überschiebung erreicht die Erdoberfläche. Die Verkürzung der blinden Überschiebungen wird schließlich in der Oberkruste durch Faltung und Heraushebung kompensiert. Bei diesen die gesamte Kruste durchziehenden, entgegengesetzt einfallenden Überschiebungsbahnen handelt es sich offensichtlich um die im Ruhrkarbon wohlbekannten Fischschwanz-Strukturen (s. S. 103). Da Überschiebungen in Fischschwanz-Strukturen Teile konjugierter Scherflächenpaare sind und in ihrer gesamten vertikalen Erstreckung auf orogene Einengung zurückzuführen sind, entstanden die betreffenden süd- und nordvergenten Überschiebungsäste gleichzeitig und haben sich gleichzeitig fortentwickelt. Auf die Wirkung dieser großen Überschiebungsstrukturen in der Unter- und Mittelkruste ist die starke Heraushebung stratigraphisch alter Schichten an der Erdoberfläche zurückzuführen. Letztlich wird an dieser kritischen Position innerhalb des Profils durch das Rheinische Schiefergebirge deutlich, daß während der variscischen Orogenese die gesamte Kruste durch Faltung und Scherung verkürzt wurde.

5.3.3 Zur Frage der Krustenmächtigkeit

Es ist den Autoren bewußt, daß das von ihnen aus den eindeutigen und gut belegten Aufschlüssen des Ruhrbergbaus entwickelte Modell eines autochthonen Orogenvorlandes für das Subvariscikum im Gegensatz steht zu den vielfach publizierten und begründeten Vorstellungen vorwiegend allochthoner, von mehr oder weniger weitreichenden Abscherungen bestimmter Vorlandtektonik. Derartige Anschauungen sind auch für die externe Zone der Varisciden Mitteleuropas verbreitet. Für dieses Gebiet basieren diese Modelle jedoch fast ausschließlich auf Analogieschlüssen, bei denen Vorstellungen oder Erkenntnisse aus anderen Orogenen auf das Variscikum übertragen wurden und auf der Interpretation einiger tiefenseismischer Profile, wie z. B. den DEKORP-Profilen 1A (von Winterfeld & Walter 1993) und 2N (Weber & Behr 1983; s. Kap. 5.3.2). Es hat sich jedoch mittlerweile immer wieder bestätigt, daß es nicht möglich ist, aus der Linienseismik allein geologisch eindeutige Aussagen abzuleiten. Dies gilt sowohl im kleinen Maßstab zum Beispiel bei der Steinkohlenexploration, wie auch im großen Maßstab, wie zum Beispiel die von der seismischen Prognose stark abweichenden Ergebnisse der KTB-Bohrung bei Windisch-Eschenbach gezeigt haben (vgl. z. B. Weber & Vollbrecht 1986 mit Emmermann 1990: 66 – 68). Gerade hier läßt der Nachweis einer nach dem Stand von Ende 1993 mindestens 8 km tiefen, steil einfallenden Flanke Zweifel an der Richtigkeit von Orogenmodellen aufkommen, die vorwiegend auf der Annahme von entlang flach einfallenden Bewegungsbahnen abgescherten und übereinander gestapelten Gebirgseinheiten beruhen.

Andererseits hat sich in dem fast lückenlos dreidimensional aufgeschlossenen Ruhrkarbon keines der Merkmale eindeutig belegen lassen, die als kennzeichnend für eine durch Abscherung bestimmte Vorlandtektonik angesehen werden (Brix et al. 1988).

Das zur Diskussion gestellte Modell des Subvariscikums als eines autochthonen Vorlandbereiches zwingt schon aus einfachen geometrischen Gründen heraus zu Überlegungen zur Entwicklung der Krustendicke im Bereich des Variscischen Orogens:

Geht man zunächst von einer präorogenen Normalmächtigkeit der Erdkruste von ca. 30 km aus, so muß sie sich im Bereich des Subvariscikums aufgrund der hier durchschnittlich ca. 30 % betragenden Krustenverkürzung (s. Kap. 5.2.2) während der Orogenese um rund 10 km verdickt haben. Für die weiter südlich gelegenen Teile des Variscikums werden bei Einengungsraten bis zu 50 % (Wunderlich 1966) sogar maximale Krustenmächtigkeiten bis zu 60 km angenommen (Gayer et al. 1993). Nach den vorliegenden geophysikalischen Daten ist eine Krustenverdickung im Bereich des Variscischen Orogens heute aber nicht (mehr) erkennbar. Daraus folgt, daß im Bereich des Subvariscikums rund 10 km Krustenmaterial syn- und postorogen abgetragen wurden. Wie sich aus der Abschätzung der ehemaligen Sedimentmächtigkeiten ebenso ergibt wie aus den Untersuchungen zur Inkohlung beziehungsweise Diagenese der heute anstehenden Gesteine, dürften hier Schichten in einer Mächtigkeit von rund 4 – 5 km an der Oberfläche erodiert worden sein (s. Kap. 3.3.1). Da das Variscische Orogen sich heute isostatisch im Gleichgewicht befindet (Giese 1978), muß in der Konsequenz auch eine subkrustale Erosion in maximal etwa der gleichen Größenordnung wie an der Oberfläche erwogen werden. Analog zu der synchron mit der Faltung stattfindenden Erosion an der Oberfläche wurde das Material im Grenzbereich Kruste/Mantel in dem Maße aufgeschmolzen, wie die Unterkruste tiefer in den Mantel eintauchte und dort aufgeheizt wurde. Ein Teil dieses Materials ist wohl vom Mantel absorbiert worden; der Hauptteil dürfte jedoch nach relativ kurzer Verweildauer im Mantel und einer durch die Mantelkonvektion bedingten lateralen Verlagerung in Form der mächtigen permo-karbonischen Vulkanite Mitteleuropas wieder ejiziert worden sein.

Dieser Vulkanismus erfolgte fast zeitgleich mit der Faltung der variscischen Externiden: Für diese muß ein Zeitraum während des Stefans angenommen werden, da sich das Westfal D noch in konkordantem Verband mit den unterlagernden Schichten befindet, andererseits im Ems-Gebiet das (?) höhere Stefan, zumindest aber das Rotliegend, diskordant auf ältere Westfal-Schichten übergreift (FABIAN 1971, HEDEMANN et al. 1984, STANCU-KRISTOFF & STEHN 1984). Daraus ergibt sich ein absolutes Alter für die Faltung der variscischen Externiden zwischen 290 und 305 Millionen Jahren (vgl. Tab. 2, S. 31). PLEIN (1990) gibt für die „Unter-Rotliegend"-Vulkanite des Norddeutschen Beckens abolute (K/Ar- bzw. ^{40}Ar/^{39}Ar-) Alter zwischen 288 und 300 Millionen Jahren an, die somit in das gleiche Zeitintervall fallen. Mit dieser Feststellung dokumentiert sich einmal mehr die Problematik der Karbon/Perm-Grenzziehung.

Die zeitlich wie räumlich den variscischen Einengungsvorgängen relativ eng benachbarte Nordwest – Südost und Nord – Süd orientierte Transtensionstektonik des Norddeutschen Beckens öffnete diesen Magmen Aufstiegswege, durch die es auf einer Fläche von mindestens rund 1,8 · 10^5 km^2 zur Abscheidung bis zu mehrere Kilometer mächtiger Effusiva und entsprechender Intrusiva kam (PLEIN 1978). Ein großer Teil dieser Gesteine kam im äußersten Externbereich oder ganz außerhalb des gefalteten Variscikums zur Ablagerung (Abb. 78). Durch diese Massenverlagerung wurde einerseits der Materialüberschuß im Wurzelbereich des Variscischen Orogens abgebaut und zugleich die durch die Extension des Norddeutschen Beckens entstandene dortige Verdünnung der Kruste zumindest partiell ausgeglichen.

Petrographisch werden die bei diesen Vorgängen geförderten Vulkanite in ihrer Hauptmenge als palingen remobilisiertes Krustenmaterial angesprochen (BENEK &

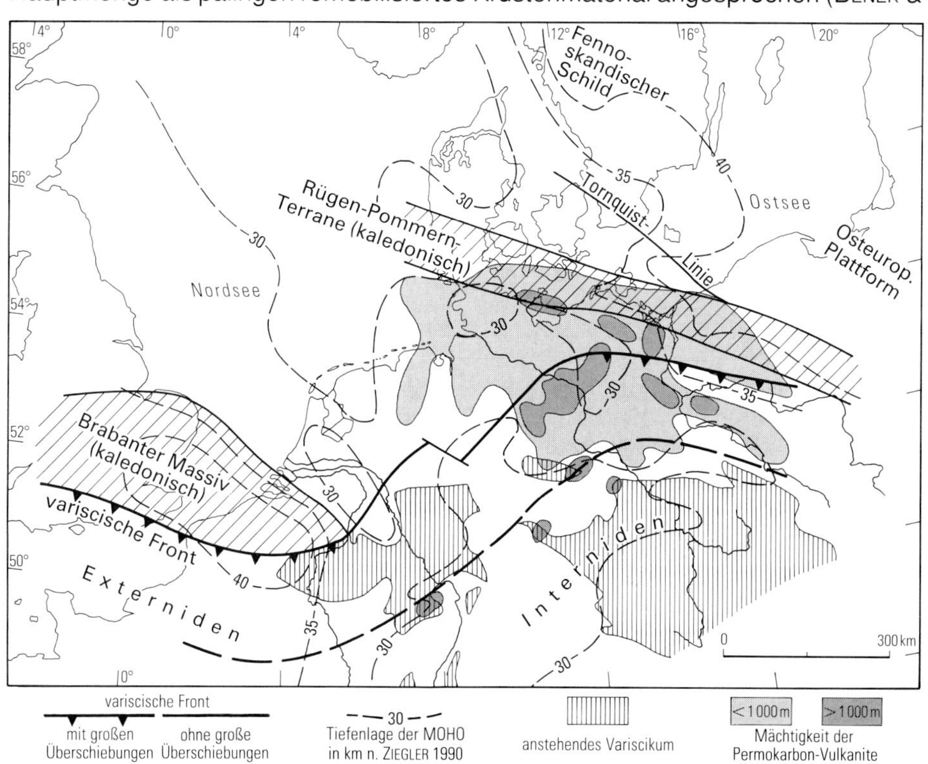

Abb. 78 Verbreitung der (Unter-)Rotliegend-Vulkanite in Mitteleuropa in Relation zum Variscischen Orogen und der heutigen Krustenmächtigkeit

KATZUNG & RÖLLIG 1976, HOFFMANN 1990). Während der Verweildauer des krustalen Materials im Einflußbereich des obersten Mantels und durch den Transport in Richtung Vorland kam es jedoch auch zu stofflichen Differenzierungen und Kontaminationen. Erst im Oberrotliegend wurde in den Randbereichen des Norddeutschen Beckens entlang tiefreichender Brüche auch reines Mantelmaterial in Form von Alkali-Olivin-Basalten gefördert (vgl. Kap. 5.4.5).

Auffallend ist die Konzentration der permokarbonen Magmatite im Frontbereich gerade der zentraleuropäischen Varisciden, das heißt in einem Abschnitt der variscischen Front, für den aufgrund der Aufschlüsse eine basale Abscherung am wenigsten wahrscheinlich ist. Dort, wo es im westlichen Europa aufgrund des Einflusses des vorgelagerten Brabanter Massivs nicht zur Ausbildung eines unbehindert nach Norden zu ausklingenden Orogenvorlandes kam (Kap. 4.3.3), fehlen diese Gesteine. Entsprechend ist südlich des Brabanter Massivs die heutige Kruste mit ca. 35 – 40 km deutlich mächtiger als im zentraleuropäischen Abschnitt der variscischen Front (P. A. ZIEGLER 1990: Taf. 9).

Tatsächlich aber dürfte die Kruste im Bereich des variscischen Vorlandes präorogen dünner gewesen sein als die angenommenen 30 km. Aufgrund der Rekonstruktion des Paläowärmeflusses beziehungsweise des geothermischen Gradienten berechneten M. TEICHMÜLLER & R. TEICHMÜLLER (1986) die oberkarbonische Krustendicke für das Subvariscikum auf lediglich 19 – 23 km. Eine Kruste von 23 km Mächtigkeit würde bei einer Verkürzung um 47 % zu einer postorogenen Mächtigkeit von 34 km führen. Rechnet man die syn- bis postorogene Oberflächenerosion von rund 4 km davon ab, ergäbe sich allein schon daraus die heutige Krustenmächtigkeit.

Es zeigt sich also, daß unter der Annahme realistisch erscheinender Prämissen – präorogene Krustenmächtigkeit um 25 – 30 km, orogene Einengung um 30 – 40 %, Oberflächenerosion von 4 – 5 km, subkrustale Erosion und teilweiser Transport der Schmelzprodukte ins Orogenvorland – die heutige, isostatisch ausgeglichene Krustenmächtigkeit der variscischen Externiden (Subvariscikum, Rhenoherzynikum) erklärt werden kann, ohne daß die Annahme einer großräumigen Abscherung zwingend erforderlich wäre.

Die Krustenstruktur der Interniden des Variscischen Gebirges (Saxothuringikum, Moldanubikum) unterscheidet sich deutlich von der der Externiden. Inwieweit die dort vorhandenen Intrusionen und permokarbonen Vulkanite (z. B. im Saar-Saale-Trog) auf ähnliche Mechanismen zurückgeführt werden können, kann hier nicht weiter erörtert werden. Gerade in jüngster Zeit ist jedoch auch für diese Bereiche spätvariscische Extensionstektonik in Verbindung mit subkrustalen Aufschmelzungen als Alternativmodell zu den rein von Überschiebungstektonik geprägten Vorstellungen des Orogenbaus vorgeschlagen worden (BEHR 1993).

Auf die magmatischen Erscheinungen innerhalb des Subvariscikums wird in Kapitel 5.4.5 noch einmal eingegangen.

5.4 Bruchtektonik

5.4.1 Die Streichrichtungen der Störungen im Bezug zur Faltung

Der tektonische Bau der subvariscischen Steinkohlenlagerstätten wird neben dem Faltenbau in starkem Maße von Bruchstrukturen bestimmt. Es ist eine altbekannte Tatsache, daß diese Bruchstrukturen in ihren Streichrichtungen enge Bezüge zum Streichen des Faltenbaus zeigen. Insbesondere PILGER (1956 b) wies durch umfangreiche gefügekundliche Auswertungen nach, daß die meisten Störungen sich nach ihren Streichrichtungen (in Bezug zu den Faltenachsen) in folgende Gruppen einteilen lassen (Abb. 79):

- streichende Störungen, Streichrichtung um 60° (d. h. parallel zu den Faltenachsen)
- querschlägige Störungen, Streichrichtung 140 – 150°
- Diagonalstörungen, Streichrichtung 95 – 120° und 170 – 15°

Die Gruppe der streichenden Störungen wird von den Überschiebungen („Wechseln" im Sprachgebrauch des Bergbaus) repräsentiert, deren enge und unmittelbare genetische Beziehung zu den Falten schon an anderer Stelle herausgestellt wurde (Kap. 5.2.1). Den Querstörungen entsprechen vorwiegend die „Sprünge" des Ruhrkarbons. An ihnen haben sich vornehmlich abschiebende Bewegungen (die gleichzeitig einen Längungseffekt in Richtung der Faltenachsen bewirken) abgespielt. Die in zwei Richtungen (Nord – Süd und Ost – West) angeordneten Diagonalstörungen werden vorwiegend von den Blattverschiebungen eingenommen, wobei auf den Ost-West-Blättern dextrale und auf den Nord-Süd-Blättern sinistrale Bewegungen vorherrschen.

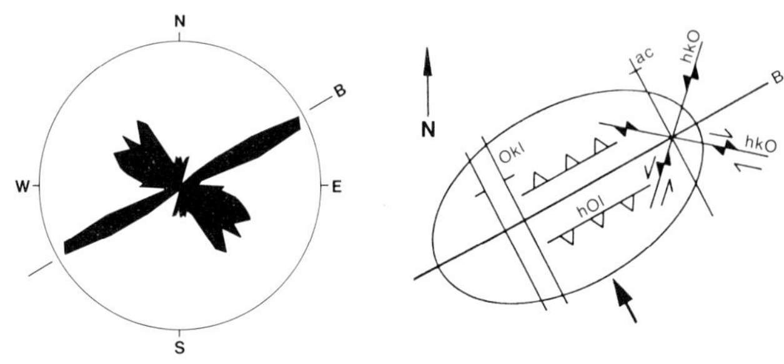

Abb. 79

Sammeldiagramm der Streichrichtungen von Faltenachsen, Überschiebungen, Quer- und Diagonalstörungen und Deformationsellipsoid für das Ruhrkarbon (nach PILGER 1956)

Von der Einteilung in diese drei Gruppen her entsprechen die Störungen des Ruhrkarbons weitgehend den Kluftscharen, wie sie in einem homogenen Gesteinskörper bei Angriff horizontaler Kräfte nach der Gefügekunde zu erwarten sind (vgl. SANDER 1948, PILGER 1956 a, ADLER et al. 1967).

Im Detail zeigen die Störungen des Ruhrkarbons jedoch beträchtliche Abweichungen von diesem Idealbild. (Da die Kinematik der Überschiebungen in Kapitel 5.2 ausführlich diskutiert wurde, sollen sich die folgenden Ausführungen vornehmlich auf die Quer- und Diagonalstörungen konzentrieren.) Zunächst fällt sofort auf, daß die beiden Flächenscharen der Diagonalstörungen stark ungleichgewichtig vertreten sind. Die Nord-Süd-Blätter (Streichen zwischen 170 und 15°) sind etwa im Verhältnis 1 : 2,5 gegenüber den Ost-West-Blättern unterrepräsentiert.

Eine eindeutige Trennung von Blattverschiebungen und Sprüngen (Abschiebungen) ist im allgemeinen nicht möglich: Einerseits weisen fast alle Blattverschiebungen auch vertikale Bewegungskomponenten auf und umgekehrt die meisten Sprünge auch horizontale; zum anderen pendeln gerade die größeren Störungen in ihrem Streichen so stark, daß sie abschnittsweise jeweils der Blattrichtung und der Sprungrichtung zugeordnet werden können.

Auffallend ist, daß nach den Beobachtungen von DROZDZEWSKI (1982 b) in diesen Fällen häufig die Richtung der horizontalen Bewegungskomponente nicht der aus dem Kräfteplan (Spannungsellipsoid) zu fordernden entspricht: Er zeigt zahl-

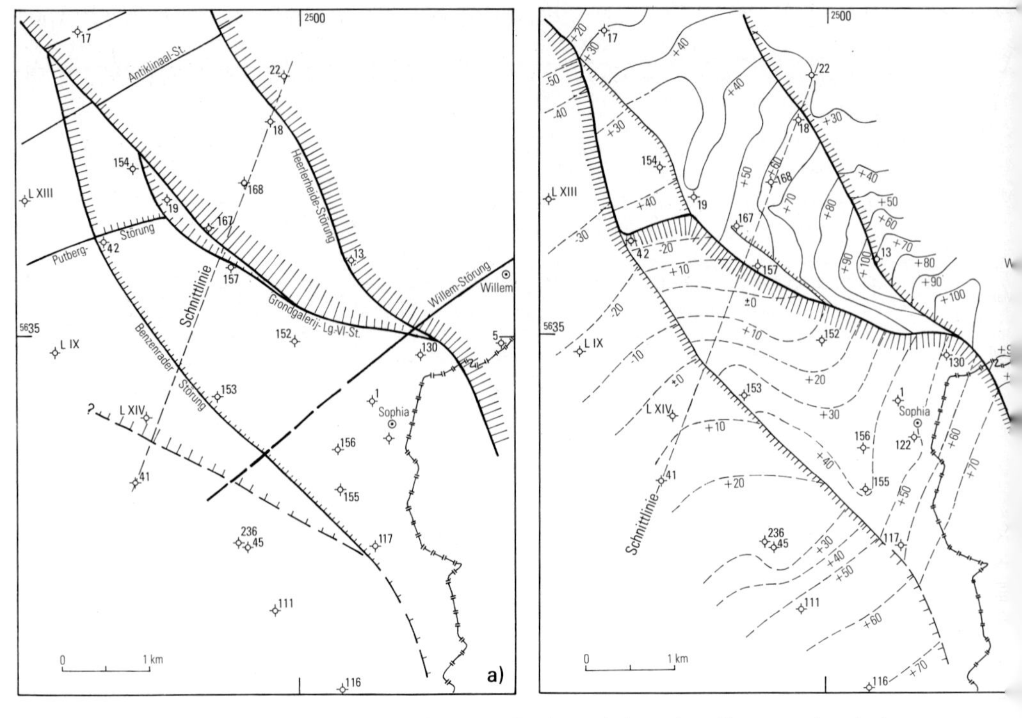

reiche Beispiele dafür, daß auch an Nord – Süd streichenden Sprungabschnitten dextrale Bewegungen abgelaufen sind.

Der im Streichen pendelnde Verlauf der meisten größeren Störungen deutet darauf hin, daß er abschnittsweise den Richtungen von Kluft- oder Störungszonen folgt, die bereits vor der endgültigen Ausgestaltung der Störung vorlagen. Pilger (1956 a) zeigt etliche Beispiele für solche „zusammengesetzten" Störungsverläufe und es ist ihm nur zuzustimmen, wenn er zwischen der Anlage der tektonischen Trennflächen und deren Um- oder Ausgestaltung zu den jetzt vorliegenden Störungsbildern unterscheidet.

Die Störungen sind zum Teil vielfach überprägt worden (s. Kap. 5.4.3), wobei die jüngeren Bewegungen auf den jeweils vorhandenen älteren Trennflächen erfolgten. Der Verlauf der Störungen zeichnet also ein Kluftbild nach, das möglicherweise schon früh, eventuell auch im genetischen Zusammenhang mit der Faltung angelegt, aber erst später zum heutigen Bild umgestaltet wurde. Wie Wrede (1985 a: Abb. 28) an Beispielen im Aachener Revier zeigen konnte, folgen die einzelnen Bewegungsphasen an einer Störung mitunter genetisch unterschiedlichen Trennflächen des jeweils tieferen Untergrundes, so daß sehr komplizierte Störungsbilder entstehen können, bei denen sich die Störungsverläufe in den einzelnen Stockwerken nur teilweise decken (Abb. 80 u. 81).

Im Gegensatz zu Pilger (1956 a) zeigen die jetzt vorliegenden Untersuchungen, daß zwischen dem „Faltungsstadium", in dem die Kluftrichtungen angelegt wurden und der „Zerblockung" des Gebirges durchaus größere Zeiträume liegen können und häufig auch mehrere Bruchphasen nacheinander erfolgt sind. Umgekehrt können natürlich einzelne Störungen auch schon im Spätstadium der Faltung (Pilger 1955 a) aktiv gewesen sein. Störungen, die bereits während der Faltung vorhanden waren, diese beeinflußten und so eine schollengebundene

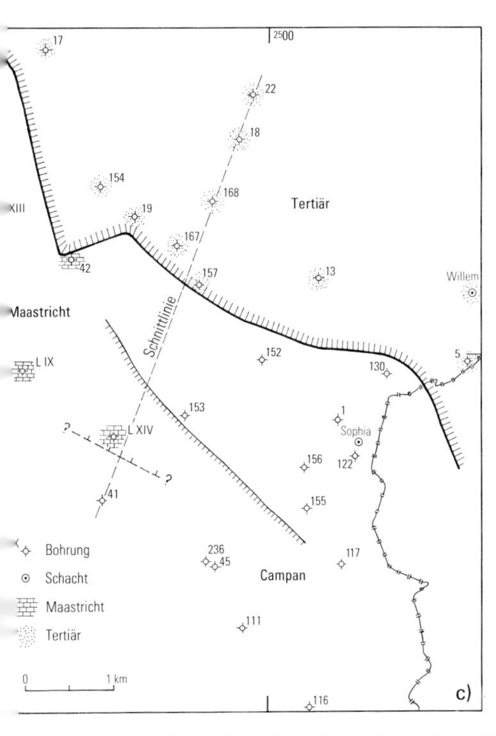

Abb. 80

Störungsmuster im Bereich von Benzenrader Störung und Heerlerheide-Störung (Südlimburg)

a) Situation im Karbon
b) an der Karbon-Oberfläche
c) an der Quartär-Basis

Die Schraffen zeigen den Verwurfssinn und das Verwurfsmaß der jeweiligen Störung an, nicht aber unbedingt die Einfallsrichtung.

Tektonik bewirkten (sog. „Grenzblätter", QUIRING 1913 b), treten jedoch nur in Ausnahmefällen auf. Sie haben keineswegs die allgemeine Bedeutung, die ihnen noch DROZDZEWSKI (1980 b: 74) zumessen wollte. Bezeichnenderweise sind derartige Erscheinungen meist an Störungen geknüpft, die – zumindest abschnittsweise – aus dem normalen Nordwest-Südost-Streichen der Sprünge herausfallen: Wie HEWIG (in STEHN 1988) an mehreren Beispielen im Bochumer Raum zeigen konnte, streichen derartige „Diagonalstörungen mit abrupter Änderung des Faltenbaues" bevorzugt in der sonst unterrepräsentierten und für Abschiebungen ungewöhnlichen Nord-Süd-Richtung.

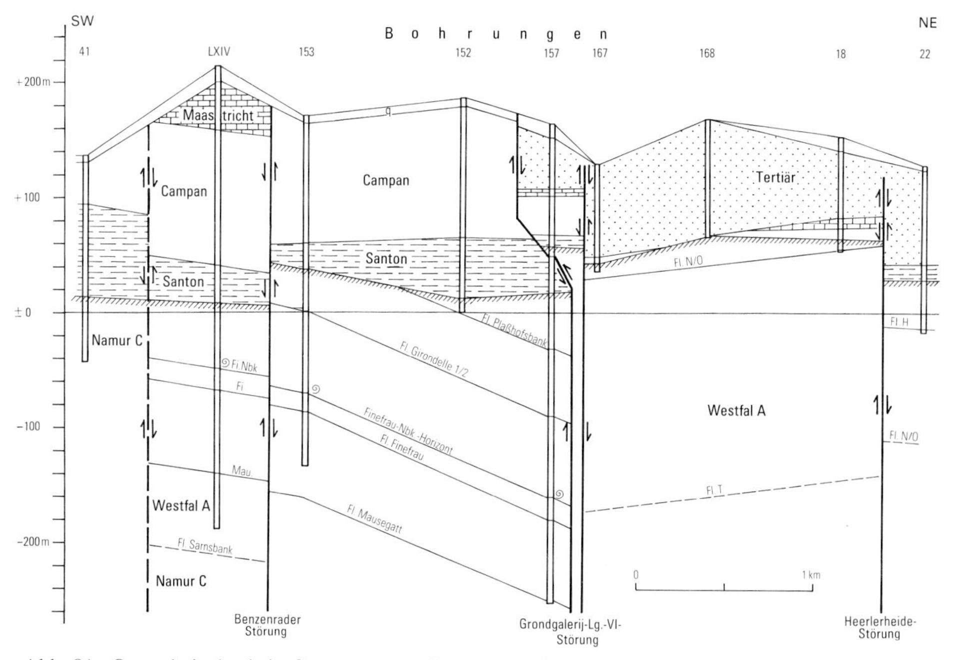

Abb. 81 Querschnitt durch das Störungssystem Benzenrader Störung/Heerlerheide-Störung (Lage s. Abb. 80)

Auch im Aachener Revier treten einige präorogen angelegte Störungen auf (s. Kap. 4.4.1). Sie zeigen in ihrem Streichen keinen Bezug zu den Faltenachsen und bewirken einen ausgeprägt schollenspezifischen Faltenbau. Diese Störungen werden als durchgepauste Randbrüche des abtauchenden Brabanter Massivs gedeutet (WREDE 1985 a, 1987 a). Häufig ist dagegen zu beobachten, daß sich der Faltenbau in der Umgebung größerer Störungen ändert, ohne daß aber ein abrupter Wechsel der Faltenform unmittelbar an der Störungsfläche erkennbar wäre (z. B. KUNZ 1980: 113; WREDE 1980 a: 168 u. Taf. 7).

Ähnliche Erscheinungen lassen sich zum Beispiel im Siegerland und im Bergischen Land beobachten (z. B. BAUER 1956, VOGLER 1968, HILDEN in GRABERT & HILDEN 1972, LEHMANN & STADLER in JUX 1982, FENCHEL et al. 1985), ebenso im Oberharz (SPERLING 1958, 1973), wo jeweils die Erzgänge an „Achsenflexuren" gebunden sind, das heißt an Achsenrampen und Zonen axialer Verstellungen, die vor der Gangbildung erfolgten und den späteren Störungsverlauf vorzeichneten.

Ein Wechsel in der Abtauchrichtung der Faltenachsen läßt sich auch an den großen Sprüngen des Ruhrkarbons häufig beobachten (vgl. z. B. DROZDZEWSKI 1980 b: 76; WREDE 1980 a: Abb. 23, 1988 a: Abb. 12). Für sich allein genommen stellt er jedoch kein Kriterium für die Frage nach dem Altersverhältnis von Sprüngen und Faltung dar. Ein solcher Wechsel kann sowohl einer Vorzeichnung des Sprungverlaufs im obigen Sinne entsprechen, eine Folge von gleichzeitigen Bewegungen beider Elemente sein oder aber als nach der Faltung entstandene Schollenkippung oder -verformung allein aus der Bruchtektonik heraus zu erklären sein.

Eine wichtige Beobachtung ist auch, daß bislang kein nachweisbarer Fall eines Versatzes einer Quer- oder Diagonalstörung durch eine Überschiebung bekannt geworden ist, wie er bei einer zumindest gleichzeitigen Aktivität beider Systeme zu erwarten wäre. Im Gegenteil scheint der Verlauf der Sprünge eher vom vorhandenen Faltenbau und den Überschiebungen beeinflußt zu werden (HAGER 1981, WREDE 1982 b).

Ob die stärkere Besetzung der Ost – West (bzw. herzynisch) streichenden Blattverschiebungen und das Vorherrschen der dextralen Bewegungen eine Folge der insgesamt doch sehr geringen Einengungsunterschiede im Streichen des Ruhrkarbons ist, wie DROZDZEWSKI (1982 b) vermutete, muß – auch nach seinen neuen Untersuchungsergebnissen (DROZDZEWSKI 1988) – neu überdacht werden: Gerade für die Bewegungen an den herzynischen Blattverschiebungen spielen mit Sicherheit auch junge kretazische oder noch jüngere „Transpressions"-Vorgänge eine entscheidende Rolle, die in ganz Mitteleuropa zu beobachten sind und im Zusammenhang mit der beginnenden Auffaltung des Alpenorogens stehen.

Zusammenfassend läßt sich feststellen, daß das Störungsmuster des Ruhrkarbons in seinen Streichrichtungen das Kluftinventar widerspiegelt, das dem bei der variscischen Faltung angelegten entspricht. Vielfältige – teils variscische, teils postvariscische saxonische – Bewegungen haben sich diese Trennflächen nutzbar gemacht und sie zu den heute vorliegenden, im streichenden Verlauf pendelnden Störungslinien zusammengefügt.

Eine für alle Störungen verbindliche allgemeingültige Aussage über ihre mechanische Funktion und die Altersfolge der an ihnen abgelaufenen Bewegungen läßt sich somit aus der gefügekundlichen Analyse allein nicht herleiten. Im folgenden werden einige gedankliche Ansätze zur Entschlüsselung der komplexen bruchtektonischen Geschichte des Ruhrkarbons näher erläutert.

5.4.2 Zusammenhänge zwischen Einengung und Bruchtektonik

Bei der tiefentektonischen Bearbeitung des Niederrheingebiets (R. Wolf 1985) und des Aachener Reviers (Wrede 1985 b, Wrede & Zeller 1988) fiel auf, daß eine reziproke Abhängigkeit zwischen dem Faltungsgrad des Gebirges und der Häufigkeit der darin auftretenden Querstörungen (und Blattverschiebungen) zu bestehen scheint: Dort, wo die Schichten intensiv gefaltet sind, treten deutlich weniger Bruchstrukturen auf als in den Gebieten mit flacher Lagerung. Dieser Eindruck bestätigt sich auch beim Blick auf die Geologische Karte des Ruhrkarbons 1 : 100 000 (1982): Im überwiegend flach gelagerten Norden herrscht intensive Bruchtektonik vor, im stark gefalteten Süden treten dagegen nur relativ wenige Sprünge auf.

Um diese subjektiv gewonnene Beobachtung zu überprüfen und in ihren Auswirkungen für das gesamte Ruhrkarbon zu untersuchen, wurde der Frage einer Abhängigkeit von Faltung und Bruchtektonik gesondert nachgegangen (Wrede 1987 b). Dabei wurde als Maß für die Intensität der Faltung die orogene Einengung herangezogen (s. Kap. 5.2.2), während die regionale Entwicklung der Bruchtektonik neu bestimmt werden mußte.

Als Elemente der Bruchtektonik im Sinne der genannten Untersuchung wurden die Quer- und Diagonalstörungen (Sprünge und Blätter) des Ruhrkarbons verstanden, nicht aber die Überschiebungen, da diese – wie erwähnt – genetische Elemente des Faltungsvorgangs und damit der Einengungstektonik darstellen.

Die Geologische Karte des Ruhrkarbons 1 : 100 000 (1982) verzeichnet alle an der Karbon-Oberfläche auftretenden Störungen über rund 10 m Verwurf. Diese Karte wurde zur quantitativen Erfassung der Bruchtektonik von einer im Generalstreichen angeordneten Serie von Längsprofilen (zum Faltenbau) überdeckt, wobei der Abstand der Profile 1 km beträgt. Innerhalb dieser insgesamt 50 Längsschnitte wurde als Maß für die Intensität der Bruchtektonik die Anzahl der Störungen innerhalb jeweils 3 km langer Intervalle bestimmt, wobei sich die Meßintervalle um jeweils 50 % überschnitten. Die nach dieser Methode ermittelten rund 2 500 Meßwerte wurden in einer Karte analog zu der Karte der orogenen Einengung (s. Abb. 65, S. 108/109) eingetragen, die die regionale Verteilung der Bruchtektonik im Ruhrkarbon zeigt (Abb. 82).

Eine generelle Zunahme der Bruchtektonik von Südosten nach Nordwesten ist deutlich zu erkennen. Im Bereich der südlichen Großfaltenstrukturen befinden sich zahlreiche Minimumflächen, in denen zum Teil weniger als 1 Störung auf 3 km streichender Länge auftritt, während im Bereich des Vestischen Hauptsattels und der Lippe-Hauptmulde örtlich bis zu 10 Störungen über 10 m Verwurf in einem solchen Intervall auftreten. Bezogen auf 1 km streichender Länge schwankt die Anzahl der Bruchstörungen also zwischen etwa 0,3 und über 3.

Auffallend ist die Konzentration der Bruchtektonik auf die großen Grabenzonen, die das Ruhrkarbon durchziehen. So zeichnen sich zum Beispiel der Dinslakener, der Kirchhellener und der Marler Graben durch eine Häufung absoluter Maxima aus, ebenso in etwas schwächerem Ausmaß auch der Dortmunder, der Königsborner und der Maximilian-Graben. Die Gelsenkirchener Achsendepression ist von einer querschlägig streichenden Zone sehr geringer Bruchtektonik gekennzeichnet; auch die Hammer Achsendepression wird – etwas nach Westen versetzt – von einer solchen Minimumzone nachgezeichnet. Ebenso zeichnen sich die Hauptsättel im allgemeinen durch eine geringere Bruchtektonik gegenüber den benachbarten Hauptmulden ab. Dies deckt sich mit den Beobachtungen über die unterschiedliche Intensität der Sprungtektonik in Hauptsätteln und -mulden (DROZDZEWSKI 1980 a).

Das Niederrheingebiet unterscheidet sich in der Intensitätsverteilung der Bruchtektonik nicht signifikant von vergleichbaren Gebieten weiter östlich, wie in Anbetracht der Nähe zu den jungen Senkungsstrukturen der Niederrheinischen Bucht vielleicht zu erwarten gewesen wäre. Die höchste Intensität der Bruchtektonik findet sich vielmehr im Kirchhellener und im Marler Graben im Zentrum des Ruhrreviers.

Beim Vergleich der Intensität der Einengung (Abb. 65, S. 108/109) mit der der Bruchtektonik (Abb. 82) bestätigt sich augenfällig der eingangs geäußerte Verdacht einer gegenläufigen Beziehung: Die Einengung nimmt von Südosten nach Nordwesten ab, die Intensität der Bruchtektonik dagegen zu. Dieses generelle Bild läßt sich durch zahlreiche Detailbeobachtungen ergänzen; so ist zum Beispiel auf ein deutlich reziprokes Verhalten von Einengung und Bruchtektonik am Gelsenkirchener Hauptsattel hinzuweisen. In genau umgekehrtem Verhalten zur Einengung zeigt er im westlichen und im mittleren Ruhrkarbon ein Minimum an Bruchtektonik, während er dort, wo er im Osten nur schwach eingeengt ist, ausgesprochen viele Querstörungen aufweist.

Um diese Erkenntnisse statistisch abzusichern, wurden die Meßwerte der Einengung und der Bruchtektonik in einem weiteren Diagramm unmittelbar gegenübergestellt (Abb. 83). Das Diagramm zeigt eindeutig, daß eine Abhängigkeit zwischen Faltung (Einengung) und Bruchtektonik des Ruhrkarbons besteht: Je stärker das Gebirge gefaltet ist, desto weniger Quer- und Dia-

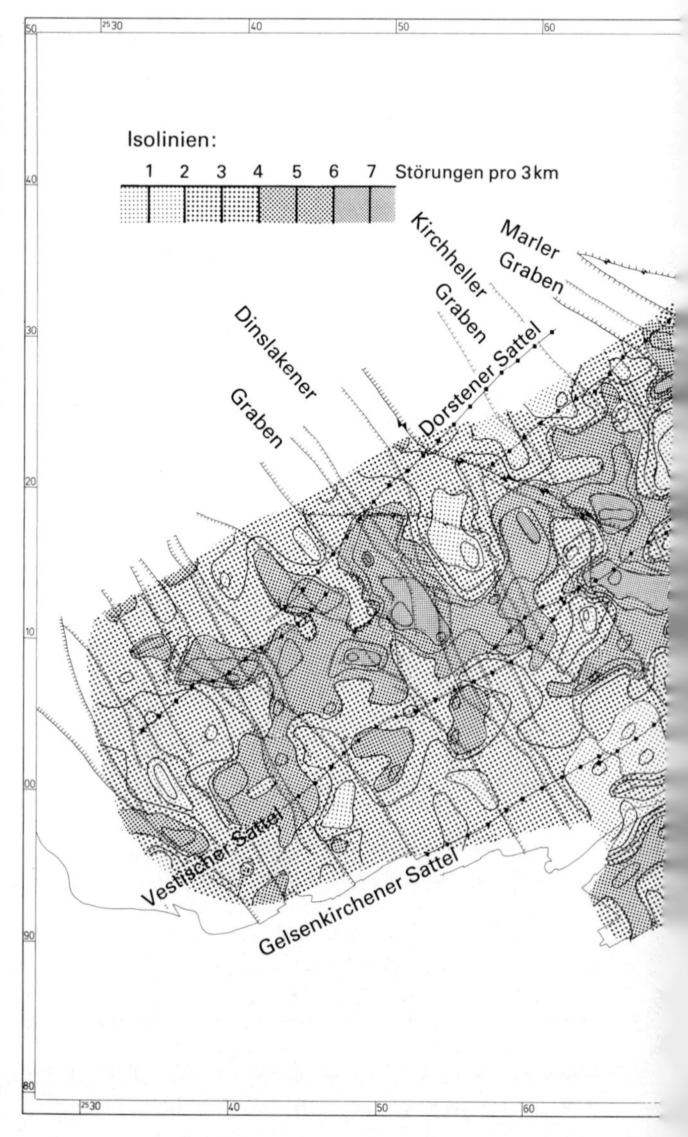

Abb. 82

Intensitätsverteilung der Bruchtektonik im Ruhrkarbon

gonalstörungen weist es auf. Diese Erscheinung ist nicht nur auf das Niederrheingebiet beschränkt, von wo sie bereits beschrieben wurde (R. Wolf 1985), sondern läßt sich im gesamten Ruhrkarbon statistisch nachweisen.

Auch für das Aachener Revier läßt sich die beobachtete reziproke Abhängigkeit zwischen Einengung und Bruchtektonik statistisch belegen: Obwohl nur relativ wenige Meßwerte vorliegen, ist auch dort eine eindeutige Beziehung zwischen den beiden Größen zu erkennen (Abb. 83): Während die Einengung von weniger als 5 bis ca. 60 % schwankt, erreicht die Intensität der Bruchtektonik Werte von 2 – 0,5 Störungen/km.

Welche Folgerungen ergeben sich nun aus dieser Feststellung im Hinblick auf die Genese der Bruchstrukturen des Ruhrkarbons? Eine kausale Verknüpfung

derart, daß die bei der Faltung wirksamen Kräfte die Bruchtektonik erzeugt hätten, ist im Ruhrkarbon nicht gegeben. In diesem Falle müßte in Gebieten stärkerer Faltung auch eine intensivere Bruchtektonik auftreten.

Eine Deutung der regional unterschiedlichen Verteilung der Bruchtektonik im Ruhrkarbon und ihres weitgehenden Fehlens am Südrand des Ruhrkarbons als Stockwerkeffekt (d. h. die im Norden anzutreffenden strukturell höheren Bereiche wären von intensiver Bruchtektonik betroffen, während die Zahl der Störungen zur Tiefe hin abnimmt) dürfte ausscheiden, da sich die Einengung in vertikaler Richtung innerhalb der angesprochenen Teufenbereiche nicht signifikant ändert. Eine Abnahme der Bruchtektonik in vertikaler Richtung wurde bisher im Ruhrkarbon auch nicht beobachtet. Anders verhält es sich im Ibbenbürener Gebiet: Dort nimmt – wohl auflastbedingt – die (postvariscische) Einengung als Folge der saxonischen Transpression zur Tiefe hin zu und dementsprechend ist dort zur Tiefe hin deutlich eine Abnahme der bruchtektonischen Erscheinungen zu beobachten (DROZDZEWSKI 1985 b: Abb. 128).

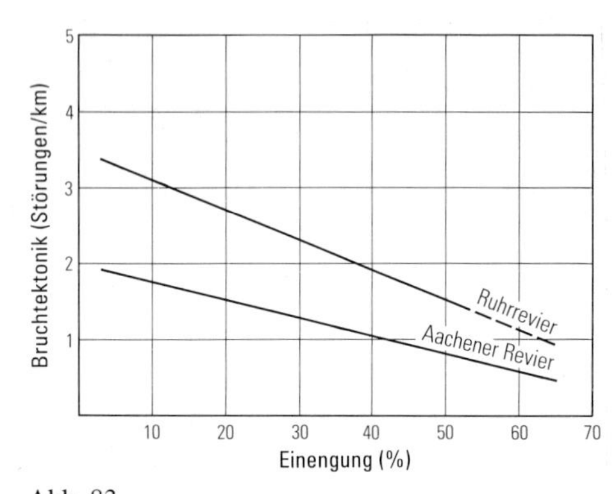

Abb. 83

Beziehungen zwischen orogener Einengung und Bruchtektonik im Ruhrrevier und Aachener Revier

Eine gleichzeitige Entstehung von Faltung und Bruchtektonik, bei der sich diese beiden Vorgänge gegenseitig ersetzt hätten (PRICE & COSGROVE 1990: Abb. 9.6), würde zwar zu den in Abbildung 83 dargestellten Abhängigkeiten führen; die Anwendung dieses Modells stieße aber angesichts der zum Teil kleinräumig nachzuweisenden Abhängigkeiten und bei Berücksichtigung des Stockwerkbaus der Faltung auf erhebliche Probleme. Auch eine Entstehung der Querstörungen vor der Faltung und eine Beeinflussung des Einengungsgrades des Gebirges durch die Störungen, wie sie von EHRHARDT (1967), PRIOR (1976), LENGEMANN (1979) oder PALM (1987) gefordert wird, ist abzulehnen: Zum einen wäre die Entstehung eines komplexen Bruchmusters vor der Faltung gänzlich unbegründet und sehr ungewöhnlich, da ja nicht nur einige wenige Großstörungen hieran beteiligt wären, sondern praktisch alle im Ruhrkarbon auftretenden Störungen. Wie die vereinzelt zu belegenden Beispiele für vor der Faltung aufgerissene Störungen zeigen (z. B. Abb. 30, S. 71), hätte sich dann andererseits auch eine deutlich schollengebundene Faltentektonik ausgebildet, wie sie im Ruhrkarbon generell nicht festzustellen ist. Auch ein Einfluß der Quertektonik auf die Inkohlung ist – von ganz wenigen und schwer deutbaren Ausnahmen abgesehen – nicht feststellbar (JUCH 1991). Dies gilt auch für das Aachener Revier, mit Ausnahme der Oranje-Störung, an der ein Inkohlungssprung um ca. 2 % Flüchtige Bestandteile auftritt (BABINECZ 1962). Diese Störung gehört – wie die benachbarte Willem-Adolf-Carl-Alexander-Störung und einige Begleitstörungen – zu einem offenbar präorogen existenten Störungsmuster, das von der Zerblockung des Ostrandes des Brabanter Massivs herrührt und sich aus dem Untergrund in das karbonische Stockwerk durchpaust. Wie schon erwähnt wurde, ist an diesen Störungen auch eine schollengebundene Faltentektonik nachweisbar.

Eindeutig widerlegt werden alle Annahmen einer wesentlichen prä- oder synorogenen Bruchtektonik aber durch die nachweisbaren zeitlichen Abläufe, nach denen die Bruchtektonik ganz überwiegend erheblich jünger als die Faltung ist und zum großen Teil nicht mehr der variscischen Orogenese zugeordnet werden kann (s. Kap. 5.4.3). Wie auch Ziegler (1978) ausführt, erfolgte die Bruchbildung im Subvariscikum im wesentlichen erst, als im Permokarbon der Faltungsvorgang abgeschlossen war. Die „wellblechartig" versteiften Schichten der stärker gefalteten Zonen setzten dabei der Bruchbildung offenbar größeren Widerstand entgegen als das nur wenig eingeengte Gebirge in den Gebieten mit flacher Lagerung (Ampferer 1942). Die unter anderem von Pilger (1956 a) herausgestellten Richtungsbeziehungen zwischen Faltenbau und Bruchtektonik sind dann als sekundäre Erscheinung zu deuten, die ihre Ursache darin hat, daß die Schichten bevorzugt unter bestimmten gesteinsmechanischen Winkeln zerbrechen. Die unterschiedliche Raumlage der bereits gefalteten Schichten spiegelt sich dann auch in einem später angelegten Bruchmuster wider, das durchaus auch einem im Zusammenhang mit der Faltung entstandenen Kluftnetz im Sinne von Sander (1948) entsprechen beziehungsweise in diesem wurzeln kann.

Wie schon oben festgestellt wurde, lassen sich aus den Richtungsbeziehungen allein weder Altersbezüge zwischen Falten und Störungen herstellen noch genetische Abhängigkeiten begründen. Tatsächlich sind in der Natur auch zahlreiche Beispiele belegt, wo Faltengebirge ähnlich dem Ruhrkarbon auftreten, die nur eine geringe oder gar keine Bruchtektonik aufweisen. Die Steinkohlenlagerstätten von Lüttich (Humblet 1941) oder Pennsylvania (Darton 1940) können hier als Beispiele dienen.

Ebenso wie im nördlichen Sauerland fehlen auch im Harz echte Querstörungen zum Faltenbau fast völlig. Die bekannten Erzgänge folgen im Westharz zwar der Diagonalscherrichtung zum Faltenbau (M. Richter 1941), im Ostharz ist aber bei gleichbleibender Generalstreichrichtung der Störungen häufig kein Zusammenhang zum teilweise abweichend verlaufenden Faltenbau zu erkennen (z. B. Straßberg-Neudorfer Gangzug). Die Störungen, die mit großer Wahrscheinlichkeit saxonisch reaktiviert wurden, folgen dort einem übergeordneten, von der variscischen Faltung weitgehend unabhängigen Bauplan („Mittelharz-Lineament"; Schriel 1932, Mohr 1969).

Wie diese Beispiele zeigen sollen, führt offenbar die orogene Einengung durch Faltung keineswegs zwingend zur Anlage von Quer- oder Diagonalstörungen, so daß eine einfache kausale Beziehung der Art „Einengung in A-Richtung bedingt Dehnung in B-Richtung" nicht besteht. Im Gegenteil scheint nach den jetzt im Ruhrkarbon gewonnenen Erkenntnissen die Faltung das Entstehen von Quer- und Diagonalstörungen sogar zu behindern.

5.4.3 Zur Altersstellung der Bruchtektonik

Die Stellung der Quer- und Diagonalstörungen des Ruhrkarbons, an denen vorwiegend abschiebende und seitenverschiebende Bewegungen abliefen, in der tektonischen Entwicklungsgeschichte dieses Gebiets ist Gegenstand ständiger Diskussionen, die bis heute zu keinem allgemeingültigen Ergebnis geführt haben. Umstritten ist vor allem die Frage der zeitlichen Einordnung der Bruchvorgänge und – damit zusammenhängend – die Frage nach den Ursachen für diese Bewegungen.

Zur Frage der Altersstellung der Sprünge läßt sich folgende Entwicklung der Anschauungen feststellen: Die älteren Autoren (z. B. Quiring 1919) hielten die Sprünge für jünger als die Faltung, da sie diese durchschlagen, und stellen sie vornehmlich in die Zeit des Rotliegenden (OBERSTE-BRINK 1938: 339). Von STAHL (1955) und anderen wird aber darauf hingewiesen, daß an vielen Sprüngen auch noch jüngere Bewegungen stattgefunden haben.

Ausgehend von den Untersuchungen durch PILGER (1956 a), der enge Beziehungen zwischen den Streichrichtungen der Falten des Ruhrkarbons und der verschiedenen Störungssysteme nachweisen konnte, wurden dann in der jüngeren Vergangenheit die Sprünge stärker im Zusammenhang mit der variscischen Faltung gedeutet (SEIDEL 1957, PILGER 1961, DROZDZEWSKI 1980 a).

Wie bereits ausgeführt wurde, fiel schon früher auf, daß sich die Störungssysteme im Detail häufig nicht ohne weiteres aus der Faltenmechanik heraus erklären lassen (z. B. als ac-Querstörungen bzw. Diagonalstörungen zum Faltenbau). Fast alle Blätter weisen nämlich auch Vertikalkomponenten und viele Sprünge auch Horizontalkomponenten der Bewegungen auf (DROZDZEWSKI 1982 b). Ferner ist häufig zu beobachten, daß lang durchhaltende Störungslinien in ihrem Streichen abschnittsweise unterschiedlichen Richtungen folgen und von daher verschiedenen Störungstypen zugerechnet werden müßten. Diese Erscheinung ist zum Beispiel am Quartus- oder Großholthausener Sprung zu beobachten, die sowohl Nord – Süd, wie querschlägig streichende Abschnitte aufweisen (Abb. 84). PILGER (1956 a, 1965) hat daher zwischen der Anlage der Störungen noch während der Faltung und ihrer Ausgestaltung in einem Zerblokkungsstadium unterschieden, das aber im Sinne eines „einzeitigen Bauplans“ noch innerhalb der jungvariscischen Deformationsphase gelegen haben soll.

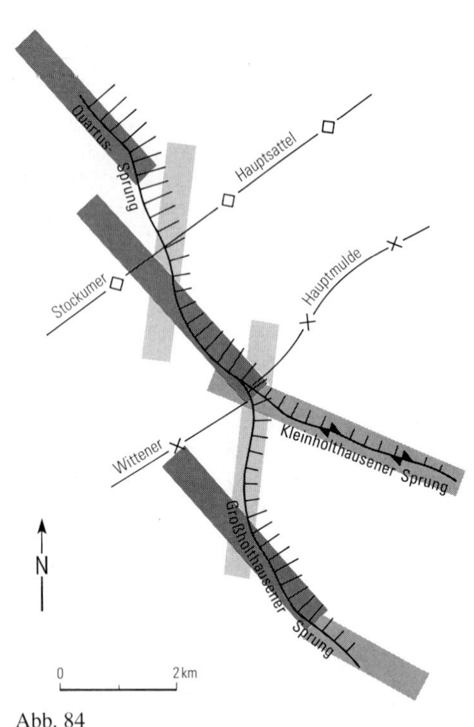

Abb. 84

Störungssystem Quartus-Sprung, Groß- und Kleinholthausener Sprung: Die Störungen folgen abschnittsweise dem Streichen der Querstörungs- und Diagonalstörungsrichtungen zum Faltenbau.

Erste Zweifel an einer einfachen Kausalbeziehung zwischen Faltung und Bruchtektonik ergeben sich nun daraus, daß sich ein reziprokes Verhältnis zwischen der Intensität der Faltung und der Bruchtektonik nachweisen läßt (s. Kap. 5.4.2). Wären die Faltung beziehungsweise die die Faltung verursachenden Kräfte auch für das Entstehen der Bruchstrukturen verantwortlich, so sollte eine Zunahme der Bruchtektonik mit der Zunahme der Faltungsintensität gefordert werden. Genau das Gegenteil ist aber zu beobachten!

Die detaillierten Untersuchungen von R. WOLF (1985) im westlichen Ruhrkarbon haben schließlich zuerst nachgewiesen, daß die heute vorliegende Bruchtektonik ganz überwiegend postvariscischer Natur ist. Die umfangreichen Unterlagen über den Aufbau des Deckgebirges, die dort durch die Steinkohlenexploration gewonnen wurden, erlauben eine Bilanzierung der Bewegungsabläufe an den größeren Störungen in zeitlicher Hinsicht. Im Gegensatz zum östlichen Ruhrkarbon, wo fast ausschließlich Kreide-Schichten über dem Karbon lagern, treten im westlichen Ruhrkarbon Ablagerungen des Perms, der Trias, örtlich des Juras, der Kreide und des Tertiärs auf. Durch den Mächtigkeitsvergleich der einzelnen Schichten über größere Störungen hinweg lassen sich die Schollenbewegungen rekonstruieren. Danach lassen sich die Aktivitäten an den Querstörungen auf fünf Bewegungsphasen eingrenzen, die an den einzelnen Sprüngen in unterschiedlichem Maß realisiert sind.

Die frühesten Bewegungen können auf die Zeit vor Beginn der Zechstein-Ablagerungen eingegrenzt werden. Es handelt sich hierbei um die Anlage der Sprünge in der Endphase der Gebirgsfaltung oder während der Zerblockung des Gebirges in der Rotliegend-Zeit, für die auch magmatische Vorgänge wahrscheinlich sind (s. Kap. 5.4.5). Die Verwürfe sind meist unbedeutend; sie liegen oft nur im Dekameterbereich.

Eine allerdings bemerkenswerte Ausnahme hiervon bildet die Drevenacker Störung. Für diese Westnordwest – Ostsüdost streichende, vorwiegend als Blattverschiebung ausgebildete Störung mit komplexer Bewegungsgeschichte ist ein Präzechstein-Verwurf in der Größenordnung von ca. 300 m nachweisbar (WREDE, in Vorbereit.). Die „herzynische" Streichrichtung der Störung, ihre Lage im Bereich der variscischen Front und ihr dextraler Bewegungssinn machen einen Zusammenhang mit der intensiven strike-slip-Tektonik wahrscheinlich, die während der (Unter-)Rotliegend-Zeit zum Einsinken des Norddeutschen Beckens nördlich des Variscischen Orogens führte („Saalischer Impulsinterval" HOFFMANN & KAMPS & SCHNEIDER 1989) und mit einem sauren bis intermediären Vulkanismus verknüpft war.

Die an den mehr Nordwest – Südost streichenden Sprüngen zu beobachtenden abschiebenden Bewegungen dürften dagegen eher als Parallelentwicklungen zu der von GAST (1988) beschriebenen Grabenbildung zur (Ober-)Rotliegend-Zeit zusammenhängen, mit der basaltischer Vulkanismus einherging.

Im Mittleren Zechstein erfolgte eine zweite Abschiebungsphase mit unterschiedlichen Verwürfen, die bis zu 250 m betragen konnten und durch unterschiedliche Salzmächtigkeiten bei der Salzablagerung ausgeglichen wurden. Die größeren Salzmächtigkeiten über den Tiefschollen (Abb. 29, S. 69) werden von R. WOLF (1985) vorwiegend als primär angesehen, da eine meist ungestörte stratigraphische Abfolge innerhalb des Salzes in den Gräben keine Hinweise auf größere Salzwanderungsvorgänge gibt.

Umgekehrt fehlen in den Deckschichten einiger salzfreier Horste alle Anzeichen für Salzabwanderung oder -auslaugung (Einsturzbrekzien o. ä.), so daß angenommen werden kann, daß diese Horste primär salzfrei waren. Die Mächtigkeiten

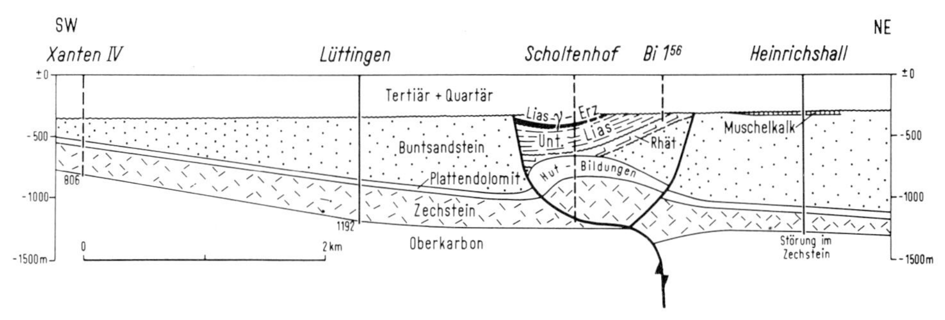

Abb. 85 Der Bislicher Lias-Graben bei Wesel (nach THIENHAUS 1962): „Flower-structure" über einer steil einfallenden Störung im Karbon

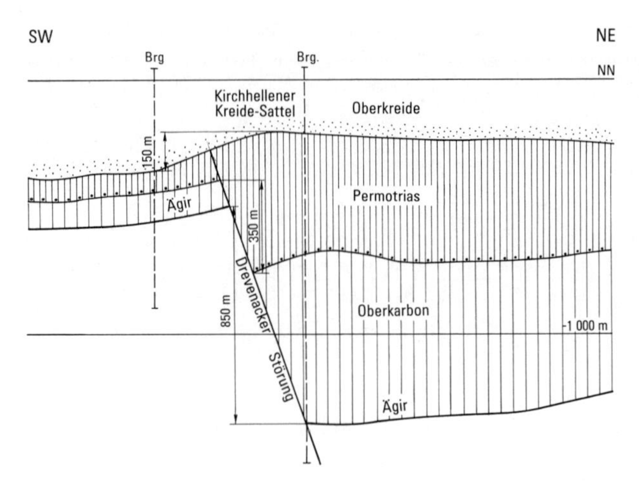

Abb. 86
Schnitt durch den Kirchhellener Kreide-Sattel (nach DROZDZEWSKI 1988). Über der Tiefscholle der Drevenacker Störung erfolgte eine Aufsattelung der Kreide-Schichten (Lage des Schnittes s. Abb. 87).

des Werra-Salzes korrespondieren mit der regionalen Verbreitung des Anhydritwalles als Randfazies der Evaporitbildungen. Diese ist ihrerseits in den Gräben deutlich weiter nach Südosten vorgeschoben als in den Horsten, was ebenfalls eine Steuerung der Sedimentationsbedingungen durch bruchtektonische Vorgänge erkennen läßt.

Die wichtigste Bewegungsphase ist die altkimmerische Bewegung, die vorwiegend im Keuper erfolgte. Sie ist verantwortlich für die Hauptverwürfe an den meisten Sprüngen. Die Abschiebungen können 300 m und mehr betragen. Die Bewegungen hielten auch noch während des Lias und danach an, wie der Bislicher Lias-Graben zeigt (THIENHAUS 1962). Die teilweise extreme Verbiegung der Randstörungen dieser Struktur ergibt das Bild einer „flower-structure" im Sinne von HARDING & LOWELL (1979), die typisch ist für Horizontalverschiebungszonen (Abb. 85).

Die anschließenden subherzynen bis laramischen Phasen, die vornehmlich auf die Zeit zwischen Santon und Maastricht eingegrenzt werden können, führten teilweise zu bedeutenden Inversionsbewegungen (Rückschiebungen) an den Sprüngen. So wurden im Niederrheingebiet am Schwelgern-Sprung 14 – 38 % und am Eversaeler Sprung bis zu 64 % der altkimmerischen Bewegungen durch diese Rückschiebungen wieder ausgeglichen. Derartige Inversionsbewegungen waren auch im übrigen Ruhrkarbon schon länger bekannt und wurden als „Umkehrverwürfe" bezeichnet (BREDDIN 1929, WOLANSKY 1960).

Wie Beobachtungen an der Drevenacker Störung (DROZDZEWSKI 1988, WREDE 1990) und am Hünxer Sprung (F. JANSEN, Geol. L.-Amt Nordrh.-Westf., mdl. Mitt.) gezeigt haben, erfolgte ein Teil dieser Inversionsbewegungen mehr oder weniger bruchlos durch Aufwölbung der Schichten über den im Untergrund bereits vorhandenen älteren Störungslinien (Abb. 86). Diese kompressive Beanspruchung erzeugte so die im südwestlichen Münsterland verbreiteten Kreide-Sättel (BREDDIN 1929, WIEGEL 1957). Auffallend ist, daß diese generell Nordwest – Südost streichenden Faltenstrukturen nur dort auftreten, wo der Untergrund variscisch so gut wie ungefaltet ist. Dort, wo sie etwa in der Linie des Vestischen Hauptsattels (die sich etwa mit der 10%-Linie der orogenen Einengung deckt, s. Kap 5.2.2) auf die variscische Faltungsfront stoßen, laufen sie, teilweise in deren Streichrichtung einschwenkend, aus (Abb. 87). Offenbar verhinderte der in anderer Orientierung strukturierte Untergrund weiter südlich die Ausbildung dieser Kreide-Falten. Im östlichen Ruhrgebiet beziehungsweise über stärker gefaltetem Untergrund scheinen die Inversionsbewegungen eher bruchhaft abgelaufen zu sein, wie zum Beispiel der Aufschluß des Quintus-Sprungs an der alten Zeche Adolf von Hansemann erkennen läßt (Wolansky 1960, Hewig in Rabitz & Hewig 1987). Vermutlich kommt es hierbei zu einer Änderung der Einfallsrichtung der Störung im Deckgebirge (Abb. 88 a); es ist aber auch aus dem Südlimburger Revier der Fall einer echten kretazischen Aufschiebung bekannt (Abb. 88 b). Wahrscheinlich sind diese Störungen im Einfallen gekrümmt beziehungsweise pendeln um einen mehr oder weniger steilen Mittelwert.

Auch für das Deckgebirge des Aachener Reviers spielen kretazische Inversionsbewegungen eine entscheidende Rolle. Sie wurden dort zum Beispiel von Herbst (1954, 1958) als „Schaukelbewegungen" der einzelnen Schollen beschrieben. Auch der Großschollenbau des Aachen-Erkelenzer Gebiets hat Inversionsbewegungen unterlegen. So ist die heutige Rur-Scholle mit ihren über 1 000 m mächtigen Tertiär- und Quartär-Sedimenten in der Oberkreide ein Hochgebiet gewesen. Der benachbarte Wassenberger Horst, der heute die strukturell höchste Einheit der Venloer Scholle bildet, befand sich dagegen in Grabenposition (Herbst 1958, Heybroek 1974). Diese Scholleninversion läßt sich zum Beispiel an der unterschiedlichen Mächtigkeitsentwicklung von Oberkreide und Paläozän in der Rur-Scholle (Brg. Straeten 1, zusammen 54 m) und dem Wassenberger Horst (Schacht 4 der Zeche Sophia-Jacoba, 155 m) ablesen. Auch für das weiter nördlich gelegene Gebiet belegt Klostermann (1983 : 102) eine Inversion von Zentral-Graben und Venloer Scholle für die Oberkreide-Zeit. Präoberkretazisch scheinen dagegen die Relationen zwischen den unterschiedlichen Schollen den heutigen Verhältnissen entsprochen zu haben.

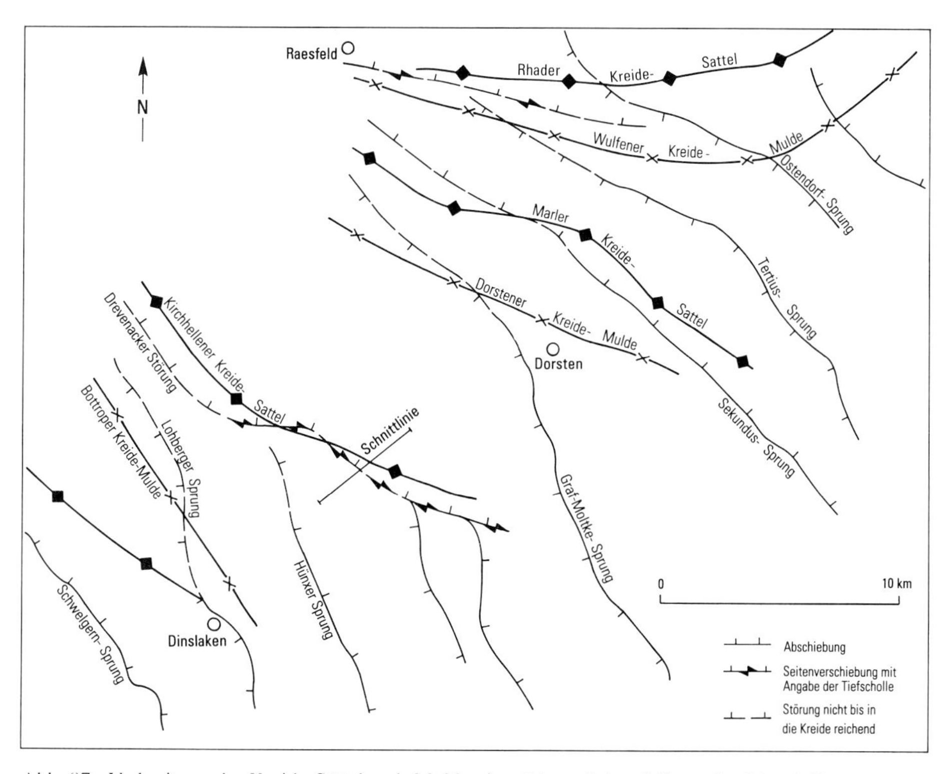

Abb. 87 Verbreitung der Kreide-Sättel und -Mulden im südwestlichen Münsterland (nach Drozdzewski 1988)

Die nächstjüngsten bekannten Bewegungen an den Störungen im Ruhrrevier erfolgten im Tertiär nach dem Oligozän. Die Bedeutung dieser erneuten Dilatationsphase scheint nach gegenwärtigen laufenden Untersuchungen des Geologischen Landesamtes Nordrhein-Westfalen möglicherweise größer zu sein als bisher angenommen. Im Bereich der zur Zeit in Neuaufnahme befindlichen Blätter 4407 Bottrop und 4406 Dinslaken der Geologischen Karte 1 : 25 000 ließen sich an zahlreichen Störungen postoligozäne Bewegungen in Größenordnungen bis zu 60 m nachweisen.

Am Krudenburg-Sprung in Bottrop-Kirchhellen sind schließlich aufgrund besonders guter Aufschlußverhältnisse auch noch quartäre Bewegungen nachweisbar. Dort ist die jüngere Rhein-Hauptterrasse um ca. 10 m tektonisch verworfen (Abb. 89; WREDE & JANSEN 1993).

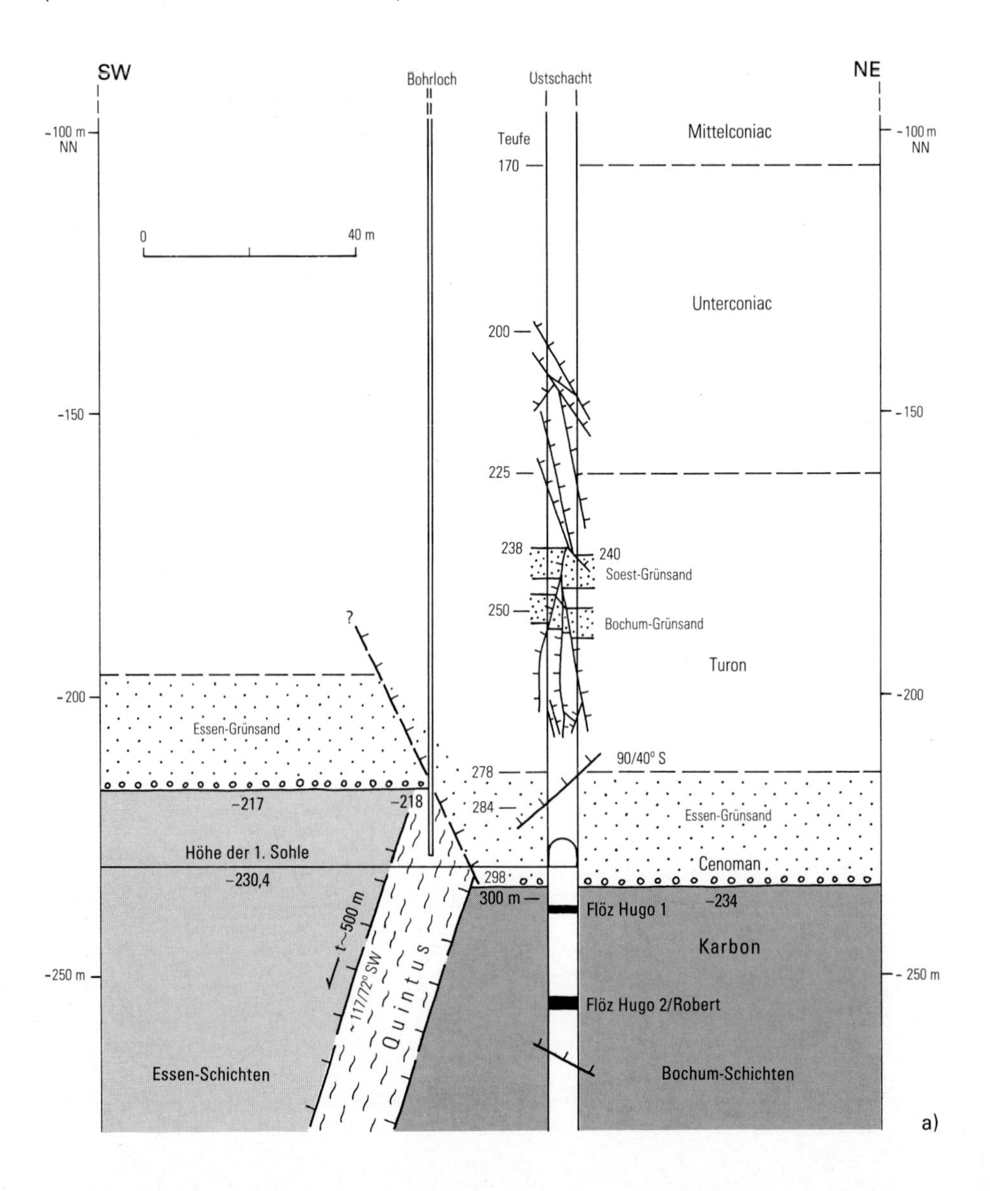

Auch im Aachener Revier, das zum Teil im Bereich des jungen Senkungsfeldes der Niederrheinischen Bucht liegt, können bis in die Gegenwart fortlebende Bewegungen festgestellt werden, die sich teilweise auch in seismischer Aktivität bemerkbar machen. So ist das Erdbeben von Roermond im April 1992 an den Peel- beziehungsweise Rurrand-Sprung gebunden gewesen (Geologisches Landesamt Nordrhein-Westfalen 1992).

Die vorgenommene Einteilung der tektonischen Bruchvorgänge in einzelne Bewegungs"phasen" ist – obwohl zum Teil entsprechende Begriffe benutzt wurden – nicht streng im STILLEschen Sinne zu sehen (z. B. STILLE 1944). Die Kennzeichnung der Phasen soll lediglich ungefähre Zeiträume erhöhter bruchtektonischer Aktivität angeben, wobei eine exakte zeitliche Fixierung meist nicht möglich ist. THIENHAUS (1962) erwähnt zum Beispiel Bewegungen am Bislicher Graben im Zeitraum Paleozän – Oligozän, die nicht ohne weiteres in das enge Phasenschema passen und auch R. WOLF (1985: Abb. 99) verdeutlicht, daß die Bewegungen an den einzelnen Störungen im einzelnen sehr uneinheitlich abgelaufen sind.

Es liegt zunächst nahe, für den Westteil des Ruhrkarbons eine Sonderentwicklung im Zusammenhang mit dem Einsinken der benachbarten Niederrheinischen Bucht anzunehmen. In diesem Falle wäre in der Intensitätsverteilung der Bruchtektonik eine Zunahme in westliche Richtung zu erwarten. Wie die entsprechenden Untersuchungen gezeigt haben (s. Kap. 5.4.2), ist eine solche Zunahme aber

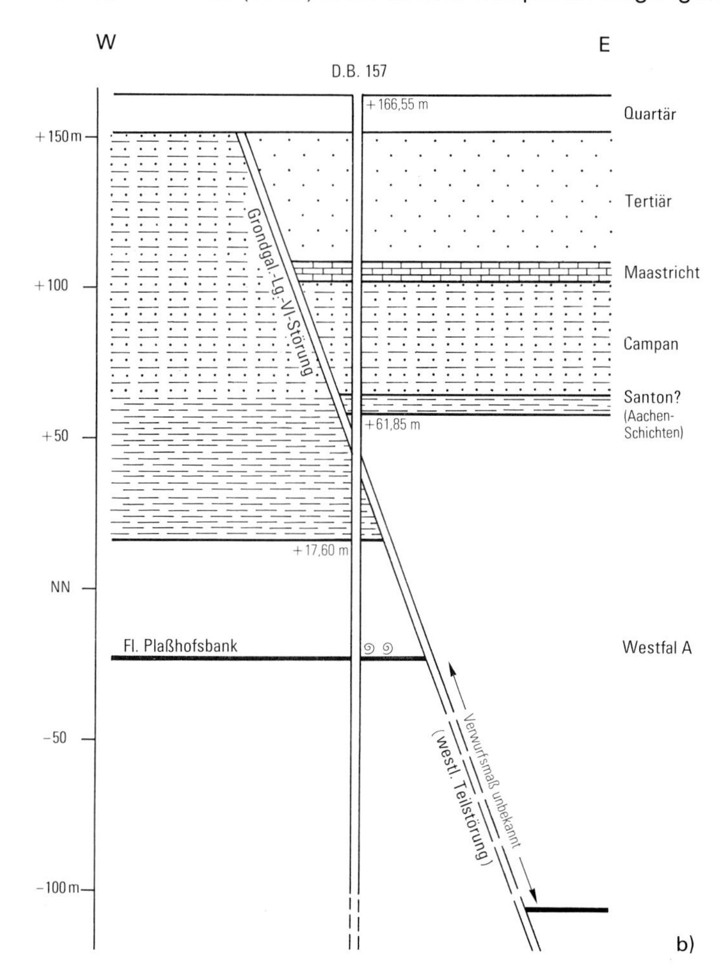

Abb. 88 Kretazische Inversionsstörungen

a) Quintus-Sprung am Ostschacht der Zeche Adolf von Hansemann, Dortmund (nach HEWIG in RABITZ & HEWIG 1987). Die Einfallsrichtung der Störung ändert sich beim Eintritt in das Deckgebirge.

b) Grondgalerij-Lg.-VI-Störung, Südlimburg. Die Störung setzt sich unter Beibehalt der Einfallsrichtung in das Deckgebirge fort.

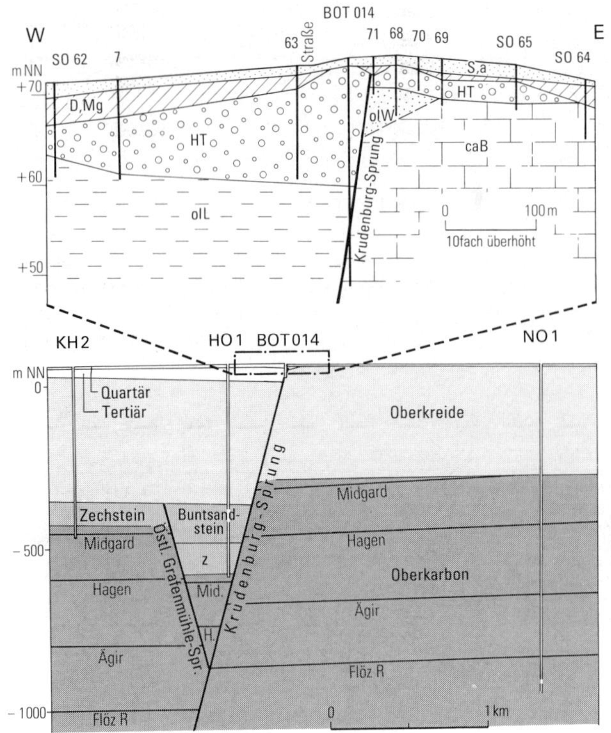

S,a = Flugsand, D,Mg = Grundmoräne, HT = Rhein-Hauptterrasse (Quartär); olL = Lintfort-Schichten, olW = Walsum-Schichten (Tertiär); caB = Bottrop-Schichten (Kreide); z = Zechstein

Abb. 89

Nachweis von quartärzeitlichen Bruchbewegungen am Krudenburg-Sprung (nach WREDE & JANSEN 1993)

nicht zu beobachten. Es spricht also nichts dagegen, die Beobachtungen vom Niederrheingebiet und aus dem nordwestlichen Ruhrrevier auf das Gesamtareal zu übertragen, in dem lediglich eine Überlieferungslücke der geologischen Geschichte besteht.

Gerade auch im östlichen Revier gibt es deutliche Hinweise auf eine ähnliche bruchtektonische Entwicklung wie die am Niederrhein: So beschreibt BÄRTLING (1921) Verwürfe der Oberkreide am Rüdinghausener Sprung, am Quintus-Sprung („Bickefelder Sprung") und am Königsborner Sprung. Nach STACH (1923) haben auch am Fliericher Sprung nicht unerhebliche postkretazische Bewegungen stattgefunden. Auch BÖKE (1963) und HISS (1981) erwähnen Kreide-Verwürfe im Raum Unna – Fröndenberg. Nach der Darstellung von KUKUK (1938: 376 u. Taf. 8) sind einige dieser Störungen „Umkehrverwerfer", das heißt an ihnen hat sich der ursprüngliche Bewegungssinn bei jüngeren Bewegungen umgekehrt. So bildet zum Beispiel der Kamener Horst zwischen dem Unnaer und dem Königsborner Sprung an der Kreide-Basis einen Graben. Ausführlich beschrieben wurde neben den Umkehrbewegungen am Quintus-Sprung auch der „Mergelabsturz" am Quartus-Sprung im Raum Dortmund-Dorstfeld (HEWIG in RABITZ & HEWIG 1987, HOLLMANN & SCHÖNE-WARNEFELD 1967).

Im Ostteil des Ruhrreviers wurden Störungen der Oberkreide-Schichten beobachtet, die Abschiebungen bis zu 50 m bewirkt haben. Diese Störungen scheinen im Einfallen listrisch gebogen zu sein und laufen zur Tiefe hin aus, ohne in das Karbon hineinzusetzen. Bislang besteht über die Verbreitung und Mechanik dieser Störungen, die nur aus den seismischen Profilen, Schichtenausfällen in einigen Explorationsbohrungen sowie einem Aufschluß im Schacht Radbod 6 bekannt sind, wenig Klarheit. Sicher sind sie einem postkretazischen tektonischen Vorgang zuzuordnen. Möglicherweise bestehen Beziehungen zu dem östlich und nördlich benachbart auftretenden Strontianit-Gangrevier im Raum Ascheberg – Drensteinfurt.

Die festgestellten Phasen erhöhter tektonischer Aktivität korrespondieren auch mit den Hebungsphasen der Rheinischen Masse beziehungsweise den Erosionsphasen der mesozoisch-triassischen Sedimente am Südrand des Niedersächsischen Beckens sowie im Münsterland und im Niederrheingebiet (Abb. 98, S. 155, vgl. auch Abb. 8, S. 25; MURAWSKI et al. 1983). Eine Folge dieser mehrphasigen Hebungen der Rheinischen Masse im Süden ist die generelle Schrägstellung der Karbon-Oberfläche um ca. 5 – 7° nach Norden. Da also offenbar das heute in den Kreide-Schichten vorliegende Bruchmuster erstens wesentlich ausgeprägter und in seiner Gestaltung jünger sein dürfte, als es bisher angenommen wurde, und zweitens dieses Muster auf die variscisch vorgeprägte Struktur des tieferen Untergrunds eingeregelt ist, verwundert es nicht, daß auch das Gewässernetz des Münsterlands die – vermeintlich – variscischen tektonischen Richtungen nachzeichnet (HOYER 1964).

Das Bild der postvariscischen Bruchtektonik im Ruhrkarbon ist durch die Untersuchungen der letzten Zeit insgesamt also wesentlich komplizierter geworden, als es noch vor einigen Jahren schien. Der Nachweis von ganz erheblichen postvariscischen, saxonischen Bewegungen zwingt dazu, das ursprünglich von PILGER (1956 a, 1965) entworfene Bild eines vorwiegend einzeitig variscischen Gebirgsbaus, in dem sich einzelne Stadien unterschiedlicher mechanisch-tektonischer Ausgestaltung unterscheiden lassen, zu revidieren.

Selbst die Frage, ob die Anlage der Störungsrichtungen, die ja auffallende Symmetrien zu den Faltenachsen zeigen, im Sinne von PILGER (1956 a) variscisch ist (als Kluftzonen und Kleinstörungen z. B.) und diese dann später ausgestaltet wurden, oder ob auch die Anlage der Störungen erst später erfolgte und die Störungsrichtungen nur eine sekundäre Einregelung auf den vorgefalteten Untergrund mit seinem Kluftinventar widerspiegeln, ist offen und wird wahrscheinlich nicht allgemeingültig für alle Störungen beantwortet werden können.

5.4.4 Zusammenhänge zwischen Horizontal- und Vertikalbewegungen an den Störungen

Nimmt man nach den neueren Arbeitsergebnissen (vgl. Kap. 5.4.3) eine im wesentlichen postvariscische Ausbildung der Bruchtektonik des Ruhrkarbons an, so stellt sich zwangsläufig die Frage nach den zeitlichen und mechanischen Bezügen zwischen Blattverschiebungen und Abschiebungen im tektonischen Geschehen. Die Altersstellung der Blätter war schon in der Vergangenheit noch stärker umstritten als die der Sprünge. Sie wurden teils als gleichalt oder älter als die Sprünge betrachtet (z. B. QUIRING 1919, STACH 1923), teils als jünger (z. B. ADLER et al. 1967: 77). PILGER (1956 a) zeigt Beispiele dafür, daß Sprünge sowohl älter als Blätter sein können wie umgekehrt. Dies und die schon genannten engen Verzahnungen von Horizontal- und Vertikalbewegungen an einzelnen Störungen deuten darauf hin, daß die Bruchtektonik (d. h. Sprünge und Blätter) ein gemeinsames System bildet, wobei die häufig mehrphasigen Bewegungen das ursprüngliche Bild verwischt haben dürften.

Wie Abbildung 90 a zeigt, bedingen Änderungen des Abschiebungsbetrages im streichenden Verlauf von Störungen aus geometrischen Gründen eine Längendifferenz zwischen den beteiligten Schollen. Die Größe dieser Längendifferenz läßt sich näherungsweise rechnerisch bestimmen, wenn man in der Abbildung 90 a das Dreieck XPQ betrachtet und die Länge der abgesunkenen Schicht a mit der der unbewegten Schicht beziehungsweise horizontalen Lage b vergleicht.

Der Wert t gibt dann die Änderung des Vertikalverwurfs auf der Länge b an.

Es gilt: $t^2 + b^2 = a^2$

Setzt man b = 1, so ist δt das Maß für die Verwurfsänderung pro Längeneinheit.

Es gilt dann

$$a^2 = \delta t^2 + 1$$

$$a = \sqrt{\delta t^2 + 1}$$

und für die Längendifferenz D_0 zwischen b (= 1) und a

$$D_0 = a - 1$$

oder

$$D_0 = \sqrt{\delta t^2 + 1} - 1$$

Wie das Diagramm in Abbildung 90 b zeigt, führen rasche Änderungen der vertikalen Verwurfsbeträge an Störungen zu durchaus beachtenswerten Längendifferenzen zwischen den Schollen. Kleine Verwurfsänderungen oder solche, die sich auf eine weite Strecke verteilen, haben dagegen kaum einen Einfluß, wie sich aus der nichtlinearen Funktion ergibt.

Für die Kurler Störung zum Beispiel gibt KRUSCH (1906) eine Änderung des vertikalen Verwurfsbetrags von 600 m auf 4 km streichender Länge an. Hieraus resultiert nach obiger Rechnung

$$\delta t = \frac{0{,}6\ \text{km}}{4\ \text{km}} = 0{,}15$$

$$D_0 = 0{,}011$$

$$D = 4\ \text{km} \cdot D_0 = 0{,}044\ \text{km}$$

Die Längendifferenz zwischen den Schollen beträgt hier also rund 1 % der streichenden Störungslänge, das heißt hier rund 44 m.

Am Fliericher Sprung, der im Norden der Bochumer Hauptmulde sehr schnell ausläuft (WREDE 1980 a), ergeben sich fol-

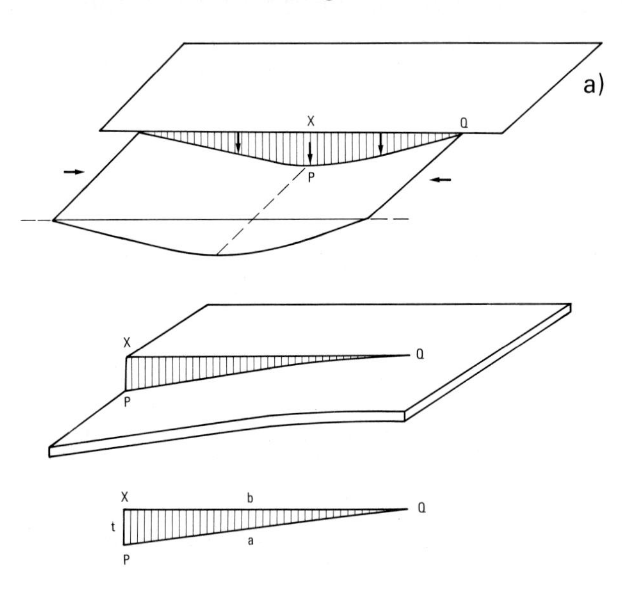

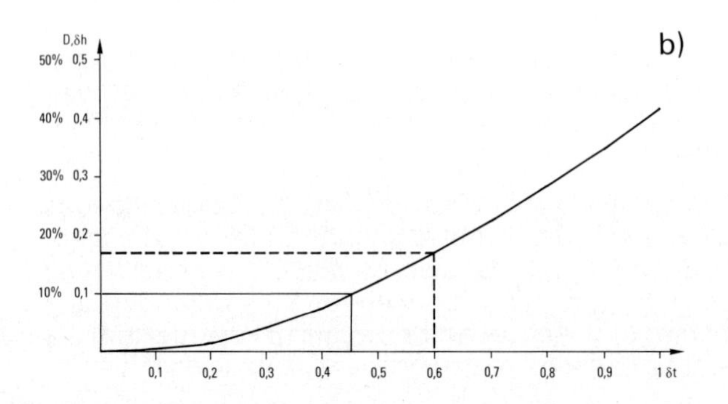

Abb. 90

a) Schematische Darstellung der Längenänderung von Gebirgsschollen bei Änderung des Vertikalverwurfs von Abschiebungen (vgl. auch Abb. 93)

b) Abhängigkeit der Längendifferenz von Schollen (D) beziehungsweise der Änderung des Horizontalverwurfs (δh) von der Änderung des Vertikalverwurfs (δt) gende Werte: Änderung des Verwurfs ca. 700 m auf 2 km streichende Länge, das heißt δt = 0,35. Hierfür beträgt die Längendifferenz zwischen Horst- und Grabenscholle D_0 = 0,06 oder 6 % der Schollenlänge = 120 m. Im Übergang von Stockumer Hauptsattel und Königsborner Mulde beträgt die Verwurfsänderung am Fliericher Sprung etwa 425 m auf rund 1 km streichende Länge. Hieraus resultiert eine Längendifferenz von 8,6 % oder 86 m. Diese Längendifferenzen zwischen den Schollen können auf unterschiedliche Art ausgeglichen werden:

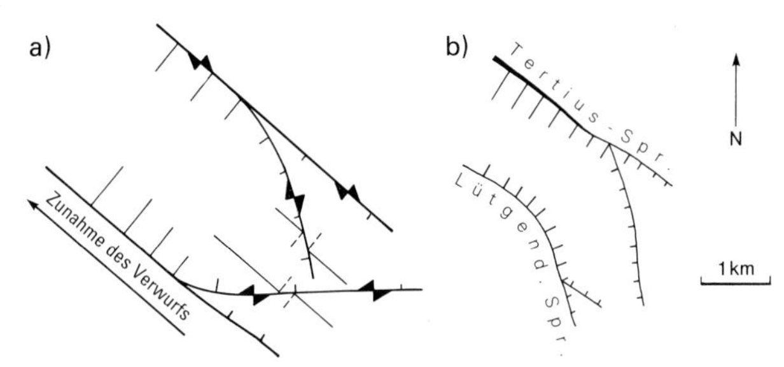

Abb. 91 a) Zerrungserscheinungen im Auslaufbereich eines Grabens bewirken einen Längenausgleich zwischen den Schollen
b) „horse-tail"-artige Strukturen im Auslaufbereich des von Tertius-Sprung und Lüdgendortmunder Sprung gebildeten Grabens

Geometrisch am einfachsten erscheint ein Transport von zusätzlichem Material in die abgesunkene Scholle hinein. Dies führt zwangsläufig zum Bild zusätzlicher Horizontalbewegungen an den Abschiebungen. Dieses Modell erklärt auch, weshalb an einigen Sprüngen des Ruhrkarbons gegenläufige Horizontalbewegungen beobachtet werden. So erfolgen beispielsweise am Quintus-Sprung in der Bochumer Hauptmulde Horizontalbewegungen der Grabenscholle sowohl von Norden nach Süden (in der Nordflanke der Mulde) wie umgekehrt (in der Südflanke). Dies korrespondiert damit, daß der Vertikalverwurf dieser Störung im Zentrum der Mulde am größten ist und in Richtung auf die benachbarten Sättel abnimmt (Drozdzewski 1982 b: Abb. 4). Ein Materialtransport in eine sich eintiefende Grabenscholle hinein muß – sofern eine gewisse Größenordnung dieser Bewegungen erreicht wird – zu Zerrungserscheinungen im Auslaufbereich der beteiligten Störungen führen (Abb. 91 a).

Ein Ausgleich zwischen den Schollenlängen ist sowohl denkbar durch das Auftreten von Zerrungsstrukturen innerhalb der Grabenscholle als auch durch Einengungsstrukturen in den Horstschollen (jeweils bezogen auf die Längsrichtung der Scholle), wie sie ebenfalls durch entsprechende Fiederstörungskonstellationen bewirkt werden könnten. Sehr typisch ist zum Beispiel das Aufspalten der Hauptstörung in fiedrige Teilstörungen, die diagonal in die Grabenscholle hineinlaufen (Abb. 92 a). Derartige Erscheinungen wurden im Zusammenhang mit Gangerzlagerstätten als „horse-tail-structures" beschrieben (Biddle & Christie-Blick 1985, Metz 1967: 315). Exemplarisch aufgeschlossen wurden solche Strukturen auch im Kupferschieferbergbau der Sangerhäuser Mulde im südöstlichen Harzvorland, wo sie als „Scher-Fiederbruchsysteme" bezeichnet wurden (König 1991). Sie bildeten sich auch experimentell im Auslaufbereich von Abschiebungen in einem Tonversuchskörper (Abb. 92 b; Brix & Schwarz & Vollbrecht 1985, Pohl 1986). Im Arbeitsgebiet treten entsprechende Konfigurationen zum Beispiel im Auslaufbereich von Tertius-, Lütgendortmunder und Rüdinghausener Sprung auf (Abb. 91 b).

Auch die im Saarkarbon zu beobachtenden, im Streichen eigentümlich gekrümmten Sprungverläufe könnten zumindest teilweise auf diese Mechanik zurückzuführen sein (Engel 1985: Abb. 147).

Generell bedarf die Frage, ob und inwieweit solche sekundären Störungskonfigurationen im Ruhrgebiet tatsächlich wirksam geworden sind, aber noch gezielter Untersuchungen.

Schließlich ist aber auch an eine etwas unterschiedliche Ausgestaltung der Falten beiderseits der Störungen zu denken, die dem Längenausgleich zwischen den Schollen dient und dann genetisch und zeitlich unabhängig von der eigentlichen orogenen Faltung zu sehen ist. Sie darf daher nicht mit den in einigen Ausnahmefällen tatsächlich auftretenden Faltungsunterschieden beiderseits offenbar alter Störungen verwechselt werden, die zum Beispiel von QUIRING (1913 b, „Grenzblätter"), DROZDZEWSKI (1980 b: Abb. 2) und HEWIG in STEHN (1988) beschrieben werden. Ein Beispiel für Faltungsänderungen an Sprüngen, die durch Ausgleich der Schollenlängen entstanden sein könnten, gibt DROZDZEWSKI (1980 a: Abb. 15). Der dort dargestellte Dingener Sprung läuft sowohl in der Nordflanke wie der Südflanke der Essener Hauptmulde schnell aus. Die Verwurfsänderung beträgt – unter Berücksichtigung des generellen Schichteneinfallens in den Hauptmuldenflanken – in der Nordflanke maximal 300 m auf 1,1 km, in der Südflanke sogar 250 m auf nur 600 m streichende Länge. Daraus resultiert eine Längendifferenz der Schollen auf der Nordflanke von 4 % und auf der Südflanke von fast 9 %. Diese wird durch die unterschiedliche Faltung ausgeglichen, da die hangende und liegende Kreuzlinie von Flöz Sonnenschein eine jeweils deutlich unterschiedliche Einengung (26,7 % bzw. 21,4 %) aufweist.

In Kapitel 5.1 wurde bereits auf das uneinheitliche Abtauchen der Faltenachsen am Südrand des Ruhrkarbons hingewiesen. Es fällt auf, daß sich die Abtauchrichtung der Faltenachsen gerade im Einflußbereich der großen Bruchstörungen (z. B. am Wambeler Blatt) bevorzugt ändert. Dies kann einen Einfluß der jüngeren Bruchtektonik auf den vorgegebenen Faltenbau vermuten lassen, zumal gerade in diesem Gebiet viele größere Störungen nach Süden hin auslaufen und somit erhebliche Verwurfsausgleichsbewegungen zu erwarten sind.

Da die dargelegten Abhängigkeiten zwischen Änderungen des Vertikalverwurfs und horizontalen Bewegungen auch umgekehrt gelten, sind analog an Blattverschiebungen, die ihren Verwurf ändern, erhebliche Vertikalbewegungen zu erwarten.

Anstelle der Längendifferenz D beziehungsweise D_0 geht dann die Änderung des Horizontalverwurfs pro Längeneinheit (δh) in die Rechnung ein, aus der sich dann die Änderung der Vertikalkomponente δt errechnen läßt.

Wegen der nichtlinearen Beziehung zwischen Horizontal- und Vertikalkomponente ist der Effekt von Verwurfsänderungen an Horizontalstörungen sogar ungleich größer als der von Änderungen des Ver-

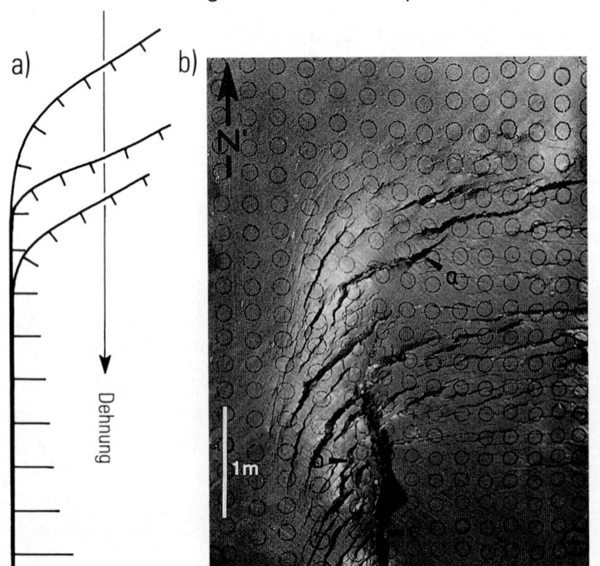

Abb. 92

a) Schematische Darstellung einer „horse-tail"-Struktur im Auslaufbereich einer Abschiebung

b) Entstehung einer „horse-tail"-Struktur im Auslaufbereich einer Abschiebung (Fotografie eines Ton-Experiments, nach POHL 1986) tikalverwurfs: Es genügen schon kleine Änderungen in der Horizontalkomponente eines Verwurfs, um eine beträchtliche Änderung des Vertikalverwurfs zu erreichen (s. Abb. 90 b): So bewirkt eine Änderung des Horizontalverwurfs um den Faktor 0,1 bereits eine Änderung des Vertikalverwurfs um einen Faktor von ca. 0,45. Wie das Modellfoto (Abb. 93) zeigt, bewirkt das Auslaufen einer Horizontalverschiebung mit zum Beispiel h = 0,5 cm bei entsprechender Störungskonfiguration eine Vertikalbewegung von t_{max} = 2,5 cm.

In dieser Asymmetrie dürfte ein Schlüssel zum generellen Verständnis der Bruchtektonik liegen. Schon relativ unbedeutend erscheinende Blattverschiebungen bewirken dort, wo sie einsetzen oder auslaufen, erhebliche Vertikalbewegungen der Schollen. Am Wambler Blatt in der Wittener Hauptmulde ist zum Beispiel ein deutlich reziprokes Verhältnis von vertikaler und horizontaler Bewegungskomponente zu beobachten (WREDE 1988 a): Dort nimmt die Horizontalkomponente auf ca. 4 km streichender Länge um 750 m nach Westen hin ab (δh = 0,1875).

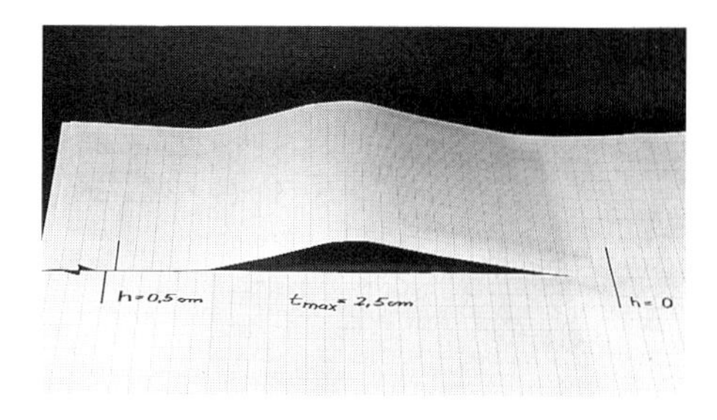

Abb. 93

Umsetzung einer horizontalen Bewegung in eine vertikale im Auslaufbereich einer Blattverschiebung (Modellfoto)

Daraus resultiert nach obiger Ableitung (aufgelöst nach δt: $\delta t = \sqrt{(\delta h + 1)^2 - 1}$) eine Änderung des Vertikalverwurfs von ca. 600 m. Dieser Wert stimmt auffallend mit der tatsächlich nachweisbaren Änderung des Vertikalverwurfs von rund 550 m überein.

Die Bedeutung der Horizontalverschiebungen für das tektonische Bild dürfte also wesentlich größer sein, als es rein nach den vorgefundenen Verwurfsbeträgen den Anschein hat. So genügt nach dem vorliegenden Modell eine Horizontalverschiebung von weniger als 1 000 m entlang dem Nordharzlineament, um die Heraushebung des Harzes um ca. 4 km gegenüber seinem Vorland zu erklären (WREDE 1988 c). Auch diese Beobachtung konnte beim flächenhaften Aufschluß des Kupferschiefers am Harzrand bestätigt werden (KÖNIG & WREDE 1994): Dort zeigen die Aufschlüsse gleichfalls, daß „...mit der Verringerung der vertikalen Komponente (an Schrägverschiebungen) eine Intensivierung der horizontalen Komponente einhergeht" (KÖNIG 1991: 35). Die Horizontalbewegung wird aber offenbar nicht nur in Vertikalkomponenten umgesetzt, sondern es bilden sich kompliziertere Störungsbilder aus, in denen die Längendifferenzen zwischen den Schollen durch das Aufreißen weiterer Störungen ausgeglichen beziehungsweise auf größere Gebiete verteilt werden. Hierin kann ein Grund für die typische Anordnung der Blattverschiebungen in langgestreckten Schwärmen und Blattverschiebungszonen gesehen werden, die oft über Zehnerkilometer zu verfolgen sind und von PILGER (1955 b) teilweise als „Lineamente" bezeichnet wurden. Die bedeutendste dieser Zonen durchzieht das Ruhrkarbon von Nordwesten nach Südosten mit flachherzynischem Streichen und läßt sich von der Drevenacker Störung im Nordwesten bis zum Wambler Blatt im Südosten verfolgen.

Bezogen auf einen großen Maßstab wurden bestimmte Auswirkungen dieser Erscheinung bereits ausführlich beschrieben (z. B. WILCOX & HARDING & SEELY 1973), da insbesondere die sogenannten „pull-apart-basins", die bei divergenter Konfiguration derartiger „wrench-faults" auftreten, eine wichtige Rolle für die Erdölexploration spielen (RODGERS 1980, GARFUNKEL 1981, BALLY & OLDOW 1984). Weni-

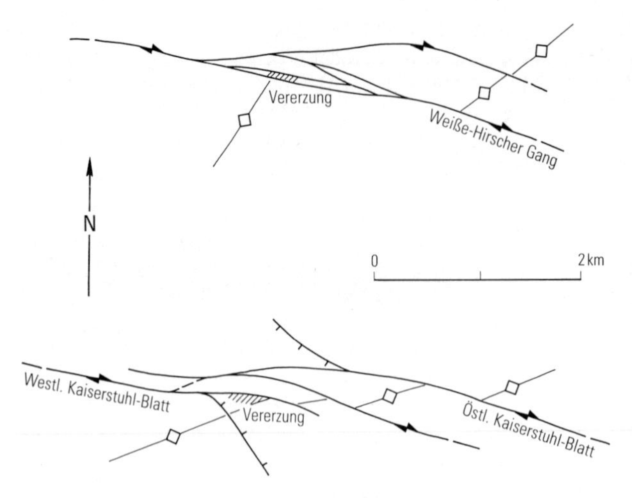

Abb. 94
Vergleich zwischen dem Weiße-Hirscher Gang (Oberharz) und dem Kaiserstuhl-Blatt im Dortmunder Graben: „Aufblätterungszonen" von Horizontalverschiebungen beim Durchgang durch einen Sattel mit hieran geknüpfter Vererzung

ger gut bekannt sind bisher die Aufwölbungen, die in „transpression-zones" bei umgekehrter, konvergenter Störungsanordnung auftreten können (HARLAND 1971).

Die Bedeutung derartiger Strukturen auch für die Steinkohlenlagerstätten wurde erst in letzter Zeit ansatzweise erkannt (DROZDZEWSKI 1985 b, 1988). So verdankt die horstartig herausgehobene Ibbenbürener Karbon-Scholle ihre Existenz Transpressionsvorgängen, die sich innerhalb der bedeutenden Osning-Lineamentzone abgespielt haben (Abb. 32, S. 75). Im Gegensatz zu dem von SANDERSON & MARCHINI (1984) diskutierten Modell führt zumindest im Falle des Ibbenbürener Karbon-Horstes die Transpression nicht zu einer Längung des herausgehobenen Gebirgskörpers in vertikaler Richtung. Es lassen sich keine Änderungen der Schichtenmächtigkeiten feststellen, die auf einen solchen Vorgang hindeuten würden. Die Karbon-Scholle scheint vielmehr en bloc herausgehoben zu sein, was wahrscheinlich auf eine Konvergenz der Randstörungen zur Tiefe hin schließen läßt (s. Abb. 32 e, S. 75). Auch innerhalb des Ruhrkarbons sind schollengebundene Mächtigkeitsschwankungen nicht bekannt geworden.

Eine generelle Ausdeutung der sich aus dem „wrench-fault"-Charakter ergebenden Konsequenzen für die meist en-echelon angeordneten, sich fiederartig gegenseitig ablösenden Blattverschiebungen des Ruhrkarbons und für die Horizontalbewegungen an den Sprüngen ist bisher nicht erfolgt.

In kleinerem Maßstab spiegelt sich das en-echelon-artige Verspringen der Blattverschiebungen in der Ausbildung von typischen „Aufblätterungszonen" wider, wie sie zum Beispiel am Kaiserstuhl-Blatt in Dortmund beobachtet werden konnten (WREDE 1984). Diese Zonen ähneln in ganz deutlicher Weise den von SPERLING & STOPPEL (1979: 17) beschriebenen Strukturen, an die auch die wirtschaftlich bedeutenden Oberharzer Erzvorkommen geknüpft sind (Abb. 94). Bezeichnenderweise wurde auch am Kaiserstuhl-Blatt, von dem sonst keine Vererzung bekannt ist (HESEMANN et al. 1961), innerhalb der Aufblätterungszone eine geringmächtige Vererzung mit Kupferkies, Millerit und Pyrit festgestellt. Die Ähnlichkeiten zwischen den Blattverschiebungszonen des Ruhrkarbons und den Oberharzer Erzgängen, auf die WREDE (1988 c) hinwies, bestätigen sich also auch in diesem Punkt.

Eine weitere denkbare Störungskonfiguration zum Abbau von Horizontalbewegungen zeigt Abbildung 95. Hier wird die horizontale Bewegung durch dehnende, etwa quer zur Blattverschiebung angeordnete Störungen ermöglicht, die asymmetrisch an diese Störung angreifen. Ein derartiges Störungsmuster ist zum Beispiel am Kaiserstuhl-Blatt im Dortmunder Graben ausgebildet, wo der Hansa-

Hardenberg-Sprung und der Hansa-Westhausen-Sprung eine Dehnung der nördlich dieser Störung gelegenen Scholle bewirken. Dieser Strukturtyp ähnelt dem von Sperling (1973: Abb. 60) beschriebenen sogenannten „Bergwerksglücker Gangtyp" im Erzbergwerk Grund im Oberharz. Dort sind die Mineralisationszonen vorwiegend an Dehnungsstörungen gebunden, die von der als Diagonal-Seitenverschiebung ausgebildeten Hauptstörung ablaufen.

Eine ganz ähnliche Störungskonfiguration wie am Kaiserstuhl-Blatt ist auch an der Drevenacker Störung im Raum Kirchhellen nachweisbar. Dort wächst der Horizontalverwurf der Störung von Osten nach Westen auf über 1 km an; gleichzeitig nimmt auch der Vertikalverwurf stark zu (R. Wolf 1988, Drozdzewski 1988). Als Resultat dieser Bewegungen erscheint der Top des Dorstener Hauptsattels um ca. 2,5 km in der Nordscholle nach Osten verschoben. Etwa 1,5 km dieses Verschubs lassen sich durch eine Schollenrotation beziehungsweise Formänderungen der Faltung erklären (Polysos 1984); der Restbetrag wird offenbar zu einem erheblichen Teil durch Dehnungsstörungen in der Südscholle bewirkt, die mehr oder weniger quer zur Drevenacker Störung streichen (Abb. 96). Allein KBV-, Krudenburg- und Hünxer Sprung dürften – je nachdem, wie steil sie einfallen – eine Dehnung dieser Scholle um bis zu 500 m bewirkt haben.

Zahlreiche, erst kürzlich beim Abbau nachgewiesene, kleinere Störungen verstärken diesen Effekt in erheblichem Maße; der verbleibende Restbetrag der Verschiebung des Dorstener Hauptsattels dürfte durch die Zunahme des vertikalen Verwurfsbetrags in Ost-West-Richtung von ca. 1 000 auf 4 000 m streichender Länge in der Größenordnung einiger Zehnermeter verursacht worden sein.

Interessant ist nun, daß diese komplexe Mechanik sich nicht in einem Bewegungsakt ergab, sondern sich an der Drevenacker Störung und den Begleitstörungen Bewegungen nachweisen lassen, die vor Ablagerung des Zechsteins ihren Anfang nahmen und noch nach dem Oligozän andauerten (Wrede 1990). Die kretazische Inversionsphase ist auch hier deutlich sichtbar; sie erfolgte wohl weitgehend ohne Bruch durch Aufwöl-

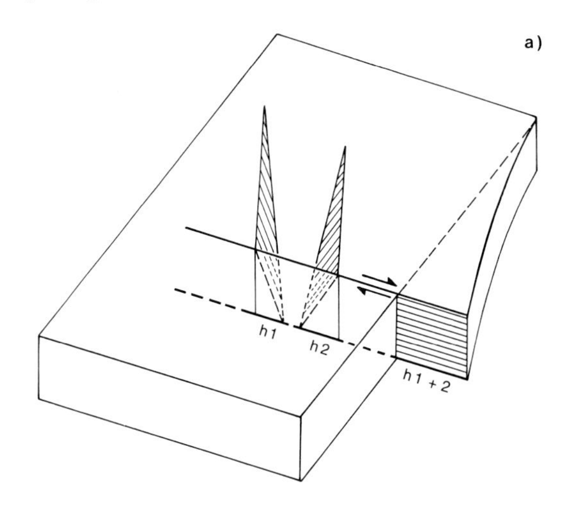

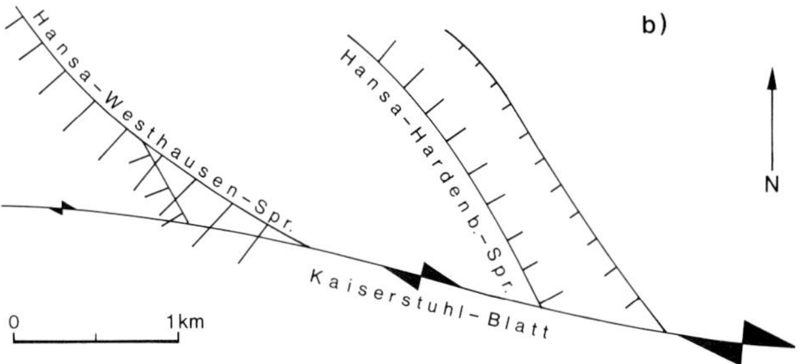

Abb. 95

Anwachsen des Horizontalverwurfs an Blattverschiebungen durch den Dehnungseffekt von Abschiebungen, die dieser Blattverschiebung seitlich aufsitzen

a) Schemaskizze

b) Beispiel Kaiserstuhl-Blatt im Dortmunder Graben

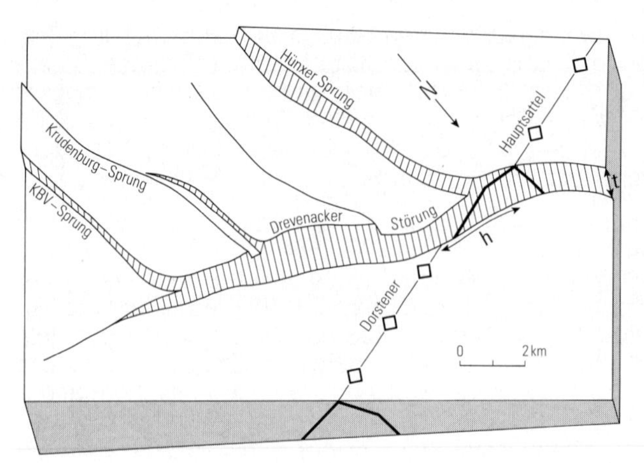

Abb. 96

Raumbild der Drevenacker Störung im Raum Bottrop – Kirchhellen. Der Horizontalverwurf des Dorstener Hauptsattels von ca. 2,5 km wird bewirkt durch die Formänderung des Sattels an der Störung, die Dehnung der Südscholle durch Sprünge, die sich nicht in die Nordscholle fortsetzen, und das Anwachsen der Vertikalkomponente t an der Drevenacker Störung.

bung des Kirchhellener Kreide-Sattels über der vorher bruchtektonisch abgesenkten Nordscholle als Folge eines Transpressionsvorgangs (s. Abb. 86, S. 140).

Im Zusammenhang mit der Kinematik von Transpressions- und Transtensionsvorgängen an Blattverschiebungen muß schließlich noch auf eine Erscheinung hingewiesen werden, die im allgemeinen als „flower-structure" bezeichnet wird (vgl. Harding & Lowell 1979, Ramsay & Huber 1987: 588). Es handelt sich dabei um den vertikalen Übergang zwischen einer steilen Blattverschiebung in einem tieferen tektonischen Stockwerk und flach einfallenden Störungen in einem höheren tektonischen Stockwerk. Ist die Blattverschiebung einengend (transpressiv), so bilden sich im hangenden Störungsabschnitt Überschiebungen aus (z. B. Osning-Überschiebung, s. Kap. 4.4.2); ist sie dehnend (transtensiv), so treten im oberen Stockwerk Abschiebungen auf (z. B. Bislicher Graben, Abb. 85, s. S. 139, Thienhaus 1962) – diese Strukturen werden auch als „negative flower-structures" bezeichnet (Harding & Lowell 1979: 1 023).

Im Bereich des Subvariscikums sind derartige Strukturen bevorzugt an der Grenze Paläozoikum/Deckgebirge entwickelt, wie die schon erwähnten Beispiele Bislicher Graben und Osning-Überschiebung zeigen. Weitere Beispiele finden sich unter anderen an der Drevenacker Störung in der Nähe des Schachtes Hünxe. Im Gegensatz zu den von Harding & Lowell beschriebenen Strukturen sind die des hier vorgestellten Raumes zum Teil asymmetrisch ausgebildet, daß heißt, die Störung des tieferen Stockwerks setzt sich in nur einer Störung im höheren Stockwerk fort. Ein sehr anschauliches Beispiel für ein Störungssystem dieser Art ist an der Küste von Ogmore by the Sea in Südwales aufgeschlossen, wo jurassische Kalksteine das Karbon überlagern (Abb. 97). Die Bewegungsabläufe an diesen Störungssystemen sind im einzelnen sehr kompliziert und nur bei dreidimensionaler Betrachtungsweise – die die horizontalen Bewegungen ausreichend berücksichtigt – zu verstehen. Hinzu kommt gerade im Gebiet des Subvariscikums die Mehrphasigkeit der Bewegungen, die das Bild zusätzlich unübersichtlich macht.

Die Entschlüsselung der komplizierten Zusammenhänge zwischen Horizontal- und Vertikalbewegungen an den Bruchstrukturen des Ruhrgebiets hat aber gerade erst begonnen. Es ist deshalb und auch angesichts der Tatsache, daß nachweislich mehrere Bewegungsphasen – die teilweise unterschiedlichen Kräfteplänen gehorcht haben – das Ruhrkarbon beeinflußt haben, nicht verwunderlich, daß eine klare Deutung der Bruchtektonik des Ruhrkarbons noch aussteht.

Abb. 97

Aufschluß einer asymmetrischen „flower-structure“ an der Küste von Southerndown, Ogmore by the Sea, Südwales. Der Aufschluß befindet sich unmittelbar über der Karbon-Oberfläche. Aus einer steilen Blattverschiebung mit stark kompressiver Komponente entwickelt sich in den das Karbon überlagernden jurassischen Kalksteinen eine flache Überschiebung.

Die weite Verbreitung vor allem der herzynisch streichenden Blattverschiebungen in Mitteleuropa, die keineswegs überall mit einer Funktion als Diagonalstörungen zum variscischen Faltenbau gedeutet werden können (vgl. z. B. MOHR 1978: 262) und an denen sich zum Teil erhebliche saxonische Bewegungsvorgänge abspielten (MARTINI 1940; DROZDZEWSKI 1988; WREDE 1988 c, 1990) läßt darauf schließen, daß diese Störungen einem übergeordneten Bauplan im Zusammenhang mit der beginnenden alpidischen Ära angehören (P. A. ZIEGLER 1987). Diese Störungen, denen ein erheblicher Teil der Ruhrgebietsblätter zuzurechnen sein dürfte, haben dann lokal ältere Diagonalkluftrichtungen des gefalteten Basements wieder aufleben lassen und teils im Zusammenwirken mit anderen älteren Störungen, teils durch Erzeugung von Sekundärstörungsmustern die beschriebenen komplexen Bewegungsbilder geschaffen.

5.4.5 Bruchtektonik, Vererzung und Magmatismus

Die neuen Erkenntnisse über die Zeitlichkeit und Mechanik der Bruchtektonik des Ruhrkarbons zwingen dazu, die Altersstellung der örtlich an diese Störungen gebundenen Buntmetallvererzungen neu zu überdenken, die bis 1962 in verschiedenen Vorkommen abgebaut wurden (BUSCHENDORF et al. 1951 – 1961). PILGER (1961) betrachtet diese Vorkommen als variscisch, da er eine enge genetische und mechanische Beziehung zwischen der Erzabscheidung und der Bruchtektonik nachweisen konnte und sie mit hypothetischen variscischen Plutonen in Verbindung brachte (PILGER 1956 b). Die Bruchtektonik stellte er dem damaligen Kenntnisstand entsprechend in das späte Westfal bis Stefan. Unmittelbar durch Aufschluß nachgewiesen ist für die Vererzung aber lediglich die Zeitspanne von Postwestfal bis Präoberkreide durch eine Bohrung der Zeche Auguste-Victoria (PILGER 1961: 329), die eine Überlagerung des Erzgangs durch nichtmineralisierte Oberkreide-Schichten nachwies. Von BÖKER (1906: 1 120) wird allerdings eine Bleiglanzvererzung in der Oberkreide am Tertius-Sprung der Zeche General Blumenthal erwähnt. Auch von der Schachtanlage Pattberg ist eine wohl postvariscische Mineralisation beschrieben worden (HILDEN 1988).

Ohne daß die Frage der Altersstellung der Ruhrgebietsvererzung hier abschließend behandelt werden kann, muß aber darauf hingewiesen werden, daß neuere Forschungen bereits für zahlreiche andere bislang als rein variscisch betrachtete Vererzungen ein teilweise erheblich jüngeres, jungvariscisches bis saxonisches Alter nachweisen konnten beziehungsweise zumindest eine Beteiligung jüngerer Mineralisationsphasen. Insbesondere hat sich gezeigt, daß die Genese von Blei-Zinkerzgängen nicht im engeren Zusammenhang mit Plutoniten im Untergrund steht (z. B. WALTHER 1982).

So beschrieb SCHAEFFER (1984) ausführlich im nordöstlichen Sauerland verbreitete saxonische Mineralisationen. BAUMANN & WERNER (1968) sowie HARZER & PILOT (1969) zeigen für den Ostharz, daß dort neben einer variscischen auch eine bedeutende saxonische Mineralisation der Erzgänge vorliegt. Zu ähnlichen Ergebnissen kommen zum Beispiel auch BONESS (1987), LÜDERS (1988) sowie STEDINGK & STOPPEL & EHLING (1993) für den Oberharz und KRAHN et al. (1986) für die Vererzungen im Kohlenkalk des Aachener Gebiets.

HOFMANN (1979) legt anhand der Barytmineralisationen Mitteleuropas dar, daß die Entstehung der hydrothermalen Gänge nicht an orogene Phasen geknüpft ist und keine kurzzeitigen Ereignisse widerspiegelt, sondern ein säkularer Prozeß ist, „... kennzeichnend für die bruchtektonische, destruktive Zeit zwischen den Orogenesen“. Diese Ergebnisse könnten nach HOFMANN & SCHÜRENBERG (1979: 76) auch auf die barytführenden Gänge des Ruhrgebiets übertragbar sein.

Auch SCHERP & STRÜBEL (1974: 166) vermuten aufgrund ihrer Untersuchungen der Barium-Strontium-Mineralisationen im Ruhrgebiet und südlichen Westfalen ein zumindest teilweise postvariscisches Alter der Ruhrgebietsvererzungen: „Das im Vorhergehenden entworfene Bild der Barium-Strontium-Mineralisation im Rheinischen Schiefergebirge läßt vermuten, daß das Alter der Pb-Zn-Vererzung im Ruhrgebiet überprüft werden muß. Die Mineralisation, die an Nord-West – Nord-Nord-West gerichtete Störungen und zugehörige Diagonalstörungen gebunden ist, wurde bisher zumeist als varistisch angesehen. Nach den obenstehenden Ausführungen ist zu erwarten, daß tertiärzeitliche Mineralisationsphasen am Vererzungsbild zumindest wesentlich beteiligt sind.“

Besonders auch nach den Untersuchungen von SCHAEFFER (1983), der eine spät- bis postoligozäne Bleiglanz-Ankerit-Quarz-Vererzung im unmittelbar an das Ruhrkarbon angrenzenden Velberter Erzbezirk nachweisen konnte, die völlig entsprechenden Bildungen des saxonischen Mineralisationszyklus des östlichen Sauerlandes gleicht und zum Teil mit der „2-b-Generation“ des Ruhrkarbons verglichen werden kann, erscheint zumindest eine Beteiligung junger Mineralisationen an den Erzgängen des Ruhrgebiets wahrscheinlich zu sein.

Auffallend ist die zeitliche Parallelität der von SCHAEFFER (1984) aus dem Ostsauerland beschriebenen und datierten saxonischen Mineralisationsphasen mit Zeiten verstärkter Bruchtektonik im Ruhrkarbon (Abb. 98): Die Phasen III, IV und V decken sich mit den Bewegungsphasen an der Grenze Kreide/Tertiär beziehungsweise im Postoligozän im Ruhrgebiet. Die Phase II fällt in den Zeitraum Oberjura – Unterkreide, für dessen Entwicklung es im Ruhrkarbon keine Aussagemöglichkeiten gibt, während für die Phase I der postvariscischen Mineralisationen von SCHAEFFER nur die Zeitspanne Perm – Mesozoikum angegeben werden kann. Innerhalb dieser Phase lassen sich nach GRASSEGGER (1986: 390) aber insgesamt drei Phasen tektonischer Aktivität nachweisen!

An dieser Stelle sei auch auf die Blei-Zink-Vererzungen hingewiesen, die dem Kleingladbacher und Wildenrather Sprung des Erkelenzer Reviers aufsitzen (Wrede 1985 a). Diese lassen sich nach Herbst & Stadler (1969, 1971) mit der 2. Generation der Ruhrgebietsvererzung vergleichen. Sie zeigten im Aufschluß keinerlei Anzeichen einer nach der Mineralisation erfolgten tektonischen Durchbewegung, obwohl beide Störungen die Karbon-Oberfläche und das Deckgebirge durchsetzen, wobei sowohl oberkretazische Inversionsbewegungen als auch noch erhebliche Abschiebungen im Tertiär nachweisbar sind (Herbst 1954, 1958). Auch dies könnte ein Indiz für ein relativ junges Alter der Vererzungen sein.

Durch Tiefbohrungen im Bereich der Krefelder Achsenaufwölbung unmittelbar westlich des niederrheinischen Steinkohlengebiets konnten weitere vererzte Störungen innerhalb der Niederrheinischen Bucht festgestellt werden (Krahn 1988: 138; Clausen & Krahn & Stadler, im Druck). Auch für diese Vererzungen wird eine mehrphasige Entstehung mit zumindest erheblichen Anteilen postvariscischer Mineralisation angenommen.

Zusammenfassend läßt sich feststellen, daß nach der jüngeren lagerstättenkundlichen Literatur, von der hier nur eine ganz kleine Auswahl referiert werden konnte, die Genese der hydrothermalen Erzgänge im Variscischen Gebirge heute keineswegs mehr allein mit der variscischen Orogenese in zeitlichen Zusammenhang gebracht werden kann. Vielmehr deuten alle Ergebnisse darauf hin, daß die tektonische Entstehung und die Mineralisation der Erzgänge mehr- bis vielphasige Vorgänge waren, die sich über den gesamten erdgeschichtlichen Zeitraum vom Variscikum bis zum Tertiär verteilen können.

Dieses Bild steht im Einklang mit den hier dargelegten Ergebnissen über die zeitlich-tektonische Entwicklung im Ruhrkarbon. Es läßt sich generell auch mit den alten Beobachtungen in den Erzgängen des Ruhrgebiets in Einklang bringen. Dort „...ergibt sich, deutlich auf tektonischer Basis, eine Gliederung der Mineralisation in zwei Generationen, deren jede in drei Untergenerationen einzuteilen ist" (Pilger 1961: 347).

Eine exakte Datierung der unterschiedlichen Mineralisationsphasen und der ihnen zugrundeliegenden tektonischen Vorgänge war bislang noch nicht möglich und steht bis heute aus.

Bezüglich der für die Vererzung der Störungen notwendigen Hohlraumschaffung sei auf entsprechende Untersuchungen durch Sperling (1973: 130) an den Oberharzer Erzgängen verwiesen. Er stellt fest, daß für die Hohlraumschaffung weniger der Charakter der Störungen als Dehnungsfugen entscheidend ist, sondern die Tatsache, daß die Gangspalten im Streichen und Einfallen Verbiegungen auf-

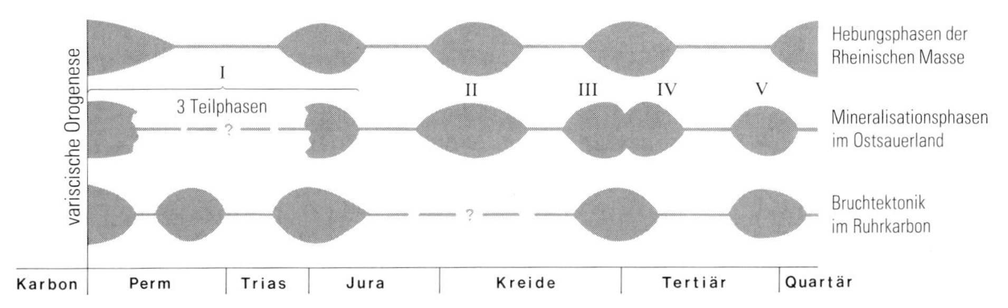

Abb. 98 Postvariscische tektonische Entwicklung im Ruhrkarbon im Vergleich zu den Mineralisationsphasen im Ostsauerland (Schaeffer 1984) und den Hebungsphasen der Rheinischen Masse (Murawski et al. 1983; vgl. auch Abb. 8, S. 25).

weisen und sich somit bei der Bewegung der Gebirgsschollen gegeneinander Hohlräume bilden können.

Wie PILGER (1961: 336) zeigte, sitzen auch die Vererzungen des Ruhrkarbons vorwiegend den im Streichen gebogenen Gangtrümern auf, während die geradlinig verlaufenden Gangabschnitte eher erzleer sind. Ferner spielen die Durchkreuzungen von Blattverschiebungen und Sprüngen eine erhebliche Rolle für die Hohlraumschaffung. Am Erzgang „Christian Levin“, der dem Prosper-Sprung aufsitzt, spielen dagegen Änderungen des Störungseinfallens eine Rolle: Wie BUSCHENDORF et al. (1951 – 1961) darlegen, ändert sich das Einfallen von 55° Südwest im höheren Teil des Gangs bis auf steiles Nordostfallen in den tiefsten Aufschlüssen. Gleichzeitig ist auch ein pendelnder Verlauf des Gangs im Streichen zu beobachten. Die genannten Autoren sehen in diesen Erscheinungen ebenfalls die Hauptfaktoren für die Hohlraumbildung im Gangverlauf. Ein weiteres sehr anschauliches Beispiel für die Hohlraumschaffung durch Wechsel im Einfallen der Störungen stellen ADLER et al. (1967: Abb. 56) aus dem Bereich des Tertius-Sprungs auf der Zeche Auguste-Victoria dar.

Schließlich müssen auch die magmatischen Erscheinungen erwähnt werden, die vor allem am Westrand des Ruhrreviers nachweisbar oder wahrscheinlich sind. Ausgehend von erzlagerstätten-genetischen Überlegungen (PILGER 1956 b) und der Feststellung lokaler Inkohlungsanomalien (M. TEICHMÜLLER & R. TEICHMÜLLER 1971 b) wurde in der Vergangenheit eine Unterlagerung des Ruhrbeckens durch synorogene Plutone angenommen, die im Bereich von lokal ausgebildeten Intrusionszungen bis in ein Niveau von ca. 2 000 m unter der heutigen Erdoberfläche aufgedrungen seien (PILGER 1956 b: Abb. 1). Diese sollten sowohl die „Erzbringer“ für die Blei-Zink-Mineralisationen und Erzgänge im Ruhrgebiet sein, als auch durch Aufheizung ihrer Dachschichten Inkohlungsanomalien verursacht haben. Ferner wurde ein Einfluß auf den Großfaltenbau und die Gestaltung einzelner tektonischer Areale (z. B. Westerholter Block, ADLER 1961) angenommen.

Die seinerzeitigen lagerstättenkundlichen Vorstellungen PILGERS über enge genetische Beziehungen zwischen Granitintrusionen und Blei-Zink-Gangvererzungen dürfen heute als überholt angesehen werden. Die Ergebnisse der Steinkohlenexplorationstätigkeit, Bohraufschlüsse (z. B. die Bohrung Münsterland 1, s. Kap. 4.3.4) und die Interpretation der Tiefenseismik (s. Kap. 5.3) haben gezeigt, daß die devonisch-karbonische Schichtenfolge unter dem flözführenden Oberkarbon wesentlich mächtiger ist, als von PILGER angenommen wurde. Auch die Existenz eines hochliegenden regionalen Abscherhorizontes, der von ihm als Intrusionsfläche vermutet wurde, hat sich nicht bestätigt (s. Kap. 5.2.3). Ebenso ist die tektonische Eigenständigkeit eines „Westerholter Blockes“ im Sinne von ADLER (1961) nach den Analysen von DROZDZEWSKI (1980 b) nicht mehr vertretbar. Nach neuen, auf eine große Fülle zusätzlicher Daten gestützten Untersuchungen zur regionalen Inkohlung treten auch die lokalen „Inkohlungshochs“, die als Ausdruck magmatischer Aufheizung gedeutet wurden, kaum noch in Erscheinung (JUCH 1991).

Für die Vorstellung eines lokal oder regional wirksamen, synorogenen Plutonismus im Untergrund des Subvariscikums gibt es demnach kaum Anhaltspunkte. Hingewiesen werden muß in diesem Zusammenhang allerdings auf das Auftreten eines Albitquarzporphyrs im Gebiet von Wuppertal-Langerfeld, der von SCHERP & SCHRÖDER (1962) beschrieben wird. Diese Intrusion wird von den Autoren in die Spätphase der asturischen Faltung eingeordnet. Sie ist wohl als Ausläufer eines spätkinematischen Magmenaufstiegs zu deuten, wie er oberflächennah im Rhenoherzynikum sonst vorwiegend nur aus dem Harz bekannt ist (Brocken- und Ramberg-Pluton).

Die wichtige Rolle, die dem unterrotliegenden Rhyolithvulkanismus beim Massenausgleich zwischen dem Variscischen Gebirge und dem Norddeutschen Becken zukommt, wurde schon in Kapitel 5.3.3 dargelegt. Im Bereich des bergbaulich erschlossenen Subvariscikums wurden allerdings bisher nur Spuren eines basaltischen Vulkanismus festgestellt. Am besten bekannt geworden sind die Basaltgänge, die im Grubenfeld Friedrich-Heinrich in Kamp-Lintfort aufgeschlossen wurden (NIEMÖLLER & STADLER & R. TEICHMÜLLER 1973, NIEMÖLLER 1989). Es handelt sich um heute völlig zersetzte, porphyrische Olivinbasalte, die innerhalb des Issumer Horstes in den Flözen Präsident/Helene und Girondelle 5 beim Abbau angetroffen wurden. Die Gänge sind maximal ca. 1 m mächtig; sie streichen Nordwest – Südost und fallen steil nach Nordosten ein. Die Streichrichtung entspricht der Hauptschlechtenrichtung in der Kohle und liegt parallel zum Streichen einiger relativ unbedeutender Blattverschiebungen innerhalb des Issumer Horstes. Eindeutige tektonische Trennflächen, denen das Magma bei seinem Aufstieg gefolgt wäre, sind aber nicht erkennbar. Der bisher westlichste aufgeschlossene Gang in Flöz Girondelle 5 ist auf fast 900 m streichender Länge bekannt (Abb. 99).

Ein weiterer Aufschlußpunkt liegt innerhalb des Sonsbeck-Kamper Sprungs, der den Issumer Horst nach Osten hin begrenzt. Dort wurde im Jahre 1960 in einer Kernbohrung ebenfalls ein völlig karbonatisierter Basalt angetroffen, der eine scheinbare Mächtigkeit von ca. 1,70 m innerhalb von kataklastischen karbonischen Tonsteinen aufwies. Schließlich treten bis ca. 20 cm große Gerölle dieses Eruptivgesteins auch in einer Brekzie auf, die bei einer Durchörterung des Sonsbeck-Kamper Sprungs rund 500 m nördlich des Bohraufschlusses innerhalb der Störungszone angetroffen wurde. Diese besteht vorwiegend aus meist gerundeten Geröllen von Karbon-Gesteinen, die meist einige Zentimeter bis Dezimeter, vereinzelt aber bis zu 3 m Größe erreichen können, in einer sandig-tonigen Grundmasse. Daneben treten rötliche Sandsteine fraglichen Rotliegend- (oder Buntsandstein-)Alters auf, sowie ganz vereinzelt auch Kohlenkalkgerölle. NIEMÖLLER & STADLER & R. TEICHMÜLLER (1973) sehen in dieser Brekzie ein bruchtektonisch in einem Spezialgraben erhalten gebliebenes Äquivalent des Zechstein-Basiskonglomerates (Zechstein 1). Da hierin bereits Eruptivgerölle auftreten, muß der Aufstieg der basaltischen Schmelze also präzechsteinzeitlich erfolgt sein, wenn diese zeitliche Zuordnung richtig ist. Da er offenkundig aber auch nach dem Abschluß der variscischen Faltung erfolgte, läßt sich die Altersstellung dieser Basalte zunächst und unter Vorbehalt auf den Zeitraum höchstes Oberkarbon – Rotliegend eingrenzen.

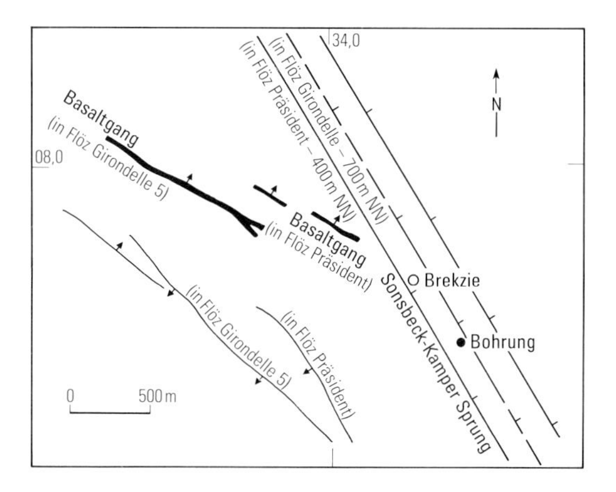

Abb. 99

Aufschlüsse von Basaltgängen im Grubenfeld Friedrich-Heinrich bei Kamp-Lintfort (Karte umgezeichnet nach NIEMÖLLER 1989)

Der Aufstieg auch dieser basaltischen Schmelzen dürfte mit tektonischen Vorgängen im Norddeutschen Becken in Zusammenhang stehen.

Von MARX (1993) wurde darauf hingewiesen, daß die Magmenentwicklung im westlichen Teil des Norddeutschen Beckens („Emsland-Vulkanitkomplex", „Zentralniedersächsischer Vulkanitkomplex") anders ablief, als im östlichen Teil („Altmark-Vulkanitkomplex"), der die Hauptmenge der rhyolithischen Magmen lieferte.

Im Westen beginnt die unterrotliegende vulkanische Abfolge mit basaltischen Andesiten und Andesiten und endet mit der Förderung von Rhyolithen im zentralniedersächsischen Eruptionskomplex. Alkali-Olivin-Basalte treten hier nur ganz lokal und erst im Oberrotliegend auf und stehen nicht in Zusammenhang mit dem Unterrotliegend-Vulkanismus.

Im Zusammenhang mit dem Auftreten dieser Basaltgänge bleiben einige offene Fragen. So ist auffallend, daß die Basaltgänge zwar tektonisch vorgezeichneten Richtungen folgen, jedoch nicht den unmittelbar benachbarten Sonsbeck-Kamper Sprung als Aufstiegsweg nutzten. Dies wird noch unverständlicher, wenn man bedenkt, daß durch die genannte Kernbohrung der Basalt auch innerhalb der Sprungzone nachgewiesen wurde. Schließlich ist es zusätzlich irritierend, daß der Basalt in einer Störungszone aufgedrungen sein soll, in deren Füllung er bereits als Geröllkomponente enthalten ist. Dieses würde mehrphasige Aktivitäten der Störungszone schon vor dem Zechstein erfordern. (Am Sonsbeck-Kamper Sprung ist in diesem Bereich eine Gesamtabschiebung von 270 m feststellbar, davon erfolgten ca. 120 m vor dem Zechstein. Die tertiären Schichten sind nicht mehr verworfen.)

Es sollte hier zumindest als Möglichkeit diskutiert werden, daß der Sonsbeck-Kamper Sprung zur Zeit des Magmenaufstiegs überhaupt noch nicht vorhanden war. Das Magma wäre dann allein in Nordwest – Südost gerichteten Klüften aufgedrungen und erstarrt. Bei dem Basaltvorkommen innerhalb der Sprungzone handelte es sich dann um ein zufällig getroffenes, tektonisch verworfenes Gangstück, sofern hier nicht überhaupt nur ein extrem großes Basaltgeröll vorliegt.

Da die Basaltgänge nach den bisher vorliegenden Aufschlüssen in diesem Gebiet nicht wesentlich höher aufgedrungen sind als bis in die tiefen Bochum-Schichten (Fl. Präsident), erklärt sich nach diesem Modell auch, weshalb sie bisher nur im Issumer Horst aufgeschlossen wurden, nicht aber in der benachbarten Lintforter Staffel: Dort ist der Bergbau noch nicht großräumig in die stratigraphisch tieferen Bereiche vorgedrungen, die als „basalthöffig" zu bezeichnen sind.

Sofern die brekziöse Füllung des Sonsbeck-Kamper Sprungs tatsächlich sedimentären Ursprungs ist (und keine tektonische Brekzie), setzt dies allerdings voraus, daß der Basalt an irgendeiner Stelle bis in das permokarbone Erosionsniveau aufgestiegen ist. Dieses dürfte ca. 150 m über dem höchsten bisher bekannten Aufschluß des Basaltes in Flöz Präsident gelegen haben.

Nach diesen Überlegungen ergibt sich folgende Altersabfolge für die Vorgänge am Sonsbeck-Kamper Sprung:

- Ende Oberkarbon: Abschluß der variscischen Faltung
- ?Rotliegend: Aufstieg der basaltischen Schmelze entlang Nordwest – Südost gerichteter Klüfte
- ?Oberrotliegend – Zechstein 1: erstes Aufreißen des Sonsbeck-Kamper Sprungs, Verwurf ca. 120 m; Erosion des Issumer Horstes und Ablagerung der Gerölle in der Tiefscholle
- Zechstein-Transgression
- Postzechstein – Prätertiär: weitere Abschiebungsbewegungen um insgesamt 150 m am Sonsbeck-Kamper Sprung

Aus dieser Abfolge ergeben sich zwangsläufig Konsequenzen zur altersmäßigen Beziehung der Nordwest-Südost-Richtungen (Blattrichtung im Ruhrkarbon) zu den Nordnordwest – Südsüdost streichenden Sprüngen in diesem Gebiet.

Kompliziert werden alle diese Überlegungen aber noch durch den Fund eines weiteren Eruptivgangs in Buntsandstein-Schichten einer Bohrung im Raum Xanten (R. Wolf, Geol. L.-Amt Nordrh.-Westf., mdl. Mitt. 1990). Es erscheint aber recht unwahrscheinlich, den Basaltgängen von Kamp-Lintfort ebenfalls ein triassisches (oder jüngeres) Alter zuzumessen. Zwar lassen sich die Sandsteingerölle in der Störungsbrekzie des Sonsbeck-Kamper Sprungs eventuell als Buntsandstein deuten, doch wäre dann das Fehlen jeglicher Zechstein-Gerölle in dieser Brekzie unerklärlich. Die Basaltgänge von Kamp-Lintfort werden mit dem „Krefelder Intrusiv" in Zusammenhang gebracht, das aufgrund geophysikalischer Untersuchungen vermutet wird (Buntebarth & Michel & R. Teichmüller 1982). Eine eindeutige Bindung dieses Körpers an bestimmte tektonische Störungen ist nicht nachzuweisen, doch deutet die Nordnordwest-Südsüdost-Erstreckung der Anomalie einen Zusammenhang mit den Sprungsystemen in diesem Teil der Niederrheinischen Bucht an. Die Altersstellung dieses Intrusivs wird von den genannten Autoren mit Vorbehalt in das „Permokarbon" gestellt.

Ebenfalls geophysikalisch nachweisbar ist ein Intrusivkörper im Erkelenzer Gebiet, der dort vor allem auch für die extrem hohe Inkohlung der Flöze verantwortlich ist (M. Teichmüller & R. Teichmüller 1971 b, Bartenstein & R. Teichmüller 1974, Wrede & Zeller 1983). Das Erkelenzer Intrusiv dürfte im Bereich des Rurrand-Sprungs aufgestiegen sein und ist von dort aus in die nordöstlich davon gelegene Scholle eingedrungen (Abb. 100; M. Teichmüller & R. Teichmüller 1971 b). Nach den Ergebnissen von Inkohlungsuntersuchungen (Patteisky & M. Teichmüller & R. Teichmüller 1962) muß der Magmenaufstieg nach dem Westfal, aber vor dem Campan erfolgt sein, da dieses keine Inkohlungsanomalie mehr zeigt. Der Rurrand geht nach dieser Vorstellung also auf eine relativ alte Anlage zurück. Dies ist insofern bemerkenswert, als an der Karbon-Oberfläche sowohl in der Horstscholle (Erkelenzer Horst) wie in der Grabenscholle (Brg. Straeten 1) etwa gleichalte Schichten anstehen und somit der Sprung, der heute über 1 000 m Verwurf für das Tertiär aufweist, erst nach Abtragung der Karbon-Schichten aktiv wurde. Die jungen Bewegungen an der Störung müssen dann auch das Intrusiv verworfen haben.

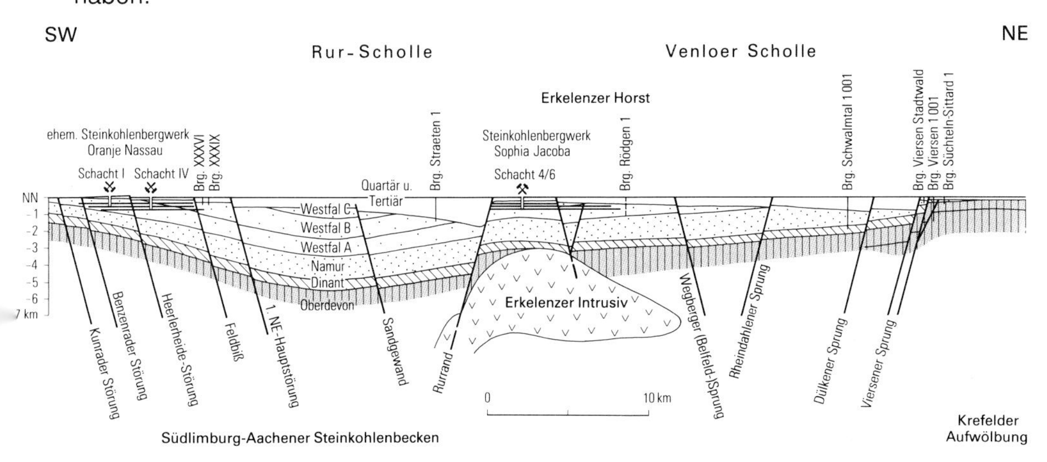

Abb. 100 Position des Erkelenzer Intrusivs im Bereich des Rurrand-Sprungs in der Niederrheinischen Bucht (aus Wrede & Hilden 1988)

6 Zusammenfassung der wichtigsten Ergebnisse und offene Fragen

Die vorliegende Publikation faßt die Ergebnisse der Untersuchungen zur „Tiefentektonik", die seit 1970 am Geologischen Landesamt Nordrhein-Westfalen erarbeitet wurden, zusammen und interpretiert sie im größeren Rahmen des Variscischen Orogens.

Das Subvariscikum stellt den Externbereich des Variscischen Orogens dar. In dieser Zone steigt die orogene Einengung von nahezu 0 % Verkürzung am nördlichen Außenrand auf bis zu ca. 50 – 60 % Verkürzung am Südrand an. Diese orogene Einengung wird praktisch ausschließlich durch Faltung und Überschiebungstektonik bewirkt; Schieferung tritt nicht auf.

Untersuchungen zu den Schichtenmächtigkeiten im Subvariscikum geben auch Einblick in seine sedimentäre Beckenentwicklung. So zeigt das Ruhrkarbon wie auch das Aachener Karbon eine klare Polarität in seiner sedimentären Entwicklung. Die größten Schichten- und Kohlenmächtigkeiten finden sich im allgemeinen am Südrand des Subvariscikums. Sie wurden in einem Südwest – Nordost gerichteten Becken abgelagert, dessen Fazieslinien überwiegend in der gleichen Richtung verlaufen. Zwei sedimentologische Befunde belegen ein Wandern der Faltung aus dem Hinterland in Richtung subvariscische Vortiefe: Ab dem höheren Westfal A verlagerten sich die Sedimentationsschwerpunkte in der Vortiefe kontinuierlich von Südosten nach Nordwesten und damit einhergehend die Bereiche optimaler Kohlebildung. Außerdem läßt sich in der Beckenachse eine Mächtigkeitsschwelle nachweisen, die vermutlich die Folge einer vororogenen Faltungswelle war, die das Ruhrbecken von Südosten nach Nordwesten durchlief (DROZDZEWSKI 1993).

Die Steinkohlenreviere stellen die mit Abstand am besten aufgeschlossenen und dokumentierten Teile des Variscischen Gebirges dar. Quer- und Längsschnittserien, die in den vorangegangenen Veröffentlichungen zur Tiefentektonik publiziert wurden (DROZDZEWSKI et al. 1980, 1985; KUNZ & WOLF & WREDE 1988) sind weitestgehend durch Aufschlüsse belegt und lassen von daher wenig Interpretationsspielräume. Die Querschnitte sind nicht nur in zweidimensionaler Hinsicht bilanziert, wie sich durch Flözlängenmessungen leicht nachweisen läßt (z. B. DROZDZEWSKI 1980 a: 38, 1980 b: 81 – 82; WREDE 1988 a: 45 – 46); sie sind über die Abbaurisse der einzelnen Flöze auch in der 3. Dimension untereinander eindeutig verknüpft (JUCH 1994, dieser Band, S. 189 – 307).

Die Grundvoraussetzungen, die zum Beispiel DAHLSTROM (1969) für die Erstellung bilanzierter Profile nennt – vor allem die Konstanz der Schichtenmächtigkeiten unter den Bedingungen konzentrischer Faltung – sind im Subvariscikum erfüllt. Es bestätigen sich auch viele seiner Folgerungen zum Beispiel in Hinblick auf das Zusammenwirken von Falten und Überschiebungen in hervorragender Weise (vgl. DAHLSTROM 1969: 746 – 747 mit Kap. 5.2.1). Wie verschiedene Beispiele zeigen, bei denen versucht wurde, die im Ruhrkarbon aufgeschlossenen Profile zum Hangenden hin als „Luftstrukturen" zu ergänzen oder zur Tiefe hin in den nicht aufgeschlossenen Untergrund hinein fortzusetzen, führt die Anwendung des Prinzips der bilanzierten Profile bei Berücksichtigung bestimmter, innerhalb des Subvariscikums häufig zu beobachtender Strukturtypen („local ground rules", DAHLSTROM 1969: 743) zu logischen und in sich „stimmigen" Resultaten (s. Taf. 1 in der Anl., Abb. 17 u. 40, S. 49 u. 84). Somit basieren die vorliegenden Untersuchungen auf der Auswertung hochgradig gesicherter und bilanzierter Profile und nicht etwa auf der Annahme von rein theoretisch begründeten Modellen.

Auch die hieraus gezogenen Folgerungen können so einen hohen Grad an Wahrscheinlichkeit beanspruchen. Sie gelten natürlich in erster Linie zunächst nur für das untersuchte Subvariscikum, das heißt für die externe Zone des Variscischen Orogens. Da den tektonischen Vorgängen aber universell gültige Naturgesetze zugrunde liegen, lassen sich viele der hier erarbeiteten Erkenntnisse unter Berücksichtigung regional-spezifischer Rahmenbedingungen auch auf andere Gebiete übertragen.

Zu diesen generell gültigen Erkenntnissen gehören sicher die Befunde zum tektonischen Stockwerkbau und seiner Überschiebungstektonik, die Zusammenhänge zwischen Faltenbau und Achsenwellung sowie die deutliche Trennung der Faltentektonik von der dehnenden Bruchtektonik.

Der Faltenbau des Subvariscikums läßt sich in drei deutlich unterscheidbare Stockwerke gliedern. So lassen sich in vertikaler Richtung Zonen mit vorwiegender Faltentektonik („1. und 3. Stockwerk") von einer Zone stärkerer Scherflächenbildung abgrenzen. Diese Überschiebungszone („2. Stockwerk") gleicht dabei die Volumenprobleme aus, die sich aus der Geometrie von vorwiegend kongruenten beziehungsweise zum Teil konzentrischen Biegefalten ergeben (NAGEL 1975). Aufgrund dieses Befundes erfüllen die streichenden Störungen des nordwestdeutschen Subvariscikums die Funktion von reinen Faltenüberschiebungen, die nicht nur lateral, sondern auch nach unten wie nach oben hin auslaufen. An diesen Überschiebungen erfolgte daher kein Schollentransport nach Norden in Richtung Vorland, sondern lediglich ein Ausgleich zwischen dem relativ engspannigen Faltenbau in der Tiefe und dem weitspannigen Faltenbau nahe der Oberfläche. Bei zur Tiefe hin gleichbleibender querschlägiger Einengung resultiert daraus ein stark disharmonischer Faltenbau, ohne daß sich aber in der Tiefe durchgängige Abscherhorizonte festlegen ließen (BRIX et al. 1988). Inwieweit ein solcher Stockwerkbau der Faltung auch in anderen Orogenbereichen verwirklicht ist, ließe sich nur anhand tiefreichender Aufschlüsse oder hochauflösender Reflexionsseismik (an denen es aber meist mangelt) überprüfen.

Weitere allgemeingültige Erkenntnisse betreffen die Achsenwellung und die Bedeutung von Vorlandstrukturen für die Faltung. So bestehen einerseits enge Beziehungen zwischen dem Faltenbau und großräumigen Achsenwellungen, wie der Krefelder oder Dortmunder Achsenaufwölbung, und belegen damit die kinematische und zeitliche Bindung der Achsenwellung an die variscische Orogenese. Andererseits beeinflußten Krustenstrukturen im Vorland den Deformationsstil und die räumliche Ausdehnung des Subvariscikums. Linksrheinisch wie auch im französisch-belgischen Namur-Becken staute sich die Faltungsfront am Brabanter Massiv zu einer schmalen, von Überschiebungs- bis Deckentektonik geprägten Zone. Im Ruhrkohlenbecken konnte sich der Faltengürtel unbehindert weit nach Norden in das nördliche Münsterland ausdehnen (Abb. 101). Eine früher angenommene niederrheinische Blattverschiebungszone größerer Bedeutung kann auch aufgrund der in jüngster Zeit geteuften Forschungsbohrungen für das Variscikum zwischen Aachener und Ruhrkohlenbecken ausgeschlossen werden (WREDE, im Druck).

Zu den überraschenden Ergebnissen der vorliegenden Untersuchungen gehört die Interpretation des Subvariscikums als autochthones Orogenvorland. Es ergeben sich weder aus den aufgeschlossenen Strukturen innerhalb des Subvariscikums oder seiner Umgebung noch aus den vorliegenden geophysikalischen Untersuchungen zwingende Argumente für eine basale Abscherung, an der die gefaltete obere Kruste von einem tieferliegenden, ungefalteten Basement entkoppelt worden wäre. Diese Feststellung zwingt zur Auseinandersetzung mit zwei Fragenkomplexen:

- Wodurch ist diese – global gesehen relativ ungewöhnlich erscheinende – Vorlandausbildung verursacht?
- Wie läßt sich bei Annahme einer autochthonen Faltung die Krustenmächtigkeit bilanzieren?

Die Antwort auf die erste Frage ergibt sich relativ eindeutig aus den erwähnten Unterschieden in der unterschiedlichen Struktur des dem Orogen im Norden vorgelagerten Vorlandes: Während die variscische Faltenfront im Westen (England, Frankreich, Belgien) auf das kaledonisch konsolidierte Brabanter Massiv stieß und einer extremen Schuppentektonik unterworfen wurde, konnten im rechtsrheinischen Abschnitt des Subvariscikums die Falten weitgehend unbehindert nach Norden hin ausklingen (vgl. Kap. 5.2.3).

Als Lösungsansatz für die zweite Frage kann die auffällige Konzentration von permokarbonen, krustalen Magmatiten gesehen werden, die sich im Norddeutschen Becken gerade dort findet, wo im südlich anschließenden Orogenbereich eine Allochthonie am unwahrscheinlichsten zu sein scheint (vgl. Kap. 5.3.3). Es wird angenommen, daß es sich bei diesen Magmatiten um die aufgeschmolzene Gebirgswurzel des nördlichen Variscikums handelt, die in der unmittelbar benachbarten Zerrungsstruktur des Norddeutschen Rotliegend-Beckens wieder ejiziert wurde.

Zu den generell gültigen Erkenntnissen der Untersuchungen gehört ferner die deutliche Trennung der Erscheinungen der einengenden Tektonik (Falten, Überschiebungen) von denen der dehnenden Bruchtektonik (Quer- und Diagonalstörungen). Hatte man bislang in beiden Systemen vorwiegend richtungsabhängig unterschiedlich ausgeprägte Auswirkungen e i n e s tektonischen Beanspruchungsplanes gesehen („einzeitige Tektonik", PILGER 1965), so stellt sich nun heraus, daß die Systeme völlig unterschiedlichen geologischen Zeiten und Beanspruchungen angehören. Die Mehrphasigkeit der vorwiegend von horizontalen und dehnenden

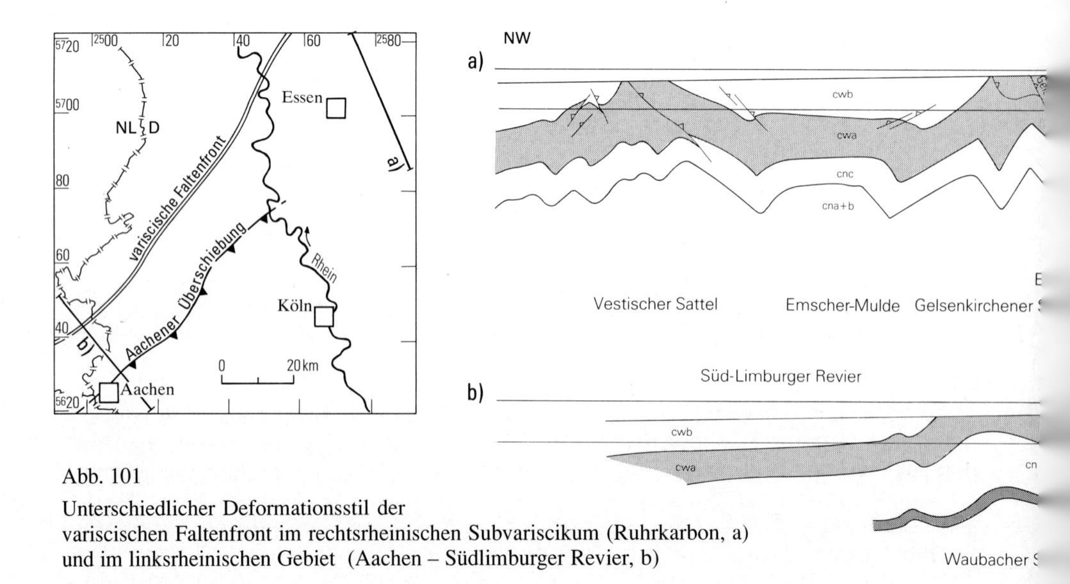

Abb. 101
Unterschiedlicher Deformationsstil der variscischen Faltenfront im rechtsrheinischen Subvariscikum (Ruhrkarbon, a) und im linksrheinischen Gebiet (Aachen – Südlimburger Revier, b)

Vorgängen bestimmten postvariscischen Bruchtektonik erschwert gegenwärtig noch die Entschlüsselung dieser Vorgänge im einzelnen. Ein Blick auf andere, dem Subvariscikum ähnliche Gebiete (Lütticher Becken, Appalachen usw.) zeigt aber, daß generell einengende Tektonik nicht unbedingt mit dehnender Tektonik verknüpft sein muß.

Die vorliegenden Untersuchungen konnten keineswegs alle Fragen im Zusammenhang mit der Tektonik des Subvariscikums klären. Die hier vorgestellten Ergebnisse sollen vielmehr zu weitergehenden Untersuchungen anregen und das durch den Bergbau über Jahrzehnte hin angesammelte, in Umfang und Vollständigkeit der Dokumentation einzigartige Datenmaterial in die geologische Diskussion einbringen.

Einige der Probleme, die einer weitergehenden Klärung bedürfen, seien hier beispielhaft aufgelistet:

- Die Interpretation des Subvariscikums als autochthoner Einheit wird sicher eine kontroverse Diskussion hervorrufen und bedarf zu ihrer endgültigen Bestätigung (oder Widerlegung) weiterer Untersuchungen auch im Vergleich zu anderen Bereichen des Variscischen Orogens und den Externzonen anderer Orogene. Dabei sollte aber bewußt zwischen der Interpretation eindeutiger Aufschlußdaten und der Diskussion von Modellen differenziert werden, die ausschließlich auf geophysikalischen Messungen beruhen. Das bereits erwähnte Beispiel der KTB-Bohrung (s. S. 126) zeigt, daß derartige Modelle ohne enge Rückkoppelung mit der Feldgeologie leicht zu zwar logischen, trotzdem aber nicht unbedingt realistischen Interpretationen führen können.
- Eine grundlegende Fragestellung ist die nach der materialinternen Deformation des Gesteins schon vor und während der Orogenese. Die bislang vorliegenden Daten sind nicht eindeutig (Kap. 5.2.2) und sollten durch neue, systematische Untersuchungen ergänzt werden. In diesem Zusammenhang ist zum Beispiel auch das Verhältnis von Diagenese und Inkohlung zur Tektonik von Interesse. Zu dieser Frage haben sich in den letzten Jahren neue Aspekte ergeben, denen weiter nachgegangen werden sollte (JUCH 1991).

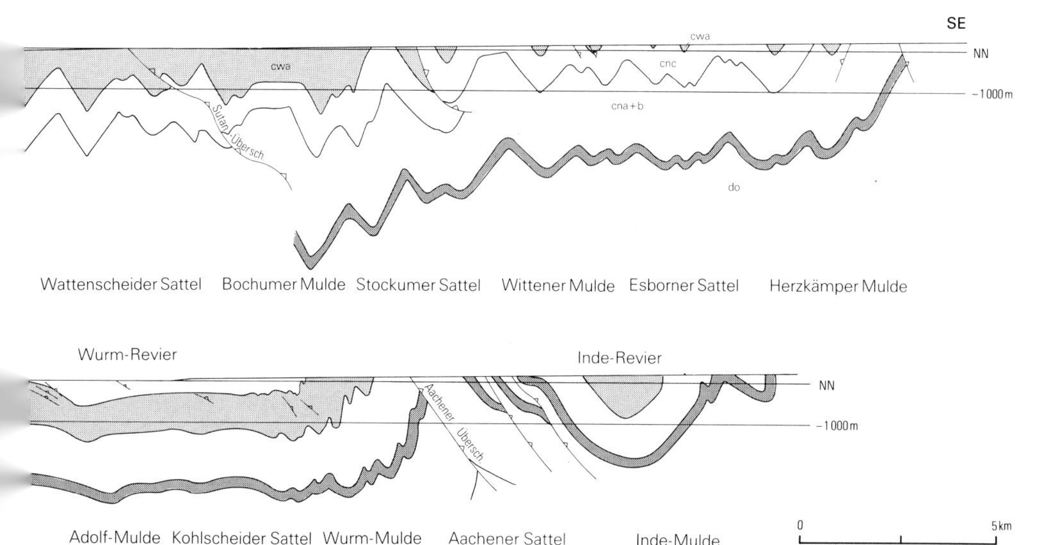

- Ein bislang noch nicht befriedigend geklärtes Problem innerhalb der Tektonik des Subvariscikums ist die Steuerung der Stockwerktektonik über die Achsenwellung. Es ist nicht ohne weiteres verständlich, weshalb sich in den Achsendepressionsgebieten, in denen eher mit einer stärkeren Auflast während der Faltung zu rechnen ist, die einzelnen tektonischen Stockwerke zur Tiefe hin verschieben. Es ist bislang auch nicht absolut sicher, daß dieser Effekt, der im Ruhrkarbon und im Aachener Karbon völlig eindeutig belegt ist, überall auftritt: Im Bereich der Krefelder Achsenaufwölbung, die diese beiden Gebiete trennt, scheint eine eher gegenteilige Entwicklung vorzuliegen (R. WOLF 1985; WREDE, im Druck).

Stellt man so die Ergebnisse der bisherigen Untersuchungen zur Strukturgeologie des Subvariscikums den offenen Problemen gegenüber, so wird deutlich, daß bisher nur Zwischenergebnisse erreicht sind. Die Zusammenfassung der Zwischenergebnisse erlaubt nun aber eine konzentrierte Fortführung der Diskussion sowohl in Hinblick auf die Anwendung der Erkenntnisse im Bergbau, wie aber auch in Hinblick auf die Vorstellungen zum Ablauf und zum Formeninventar der variscischen Orogenese.

7 Schriftenverzeichnis

Schriften

ADLER, R. E. (1961): Der „Westerholter Block", eine tektonische Einheit des Ruhrkarbons. – Bergbauwissenschaften, **8:** 428 – 430; Goslar.

ADLER, R. E. (1974): Ein Beitrag zur Angewandten Tektonik im Ruhrkarbon. – Forsch.-Ber. Land Nordrh.-Westf., **2386:** 135 S., 12 Abb., 10 Tab.; Köln, Opladen (Westdt. Verl.).

ADLER, R. E., & FENCHEL, W., & MARTINI, H. J., & PILGER, A. (1967): Einige Grundlagen der Tektonik, Tl. 2, Die tektonischen Trennflächen. – Clausthaler. tekt. H., **3:** 94 S., 67 Abb., 1 Tab.; Clausthal-Zellerfeld.

ADLER, R., & FENCHEL, W., & PILGER, A. (1961): Statistische Methoden in der Tektonik, Tl. 2. – Clausthaler tekt. H., **4:** 111 S., 79 Abb.; Clausthal-Zellerfeld.

AMPFERER, O. (1942): Zum Bewegungsbild des Niederrheinisch-Westfälischen Steinkohlengebietes. – Z. dt. geol. Ges., **94:** 292 – 306, 13 Abb.; Berlin.

ANDERSON, H.-J., & BOSCH, M. VAN DEN, & BRAUN, F. J., & DROZDZEWSKI, G., & HILDEN, H. D., & HOYER, P., & KNAPP, G., & REHAGEN, H.-W., & STADLER, G., & TEICHMÜLLER, R., & THIERMANN, A., & VOGLER, H. (1987): Erläuterungen zu Blatt C 4306 Recklinghausen. – Geol. Kt. Nordrh.-Westf. 1 : 100 000, Erl., **C 4306,** 2. Aufl.: 124 S., 9 Abb., 12 Tab.; Krefeld.

ARNDT, R., & LEHMANN, F., & WEBER, V., & SKALA, W., & WALLRAFEN, G., & FRIEG, C., & GELBKE, CH., & HEIL, R. W., & KUNZ, E., & MÜLLER, W., & REIMERS, L. E., & STRACK, Ä. (1988): Erkundung des Südteiles der Erkelenzer Anthrazitlagerstätte. – BMFT-FB-T, **0326518 A:** 76 S., 86 Anl.; Bonn (B.-Minist. Forsch. u. Technol.). – [Unveröff.]

ARNETZL, H. (1978): Möglichkeiten reflexionsseismischer Messungen zur Lagerstättenaufklärung auf Steinkohle. – Z. Förderer Bergbau u. Hüttenwes. Techn. Univ. Berlin e. V., **12** (2): 1 – 3; Berlin.

ARNETZL, H. (1980): Three-dimensional reflection seismic coal field exploration, a highly modern tool for mine planning. – Mine Planning and Development Symp., 1. internat., 1980, Beidaihe (China), Proc.: 33 S., 31 Abb.; San Francisco (Miller Freeman Publ.).

ARNETZL, H., & KLESSA, M., & RAU, H. F. (1982): Zu Fragen der seismischen Lagerstättenerkundung auf Steinkohle. – Bergbau, **33** (5): 239 – 250, 13 Abb.; Gütersloh.

ARNOLD, H. (1964): Die höhere Oberkreide im nordwestlichen Münsterland. – Fortschr. Geol. Rheinld. u. Westf., **7:** 649 – 678, 6 Abb., 3 Tab.; Krefeld.

BABINECZ, W. (1962): Das Inkohlungsbild des Aachener Steinkohlengebirges, dargestellt im Niveau des Flözes Großlangenberg. – Fortschr. Geol. Rheinld. u. Westf., **3** (2): 679 – 686, 1 Abb.; Krefeld.

BACHMANN, M., & MICHELAU, P., & RABITZ, A. (1971): Stratigraphie. – Fortschr. Geol. Rheinld. u. Westf., **19:** 19 – 34, 6 Abb., 1 Tab., 1 Taf.; Krefeld.

BALLY, A. W., & OLDOW, J. S. (1984): Plate Tectonics, Structural styles and the evolution of sedimentary basins. A course for 1984 Fossil fuels of Europe Conference and Exhibition. – 238 S., 80 Abb.; Tulsa/Okla. (AAPG).

BANKS, C. J., & WARBURTON, J. (1986): Passive-roof duplex geometry in the frontal structures of the Kirthar and Suleiman mountain belts, Pakistan. – J. struct. Geol., **8:** 229 – 237; Oxford.

BARNETT, J. A. M., & MORTIMER, J., & RIPPON, J. H., & WALSH, J. J., & WATERSON, J. (1987): Displacement geometry in the volume containing a single normal fault. – Bull. amer. Assoc. Petrol. Geol., **71:** 925 – 937, 13 Abb.; Tulsa/Okla.

BARROIS, Ch., & BERTRAND, P., & PRUVOST, P. (1932): Le conglomérat houiller de Roucourt. – Congr. internat. Mines, Métallurg., Géol. appl., 6. Sess., 1932, Liège: 147 – 158, 4 Abb., 4 Taf.; Liège.

BARTENSTEIN, H., & TEICHMÜLLER, R. (1974): Inkohlungsuntersuchungen, ein Schlüssel zur Prospektierung von paläozoischen Kohlenwasserstoff-Lagerstätten? – Fortschr. Geol. Rheinld. u. Westf., **24:** 129 – 160, 17 Abb., 1 Tab.; Krefeld.

BÄRTLING, R. (1921): Transgressionen, Regressionen und Faziesverteilung in der Mittleren und Oberen Kreide des Beckens von Münster. – Z. dt. geol. Ges., **72** (Abh.): 161 – 217, 3 Tab., 3 Taf.; Berlin.

BÄRTLING, R. (1927): Zum Faltungsproblem des westfälischen Oberkarbons. – Z. dt. geol. Ges., **78** (Mber.): 66 – 69; Berlin.

BÄRTLING, R. (1928): Das Verhältnis zwischen Sedimentation und Tektonik im Ruhrbezirk. – Congr. Avancem. Ét. Stratigr. Carbonif., 1., 1927, Heerlen, C. R.: 53 – 82, 5 Abb.; Liège.

BAUER, G. (1956): Hakenbildung an Spateisensteingängen des Siegerlandes. – Z. dt. geol. Ges., **108:** 57 – 65, 12 Abb.; Hannover.

BAUER, G., & EBERT, A., & HESEMANN, J., & KAMP, H. VON, & MÜLLER, D., & PIETZNER, H., & PODUFAL, P., & SCHERP, A., & WELLNER, F.-W. (1979), mit Beitr. von ARNOLD, O., & ECKHARDT, H., & HERBST, F.: Die Blei-Zink-Erzlagerstätten von Ramsbeck und Umgebung. – Geol. Jb., **D 33:** V – XVI, 377 S., 88 Abb., 52 Tab., 35 Taf.; Hannover. – [Monogr. dt. Blei-Zink-Erzlagerst., **6**]

BAUMANN, L., & WERNER, C. D. (1968): Die Gangmineralisation des Harzes und ihre Analogien zum Erzgebirge und zu Thüringen. – Ber. dt. Ges. geol. Wiss., (B) **13:** 525 – 548; Berlin.

BEDERKE, E. (1962): Das Alter der Harzfaltung. – N. Jb. Geol. Paläont., Mh., **1962:** 24 – 28; Stuttgart.

BEHR, H. J. (1993): Postherzynische Extensionsstrukturen in DEKORP-Profilen. – DEKORP-Koll., 10., 1993, Hannover, Abstr.: 1 S.; Hannover.

BEHR, H. J., & HEINRICHS, T. (1987): Geological interpretation of DEKORP 2-S. A deep seismic reflection profile across the Saxothuringian and possible implications for the Late Variscan structural evolution of Central Europe. – Tectonophysics, **142:** 173 – 202, 12 Abb.; Amsterdam.

BENDER, F. [Hrsg.] (1986): Untersuchungsmethoden für Metall- und Nichtmetallrohstoffe, Kernenergierohstoffe, feste Brennstoffe und bituminöse Gesteine. – Angew. Geowiss., **4:** 422 S., 156 Abb., 101 Tab.; Stuttgart (Enke).

BENEK, R., & KATZUNG, G., & RÖLLIG, G. (1976): Variszischer subsequenter Vulkanismus und tektogene Entwicklung im Gebiet der DDR. – Jb. Geol., **7/8:** 17 – 31, 4 Abb.; Berlin.

BERTHELSEN, A. (1992): Mobile Europe. – In: BLUNDELL, D., & FREEMAN, R., & MÜLLERS, S. [Hrsg.]: A continent reveald – The European Geotraverse: 11 – 32, 7 Abb.; Cambridge (Cambr. Univ. Press).

BIDDLE, K. T., & CHRISTIE-BLICK, N. (1985): Glossary – Strike-slip deformation, basin formation, and sedimentation. – In: Strike-slip deformation, basin formation, and sedimentation. – Soc. econ. Palaeont. Mineral., spec. publ., **37:** 375 – 386, 3 Abb.; Tulsa/Okla.

BLESS, M. J. M. (1982): The Famennian and Dinantian in the boreholes Heugem 1/1 a and Kastanjelaan 2 (Maastricht, the Netherlands): Summary of results. – Publ. natuurhist. Genoot. Limburg, **32:** 56 – 58, 3 Abb.; Maastricht.

BLESS, M. J. M., & BOONEN, P., & BOUCKAERT, J., & BRAUCKMANN, C., & CONIL, R., & DUSAR, M., & FELDER, P. J., & FELDER, W. M., & GÖKDAG, H., & KOCKEL, F., & LALOUX, M., & LANGGUTH, H. R., & MEERMOHR, C. G. VAN DER, & MEESSEN, J. P. M. TH., & OPHETVELD, F., & PAPROTH, E., & PIETZNER, H., & PLUM, J., & POTY, E., & SCHERP, A., & SCHULZ, R., & STREEL, M., & THOREZ, J., & ROOIJEN, P. VAN, & VANGUESTAINE, M., & VIESLET, J. L., & WIERSMA, D. J., & WINKLER PRINS, C. F., & WOLF, M. (1981): Preliminary report on Lower Tertiary – Upper Cretaceous and Dinantian Famennian rocks in the boreholes Heugem-1/1a and Kastanjelaan-2 (Maastricht, the Netherlands). – Meded. Rijks geol. Dienst, **35 – 15:** 333 – 415, 8 Abb., 22 Taf., 4 Beil.; Heerlen.

BLESS, M. J. M., & BOSUM, W., & BOUCKAERT, J., & DÜRBAUM, H., & KOCKEL, F., & PAPROTH, E., & QUERFURTH, H., & ROOYEN, P. VAN (1980): Geophysikalische Untersuchungen am Ostrand des Brabanter Massivs in Belgien, den Niederlanden und der Bundesrepublik Deutschland. – Meded. Rijks geol. Dienst, **32 – 17:** 313 – 343, 12 Abb., 1 Taf., 12 Anl.; Heerlen.

BLESS, M. J. M., & BOUCKAERT, J., & PAPROTH, E. (1980): Tektonischer Rahmen und Sedimentationsbedingungen im Prä-Perm einiger Gebiete NW-Europas. – Z. dt. geol. Ges., **131:** 699 – 713, 9 Abb.; Hannover.

BLESS, M. J. M., & BOUCKAERT, J., & PAPROTH, E. (1989): The Dinant nappes: A model of tensional listric faulting inverted into compressional folding and thrusting. – Bull. Soc. belge Géol., **98-2:** 221 – 230, 14 Abb.; Bruxelles.

BLESS, M. J. M., & PAPROTH, E. (1989): Diachronism and tripartition of peat accumulation in paralic paleoenvironments, Carboniferous and Cenozoic sequences in northwestern Europe. – Internat. J. Coal Geol., **12:** 349 – 364, 8 Abb.; Amsterdam.

BÖKE, E. (1963): Rupturen in Kreide und Karbon am Südrand des Kreidebeckens von Münster. – Forsch.-Ber. Land Nordrh.-Westf., **1315:** 58 S., 40 Abb., 2 Taf., 2 Anl.; Köln, Opladen (Westdt. Verl.).

BÖKER, H. E. (1906): Die Mineralausfüllungen der Querverwerfungsspalten im Bergrevier Werden und einigen angrenzenden Gebieten. – Glückauf, **42:** 1 065 – 1 083, 1 101 – 1 120, 14 Abb., 1 Taf.; Essen.

BOLSENKÖTTER, H. (1955): Feintektonische Untersuchungen an Schlechten und Klüften in Steinkohlenflözen des Ruhrgebiets. – Geol. Rdsch., **44:** 443 – 472, 29 Abb., 1 Taf.; Stuttgart.

BONESS, M. (1987): Die radiometrische Altersbestimmung der Pb-Zn-Lagerstätte Grund (Harz) nach der Rb/Sr-Methode. – Diss. Univ. Göttingen: 169 S., 22 Abb.; Göttingen.

BORNEMANN, O. (1980): Tiefentektonik der Lippe- und Lüdinghausener Hauptmulde. – In: DROZDZEWSKI, G., & BORNEMANN, O., & KUNZ, E., & WREDE, V.: Beiträge zur Tiefentektonik des Ruhrkarbons: 173 – 191, 2 Abb., 9 Taf.; Krefeld (Geol. L.-Amt Nordrh.-Westf.).

BORNEMANN, O., & JUCH, D. (1979): Tektonische Auswertungen von seismischen Profilen und Bohrungen im Ruhrkarbon. – Z. dt. geol. Ges., **130:** 77 – 91, 17 Abb.; Hannover.

Böttcher, H. (1925): Die Tektonik der Bochumer Mulde zwischen Dortmund und Bochum und das Problem der westfälischen Karbonfaltung. – Glückauf, **61:** 1 145 – 1 153, 1 189 – 1 194, 6 Abb., 1 Taf.; Essen.

Böttcher, H. (1927): Faltungsformen und primäre Diskordanzen im niedrrheinisch-westfälischen Steinkohlengebirge. – Glückauf, **63:** 113 – 121, 22 Abb., 2 Übers.; Essen.

Böttcher, H. (1942): Über die versenkte Faltung und das hypothetische variscische Hochgebirge im Ruhrbezirk. – Z. dt. geol. Ges., **94:** 307 – 323, 5 Abb.; Berlin.

Böttcher, H. (1943): Gesetzmäßige Tiefenverformungen der Lagerstätten im niederrheinisch-westfälischen Steinkohlengebirge und ihre Deutung. – Glückauf, **79:** 193 – 205, 16 Abb.; Essen.

Boyer, S. E., & Elliott, D. (1982): Thrust systems. – Bull. amer. Assoc. Petrol. Geol., **66:** 1 196 – 1 230; Tulsa/Okla.

Breddin, H. (1929): Die Bruchfaltentektonik des Kreidedeckgebirges im nordwestlichen Teil des rheinisch-westfälischen Steinkohlenbeckens. – Glückauf, **65** (34): 1 157 – 1 168; **65** (35): 1 193 – 1 198, 10 Abb., 1 Taf.; Essen.

Breddin, H. (1956): Tektonische Gesteinsdeformation im Karbongürtel Westdeutschlands und Süd-Limburgs. – Z. dt. geol. Ges., **107:** 231 – 260, 8 Abb., 2 Tab., 3 Taf.; Hannover.

Breddin, H. (1958 a): Tektonische Gesteinsdeformation im Karbongürtel Westdeutschlands und Süd-Limburgs. – N. Jb. Geol. Paläont., Mh., **1958:** 172 – 188, 4 Abb.; Stuttgart.

Breddin, H. (1958 b): Tektonisch deformierte Fossilien von der Zeche Mathias Stinnes in der Emscher-Mulde und ihre Bedeutung für Tektonik und Paläontologie des Ruhrkarbons. – Glückauf, **94:** 1 095 – 1 101, 7 Abb.; Essen.

Breddin, H. (1963): Neue Erkenntnisse zur Geologie der Aachener Thermalquellen. – Geol. Mitt., **1:** 211 – 238, 6 Abb., 2 Taf.; Aachen.

Breddin, H., & Brühl, H., & Dieler, H. (1963): Das Blatt Aachen-Nordwest der praktisch-geologischen Grundkarte 1 : 5 000 des Aachener Stadtgebietes. – Geol. Mitt., **1:** 251 – 428, 86 Abb., 3 Tab., 2 Taf., 3 Anl.; Aachen.

Breddin, H. & Furtak, H. (1963): Zur Geometrie asymmetrischer Falten. – Geol. Mitt., **3:** 197 – 219, 8 Abb.; Aachen.

Brix, M. R., & Drozdzewski, G., & Greiling, R. O., & Wolf, R., & Wrede, V. (1987): Structural Style of a Buried Thrust Front: the North Variscan Margin of the Ruhr Area (Ruhrkarbon). – Terra cognita, **7:** 51; Strasbourg.

Brix, M. R., & Drozdzewski, G., & Greiling, R. O., & Wolf, R., & Wrede, V. (1988): The N Variscan margin of the Ruhr coal district (Western Germany): structural style of a buried thrust front? – Geol. Rdsch., **77:** 115 – 126, 13 Abb.; Stuttgart.

Brix, M. R., & Schwarz, H. U., & Vollbrecht, A. (1985): Tektonische Experimente als Beitrag zu Strukturanalysen im Ruhrkarbon. – Glückauf-Forsch.-H., **46:** 192 – 199, 14 Abb.; Essen.

Bundesanstalt für Geowissenschaften und Rohstoffe [Hrsg.] (1968 – 1988): Deutsches Handwörterbuch der Tektonik, 1. – 10. Lfg. – Losebl.-Ausg., zahlr. Abb. u. Tab.; Hannover.

Buntebarth, G., & Michel, W., & Teichmüller, R. (1982): Das permokarbonische Intrusiv von Krefeld und seine Einwirkung auf die Karbon-Kohlen am linken Niederrhein. – Fortschr. Geol. Rheinld. u. Westf., **30:** 31 – 45, 8 Abb., 2 Tab.; Krefeld.

Burkhardt, R., & Polysos, N. (1981): Photolineationen im Bereich des Ruhrgebiets und der Niederrheinischen Bucht und ihre tektonische Interpretation. – Glückauf-Forsch.-H., **42** (5): 187 – 193, 12 Abb.; Essen.

Buschendorf, F., & Hesemann, J., & Pilger, A., & Stolze, F., & Walther, H. W. (1951 – 1961): Die Blei-Zinkvorkommen des Ruhrgebietes und seiner Umrandung. – Beih. geol. Jb., **3:** 184 S., 96 Abb., 4 Taf. [Lfg. 1]; **28:** 163 S., 85 Abb., 21 Taf. [Lfg. 2]; **40:** 385 S., 162 Abb., 20 Taf. [Lfg. 3]; Hannover. – [Monogr. dt. Blei-Zink-Erzlagerst., **1**]

BUTLER, R. (1982): The terminology of structures in thrust belts. – J. struct. Geol., **4:** 239 – 247; Oxford.

BÜTTNER, D., & ENGEL, H., & JUCH, D., & ROOS, W.-F., & STEINBERG, L., & THOMSEN, A., & WOLFF, M. (1985): Kohlenvorratsberechnung in den Steinkohlenlagerstätten Nordrhein-Westfalens und im Saarland. – BMFT-FB-T, **85-147:** 208 S., 72 Abb., 7 Tab.; Bonn (B.-Minist. Forsch. u. Technol.).

BUXTORF, A. (1916): Prognosen und Befunde beim Hauensteinbasis- und Grenchenbergtunnel und die Bedeutung der letzteren für die Geologie des Juragebirges. – Verh. naturforsch. Ges. Basel, **27:** 185 – 254, 1 Abb., 4 Taf.; Basel.

CAZES, M., & TORREILLES, G. [Hrsg.] (1989): Étude de la croûte terrestre par sismique profonde. Profil Nord de la France, structure hercynienne. – Edn. Techn., Text-Bd.: XXXI u. 260 S., 133 Abb.; Taf.-Bd: 15 Taf.; Paris.

CHILDS, C., & WALSH, J. J., & WATTERSON, J. (1990): A Method for Estimation of the Density of Fault Displacements below the Limits of Seismic Resolution in Reservoir Formations. – North Sea Oil and Gas Reserv., **2:** 309 – 318, 17 Abb.; (Norweg. Inst. Technol.). – [Erscheinungsort nicht zu ermitteln]

CLAUSEN, C.-D., & JÖDICKE, H., & TEICHMÜLLER, R. (1982): Geklärte und ungeklärte Probleme im Krefelder und Lippstädter Gewölbe. – Fortschr. Geol. Rheinld. u. Westf., **30:** 413 – 432, 2 Taf.; Krefeld.

CLAUSEN, C.-D., & KRAHN, L., & STADLER, G.: Syn- und epigenetische Mineralisationen im Untergrund der Niederrheinischen Bucht. – Fortschr. Geol. Rheinld. u. Westf., **37;** Krefeld. – [Im Druck]

CLAUSEN, C.-D., & TEICHMÜLLER, M. (1982): Die Bedeutung der Graptolithenfragmente im Paläozoikum von Soest-Erwitte für Stratigraphie und Inkohlung. – Fortschr. Geol. Rheinld. u. Westf., **30:** 145 – 167, 2 Abb., 4 Taf.; Krefeld.

CLOOS, H. (1940): Über Achsenrampen. – Geol. Rdsch., **31:** 227 – 229, 2 Abb.; Stuttgart.

COBBOLD, P. R., & COSGROVE, J. W., & SUMMERS, J. M. (1971): Development of internal structures in deformed anisotropic rocks. – Tectonophysics, **12:** 23 – 53, 21 Abb.; Amsterdam.

COOPER, M. A., & WILLIAMS, G. J. [Hrsg.] (1989): Inversion Tectonics. – Geol. Soc. spec. Pupl., **44:** 375 S., 3 Taf.; London.

CREMER, L. (1894): Die Überschiebungen des westfälischen Steinkohlengebirges. Ein Beitrag zur dynamischen und architektonischen Geologie. – Glückauf, **30:** 1 089 – 1 093, 1 107 – 1 111, 1 125 – 1 127 u. 1 150 – 1 153, 37 Abb.; Essen.

CREMER, L., & MENTZEL, H. (1903): Theorie der Gebirgsfaltung und der Verwerfungen. – In: Verein bergbauliche Interessen Oberbergamtsbezirk Dortmund [Hrsg.]: Die Entwicklung des niederrheinisch-westfälischen Steinkohlen-Bergbaus in der zweiten Hälfte des 19. Jahrhunderts, **1,** Geologie, Markscheidewesen: 118 – 156, 15 Abb., 5 Taf.; Berlin (Springer).

DAHLSTROM, C. D. A. (1969): Balanced cross sections. – Canad. J. Earth Sci., **6:** 743 – 757, 15 Abb.; Calgary.

DAHLSTROM, C. D. A. (1970): Structural geology in the eastern margin of Canadian Rocky Mountains. – Bull. canad. Petrol. Geol., **18:** 322 – 406; Calgary.

DARTON, N. H. (1940): Some Structural Features of the Northern Anthracite Coal Basin, Pennsylvania. – Prof. Pap. U. S. Geol. Surv., **163:** 69 – 81, 19 Abb., 10 Taf.; Washington.

DAVIS, D., & SUPPE, J., & DAHLEN, F. A. (1983): Mechanics of fold and thrust belts and accretionary wedges. – J. geophys. Res., **88:** 1 153 – 1 172; Washington.

DEKORP Research Group (1990): Crustal structure of the Rhenish Massif: results of deep seismic reflection, lines DEKORP 2-North and 2-North-Q. – Geol. Rdsch., **79** (3): 523 – 566; Stuttgart.

DIN 21 900 (1951): Markscheidewesen; Bergmännisches Rißwerk, Richtlinien für Herstellung und Ausgestaltung. – Berlin, Köln (Beuth).

DROZDZEWSKI, G. (1973): Beziehungen zwischen Großtektonik und Stockwerktektonik im Ruhrkarbon. – Z. dt. geol. Ges., **124:** 177 – 189, 5 Abb., 1 Tab.; Hannover.

DROZDZEWSKI, G. (1979): Grundmuster der Falten- und Bruchstrukturen im Ruhrkarbon. – Z. dt. geol. Ges., **130:** 51 – 67, 9 Abb.; Hannover.

DROZDZEWSKI, G. (1980 a): Zielsetzung, Methodik und Ergebnisse des Untersuchungsvorhabens „Tiefentektonik des Ruhrkarbons". – In: DROZDZEWSKI, G., & BORNEMANN, O., & KUNZ, E., & WREDE, V.: Beiträge zur Tiefentektonik des Ruhrkarbons: 15 – 43, 19 Abb.; Krefeld (Geol. L.-Amt Nordrh.-Westf.).

DROZDZEWSKI, G. (1980 b): Tiefentektonik der Emscher- und Essener Hauptmulde im mittleren Ruhrgebiet. – In: DROZDZEWSKI, G., & BORNEMANN, O., & KUNZ, E., & WREDE, V.: Beiträge zur Tiefentektonik des Ruhrkarbons: 45 – 83, 23 Abb., 1 Tab., 7 Taf.; Krefeld (Geol. L.-Amt Nordrh.-Westf.).

DROZDZEWSKI, G. (1982 a): Beurteilung tektonischer Untersuchungsmethoden in Explorationsbereichen des Ruhrbergbaus. – Zweites Programm Energieforschung und Energietechnologien. Statusreport 1982, Geotechn. u. Lagerst., **2:** 567 – 582, 4 Abb.; Jülich (Projektleit. Energieforsch.; KFA).

DROZDZEWSKI, G. (1982 b): Horizontale Verschiebungen an Quer- und Diagonalstörungen im Ruhrrevier. – Fortschr. Geol. Rheinld. u. Westf., **30:** 47 – 60, 5 Abb.; Krefeld.

DROZDZEWSKI, G. (1982 c): Faltenbau und Störungstektonik im südlichen Ruhrgebiet. – Hauptversamml. dt. geol. Ges., 134., 1982, Bochum, Exk.-Führer, Exk. F: 85 – 101, 9 Abb.; Bochum.

DROZDZEWSKI, G. (1983): Tectonics of the Ruhr District, Illustrated by Reflection Seismic Profiles. – Amer. Assoc. Petrol. Geol., Stud. geol., **15** (3): 3.4.1-3 – 3.4.1-7, 1 Abb., 5 Taf.; Tulsa/Okla.

DROZDZEWSKI, G. (1985 a): Tiefentektonik der Emscher- und Essener Hauptmulde im westlichen Ruhrgebiet. – In: DROZDZEWSKI, G., & ENGEL, H., & WOLF, R., & WREDE, V.: Beiträge zur Tiefentektonik westdeutscher Steinkohlenlagerstätten: 169 – 188, 12 Abb., 4 Taf.; Krefeld (Geol. L.-Amt Nordrh.-Westf.).

DROZDZEWSKI, G. (1985 b): Tiefentektonik der Ibbenbürener Karbon-Scholle. – In: DROZDZEWSKI, G., & ENGEL, H., & WOLF, R., & WREDE, V.: Beiträge zur Tiefentektonik westdeutscher Steinkohlenlagerstätten: 189 – 216, 18 Abb., 5 Taf.; Krefeld (Geol. L.-Amt Nordrh.-Westf.).

DROZDZEWSKI, G. (1988): Die Wurzel der Osning-Überschiebung und der Mechanismus herzynischer Inversionsstörungen in Mitteleuropa. – Geol. Rdsch., **77:** 127 – 141, 9 Abb.; Stuttgart.

DROZDZEWSKI, G. (1992): Zur Faziesentwicklung im Oberkarbon des Ruhrbeckens, abgeleitet aus Mächtigkeitskarten und lithostratigraphischen Gesamtprofilen. – Z. angew. Geol., **38:** 41 – 48, 9 Abb.; Hannover.

DROZDZEWSKI, G. (1993): The Ruhr coal basin (Germany). Structural evolution of an autochthonous foreland basin. – Internat. J. Coal Geol., **23:** 231 – 250, 11 Abb.; Amsterdam.

DROZDZEWSKI, G., & BORNEMANN, O., & KUNZ, E., & WREDE, V. (1980): Beiträge zur Tiefentektonik des Ruhrkarbons. – Text-Bd.: 192 S., 108 Abb., 7 Tab.; Anl.-Bd.: 31 Taf.; Krefeld (Geol. L.-Amt Nordrh.-Westf.).

DROZDZEWSKI, G., & ENGEL, H., & WOLF, R., & WREDE, V. (1985): Beiträge zur Tiefentektonik westdeutscher Steinkohlenlagerstätten. – Text-Bd.: 236 S., 149 Abb., 7 Tab.; Anl.-Bd.: 33 Taf.; Krefeld (Geol. L.-Amt Nordrh.-Westf.).

DROZDZEWSKI, G., & HEWIG, R., & VIETH-REDEMANN, A. (1985): Struktur und Inkohlung des Auguste-Victoria-Antiklinoriums bei Haltern (nördliches Ruhrkarbon). – Fortschr. Geol. Rheinld. u. Westf., **33:** 51 – 88, 16 Abb., 3 Tab., 2 Taf.; Krefeld.

DROZDZEWSKI, G., & WREDE, V. (1989): Die Überschiebungen des Ruhrkarbons als Elemente seines Stockwerkbaus, erläutert an Aufschlußbildern aus dem südlichen Ruhrgebiet. – Mitt. geol. Ges. Essen, **11:** 72 – 88, 11 Abb.; Essen.

DUNNING, F. W. (1977): Caledonian-Variscan relations in North-West Europe. – In: La chaîne varisque d'Europe moyenne et occidentale. – Colloq. internat. CNRS, **243:** 165 – 180, 5 Abb.; Paris.

DURST, H. (1985): Interpretation of a Reflectionseismic Profile across the North-eastern Stovelot-Venn Massif and its Northern Foreland. – N. Jb. Geol. Paläont., Abh., **171:** 441 – 446, 2 Abb., 1 Taf.; Stuttgart.

EHRHARDT, W. (1967): Das Heranziehen der Großtektonik zum Bewerten von Baufeldern. – Glückauf-Forsch.-H., **28:** 285 – 294, 18 Abb.; Essen.

EISBACHER, G. H. (1991): Einführung in die Tektonik. – 310 S., zahlr. Abb.; Stuttgart (Enke).

EMMERMANN, R. (1990): Vorstoß ins Erdinnere: das Kontinentale Tiefbohrprogramm. – Spektr. Wissensch., **1990** (10): 60 – 70, 10 Abb.; Heidelberg.

ENGEL, H. (1985): Zur Tektogenese des Saarbrücker Hauptsattels und der Südlichen Randüberschiebung. – In: DROZDZEWSKI, G., & ENGEL, H., & WOLF, R., & WREDE, V.: Beiträge zur Tiefentekonik westdeutscher Steinkohlenlagerstätten: 217 – 235, 17 Abb., 2 Taf.; Krefeld.

FABIAN, H. J. (1956): Das Namur der Bohrung Bielefeld 1. – Z. dt. geol. Ges., **107:** 66 – 72, 2 Abb.; Hannover.

FABIAN, H. J. (1957): Die Bohrung „Northeim 1". Ergebnisse eines regionalgeologisch interessanten Aufschlusses am Leinetalgraben. – N. Jb. Geol. Paläont., Abh., **105:** 113 – 122, 3 Abb.; Stuttgart.

FABIAN, H.-J. (1971): Das Oberkarbon im Untergrund von Nordwestdeutschland und dem angrenzenden Nordseebereich. Stratigraphie und Tektonik. – Fortschr. Geol. Rheinld. u. Westf., **19:** 87 – 100, 6 Abb., 1 Tab., 1 Taf.; Krefeld.

FENCHEL, W., & GIES, H., & GLEICHMANN, H. D., & HELLMUND, W., & HENTSCHEL, H., & HEYL, K. E., & HÜTTENHAIN, H., & LANGENBACH, U., & LIPPERT, H. J., & LUSZNAT, M., & MEYER, W., & PAHL, A., & RAO, M. S., & REICHENBACH, R., & STADLER, G., & VOGLER, H., & WALTHER, H. W. (1985): Die Sideriterzgänge im Siegerland-Wied-Distrikt. – Geol. Jb., **D 77:** 517 S., 128 Abb., 38 Tab., 31 Taf.; Hannover. – [Sammelwerk dt. Eisenerzlagerst., **1** (1), Eisenerze im Grundgebirge (Varistikum)]

FIEBIG, H. (1954): Der neue Richtschichtenschnitt für die Wittener (Esskohlen-) Schichten im niederrheinisch-westfälischen Steinkohlengebiet. – Glückauf, **90:** 260 – 270, 9 Abb.; Essen.

FIEBIG, H. (1957): Der neue Richtschichtenschnitt für die Bochumer (Fettkohlen-) Schichten im niederrheinisch-westfälischen Steinkohlengebiet. – Glückauf, **93:** 446 – 453, 6 Abb.; Essen.

FIEBIG, H. (1960): Der neue Richtschichtenschnitt für die Essener (Gaskohlen-) Schichten im niederrheinisch-westfälischen Steinkohlengebiet. – Glückauf, **96:** 30 – 42, 11 Abb.; Essen.

FIEBIG, H. (1961): Der neue Richtschichtenschnitt für die Horster (Gasflammenkohlen-) Schichten im niederrheinisch-westfälischen Steinkohlengebiet. – Glückauf, **97:** 429 – 441, 15 Abb.; Essen.

FIEBIG, H. (1970): Das tiefe Oberkarbon (Namur) im Raum Haßlinghausen (Neuaufschlüsse der Bundesautobahn A 77). – In: Zur 50. Wiederkehr des Gründungstages der Geologischen Gesellschaft zu Bochum. – Bochumer geograph. Arb., **7:** 23 – 31, 4 Abb.; Herne.

FIEBIG, H. (1971): Gesamtschichtenschnitt (overall-section) des Niederrheinisch-Westfälischen Steinkohlengebietes (Stand 1970). – In: HEDEMANN, H. A., & FABIAN, H. J., & FIEBIG, H., & RABITZ, A. (1971): Das Karbon in marin-paralischer Entwicklung. – Congr. Stratigr. Géol. Carbonif., 7. internat., 1971, Krefeld, C. R., **1:** 29 – 47, 10 Abb.; Krefeld.

FIEBIG, H., & GROSCURTH, J. (1984): Das Westfal C im nördlichen Ruhrgebiet. – Fortschr. Geol. Rheinld. u. Westf., **32:** 257 – 267, 1 Tab., 2 Taf.; Krefeld.

FIGGE, K. (1964): Das Karbon am Nordwestrand des Harzes. – Geol. Jb., **81:** 771 – 808, 4 Abb., 3 Taf.; Hannover.

FLACHE, D. (1985): Die Weseler-Berge-Überschiebung im Kern des Auguste-Victoria-Sattels bei Haltern. – Fortschr. Geol. Rheinld. u. Westf., **33:** 89 – 104, 9 Abb.; Krefeld.

FLIEGEL, G. (1932): Das alte Gebirge im Untergrund der Niederrheinischen Bucht. – Jb. preuß. geol. L.-Anst., **53:** 397 – 407; Berlin.

FRANKE, D. (1990): Der präpermische Untergrund der Mitteleuropäischen Senke – Fakten und Hypothesen. – Niedersächs. Akad. Geowiss., Veröff., **4:** 19 – 75, 22 Abb.; Hannover.

FUCHS, A., & KRUSCH, P. (1911): Erläuterungen zu Blatt 4610 Hagen. – Geol. Kt. Preußen u. benachb. Bundesstaaten 1 : 25 000, Erl., **4610:** 93 S.; Berlin.

FÜCHTBAUER, H., & JANKOWSKI, B., & DAVID, E., & DAVID, F., & FRANK, F., & KRAFT, T., & SEDAT, B., & SELTER, V., & STREHLAU, K. (1991): Sedimentologie des nordwestdeutschen Oberkarbons. – DGMK-Ber., **468:** 75 – 116, 16 Abb., 5 Tab.; Hamburg.

FURTAK, H. (1965): Die Tektonik der unterdevonischen Gesteinsfolge im deutsch-belgisch-luxemburgischen Grenzgebiet. – Geol. Mitt., **4:** 273 – 332, 18 Abb., 1 Tab., 5 Beil.; Aachen.

GARFUNKEL, Z. (1981): Internal Structure of the Dead Sea Leaky Transform (rift) in Relation to Plate Kinematics. – Tectonophysics, **80:** 81 – 108, 10 Abb.; Amsterdam.

GAST, R. E. (1988): Rifting im Rotliegenden Niedersachsens. – Geowissenschaften, **6:** 115 – 122; Essen.

GAYER, R. A., & COLE, J. E., & GREILING, R. O., & HECHT, C., & JONES, J. A., & VOGEL, A. K. (1993): Comparative Evolution of Coal Bearing Foreland Basins along the Variscan Northern Margin in Europe. – In: GAYER, R. A., & GREILING, R. O., & VOGEL, A. K. [Hrsg.]: Rhenohercynian and Subvariscan Fold Belts: 47 – 82, 7 Abb., 1 Tab.; Braunschweig, Wiesbaden (Vieweg).

Geologisches Landesamt Nordrhein-Westfalen [Hrsg.] (1963): Die Aufschlußbohrung Münsterland 1. – Fortschr. Geol. Rheinld. u. Westf., **11:** VIII u. 568 S., 131 Abb., 64 Tab., 48 Taf.; Krefeld.

Geologisches Landesamt Nordrhein-Westfalen [Hrsg.] (1988): Geologie am Niederrhein, 4. Aufl. – 142 S., 39 Abb., 4 Tab.; Krefeld.

Geologisches Landesamt Nordrhein-Westfalen [Hrsg.] (1989): Steinkohle – sichere Energie für die Zukunft. Erforschung von Steinkohlenlagerstätten. – 24 S., zahlr. Abb.; Krefeld.

Geologisches Landesamt Nordrhein-Westfalen [Hrsg.] (1992): Das Erdbeben von Roermond. 13. April 1992. – 16 S., 16 Abb.; Krefeld.

GEUKENS, F. (1957): Contribution a l'étude du Massif Cambro-Ordovicien de Stavelot en territoire allemand. – Mém. Inst. géol. Univ. Louvain, **20:** 165 – 210, 4 Abb., 1 Taf.; Louvain.

GIESE, P. (1978): Die Krustenstruktur des Varistikums und das Problem der Krustenverkürzung. – Z. dt. geol. Ges., **129:** 513 – 520, 5 Abb.; Hannover.

GILLESPIE, P. A. (1991): Structural Analysis of Faults and Folds with examples from the South-Wales Coalfield and the Ruhr Coalfield. – Thesis Univ. Wales: 125 S., zahlr. Abb.; Cardiff. – [Unveröff.]

GILLESPIE, P. A. (1993): Displacement Gradients of Thrusts, Normal Faults and Folds from the Ruhr and the South-Wales Coalfields. – In: GAYER, R. A., & GREILING, R. O., & VOGEL, A. K. [Hrsg.]: Rhenohercynian and Subvariscan Fold Belts: 297 – 314, 7 Abb.; Braunschweig, Wiesbaden (Vieweg).

GRABERT, H. (1983): Die Bergische Muldenzone des rechtsrheinischen Schiefergebirges. – Decheniana, **136:** 85 – 94, 1 Abb.; Bonn.

GRABERT, H., & HILDEN, H. D. (1972): Erläuterungen zu Blatt 5012 Eckenhagen. – Geol. Kt. Nordrh.-Westf. 1 : 25 000, Erl., **5012:** 143 S., 18 Abb., 8 Tab., 4 Taf.; Krefeld.

GRÄF, I. (1958): Tektonisch deformierte Goniatiten aus dem Westfal der Bohrung Rosenthal (Schacht Sophia-Jacoba V) im Erkelenzer Steinkohlenrevier. – N. Jb. Geol. Paläont., Mh., **1958:** 68 – 95, 8 Abb.; Stuttgart.

Gralla, P. (1988): Das Oberrotliegende in NW-Deutschland. Lithostratigraphie und Faziesanalyse. – Geol. Jb., **A 106:** 9 – 59; Hannover.

Grassegger, G. (1986): Geochemisch-lagerstättenkundliche Untersuchungen zur Genese der Barytlagerstätte Dreislar/Sauerland. – Fortschr. Geol. Rheinld. u. Westf., **34:** 383 – 414, 9 Abb., 6 Tab., 2 Taf.; Krefeld.

Grimmelmann, W. (1965): Zur variscischen Deformation des westlichen Ruhrkarbons. – Diss. Univ. Bonn: 82 S., 18 Abb.; Bonn.

Grube, H. (1978): Sedimentologie der Bochumer und Essener Schichten des Ruhrkarbons aufgrund von Gesamtmächtigkeiten, Sand- und Kohlenanteilen. – Mitt. westf. Berggewerkschaftskasse, **40:** 118 S., 2 Abb., zahlr. Anl.; Bochum.

Hager, H. (1981): Das Tertiär des Rheinischen Braunkohlenreviers, Ergebnisse und Probleme. – Fortschr. Geol. Rheinld. u. Westf., **29:** 529 – 563, 3 Abb., 5 Tab.; Krefeld.

Haglauer-Ruppel, B. (1989): Der Osning als Scherzone. – Nachr. dt. geol. Ges., **41:** 43 – 44; Hannover.

Hahne, C. (1958): Lehrreiche geologische Aufschlüsse im Ruhrrevier. – 172 S., 92 Abb.; Essen (Glückauf).

Hahne, C. (1970): Zur Genese des Ruhrkarbons. – Mitt. westf. Berggewerkschaftskasse, **29:** 1 – 28, 8 Abb.; Herne.

Hahne, C., & Schloms, H. (1967): Das großräumige fazielle Verhalten der bauwürdigen Flöze im Niederrheinisch-Westfälischen Steinkohlengebiet (Ruhrrevier). – Mitt. westf. Berggewerkschaftskasse, **26:** 1 – 28, 31 Abb.; Herne.

Hahne, C., & Schmidt, R. (1982): Die Geologie des Niederrheinisch-Westfälischen Steinkohlengebietes. – 106 S., 88 Abb., 11 Tab., 1 Taf.; Essen (Glückauf).

Harding, T. P., & Lowell, J. D. (1979): Structural styles, their plate-tectonic habitats and hydrocarbon traps in petroleum provinces. – Bull. amer. Assoc. Petrol. Geol., **63:** 1 016 – 1 058, 29 Abb.; Tulsa/Okla.

Harland, W. B. (1971): Tectonic transpression in Caledonian Spitsbergen. – Geol. Mag., **108:** 27 – 42, 6 Abb.; London.

Harzer, D., & Pilot, J. (1969): Isotopengeochemische Untersuchungen an Ganglagerstätten des Harzes. – Ber. dt. Ges. geol. Wiss., (B) **14:** 129 – 138; Berlin.

Hedemann, H.-A., & Schuster, A., & Stancu-Kristoff, G., & Lösch, J. (1984): Die Verbreitung der Kohlenflöze des Oberkarbons in Nordwestdeutschland und ihre stratigraphische Einstufung. – Fortschr. Geol. Rheinld. u. Westf., **32:** 39 – 88, 16 Abb.; Krefeld.

Hedemann, H.-A., & Teichmüller, R. (1966): Stratigraphie und Diagenese des Oberkarbons in der Bohrung Münsterland 1. – Z. dt. geol. Ges., **115** (2/3): 787 – 825, 2 Abb., 1 Tab., 2 Taf.; Hannover.

Heim, A. (1919): Geologie der Schweiz, **1,** Molasseland und Juragebirge. – XX + 704 S., 126 Abb., 29 Tab., 31 Taf.; Leipzig (Tauchnitz).

Heitfeld, K. H. (1956): Die roten Schichten von Menden (Mendener Konglomerat). – Z. dt. geol. Ges., **106:** 387 – 401, 3 Abb., 1 Tab.; Hannover.

Herbst, G. (1950): Ein Aufschluß des Adolf-Sprunges im Nordwest-Feld der Grube Adolf in Werkstein bei Herzogenrath. – Glückauf, **86:** 292 – 296, 7 Abb.; Essen.

Herbst, G. (1954): Zur Entstehung des Erkelenzer Horstes. Ergebnisse neuerer Aufschlüsse. – Geol. Jb., **69:** 349 – 360, 5 Abb.; Hannover.

Herbst, G. (1958): Das Alter der Bewegungen am Rurrand bei Hückelhoven. – Fortschr. Geol. Rheinld. u. Westf., **2:** 641 – 643, 1 Abb.; Krefeld.

Herbst, G. (1962 a): Ein Aufschluß im Oberkarbon an der Aachener Überschiebung. – Fortschr. Geol. Rheinld. u. Westf., **3** (3): 1 155 – 1 158, 1 Abb.; Krefeld.

Herbst, G. (1962 b): Die Tektonik des flözführenden Oberkarbons in der Inde-Mulde (Aachener Revier), dargestellt an der Karbon-Oberfläche. – Fortschr. Geol. Rheinld. u. Westf., **3** (3): 1 159 – 1 166, 1 Taf.; Krefeld.

HERBST, G. (1967): Die Tektonik des flözführenden Oberkarbons im Wurm-Revier (Aachener Steinkohlenbezirk), dargestellt an der Karbonoberfläche. – Fortschr. Geol. Rheinld. u. Westf., **13** (2): 1 345 – 1 358, 1 Taf.; Krefeld.

HERBST, G., & STADLER, G. (1969): Bericht über die Befahrung eines neuen Erzvorkommens im Oberkarbon der Zeche „Sophia-Jacoba" (Mbl. Erkelenz, 4903). – 4 S., 1 Anl.; Krefeld (Geol. L.-Amt Nordrh.-Westf.). – [Unveröff.]

HERBST, G., & STADLER, G. (1971): Blei-Zink-Vererzung. – Fortschr. Geol. Rheinld. u. Westf., **19:** 73 – 74; Krefeld.

HESEMANN, J. (1968): Zur Charakteristik des Münsterländer Abbruchs. – Decheniana, **119:** 183 – 189, 2 Abb., 1 Tab.; Bonn.

HESEMANN, J. (1971): Die Diskrepanz in der Fortsetzung der paläogeographischen und lagerstättenkundlichen Einheiten im links- und rechtsrheinischen Schiefergebirge. – N. Jb. Geol. Paläont., Mh., **1971:** 91 – 93, 6 Abb.; Stuttgart.

HESEMANN, J., & KNEUPER, G., & MOHR, K., & PILGER, A., mit Beitr. von ADLER, R., & MICHELAU, P., & PAFFRATH, A., & PIETZNER, H. (1961): Die übrigen (kleineren) Gangmineralvorkommen des Ruhrgebietes und seiner Umgebung. – Beih. geol. Jb., **40:** 233 – 296, 24 Abb., 2 Taf.; Hannover.

HEYBROEK, P. (1974): Explanation to tectonic maps of the Netherlands. – Geol. en Mijnb., **53:** 43 – 50, 6 Abb., 2 Taf.; Den Haag.

HISS, M. (1981): Stratigraphie, Fazies und Paläogeographie der Kreide-Basisschichten (Cenoman bis Unterturon) am Haarstrang zwischen Unna und Möhnesee. – Diss. Univ. Münster: 337 S., 54 Abb., 13 Tab., 7 Taf., 7 Kt.; Münster.

HOEPPENER, R. (1957): Zur Tektonik des SW-Abschnittes der Moselmulde. – Geol. Rdsch., **46:** 318 – 348, 10 Abb., 4 Taf.; Stuttgart.

HOEPPENER, R., & BRIX, M., & VOLLBRECHT, A. (1983): Some aspects on the origin of fold-type fabrics – theory, experiments and field applications. – Geol. Rdsch., **72:** 1 167 – 1 196, 10 Abb., 1 Taf.; Stuttgart.

HOFFMANN, N. (1990): Zur paläodynamischen Entwicklung des Präzechsteins in der Norddeutschen Senke. – Niedersächs. Akad. Geowiss., Veröff., **4:** 5 – 18, 7 Abb.; Hannover.

HOFFMANN, N., & KAMPS, H. J., & SCHNEIDER, J. (1989): Neuerkenntnisse zur Biostratigraphie und Paläodynamik des Perms in der Nordostdeutschen Senke – ein Diskussionsbeitrag. – Z. angew. Geol., **35:** 198 – 207; Berlin.

HOFFMANN, N., & LINDERT, W.(1992): Die variszische Tektogenfront im Bereich der Nordostdeutschen Senke – Fakten und Hypothesen. – DEKORP-Koll., 9., 1992, Clausthal-Zellerfeld, Vortr.-Kurzfass.: 1 S.; Clausthal-Zellerfeld.

HOFMANN, R. (1979): Die Entwicklung der Abscheidungen in den gangförmigen, hydrothermalen Barytvorkommen Mitteleuropas. – Monogr. Ser. Mineral Deposits, **17:** 81 – 214, 44 Abb.; Berlin, Stuttgart.

HOFMANN, R., & SCHÜRENBERG, H. (1979): Geochemische Untersuchungen gangförmiger Barytvorkommen in Deutschland. – Monogr. Ser. Mineral Deposits, **17:** 1 – 80, 39 Abb.; Berlin, Stuttgart.

HOLLMANN, F. (1967): Die Sprockhöveler Schichten des Niederrheinisch-Westfälischen Steinkohlengebietes. Die Identifizierung und Ausbildung ihrer Flöze, Fazies und Paläogeographie sowie ihr Lagerstättenvorrat. – Diss. TH Aachen: 172 S., 38 Abb., 12 Taf.; Aachen.

HOLLMANN, F., & SCHÖNE-WARNEFELD, G. (1967): „Mergelabsturz" am Quartus südwestlich von Dortmund. – N. Jb. Geol. Paläont., Abh., **128** (1): 38 – 40, 3 Abb.; Stuttgart.

HOLZAPFEL, E. (1910): Die Geologie des Nordabfalls der Eifel mit besonderer Berücksichtigung der Gegend von Aachen. – Abh. kgl. preuß. geol. L.-Anst., N. F., **66:** 218 S., 15 Abb., 2 Taf., 1 Kt.; Berlin.

HONERMANN, J. (1962): Das tektonische Bild der Karbonablagerung im Bereich des Gelsenkirchener Sattels im Essener Gebiet. – Fortschr. Geol. Rheinld. u. Westf., **3** (3): 1 167 – 1 190, 12 Abb., 8 Taf.; Krefeld.

HORN, M. (1960): Der erste Nachweis von Oberkarbon in der Attendorn-Elsper Doppelmulde des Rheinischen Schiefergebirges. – Fortschr. Geol. Rheinld. u. Westf., **3** (1): 301 – 302; Krefeld.

HORN, M., & KUHN, H., & STOPPEL, D. (1989): Gibt es Namur im Nordwestharz? – Bull. Soc. belge Géol., **93** (3/4): 393 – 399, 3 Abb., 1 Taf.; Bruxelles.

HOYER, P. (1964): Das Gewässernetz des Münsterlandes als Abbild posthumer Bewegungen an variscischen Großstrukturen. – Z. dt. geol. Ges., **116:** 238 – 243, 2 Abb.; Hannover.

HOYER, P. (1967): Die Tektonik des Steinkohlengebirges nördlich des Ruhrgebietes. Ein Überblick über den derzeitigen Stand unserer Kenntnis. – Fortschr. Geol. Rheinld. u. Westf., **13** (2): 1 359 – 1 388, 1 Taf.; Krefeld.

HOYER, P., & CLAUSEN, C.-D., & LEUTERITZ, K., & TEICHMÜLLER, R., & THOME, K. N. (1974): Ein Inkohlungsprofil zwischen dem Gelsenkirchener Sattel des Ruhrkohlenbeckens und dem Ostsauerländer Hauptsattel des Rheinischen Schiefergebirges. – Fortschr. Geol. Rheinld. u. Westf., **24:** 161 – 172, 1 Abb., 1 Taf.; Krefeld.

HOYER, P., & TEICHMÜLLER, R., & WOLBURG, J. (1969): Die tektonische Entwicklung des Steinkohlengebirges im Münsterland und Ruhrgebiet. – Z. dt. geol. Ges., **119:** 549 – 552, 3 Abb., 1 Tab., 1 Taf.; Hannover.

HUMBLET, E. (1941): Le Bassin Houiller des Liège. – Rev. univers. Min., (8) **17** (12): 357 – 377, 6 Abb., 1 Taf.; Liège.

ILLIES, J. H., & FUCHS, K. (1983): Plateau Uplift of the Rhenish Massif – Introductory Remarks. – In: FUCHS, K., & GEHLEN, K. VON, & MÄLZER, H., & MURAWSKI, H., & SEMMEL, A. [Hrsg.]: Plateau Uplift: 1 – 8, 1 Abb.; Berlin, Heidelberg, New York, Tokyo (Springer).

JACOBI, R. D. (1981): Peripheral bulge – a causal mechanism for the Lower/Middle Ordovician unconformity along the western margin of the Northern Appalachians. – Earth and planet. Sci. Lett., **56:** 245 – 251, 1 Abb.; Amsterdam.

JANSEN, F., & DROZDZEWSKI, G. (1986): Erläuterungen zu Blatt 4507 Mülheim an der Ruhr. – Geol. Kt. Nordrh. Westf. 1 : 25 000, Erl., **4507,** 2. Aufl.: 200 S., 18 Abb., 17 Tab., 4 Taf.; Krefeld.

JESSEN, W., & MICHELAU, P. (1963): Das flözführende Oberkarbon der Bohrung Münsterland 1 im Vergleich zum Ruhrkarbon. – Fortschr. Geol. Rheinld. u. Westf., **11:** 469 – 486, 2 Abb., 1 Taf.; Krefeld.

JOSTEN, K.-H. (1962): Die wichtigsten Pflanzen-Fossilien des Ruhrkarbons und ihre Bedeutung für die Gliederung des Westfals. – Fortschr. Geol. Rheinld. u. Westf., **3** (2): 753 – 772, 2 Tab., 4 Taf.; Krefeld.

JUCH, D. (1991): Das Inkohlungsbild des Ruhrkarbons – Ergebnisse einer Übersichtsauswertung. – Glückauf-Forsch.-H., **52:** 37 – 47, 9 Abb.; Essen.

JUCH, D. (1994), mit Beitr. von ROOS, W.-F., & WOLFF, M.: Kohleninhaltserfassung in den westdeutschen Steinkohlenlagerstätten. – Fortschr. Geol. Rheinld. u. Westf., **38:** 189 – 307, 55 Abb., 7 Tab., 2 Taf.; Krefeld.

JUCH, D., & Arbeitsgruppe GIS (1988): Aufbau eines geologischen Informationssystems für die Steinkohlenlagerstätten Nordrhein-Westfalens und im Saarland. – Abschl.-Ber. Forsch.-Vorhab. BMFT, **03E-6288-A:** 112 S., 59 Abb., 84 Tab., 2 Anh., 5 Anl.; Krefeld.

JUX, U. (1982): Erläuterungen zu Blatt 5009 Overath. – Geol. Kt. Nordrh.-Westf. 1 : 25 000, Erl., **5009:** 198 S., 11 Abb., 13 Tab., 2 Taf.; Krefeld.

KATZUNG, G. (1972): Stratigraphie und Paläogeographie des Unterperms in Mitteleuropa. – Geologie, **21:** 570 – 584; Berlin.

KELLER, G. (1941): Der Bau des Stockumer Hauptsattels und das Verhalten der Satanella im Deilbachtal bei Nierenhof (Rhld.). – Jb. Reichsst. Bodenforsch., **60:** 121 – 142, 1 Abb., 1 Taf.; Berlin.

KELLER, G. (1942): Faciesgesetzmäßigkeiten und Faltung des Ruhroberkarbons und ihre kartenmäßige Auswertung. – Z. dt. geol. Ges., **94:** 85 – 110, 11 Abb.; Berlin.

KIENOW, S. (1956): Mechanische Probleme bei der Auffaltung der subvariszischen Vortiefe. – Z. dt. geol. Ges., **107:** 140 – 157, 20 Abb.; Hannover.

KIMPE, W. F. M., & BLESS, M. J. M., & BOUCKAERT, J., & CONIL, R., & GROESSENS, E., & MEESSEN, J. P. M. TH., & POTY, E., & STREEL, M., & THOREZ, J., & VANGUESTAINE, M. (1978): Paleozoic deposits East of the Brabant Massif in Belgium and the Netherlands. – Meded. Rijks geol. Dienst, **30** (2): 37 – 103, 12 Abb., 5 Tab., 16 Taf., 7 Anl.; Haarlem.

KLOSTERMANN, J. (1983): Die Geologie der Venloer Scholle (Niederrhein). – Geol. Jb., **A 66:** 115 S., 40 Abb., 6 Tab.; Hannover.

KLOSTERMANN, J. (1991): Die Wanderung der Kontinente – Grundlagen der Plattentektonik und die junge Beanspruchung der Niederrheinischen Bucht aus heutiger Sicht. – Niederrhein. Landeskde., Schr. Natur u. Gesch. Niederrh., **10:** 61 – 98, 17 Abb., 3 Tab.; Krefeld. – [Festschr. 80. Geburtstag Dr. H.-W. QUITZOW]

KLUSEMANN, H., & TEICHMÜLLER, R. (1954): Begrabene Wälder im Ruhrkohlenbecken. – Natur u. Volk, **84:** 373 – 382, 7 Abb.; Frankfurt/Main.

KNAPP, G. (1980), mit Beitr. von HAGER, H.: Erläuterungen zur Geologischen Karte der nördlichen Eifel 1 : 100 000, 3. Aufl. – 155 S., 9 Abb., 9 Tab., 1 Taf.; Krefeld (Geol. L.-Amt Nordrh.-Westf.).

KNAPP, G. (1988): Trias. – In: Geologisches Landesamt Nordrhein-Westfalen [Hrsg.]: Geologie am Niederrhein, 4. Aufl.: 23 – 27, 1 Abb.; Krefeld.

KNAUFF, W. (1988): Jura. – In: Geologisches Landesamt Nordrhein-Westfalen [Hrsg.]: Geologie am Niederrhein, 4. Aufl.: 27 – 28; Krefeld.

KÖNIG, St. (1991): Lagerstättenkundliche Analyse und Bewertung der Kupferschieferreviere des südöstlichen Harzvorlandes. – Diss. Bergakad. Freiberg: 105 S., 38 Abb., 14 Anl.; Freiberg/Sachsen. – [Unveröff.]

KÖNIG, ST., & WREDE, V. (1992): Die Tektonik der Harzränder. – Nachr. dt. geol. Ges., **48:** 94 – 95; Hannover.

KOSSMAT, F. (1927): Gliederung des varistischen Gebirgsbaues. – Abh. sächs. geol. L.-Amt, **1:** 40 S., 2 Abb., 2 Taf.; Leipzig.

KRAHN, L. (1988): Buntmetall-Vererzung und Blei-Isotopie im Linksrheinischen Schiefergebirge und in angrenzenden Gebieten. – Diss. Tech. Hochsch. Aachen: IV u. 199 S., 72 Abb.; Aachen.

KRAHN, L., & FRIEDRICH, G., & GUSSONE, R., & SCHEPS, V. (1986): Zur Blei-Zink-Vererzung in Carbonatgesteinen des Aachen – Stolberger Raums. – Fortschr. Geol. Rheinld. u. Westf., **34:** 133 – 157, 7 Abb., 9 Tab., 1 Taf.; Krefeld.

KRAUSSE, H.-F., & PILGER, A., & REIMER, U., & SCHÖNFELD, M. (1978): Bruchhafte Verformung. Erscheinungsbild und Deutung mit Übungsaufgaben. – Clausthaler tekt. H., **16:** 86 S., 39 Abb., 5 Taf.; Clausthal-Zellerfeld.

KRUSCH, P. (1906): Über neue Aufschlüsse im Rheinisch-Westfälischen Steinkohlenbecken. – Z. dt. geol. Ges., **58:** 25 – 32; Berlin.

KUKUK, P. (1938): Geologie des Niederrheinisch-Westfälischen Steinkohlengebietes. – 706 S., 743 Abb., 48 Tab., 14 Taf.; Berlin (Springer).

KUKUK, P. (1943): Zur Frage des hypothetischen variszischen Hochgebirges sowie der Gleichzeitigkeit von Sedimentation und Faltung im Ruhrbezirk. – Z. dt. geol. Ges., **95:** 385 – 428, 30 Abb.; Berlin.

KUNZ , E. (1980): Tiefentektonik der Emscher- und Essener Hauptmulde im östlichen Ruhrgebiet. – In: DROZDZEWSKI, G., & BORNEMANN, O., & KUNZ, E., & WREDE, V.: Beiträge zur Tiefentektonik des Ruhrkarbons: 85 – 134, 41 Abb., 3 Tab., 8 Taf.; Krefeld (Geol. L.-Amt Nordrh.-Westf.).

KUNZ, E. (1983): Methodische Möglichkeiten der Untersuchung der Tektonik im Oberkarbon des E'Ruhrgebietes (Westfalen) am Beispiel von Emscher- und Essener Hauptmulde. – Mitt. westf. Berggewerkschaftskasse, **45:** 133 S., 39 Abb., 3 Tab.; Bochum. – [Diss.]

Kunz, E., & Wolf, R., & Wrede, V. (1988): Ergänzende Beiträge zur Tiefentektonik des Ruhrkarbons. – 64 S., 22 Abb., 3 Tab., 16 Taf.; Krefeld (Geol. L.-Amt Nordrh.-Westf.).

Kunz, E., & Wrede, V. (1985): Exploration und Aufschluß des Nordfeldes der Zeche Haus Aden aus geologischer Sicht. – Fortschr. Geol. Rheinld. u. Westf., **33:** 11 – 32, 9 Abb.; Krefeld.

Kunz, E., & Wrede, V. (1988): Ergänzende Untersuchungen zur Tiefentektonik der Essener Hauptmulde im östlichen Ruhrgebiet. – In: Kunz, E., & Wolf, R., & Wrede, V.: Ergänzende Beiträge zur Tiefentektonik des Ruhrkarbons: 53 – 61, 5 Abb., 1 Tab., 5 Taf.; Krefeld.

Laubscher, H. P. (1965): Ein kinematisches Modell der Jurafaltung. – Eclogae geol. Helv., **58:** 231 – 318; Basel.

Legrand, R. (1968): Le Massif du Brabant. – Mém. Expl. Cartes géol. et Min. Belg., **9:** 148 S., 8 Abb., 5 Taf.; Bruxelles.

Lehmann, H. (1959): Stratigraphie und Tektonik im Mittelrheingebiet zwischen Braubach und Kestert. – Notizbl. hess. L.-Amt Bodenforsch., **87:** 268 – 292, 5 Abb.; Wiesbaden.

Lehmann, K. (1920): Das Rheinisch-Westfälische Steinkohlengebirge als Ergebnis tektonischer Vorgänge in geologischen Trögen. – Glückauf, **56:** 289 – 293, 3 Abb.; Essen.

Lengemann, A. (1979): Analytisch-geometrische Untersuchung von tektonischen Störungen. – Markscheidewesen, **86** (2): 53 – 64, 17 Abb.; Essen.

Lippolt, H. J., & Hess, J. C., & Burger, K. (1984): Isotopische Alter von pyroklastischen Sanidinen aus Kaolin-Kohlentonsteinen als Korrelationsmarken für das mitteleuropäische Oberkarbon. – Fortschr. Geol. Rheinld. u. Westf., **32:** 119 – 150, 3 Abb., 6 Tab., 3 Taf.; Krefeld.

Litak, R. K., & Marchant, R. H., & Brown, L. D., & Pfiffner, O. A., & Hauser, E. C. (1991): Correlating crustal reflections with geologic outcrops. Seismic modeling results from the southwestern USA and the Swiss Alps. – In: Meissner, R., & Brown, L., & Dürbaum, H.-J., & Franke, W., & Fuchs, K., & Seifert, F. [Hrsg.]: Continental Lithosphere: Deep Seismic Reflections. – Geodyn. Ser., **22:** 299 – 305, 7 Abb.; Washington (Amer. Geophys. Union).

Lotze, F. (1960): Allgemeines über Stockwerktektonik. – Forsch.-Ber. Land Nordrh.-Westf., **754:** 3 – 26; Köln, Opladen (Westdt. Verl.).

Lotze, F. (1965): Allgemeines zur Frage der Stockwerk-Tektonik; Tektonische Beziehungen zwischen Karbon und Devon am Rand des Ruhrgebiets. – Forsch.-Ber. Land Nordrh.-Westf., **1367:** 6 – 15, 2 Abb.; Köln, Opladen (Westdt. Verl.).

Lotze, F., & Rosenfeld, U. (1960): Beiträge zur Frage der Stockwerktektonik im Ruhrkohlengebiet I. – Forsch.-Ber. Land Nordrh.-Westf., **754:** 140 S., 30 Abb., 17 Prof., 1 Kt.; Köln, Opladen (Westdt. Verl.).

Lotze, F., & Schemann, H.-H. (1965): Beiträge zur Frage der Stockwerk-Tektonik im Ruhrkohlengebiet IV. – Forsch.-Ber. Land Nordrh.-Westf., **1397:** 95 S., 80 Abb., 5 Taf.; Köln, Opladen (Westdt. Verl.).

Lotze, F., & Schmidt, R. (1961): Beiträge zur Frage der Stockwerktektonik im Ruhrkohlengebiet II. – Forsch.-Ber. Land Nordrh.-Westf., **945:** 66 S., 39 Abb., 1 Taf.; Köln, Opladen (Westdt. Verl.).

Lotze, F., & Zimmermann, H. (1963): Beiträge zur Frage der Stockwerktektonik im Ruhrkohlengebiet III. – Forsch.-Ber. Land Nordrh.-Westf., **1160:** 83 S., 35 Abb., 3 Taf.; Köln, Opladen (Westdt. Verl.).

Lüders, V. (1988): Geochemische Untersuchungen an Erz- und Gangartmineralen des Harzes. – Berliner geowiss. Abh., **A 93:** 74 S., 42 Abb.; Berlin.

Mackin, J. H. (1950): The Down-structure method for viewing geologic maps. – J. Geol., **58:** 55 – 72, 5 Abb.; Chicago.

Martini, H. J. (1940): Saxonische Zerrungs- und Pressungsformen im Thüringer Bekken. – Geotekt. Forsch., **5:** 123 – 134, 5 Abb.; Berlin.

MARX, J. (1993): Permischer Vulkanismus in NW-Deutschland. – Rundgespr. „Geodynamik des Europäischen Variszikums", 9., 1993, Wernigerode/Harz, Abstr.: 37 – 38; Halle (Inst. Geol. Wiss. u. Geiseltalmus. Martin-Luther-Univ. Halle-Wittenberg).

MEISSNER, R., & BARTELSEN, H., & MURAWSKI, H. (1981): Thinskinned tectonics in the northern Rhenish Massif, Germany. – Nature, **290:** 399 – 401; London.

MEISSNER, R., & BORTFELD, R. K. [Hrsg.] (1990): DEKORP-Atlas. – 19 S., 80 Schnitte, 5 Abb.; Berlin (Springer).

MEISSNER, R., & SPRINGER, M., & MURAWSKI, M., & BARTELSEN, M., & FLÜH, E. R., & DÜRSCHNER, H. (1983): Combined Seismic Reflection-Refraction Investigations in the Rhenish Massif and their Relations to Recent Tectonic Movements. – In: FUCHS, K., & GEHLEN, K. VON, & MÄLZER, H., & MURAWSKI, H., & SEMMEL, A. [Hrsg.]: Plateau Uplift: 276 – 287, 8 Abb.; Berlin, Heidelberg, New York, Tokyo (Springer).

MEISSNER, R., & WEVER, TH., & DÜRBAUM, H. J. (1986): The Variscan crust from a geophysical point of view: reflection seismics. – In: FREEMAN, R., & MUELLER, ST., & GIESE, P. [Hrsg.]: Proceedings of the third workshop on the European Geotraverse (EGT) Project. – 93 – 98, 3 Abb.; Strasbourg (Eur.Sci. Found.).

METZ, K. (1967): Lehrbuch der Tektonischen Geologie. – 327 S., 231 Abb.; Stuttgart (Enke).

MEYER, D. E. (1982): Der geologische Wanderweg am Baldeneysee im Ruhrtal bei Essen. – Mitt. geol. Ges. Essen, **10:** 7 – 21, 5 Abb.; Essen.

MEYER, D. E., & NEUMANN-MAHLKAU, P. (1982): Das Oberkarbon des südwestlichen Ruhrgebiets zwischen Essen-Heisingen und Mülheim/Ruhr. – Hauptversamml. dt. geol. Ges., 134., 1982, Bochum, Exk.-Führer, Exk. D: 61 – 75, 10 Abb.; Bochum.

MEYER, W. (1986): Geologie der Eifel. – 614 S., 153 Abb., 13 Tab.; Stuttgart (Schweizerbart).

MEYER, W., & STETS, J. (1975): Das Rheinprofil zwischen Bonn und Bingen. – Z. dt. geol. Ges., **126:** 15 – 29, 1 Abb., 2 Taf.; Hannover.

MEYER, W., & STETS, J. (1980): Zur Paläogeographie von Unter- und Mitteldevon im westlichen und zentralen Rheinischen Schiefergebirge. – Z. dt. geol. Ges., **131:** 725 – 751, 9 Abb.; Hannover.

MICHELAU, P. (1954): Überkippte Aufschuppungen im Ruhrkarbon. – Geol. Jb., **69:** 255 – 262, 3 Abb., 1 Taf.; Hannover.

MICHELAU, P. (1956): Die Satanella- oder Hattinger Überschiebung im Rahmen der Tektonik des südlichen Ruhrkarbons. – Z. dt. geol. Ges., **107:** 202 – 205, 2 Abb.; Hannover.

MICHELAU, P. (1962): Zusammenfassende Bemerkungen zur Tektonik des Subvariscikums. – Fortschr. Geol. Rheinld. u. Westf., **3** (3): 1 233 – 1 236, 1 Abb.; Krefeld.

MILNES, A. G., & PFIFFNER, O. A. (1980): Tectonic evolution of the Central Alps in the cross section St. Gallen-Como. – Eclogae geol. Helv., **73:** 619 – 633, 2 Abb., 1 Tab., 1 Taf.; Basel.

MOHR, K. (1969): Zur paläozoischen Entwicklung und Lineamenttektonik des Harzes, speziell des Westharzes. – Clausthaler tekt. H., **9:** 19 – 110, 7 Taf.; Clausthal-Zellerfeld.

MOHR, K. (1978): Geologie und Minerallagerstätten des Harzes. – 387 S., 139 Abb., 37 Tab., 2 Taf., 4 Beil.; Stuttgart.

MORLEY, C. K. (1986): A classification of thrust fronts. – Bull. amer. Assoc. Petrol. Geol., **78:** 12 – 25; Tulsa/Okla.

MORLEY, C. K. (1994): Fold generated imbricates. Examples from the Caledonides of Southern Norway. – J. struct. Geol., **16:** 619 – 631, 14 Abb.; Oxford.

MULLER, A., & STEINGROBE, B. (1991): Sedimentologie der oberkarbonischen Schichtenfolge in der Forschungsbohrung Frenzer Staffel 1 (1985), Aachen-Erkelenzer Steinkohlenrevier – Deutung der vertikalen und lateralen Trendentwicklungen. – Geol. Jb., **A 116:** 87 – 127, 13 Abb., 2 Tab., 3 Taf.; Hannover.

MURAWSKI, H. (1964): Die Nord-Süd-Zone der Eifel und ihre nördliche Fortsetzung. – Publ. Serv. géol. Luxemb., **14:** 285 – 308, 7 Abb., 1 Taf.; Luxemburg.

MURAWSKI, H., & ALBERS, H. J., & BENDER, P., & BERNERS, H.-P., & DÜRR, ST., & HUCKRIEDE, R., & KAUFFMANN, G., & KOWALCZYK, G., & MEIBURG, P., & MÜLLER, R., & MÜLLER, A., & RITZKOWSKI, S., & SCHWAB, K., & SEMMEL, A., & STAPF, K., & WALTER, R., & WINTER, K.-P., & ZANKL, H. (1983): Regional Tectonic Setting and Geological Structure of the Rhenish Massif. – In: FUCHS, K., & GEHLEN, K. VON, & MÄLZER, H., & MURAWSKI, H., & SEMMEL, A. [Hrsg.]: Plateau Uplift: 381 – 403, 14 Abb., 2 Tab.; Berlin, Heidelberg, New York, Tokyo (Springer).

NAGEL, J. (1975): Faltung und Mächtigkeit. – Mitt. geol.-paläont. Inst. Univ. Hamburg, **44:** 449 – 468, 5 Abb.; Hamburg.

NEHM, W. (1930): Bewegungsvorgänge bei der Aufrichtung des rheinisch-westfälischen Steinkohlengebirges. – Glückauf, **60:** 789 – 797, 20 Abb.; Essen.

NIEMÖLLER, B. (1989): Die ersten Eruptivgänge und Naturkokse im Rheinisch-Westfälischen Steinkohlengebiet. – Markscheidewesen, **96:** 337 – 344, 15 Abb.; Essen.

NIEMÖLLER, B., & STADLER, G. (1962): Ein basisches Intrusivgestein in Schichten des oberen Westfal A der Zeche Friedrich Heinrich bei Kamp-Lintfort am linken Niederrhein. – Fortschr. Geol. Rheinld. u. Westf., **3** (3): 1 225 – 1 232, 4 Abb., 1 Tab., 2 Taf.; Krefeld.

NIEMÖLLER, B., & STADLER, G., & TEICHMÜLLER, R. (1973): Die Eruptivgänge und Naturkokse im Karbon des Steinkohlenbergwerks Friedrich Heinrich in Kamp-Lintfort (Linker Niederrhein) aus geologischer Sicht. – Geol. Mitt., **12:** 197 – 218, 24 Abb.; Aachen.

NODOP, I. (1971): Tiefenrefraktionsseismischer Befund im Profil Versmold – Lübbecke – Nienburg. – Fortschr. Geol. Rheinld. u. Westf., **18:** 411 – 422, 5 Abb., 1 Taf.; Krefeld.

OBERSTE-BRINK, K. (1938): Der Mechanismus der tektonischen Bewegungsvorgänge im Ruhrbezirk. – In: KUKUK, P.: Geologie des Niederrheinisch-Westfälischen Steinkohlengebietes: 315 – 344, 46 Abb.; Berlin (Springer).

OBERSTE-BRINK, K. (1941): Die Entwicklung der Flöze Sonnenschein bis Dickebank im Ruhrgebiet. – Arch. bergbaul. Forsch., **2:** 21 – 30, 8 Abb.; Essen.

OBERSTE-BRINK, K. (1943): Sedimentation und Faltung und das hypothetische variscische Hochgebirge im Ruhrbezirk. – Z. dt. geol. Ges., **95:** 375 – 384, 7 Abb.; Berlin.

OBERSTE-BRINK, K., & BÄRTLING, R. (1930 a): Die Gliederung des Karbon-Profils und die einheitliche Flözbenennung im Ruhrkohlenbecken. – Glückauf, **66:** 889 – 893 u. 921 – 933, 11 Abb., 1 Taf.; Essen.

OBERSTE-BRINK, K., & BÄRTLING, R. (1930 b): Gliederung des Produktiven Karbons und einheitliche Flözbenennung im rheinisch-westfälischen Steinkohlenbecken. – Z. dt. geol. Ges., **82:** 321 – 347, 9 Abb., 1 Taf.; Berlin.

PALM, H.-J. (1987): Vorgänge bei der Tektonischen Beanspruchung des Ruhrkarbons und ihre Berücksichtigung bei der bergmännischen Planung mit Hilfe von Tektonischen Beanspruchungskarten. – Diss. TH Aachen: 221 S., 168 Abb.; Aachen.

PAPROTH, E. (1976): Zur Folge und Entwicklung der Tröge und Vortiefen im Gebiet des Rheinischen Schiefergebirges und seiner Vorländer, vom Gedinne (Unter-Devon) bis zum Namur (Silesium). – Kossmat-Festschr., Nova Acta Leopoldina: 45 – 48, 4 Abb.; Halle/Saale.

PAPROTH, E., & STRUVE, W. (1982): Bemerkungen zur Entwicklung des Givetium am Niederrhein. Paläogeographischer Rahmen der Bohrung Schwarzbachtal 1. – Senck. leth., **63:** 359 – 376; Frankfurt/Main.

PATERSON, M. S., & WEISS, L. E. (1966): Experimental Deformation and Folding in Phyllite. – Bull. geol. Soc. Amer., **77:** 343 – 374, 20 Abb., 9 Taf.; New York.

PATTEISKY, K. (1959): Die Goniatiten im Namur des Niederrheinisch-Westfälischen Karbongebietes. – Mitt. westf. Berggewerkschaftskasse, **14:** 66 S., 18 Abb., 14 Taf.; Bochum.

PATTEISKY, K., & TEICHMÜLLER, M., & TEICHMÜLLER, R. (1962): Das Inkohlungsbild des Steinkohlengebirges an Rhein und Ruhr, dargestellt im Niveau von Flöz Sonnenschein. – Fortschr. Geol. Rheinld. u. Westf., **3** (2): 687 – 700, 8 Abb., 2 Taf.; Krefeld.

PIEPER, B. (1975): Aufschlüsse des Steinkohlengebirges im Süden der Stadt Essen. – Mitt. geol. Ges. Essen, **7:** 25 – 32, 6 Abb.; Essen.

PILGER, A. (1955 a): Über die Lage von Schichtflächen und Achsen innerhalb der Querstörungen des Ruhrgebietes. – Geol. Jb., **71:** 331 – 380, 34 Abb., 2 Taf.; Hannover.

PILGER, A. (1955 b): Lineamente im Ruhrkarbon. – Geol. Jb., **71:** 395 – 404, 7 Abb., 1 Taf.; Hannover.

PILGER, A. (1956 a): Die tektonischen Richtungen des Ruhrkarbons und ihre Beziehungen zur Faltung. – Z. dt. geol. Ges., **107:** 206 – 230, 22 Abb., 1 Tab., 1 Taf.; Hannover.

PILGER, A. (1956 b): Über die Teufenlage der Plutone im Ruhrgebiet. – N. Jb. Mineral., Mh., **1956:** 161 – 168, 2 Abb.; Stuttgart.

PILGER, A. (1957): Über den Untergrund des Rheinischen Schiefergebirges und Ruhrgebietes. – Geol. Rdsch., **46:** 197 – 212, 3 Abb., 1 Tab.; Stuttgart.

PILGER, A. (1961): Übersicht über die Gangvererzung des Ruhrgebietes. – Beih. geol. Jb., **40:** 297 – 350, 15 Abb., 1 Taf.; Hannover.

PILGER, A. (1965): Beziehungen der kleintektonischen zu den großtektonischen Formen im Ruhrkarbon. – Clausthaler geol. Abh., **1:** 129 – 167, 24 Abb.; Clausthal-Zellerfeld.

PLAUMANN, S. (1983): Die Schwerekarte 1 : 500 000 der Bundesrepublik Deutschland (Bongner-Anomalien), Blatt Nord. – Geol. Jb., **E 27:** 3 – 16, 4 Abb., 1 Taf.; Hannover.

PLAUMANN, S. (1991): Die Schwerekarte 1 : 500 000 der Bundesrepublik Deutschland (Bongner-Anomalien), Blatt Mitte. – Geol. Jb., **E 46:** 3 – 16, 5 Abb., 1 Tab., 1 Taf.; Hannover.

PLEIN, E. (1978): Rotliegend-Ablagerungen im Norddeutschen Becken. – Z. dt. geol. Ges., **129:** 71 – 97, 10 Abb., 6 Taf.; Hannover.

PLEIN, E. (1990): The Southern Permian Basin and its Paleogeography. – In: HELING, D., & ROTHE, P., & FÖRSTNER, U., & STOFFERS, P. [Hrsg.]: Sediments and environmental geochemisty: 124 – 133, 3 Abb.; Berlin (Springer).

PLEIN, E., & DÖRHOLT, W., & GREINER, G. (1982): Das Krefelder Gewölbe in der Niederrheinischen Bucht – Teil einer großen Horizontalverschiebungszone? – Fortschr. Geol. Rheinld. u. Westf., **30:** 15 – 29, 9 Abb.; Krefeld.

POHL, M. (1986): Experimentelle Untersuchungen zur Strukturbildung bei Abschiebungen mit wanderndem Auslaufbereich. – Dipl.-Arb. Univ. Bochum: 101 S., 37 Abb., 6 Anl.; Bochum. – [Unveröff.]

POLYSOS, N. (1984): Regionaltektonische Situation im nördlichen Bereich des Lohberger Horstes (Dorstener Sattel). – 5 S., 1 Grundriß, 1 Schnittaf.; Bochum (Westf. Berggewerkschaftskasse). – [Unveröff.]

PRICE, R. A. (1986): The southeastern Canadian Cordillera: thrust faulting, tectonic wedging, and delamination of the lithosphere. – J. struct. Geol., **8:** 239 – 254; Oxford.

PRICE, N. J., & COSGROVE, J. W. (1990): Analysis of Geological Structures. – 502 S., zahlr. Abb.; Cambridge (Camb. Univ. Press.).

PRIOR, H. (1976): Gesichtspunkte zum Verlauf großtektonischer Sprünge im Ruhrkarbon und deren Genese. – Symp. Markscheidewes., 3. internat., 1976, Leoben, **1:** 130 – 139, 3 Abb.; Leoben.

PULGAR, J. A. (1980): Análisis e interpretatión de las estructuras originadas durante las fases de replegamiento en la zona Asturoccidental-Leonesa (Cordilliera Herciniana, NW España). – Thesis Univ. Oviedo; Oviedo.

QUIRING, H. (1913 a): Eifeldolomit und alttriadische Verebnung. – Cbl. Mineral. Geol. Paläont., **1913:** 269 – 272; Stuttgart.

QUIRING, H. (1913 b): Zur Theorie der Horizontalverschiebungen. – Z. prakt. Geol., **21:** 70 – 73; Berlin.

QUIRING, H. (1919): Über Verlauf und Entstehung von Querstörungen im Faltengebirge. – Berg-, Hütten- u. Salinenwes., **67:** 133 – 142, 3 Abb.; Berlin.

QUITZOW, H. W., & VAHLENSIECK, O. (1955): Über pleistozäne Gebirgsbildung und rezente Krustenbewegungen in der Niederrheinischen Bucht. – Geol. Rdsch., **43:** 56 – 67, 2 Abb., 1 Taf.; Stuttgart.

RABITZ, A., & HEWIG, R. (1987), mit Beitr. von ERKWOH, F.-D., & KALTERHERBERG, J., & KAMP, H. VON, & REHAGEN, H.-W., & VIETH-REDEMANN, A.: Erläuterungen zu Blatt 4410 Dortmund. – Geol. Kt. Nordrh.-Westf. 1 : 25 000, Erl., **4410,** 2. Aufl.: 159 S., 16 Abb., 16 Tab., 5 Taf.; Krefeld.

RAMBERG, I. B., & BOCKELIE, J. F. (1981): Geology and Tectonics around Oslo. – Nytt fra Oslofeltgruppen, **7:** 81 – 100, 8 Abb.; Oslo. – [Conf. Basement Tect., 4. internat., 1981, Oslo, Exk.-Führer, Exk. B-4]

RAMBOW, D. (1963): Scherflächen in steilstehenden Kohlenflözen. – Z. dt. geol. Ges., **114:** 85 – 91, 5 Abb.; Hannover.

RAMSAY, J. G., & HUBER, M. I. (1987): The techniques of modern structural geology, **2,** Folds and Fractures. – 700 S., zahlr. Abb.; London (Acad. Press).

REICHERT, CH. (1988): DEKORP – Deutsches Kontinentales reflexionsseismisches Programm – Vorgeschichte, Verlauf und Ergebnisse der bisherigen Arbeiten. – Geol. Jb., **E 42:** 143 – 165, 11 Abb., 1 Tab.; Hannover.

RIBBERT, K.-H. (1993), mit Beitr. von REINHARDT, M., & SCHALICH, J., & VIETH-REDEMANN, A.: Erläuterungen zu Blatt 5504 Hellenthal. – Geol. Kt. Nordrh.-Westf. 1 : 25 000, Erl., **5504:** 91 S., 14 Abb., 5 Tab., 1 Taf.; Krefeld.

RIBBERT, K.-H. (1994), mit Beitr. von REINHARDT, M., & SCHALICH, J., & VIETH-REDEMANN, A.: Erläuterungen zu Blatt 5404 Schleiden. – Geol. Kt. Nordrh.-Westf. 1 : 25 000, Erl., **5404:** 75 S., 10 Abb., 5 Tab., 2 Taf.; Krefeld.

RICH, S. L. (1934): Mechanics of low-angle overthrust faulting illustrated by Cumberland thrust block, Virginia, Kentucky and Tennesse. – Bull. amer. Assoc. Petrol. Geol., **18:** 1 584 – 1 596; Tulsa/Okla.

RICHTER, D. (1971): Ruhrgebiet und Bergisches Land. Zwischen Ruhr und Wupper. – Slg. geol. Führer, **55:** 166 S., 37 Abb., 10 Ausschn., 2 Tab., 4 Beil., 1 Kt.; Berlin, Stuttgart (Borntraeger).

RICHTER, M. (1941): Entstehung und Alter der Oberharzer Erzgänge. – Geol. Rdsch., **32:** 93 – 105, 3 Abb.; Stuttgart.

RICHTER-BERNBURG, G. (1969): Saxonische Tektonik als Indikator erdtiefer Bewegungen. – Geol. Jb., **85:** 997 – 1 030, 20 Abb.; Hannover.

RICHWIEN, J., & SCHUSTER, A., & TEICHMÜLLER, R., & WOLBURG, J. (1963): Überblick über das Profil der Bohrung Münsterland 1. – Fortschr. Geol. Rheinld. u. Westf., **11:** 9 – 18, 3 Abb., 4 Taf.; Krefeld.

RODGERS, D. A. (1980): Analysis of pull-apart basin development produced by en-echelon strike-slip faults. – Spec. Publ. internat. Assoc. Sediment., **4:** 27 – 41, 8 Abb.; Oxford.

ROOT, S. I. (1973): Structure, basin development and tectogenesis in the Pennsylvanian portion of the folded Appalachians. – In: JONG, K. A. DE, & SCHOLTEN, R. [Hrsg.]: Gravity and tectonics: 343 – 360; New York (Wiley).

ROSENFELD, U. (1960): Zur Stockwerktektonik des Gebietes zwischen Witten und Wetter a. d. Ruhr. – Forsch.-Ber. Land Nordrh.-Westf., **754:** 27 – 140, 39 Abb., 17 Prof., 1 Kt.; Köln, Opladen (Westdt. Verl.)

ROSENFELD, U. (1961): Zum Bau des Harkort-Sattels bei Wetter (Ruhr). – N. Jb. Geol. Paläont., Mh., **1961** (6): 312 – 317; Stuttgart.

ROSENFELD, U. (1969 a): Aufschiebung. – In: Bundesanstalt für Geowissenschaften und Rohstoffe [Hrsg.]: Deutsches Handwörterbuch der Tektonik, 2. Lfg., **Aufsc.:** 2 S., 2 Abb.; Hannover.

ROSENFELD, U. (1969 b): Überschiebung. – In: Bundesanstalt für Geowissenschaften und Rohstoffe [Hrsg.]: Deutsches Handwörterbuch der Tektonik, 2. Lfg., **Übers.:** 2 S., 1 Abb.; Hannover.

RUCHHOLZ, K. (1989): Begründung und Bedeutung des Bode-Lineaments. – Wiss. Z. Ernst-Moritz-Arndt-Univ. Greifswald, math.-naturwiss. R., **38:** 63 – 69, 2 Abb.; Greifswald.

SANDER, B. (1948): Einführung in die Gefügekunde der geologischen Körper, **1,** Allgemeine Gefügekunde und Arbeiten im Bereich Handstück bis Profil. – 215 S., 66 Abb.; Wien, Innsbruck (Springer).

Sanderson, D. J., & Marchini, W. R. D. (1984): Transpression. – J. Struct. Geol., **6:** 449 – 458, 13 Abb.; Oxford.

Sauer, A., & Dickel, U., & Rack, P. (1985): Exploration und rißliche Darstellung von Steinkohlenlagerstätten als Grundlage bergbaulicher Planung. – Glückauf, **121:** 1 193 – 1 199, 8 Abb.; Essen.

Sax, H. G. J. (1946): De Tectoniek van het Carboon in het Zuid-Limburgsche Mijngebied. – Meded. geol. Sticht., **C-1-1-3:** 77 S., 18 Abb., 9 Anl.; Maastricht.

Schaeffer, R. (1983): Vererzungen in karbonischen und tertiären Sedimenten bei Velbert (Niederbergisches Land) – eine Zeitmarke für die saxonische Mineralisation des Rheinischen Schiefergebirges. – Z. dt. geol. Ges., **134:** 225 – 245, 4 Abb., 1 Tab., 2 Taf.; Hannover.

Schaeffer, R. (1984): Die postvariszische Mineralisation im nordöstlichen Rheinischen Schiefergebirge. – Braunschweiger geol.-paläont. Diss., **3:** 206 S., 43 Abb., 9 Tab., 4 Anl.; Braunschweig.

Schaub, H. (1956 a): Devonkalk-Gerölle im Finefrau-Konglomerat südwestlich Duisburg. – Z. dt. geol. Ges., **107:** 83 – 86; Hannover.

Schaub, H. (1956 b): Das Krefelder Gewölbe. – Z. dt. geol. Ges., **107:** 283 – 284; Hannover.

Schemann, H.-H. (1962): Zur Spezialfaltung des Namur B an der Lenne am Nordflügel des Remscheid-Altenaer Sattels. – Fortschr. Geol. Rheinld. u. Westf., **3** (3): 1 199 – 1 204, 4 Abb.; Krefeld.

Schenk, E. (1937): Die Tektonik der mitteldevonischen Kalkmuldenzone in der Eifel. – Jb. preuß. geol. L.-Anst., **58:** 1 – 36, 15 Abb., 4 Taf.; Berlin.

Scherp, A., & Schröder, E. (1962): Der Albit-Quarzporphyr von Langenfeld-Delle – eine spätorogene Intrusion in das Obere Mitteldevon des Bergischen Landes. – Fortschr. Geol. Rheinld. u. Westf., **3** (3): 1 205 – 1 224, 6 Abb., 5 Tab., 3 Taf.; Krefeld.

Scherp, A., & Strübel, G. (1974): Zur Barium-Strontium-Mineralisation. – Mineralium Depos., **9:** 155 – 168, 4 Abb., 2 Tab.; Berlin.

Scherp, H. (1962): Foraminiferen aus dem Unteren und Mittleren Zechstein Nordwestdeutschlands, insbesondere der Bohrung Friedrich Heinrich 57 bei Kamp-Lintfort. – Fortschr. Geol. Rheinld. u. Westf., **6:** 265 – 330, 3 Tab., 12 Taf.; Krefeld.

Schlumberger Ltd. [Hrsg.] (1970): Fundamentals of Dipmeter Interpretation. – 145 S., zahlr. Abb.; New York.

Schmidt, R. (1961): Zur Tektonik des Flözleeren an Volme und Lenne. – Forsch.-Ber. Land Nordrh.-Westf., **945:** 9 – 66, 39 Abb., 1 Taf.; Köln, Opladen (Westdt. Verl.).

Schmidt, Wo. (1952): Die paläogeographische Entwicklung des linksrheinischen Schiefergebirges vom Kambrium bis zum Oberkarbon. – Z. dt. geol. Ges., **103:** 151 – 177, 7 Abb., 1 Taf.; Hannover.

Schmidt-Thome, P. (1972): Lehrbuch der allgemeinen Geologie, **2,** Tektonik. – 579 S., 299 Abb.; Stuttgart (F. Enke).

Schmitz, D. (1983): Die Interpretation der verschiedenen Gesteinstypen des Oberkarbons (Westfal A – C) aus Kernbohrungen des Ruhrreviers nach geophysikalischen Bohrlochmessungen. – Diss. Techn. Univ. Hannover: 147 S., 33 Abb., 7 Tab.; Hannover.

Schmitz, D. (1988): Zur Neubearbeitung der Aufschlußbohrungen Isselburg 3, Münsterland 1 und Versmold 1. – 9 S., zahlr. Anl.; Bochum (Westf. Berggewerkschaftskasse). – [Unveröff.]

Schmitz, G. (1958): Das Vichtbachtal, ein tektonisches Profil am Nordwestabfall des Venn. – Decheniana, **111:** 59 – 71, 6 Abb.; Bonn.

Scholz, J. (1956): Zur tektonischen Analyse der mitgefalteten Überschiebungen im niederrheinisch-westfälischen Steinkohlengebirge. – Z. dt. geol. Ges., **107:** 158 – 201, 26 Abb., 2 Tab.; Hannover.

Schönenberg, R., & Neugebauer, J. (1981): Einführung in die Geologie Europas. – 340 S., 40 Abb.; Freiburg/Br. (Rombach).

SCHRIEL, W. (1932): Die tektonischen Beziehungen zwischen Harz und Kyffhäuser. – Jb. preuß. geol. L.-Anst., **1932:** 177 – 187, 5 Abb.; Berlin.

SCHUSTER, A. (1963): Konnektierung von Bohrlochmessungen im Westfal der Bohrung Münsterland 1 mit Messungen anderer Bohrungen. – Fortschr. Geol. Rheinld. u. Westf., **11:** 487 – 516, 12 Abb., 1 Tab.; Krefeld.

SCHUSTER, A., & HÄDICKE, M., & KÖWING, K. (1987): Die Einheitsbezeichnungen der Flöze im Steinkohlenrevier Ibbenbüren. – Geol. Jb., **A 99:** 3 – 56, 4 Abb., 2 Taf.; Hannover.

SCHWAB, M., & GROSS, A., & JANSSEN, C., & OESTERREICH, B., & RUCHHOLZ, K., & SCHEFFLER, H., & WELLER, H., & WEYER, D. (1990): Biostratigraphie, Lithologie und Lagerstätten des Elbingeröder Komplexes (Harz). – Rundgespr. „Geodynamik des europäischen Variszikums", 6., 1990, Clausthal-Zellerfeld, Exk.-Führer: 16 S., 1 Abb., 4 Anl.; Clausthal-Zellerfeld.

SCHWAN, W. (1958): Untervorschiebungen und Aufbruchsfalten. – N. Jb. Geol. Paläont., Mh., **1958** (8/9): 356 – 376, 18 Abb.; Stuttgart.

SEIDEL, G. (1957): Entwurf einer genetischen und morphologischen Systematik der großtektonischen Störungen des Ruhrkarbons. – Mitt. westf. Berggewerkschaftskasse, **12:** 111 – 145, 25 Abb.; Bochum.

SPAETH, G. (1979): Neuere Beobachtungen und Vorstellungen zur variscischen Tektonik der westlichen Nordeifel (Rheinisches Schiefergebirge). – Z. dt. geol. Ges., **130:** 107 – 121, 7 Abb.; Hannover.

SPERLING, H. (1958): Beziehungen zwischen Querflexuren und Mineralisationszonen der Oberharzer Gänge (westlich Clausthal). – Erzmetall, **11:** 379 – 382, 2 Abb.; Stuttgart.

SPERLING, H. (1973): Die Erzgänge des Erzbergwerkes Grund (Silbernaaler Gangzug, Bergwerksglücker Gang und Laubhütter Gang). – Geol. Jb., **D 2:** 205 S., 72 Abb., 13 Tab., 32 Taf.; Hannover.

SPERLING, H., & STOPPEL, D. (1979): Beschreibung der Oberharzer Erzgänge (einschließlich der Neuaufschlüsse im Erzbergwerk Grund seit Erscheinen der Lieferung 2). – Geol. Jb., **D 34:** 247 S., 74 Abb., 7 Tab., 11 Taf.; Hannover.

STACH, E. (1923): Horizontalverschiebungen und Sprünge im östlichen Ruhrkohlengebiet. – Glückauf, **59:** 669 – 678, 15 Abb.; Essen.

STADLER, G., & TEICHMÜLLER, R. (1971): Zusammenfassender Überblick über die Entwicklung des Bramscher Massivs und des Niedersächsischen Tektogens. – Fortschr. Geol. Rheinld. u. Westf., **18:** 547 – 564, 3 Abb., 1 Tab.; Krefeld.

STAHL, A. (1949): Zum Problem der gefalteten Wechsel des Ruhrgebiets. – Glückauf, **85:** 448 – 455, 1 Abb.; Essen.

STAHL, A. (1950): Blatt Aplerbeck. – Geol. Kt. Rhein.-Westf. Steinkohlengebiet 1 : 10 000, Erl., Lfg. **2:** 25 – 29; Hannover.

STAHL, A. (1952): Blatt Herdecke. – Geol. Kt. Rhein.-Westf. Steinkohlengebiet 1 : 10 000, Erl., Lfg. **3:** 29 – 39; Hannover.

STAHL, A. (1955): Grundfragen der Tektonik des Ruhrkarbons. – Bergb.-Arch., **16:** 59 – 71, 2 Abb.; Essen.

STANCU-KRISTOFF, G., & STEHN, O. (1984): Ein großregionaler Schnitt durch das nordwestdeutsche Oberkarbon-Becken vom Ruhrgebiet bis in die Nordsee. – Fortschr. Geol. Rheinld. u. Westf., **32:** 35 – 38, 1 Taf.; Krefeld.

STAUDE, H. (1989), mit Beitr. von ADAMS, U., & DUBBER, H.-J., & KOCH, M., & VOGLER, H.: Erläuterungen zu Blatt 3910 Altenberge. – Geol. Kt. Nordrh.-Westf. 1 : 25 000, Erl., **3910:** 123 S., 12 Abb., 7 Tab., 2 Taf.; Krefeld.

STEDINGK, K., & STOPPEL, D., & EHLING, B.-C. (1993): Gangmineralisationen im NE-Rhenoherzynikum – ein strukturgeologisch-paragenetischer Überblick. – Rundgespr. „Geodynamik des Europäischen Variszikums", 9., 1993, Werningerrode/Harz, Abstr.: 40 – 41, 1 Abb.; Halle (Inst. Geol. Wiss. u. Geiseltalmus. Martin-Luther-Univ. Halle-Wittenberg).

Stehn, O. (1988), mit Beitr. von Hewig, R., & Kamp, H. von, & Nötting, J., & Schraps, W.-G., & Vieth-Redemann, A.: Erläuterungen zu Blatt 4509 Bochum. – Geol. Kt. Nordrh.-Westf. 1 : 25 000, Erl., **4509,** 2. Aufl.: 130 S., 15 Abb., 13 Tab., 5 Taf.; Krefeld.

Steingrobe, B. (1990): Fazieseinheiten aus dem Aachen – Erkelenzer Oberkarbonvorkommen unter besonderer Berücksichtigung des Inde-Synklinoriums. – Diss. TH Aachen: 325 S., 179 Abb., 6 Tab.; Aachen.

Stephan, E. (1990): Strukturgeologische Untersuchungen am Walstedder Sattel, Zeche Radbod, östliches Ruhrgebiet. – Dipl.-Arb. Univ. Heidelberg: 99 S., 23 Abb.; Heidelberg. – [Unveröff.]

Stille, H. (1930): Die subvariscische Vortiefe. – Z. dt. geol. Ges., **81:** 339 – 354; Berlin.

Stille, H. (1944): Geotektonische Gliederung der Erdgeschichte. – Abh. preuß. Akad. Wiss., math.-phys. Kl., **3:** 5 – 80, 8 Abb.; Berlin.

Strack, Ä. (1989): Stratigraphie in den Explorationsräumen des Steinkohlenbergbaus. – Mitt. westf. Berggewerkschaftskasse, **62:** 210 S., 101 Abb., 147 Anl.; Bochum.

Strack, Ä., & Freudenberg, U. (1984): Schichtenmächtigkeiten und Kohleninhalte im Westfal des Niederrheinisch-Westfälischen Steinkohlenreviers. – Fortschr. Geol. Rheinld. u. Westf., **32:** 243 – 256, 13 Abb.; Krefeld.

Suppe, J. (1983): Geometry and kinematics of fault-bend folding. – Amer. J. Sci., **283:** 684 – 721, 24 Abb.; New Haven, Conn.

Suppe, J. (1985): Principles of structural geology. – 537 S., zahlr. Abb.; Englewood Cliffs/N. J.

Teichmüller, M. (1963): Die Kohlenflöze der Bohrung Münsterland 1 (Inkohlung, Petrographie, Verkokungsverhalten). – Fortschr. Geol. Rheinld. u. Westf., **11:** 129 – 178, 7 Abb., 12 Tab., 4 Taf.; Krefeld.

Teichmüller, M., & Teichmüller, R. (1950): Spuren vorasturischer Bewegungen am Südrand des Ruhrkarbons. – Geol. Jb., **65:** 497 – 506, 5 Abb., 1 Taf.; Hannover, Celle.

Teichmüller, M., & Teichmüller, R. (1954): Zur mikrotektonischen Verformung der Kohle. – Geol. Jb., **69:** 263 – 286, 11 Abb., 4 Taf.; Hannover.

Teichmüller, M., & Teichmüller, R. (1971 a): Inkohlung. – Fortschr. Geol. Rheinld. u. Westf., **19:** 47 – 56, 7 Abb.; Krefeld.

Teichmüller, M., & Teichmüller, R. (1971 b): Inkohlung. – Fortschr. Geol. Rheinld. u. Westf., **19:** 69 – 72, 2 Abb.; Krefeld.

Teichmüller, M., & Teichmüller, R. (1986): Relations between coalification and palaeogeothermics in variscan and alpidic foredeeps of western Europe. – Palaeogeothermics. Lecture Notes in Earth Sci., **5:** 53 – 78; Berlin, Heidelberg.

Teichmüller, M., & Teichmüller, R., & Bartenstein, H. (1979): Inkohlung und Erdgas in Nordwestdeutschland. Eine Inkohlungskarte der Oberfläche des Oberkarbons. – Fortschr. Geol. Rheinld. u. Westf., **27:** 137 – 170, 2 Abb., 5 Tab., 1 Taf.; Krefeld.

Teichmüller, M., & Teichmüller, R., & Bartenstein, H. (1984): Inkohlung und Erdgas – eine neue Inkohlungskarte der Karbon-Oberfläche in Nordwestdeutschland. – Fortschr. Geol. Rheinld. u. Westf., **32:** 11 – 34, 3 Abb., 3 Tab., 1 Taf.; Krefeld.

Teichmüller, M., & Teichmüller, R., & Weber, K. (1979): Inkohlung und Illit-Kristallinität. Vergleichende Untersuchungen im Mesozoikum und Paläozoikum von Westfalen. – Fortschr. Geol. Rheinld. u. Westf., **27:** 201 – 276, 31 Abb., 15 Tab.; Krefeld.

Teichmüller, R. (1955): Das Steinkohlengebirge südlich von Essen. Ein geologischer Führer. – 16 S., zahlr. Abb., 2 Beil.; Stuttgart (Schweizerbart).

Teichmüller, R. (1956): Die Entwicklung der subvaristischen Vortiefe und der Werdegang des Ruhrkarbons. – Z. dt. geol. Ges., **107:** 55 – 65, 4 Abb.; Hannover.

Teichmüller, R. (1974): Die tektonische Entwicklung der Niederrheinischen Bucht. – In: Illies, J. H., & Fuchs, K. [Hrsg.]: Approaches to Taphrogenesis. – Inter-Union Comm. on Geodyn., sci. Rep., **8:** 269 – 285, 12 Abb.; Stuttgart.

THIENHAUS, R. (1962): Stratigraphie, Tektonik und Eisenerzführung des Lias-Muldengrabens von Bislich am Niederrhein. – Fortschr. Geol. Rheinld. u. Westf., **6:** 199 – 218, 7 Abb., 2 Tab.; Krefeld.

THOME, K. (1955): Die tektonische Prägung des Vennsattels und seiner Umgebung. – Geol. Rdsch., **44:** 266 – 305, 19 Abb., 1 Taf.; Stuttgart.

THOME, K. (1970): Die Bedeutung der Ennepe-Störung für die Sedimentations- und Faltungsgeschichte des Rheinischen Schiefergebirges. – Fortschr. Geol. Rheinld. u. Westf., **17:** 757 – 808, 19 Abb., 1 Tab., 1 Taf.; Krefeld.

TONGEREN, P. C. H. VAN (1989): Hernieuwde Belangstelling voor Kolen. – Grondboor en Hamer, **43** (5/6): 353 – 365, 7 Abb.; Heerlen.

TYS, E. (1980): De Geologische Struktuur van het Steenkoolterrein ten Noorden van het Ontginningsgebied der Kempense Mijnen. – Belg. geol. Dienst, prof. pap., **1980** (9): 43 S., 12 Abb.; Bruxelles.

VANN, I. R., GRAHAM, R. H., & HAYWARD, A. B. (1986): The structure of mountain fronts. – J. struct. Geol., **8:** 215 – 227; Oxford.

VERHOOGEN, J. (1935): Le prolongement oriental des failles du massif de la Vesdre et du Massif de Herve. – Ann. Soc. géol. Belg., **58** (B): 111 – 118, 2 Abb.; Liège.

VOGLER, H. (1968), mit Beitr. von KAMP, H. VON, & WEYER, K.-U., & WIRTH, W.: Erläuterungen zu Blatt 5112 Morsbach. – Geol. Kt. Nordrh.-Westf., Erl., **5112:** 132 S., 29 Abb., 6 Tab., 5 Taf.; Krefeld.

VOLBERS, R., & JÖDICKE, H., & UNTIEDT, J. (1990): Magnetotelluric study of the earth's crust along the deep seismic reflection profile DEKORP 2 N. – Geol. Rdsch., **79:** 581 – 601, 10 Abb.; Stuttgart.

VOLL, G. (1983): Crustal Xenoliths and their Evidence for Crustal Structure Underneath the Eifel Volcanic District. – In: FUCHS, K., & GEHLEN, K. VON, & MÄLZER, H., & MURAWASKI, H., & SEMMEL, A. [Hrsg.]: Plateau Uplift: 336 – 342, 1 Abb.; Berlin, Heidelberg, New York, Tokyo (Springer).

WALLRAFEN, G., & STRACK, Ä., & KUNZ, E., & HEIL, R. W. (1988): Statusbericht zum Forschungsvorhaben 032 65 18A. Erkundung des Südteiles der Erkelenzer Anthrazitlagerstätte. – Programm Energieforschung und Energietechnologien. Statusreport 1988, Geotechn. und Lagerst.: 659 – 670, 6 Abb.; Jülich (Projektleit. Biol., Ökol., Energ.; KFA).

WALSH, J. J., & WATTERSON, J. (1990): New methods of fault projection for coalmine planning. – Proc. Yorkshire Geol. Soc., **48** (2): 209 – 219, 15 Abb.; Leeds.

WALTHER, H. W. (1982): Die varistische Lagerstättenbildung im westlichen Mitteleuropa. – Z. dt. geol. Ges., **133:** 667 – 698, 4 Abb.; Hannover.

WEBER, K. (1978): Das Bewegungsbild im Rhenoherzynikum – Abbild einer varistischen Subfluenz. – Z. dt. geol. Ges., **129:** 249 – 281, 11 Abb., 1 Taf.; Hannover.

WEBER, K., & BEHR, H.-J. (1983): Geodynamic interpretation of the mid-European Variscides. – In: MARTIN, H., & EDER, F. M. [Hrsg.]: Intracontinental Fold Belts: 427 – 469, 9 Abb., 1 Taf.; Berlin, Heidelberg, New York (Springer).

WEBER, K., & VOLLBRECHT, A. [Hrsg.] (1986): Kontinentales Tiefbohrprogramm der Bundesrepublik Deutschland – Ergebnisse der Vorerkundungsarbeiten Lokation Oberpfalz. – KTB-Koll., 2., 1986, Seeheim/Odenwald: 186 S., 102 Abb.; Seeheim.

WERNER, W. (1988): Synsedimentary faulting and sediment-hosted submarine-hydrothermal mineralization. A case study in the Rhenish Massif (Germany). – Göttinger Arb. Geol. Paläont., **36:** 206 S., 81 Abb., 6 Tab.; Göttingen.

WIEGEL, E. (1957): Zur Lagerung der Oberkreide im südwestlichen Münsterland. – N. Jb. Geol. Paläont., Mh., **1956**: 184 – 193, 5 Abb.; Stuttgart.

WIENECKE, K. (1983): Strukturelle Untersuchungen im Mesozoikum der Eifeler Nord-Süd-Zone. – Diss. Univ. Bonn: 187 S., 12 Abb., 11 Anl.; Bonn.

WILCOX, R. E., & HARDING, T. P., & SEELY, D. R. (1973): Basic wrench tetonics. – Bull. amer. Assoc. Petrol. Geol., **57:** 74 – 96, 16 Abb., 1 Tab.; Tulsa/Okla.

WILLIAMS, G., & CHAPMAN, T. (1983): Strains developed in the hangingwall of Thrusts due to their slip/progagation rate: a dislocation model. – J. Struct. Geol., **5:** 563 – 571, 10 Abb.; Oxford.

WINTERFELD, C. VON, & WALTER, R. (1993): Die variscische Deformationsfront des nordwestlichen Rheinischen Schiefergebirges – Ein bilanziertes geologisches Tiefenprofil über die Nordeifel. – N. Jb. Geol. Paläont., Mh., **1993** (5): 305 – 320, 5 Abb.; Stuttgart.

WOLANSKY, D. (1960): Ein „Umkehrverwurf" im Deckgebirge am Ostschacht der Zeche „Adolf von Hansemann". – Glückauf, **96** (16): 1 006 – 1 010, 7 Abb.; Essen.

WOLBURG, J. (1952): Der Nordrand der Rheinischen Masse. – Geol. Jb., **67:** 83 – 115, 15 Abb.; Hannover.

WOLBURG, J. (1971), mit Beitr. von WOLF, M.: Das Westfal-A-Profil der Bohrung Isselburg 3 nordwestlich Wesel. – Geol. Mitt., **11:** 165 – 180, 7 Abb.; Aachen.

WOLF, K. (1987): Strukturgeologie und Deformationsgeschichte im Übergangsbereich der Bochumer Hauptmulde zum Wattenscheider Hauptsattel (Zeche Radbod, Östliches Ruhrgebiet). – Dipl.-Arb. Univ. Mainz: 60 S., 14 Abb., 3 Anl.; Mainz. – [Unveröff.]

WOLF, R. (1985): Tiefentektonik des linksniederrheinischen Steinkohlengebietes. – In: DROZDZEWSKI, G., & ENGEL, H., & WOLF, R., & WREDE, V.: Beiträge zur Tiefentektonik westdeutscher Steinkohlenlagerstätten: 105 – 167, 37 Abb., 3 Tab., 9 Taf.; Krefeld (Geol. L. Amt Nordrh.- Westf.).

WOLF, R. (1988): Tiefentektonik des Dorstener Hauptsattels zwischen Rheinberg und Dorsten im westlichen Ruhrgebiet. – In: KUNZ, E., & WOLF, R., WREDE, V.: Ergänzende Beiträge zur Tiefentektonik des Ruhrkarbons: 9 – 33, 7 Abb., 7 Taf.; Krefeld.

WREDE, V. (1980 a): Tiefentektonik der Bochumer Hauptmulde im östlichen Ruhrkarbon. – In: DROZDZEWSKI, G., & BORNEMANN, O., & KUNZ, E., & WREDE, V.: Beiträge zur Tiefentektonik des Ruhrkarbons: 135 – 171, 23 Abb., 3 Tab., 7 Taf.; Krefeld (Geol. L.-Amt Nordrh.-Westf.).

WREDE, V. (1980 b): Zusammenhänge zwischen Faltung und Überschiebungstektonik, dargestellt am Beispiel der Bochumer Hauptmulde im östlichen Ruhrgebiet. – Diss. TU Clausthal: 135 S., 41 Abb., 1 Taf.; Clausthal-Zellerfeld.

WREDE, V. (1981): Die Aufschlüsse im Querschlag von der Zeche Königsborn bei Unna ins Feld Monopol III, mit einem Beitrag zur Stratigraphie der tiefsten Sprockhöveler Schichten (Namur C). – Z. dt. geol. Ges., **132:** 83 – 99, 3 Abb.; Hannover.

WREDE, V. (1982 a): Der Einfluß petrographischer Änderungen in der stratigraphischen Gesteinsabfolge auf Störungsmuster im gefalteten Gebirge. – Glückauf-Forsch.-H., **43:** 260 – 264, 8 Abb.; Essen.

WREDE, V. (1982 b): Genetische Zusammenhänge zwischen Falten- und Überschiebungstektonik im Ruhrkarbon. – Z. dt. geol. Ges., **133**: 185 – 199, 10 Abb.; Hannover.

WREDE, V. (1984): Die Tektonik im Bereich der Kaiserstuhl-Blattverschiebungszone. – Glückauf-Forschungs-H., **45:** 72 – 75, 4 Abb.; Essen.

WREDE, V. (1985 a): Die Fortsetzung der Aachener Überschiebung nach Osten – eine Arbeitshypothese. – Fortschr. Geol. Rheinld. u. Westf., **33:** 297 – 306, 1 Abb.; Krefeld.

WREDE, V. (1985 b): Tiefentektonik des Aachen – Erkelenzer Steinkohlengebietes. – In: DROZDZEWSKI, G., & ENGEL, H., & WOLF., R., & WREDE, W.: Beiträge zur Tiefentektonik westdeutscher Steinkohlenlagerstätten: 9 – 103, 65 Abb., 4 Tab., 13 Taf.; Krefeld (Geol. L.-Amt Nordrh.-Westf.).

WREDE, V. (1985 c): Tektonische Profilaufnahme im Sülzbach-Überleitungsstollen (TK 25: 4909 Kürten). – 6 S., 34 Anl.; Krefeld (Geol. L.-Amt Nordrh.-Westf.). – [Unveröff.]

WREDE, V. (1987 a): Der Einfluß des Brabanter Massivs auf die Tektonik des Aachen-Erkelenzer Steinkohlengebietes. – N. Jb. Geol. Paläont., Mh., **1987** (3): 177 – 192, 7 Abb.; Stuttgart.

WREDE, V. (1987 b): Einengung und Bruchtektonik im Ruhrkarbon. – Glückauf, **48:** 116 – 121, 8 Abb.; Essen.

WREDE, V. (1988 a): Tiefentektonik der Wittener Hauptmulde im östlichen Ruhrkarbon. – In: KUNZ, E., & WOLF, R., & WREDE, V.: Ergänzende Beiträge zur Tiefentektonik des Ruhrkarbons: 35 – 52, 10 Abb., 2 Tab., 4 Taf.; Krefeld (Geol. L.-Amt Nordrh.-Westf.).

WREDE, V. (1988 b): Relations between Inde and Wurm Syncline (Aachen coal district; F. R. G.). – Ann. Soc. géol. Belg., **112:** 251 – 252; Bruxelles.

WREDE, V. (1988 c): Der nördliche Harzrand – flache Abscherbahn oder wrench-fault-system? – Geol. Rdsch., **27:** 101 – 114, 11 Abb.; Stuttgart.

WREDE, V. (1990): Ein Tagesaufschluß der Drevenacker Störung in Bottrop-Kirchhellen. – Natur am Niederrh., **5:** 35 – 41, 11 Abb.; Krefeld.

WREDE, V. (1991): Zur regionalgeologischen Stellung der Bohrung Frenzer Staffel 1 (1985). – Geol. Jb., **A 116:** 141 – 145, 1 Abb.; Hannover.

WREDE, V. (1992): Störungstektonik im Ruhrkarbon. – Z. angew. Geol., **38:** 94 – 104, 8 Abb.; Hannover.

WREDE, V. (1993): Some Aspects of Interactivity between Folding and Thrusting in the Ruhr Carboniferous. – In: GAYER, R. A., & GREILING, R. O., & VOGEL, A. K. [Hrsg.]: Rhenohercynian and Subvariscan Fold Belts: 241 – 268, 19 Abb.; Braunschweig, Wiesbaden (Vieweg).

WREDE, V.: Die Tektonik des prä-permischen Untergrundes von Krefelder und Venloer Scholle. – Fortschr. Geol. Rheinld. u. Westf., **37;** Krefeld. – [Im Druck]

WREDE, V., mit Beitr. von MEYER, B., & PAAS, W., & VIETH-REDEMANN, A., & WOLFF, M.: Erläuterungen zu Blatt 4407 Bottrop. – Geol. Kt. Nordrh.-Westf. 1 : 25 000, Erl., **4407;** Krefeld. – [In Vorbereit.]

WREDE, V., & DROZDZEWSKI, G., & DVOŘAK, J. (1993): On the Structure of the Variscan Front in the Eifel-Ardennes-Area. – In: GAYER, R. A., & GREILING, R. O., & VOGEL, A. K. [Hrsg.]: Rhenohercynian and Subvariscan Fold Belts: 269 – 296, 15 Abb.; Braunschweig, Wiesbaden (Vieweg).

WREDE, V., & HILDEN, H. D. (1988): Geologische Entwicklung. – In: Geologisches Landesamt Nordrhein-Westfalen [Hrsg.]: Geologie am Niederrhein, 4. Aufl.: 7 – 14, 2 Abb., 1 Tab.; Krefeld.

WREDE, V., & JANSEN, F. (1993): Nachweis quartärzeitlicher Bruchtektonik im Ruhrgebiet. – N. Jb. Geol. Paläont., Mh., **1993** (12): 733 – 748, 5 Abb.; Stuttgart.

WREDE, V., & ZELLER, M. (1983), mit Beitr. von JOSTEN, K.-H.: Geologie der Steinkohlenlagerstätte des Erkelenzer Horstes. – 40 S., 4 Abb., 1 Tab., 3 Taf., 1 Kt.; Krefeld (Geol. L.-Amt Nordrh.-Westf.).

WREDE, V., & ZELLER, M. (1988): Geologie der Aachener Steinkohlenlagerstätte (Wurm- und Inde-Revier). – 77 S., 18 Abb., 2 Tab., 1 Kt.; Krefeld (Geol. L.-Amt Nordrh.-Westf.).

WREDE, V., & ZELLER, M. (1991): Die stratigraphische Einstufung der Bohrung Frenzer Staffel 1 (1985). – Geol. Jb., **A 116:** 73 – 86, 4 Abb., 1 Tab., 3 Taf.; Hannover.

WUNDERLICH, H.-G. (1966): Wesen und Ursachen der Gebirgsbildung. – BI-Hochschultaschenb., **399:** 367 S., 60 Abb.; Mannheim (Bibliogr. Inst. AG).

ZELLER, M. (1985): Ein Versuch zur Flözgleichstellung im Oberkarbon (Westfal A) zwischen dem Inde-Revier und dem Wurm-Revier (Aachener Steinkohlengebiet). – Fortschr. Geol. Rheinld. u. Westf., **33:** 289 – 296, 1 Abb.; Krefeld.

ZELLER, M. (1987): Das produktive Karbon am Niederrhein. – Natur am Niederrh., N. F., **2** (2): 55 – 61, 2 Abb., 2 Tab., 1 Taf.; Krefeld.

ZELLER, M.: Die Entwicklung der Schichtenmächtigkeiten und Gesamtkohlenmächtigkeiten im Oberen Namur C und Westfal A und B im Bereich der Krefelder Achsenaufwölbung. – Fortschr. Geol. Rheinld. u. Westf., **37;** Krefeld. – [Im Druck]

ZIEGLER, M. A. (1989): North German Zechstein facies pattern in relation to their substrate. – Geol. Rdsch., **78:** 105 – 127, 16 Abb., 1 Tab.; Stuttgart.

ZIEGLER, P. A. (1978): North-Western Europe: Tectonics and basin development. – Geol. Mijnb., **57:** 589 – 626, 18 Abb., 4 Taf.; Den Haag.

ZIEGLER, P. A. (1982): Geological Atlas of Western and Central Europe, 1. Aufl. – Text-Bd.: 130 S., 29 Abb.; Taf.-Bd.: 40 Taf.; Amsterdam (Elsevier).

ZIEGLER, P. A. (1987): Late Cretaceous and Cenozoic intra-plate compressional deformations in the Alpine foreland – a geodynamic model. – Tectonophysics, **137:** 389 – 420, 11 Abb.; Amsterdam.

ZIEGLER, P. A. (1990): Geological Atlas of Western and Central Europe 1990, 2. Aufl. – Text-Bd.: 239 S., 100 Abb.; Taf.-Bd.: 56 Taf.; Den Haag (Shell Internat. Petrol. Maatschappij).

ZIMMERMANN, H. (1963): Störungsform und -häufigkeit sowie Faltenform in Abhängigkeit von der Gesteinsausbildung im Gebiet südlich Bochum. – Forsch.-Ber. Land Nordrh.-Westf., **1160:** 11 – 86, 35 Abb., 3 Taf.; Köln, Opladen (Westdt. Verl.).

Karten

Geologie (1976). – Dt. Planungsatlas, **1** (8): 3 Kt. 1 : 500 000, mit Erl. – Hrsg. Akad. Raumforsch. u. Landesplan., Bearb. DAHM, H. D., & DEUTLOFF, O., & HERBST, G., & KNAPP, G., & THOME, K. N., mit Beitr. von BACHMANN, M., & BRAUN, F. J., & DROZDZEWSKI, G., & GLIESE, J., & GRABERT, H., & HAGER, H., & HILDEN, H. D., & HOYER, P., & LUSZNAT, M., & THIERMANN, A.; Hannover (Schroedel).

Géologie 1 : 500 000. – Hrsg. Inst. Géogr. Militaire, Bearb. BETHUNE, P. DE; Bruxelles.

Geologische Karte der nördlichen Eifel 1 : 100 000, 3. Aufl. (1980). – Hrsg. Geol. L.-Amt Nordrh.-Westf., Bearb. KNAPP, G.; Krefeld.

Geologische Karte des Rheinisch-Westfälischen Steinkohlengebietes 1 : 10 000 (dargestellt an der Karbonoberfläche) (1949 – 1954). – Hrsg. Amt Bodenforsch., bearb. Landesst. Nordrh.-Westf.: 52 Bl. in 5 Lfg., mit Profiltaf. u. Erl.; Krefeld.

Geologische Karte des Ruhrkarbons 1 : 100 000, dargestellt an der Karbonoberfläche (1982). – Hrsg. Geol. L.-Amt Nordrh.-Westf., Bearb. DROZDZEWSKI, G., & JANSEN, F., & KUNZ, E., & PIEPER, B., & RABITZ, A., & STEHN, O., & WREDE, V.; Krefeld.

Geologische Karte von Nordrhein-Westfalen 1 : 100 000, mit Erl. – Hrsg. Geol. L.-Amt Nordrh.-Westf.; Krefeld.

Blatt C 4306 Recklinghausen, 2. Aufl. (1987), Bearb. BOSCH, M. VAN DEN (niederld. Anteil), & BRAUN, F. J. (dt. Anteil), unter Mitarb. von ARNOLD, H., & DAHM-ARENS, H., & HAGER, H., & HERBERHOLD, R., & HILDEN, H. D., & HOYER, P., & INDANS, J., & KNAPP, G., & PIEPER, B., & THIERMANN, A.

Blatt C 4702 Krefeld (1984), Bearb. Karte: KLOSTERMANN, J., & THOME, K. N.; Schnitte: RIBBERT, K.-H., & WOLF, R., & ZELLER, M.

Geologische Karte von Nordrhein-Westfalen 1 : 25 000, mit Erl. – Hrsg. Geol. L.-Amt Nordrh.-Westf.; Krefeld.

Blatt 4410 Dortmund (1987), Bearb. RABITZ, A.

Blatt 4507 Mülheim an der Ruhr (1986), Bearb. JANSEN, F.

Blatt 4509 Bochum (1988), Bearb. STEHN, O.

Geologische Karte von Preußen und benachbarte Bundesstaaten 1 : 25 000, mit Erl. – Hrsg. Preuß. Geol. L.-Anst.; Berlin.

Blatt 4610 Hagen (1911), Bearb. BÄRTLING, R., & FUCHS., A., & KRUSCH, P., & MÜLLER, G.

Fortschr. Geol. Rheinld. u. Westf.	38	189 – 307, 55 Abb., 7 Tab., 2 Taf.	Krefeld 1994

Kohleninhaltserfassung in den westdeutschen Steinkohlenlagerstätten

Von DIERK JUCH,
mit Beiträgen von WILHELM-FRIEDER ROOS und MICHAEL WOLFF*

Hard coal, reserves, resources, tectonics, data processing, databank, Rhenish-Westphalian basin, Saar basin, North Rhine-Westphalia, Saarland

Kurzfassung: Im Rahmen der Energieforschungsprogramme der Bundesregierung wurden von 1978 bis 1987 die westdeutschen Steinkohlenlagerstätten auf Datenträgern erfaßt und ihr Kohleninhalt berechnet. Mit der Durchführung dieser Erhebung war eine außerplanmäßige Arbeitsgruppe am Geologischen Landesamt Nordrhein-Westfalen in Krefeld betraut.

Als methodische Grundlage mußte zunächst ein mathematisch-geometrisches Lagerstättenmodell neu entwickelt werden. Die eigentliche Erfassung baut auf umfassenden geologischen Auswertungen der verfügbaren Unterlagen über die Steinkohlenvorkommen in Nordrhein-Westfalen und im Saarland auf. Vor allem in den unaufgeschlossenen Lagerstättenteilen und insbesondere hinsichtlich der Tektonik wurden dabei neue geologische Erkenntnisse gewonnen beziehungsweise bestehende geologische Deutungen revidiert.

Mit dem Lagerstättenmodell wurden ca. 237 000 Flözteilstücke erfaßt und berechnet. Sie enthalten einen Kohleninhalt von 405 Mrd. m^3, dem noch eine nur grob abschätzbare Menge von ca. 60 Mrd. m^3 zuzurechnen ist. Unter Berücksichtigung des Abbaus von ca. 11 Mrd. m^3 beträgt der gesamte Kohleninhalt der westdeutschen Steinkohlenlagerstätten ca. 454 Mrd. m^3 beziehungsweise 590 Mrd. t. Die Differenzierung dieser Menge nach regionalen, geologischen und geometrischen Kriterien bildet den Schwerpunkt der vorliegenden Arbeit neben einer Darstellung aller übrigen wichtigen Auswertungsergebnisse.

[Assessment of Coal Resources in the West German Hard Coal Deposits]

Abstract: In the framework of the energy research programme of the Federal Government, the West German hard coal deposits have been assessed from 1978 until 1987 by means of a computer model, and their coal volume has been calculated. An additional working group of geologists at the State Geological Survey of North Rhine-Westphalia in Krefeld had been charged with this evaluation.

To start with, a computerized mathematical and geometrical model had newly to be developed as a methodical basis. The assessment itself is based on extensive geological evaluations of available information from the hard coal deposits in North Rhine-Westphalia and in the Saar district. Especially in the non developed parts of the hard coal deposits, and particularly concerning the tectonics, new geological findings have been obtained, and also, existing geological interpretations have been revised.

* Anschriften der Autoren: Dr. D. JUCH, Dr. M. WOLFF, Geologisches Landesamt Nordrhein-Westfalen, De-Greiff-Straße 195, D-47803 Krefeld; Dr. W.-F. ROOS, Geologisches Landesamt des Saarlandes, Am Tummelplatz 7, D-66117 Saarbrücken

By means of the computer model appr. 237, 000 sectional coal beds have been assessed and evaluated. They contain a coal volume of 405 billion m³, a quantity to which only a roughly estimated amount of appr. 60 billion m³ has to be added. Considering the worked-out amount of appr. 11 billion m³, the volume of the West German hard coal deposits totals to appr. 454 billion m³, resp. 590 billion tons. The emphasis of the present paper is lain on the differentiation of these resources after regional, geological and geometrical criteria, and additionally all other important results are presented.

[Evaluation des ressources de charbon dans les gisements houillers ouest-allemands]

Résumé: Dans le cadre des programmes de recherche d'énergie du Gouvernement Fédéral, les gisements houillers d'Allemagne de l'Ouest furent enregistrés sur ordinateur entre 1978 et 1987 et leurs ressources furent évaluées. Un groupe d'étude supplémentaire du Service Géologique de la Rhénanie du Nord-Westphalie à Krefeld fut chargé de la réalisation de cette investigation.

Comme base méthodique, il a fallu tout d'abord développer un nouveau modèle de gisement mathématique et géométrique. L'enregistrement même est basé sur des évaluations géologiques étendues des documents disponibles sur les gisements houillers de la Rhénanie du Nord-Westphalie et la Sarre. Surtout dans les parties des gisements non accessibles et en particulier concernant la tectonique, on a pu gagner des connaissances géologiques nouvelles, respectivement, des interprétations existantes ont pu être révisées.

A l'aide du modèle de gisement, environ 237 000 parts de veine furent déterminées et évaluées. Elles présentent un contenu houiller de 405 milliards de m³, auquel une quantité, seulement estimée en gros d'environ 60 milliards de m³ doit être ajoutée. Prenant en considération les ressources exploitées d'environ 11 milliards de m³, le contenu houiller total s'élève à environ 454 milliards de m³, respectivement à 590 milliards de tonnes.

La différenciation de cette quantité selon des critères régionaux, géologiques et géométriques est l'objet de l'effort principal de la publication présente, avec en outre une description de tous les autres résultats importants de l'évaluation.

Inhalt

1 Einleitung

Vor dem Hintergrund stark schwankender Ölpreise wuchs Mitte der siebziger Jahre das öffentliche Interesse an der Kohle. Dabei zeigte sich, daß die für Planungen und Entscheidungen wichtigen Angaben über die Kohlenvorräte in erheblichem Maße differieren – abhängig von unterschiedlichen Begrenzungs- und Bewertungskriterien. Aus diesen Zusammenhängen entstand im Jahre 1977 die Forderung nach einer einheitlichen Erfassung und Quantifizierung der westdeutschen Steinkohlenlagerstätten. Die Erfassung sollte unabhängig von technisch-wirtschaftlichen Grenzen und Bewertungen auf der Lagerstättengeologie basieren und gleichzeitig eine stark differenzierbare Mengenberechnung ermöglichen.

Zur Entwicklung eines Verfahrens und zur Lagerstättenerfassung wurden von 1978 bis 1987 mit Mitteln des Bundesministers für Forschung und Technologie am Geologischen Landesamt Nordrhein-Westfalen in Krefeld zwei Forschungsvorhaben durchgeführt (BÜTTNER et al. 1985 a, 1985 b; JUCH & Arbeitsgruppe GIS 1988 a, 1988 b).

Mit dem Aufbau des „KVB-Modells“ (KVB = Kohlenvorratsberechnung), eines mathematisch-geometrischen Lagerstättenmodells, und der vollständigen Bearbeitung aller Steinkohlenvorkommen in Nordrhein-Westfalen und im Saarland – abgesehen von einigen seit langem stillgelegten und weitgehend abgebauten Lagerstättenteilen – konnten die Vorhaben erfolgreich abgeschlossen werden. Das heißt, es liegen jetzt umfangreiche geologische Auswertungen über Lagerstättengeometrie und -stratigraphie, deren Erfassung auf Datenträgern und eine differenzierte Mengenberechnung des Kohleninhalts vor.

Über ca. drei Jahre und mehr arbeiteten in den Vorhaben mit: Dr. DIRK BÜTTNER, Dr. ROLF BURKHARDT, Dr. HELGA ENGEL, Dr. JAN GROSCURTH, Dipl.-Geol. MANFRED HOFFMANN, Dipl.-Geol. BARBARA DRIESEN, Dr. HEINZ-OTTO NÖTH, Dr. NICOLAOS POLYSOS, Dipl.-Geol. RAINER RÖDER, Dr. WILHELM-FRIEDER ROOS, Dr. WALTER SCHÄFER, Dipl.-Geol. LOTHAR STEINBERG, Dipl.-Math. ANDREAS THOMSEN, Dr. PETER WITTE, Dr. MICHAEL WOLFF, Dr. VIKTOR ZEMÁNEK, Dr. MAX ZIRNGAST sowie URSULA BELL, ROLF BINDER, Dr. JOHN ALEXIS DICKSON, KLAUS DONAUER, GERDA MÜLLER, JAKOB SCHILLE, ZYGMUNT STRZELBICKI, ANNI THERSTAPPEN, ELISABETH THIELEN und ANNELIESE VASIC. Ihnen sowie allen derzeitigen und ehemaligen Mitarbeitern des Geologischen Landesamtes Nordrhein-Westfalen, die bei der Durchführung der Vorhaben mitgeholfen haben, sei hierfür gedankt.

Dank gebührt auch den Bergbau- und Erdölgesellschaften sowie staatlichen Dienststellen im Saarland, in Hannover und in Heerlen (Niederlande) für ihre Bereitwilligkeit, wichtige Informationen und Ratschläge zur Verfügung zu stellen.

Nach Abschluß der Forschungsvorhaben im Jahr 1988 war zunächst eine EDV-gestützte Nutzung und Auswertung der auf Datenträgern gespeicherten Daten und Rechenergebnisse aus personellen und technischen Gründen nicht möglich. Erst seit Ende 1990 konnte infolge technischer Erweiterungen und dank der engagierten Mitarbeit von WERNER FALK ein Teil der Daten wieder genutzt und für die vorliegende Veröffentlichung ausgewertet werden. Obwohl die Fortschreibbarkeit des „KVB-Modells" bislang leider noch nicht wiederhergestellt werden konnte, sind die bereits jetzt bestehenden Nutzungsmöglichkeiten der erfaßten und errechneten Daten weit größer als im folgenden dargestellt werden kann.

Da die Methodik bereits an anderer Stelle umfassend beschrieben worden ist (BÜTTNER et al. 1985 a, 1985 b; GROSCURTH & THOMSEN 1981; HOFFMANN et al. 1984; JUCH 1978, 1980; JUCH & Arbeitsgruppe GIS 1988 a, 1988 b; JUCH & Arbeitsgruppe Kohlenvorratsberechnung 1982 a, 1983; JUCH & SCHÄFER 1979; THOMSEN 1984), stehen im Mittelpunkt der vorliegenden Arbeit konkrete Ergebnisse der Mengenberechnung sowie Beispiele der Nutzanwendung und Auswertung der erfaßten Daten (s. Kap. 4).

2 Einführung

2.1 Zielsetzung

Hauptziel der durchgeführten Arbeiten war die einheitliche Erfassung und Quantifizierung des Kohleninhalts der westdeutschen Steinkohlenlagerstätten. Da aus verschiedenen Gründen ein für die zeitlichen und technischen Rahmenbedingungen geeignetes Verfahren nicht vorlag, mußte zunächst ein solches neu entwikkelt werden. Daraus ergaben sich folgende Teilziele:

- Aufbau eines Grundkonzeptes zur Quantifizierung der Lagerstättengeometrie
- Entwicklung eines (EDV-gestützten) Verfahrens zur Überführung geologischer Auswertungen in berechenbare Daten
- Test und Anwendung dieses Verfahrens für unterschiedliche – später alle – Lagerstättenteile
- Untersuchung und Festlegung von Auswertungsmöglichkeiten und -strukturen der erfaßten beziehungsweise berechneten Daten

Konkret wurde ein geologisches Informationssystem angestrebt, das folgenden Bedingungen genügen sollte:

- überschaubare, transparente und reproduzierbare Struktur der Eingabedaten und berechneten Grundelemente der Lagerstätte („Flözteilstücke")
- einfache Möglichkeiten zur Korrektur, Ergänzung und langfristigen Fortschreibung des Systems
- Differenzierbarkeit der Mengenberechnung nach geologischen und geometrischen Parametern mit frei wähl- beziehungsweise veränderbaren Grenzwerten

Eine Bewertung der auf diese Weise ermittelten Kohleninhalte in bergtechnischer und wirtschaftlicher Hinsicht ist nicht Gegenstand der vorliegenden Arbeit, sondern wird derzeit von Daul (in Vorbereit.) vorgenommen. Insofern wird hier der Begriff „Kohlenvorrat" für die vorliegenden Mengenberechnungen vermieden und die Maßeinheit Kubikmeter (m^3) statt Tonnen (t) verwendet. Eine Umrechnung von Kubikmeter auf Tonnen kann bei Bedarf pauschal mit dem Faktor 1,3 vorgenommen werden.

2.2 Frühere Verfahren

Vorratsberechnungen über größere Lagerstättenteile beziehungsweise gesamte Lagerstätten und Kohlenvorkommen wurden bislang über das Gebirgsvolumen und den prozentualen Kohlenanteil der darin enthaltenen einzelnen stratigraphischen Einheiten durchgeführt, zum Beispiel für das Ruhrrevier von Kukuk & Mintrop (1913) und von Fettweis (1954, 1955). Betriebsbezogene Vorratserhebungen hingegen beruhen auf der Berechnung des Kohleninhalts einzelner Flöze baufeldweise oder nach noch engerem Raster, deren Aufsummierung die Grundlage für neuere Vorratsangaben über die gesamte Lagerstätte des Ruhrreviers zum Beispiel von Erasmus (1975) und Preusse (1987) darstellen. Die aus den verschiedenen Erhebungen stammenden Mengenangaben unterscheiden sich oft stark, was auf die uneinheitliche Datenbasis und vor allem auf jeweils unterschiedliche Grenz- und Bewertungskriterien zurückzuführen ist (vgl. Kap. 4.1.1.4 und Diskussion zum Beispiel bei Fettweis 1954, 1976; Lützenkirchen 1980; Preusse 1987 u. a. m.). Nicht zuletzt wegen solcher Unsicherheit hielt schon Hahne (1957) „... eine neue Kohlenvorratsberechnung für dringend erforderlich".

2.3 Charakterisierung des KVB-Modells

Das Grundkonzept der vorliegenden Arbeit versucht, eine Brücke zu schlagen zwischen den Übersichtsvorratsberechnungen über das Gebirgsvolumen und den betrieblichen Vorratserhebungen über die einzelnen Flöze und Baufelder. Dazu wird die Lagerstätte in eine (möglichst) große Anzahl von Grundelementen (= „Flözteilstücke") aufgegliedert, die in sich möglichst so einheitlich und homogen sind, daß sie sich über geometrische Vereinfachungen mittels entsprechender Computerprogramme in größerer Anzahl berechnen lassen (Abb. 1). Die selektive Aufsummierung der Flözteilstücke ermöglicht die gewünschte Differenzierung bei der Berechnung des Kohleninhalts. Die Untergliederung ergibt sich aus der stratigraphischen Flözabfolge und durch die Zerlegung der Lagerstätte an tektonischen Störungen und Schichtverbiegungen in „Großschollen" und „Blöcke" (s. Abb. 2). Zur besseren Darstellung der regionalen Verhältnisse in der vorliegenden Arbeit (Kap. 4) wurden jeweils mehrere Großschollen zu „Teilgebieten" zusammengefaßt.

Um für die Berechnung des Kohleninhalts den Flächeninhalt der Flözteilstücke und deren Raumlage zu ermitteln, ist eine Projektion der zu erfassenden Flöze notwendig. Manuelle Projektionen wären bei mitunter mehr als 100 übereinanderliegenden Flözen zu aufwendig gewesen und auch bezüglich der zeichnerischen Unterlagen, Datenverwaltung usw. an technische Grenzen gestoßen. Statt dessen wurde ein mathematisch-geometrisches Lagerstättenmodell entwickelt, daß die EDV-gestützte automatische Konstruktion des größten Teils (ca. 96 %) der Flözteilstücke ermöglichte. Es beruht auf der tektonischen Erkenntnis, daß sowohl bei der Bruchtektonik als auch bei der in den Steinkohlenlagerstätten vorherrschenden Biegegleitfaltung sich Blöcke mit oft großen Schichtenpaketen abgrenzen lassen, in denen meist einheitliches ebenes Einfallen vorherrscht. Unter der Voraussetzung, daß die Flözteilstücke eines Blocks von oben nach unten von denselben tektonischen Elementen begrenzt werden – was in den meisten Fällen

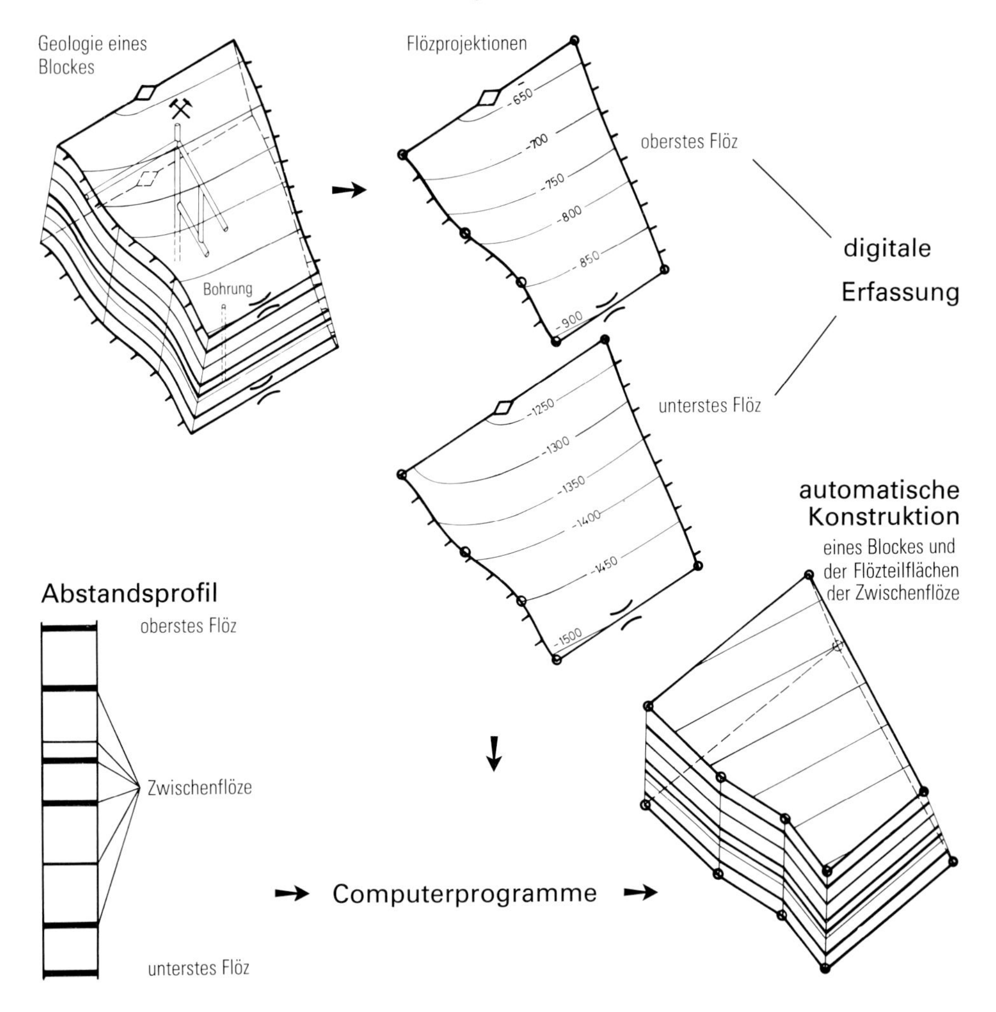

Abb. 1 Prinzip des KVB-Modells

In Form von Raumkoordinaten einzelner Punkte werden die projizierten Flözteilflächen für den Computer erfaßt. Mit Hilfe der Abstandsprofile werden Lage und Form der Teilfächen der Zwischenflöze über EDV errechnet („automatisch konstruiert").

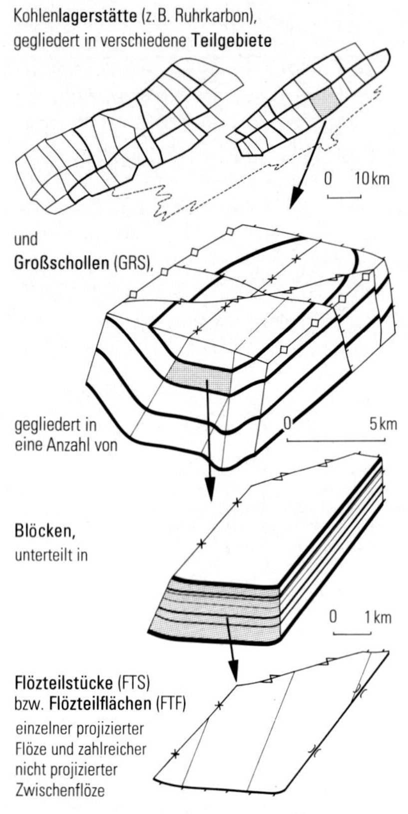
Kohlenlagerstätte (z. B. Ruhrkarbon), gegliedert in verschiedene Teilgebiete
0 10km
und
Großschollen (GRS),
gegliedert in eine Anzahl von
0 5km
Blöcken, unterteilt in
0 1km
Flözteilstücke (FTS) bzw. Flözteilflächen (FTF)
einzelner projizierter Flöze und zahlreicher nicht projizierter Zwischenflöze

Abb. 2

Prinzip der räumlichen Lagerstättengliederung für das KVB-Modell

zutrifft – läßt sich ein solcher Block samt der in ihm enthaltenen Flöze beziehungsweise Flözteilstücke auf eine relativ einfache geometrische Figur zurückführen und berechnen.

Ausgehend von der manuellen Projektion eines höchsten und eines tiefsten Flözes werden einzelne Flözteilflächen in Ebenen umgerechnet. Daraus und mittels der aus einem repräsentativen Profil erfaßten Abstände der dazwischenliegenden Flöze werden auch deren Raumlagen als Ebenen angenähert errechnet. Die Begrenzungselemente der Blöcke beziehungsweise Flözteilstücke werden mittels der im höchsten und tiefsten Flöz festgelegten und einheitlich durchnumerierten Randpunkte konstruiert. Die Durchstoßpunkte ihrer Verbindungslinien durch die Ebenen der Zwischenflöze kennzeichnen deren Begrenzung. Für eine Anpassung an stärkere Änderungen der Begrenzungselemente von oben nach unten ist als Sonderkonstruktion auch ein Abknicken der Verbindungslinien vorgesehen.

Dieses im Prinzip auf alle geschichteten Gesteinskörper anwendbare Konstruktionsprinzip wird als „KVB-Modell" bezeichnet. Verbunden mit der Kohlemächtigkeit ermöglichte es neben der digitalen Erfassung und automatischen Konstruktion von Lage und Form der Steinkohlenlagerstätten auch die Berechnung deren Kohleninhalts.

Die bei der Erfassung und automatischen Konstruktion unvermeidlichen Vereinfachungen des geologischen Baus beeinflussen die Ergebnisse der Mengenberechnung nur gering und dürften meist weit unter den durch die geologische Konstruktion in unverritzten Lagerstättenteilen bedingten Unsicherheiten liegen.

Die automatische Verknüpfung der mit dem KVB-Modell errechneten Flözteilstücke mit den ebenfalls in großem Umfang erfaßten Flözeigenschaftsdaten (s. Kap. 3.4.4) konnte aus arbeitstechnischen Gründen nur exemplarisch durchgeführt werden. Auch die grundsätzlich leicht zu bewerkstelligende Fortschreibung der Lagerstättenerfassung in Form von Aktualisierung, Ergänzung und Korrektur erfolgte aus zeitlichen und technischen Gründen nur in wenigen Ausnahmefällen als Korrektur der Ergebnisdatei.

Wünschenswert wäre die mit Hilfe moderner Software-Pakete leicht durchführbare Umprogrammierung des KVB-Modells auf PC-Ebene, da ein längerfristiger Erhalt der für einen HP-1000-Kleinrechner konzipierten Programme nicht zu erwarten ist.

2.4 Methodische Entwicklung des KVB-Modells

Planung und Durchführung der Arbeiten zur Kohleninhaltserfassung erfolgten in Verantwortung des Geologischen Landesamtes Nordrhein-Westfalen, ohne daß jedoch die Forschungsvorhaben in die planmäßigen Organisationsstrukturen eingebunden wurden. So wurden fast alle Mitarbeiter befristet eingestellt: in den Jahren 1978 bis 1981 bis zu 29, danach bis 1987 rund 15 Mitarbeiter; davon waren jeweils ungefähr die Hälfte Wissenschaftler. Die zeitweilig recht starke Personalfluktuation hatte zur Folge, daß im Laufe der Jahre über 30 Geologinnen und Geologen in den Vorhaben mitarbeiteten.

Insofern war es von entscheidender Bedeutung für den erfolgreichen Abschluß der Arbeiten, daß in den ersten Jahren ein praktikables Verfahren zur routinemäßigen geologischen Lagerstättenauswertung und einheitlichen Verschlüsselung für die Datenerfassung entwickelt worden war. Es konnte selbst von Mitarbeitern, die nur für wenige Monate damit beschäftigt waren, selbständig angewandt werden.

Der Aufbau des in Kapitel 2.3 charakterisierten KVB-Modells und des dazugehörigen Verfahrens (s. Kap. 3.3.4) erfolgte in den ersten Jahren gleichzeitig mit den regionalgeologischen Auswertungen (s. BÜTTNER et al. 1985 a: 24). Dabei zeigte sich, daß die ursprünglich vorgesehene Interpolation der nicht projizierten Flözflächen nur mit einem anfangs nicht vorhersehbaren und auch nicht für durchführbar gehaltenen Aufwand der Datenverarbeitung korrekt und rationell zu bewerkstelligen war. Hauptprobleme waren das Fehlen eines dreidimensionalen geologischen Modells und die sehr große zu erwartende Datenmenge.

Unter Anpassung an die (bezüglich der zu erwartenden Datenmenge) recht engen technischen Randbedingung des Kleinrechners HP 1000 wurden das KVB-Modell und die wichtigsten routinemäßigen Arbeitsschritte in der folgenden zeitlichen Abfolge entwickelt:

1978 Entwurf des Grundkonzeptes der Lagerstättenerfassung; Beginn der Einrichtung der Dateien „Zechenunterlagen", „Bohrungen" und „Flözeigenschaften"; Beginn der Anfertigung zahlreicher Aufschlußkarten im Maßstab 1 : 25 000 mit Angabe der jeweils örtlich abgebauten Flöze (s. Beispiel aus dem Saarland, Abb. 3 u. 4)

1979 Definition der geometrischen und mathematischen Voraussetzungen für das KVB-Modell; Beginn flächendeckender geologischer Auswertungen in Form von Schnitten, Flözprojektionen und stratigraphischen Profilen

1980 Festlegung der Kriterien zur digitalen Erfassung der Flöze

1981 Tests zur automatischen Berechnung der Zwischenflöze; Beginn der flächendeckenden Datenerfassung nach dem KVB-Modell

1982 Einrichtung des Datenbanksystems Image 1000 für die Daten des KVB-Modells und der Flözeigenschaften

1983 Beginn der Mengenberechnungen

Ein wichtiger Vorteil der Gleichzeitigkeit von Systementwicklung und geologischer Auswertung lag in der ständigen Prüfung der Anwendbarkeit des Modells auf die Geologie. Weiterhin konnte somit rasch festgestellt werden, in welcher Weise die für die Datenverarbeitung notwendigen geometrischen Vereinfachungen der Geologie vorgenommen werden sollten. Umgekehrt war diese Rückkopplung für die genauere Festlegung der Verschlüsselung der geologischen Auswertungen für die Datenerfassung wichtig. Von entscheidender Bedeutung war dabei die intensive Zusammenarbeit eines Mathematikers mit den Geologen. Um eine möglichst einheitliche Vorgehensweise bei den geologischen Auswertungen und vor allem bei der Verschlüsselung der Geologie für die Datenaufnahmen zu gewährleisten, wurde nach der Festlegung aller wichtigen Kriterien zur Blockeinteilung und Datenerfassung ein für alle Mitarbeiter verbindlicher „Leitfaden" erstellt.

Ein Nachteil der Gleichzeitigkeit von Systementwicklung und geologischen Auswertungen bestand darin, daß die zu einem frühen Zeitpunkt auf Datenträgern

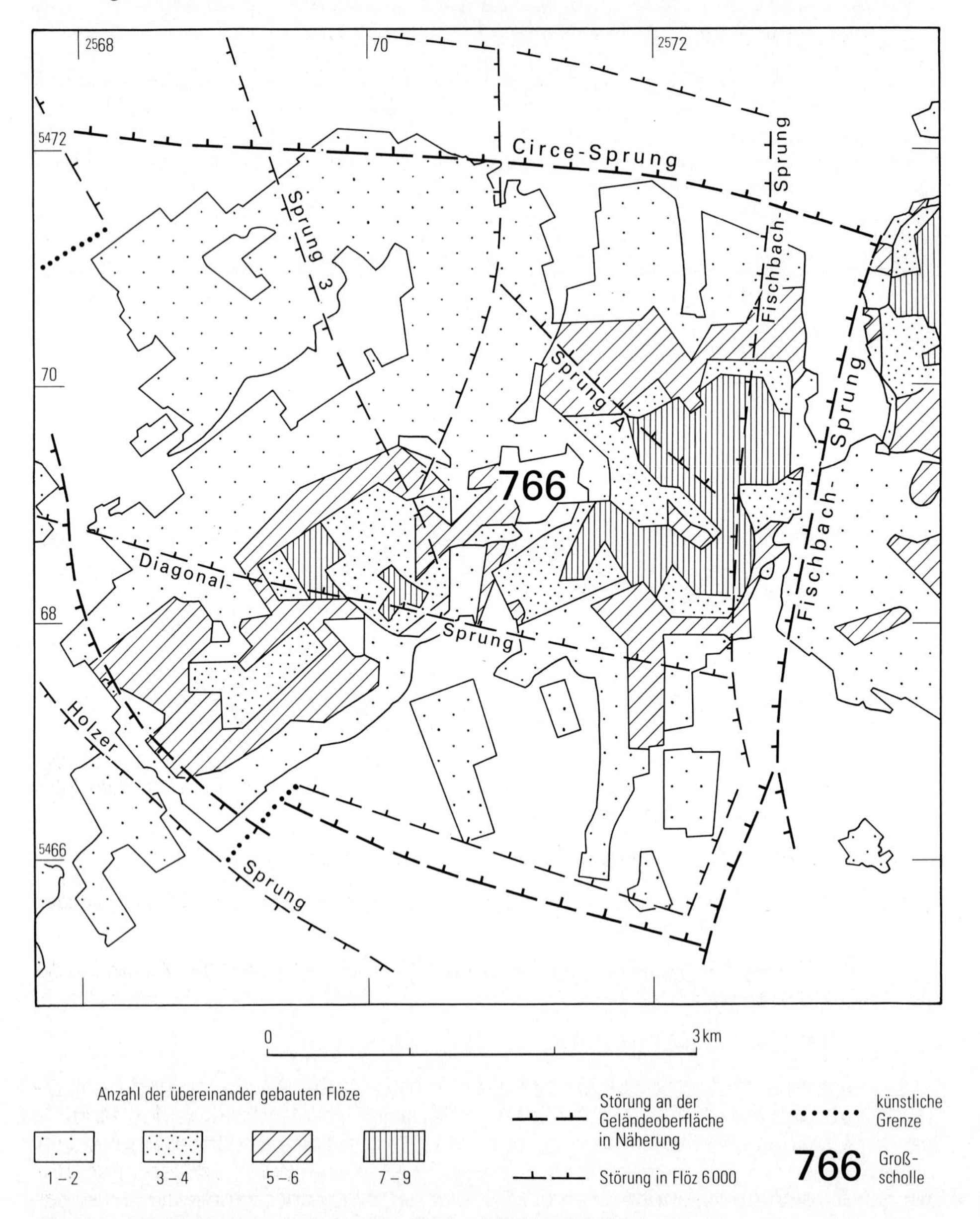

Abb. 3 Aufschlußkarte eines Gebiets im Saarland (Entwurf: J. Schille)

erfaßten Informationen erst erheblich später mit Hilfe des dann eingeführten Datenbanksystems automatischen Kontrollen unterworfen werden konnten. Das gilt in besonderem Maße auch für die visuellen Kontrollen der Blockkonstruktionen mit Hilfe von Plots der automatisch konstruierten (Zwischen-)Flöze, was erst ab 1982 routinemäßig möglich war. Außerdem war wegen der begrenzten Zeit eine Reihe von Dateneingaben bis in alle Einzelheiten zu früh festgelegt worden, ohne Rück-

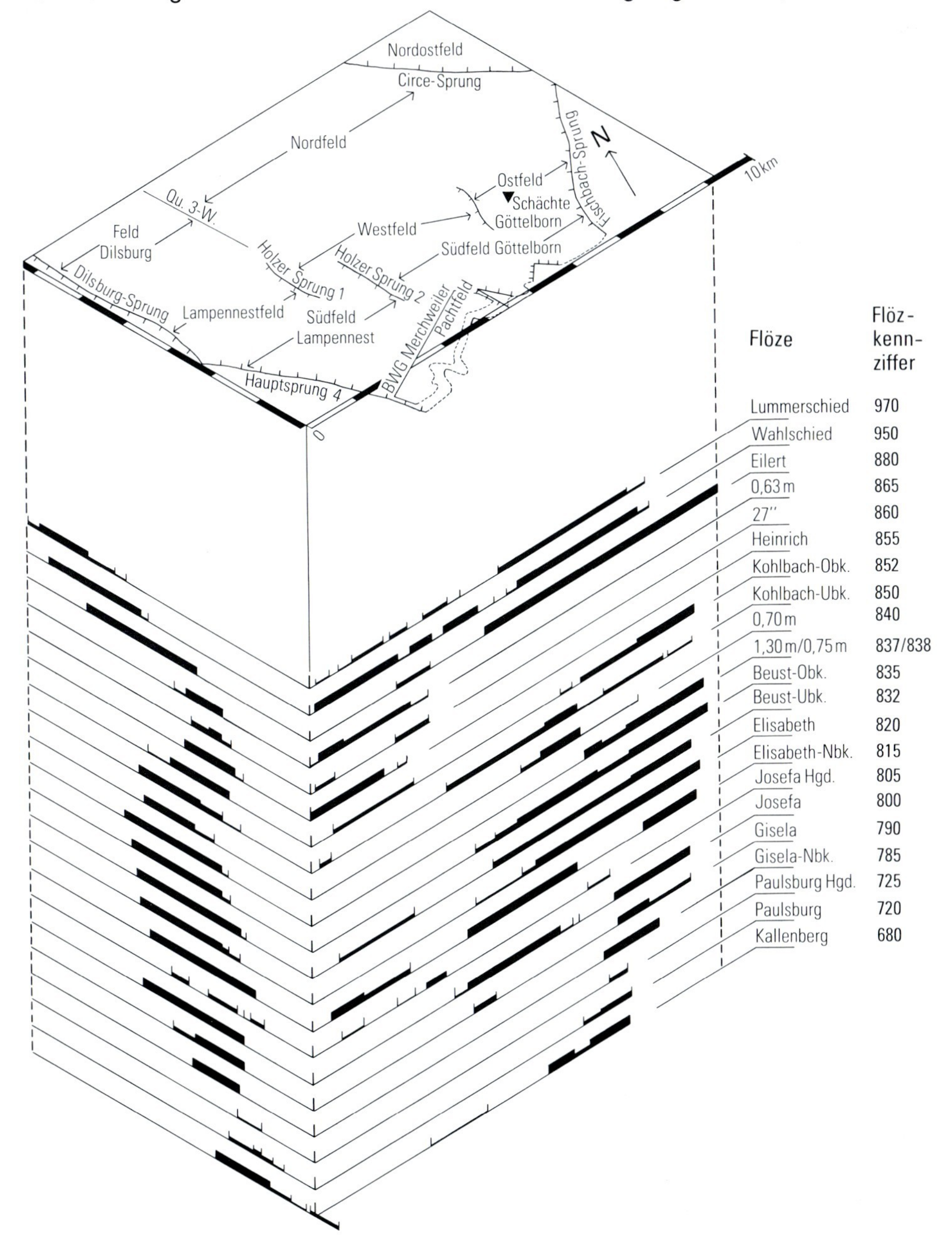

Abb. 4 Blockbilddarstellung der abgebauten Flöze als Ergänzung der Aufschlußkarte (Beispiel Göttelborn; Entwurf: W. F. Roos)

sicht auf das erst noch zu entwickelnde Auswertungssystem und die Besonderheiten des verfügbaren Rechners zu nehmen.

Mit Abschluß des ersten Forschungsvorhabens lag 1984 ein ausgereiftes Verfahren zur routinemäßigen Erfassung tektonisch komplizierter Lagerstätten vor. Im Anschlußvorhaben wurde es neben verschiedenen Programmverbesserungen auch auf kleinermaßstäbliche Flözprojektionen (1 : 25 000, 1 : 50 000) für die unaufgeschlossenen Zonen und in einer vereinfachten Form für größere Teile der stillgelegten Zone angewandt. Gleichzeitig wurde die Verknüpfung des KVB-Modells mit den Flözeigenschaften entwickelt und für eine Reihe von Gebieten getestet.

Nach Abschluß der Arbeiten im Rahmen der Forschungsvorhaben lag 1988 von den Steinkohlenvorkommen in Nordrhein-Westfalen und im Saarland ein recht vollständiges Lagerstättendatensystem mit ca. 237 000 Flözteilstücken und entsprechenden wichtigen geologischen und räumlichen Einzelangaben vor. Eine daraus errechnete „Ergebnisdatei" ist die Grundlage für die im Kapitel 4 dargestellte differenzierte Kohleninhaltsberechnung. Diese Datei wurde Ende 1990 auf einem PC eingerichtet, wie inzwischen auch die Dateien „Bohrungen" und „Flözeigenschaften". Da das gesamte Programmsystem seit dem Projektabschluß nur noch eingeschränkt nutzbar ist, wurde in jüngster Zeit ein Konzept zur Überführung der Objekte des KVB-Modells in ein modernes graphisches System entwikkelt (A. THOMSEN, mdl. Mitt. 1993). Mit entsprechend abgewandelter Software könnte sich damit kurzfristig die Möglichkeit eröffnen, Blöcke und Flözteilflächen graphisch am Bildschirm darzustellen und interaktiv zu bearbeiten.

Neben den Datenbeständen liegen die Grunddaten zur Stratigraphie und Tektonik aller ca. 8 000 Blöcke auch als Formblätter beziehungsweise EDV-Ausdrukke vor. Die Flözprojektionen (Maßstab 1 : 10 000 in der Bergbauzone, darüber hinaus 1 : 25 000 beziehungsweise 1 : 50 000) als Reinzeichnungen sowie als Unterlagen zur Digitalisierung umfassen ca. 1 000 Einzelkarten und werden durch rund 800 Schnitte zur Dokumentation der Tektonik und der vertikalen Blockeinteilung ergänzt. Darüber hinaus sind zum Teil noch umfangreiche Lagerstättendokumentationen in umfassenden Sammlungen von Bergwerksunterlagen erhalten.

3 Methodik der Erfassung und Berechnung

3.1 Stratigraphie

3.1.1 Grundlagen zur Auswertung der Flözstratigraphie

Um flözbezogene geologische Auswertungen jeglicher Art durchführen zu können, bedarf es einer stratigraphisch möglichst gut abgesicherten Flözgleichstellung in den zu bearbeitenden Räumen.

Ausgehend von der „Flözeinheitsbezeichnung" (OBERSTE-BRINK & BÄRTLING 1930), von „Richtschichtenschnitten" und einem „Gesamtschichtenschnitt" (HEDEMANN et al. 1972) ist bis gegen Ende der siebziger Jahre für alle noch fördernden und einige stillgelegte Schachtanlagen des Ruhrreviers eine Flözgleichstellung durchgeführt worden (Landesoberbergamt 1978 sowie z. B. JESSEN & MICHELAU & RABITZ 1962). Danach wurde die Flözgleichstellung auch auf die Explorationszonen sowie das Ibbenbürener und Aachen-Erkelenzer Revier ausgedehnt (ZELLER 1985). Eine generelle einheitliche Flözgleichstellung lag auch für die flözreichen Abschnitte des Saarreviers vor (WEINGARDT 1966, KONZAN 1973, ROOS 1978).

Diese Flözgleichstellungen weisen innerhalb der Bergbau- und den dicht abgebohrten Explorationszonen nur im Detail und bezüglich einzelner Flöze größere Unsicherheiten auf. Bei isolierten Aufschlüssen hingegen war die stratigraphische Ansprache selbst größerer Schichtenabschnitte oft unbekannt oder fehlerhaft und ist auch heute nach Abschluß der Auswertungen mitunter noch recht unsicher. Das gilt insbesondere für ältere Bohrungen, vor allem wenn es sich um Mutungsbohrungen aus der Zeit um die Jahrhundertwende handelt. Darüber hinaus waren im Saarkarbon auch innerhalb der Bergbauzone bei größeren, kohleärmeren Abschnitten (vor allem in den Geisheck- und Rothell-Schichten) Lücken in der Flözbenennung und -gleichstellung, die erst bei der Kohleninhaltserfassung geschlossen wurden.

Die Flözstratigraphie wurde nach dem System der „Stratigraphischen Höhe" (LEONHARDT 1970) numerisch verschlüsselt. Dieses System orientiert sich im wesentlichen an der Flözabfolge im Gesamtschichtenschnitt des Ruhrkarbons. Beginnend mit dem „Grenzsandstein" (Namur B/C) als Bezugshorizont bilden die mittleren Abstände der Einzelflöze, Flözhorizonte und gescharten Flöze zum Grenzsandstein – in Metern gemessen – die vierstellige Kennziffer der stratigraphischen Höhe. Eine entsprechende Liste wurde beim Steinkohlenbergbauverein (jetzt DeutscheMontanTechnologie) in Essen geführt und aktualisiert und in der Fassung vom 11. Dezember 1979 für das KVB-Modell genutzt. Um Flözscharungen und Aufspaltungen einzelner Flöze in bis zu drei Bänke berücksichtigen zu können, wurde zusätzlich noch eine dreistellige Kennzahl vergeben. Entsprechend der einheitlichen Flözgleichstellung wurde dieses System der stratigraphischen Höhe in allen Lagerstättenteilen Nordrhein-Westfalens angewandt.

Der intramontane limnische Beckencharakter des Saarkarbons bewirkt erheblich größere Mächtigkeitsschwankungen, als aus dem Ruhrkarbon bekannt sind (KNEUPER 1971). Das dort angewandte und gleichzeitig als Flözeinheitsbezeichnung genutzte System der „WEINGARDTschen Flözkennziffer" beruht daher auf einem gänzlich anderen Prinzip: In einer Ziffernfolge von unten (200) nach oben (999) aufsteigend orientiert sich die Vergabe einer Kennziffer an einem von WEINGARDT (1966) festgelegten jeweiligen stratigraphischen Leitwert eines Flözes beziehungsweise (Kaolin-Kohlentonstein-)Horizontes. Das heißt, für die wichtigsten Leithorizonte und Flöze wurden möglichst geradzahlige (glatte Hunderter oder Zehner) Kennziffern vergeben. Weniger gut identifizierbare Flöze oder Nebenbänke erhielten Kennziffern mit den dazwischenliegenden Stellen. Analog zur „Stratigraphischen Höhe" wurde dieses System im Saarland mit folgenden Erweiterungen für das KVB-Modell verwendet:

- Die Stellenzahl wurde auf vier erweitert, um genügend Kennziffern auch für die dünneren Flöze zu haben und dem formalen Zwang der einheitlichen Datenerfassung zu genügen.
- Die Notwendigkeit der einheitlichen Dateneingabe führte auch zur formalen Aufstellung der Nebenkennung. Es wurde jedoch lediglich zwischen geschart und ungeschart unterschieden, wobei die erste Kennziffer nicht dem Mittel der beteiligten Flöze, sondern dem jeweils dominierenden beziehungsweise wichtigeren Flöz entspricht.

3.1.2 Stratigraphische Auswertungen

Ziel der stratigraphischen Auswertungen war die Aufstellung möglichst repräsentativer Profile für die einzelnen Blöcke des KVB-Modells und eine genaue Flözeinstufung zur Flözverschlüsselung. Berücksichtigt wurden alle Flöze mit einem

Kohlenanteil von mindestens 30 cm oder häufiger auch etwas geringerer Mächtigkeit. Flöze mit einem zusammenhängenden Bergeanteil oder Nebengesteinspakken von über 1 m Mächtigkeit wurden als zwei selbständige Flöze erfaßt. Neben der Flözverschlüsselung werden noch die bankrechten Flözabstände und die jeweilige Kohlemächtigkeit für die Berechnung nach dem KVB-Modell benötigt.

Bei hoher Aufschlußdichte in der Bergbauzone konnten mehrfach synthetische Profile aus gemittelten Flözabstands- und Kohlemächtigkeitswerten aufgestellt werden. Im Saarland wurden dafür teilweise bereits die Mächtigkeitswerte zur Flözeigenschaftsdatenerfassung mittels eines Tischrechners (und entsprechender Programme) genutzt. Häufiger jedoch wurden einzelne Profile (z. B. von Bohrungen) ausgewählt und/oder miteinander kombiniert.

Je nach den örtlichen Aufschlußverhältnissen in den einzelnen Schichtenabschnitten und auch in Abhängigkeit von beobachteten starken Änderungen der Flözausbildung wurden die unterschiedlichen Vorgehensweisen kombiniert. Dementsprechend ist neben der Zuordnung eines Profils zu einem Block auch die Zuordnung zu mehreren Blöcken des KVB-Modells vorgesehen. In den unaufgeschlossenen Zonen sowie für die älteren Schichtenabschnitte (tief) unterhalb der Bergbauzone wurden rein hypothetische Profile aufgestellt, die entweder weitreichende Extrapolationen konkreter Profile darstellen oder Veränderungen aufgrund weiträumig beobachteter Trends berücksichtigen.

Im Hinblick auf die seinerzeit noch bestehenden Lücken (s. Kap. 3.1.1) und die Genauigkeitanforderungen der Flözverschlüsselung mußten umfangreiche zusätzliche Flözgleichstellungsarbeiten vorgenommen werden. Dazu wurden zahlreiche bankrechte Einzelprofile im Maßstab 1 : 1 000 angefertigt und häufig zu Profiltafeln kombiniert. Vorwiegend auf lithologischen und Mächtigkeitsvergleichen basierend ist bei diesen Übersichtsauswertungen die flözbankgenaue Einstufung nicht immer abgesichert. Die Richtigkeit der generellen stratigraphischen Einstufung zum Beispiel in eine bestimmte Flözgruppe steht jedoch meistens außer Zweifel. Bei älteren Bohrungen (vgl. Kap. 4.2.3.7) oder seinerzeit noch nicht abgeschlossenen modernen Explorationsbohrungen bestehen allerdings auch in dieser Hinsicht noch Unsicherheiten.

Die hier aufgeführten Aspekte der Flözeinstufung gelten auch für die Flözeigenschaftsdaten, deren Flözverschlüsselung vielfach mit den stratigraphischen Auswertungen für das KVB-Modell koordiniert waren.

Insgesamt wurden im System der Stratigraphischen Höhe (STH) rund 1 550 verschiedene Flöze vom Unteren Westfal D (Flöz Franz, STH 3693) bis zu den Sprockhövel-Schichten, Namur C (Flöz Neuflöz, STH 0390) erfaßt. Generell sind Flöz Sarnsbank beziehungsweise Flöz Sarnsbänksgen an der Grenze Namur/ Westfal die tiefsten noch berücksichtigten Flöze. Flöz Neuflöz bildet nur in einer Großscholle (165) die Untergrenze der Erfassung. In der großen Gesamtzahl sind neben ca. 250 „Einzelflözen“ nach dem Gesamtschichtenschnitt auch deren Scharungskombinationen und Aufspaltungen in Einzelbänke enthalten.

Im System der Flözkennziffern des Saarkarbons wurden ca. 1 460 unterschiedliche Flöze erfaßt, von denen rund die Hälfte (stärker) gescharte Kombinationen darstellen, während „Flözaufspaltungen“ in den Kennziffern bereits enthalten sind und nicht weiter unterschieden werden. Erfaßt wurde der stratigraphische Abschnitt von Flöz 9950 (Breitenbach) bis Flöz 2000 (1 Süd), was nach der konventionellen Einstufung Stefan B bis Westfal C entspricht. Neu vergeben wurden rund 150 Kennziffern im Rahmen der vorliegenden Auswertungen für vorher nicht genauer bezeichnete Flöze beziehungsweise Flözhorizonte.

3.2 Tektonik

3.2.1 Grundlagen zur Auswertung der Lagerstättentektonik

Eine wichtige Vorgabe für das Konzept des KVB-Modells war der tektonische Baustil des flözführenden Karbons, der überwiegend durch Knick- beziehungsweise Biegegleitfaltung und bruchhafte Quertektonik gekennzeichnet ist (DROZDZEWSKI & WREDE 1994, dieser Band, S. 7 – 187). Die daraus resultierende Art der Abgrenzung einzelner Lagerstätten-„Bausteine" oder „tektonischer Grundbereiche" (LAUTSCH 1970, 1977) entspricht daher weitgehend dem tektonischen Prinzip der Blockeinteilung des KVB-Modells.

Hauptgrundlagen für die Flözprojektionen in den Bergbauzonen waren die Übersichtsgrubenbilder der Schachtanlagen, insbesondere Abbaurisse sowie Quer- und Längsschnitte, und darauf aufbauende tektonische Auswertungen zum Beispiel von DROZDZEWSKI et al. (1980). Daraus konnten sowohl konkrete tektonische Deutungen bestimmter unverritzter Lagerstättenteile als auch wichtige Projektionsregeln abgeleitet werden.

In den Explorations- und unaufgeschlossenen Zonen lagen in wechselnder Verteilung und Dichte zahlreiche Bohrungen und seismische Untersuchungen verschiedenen Alters und unterschiedlicher Aussagekraft vor. Mitunter – insbesondere im Saarland – konnten auch Darstellungen der Oberflächengeologie für die Lagerstättenprojektion genutzt werden.

3.2.2 Tektonische Auswertungen

Hauptziel der tektonischen Auswertungen war die Erstellung von Horizontalprojektionen ausgewählter Flöze als Digitalisiergrundlagen für die Erfassung der oberen und unteren Flöze einzelner Blöcke nach dem KVB-Modell.

In den Bergbauzonen wurde im Maßstab 1 : 10 000 projiziert, wobei die Blatteinteilung nach der Übersichtskarte 1 : 10 000 im Gauß-Krügerschen Meridianstreifensystem (nach DIN 21 900) als internes Ordnungssystem diente. Während in den Explorationszonen teils in gleicher Weise, teils im Maßstab 1 : 25 000 gearbeitet wurde, ist der Projektionsmaßstab in den randlichen Explorations- und unaufgeschlossenen Zonen 1 : 50 000. Dabei wird ein projektinterner, aber an der gleichen Blatteinteilung orientierter Blattschnitt benutzt. Neben den Flözprojektionen stellen zahlreiche Schnitte (meist im Maßstab 1 : 5 000, 1 : 10 000 oder 1 : 25 000) ein Hilfsmittel für die Projektionen und die spätere Blockeinteilung dar.

In der Bergbauzone wurde als Ausgangsbasis der tektonischen Konstruktion häufig das jeweils tiefste, noch in größerem Umfang abgebaute oder anderweitig aufgeschlossene Flöz ausgewählt. Vielfach stellte es eine wichtige Ergänzung der vorliegenden Schnittserien der Tiefentektonik (DROZDZEWSKI et al. 1980) dar, da in ihm die Veränderungen der Falten- und Überschiebungstektonik im Streichen kontinuierlich zu verfolgen sind. Darüber hinaus erleichtert die Flözprojektion generell die flächenhafte Lagerstättenkonstruktion erheblich im Vergleich zur Darstellung in einer bestimmten Ebene (Sohle) oder an der Karbon-Oberfläche: Es werden geometrische Schnitteffekte, die oft das tektonische Bild sehr verkomplizieren, vermieden.

Wenn auch für das KVB-Modell zwei Flözprojektionen ausreichend sind, wurden in den meist durch intensivere Faltentektonik geprägten Bergbauzonen mehrere flächendeckende Flözprojektionen zur Tiefe hin angefertigt. Mit ihrer Hilfe konnten die durch die Stockwerktektonik hervorgerufenen Änderungen des Gebirgsbaus zur Tiefe bei der späteren Blockeinteilung besser berücksichtigt werden (vgl. BÜTTNER et al. 1985 a: Abb. 6 und HOFFMANN et al. 1984: Abb. 9).

In den Explorations- und unaufgeschlossenen Zonen gingen die tektonischen Auswertungen zunächst von den Schnittlinien und deren konstruktiver Verknüpfung aus. Da in ihnen ein mehr flachwelliger weitgespannter Faltenbau vorherrscht, beschränkten sich die flächendeckenden Projektionen meist auf zwei Flöze; zumal Stockwerktektonik dort nur in schmalen Sattelzonen auftritt und aus den wenigen dort stehenden Bohrungen und der Seismik selten sicher hergeleitet werden konnte. Allerdings mußte für die vollständige Erfassung zwischen dem oberen projizierten Flöz und der Karbon-Oberfläche oft noch eine Reihe von Zusatzprojektionen angefertigt werden. Das war auch in den Gebieten der Bergbauzone notwendig, wo die gesamte Lagerstätte einschließlich ihrer bereits abgebauten Teile erfaßt wurde (vgl. Abb. 5 oben, S. 208).

In den einzelnen Flözprojektionen wurden möglichst alle bekannten Störungen und Falten- beziehungsweise Schichtumbiegungsachsen sowie Tiefenlinien – meist in 50- oder 100-m-Intervallen – dargestellt (vgl. HOFFMANN et al. 1984 und BÜTTNER et al. 1985 a: Abb. 7, 8). Dabei wurden drei Stufen einer „tektonischen Aussagesicherheit" unterschieden. Auf den einzelnen Blättern wurden die Flözprojektionen nicht an den Blatträndern, sondern an den diesen nächstgelegenen tektonischen Grenzelementen unterbrochen, um die Darstellung der geologischen Zusammenhänge besser zu gewährleisten und Komplikationen bei der Blockeinteilung und Digitalisierung zu vermeiden.

3.3 Das KVB-Modell

3.3.1 Geologische Voraussetzungen

Anhand von Horizontalprojektionen jeweils zweier Flöze und unter Zuhilfenahme von Vertikalschnitten werden tektonisch möglichst homogene Blöcke abgegrenzt. In ihnen sollte ein möglichst einheitliches Schichtenstreichen und -einfallen ohne größere faltungs- oder störungsbedingte disharmonische Änderungen vorherrschen.

Die seitlichen Grenzflächen eines Blockes werden möglichst von tektonischen Störungen und Schichtumbiegungen gebildet oder beim Fehlen tektonischer Elemente hilfsweise auch von nach bestimmten Kriterien festgelegten Flächen. Alle Grenzflächen müssen grundsätzlich vom oberen zum unteren Flöz ohne Änderungen mit geradlinigen Kanten verlaufen. Der Ausnahmefall des Abknickens der Kanten in einem Zwischenflöz ist auf jeweils ein Grenzelement pro Block begrenzt. Alle zu erfassenden Flöze sind in einem für den Block möglichst repräsentativen Profil mit ihren bankrechten Abständen voneinander und ihrer Kohlemächtigkeit anzugeben.

In Anlehnung an betriebliche Praxis und frühere Kohlenvorratsberechnungen wurden als geologische Grenzkriterien festgelegt: Störungen mit mehr als 10 m Verwurfshöhe und engräumige Schichtverbiegungen mit mehr als 20 gon Einfallensänderung sowie Mindestflözmächtigkeiten von 30 cm. Um eine größere Flexibiltät bei der Anwendung des Modells auf unterschiedliche Lagerstättenformen zu erreichen, wurden noch folgende Erweiterungen vorgesehen: Treten innerhalb einer Flözteilfläche Teufenunterschiede von über 500 m oder weitspannige Schichtverbiegungen auf, so werden zusätzliche Grenzflächen eingeführt. Treten nachgewiesene oder vermutete tektonisch kompliziertere Strukturen auf, so werden nach den oben genannten Kriterien voneinander abzugrenzende Blöcke zu einem Block zusammengefaßt.

In einigen Gebieten der stillgelegten Zone des Ruhrreviers mit starker Faltung wurden darüber hinaus aus arbeitstechnischen Gründen die Blöcke auf eine sehr vereinfachte Weise abgegrenzt und erfaßt. Dabei ging man unter Angabe einer mittleren Tiefenlage von – im KVB-Modell – horizontalen Flözteilflächen aus, was für die Mengenberechnung mittels eines entsprechenden Faktors jedoch wieder korrigiert wurde (vgl. Kap. 4.1.2.1.2).

Aus stratigraphischen Gründen und im Hinblick auf bestimmte Zwänge der Blockkonstruktion war es mitunter notwendig, auch dünnere Flöze mit weniger als 30 cm Mächtigkeit mitzuerfassen.

3.3.2 Mathematisch-geometrisches Modell

In dem im folgenden beschriebenen Modell wird eine Reihe von Vereinfachungen der Geologie vorgenommen.

Die Flözteilstücke eines Blockes werden als zweidimensionale Objekte aufgefaßt (Flözteilflächen) und durch ebene Flächen angenähert. Dafür werden aus den Projektionen der meist leicht gekrümmten obersten und untersten Flözteilflächen die Höhen- beziehungsweise Tiefenwerte als Einzelpunkte nach einem regelmäßigen Raster von den dargestellten Isohypsen beziehungsweise Tiefenlinien erfaßt. Aus diesen Werten wird nach der Methode der kleinsten Quadrate eine „Ausgleichsebene“ errechnet.

Die Flächennormalen und damit die Raumlagen der übrigen Flözteilflächen der Zwischenflöze ändern sich proportional zum Abstand von oberster und unterster Flözteilfläche, gemessen entlang der Verbindungslinie ihrer beiden Schwerpunkte.

Die Begrenzung der Flözteilflächen erfolgt entlang ihrer Ränder durch geschlossene Polygone mit maximal 25 durchnumerierten Eckpunkten (hier als „Randpunkte“ bezeichnet), die bei der obersten und untersten Flözteilfläche eines Blokkes einander entsprechen müssen. Dabei können auch mehrere Randpunkte einer Flözteilfläche zusammenfallen. Dadurch bilden die seitlichen Grenzelemente gekrümmte Flächen (Regelflächen, hyperbolische Paraboloide), die durch die einander zugeordneten Kanten der obersten und untersten Flözteilfläche und die geradlinige Verbindung zugehöriger Randpunkte definiert werden. Ein Block im Sinne des KVB-Modells ähnelt also einem deformierten Prisma.

Bei der Berechnung der zwischenliegenden Flözteilflächen wird folgende Vereinfachung vorgenommen: Zuerst werden die Durchstoßpunkte der Verbindungslinien einander zugeordneter Randpunkte durch die Ebenen der zwischenliegenden Flözteilflächen bestimmt. Statt der im allgemeinen gekrümmten Schnittlinien der Grenzelemente mit der Ebene wird dann das geschlossene Polygon als Rand der Flözteilflächen genommen, das durch die so gewonnenen Randpunkte definiert ist.

Ist die oberste oder unterste Flözteilfläche eines Blockes sehr klein oder fallen alle ihre Punkte in einer Linie oder einem einzigen Punkt zusammen, so kann sie nicht mehr die Grundlage einer Ebenenberechnung sein. In diesen Fällen wird anstelle des zu errechnenden Schwerpunktes ein Punkt mit entsprechender Tiefenlage festgelegt und die für die andere Flözteilfläche berechnete Ebene in diesen Punkt parallel verschoben.

Ändert sich ein Begrenzungselement von oben nach unten, kann dies über das Setzen eines oder mehrerer Hilfspunkte in einem Zwischenflöz berücksichtigt werden, die ein Abknicken der sonst geradlinigen Verbindungslinie bewirken. So erspart man sich die Abgrenzung eines zweiten Blockes und damit die Projektion eines Zwischenflözes. Diese Erleichterung für die geologische Bearbeitung hat jedoch auch gewisse Ungenauigkeiten und eine kompliziertere und schwerer kontrollierbare Dateneingabe und -verarbeitung zur Folge. Daher können die Hilfspunkte eines Blockes nur in einem Flöz gesetzt werden und ihre Zahl wird meist auf ein oder zwei beschränkt.

Hinsichtlich der Genauigkeit des KVB-Modells läßt sich feststellen, daß Aussagesicherheit und Abweichungen von der tatsächlichen Tektonik hauptsächlich von der geologischen Interpretation abhängen und von der Blockeinteilung. Die geometrischen Konstruktionszwänge des Modells verursachen vor allem in den Randzonen der Blöcke und bei steiler Lagerung größere Abweichungen, die bis über 100 m in der Vertikalen erreichen können. Unabhängig von der geologischen Interpretation dürfte jedoch der durch die Geometrie des KVB-Modells bedingte Fehler der Flächenberechnung die gesamte Mengenberechnung nur geringfügig beeinflussen und meist unter 1 % liegen.

Bezogen auf die genaue Darstellung der Tektonik mittels automatisch konstruierter Flözprojektionen werden die groß- und mitteltektonischen Verhältnisse sowie die generelle räumliche Lage und Tiefe der einzelnen Flözteilflächen gut wiedergegeben. Die kontinuierlichen Veränderungen der erfaßten tektonischen Strukturen – insbesondere der Lagerung – lassen sich jedoch – je nach der Engräumigkeit bei der Blockeinteilung – nur näherungsweise abbilden.

3.3.3 Berechnung der Flözteilstücke im KVB-Modell

Nach der ursprünglichen Planung war die Datenverarbeitung zur Kohleninhaltsberechnung beschränkt auf die Aufnahme von Flächen- und Mächtigkeitswerten sowie die Sortierung und Aufsummierung von Teilmengen, da von einer manuellen Flächenberechnung ausgegangen worden war. Die Aufgaben schienen sich mit der damals am Geologischen Landesamt Nordrhein-Westfalen vorhandenen kleinen Datenverarbeitungsausrüstung (HP 1000) realisieren zu lassen.

Bei der ersten Konkretisierung dieser Planung zeigte sich jedoch rasch die Notwendigkeit einer digitalen Erfassung der Flözflächen und eines stärker auf die Datenverarbeitung gestützten Auswertungskonzeptes. Die dann von A. THOMSEN begonnene Systementwicklung führte zum bereits vorgestellten Prinzip des KVB-Modells.

Die dafür notwendigen Programme wurden hauptsächlich in FORTRAN IV geschrieben. Darüber hinaus wurden im Geologischen Landesamt entwickelte GEODAT-Programme (C. TIMPE) für Zwischenergebnisse genutzt. Zusätzlich wurde von R. BINDER ein Datenbanksystem eingerichtet, das auf dem „Baukasten“-System IMAGE 1000 basiert.

In Anpassung an diese technischen Randbedingungen (und auch an die zeitliche Begrenzung der Forschungsvorhaben) ermöglicht das Grundprinzip des KVB-Modells die numerische Verarbeitung der geologischen Ausgangsinformationen auf folgende Weise:

Von den insgesamt zu berechnenden Flözteilstücken wird nur ein kleiner Teil, ca. 5 %, erfaßt; der Rest wird errechnet. Dafür werden jeweils die einen Block oben und unten begrenzenden Flöze in Form von Punkten digitalisiert. Es wird unterschieden zwischen den durchnumerierten Randpunkten, die den Block seitlich begrenzen, und den Tiefenpunkten, die nach einem regelmäßigen Raster von den Tiefenlinien erfaßt werden.

Aus zwei Formblättern werden die Angaben zur Blockkonstruktion und zu den Zwischenflözen eingegeben und mit den digitalisierten Raumdaten zur Berechnung aller Flözteilstücke verknüpft (vgl. BÜTTNER et al. 1985 a: Kap. 4.5 bis 4.8 und THOMSEN 1984).

In der Anfangszeit wurde der Rest der nicht erfaßten Teilflächen der Zwischenflöze nur bei Bedarf errechnet, für die Mengenberechnung oder automatische Flözkonstruktionen ausgewertet und danach wieder gelöscht. Bei später verbesserten Datenverwaltungsstrukturen wurde eine Datei aller Flözteilstücke angelegt, die inzwischen auch auf PC-Basis überführt werden konnte und neben der Flöz- und Blockkennung die Raumkoordinaten des Flächenschwerpunktes sowie Flächengröße und Kohlenvolumen enthält.

3.3.4 Durchführung der Lagerstättenerfassung nach dem KVB-Modell

Im Verlauf der beschriebenen Lagerstättenerfassung haben sich bestimmte Vorgehensweisen als sinnvoll und wichtig erwiesen, um die bestehende methodische Diskrepanz zwischen geologischer Auswertung und Datenverarbeitung erfolgreich zu überbrücken. Eine geschickte Lagerstättenuntergliederung und ein gut organisierter Arbeitsablauf spielen hierbei eine entscheidende Rolle und werden daher kurz dargestellt:

Die Untergliederung der Lagerstätten nach großtektonischen Gesichtspunkten in „Großschollen" erfolgte oft bereits in einem sehr frühen Bearbeitungsstadium und konnte für die geologischen Auswertungen die Funktion eines in sich relativ geschlossenen Arbeitsgebiets haben. Insofern führten mitunter auch Änderungen der Aufschluß- oder Informationsdichte – zum Beispiel am Rande eines Explorationsgebiets – zu Großschollengrenzen.

Mehrfach zeigte sich erst gegen Ende der geologischen Auswertungen, daß es notwendig war, ein einheitliches Arbeitsgebiet in mehrere Großschollen zu teilen, um die Anzahl der zu erwartenden Flözteilstücke aus Gesichtspunkten der Datenverwaltung nicht zu groß werden zu lassen. Andererseits wurde die enge Abgrenzung mehrerer kleiner Großschollen später nicht geändert, da dies für die Datenverwaltung keine negativen Folgen hatte.

In den auf diese Weise zustandegekommenen Großschollen wurde jeweils nach Vorliegen mehrerer flächendeckender Flözprojektionen die Blockeinteilung vorgenommen. Dabei war es meistens notwendig, örtlich noch einzelne kleinere Zusatzprojektionen durchzuführen, um für kompliziertere tektonische Strukturen und die meist recht unregelmäßig begrenzten Lagerstättenteile nahe der Karbon-Oberfläche eine geometrisch optimale Lösung der Blockeinteilung festlegen zu können. Dies wird exemplarisch an einem Ausschnitt der Großscholle 138 dargestellt (Abb. 5).

Das stratigraphisch höchste zu erfassende Flöz Gretchen 1 (Gr 1) ist nur in einem Teil der Blöcke vorhanden, bedingt durch Auskeilen an der Karbon-Oberfläche. Im Nordwestteil der Großscholle ist das höchste Flöz der dort liegenden Blöcke Flöz Robert/Albert 1 (Ro/Al 1), das gleichzeitig das unterste Flöz der Blöcke im Muldentiefsten bildet. Bei einer geradlinigen Verbindung der Randpunkte am Ausstrich von Flöz Gretchen mit den entsprechenden Randpunkten der Flözteilfläche im Flöz Robert/Albert 1 (Pfeile) würde eine größere Lücke zur Karbon-Oberfläche entstehen. Statt diese Lücke mit einem zusätzlichen, im Querschnitt keilförmigen Block zwischen Flöz

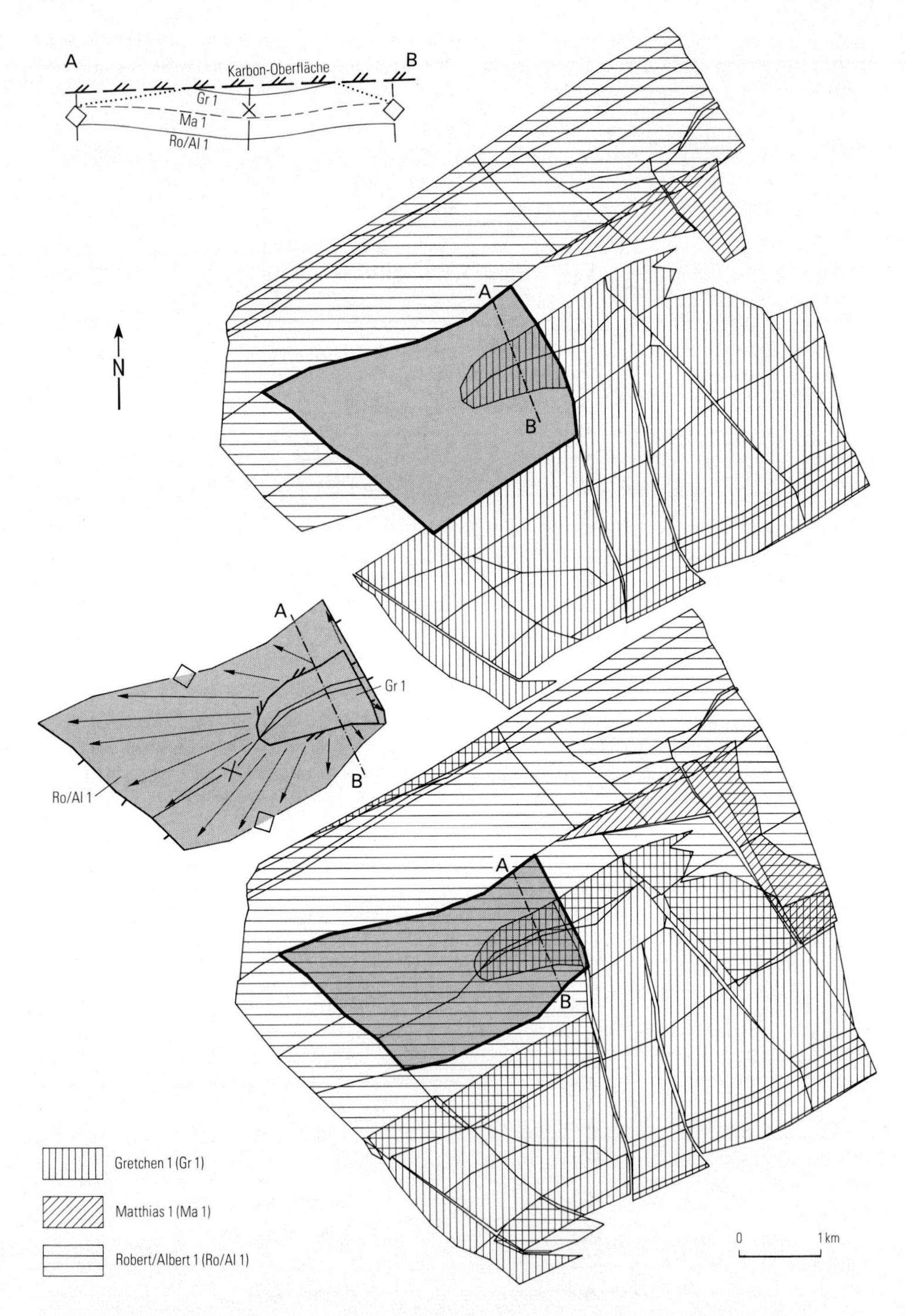

Abb. 5 Obergrenze der Erfassung nach dem KVB-Modell am Beispiel der Großscholle 138

Die Umrisse der Flözteilflächen der jeweils höchsten Flöze (oben) sind ergänzt um die Darstellung der nächsttieferen digitalisierten Flöze in den „Lücken" (unten).

Gretchen 1 und Flöz Matthias 1 (Ma 1) zu füllen, wurden die Verbindungslinien der Randpunkte mittels entsprechender Hilfspunkte in Flöz Matthias 1 abgeknickt und die Blockgrenzen auf diese Weise an die Karbon-Oberfläche angepaßt. Projiziert und digitalisiert werden mußte in den „Lükken" hingegen nur Flöz Robert/Albert 1.

Auf der Blockeinteilung aufbauend erfolgte die Eintragung der Randpunkte in den Flözprojektionen als Digitalisiervorlagen. Erst nach Abschluß der tektonisch-geometrischen Blockeinteilung konnten die jeweiligen Profile mit den Zwischenflözen den einzelnen Blöcken zugeordnet werden.

Nach diesen Arbeitsschritten erfolgte die Datenaufnahme am Digitalisiertisch und Datensichtgerät mit umfangreichen, teils automatischen, teils visuellen Datenkontrollen. Insbesondere die Computerplots der nicht projizierten Zwischenflöze dienten der Kontrolle der Blockkonstruktionen. Zusätzlich wurden sie in der Bergbauzone zu flözteilflächenweisen Abschätzungen der abgebauten Flächen herangezogen, was als Grundlage für die prozentuale Angabe des Abbauanteils der einzelnen Flözteilstücke diente.

Nach Abschluß dieser sich mehrfach verzahnenden Arbeitsschritte und aller Korrekturen konnten die Ergebnisberechnungen großschollenweise durchgeführt werden. Bei der inzwischen neu auf einem PC eingerichteten Ergebnisdatei können darüber hinaus mittels einer Kennung Großschollen rechnerisch zusammengefaßt oder blockweise aufgegliedert werden, sofern Mengenberechnungen für Gebiete durchgeführt werden sollen, deren Grenzen nicht mit den Grenzen der Großscholle übereinstimmen.

3.3.5 Differenzierte Mengenberechnung, dargestellt an einzelnen Beispielen

Die differenzierte Mengenberechnung mit Hilfe des KVB-Modells erfolgt durch die Aufsummierung des Kohleninhalts der einzelnen Flözteilstücke nach den entsprechenden Grenzwerten der einzelnen Variablen Tiefe, Kohlemächtigkeit, Einfallswinkel und Flächengröße. Darüber hinaus kann auch nach stratigraphischen und räumlichen Kriterien differenziert werden. Auch weitere Variablen aus der Gruppe der Flözeigenschaften lassen sich bei entsprechender Verknüpfung berücksichtigen.

Je nach Fragestellung ergibt sich aus der Wahl der Grenzwerte und der Kombination der einzelnen Variablen miteinander eine sehr große Anzahl unterschiedlich definierter Teilmengen, die sich in Form von Listen, Tabellen und Diagrammen darstellen lassen. Bei den folgenden Beispielen wurde der graphischen Darstellung des Kohleninhalts der Vorzug gegeben. Sie erfolgt in Form von Balkendiagrammen, die die Volumina innerhalb bestimmter konstanter Grenzwertintervalle angeben, sowie teilweise in Form von Summenkurven. Letztere haben den Vorteil, daß sie nicht von Intervallgrößen abhängig sind und eine kontinuierliche Darstellung der Gesamtmenge bis zu einem beliebig wählbaren Grenzwert der jeweiligen Variablen erlauben.

3.3.5.1 Mengenberechnung in Abhängigkeit von der Kohlemächtigkeit

Für die Aufschlüsselung des Gesamtinhalts nach der Kohlemächtigkeit der einzelnen Flöze sind entsprechende Werte aus den Profilen zur Berechnung des KVB-Modells maßgebend. (Zur Umrechnung von Kohle- auf Flözmächtigkeit s. Kap. 3.4.3.1 und 3.4.4.)

Testhalber wurden für die Diagramme in Abbildung 6 Intervalle von 10 und 20 cm Mächtigkeit gewählt. Im Vergleich zeigen sich bei den 10-cm-Intervallen erheblich stärkere kleine Schwankungen als bei den 20-cm-Intervallen. Wahrscheinlich ist dies auf die lokalspezifische Mächtigkeitsverteilung in einigen wenigen Referenzprofilen zurückzuführen. Deren weiträumige Übertragung in die unaufgeschlossenen Lagerstättenteile prägte ihre örtlichen Mächtigkeitsschwankungen quantitativ stärker aus, als es vermutlich auf die gesamte Großscholle bezogen tatsächlich der Fall ist.

Eine Überprüfung der bei den 20-cm-Intervallen klar herauskommenden Maximalwerte bei 60 und 120 cm Mächtigkeit mit Hilfe von Mächtigkeitswerten aus der Flözeigenschaftsdatei zeigte gute Übereinstimmungen. Man kann also davon ausgehen, daß sie die regionaltypische Lagerstättensituation – auf die Großscholle 263 bezogen – richtig wiedergeben. Für weitere Auswertungen wurde daher den auf 20-cm-Intervallen beruhenden Diagrammen der Vorzug gegeben.

Am Beispiel der Bochumer Hauptmulde wird der Kohleninhalt nach größeren Mächtigkeitsklassen und Teufenintervallen differenziert (s. Abb. 7). Neben der Darstellung im Balkendiagramm werden die für die einzelnen 100-m-Tiefenstufen jeweils gültigen Anteile der Mächtigkeitsklassen in Form von einzelnen Kurven angegeben. Zusätzlich ist der in diesem Gebiet recht vollständig erfaßte Anteil abgebauter Flöze dargestellt. Neben der großen Ähnlichkeit der drei größeren Mächtigkeitsklassen fällt die unterschiedliche Tiefenlage der Maxima auf: das der Mächtigkeitsklasse von 60 bis 105 cm liegt bei –700 bis –800 m um ca. 200 m höher als das der Klasse über 150 cm, was sich wahrscheinlich mit dem hohen Abbauanteil zwischen –700 und –1 000 m erklären läßt.

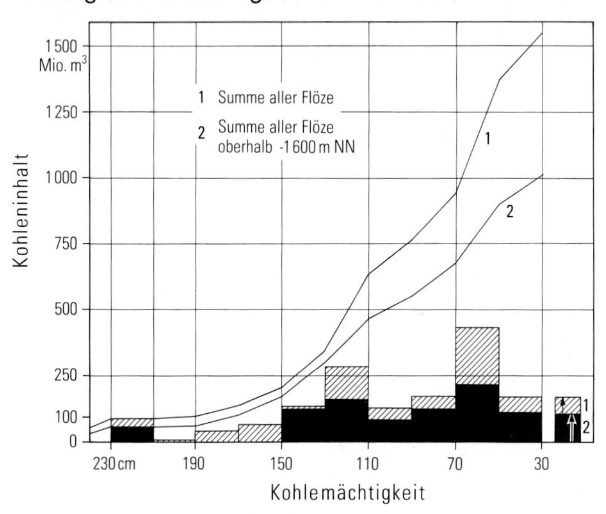

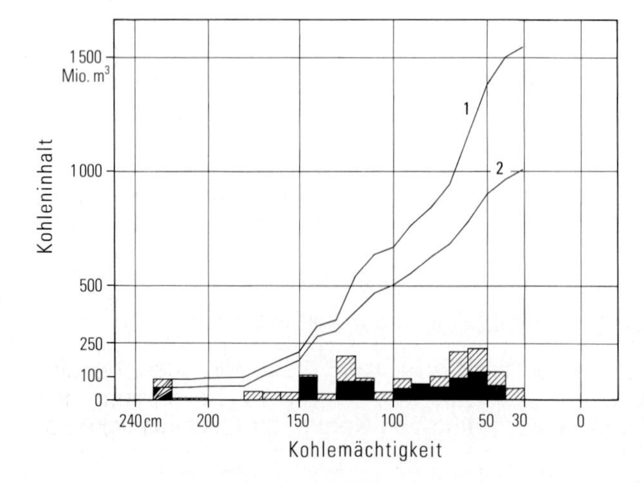

Abb. 6

Kohlemächtigkeit einzelner Flöze und Kohleninhalt (Großscholle 263) in Form von Summenkurven (1 u. 2) und Balkendiagrammen nach 20-cm-Intervallen (oben) und 10-cm-Intervallen (unten)

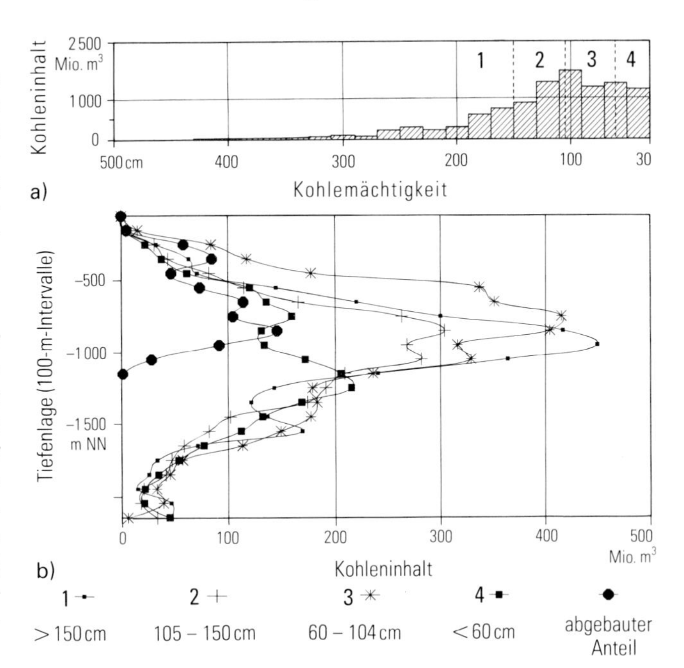

Abb. 7

Kohleninhalt der Bochumer Hauptmulde (Großschollen 121 – 142), differenziert nach der Kohlemächtigkeit in 20-cm-Intervallen (a) und nach vier Kohlemächtigkeitsgruppen und der Tiefenlage in 100-m-Intervallen (b)

Diese Situation ist für fast alle Lagerstättenteile der Bergbauzonen charakteristisch: ein recht hoher Anteil der geringermächtigen Flöze am Gesamtkohleninhalt und eine Konzentration (von rund 90 %) des Abbaus auf die größeren Flözmächtigkeiten.

3.3.5.2 Mengenberechnung in Abhängigkeit von der Tiefe und der stratigraphischen Abfolge

Die Differenzierung des Kohleninhalts nach der Tiefe erfolgt nach der jeweiligen Tiefenlage der Flächenschwerpunkte der einzelnen Flözteilstücke.

Da bei der Abfrage nach den Flächenschwerpunkten im oberen und unteren Grenzbereich des zu berechnenden Gebiets Ungenauigkeiten zu erwarten sind, wurden zusätzlich zur Kurve des kumulativen Gesamtkohleninhalts in Abhängigkeit von der Tiefe der Flächenschwerpunkte noch zwei weitere Summenkurven errechnet, die von den Tiefen der jeweils höchsten oder tiefsten Punkte der einzelnen Flözteilflächen abhängig sind (Abb. 8). Damit sind eine gewisse Kontrolle und gegebenenfalls Korrektur in den obersten und untersten Lagerstättenteilen möglich, wäh-

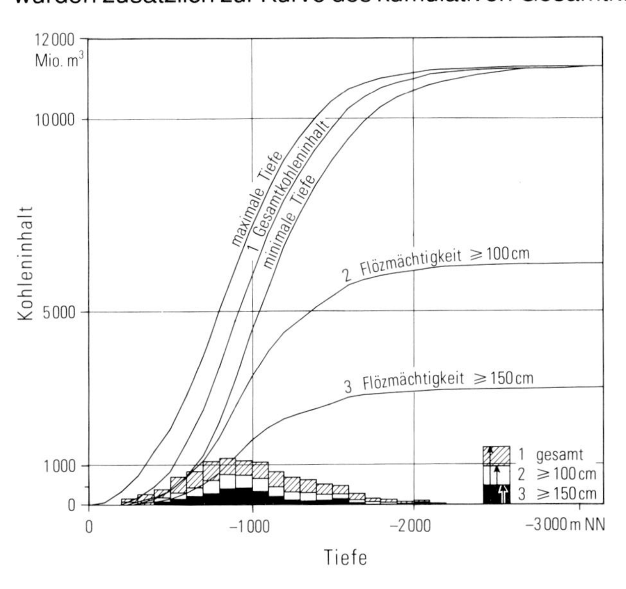

Abb. 8

Kohleninhalt der Bochumer Hauptmulde (Großschollen 121 – 142), differenziert nach Tiefe und Flözmächtigkeit (kumulativ bzw. nach 100-m-Intervallen gegliedert) rend sich in den übrigen Abschnitten die infolge des Flächenschwerpunktverfahrens zu viel oder zu wenig berechneten Volumina weitgehend ausgleichen. Eine exemplarische Überprüfung der Summenkurven mittels einer Verkleinerung der Teufenintervalle von 100 auf 20 m bestätigte ihren relativ glatten Verlauf. Daraus läßt sich auf ihre Gültigkeit auch für die Tiefen zwischen den jeweils berechneten 100-m-Intervallen schließen.

Die unterschiedlichen Darstellungen des Kohleninhalts in Abbildung 9 sollen die verschiedenen Möglichkeiten der Ergebnisdarstellung in routinemäßiger Anwendung von kommerzieller Software (Harvard Graphics) auf die Ergebnisdatei zeigen (vgl. auch Abb. 7). Die in Abbildung 9 (unten links) wiedergegebene Darstellungsform ist die Standardauswertung der regional differenzierten Kohleninhaltsberechnungen in Kapitel 4. Generelle Schwankungen des Kohleninhalts innerhalb der stratigraphischen Abfolge lassen sich in einer von der Stratigraphie abhängigen Kurve (Abb. 10 a) für Gebiete unterschiedlichster Größenordnung klar beobachten. Nur für kleinere Gebiete beziehungsweise einzelne Großschollen ist hingegen die Abfrage des Kohleninhalts von Einzelflözen, gegebenenfalls kombiniert mit Mächtigkeitsklassen, sinnvoll.

3.3.5.3 Mengenberechnung in Abhängigkeit vom Schichteneinfallen und der Flächengröße

Die Aufschlüsselung des Kohleninhalts nach dem Schichteneinfallen beruht auf dem Einfallswinkel der Flözteilflächen. Bei konsequenter Anwendung der tektonischen Hauptgrenzkriterien (s. Kap. 3.3.1) entspricht er auch weitgehend den anzutreffenden geologischen Verhältnissen, während vor allem bei den zusammengefaßten Blöcken eine Verfälschung der Einfallswerte auftritt.

Um ein möglichst realistisches Ergebnis zu erzielen, erfolgte die exemplarische Auswertung dieser Parameter für einen großen Teil der Bochumer Hauptmulde, wo eine relativ differenzierte Blockeinteilung vorgenommen wurde (s. Abb. 10 b). Hinzu kommt, daß dort steiles Schichteneinfallen in nennenswertem Umfang auftritt. Während in den meisten anderen größeren Lagerstättenbereichen

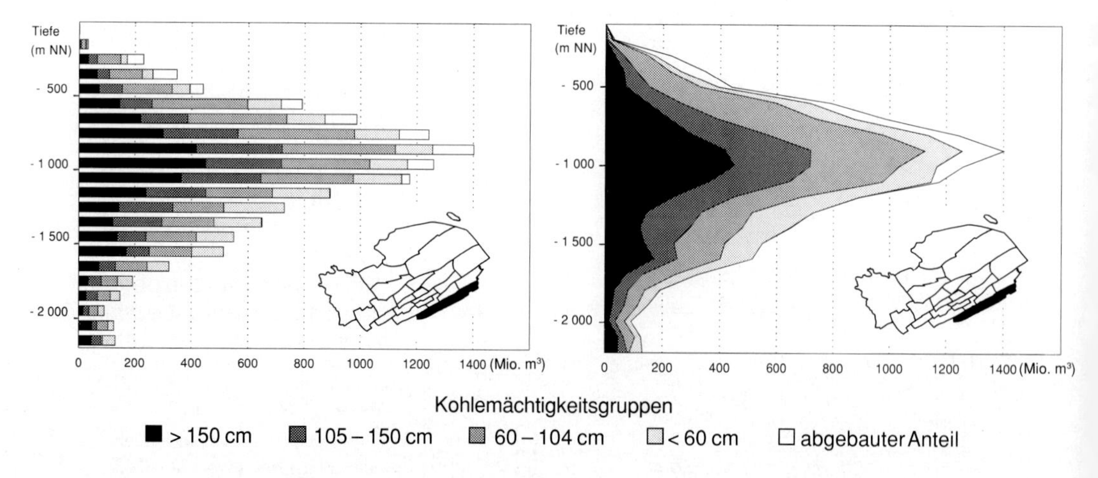

Abb. 9 Unterschiedliche Darstellungen des Kohleninhalts der Bochumer Hauptmulde (Großschollen 121 – 142) in Abhängigkeit von der Tiefe in 100-m-Intervallen und vier Kohlemächtigkeitsgruppen der Einzelflöze

Abb. 10

Kohleninhalt und seine Beziehung zur Stratigraphie (a), zum Schichteneinfallen (b) und zur Flächengröße (c) an Beispielen aus der Bochumer Hauptmulde (a u. b) und vom linken Niederrhein (c)

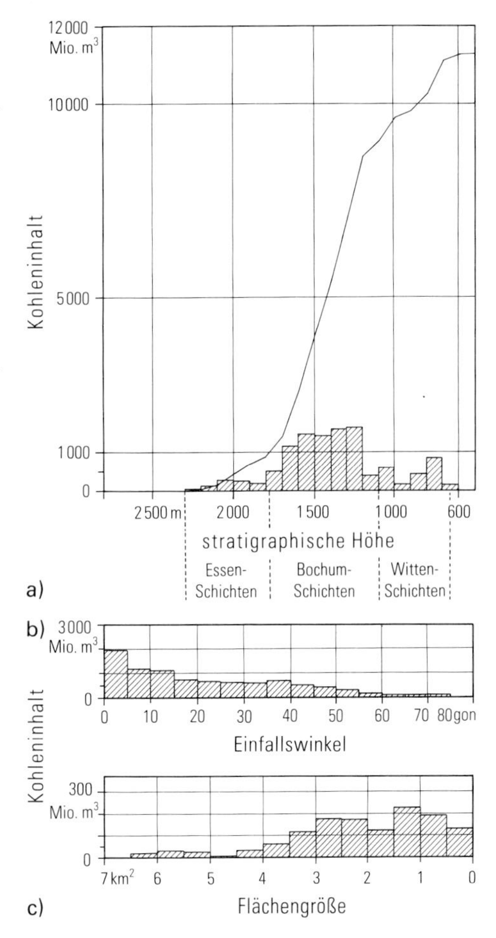

der Anteil der steilen Lagerung mit über 40 gon Einfallen deutlich unter 15 % des Gesamtkohleninhalts liegt, beträgt er dort ca. 25 %.

Bei der Aufschlüsselung nach der Flächengröße wird die Größe der durch die Grenzelemente definierten einzelnen Flözteilflächen zugrunde gelegt. Ähnlich wie beim Schichteneinfallen besteht hier eine unmittelbare Abhängigkeit von der Art der Blockeinteilung. Einerseits werden bei den zusammengefaßten Blöcken zu große Flächen ausgewiesen, andererseits werden die Flächen bei Anwendung der zusätzlichen Grenzflächen, die nicht den Hauptgrenzkriterien entsprechen, erheblich kleiner als in Wirklichkeit.

Ein Beispiel vom linken Niederrhein (Großschollen 311, 321 – 322, 331bis 332) beruht auf tektonischen Verhältnissen, bei denen die Blöcke nur nach den Hauptgrenzkriterien abgegrenzt werden brauchten (s. Abb. 10 c).

3.3.5.4 Spezifischer Kohleninhalt

Der spezifische Kohleninhalt beziehungsweise -vorrat ist die jeweils anstehende Kohlenmenge pro Flächeneinheit innerhalb eines bestimmten Gebiets. Wie die übrigen Kohleninhaltsangaben läßt auch er sich nach bestimmten Grenzkriterien differenzieren.

Der spezifische Kohleninhalt errechnet sich als Quotient von Kohleninhalt [Mio. m³] und Fläche [km²] und ermöglicht damit einen Vergleich der einzelnen Großschollen untereinander, unabhängig von ihrer mitunter stark wechselnden Flächengröße. Es ergibt sich die Maßeinheit von [m] Kohlemächtigkeit pro Flächeneinheit, die unter anderem wegen ihrer Anschaulichkeit hier und in den weiteren Kapiteln verwandt wird. Sie kann – zu Vergleichszwecken – durch Multiplikation mit 1,3 auch in [t] pro [m²] oder [Mio. t] pro [km²] umgerechnet werden (vgl. Rawert 1985).

In den dargestellten Beispielen (s. Abb. 11 u. Tab. 1) werden für die Flächen gerundete mittlere Werte angegeben, da aufgrund des schrägen Einfallens der

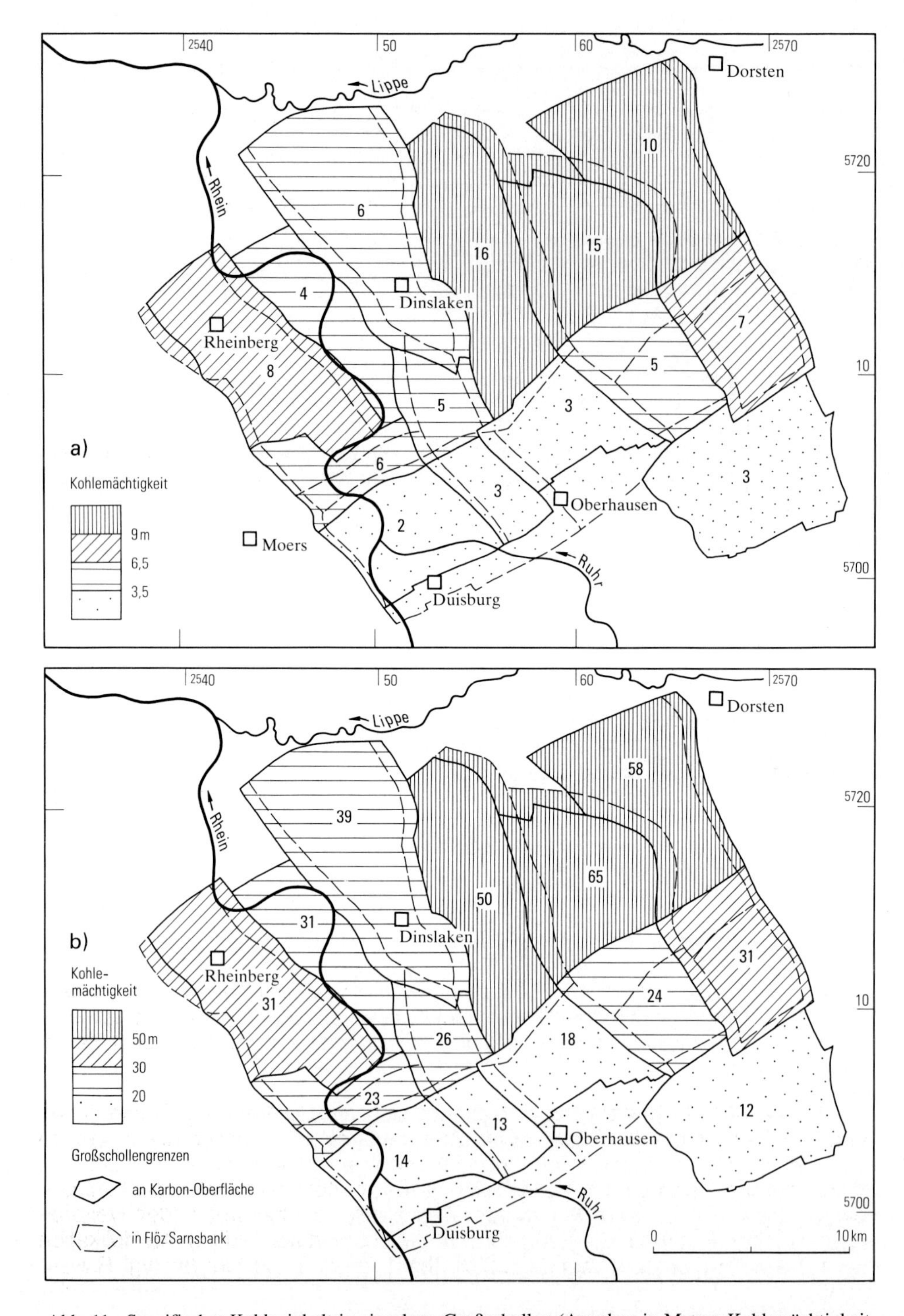

Abb. 11 Spezifischer Kohleninhalt in einzelnen Großschollen (Angaben in Metern Kohlemächtigkeit, Werte sind gerundet) für Flöze oberhalb –1 200 m NN und Kohlemächtigkeiten über 105 cm (a) und für den gesamten erfaßten Kohleninhalt (abzüglich der abgebauten Lagerstättenteile; b)

Tabelle 1

Spezifische Kohleninhalte ausgewählter Großschollen

Groß-scholle	Flächengröße (km²)		Kohlemächtigkeit (m)				
	mittlere	„obere"	gesamt	Flöze oberhalb −1500m NN Flözmächtigkeit (cm)		Flöze oberhalb −1200m NN Flözmächtigkeit (cm)	
				60 – 105	>105	60 – 105	>105
231	56		12,3	3,7	5,8	2,7	3,1
241	28	35	31,2	5,8	10,3	4,4	6,8
313	40		13,5	4,7	2,2	4,1	2,0
314	18		13,3	5,1	3,3	4,6	2,8
315	35		18,1	8,7	4,6	6,7	3,4
316	26		23,5	10,2	6,0	8,2	5,4
324	15		22,8	8,1	6,3	6,0	6,3
325	17	18	25,9	7,3	6,0	5,2	4,6
326	68	60	49,3	12,9	19,3	9,7	15,8
327	53	50	65,0	15,2	19,2	9,9	14,6
328	55		58,2	9,3	12,8	5,0	10,0
334	60		31,0	8,7	8,4	7,8	7,8
335	37	31	30,8	9,4	5,3	6,3	4,0
336	65	72	38,6	5,7	9,5	4,0	6,4

die Großschollen begrenzenden tektonischen Elemente mitunter größere Änderungen der Flächengröße von oben nach unten auftreten. Für die oberhalb −1 200 m berechneten Kohleninhalte wurde bei tiefreichenden Großschollen daher bisweilen auch eine „obere mittlere Flächengröße" ermittelt und für die Berechnung des spezifischen Kohleninhalts oberhalb −1 200 m zugrunde gelegt. Übersichtsdarstellungen des spezifischen Kohleninhalts finden sich in den regionalen Kapiteln (Kap. 4.1.3.2 und 4.3.5), wo – anders als hier – beim Gesamtkohleninhalt die erfaßten abgebauten Lagerstättenteile jedoch nicht abgezogen wurden.

3.4 Flözeigenschaften

3.4.1 Grundlagen und Durchführung der Erfassung

Als Flözeigenschaften beziehungsweise Flözeigenschaftsdaten werden alle punktuellen Angaben der Kohlenqualitäts- oder Rohstoffparameter und Mächtigkeiten bezeichnet. Aufgrund ihrer einfachen räumlichen Struktur als „Punktdaten" und ihrer stark formalisierten Dokumentation in Karteien des Bergbaus wurden sie bereits in einem recht frühen Stadium der vorliegenden Arbeit auf Datenträgern erfaßt. In Anlehnung an die Art der Erfassung durch den Bergbau wurde ein eigenes Formblatt im Lochkartenformat entworfen und zur Vereinheitlichung der aus unterschiedlichen Unterlagen stammenden Flözeigenschaftsdaten über den gesamten Projektzeitraum genutzt (s. Büttner et al. 1985 a).

Die Erfassung auf Datenträgern erfolgte zunächst über Lochkarten, später mit Hilfe eines Datensichtgerätes. Die prinzipiell mögliche Datenübertragung aus Datenträgern des Bergbaus kam aus arbeitstechnischen Gründen nicht zustande.

Insgesamt wurden ca. 48 000 Datensätze erfaßt, deren Herkunft sich folgendermaßen aufschlüsselt:

- 23 000 aus Explorationsbohrungen im Ruhrkarbon
- 14 000 aus den Bergbauzonen in Nordrhein-Westfalen
- 11 000 aus dem Saarkarbon (nur Mächtigkeiten)

Nach anfangs rein sequentieller Erfassung und Speicherung wurden später unter Nutzung des Datenbanksystems (s. Kap. 2.4) zahlreiche automatische Plausibilitätskontrollen und Sortiermöglichkeiten eingeführt. Inzwischen liegt die Datei auch auf PC-Ebene vor und wird zur Zeit mit den kohlenpetrographischen Daten des Geologischen Landesamtes verbunden.

Das Konzept einer automatischen Verknüpfung der Flözeigenschaftsdaten mit den Flözteilstücken des KVB-Modells konnte aus programmtechnischen Gründen erst recht spät für die Mächtigkeitskontrollen in einer Reihe von Großschollen realisiert werden (s. Kap. 3.4.4). Geologisch-stratigraphische Grundvoraussetzung für solche Verknüpfungen ist die identische Flözeinstufung und Verschlüsselung in beiden Systemen. Aufgrund unterschiedlicher Herkunft der Daten aus Bohrungen oder Abbaubetrieben und der im Vergleich zum KVB-Modell mitunter feineren stratigraphischen Differenzierung sind in Wirklichkeit identische Flöze bisweilen unterschiedlich eingestuft und verschlüsselt. Daher sind eine geologische Kontrolle und gegebenenfalls Vereinheitlichung der Flözstratigraphie bei diesen oder ähnlichen Auswertungen unverzichtbar.

3.4.2 Erfaßte Flözeigenschaftsparameter

Gemeinsam mit den räumlichen Identmerkmalen (Gauß-Krüger-Koordinaten und Tiefe) sowie der stratigraphischen Flözkennung wurden bei allen Proben beziehungsweise Datensätzen folgende Mächtigkeitsangaben aufgenommen: reine Kohlemächtigkeit, Kohle-Berge-Mischtypen und Gesamtmächtigkeit des Flözes, woraus der Bergeanteil errechnet werden kann. Ihre geographische Lage im Ruhrkarbon wird in Abbildung 12, ihre Werteverteilung in Abbildung 13 wiedergegeben.

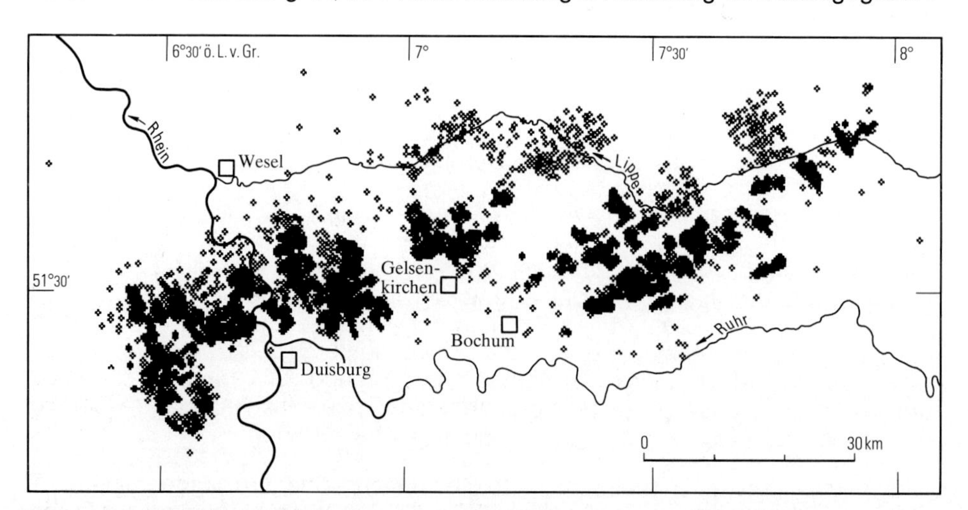

Abb. 12 Erfaßte Flözeigenschaftsdaten im Ruhrkarbon

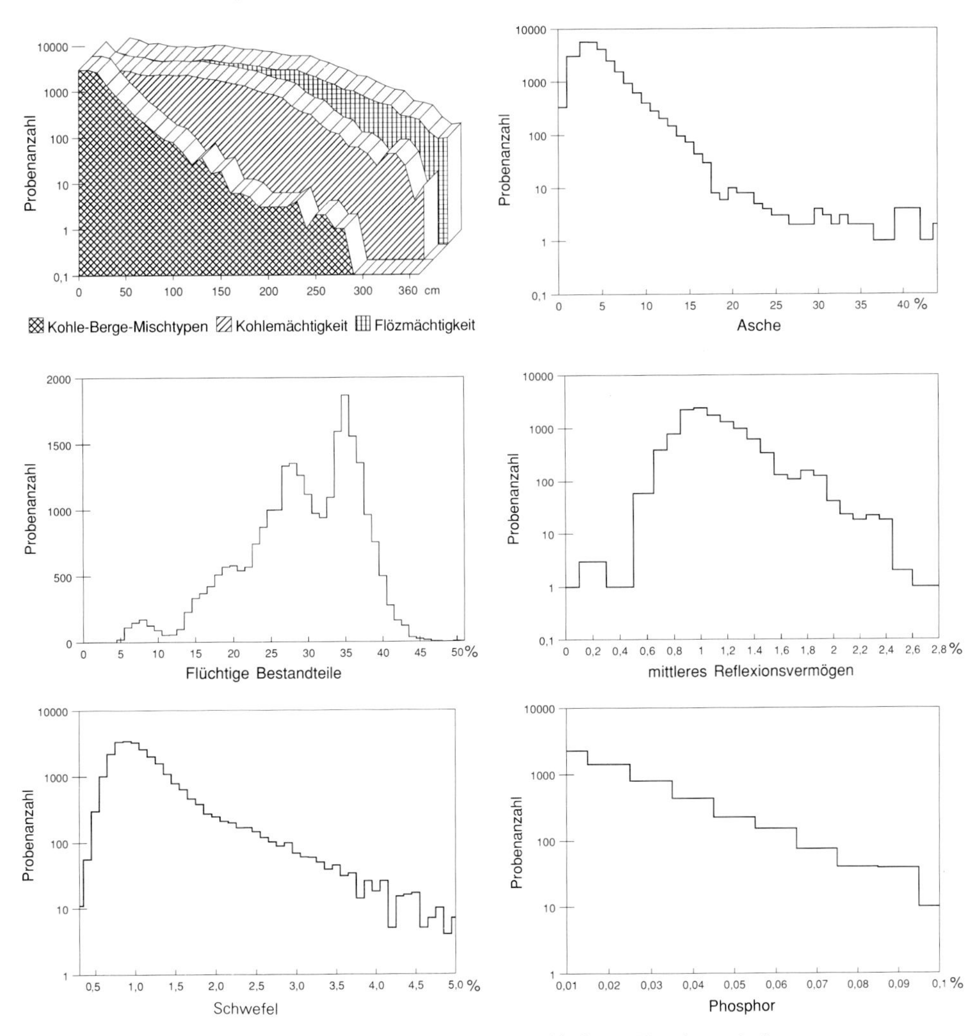

Abb. 13 Häufigkeitsverteilungen der erfaßten Werte verschiedener Flözeigenschaften

Von rund 26 000 Proben aus Nordrhein-Westfalen liegen die Prozentanteile der Flüchtigen Bestandteile, der Asche und des Schwefels aus der Reinkohlenfraktion (Korngröße über 0,5 mm, Dichte unter 1,5 kg/dm³) vor (s. Abb. 13). Angaben über das Reflexionsvermögen und die Mazeralgruppenanalyse wurden in knapp 12 000 Fällen erfaßt. Weitere Angaben zu den anderen Dichtefraktionen und zum Staubanteil sowie den verschiedenen Parametern des Koksbildungsvermögens erreichen eine Anzahl von jeweils ca. 15 000 – 20 000 Analysendaten. Außerdem wurden noch rund 6 500 Daten zum Phosphoranteil, ca. 2 500 Angaben zum Brennwert und aus der im Hause durchgeführten Vitritanalyse jeweils ca. 1 500 Werte verschiedener Parameter erfaßt.

3.4.3 Auswertungen der Flözeigenschaften

Im Hinblick auf die Inter- und Extrapolation der Flözeigenschaften in aufschlußfreie Lagerstättenteile wurden verschiedene statistische Untersuchungen der erfaßten Daten vorgenommen und unterschiedliche Auswertungsverfahren an begrenzten Beispielen getestet (s. BÜTTNER et al. 1985 a: Kap. 7, BURGER & SCHOELE & SKALA 1982, HEYNISCH 1984).

Die Untersuchungen beschränkten sich fast ausschließlich auf die stark einzelflözbezogenen Parameter der Mächtigkeiten, Asche und Schwefel sowie die Inkohlungsparameter Reflexionsvermögen und Flüchtige Bestandteile. In vielen Fällen ist bei den einzelflözbezogenen Parametern eine angenäherte Normalverteilung anzunehmen. Ebenfalls beobachtete mehrgipflige Verteilungen sind häufig auf Flözscharungen oder Aufspaltungen zurückzuführen.

Neben der arithmetischen Mittelwertbildung in unterschiedlichen Rastern wurden auch geostatistische Schätzverfahren (Kriging) angewandt. Dabei zeigte sich in den meisten Fällen eine Bestätigung der arithmetischen Mittelwerte durch die geostatistischen Schätzwerte. Die Schätzgenauigkeit allerdings war hierdurch erheblich verbessert. Da außerdem die für geostatistische Verfahren notwendige Datendichte von mindestens 1 Probe je Quadratkilometer beziehungsweise ca. 25 Datenpunkte je Flözteilfläche meistens unterschritten wird, ist die arithmetische Mittelwertbildung für bestimmte an der Größe der Flözteilflächen orientierte Rastergrößen sinnvoll (s. Kap. 3.4.4).

Abgesehen von den Inkohlungsparametern (s. Kap. 3.4.3.2) ist eine Auswertung der übrigen Flözeigenschaften nur streng flözbezogen sinnvoll, da diese in hohem Maße von der jeweiligen faziellen Ausbildung des betreffenden Flözes abhängig sind. Entsprechende flözbezogene Auswertungen, wie sie bereits erwähnt wurden, können jedoch in Anbetracht der hohen Anzahl von rund 1 500 unterschiedlichen Flözen (s. Kap. 3.1.2) nur mit Hilfe automatischer Rechenverfahren umfassend bewältigt werden. Voraussetzung hierfür ist außerdem die Abgrenzung des jeweiligen Bereichs, in denen eine einheitliche („homogene") stratigraphische Ausbildung des zu berechnenden Flözes vorliegt, wo weder Scharung noch Aufspaltung auftreten. Nur innerhalb eines solchen Bereichs ist es sinnvoll, statistische Schätzverfahren für die Flözeigenschaftsdaten anzuwenden.

Von H. BURGER, B. HANGEBROCK und W. SKALA (in JUCH und Arbeitsgruppe GIS 1988 b) wurde daher ein automatisches Schätzverfahren für stratigraphisch „homogene" Bereiche auf der Grundlage des Systems der Stratigraphischen Höhe entwickelt. Während die räumliche Schätzung von Aufspaltung und Scharung mittels Indikator-Kriging keine zufriedenstellenden Ergebnisse brachte, erwies sich die „nearest-neighbour-Methode" als geeigneter. Dabei erbrachte die gemeinsame Schätzung von den in der Stratigraphischen Höhe und Nebenkennzahl verschlüsselten Aufspaltungs- und Scharungsparametern gleichzeitig für ein Flözpaket optimale Ergebnisse. Mit diesem für den Rechner HP 9000 geschriebenen Programmsystem können sowohl die stratigraphisch homogenen Bereiche als auch die dazugehörigen Flözeigenschaften in einem flächendeckenden Raster errechnet werden. Aus arbeitstechnischen Gründen blieb eine entsprechende Auswertung auf einen umfangreichen örtlichen Test mit 94 Flözen beschränkt.

3.4.3.1 Untersuchung der Mächtigkeitsdaten

Im Zusammenhang mit einer Verknüpfung der Mächtigkeitsdaten mit dem KVB-Modell (s. Kap. 3.4.4) wurde deren Struktur untersucht (vgl. auch DAUL, in Vorbereit.). Aufbauend auf den Kriterien der Vollständigkeit, das heißt Erfassung aller Mächtigkeitsparameter und Weglassen von Bohrungsdaten mit Kernverlusten, wurden im Saarkarbon 9 753 und in Nordrhein-Westfalen aus den Explorationszonen 16 454 sowie aus den Bergbauzonen 10 607 Datensätze ausgewählt. Um den Anteil der einzelnen Mächtigkeitsparameter an der gesamten Flözmächtigkeit zu ermitteln, wurden für Dezimeterintervalle der Flözmächtigkeit die Mittelwerte der jeweils dazugehörenden anderen Parameter berechnet. In beiden Datengruppen aus Nordrhein-Westfalen ist der Abschnitt der Flözmächtigkeitsintervalle zwischen 50 und 300 cm am besten belegt. Hier ergaben sich folgende Ergebnisse (s. Abb. 14):

- Mit zunehmender Flözmächtigkeit nimmt der Kohlenanteil von 65 auf 50 % (Explorationszonen) beziehungsweise von 90 auf 75 % (Bergbauzonen) ab.

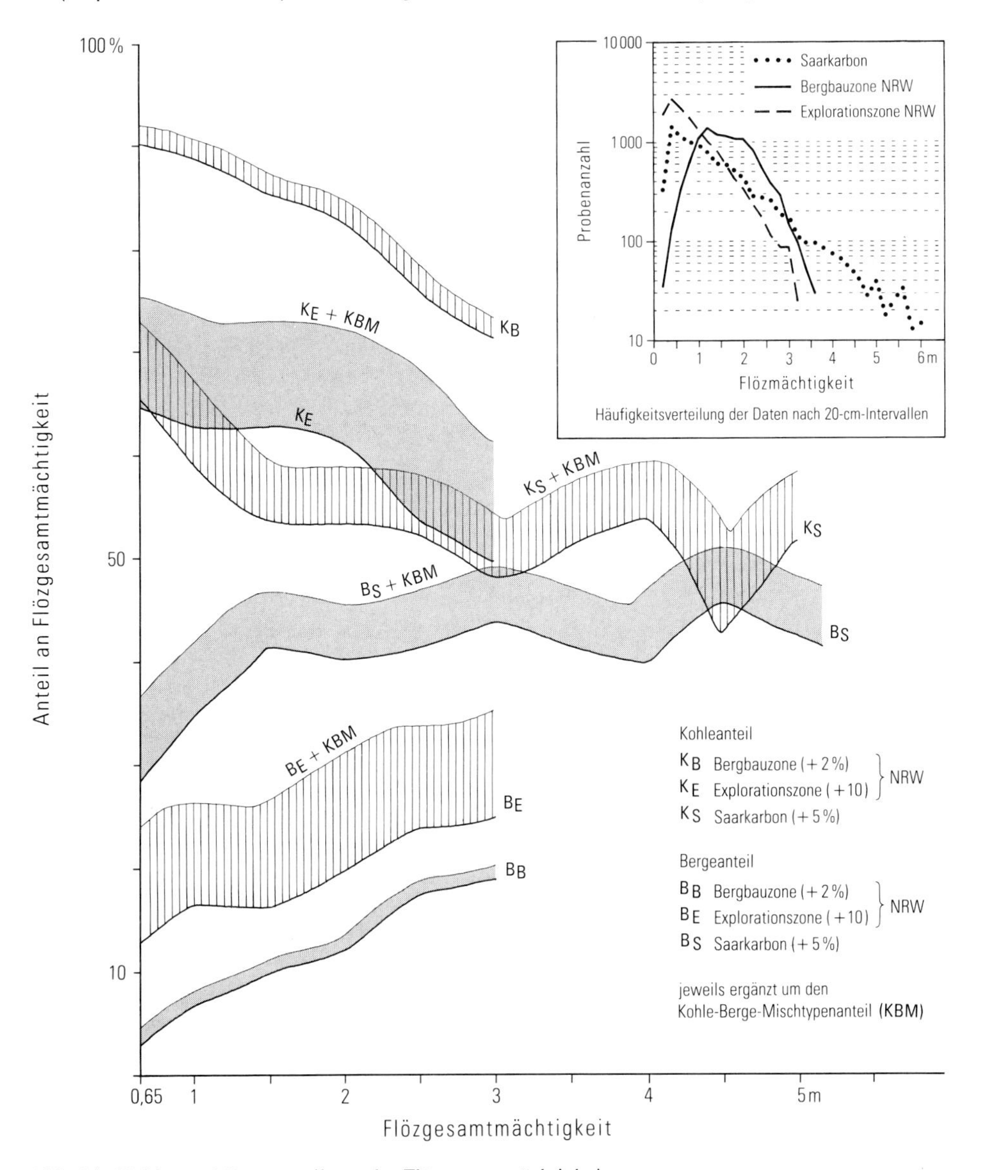

Abb. 14 Kohle- und Bergeanteile an der Flözgesamtmächtigkeit

- Eine stratigraphische Differenzierung ergab für beide Gruppen auch eine Abnahme des Kohlenanteils vom Westfal A zum Westfal B – C um ca. 5 – 10 % für die Flözmächtigkeiten zwischen 150 und 250 cm.
- Der Anteil der Kohle-Berge-Mischtypen bleibt hingegen über alle Mächtigkeitsgruppen konstant mit 20 % (Explorationszonen) beziehungsweise 5 % (Bergbauzonen) der Flözmächtigkeit.
- Der aus den erfaßten Parametern errechnete Bergeanteil verändert sich analog zur Kohlemächtigkeit.

Teilt man den Anteil der Kohle-Berge-Mischtypen zu jeweils gleichen Teilen auf die Kohle- und die Bergemächtigkeit auf (vgl. jedoch DAUL, in Vorbereit.), so läßt sich der Unterschied zwischen den Daten der Explorations- und der Bergbauzonen so zusammenfassen: In den Mächtigkeitsdaten der Bergbauzonen liegt der Kohlenanteil an der gesamten Flözmächtigkeit durchschnittlich ca. 15 % höher als in den Daten der Explorationszonen, wobei sich der Unterschied von 18 % bei den dünnen auf 12 % bei den mächtigen Flözen verringert. Für diese Diskrepanz gibt es mehrere Erklärungen:

- In der Bergbauzone stammen die Daten aus Aufnahmen betrieblicher Aufschlüsse, in denen sich grundsätzlich weniger Angaben zu den Kohle-Berge-Mischtypen finden, da diese in der betrieblichen Praxis meist auf den Kohle- und den Bergeanteil aufgeteilt werden.
- In der Explorationszone hingegen beruhen die Daten auf geologischen Bohrungsaufnahmen mit starker Differenzierung der Kohle-Berge-Mischtypen.
- Aufgrund des betrieblichen Charakters der Aufschlüsse wurden in der Bergbauzone in gewissem Umfang nur die reineren Flözteile erfaßt und durch Bergemittel im Hangenden oder Liegenden getrennte, nicht aufgeschlossene weitere Bänke zwangsläufig weggelassen.
- In den Bohrungen hingegen sind die Flöze meist vollständig aufgeschlossen und erfaßt.

Bei den Mächtigkeitsdaten aus dem Saarkarbon treten deutlich geringere Unterschiede zwischen Daten aus Bohrungen und aus Bergbauaufschlüssen auf, da dort in höherem Maße einheitliche Aufnahme- und Erfassungskriterien angewandt wurden. Außerdem stammt im Saarkarbon nur ein Viertel der Daten aus Bohrungen. Die Datenanzahl weist eine ähnliche Verteilung wie die der Bohrungsdaten aus Nordrhein-Westfalen auf. Allerdings sind hier auch höhere Mächtigkeiten (bis 4,50 m) noch mit einer größeren Anzahl von Werten belegt. Auch beim Kohlenanteil besteht eine große Ähnlichkeit zwischen den Daten aus dem Saarkarbon und den Bohrungsdaten aus Nordrhein-Westfalen (s. Abb. 14). Der Kohle-Berge-Mischtypenanteil ist zwar ebenfalls für alle Mächtigkeitsklassen relativ einheitlich, liegt jedoch nur bei ca. 10 %. Verteilt man ihn zu gleichen Teilen auf die Kohle- und die Bergemächtigkeit auf, so liegen die Kohlemächtigkeitsanteile der Daten aus dem Saarkarbon etwas (ca. 5 %) unter denjenigen der Bohrungsdaten aus Nordrhein-Westfalen, daß heißt sie nehmen von ca. 70 % bei 70 cm Gesamtmächtigkeit auf ca. 60 % bei 2 – 4 m ab.

3.4.3.2 Inkohlungsauswertung

Bei den Inkohlungsparametern wurden – wie zu erwarten – vielfach deutlich gerichtete Änderungen der Werte festgestellt. Es wurden daher auf Einzelflöze bezogene Isolinienpläne errechnet und versuchsweise Trendflächen angepaßt. Die Abhängigkeit der Inkohlungsparameter von der Tiefe und der stratigraphischen Position wurde mit Hilfe von Regressionsrechnungen untersucht (s. Büttner et al. 1985 a). Über die empirisch ermittelten, nur örtlich gültigen Regressionskurven hinaus fand sich kein Ansatz für eine überregional anwendbare Funktion. Daher wurden zwei andere Möglichkeiten gewählt, den Inkohlungsgrad räumlich zu beschreiben, und zwar

- in Form von Inkohlungskurven für tektonisch abgegrenzte Gebiete,
- in Form von flächendeckenden Inkohlungskarten einer repräsentativen Anzahl von Einzelflözen.

Die erste Möglichkeit wurde im Bereich des Blattgebiets L 4312 Lünen für sieben Struktureinheiten getestet. Dabei wurden für 20 Flöze aus rund 2 150 Einzelwerten der Flüchtigen Bestandteile örtlich differenziert jeweils die Mittelwerte gebildet (Abb. 15). Die im Diagramm mit einheitlicher Signatur dargestellte Verbindung der flözbezogenen Mittelwerte in den einzelnen Struktureinheiten gibt die örtlich charakteristische Veränderung der Inkohlung mit zunehmendem Alter der Flöze wieder.

Um jedoch das gesamte Ruhrkarbon abzudecken, wurden – teils automatisch, teils manuell – 25 Flöze flächendeckend ausgewertet, die von Flöz Siegfried bis Flöz Mausegatt eine ca. 2 500 m mächtige Schichtenfolge umfassen. Aufbauend auf rund 6 500 Datensätzen und 1 000 manuell ergänzten Inkohlungswerten wurden für 16 Flöze Inkohlungskarten im Maßstab 1 : 250 000 erstellt, die auf 2 %-Isolinien der Flüchtigen Bestandteile beruhen (Abb. 16). Die Karten sowie davon abgeleitete tektonische Inkohlungsprofile und Kartendarstellungen zur Beziehung zwischen der Tiefenlage und der Inkohlung einzelner Flöze liefern ein umfassendes Inkohlungsbild des Ruhrkarbons (Juch 1991; vgl. Kap. 4.1.3.3).

Darüber hinaus wurden auch einige genetisch wichtige Zusammenhänge erkannt: Bezogen auf Einzelflöze lassen sich grob zwei Nordnordost – Südsüdwest verlaufende Zonen hoher und zwei Zonen niedriger Inkohlung erkennen mit Unterschieden von ca. 10 % Flüchtigen Bestandteilen. Die am nordwestlichen Niederrhein gelegene

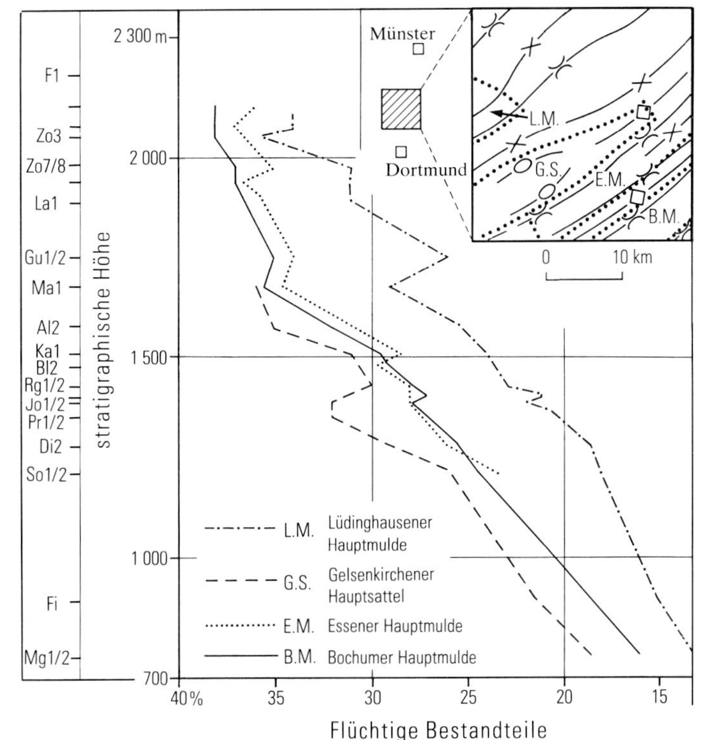

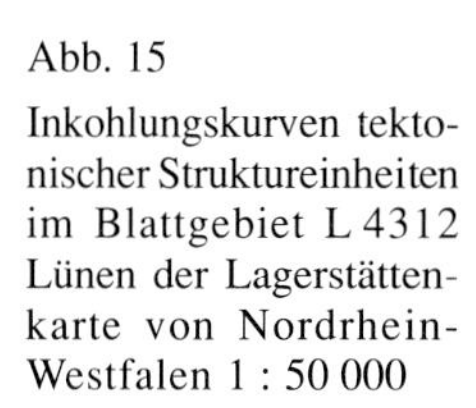
Abb. 15
Inkohlungskurven tektonischer Struktureinheiten im Blattgebiet L 4312 Lünen der Lagerstättenkarte von Nordrhein-Westfalen 1 : 50 000

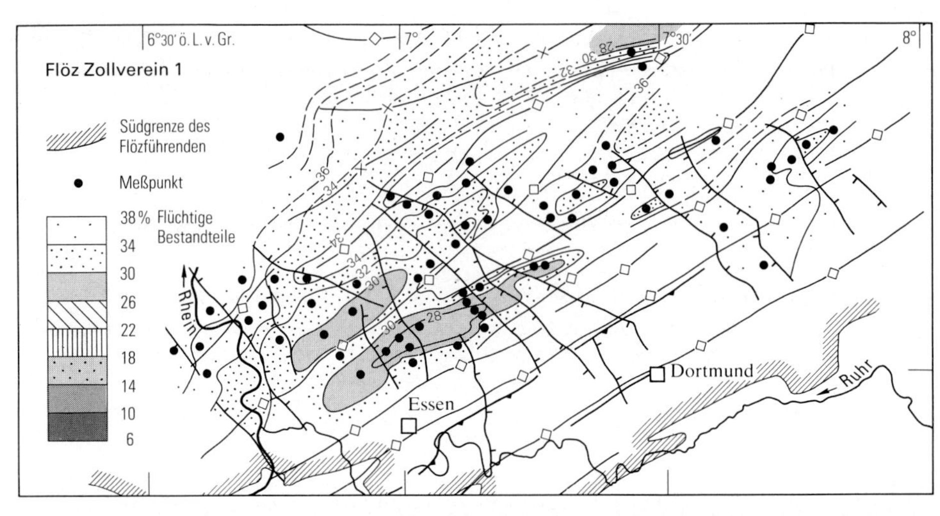
6°30' ö. L. v. Gr.
7°
7°30'
8°
Flöz Zollverein 1
Südgrenze des Flözführenden
Meßpunkt
38% Flüchtige Bestandteile
34
30
26
22
18
14
10
6
Rhein
Essen
Dortmund
Ruhr

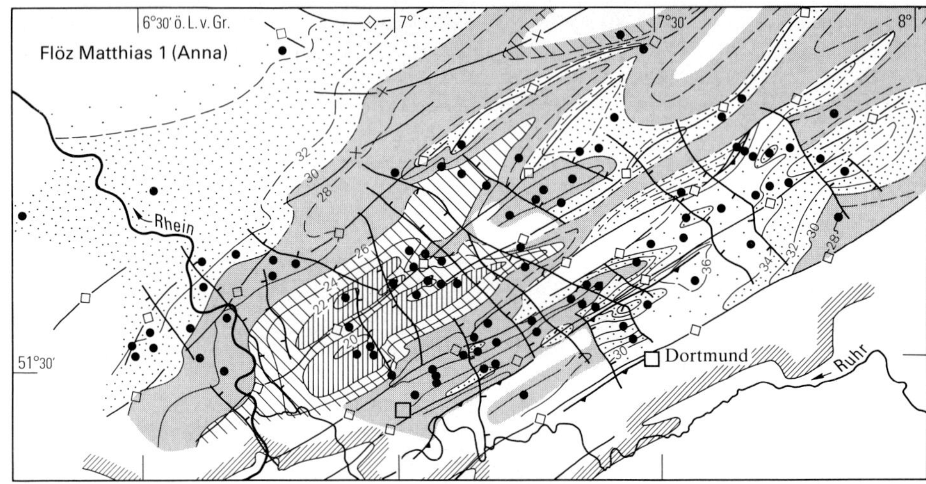
6°30' ö. L. v. Gr.
7°
7°30'
8°
Flöz Matthias 1 (Anna)
Rhein
51°30'
Dortmund
Ruhr

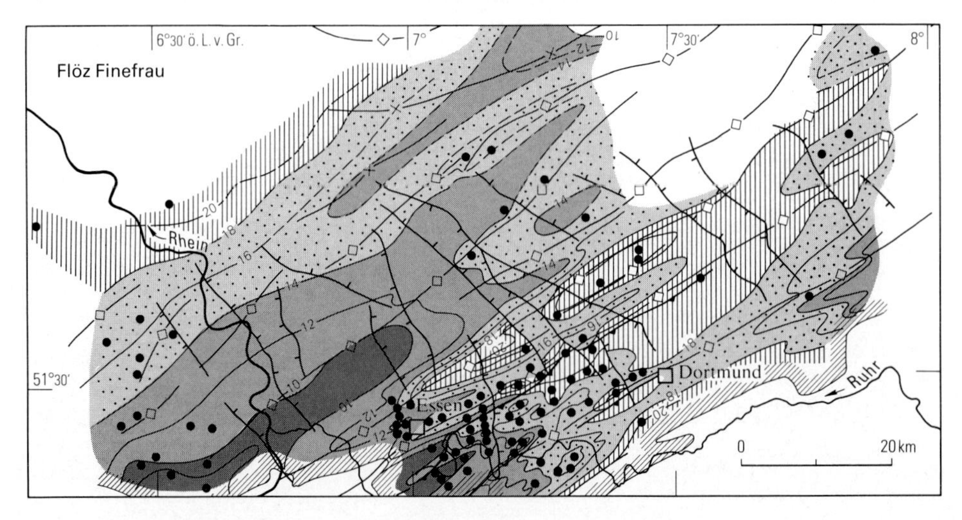
6°30' ö. L. v. Gr.
7°
7°30'
8°
Flöz Finefrau
Rhein
51°30'
Essen
Dortmund
Ruhr
0
20 km

Zone geringer Inkohlung geht im Bereich der westlichen Lippe-Hauptmulde und des Vestischen Hauptsattels nach Südosten kontinuierlich in eine Zone höherer Inkohlung über, die das „Krefelder Inkohlungshoch" und den „Westerholter Block" umfassen. In diesem Raum, daß heißt westlich des Marler Grabens und nördlich des Gelsenkirchener Hauptsattels, ist die Inkohlung eindeutig präkinematisch („präorogen") und steht in keiner Beziehung zur Faltung.

Nach Südosten hingegen sind neben der präkinematischen Inkohlung für alle mittleren und größeren Faltenstrukturen auch synkinematische Inkohlungskomponenten nachzuweisen. Die Linien gleicher Inkohlung zeichnen hier den Faltenbau nach. Gleichzeitig entwickelt sich nach Osten – im Raum Dortmund – eine ca. 20 km breite Zone niedriger Inkohlung, in der der Inkohlungsprozeß bis heute noch nicht abgeschlossen ist (LOMMERZHEIM 1994, dieser Band, S. 309 – 348). Diese Zone ist nach Osten begrenzt durch den Anstieg der Inkohlung im Bereich des Lippstädter Gewölbes.

Berücksichtigt man die synkinematische Inkohlungskomponente in Form einer Abnahme der Flüchtigen Bestandteile um 0,5 % pro 100 m Tiefe innerhalb eines Flözes, so verschwinden fast alle Inkohlungsanomalien (vgl. JUCH 1991: Abb. 9). „Ungewöhnlich" hohe Inkohlung findet sich dann nur noch in einer Ost – West verlaufenden Zone zwischen Krefeld und Bochum und einem Gebiet östlich Dortmund, die nach Südosten durch die bekannte Zone niedriger Inkohlung im Bereich der Herzkämper Hauptmulde begrenzt werden.

Zusammenfassend kann man also feststellen, daß – abgesehen vom äußersten Südostrand – die Inkohlung des Ruhrkarbons nach Norden beziehungsweise Nordwesten abnimmt. Alle übrigen Inkohlungsanomalien hängen mit dem Faltenbau zusammen. Im nordwestlichen Ruhrkarbon ist dieser tektonische Einfluß auf die Inkohlung im Westfal A nicht mehr nachweisbar. Wahrscheinlich war dort das Inkohlungsbild bereits vor der Faltung festgelegt beziehungsweise dieses Gebiet wurde erst später von der Faltung erreicht als im Süden und Osten.

3.4.4 Automatische Verknüpfung von Flözeigenschaften mit dem KVB-Modell

Eine Verknüpfung der Flözeigenschaften mit den Flözteilstücken des KVB-Modells mittels der identischen stratigraphischen Verschlüsselung und der übereinstimmenden geographischen Lage war von Anfang an vorgesehen. Infolge der technischen Randbedingungen, die für die dabei notwendige Verarbeitung großer Datenmengen recht enge Grenzen setzten, war erst gegen Ende der vorliegenden Auswertungen mit Hilfe entsprechender Programmerweiterungen eine solche Verknüpfung möglich. Aufgrund einer Reihe von Tests verschiedener Möglichkeiten erwies sich folgendes Verfahren als optimal im Hinblick auf einen hohen Grad zuverlässiger Verknüpfungen:

Ausgehend von den minimalen und maximalen Rechts- und Hochwerten der Lagekoordinaten einer Flözteilfläche wird ein Suchfenster definiert, in dem der arithmetische Mittelwert aus den Einzeldaten der gesuchten Flözeigenschaften gebildet wird – identische stratigraphische Verschlüsselung vorausgesetzt. Wie frühere statistische Untersuchungen zeigten, ist die Mittelwertbildung bei der meist geringen Datendichte ausreichend. Auch die oft mehr einem Quadrat als einem länglichen Rechteck angenäherte Form des Suchfensters dürfte bei den meist

---

Abb. 16

Inkohlungskarten von Flöz Zollverein 1, Flöz Matthias 1 (Anna) und Flöz Finefrau im Ruhrkarbon nur schwach ausgebildeten faziellen Trends beziehungsweise gerichteten Veränderungen im Ruhrkarbon keine größeren Verfälschungen hervorrufen.

Da bei 70 % aller Fälle die durch die minimalen und maximalen Lagekoordinaten der Flözteilflächen definierten Suchfenster 4 km^2 nicht überschritten, die optimale Verknüpfung jedoch erst bei Fenstergrößen ab 5 – 10 km^2 einsetzte, wurde empirisch ein geeigneter Algorithmus zur Flächenvergrößerung entwickelt. Er bewirkt, daß bei den kleineren Flözteilflächen von ca. 0,5 – 5 km^2 relativ große Suchfenster zwischen 7 und 13 km^2 auftreten, die sich mit zunehmender Größe der Flözteilflächen kontinuierlich dem durch deren Lagekoordinaten definierten Fenster anpassen. Letzteres ist notwendig, um eine zu weiträumige Einbeziehung von Einzelwerten zu verhindern. Auf diese Weise konnten in relativ gut aufgeschlossenen Lagerstättenteilen (oberhalb –1 500 m Tiefe) Verknüpfungsgrade von 60 – 95 % erreicht werden.

Die mitunter auftretenden Unterschiede der stratigraphischen Einstufung zwischen den Flözeigenschaftsdaten und dem KVB-Modell (s. Kap. 3.4.1), können durch eine Umkodierung der stratigraphischen Flözverschlüsselung bei den Flözeigenschaftsdaten in Anpassung an das KVB-Modell vermindert werden. Bei zwei getesteten Großschollen ergaben sich dadurch Verbesserungen der Verknüpfung um ca. 15 %.

In 15 Großschollen, vorwiegend aus den Explorationszonen, wurde der Einfluß dieser Verknüpfung auf die Kohleninhaltsberechnung untersucht (s. JUCH & Arbeitsgruppe GIS 1988 b: Tab. 84): In ca. der Hälfte der Großschollen besteht – zumindest für große Lagerstättenteile – ein sehr guter Verknüpfungsgrad von meist über 80 %, was auf zuverlässige Ergebnisse schließen läßt. Im Durchschnitt vermindert sich der Kohleninhalt auf diese Weise um 10 %, bei höheren Mächtigkeitsklassen bis hin zu 20 % und mehr. Eine leichte Erhöhung des Kohleninhalts läßt sich lediglich bei den wenigen Großschollen feststellen, die in der Bergbauzone liegen. Diese Abweichungen lassen sich für das Ruhrkarbon mit den in Kapitel 3.4.3.1 erläuterten Unterschieden zwischen den Daten aus der Bergbauzone und aus der Explorationszone erklären.

Die Mächtigkeitsdaten aus betrieblichen Aufschlüssen sind danach etwas weniger differenziert und reicher an Kohle als die gleichen Flöze in den Profilen des KVB-Modells. In der Explorationszone hingegen stammen die Mächtigkeitsdaten aus den sehr differenzierten Bohrungsaufnahmen, während die Profile für das KVB-Modell stärker generalisiert werden mußten, mitunter in Anlehnung an benachbarte Grubenaufschlüsse und/oder vor Niederbringung der später aufgenommenen und erfaßten Bohrungen.

Auch die Zuordnung der Kernverluste zu den Kohle-Berge-Mischtypen führte dazu, daß der reine Kohleanteil bei den Mächtigkeitsdaten aus den Bohrungen oft deutlich unter den Kohlemächtigkeiten der entsprechenden Flöze in den Profilen für das KVB-Modell liegt. Eine Einbeziehung der Kohle-Berge-Mischtypen in die Mengenberechnung würde das Kohlevolumen in der Explorationszone um ca. 15 % erhöhen.

Zusammenfassend läßt sich feststellen, daß die starke Veränderung des Kohleninhalts bei der automatischen Verknüpfung des KVB-Modells mit den Mächtigkeitsdaten wahrscheinlich großenteils auf Abweichungen der Grundinformationen über die Flözausbildung beruht. Sie spiegelt damit vor allem unterschiedliche Definitionen der Abgrenzungen eines Flözes und seines Kohlenanteils wider. Daher sollte das Ergebnis dieser Verknüpfung weniger als Korrekturmaßstab, sondern mehr als pessimistische Schwankungsuntergrenze der mit dem KVB-Modell berechneten oder noch zu berechnenden Kohleninhalte angesehen werden. Dabei sind auch geologisch bedingte Flözverschlechterungen nach Norden nicht grundsätzlich auszuschließen, die infolge konstanter Extrapolation von Mächtigkeitswerten für das KVB-Modell nicht berücksichtigt und erst durch die automatische Verknüpfung erkannt wurden.

Insgesamt weist diese Betrachtung möglicher Ursachen für die Abweichungen der Kohleninhaltsberechnungen auf verschiedene „Schätzfehler" hin. Diese gleichen sich anscheinend teilweise gegenseitig wieder aus. Daher liegt es nahe, Schwankungsbreiten von ca. 15 % für den Gesamtkohleninhalt und bis zu 20 oder 30 % für stärker differenzierte Mächtigkeitsklassen anzunehmen. Aufgrund der heterogenen Ausgangsdaten ist es nicht sinnvoll, für diese komplexen Ergebnisse eine statistisch „abgesicherte" Berechnung des Schätzfehlers und der Schätzgenauigkeit durchzuführen. Für die Lagerstättenteile in großer Tiefe oder in den unaufgeschlossenen Zonen dürfte die Unsicherheit und Schwankungsmöglichkeit der berechneten Kohleninhalte noch deutlich über diesen Angaben liegen.

Im Hinblick auf eine eindeutigere Reproduzierbarkeit der vorliegenden Kohleninhaltsberechnungen wurde beim Grenzkriterium der Mächtigkeit nur die Kohlemächtigkeit und nicht die – technisch wichtigere – gesamte Flözmächtigkeit angegeben. Zur Umrechnung von Kohle- in Flözmächtigkeit kann man allgemein von einem Bergeanteil von ca. 15 – 17 % der Flözmächtigkeit ausgehen (vgl. LEONHARDT 1981; DAUL, in Vorbereit.).

Diese Werte werden für die geringmächtigen Flöze der Bergbauzonen auch durch die Analyse der Mächtigkeitsdaten bestätigt (s. Kap. 3.4.3.1). Für die mächtigeren Flöze erhöht sich dieser Anteil jedoch bis auf ca. 25 % bei 3 m Gesamtmächtigkeit. Da – wie zuvor dargelegt – die Mächtigkeiten für das KVB-Modell in den Explorationszonen nach ähnlichen Kriterien wie in den Bergbauzonen ermittelt wurden, könnte man hier in erster Näherung von ähnlichen Verhältnissen ausgehen. Damit ist, insbesondere bei den jüngeren Flözen einschließlich der Flöze des Saarkarbons, ein um 10 – 20 % höherer Bergeanteil nicht grundsätzlich ausgeschlossen, das heißt, bei diesen Flözen dürfte die Flözgesamtmächtigkeit vielfach bis zu 40 % über der Kohlemächtigkeit des KVB-Modells liegen.

4 Regionalgeologische Auswertungen und Ergebnisse der Kohleninhaltsberechnung

Die folgenden Kapitel geben einen vorwiegend regional gegliederten Überblick über den gesamten erfaßten und berechneten Kohleninhalt. Gleichzeitig werden einige wichtige geologische Erkenntnisse mitgeteilt beziehungsweise dargestellt, die im Rahmen der vorliegenden Arbeit anfielen.

Die Ergebnisse der in jeder der ca. 150 Großschollen vorgenommenen umfassenden und detaillierten Auswertungen der örtlichen Lagerstättengeologie können hingegen nur aus den umfangreichen archivierten Arbeitsunterlagen (s. Kap. 2.4) und der Ergebnisdatei entnommen werden. Speziell die Wiedergabe der detaillierten Untersuchungen der Tektonik in Form von Flözprojektionen sowie der zahlreichen Profilmontagen zur Flözgleichstellung würde den hier gesteckten Rahmen sprengen. Auch die vorgesehene Darstellung der Tektonik anhand von flächendeckenden kleinmaßstäblichen Flözprojektionen mit Hilfe automatischer Konstruktionen des KVB-Modells ist derzeit aus technischen Gründen nicht oder nur sehr eingeschränkt realisierbar. Insofern geben die folgenden Angaben einen stark vereinfachten und sehr summarischen Einblick in die speziellen geologischen Untersuchungsergebnisse.

Auch das Ergebnis der Kohleninhaltsberechnung mußte bei insgesamt rund 240 000 errechneten Flözteilstücken zusammengefaßt werden:

Die stärkste regionale Differenzierung wird in Form von Tabellen mit Angaben zu den einzelnen Großschollen wiedergegeben. Dabei ist der Gesamtkohleninhalt in Teilmengen aufgegliedert, die durch unterschiedliche Tiefen, Einfallswerte und Kohlemächtigkeiten der einzelnen Flöze abgegrenzt werden. Diese Teilmengen entsprechen nicht den tatsächlich durch Bergbau gewinnbaren Vorräten, selbst wenn sie durch „günstige" Werte der Lagerstättenparameter Tiefe, Mächtigkeit und Einfallen abgegrenzt werden. Hierzu bedürfte es der zusätzlichen Ermittlung eines Gewinnungsfaktors (vgl. HOFFMANN et al. 1984).

Zur etwas anschaulicheren Darstellung der Differenzierung des Kohleninhalts wurden die Großschollen gruppenweise unter Berücksichtigung der tektonischen Hauptstrukturen und der Aufschlußverhältnisse in 35 Teilgebiete zusammengefaßt. Hierfür wurden Balkendiagramme berechnet, die neben einigen Mächtigkeitsklassen vor allem eine Aufgliederung des Kohleninhalts nach der Tiefenlage darstellen. Zusammenfassende Darstellungen über den gesamten Kohleninhalt der einzelnen Lagerstätten finden sich am Ende der jeweiligen regionalen Kapitel.

4.1 Ruhrkarbon und Münsterland[1]

4.1.1 Geologische Übersicht und Überblick über die Bearbeitung

Als Teil des Subvariscikums setzt sich das flözführende Karbon des Ruhrreviers im tieferen Untergrund des Münsterlandes kontinuierlich nach Norden fort. Nach Nordwesten erstreckt es sich ebenfalls ohne größere Änderungen über den Außenrand des gefalteten Variscikums (DROZDZEWSKI & WREDE 1994: Taf. 1, dieser Band) hinaus bis in die Niederlande. Daher wurde dieser gesamte Bereich als übergeordnete Einheit betrachtet und wird hier auch zusammenhängend dargestellt (vgl. Abb. 17).

Nach Norden bilden größere tektonische Randstrukturen des Norddeutschen Beckens die geologische Grenze. Dies sind insbesondere der Ochtruper Sattel und die Osning-Störung. Diese Begrenzung des bearbeiteten Raumes ist auch insofern begründet, als für den daran anschließenden nordwestdeutschen Raum eine gesonderte Erfassung des Kohleninhalts vorgenommen wurde (HEDEMANN et al. 1984).

Nach Osten wird der Bereich durch das Lippstädter Gewölbe und eine nach Norden anschließende hypothetische Querstörung begrenzt. Die Bearbeitungsgrenze im Süden liegt hauptsächlich in der stillgelegten Zone. Sie wird östlich von Dortmund durch den Stockumer Hauptsattel, bei Essen durch den Wattenscheider Hauptsattel und im Westen durch den Ausstrich von Flöz Sarnsbank (Grenze Namur/Westfal) an der Karbon-Oberfläche gebildet.

Ausgehend von den Aufschlüssen im Ruhrrevier wurde innerhalb dieses Bereichs das gesamte Flözführende von Flöz Sarnsbank bis zur Karbon-Oberfläche

[1] Der Begriff „Ruhrkarbon" bezieht sich in der vorliegenden Arbeit im wesentlichen auf das Karbon südlich des Dorsten-Sendener Hauptsattels. Dementsprechend bezieht sich die Gebietsbezeichnung „Münsterland" auf die Lagerstättenteile nördlich davon.

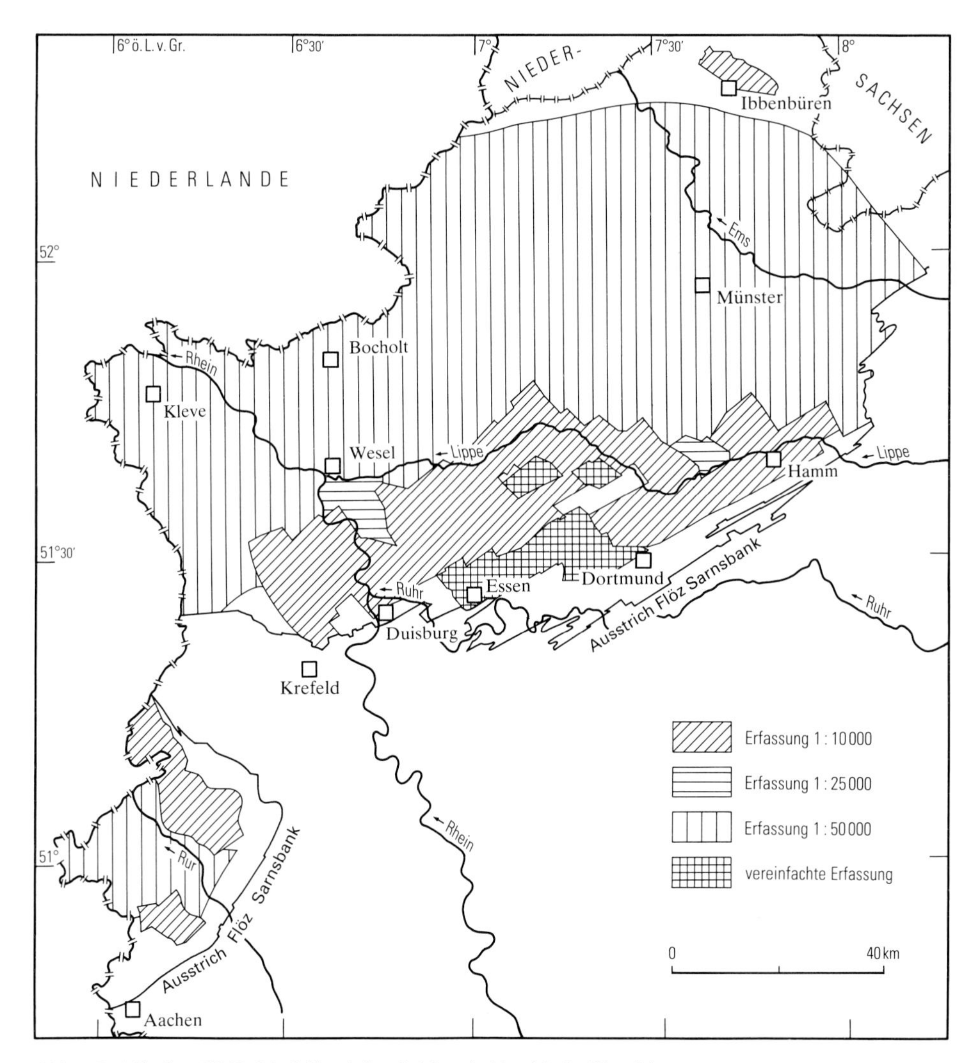

Abb. 17 Mit dem KVB-Modell erfaßte Gebiete in Nordrhein-Westfalen

geologisch ausgewertet. Von der digitalen Erfassung ausgenommen wurden einige stärker abgebaute Lagerstättenteile innerhalb und am Südrand der heute meist stillgelegten zentralen Bergbauzone.

In den meisten Teilen der Bergbau- und Explorationszone wurden in den ersten Jahren der Auswertungen die Flöze im Maßstab 1 : 10 000 projiziert (s. Abb. 17) und detaillierte stratigraphische Flözgleichstellungen durchgeführt. Das zu lösende Hauptproblem war, aus der Fülle der Einzelinformationen die wichtigsten herauszufiltern und in geologisch sinnvoller Weise für das KVB-Modell zusammenzustellen.

Gegen Ende des zweiten Forschungsvorhabens konzentrierten sich die Auswertungen auf die „unaufgeschlossene" Zone im Norden. Dort gibt es neben einer größeren Zahl seismischer Profile unterschiedlichen Alters nur sehr wenige Bohrungen, die das Karbon erreicht haben (vgl. M. TEICHMÜLLER & R. TEICHMÜLLER &

BARTENSTEIN 1984: Taf. 1). Daher wurde hier im Maßstab 1 : 50 000 projiziert und es bestand vor allem im Hinblick auf die Flözführung das Problem, eine sinnvolle Kombination zwischen den zahlreichen sicheren und wenigen unsicheren Aufschlüssen vorzunehmen. Schließlich mußten noch die bis dato anerkannten Flözmächtigkeiten und zum Teil auch Flözeinstufungen vollständig revidiert werden.

In der Explorationszone wurde in zwei Fällen auch im Maßstab 1 : 25 000 projiziert und in der stillgelegten Bergbauzone wurden elf Großschollen auf vereinfachte Art und Weise erfaßt und ausgewertet (s. Abb. 17 und Kap. 4.1.2.2).

Da es eine Fülle von Abhandlungen über die Geologie des Ruhrkarbons gibt (OBERSTE-BRINK & BÄRTLING 1930; HAHNE & SCHMIDT 1982; DROZDZEWSKI & WREDE 1994, dieser Band, S. 7 – 187), wird hier nur auf die für die vorliegenden Auswertungen wichtigsten Aspekte eingegangen.

4.1.1.1 Tiefenlage der Karbon-Oberfläche

Die Karbon-Oberfläche bildet in mehrfacher Hinsicht ein besonderes geologisches Element für die vorliegenden Auswertungen. Als Obergrenze der Kohleninhaltserfassung mußte sie für alle bearbeiteten Gebiete festgelegt werden, ohne jedoch als durchgehendes Flächenelement überall digital erfaßt zu werden. In der Bergbau- und Explorationszone läßt sich die Tiefenlage der Karbon-Oberfläche sehr sicher und genau bestimmen, und auch bei den älteren Bohrungen am Rande oder innerhalb der unaufgeschlossenen Zone stellt sie oft das einzige sicher identifizierte geologische Niveau in größerer Tiefe dar.

In den zahlreichen seismischen Profilen, die auch große Teile der unaufgeschlossenen Zone abdecken, lassen sich Lage und tektonische Strukturen der Karbon-Oberfläche ebenfalls meist relativ sicher feststellen – selbst wenn es sich um ältere Seismik handelt. Das ist von besonderer Bedeutung in den nordwestlichen Gebieten, wo – anders als in Gebieten mit reiner Oberkreide-Überdeckung – infolge des vielgegliederten postvariscischen Deckgebirges im Karbon kaum noch eindeutige Reflexionen auftreten. Hier weist oft nur noch die Tektonik der Karbon-Oberfläche auf den möglichen strukturellen Bau des Karbons hin.

Allerdings ist dort neben örtlichen Mehrdeutigkeiten aufgrund des Zechstein-Salzes auch die absolute Tiefenlage unsicher. Einerseits fehlen weiträumig Tiefbohrungsaufschlüsse, andererseits kann man die Tiefe der Karbon-Oberfläche nur mit erheblichen Unsicherheiten über größere Entfernungen extrapolieren, da sich die Lithologie des Deckgebirges vor allem in Ost-West-Richtung rasch ändert. Gleichzeitig ist in Nord-Süd-Richtung die Kontinuität der auszuwertenden Horizonte oft durch tektonische Strukturen unterbrochen.

Unsicherheiten gelten auch für die im Nordostteil dieses Bereichs liegenden Gebiete mit reiner Oberkreide-Überdeckung. Dort kann sich die Projektion der Karbon-Oberfläche nur auf sehr wenige Hinweise stützen, da vielfach auch keine seismischen Profile vorliegen.

Für die Erfassung nach dem KVB-Modell stützte sich die geologische Interpretation im nordwestlichen Münsterland vor allem auf teilweise flächendeckende ältere seismische Auswertungen und auf Blatt C 3906 Gronau (1986) des Geotektonischen Atlas von Nordwest-Deutschland 1 : 100 000. Ihre spätere Überprüfung anhand neuerer Bohrungsaufschlüsse zeigte, daß in größeren Gebietsteilen die Lage der Karbon-Oberfläche wahrscheinlich bis zu 200 m zu hoch interpretiert worden war, was zu einer Überarbeitung des gesamten Raumes führte. Bei dieser Überarbeitung wurden auch moderne seismische Untersuchungen am Nordrand und im Westen, am Niederrhein, berücksichtigt. Am Nordostrand konnten noch die jüngsten Ergebnisse der Tiefbohrung Bad Laer eingearbeitet werden. Da die auch für die Projektionen im Karbon bedeutsamen tektonischen Strukturen nicht verändert werden mußten, dürften sich die durch diese Revision möglicherweise notwendigen Korrekturen an der Lagerstättenerfassung und -berechnung auf die oberste Teufenstufe der Mengenberechnung beschränken.

Im Süden wurde die überarbeitete Karbon-Oberfläche an die Darstellung auf der Geologischen Karte des Ruhrkarbons 1 : 100 000 (1982) angeschlossen. Auf der Grundlage der Arbeitskarten im Maßstab 1 : 50 000 wurde eine Tiefenliniendarstellung der Karbon-Oberfläche im Maßstab 1 : 100 000 angefertigt und auf den Maßstab 1 : 200 000 verkleinert (s. Taf. 1 in der Anl.). Unabhängig von der Vielgliedrigkeit in den größermaßstäblichen Darstellungen lassen sich folgende Hauptstrukturelemente auch in der Übersicht erkennen (s. Abb. 18 u. Taf. 1):

Im östlichen Ruhrrevier sinkt die Karbon-Oberfläche innerhalb von 30 km gleichmäßig nach Norden von 0 bis auf ca. –1 200 m NN ab. Weiter nördlich läßt sie sich von Osten nach Westen grob in drei Hoch- und zwei Tiefgebiete untergliedern, die recht unregelmäßige Konturen aufweisen. Die stark durch örtliche Ost-West- bis Nordost-Südwest-Strukturen geprägten Hochgebiete im Osten und Westen steigen bis zu – 800 m NN auf, während das mittlere Hochgebiet bei Münster vermutlich unter –1 100 m NN bleibt. Von den beiden Tiefgebieten liegt das westliche noch knapp oberhalb von –2 000 m NN. Das auch als Vorosning-Senke (Staude 1986) bezeichnete östliche Tiefgebiet hingegen sinkt kontinuierlich auf vermutlich –2 500 m NN ab und geht nach Westen und Nordwesten in die

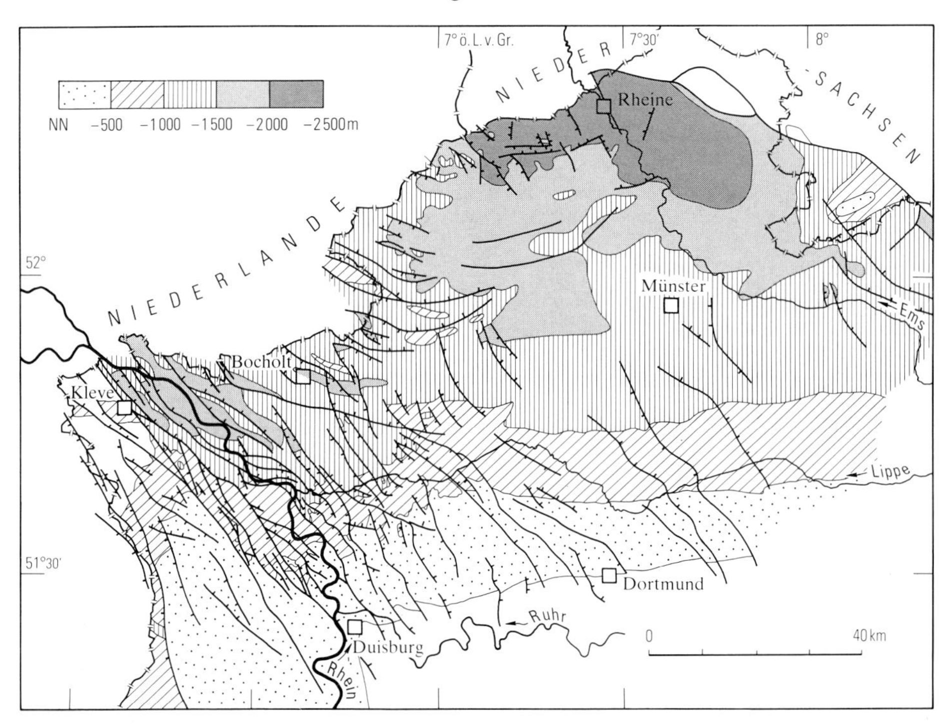

Abb. 18 Tiefenlage der Karbon-Oberfläche im Ruhrrevier und Münsterland

Brechte-Mulde beziehungsweise in die Tiefgebiete um den Ochtruper Sattel am Rande des Norddeutschen Beckens über.

Auch im westlichen Ruhrrevier und am Niederrhein sinkt die Karbon-Oberfläche relativ kontinuierlich nach Norden bis auf −1 700 m NN ab. Es tritt jedoch eine große Anzahl von Bruch- und flachwelligen Faltenstrukturen unterschiedlicher Größenordnung mit Nordwest-Südost- bis Ost-West-Streichen auf, die ein äußerst unruhiges Bild zur Folge haben. Diese engräumigen tektonischen Strukturen lassen sich auch nach Nordwesten in einem ca. 30 km breiten Streifen entlang der niederländischen Grenze bis zum Ochtruper Sattel weiterverfolgen.

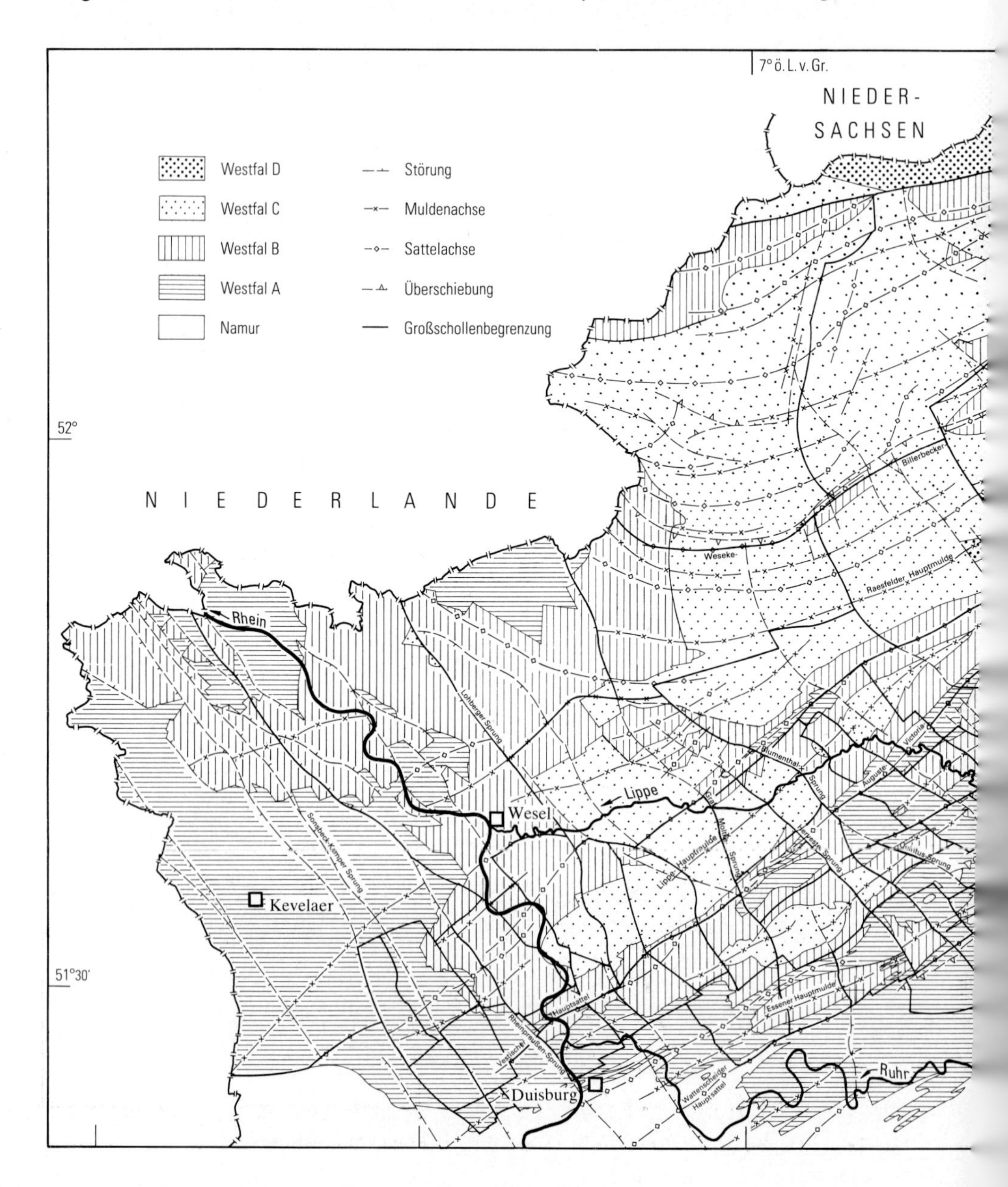

Die Grenze zwischen der so unruhig strukturierten und der recht gleichmäßig ausgebildeten Karbon-Oberfläche korreliert ungefähr mit dem Auskeilen der älteren mesozoischen und permischen Einheiten nach Osten gegen das unmittelbare Auflager der Oberkreide auf dem Karbon. Da die wichtigsten bruchtektonischen Bewegungen im Karbon zwar postvariscisch sind, jedoch im älteren Mesozoikum stattfanden (Wolf 1985), dürften ihre Strukturen an der Karbon-Oberfläche durch die Transgression der Oberkreide auf das Karbon eliminiert worden sein. Hieraus ist zu schließen, daß der im Westen an der Karbon-Oberfläche erhaltene tektonische Baustil sich im wesentlichen innerhalb des Karbons auch weiter nach Osten fortsetzt, analog zu den Verhältnissen in der Bergbauzone (vgl. Wrede 1987 b). Für die Prognose der Tektonik im Karbon des Münsterlandes sind diese Feststellungen von großer Bedeutung, da die relativ ungestörte Lage des kretazischen Deckgebirges leicht zur Annahme verführt, im Karbon dieses Raumes trete ebenfalls nur wenig Bruchtektonik auf.

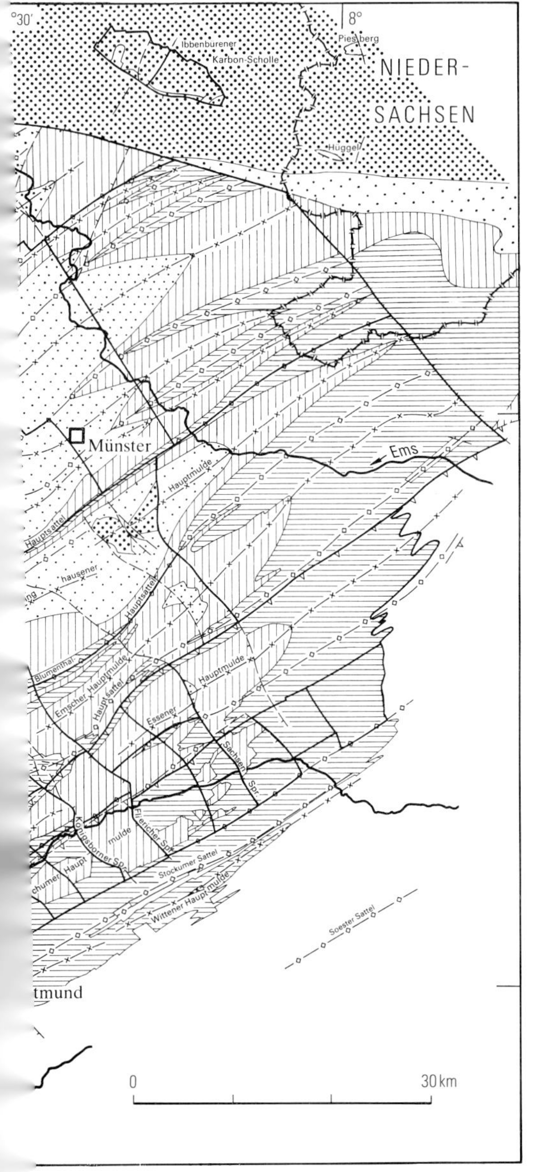

4.1.1.2 Flözabfolge und Mächtigkeiten

Die geologischen Auswertungen und die Erfassung konzentrierten sich in stratigraphischer Hinsicht auf die Flöze des Westfals A bis C (Abb. 19). Wegen ihrer geringen Flözführung und der sehr seltenen Aufschlüsse im bearbeiteten Raum wurden Flöze des Namurs C nur in einem Fall und Flöze des Westfals D nur in zwei Gebieten berücksichtigt.

Bei relativ einheitlicher Gesamtmächtigkeit der Schichtenfolge des Westfals A bis C von ca. 3 000 m konnte im Westfal A und B eine Abnahme des Kohlenanteils einzelner Schichtenabschnitte von bis zu ca. 50 % auf 50 km Entfernung von Süd-

Abb. 19

Geologie des Karbons im Ruhrrevier und Münsterland, dargestellt an der Karbon-Oberfläche ost nach Nordwest nachgewiesen werden (R. TEICHMÜLLER & WEBER 1950, STRACK & FREUDENBERG 1984, DROZDZEWSKI 1992). So verringert sich zum Beispiel der Kohlenanteil aller Flöze mit über 30 cm Kohlemächtigkeit an der gesamten Schichtenfolge von Flöz Sarnsbank bis Flöz L von ca. 3,1 % im südöstlichen Ruhrrevier (Bochumer Hauptmulde) auf ca. 1,7 % am Nordwestrand des Ruhrreviers (westliche Lippe-Hauptmulde). Dabei verlagert sich das Maximum der Kohlebildung mit aufsteigender Schichtenfolge von Südosten nach Nordwesten. Die somit an unterschiedlichen Orten ausgebildeten maximalen Kohlemächtigkeiten der erfaßten Schichtenfolge addieren sich auf über ca. 110 m. An einer Stelle übereinanderliegend dürften selbst bei vollständigster Ausbildung der Stratigraphie 80 m Kohlemächtigkeit nirgendwo überschritten werden.

Die maximale Anzahl aller übereinanderliegenden Flöze mit mehr als 30 cm Kohlemächtigkeit beträgt für den gesamten erfaßten Schichtenabschnitt des Westfals A bis C rund 160. Die Zahl unterliegt jedoch zwei wichtigen Einschränkungen:

- Sie gilt aufgrund der Verlagerung der maximalen Kohlebildung und des Fehlens des Westfals C im südöstlichen Ruhrkarbon nicht an einer bestimmten Stelle, sondern ist ein aus verschiedenen Gebieten aufsummierter Maximalwert.
- Sie gilt nur für punktuelle Profilaufschlüsse und berücksichtigt nicht die zahlreichen lateralen Flözveränderungen, die sich in den aufgeschlossenen Lagerstättenteilen auf rund 1 500 verschiedene Flöze aufsummieren (vgl. Kap. 3.1.2).

Allerdings geben die 160 Flöze ungefähr die Größenordnung der im KVB-Modell jeweils erfaßten übereinanderliegenden Flöze wieder, weil – besonders bei der Extrapolation nach Norden – häufig auch Flöze mit Kohlemächtigkeiten unter 30 cm erfaßt wurden, wenn sie im Süden deutlich mächtiger waren. So ist im Standardprofil für das KVB-Modell im nördlichen Münsterland bei 13 von 106 insgesamt erfaßten Flözen im Westfal A bis C die vermutete Kohlemächtigkeit geringer als 30 cm.

Eine hierdurch bedingte mögliche Verfälschung des Ergebnisses der Kohleninhaltsberechnung wird durch die Bildung von Mächtigkeitsklassen oberhalb 30 cm bei der differenzierten Mengenberechnung vermieden. Auf die Berechnung des Gesamtkohleninhalts hat die etwas uneinheitliche Anwendung des unteren Mächtigkeitskriteriums von 30 cm einen Einfluß von ca. 1 – 2 %.

4.1.1.3 Tektonik des Karbons

Die tektonischen Arbeiten im Ruhrrevier stützten sich – abgesehen von den Bergwerksunterlagen – auf die Auswertungen von DROZDZEWSKI et al. (1980) und ergänzten diese in zahlreichen Gebieten zur Tiefe hin bis Flöz Sarnsbank. Am Rande der Explorationszone, am Niederrhein und im Münsterland, mußten bestehende Deutungen des tektonischen Baus (z.B. HOYER 1967) überarbeitet werden.

Der zumeist gut bekannte Südostteil des hier betrachteten Bereichs wird von fünf langgestreckten Hauptmulden beherrscht, in denen flache Lagerung überwiegt. Diese werden charakterisiert durch eine Stockwerktektonik mit Überschiebungen und kleineren Falten zur Tiefe hin, die besonders in den Übergangszonen zu den begrenzenden Hauptsätteln und axialen Aufwölbungen ausgeprägt sind. Der auch durch zahlreiche „Querstörungen“ gegliederte Faltenbau konnte nach Nordosten bis zum Lippstädter Gewölbe verfolgt werden, wo sich seine südlichen Hauptfalten offensichtlich in kleineren flachwelligen Faltenstrukturen auflösen.

Im Norden hingegen setzt sich der nördlichste bekannte Hauptsattel, der Dorstener Hauptsattel, nach Osten im Sendener Sattel wahrscheinlich bis hin zur Osning-Störung fort und wird daher als Dorsten-Sendener Hauptsattel bezeichnet (JUCH & Arbeitsgruppe GIS 1988 a). Dabei läuft die Lippe-Hauptmulde mit dem Ostende des Auguste-Victoria-Hauptsattels aus und wird nach Osten von der Lüdinghausener Hauptmulde abgelöst in ihrer Funktion als nördlichste Hauptmuldenstruktur. Der weiter nach Norden anschließende flachwellige und weitgespannte Faltenbau ist bezüglich Streichen und Anordnung der Faltenzüge den ausgeprägten südlichen Faltenstrukturen ähnlich.

Im westlichen Münsterland und am Niederrhein hingegen herrscht ein anderer Baustil vor. Offensichtlich jenseits des Außenrandes des gefalteten Subvariscikums (DROZDZEWSKI & WREDE 1994, dieser Band, S. 7 – 187) treten dort überwiegend flachwellige Ost – West bis Westnordwest – Ostsüdost streichende Falten auf mit oft konkordanten Lagerungsverhältnissen bezogen auf das Deckgebirge. Ob die in diesen Gebieten nachgewiesene ausgeprägte Bruchtektonik stärker ist als im östlichen Münsterland, muß offenbleiben, da ihr Nachweis dort unsicher ist (vgl. Kap. 4.1.1.1).

Abgesehen von den örtlichen Hauptfalten- und Bruchstrukturen wird das Kartenbild der abgedeckten Karbon-Oberfläche (Abb. 19) ebenso wie die Tiefenlage von Flöz Sarnsbank (Abb. 20) durch Hochlagen im Osten und Westen und ein Absinken nach Norden geprägt. Daraus ergibt sich das isolierte Auftreten von Westfal D nördlich und südlich des Dorsten-Sendener Hauptsattels und eine vermutete maximale Versenkung der Namur/Westfal-Grenze (= Flöz Sarnsbank) bis unter – 5 000 m.

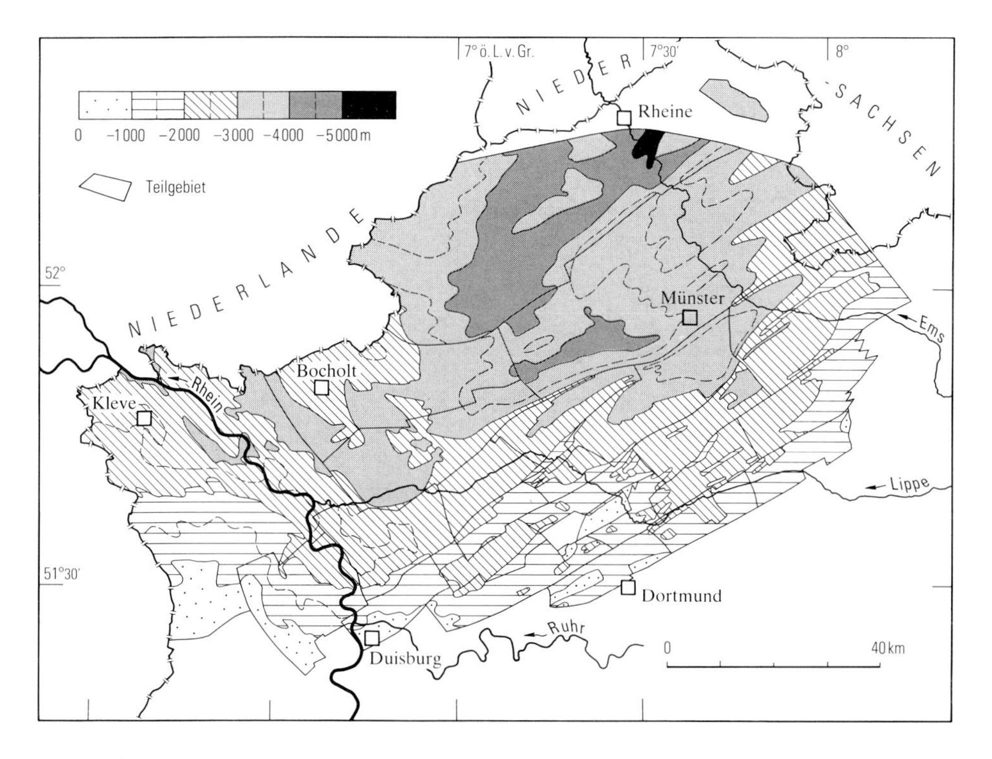

Abb. 20 Tiefenlage des Flözes Sarnsbank im Ruhrrevier und Münsterland

4.1.1.4 Gesamtkohleninhalt und regionale Untergliederung

Der gesamte noch vorhandene Kohleninhalt der mit dem KVB-Modell erfaßten Steinkohlenvorkommen im Ruhrkarbon und im Münsterland (einschließlich Ibbenbürener Karbon-Scholle) beträgt ca. 294 Mrd. m³. Davon liegt knapp die Hälfte meist in großer Tiefe in der unaufgeschlossenen Zone des Münsterlandes (s. Abb. 21). Ungefähr ein Drittel des Gesamtinhalts kann man der randlichen Explorationszone zuordnen. Der Rest verteilt sich mit ca. 50 Mrd. m³ auf die modernen Explorations- und Bergbaugebiete und mit 11 Mrd. m³ auf die stillgelegte Zone (s. Abb. 22).

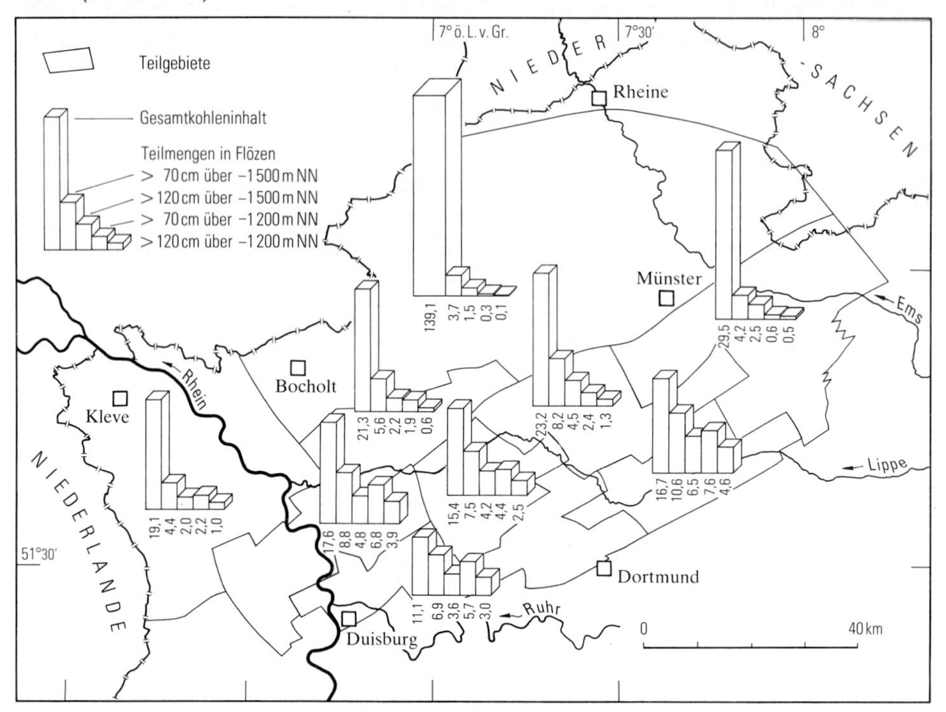

Abb. 21 Grobe Differenzierung des im Ruhrrevier und Münsterland erfaßten gesamten Kohleninhalts nach Flözmächtigkeit und Tiefenlage (Angabe in Mrd. m³)

Zum Gesamtkohleninhalt müßte man noch rund 12 Mrd. m³ für das nichterfaßte Namur C und ca. 7 Mrd. m³ aus den wegen starken Abbaus aus der Erfassung ausgeklammerten Lagerstättenteilen (s. Abb. 23) rechnen, die beiderseits der südlichen Bearbeitungsgrenze liegen (vgl. Kap. 4.1.3). Auch für die tiefen, nicht erfaßten Teile der Ibbenbürener Karbon-Scholle und der südlich angrenzenden Nachbargebiete läßt sich ein zusätzlicher Kohleninhalt von ca. 3 Mrd. m³ vermuten (s. Kap. 4.1.2.6.4). Zählt man zu diesen Mengenangaben noch rund 9 Mrd. t bislang geförderter Kohlen hinzu (s. FETTWEIS & STANGL 1975), so ergibt sich ein ursprünglicher Kohleninhalt von insgesamt rund 325 Mrd. m³.

Ein Vergleich dieser Menge mit dem von KUKUK & MINTROP (1913) angegebenen Gesamtkohleninhalt von 440 Mrd. m³, der sich nur auf den rechtsrheinischen Raum südlich von Münster bezieht, weist auf damals stark überhöhte Angaben hin. Diese Überschätzung läßt sich hauptsächlich auf die unveränderte Extrapolation der optimalen Kohlemächtigkeiten des südlichen Ruhrreviers nach Norden zurückführen.

Entsprechend verringert sich die Diskrepanz bei der Beschränkung des Mengenvergleichs auf höher gelegene Lagerstättenteile in der Bergbauzone. So läßt sich auch die differenzierte Mengenangabe von 14,5 Mrd. m³ für Flöze mit 1,05 m Kohle-

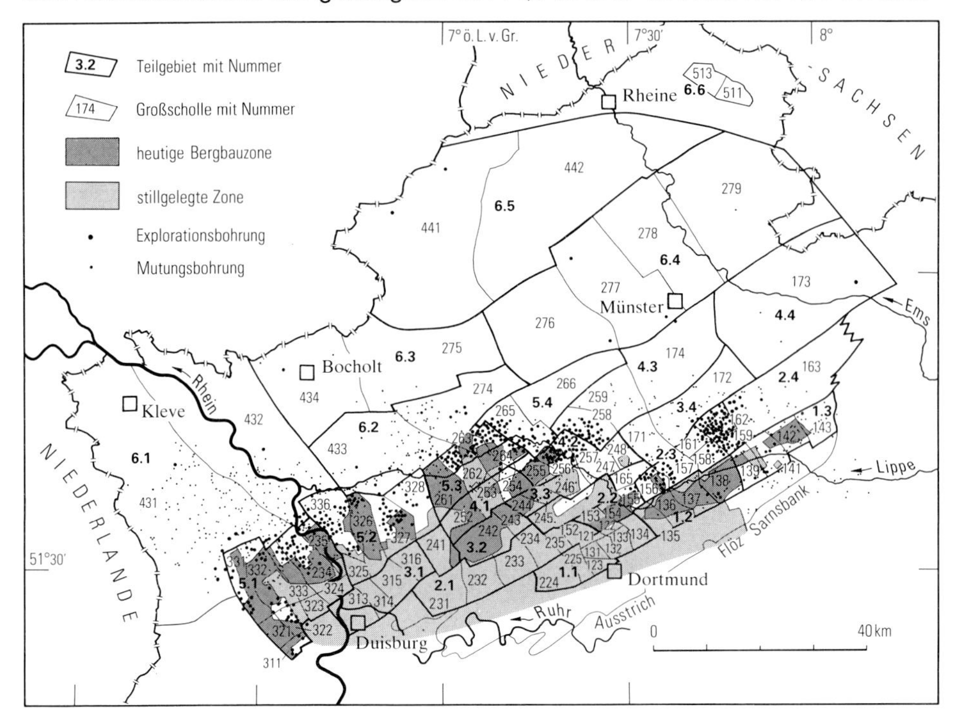

Abb. 22 Lage der Teilgebiete, Großschollen und Aufschlüsse im Ruhrrevier und Münsterland

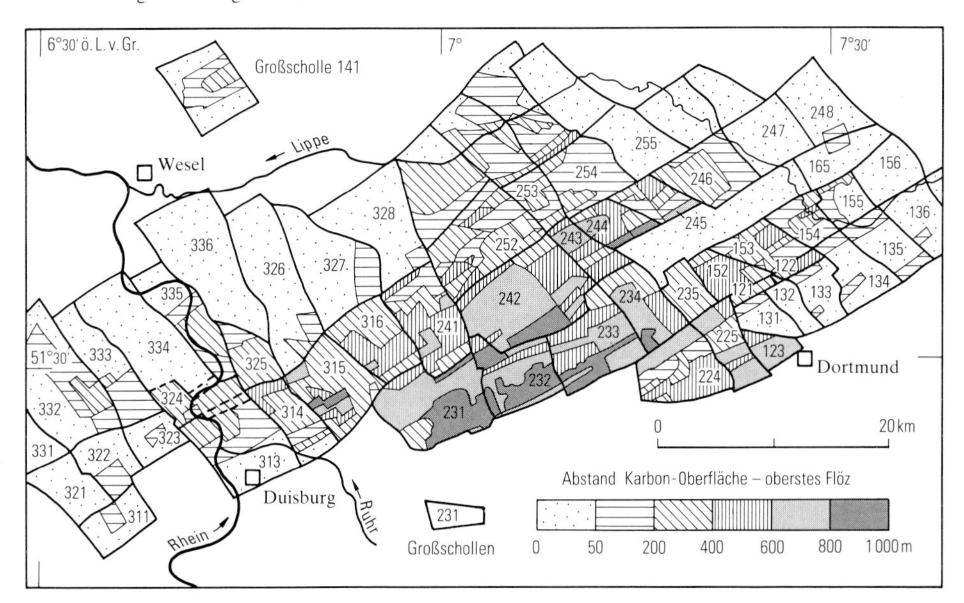

Abb. 23 Obergrenze der Erfassung im Ruhrrevier, Übersichtskarte des Abstandes zwischen der Karbon-Oberfläche und den obersten erfaßten Flözen

mächtigkeit oberhalb −1 200 m außerhalb der stillgelegten Zone gut mit einer entsprechenden modernen Vorratsangabe des Bergbaus von 14 Mrd. t (ERASMUS 1975) vergleichen.

Die Untergliederung der Steinkohlenvorkommen im Ruhrkarbon und im Münsterland erfolgte entlang tektonischer Hauptelemente in 93 Großschollen (s. Abb. 22). Neben der Tektonik waren bei dieser Einteilung und Abgrenzung die Aufschlußverhältnisse und der Arbeitsablauf bei den geologischen Auswertungen und der Blockeinteilung von Bedeutung (vgl. Kap. 3.3.4).

Zur übersichtlicheren Darstellung der Ergebnisse wurden die Großschollen im folgenden ebenfalls nach den Gesichtspunkten der Lagerstättengeologie und der Aufschlußverhältnisse zu 25 Teilgebieten zusammengefaßt, die wiederum gruppenweise den Hauptfaltenstrukturen zugeordnet beschrieben werden. Die Lage der dabei genannten verschiedenen tektonischen Strukturen ist unter anderem in Tafel 1 von DROZDZEWSKI & WREDE (1994, dieser Band) und der Geologischen Karte des Ruhrkarbons 1 : 100 000 (1982) wiedergegeben. Die Ergebnisse der Kohleninhaltsberechnungen in den einzelnen Großschollen wurden ebenfalls in Teilgebieten zusammengefaßt und in Form von Balkendiagrammen graphisch dargestellt (vgl. Kap. 3.3.5.2 und Abb. 9, S. 212).

4.1.2 Beschreibung einzelner Gebiete

4.1.2.1 Bochumer Hauptmulde

4.1.2.1.1 Abgrenzung und geologische Beschreibung

Die fast vollständig durch den Bergbau erschlossene Bochumer Hauptmulde wurde in ihrem östlichen und mittleren Teil nahezu lückenlos ausgewertet und berechnet. Im Osten endet die Erfassung mit dem vermuteten Ausstrich von Flöz Sarnsbank am Deckgebirge, da dort die Bochumer Hauptmulde axial zum Lippstädter Gewölbe hin ansteigt.

Die Südgrenze bildet im allgemeinen das Höchste des nördlichsten Spezialsattels des Stockumer Hauptsattels. Im Westen reicht die Erfassung bis südlich des Marler Grabens (Prinz-von-Preußen-Sprung und Langendreerer Blatt). Die Nordgrenze bildet im Westen das Höchste des Wattenscheider Hauptsattels, im Osten – ab Großscholle 138 – die Sutan-Überschiebung.

Die Karbon-Oberfläche sinkt kontinuierlich von der Tagesoberfläche im Südwesten auf ca. −900 m im Nordosten ab. Die Tiefenlage von Flöz Sarnsbank als tiefstem erfaßtem Flöz und damit auch die Untergrenze der Erfassung wechselt meist zwischen −1 500 und −2 000 m. Nur im mittleren Teil (Großschollen 136 bis 138) sowie im Liegenden der Sutan-Überschiebung erreicht sie mitunter auch größere Tiefen von bis zu −2 500 m.

In weiten Teilen der Bochumer Hauptmulde stehen das gesamte Westfal A und der unterste Abschnitt des Westfals B (Essen-Schichten) an. Die Flözführung des Oberen Westfals A (Bochum-Schichten) ist gerade in der Bochumer Hauptmulde mit über 40 m reiner Kohlemächtigkeit und bis zu 8 % Kohlenanteil optimal. In der Großscholle 137 (Königsborner Graben) wurden örtlich auch Horst-Schichten erfaßt.

Im zentralen Bereich der HammerAchsendepression bildet die Bochumer Hauptmulde eine rund 6 km breite Trogmulde (s. Taf. 2 in der Anl.). Sie wird nach Osten und Westen (zum Lippstädter Gewölbe und zur Dortmunder Achsenaufwölbung) in unterschiedlicher Weise zwar spezialgefaltet, ihr breiter Hauptmuldencharakter geht dadurch jedoch nicht verloren. Ausgenommen sind hiervon die beiden Großschollen 224 und 225 westlich des Quartus-Sprungs, in denen ausgeprägte Spezialfaltung vorherrscht. Die flache Lagerung im Muldenkern wird an den Rändern meist recht abrupt durch die steile Lagerung in den Hauptsätteln abgelöst. Dabei tritt mehrfach auch engräumigere Stockwerktektonik auf.

Größere Querstörungen untergliedern die Bochumer Hauptmulde in Abständen von durchschnittlich 4 km. Mehrfach erreichen sie Verwurfsbeträge von weit über 100 m und bilden die Großschollengrenzen. Daneben treten auch kleinere Sprünge und Blattverschiebungen auf, deren Verwurfsbeträge selten wenige Zehnermeter überschreiten.

Ein wichtiges tektonisches Element ist die Sutan-Überschiebung an der Nordflanke der Bochumer Hauptmulde. Ihre Projektion in größerer Tiefe war seinerzeit ebenso unsicher wie auch ihre Verlängerung in den aufschlußarmen Raum nach Nordosten. Insofern weichen die den Auswertungen für das KVB-Modell zugrundeliegenden Deutungen stark ab von der modernen Interpretation eines Ausklingens der Sutan-Überschiebung nach Nordosten an den Grenzen der Großschollen 139 bis 142 (vgl. Kunz & Wrede 1988).

4.1.2.1.2 Erfassung nach dem KVB-Modell

Östlich des Quartus-Sprungs, der die Westgrenze der Großscholle 131 bildet, wurde die Lagerstätte recht vollständig erfaßt. Lediglich in den Großschollen 121 und 122 auf der steilen Nordflanke des Wattenscheider Hauptsattels und in der Großscholle 142, entsprechend dem Altfeld der Zeche Westfalen, wurden größere Lagerstättenteile wegen starker früherer Auskohlung nicht berücksichtigt (vgl. Abb. 23, S. 235).

Auch die Blockeinteilung ist in diesem Teil der Bochumer Hauptmulde sehr differenziert. In den Großschollen 121 und 122 sowie 131 und 132 wurden die Blöcke seinerzeit so engräumig eingeteilt, daß auf Hilfskonstruktionen verzichtet werden konnte. Im aufschlußarmen äußersten Nordosten, in der Großscholle 143, wurde allerdings im Maßstab 1 : 50 000 projiziert und die Blockeinteilung stärker generalisiert.

Im Südwesten, in den Großschollen 123, 224 und 225, wurden hingegen große, weitgehend abgebaute Lagerstättenteile im Hangenden von der Erfassung ausgeklammert und das darunterliegende Unverritzte auf vereinfachte Weise ausgewertet (vgl. Kap. 3.3.1). Dieses vereinfachte Verfahren der Erfassung nach dem KVB-Modell wurde speziell für die meist enggefaltete Stillegungszone im mittleren Ruhrrevier entwickelt, da die sonst übliche Vorgehensweise hier recht aufwendige Flözprojektionen und eine sehr engräumige Blockeinteilung erfordert hätte: In tektonische Übersichtskarten (Maßstab 1 : 25 000) wurden die Umrisse der örtlich jeweils höchsten unverritzten Flözflächen eingetragen. Verbunden mit entsprechenden mittleren Tiefenangaben wurden diese Umrisse als zumeist senkrechte Blockgrenzen benutzt und durch eine entsprechende Darstellung für Flöz Sarnsbank ergänzt. Die übrigen Zwischenflöze errechnen sich mittels örtlicher Flözprofile auf die übliche Weise. Die jeweiligen Flözteilflächen werden bei der automatischen Konstruktion nach dem KVB-Modell als horizontal oder sehr flachliegend aufgefaßt. Für die Mengenberechnung wurden sie daher blockweise mit einem entsprechenden Faktor korrigiert, der aus den jeweiligen tektonischen Querschnitten ermittelt wurde.

4.1.2.1.3 Kohleninhaltsberechnung

Der gesamte erfaßte Kohleninhalt beträgt 13,417 Mrd. m³, die ursprünglich auf einer Fläche von ca. 400 km² anstanden. Hiervon sind noch 758 Mio. m³ aus abgebauten Flözteilstücken abzuziehen sowie rund 100 Mio. m³, die sich aus der Förderung zwischen 1980 und 1990 ergeben.

Von den heute noch anstehenden rund 12,6 Mrd. m³ Gesamtkohleninhalt liegen ca. 3,7 Mrd. m³ in Flözen mit über 1 m Kohlemächtigkeit oberhalb – 1 200 m NN in flacher bis halbsteiler Lagerung, das heißt bei Einfallswerten der Flözteilstücke kleiner als 45 gon. Der Anteil der steilen Lagerung (Einfallen über 45 gon) am Gesamtkohleninhalt liegt bei ca. 20 % (vgl. Kap. 3.3.5.3).

Die in drei Teilgebiete aufgegliederte Darstellung des gesamten Kohleninhalts der Bochumer Hauptmulde (Abb. 24) spiegelt unter anderem die in Kapitel 4.1.2.1.1 beschriebene Begrenzung der Lagerstätten durch Deckgebirge und tiefstes erfaßtes Flöz wider. So wird zum Beispiel das im gesamten Gebiet zwischen ca. – 700 m und – 1 000 m NN liegende Maximum der Kohleführung im Teilgebiet 1.2

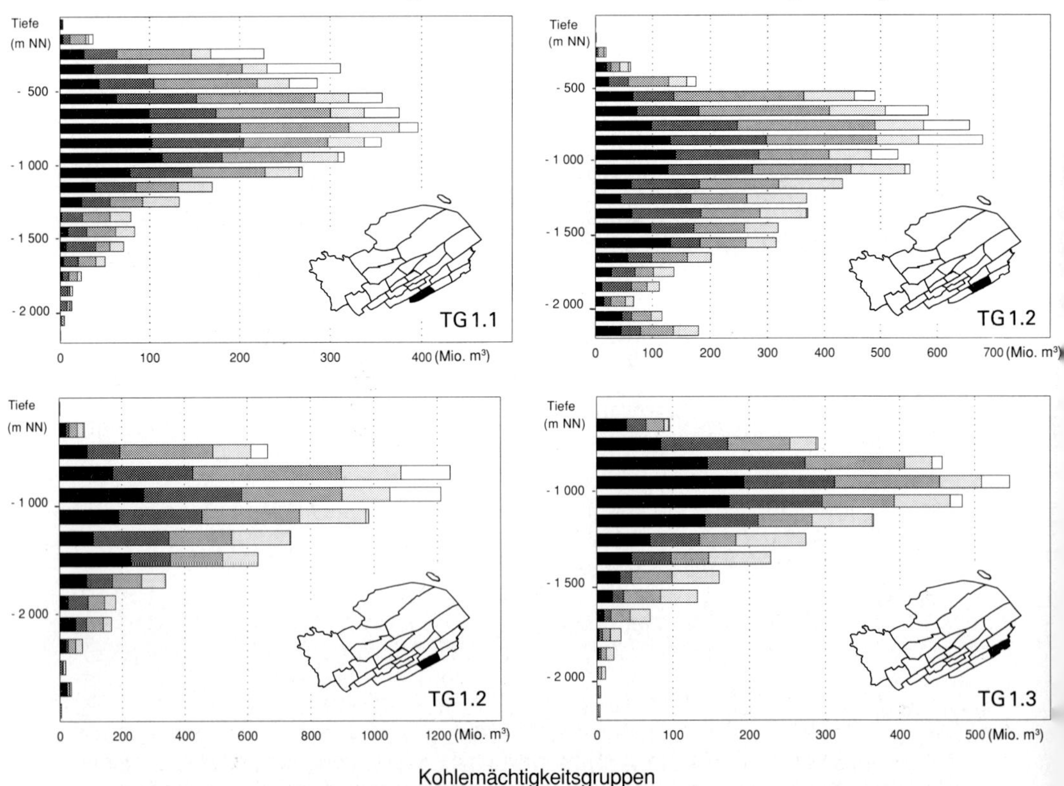

Abb. 24 Kohleninhalte der Bochumer Hauptmulde (Teilgebiete 1.1 bis 1.3), differenziert nach 100-m- und 200-m-Tiefenintervallen und vier Kohlemächtigkeitsgruppen

durch ein weiteres Maximum bei ca. −1 500 m bis −1 600 m NN ergänzt. Auch die unterschiedliche Abbausituation wird deutlich: Im zur stillgelegten Zone zu rechnenden Teilgebiet 1.1 konzentrierte sich der Abbau auf Tiefen oberhalb −650 m NN. Im Bereich der noch betriebenen Bergwerke liegt er darunter.

Beim Vergleich der nach den Kohlemächtigkeiten der Einzelflöze differenzierten Kohleninhalte treten keine größeren regionalen Unterschiede auf. Auffällig ist die bereits in Kapitel 3.3.5.1 beschriebene große Ähnlichkeit des Kohleninhalts der drei größeren Mächtigkeitsklassen von 60 – 104 cm, 105 – 150 cm und über 150 cm (s. Abb. 7, S. 211). Kleinere Abweichungen beim Anteil der mächtigsten Flöze (z. B. beim Vergleich der Teilgebiete 1.2 und 1.3, s. Abb. 24) lassen sich mit regional unterschiedlichen Abbauverhältnissen erklären.

4.1.2.2 Essener Hauptmulde

4.1.2.2.1 Abgrenzung und geologische Beschreibung

Die Essener Hauptmulde ist teils durch Bergbau, teils durch Exploration erschlossen (vgl. Abb. 22, S. 235). Bis auf einen kleinen Abschnitt im äußersten Südwesten wurde sie von östlich des Oberhausener Sprungs bis zum Ausstrich von Flöz Sarnsbank am Lippstädter Gewölbe geologisch ausgewertet und erfaßt.

Die Südgrenze bildet einheitlich das Höchste des Wattenscheider Hauptsattels, der im Osten von der Sutan-Überschiebung abgelöst wird beziehungsweise von deren hypothetischer Verlängerung (s. Kap. 4.1.2.1.1). Der die Essener Hauptmulde im Norden begrenzende Gelsenkirchener Hauptsattel wurde teils in die von Süden ausgehende Bearbeitung und Erfassung miteinbezogen (Großschollen 231 – 234, 165), teils auch völlig ausgeklammert wegen sehr geringer Kohleführung (nördlich der Großschollen 135, 152 – 154). Nach Osten bildet die weitgehend recht hypothetische Holthausener Überschiebung an seiner Südflanke die Grenze zu den Großschollen der Emscher-Hauptmulde.

Die Karbon-Oberfläche sinkt zwar innerhalb der Essener Hauptmulde von der Tagesoberfläche im Südwesten kontinuierlich auf −1 300 m NN im Nordosten ab (s. Abb. 18, S. 229, und Taf. 1 in der Anl.). Aufgrund der Ausgrenzung größerer Lagerstättenteile wegen Abbaus reicht die Erfassung jedoch nur selten höher als bis −400 m NN. Nach unten schließt die Erfassung mit Flöz Sarnsbank meistens bei ca. −2 000 m NN ab. Dabei schwankt diese Tiefenlage jedoch zwischen −500 m NN am Gelsenkirchener Hauptsattel und −3 000 m NN im Gebiet des Wattenscheider Hauptsattels (s. Abb. 20, S. 233).

Wie in der Bochumer Hauptmulde stehen auch in der Essener Hauptmulde in weiten Teilen das gesamte Westfal A und die unteren Abschnitte des Westfals B an. Die Flözführung entspricht dort zwar grob noch derjenigen in der Bochumer Hauptmulde; es treten jedoch zum Beispiel in den Bochum-Schichten bereits zahlreiche Schwankungen der Kohlemächtigkeiten auf, die auf eine Verringerung nach Norden hinweisen. Örtlich treten die oberen Abschnitte des Westfals B (Horst-Schichten) auf und wurden erfaßt, so vor allem im Königsborner Graben (Großscholle 157) und östlich des Sachsen-Sprungs (Großscholle 163).

Die Veränderungen des Faltenbaus im Streichen sind in der Essener Hauptmulde erheblich größer als in der Bochumer Hauptmulde (s. Taf. 2 in der Anl.). Hinzu kommt, daß die Bearbeitung der Essener Hauptmulde wesentlich weiter nach Südwesten reicht und noch die Gelsenkirchener Achsensenke mit einbezieht. Daraus ergeben sich grob folgende regionale Merkmale: Im Südwesten

(Großschollen 231 – 234) ist eine typische Trogmulde ausgebildet, die sich sowohl im Streichen als auch an den Rändern zur Tiefe hin in Spezialfalten auflöst. Nach Nordosten herrscht im Bereich der Dortmunder Achsenaufwölbung ein recht engständiger Knickfaltenbau vor (Großschollen 235, 152 – 154). Im Zentrum wird er durch die Waltroper Überschiebung geprägt und nördlich durch den großen kofferförmigen Gelsenkirchener Hauptsattel begrenzt.

Mit der Verschmälerung des Gelsenkirchener Hauptsattels nach Nordosten verbreitert sich die Essener Hauptmulde zur Hammer Achsensenke hin und erreicht im Königsborner Graben (Großscholle 157) Trogmuldencharakter. Aus dem Muldenkern steigt abrupt nach Osten ein Sattel auf, der die Essener Hauptmulde in zwei völlig unterschiedliche Abschnitte teilt: Im Süden (Großschollen 158 – 159) herrscht Spezialfaltung, im Norden (Großschollen 161 – 162) trogförmige Lagerung vor. Die Nördliche Essener Hauptmulde setzt sich nach Osten in Großscholle 163 als breite Hauptmulde fort und läuft am Lippstädter Gewölbe vermutlich in mehreren flachwelligen Faltenstrukturen aus. Wie die Bochumer ist auch die Essener Hauptmulde durch eine Reihe größerer Querstörungen untergliedert, die im allgemeinen die Grenzen der Großschollen bilden.

4.1.2.2.2 Erfassung nach dem KVB-Modell

Entsprechend seinem Charakter als stillgelegte Zone mit komplizierter Tektonik wurde der südwestliche Teil der Essener Hauptmulde auf die in Kapitel 4.1.2.1.2 beschriebene vereinfachte Weise erfaßt (Großschollen 231 – 235). Hier wie auch in den östlich anschließenden Großschollen mit differenzierter Blockeinteilung wurden größere, bereits weitgehend ausgekohlte Lagerstättenteile nicht miterfaßt (s. Abb. 23, S. 235).

Da im nördlich anschließenden Gelsenkirchener Hauptsattel nur relativ wenig Westfal A ansteht und die Flöze in großen Teilen bereits abgebaut sind, wurde dort auf die Erfassung verzichtet. Die Grenzen des nicht erfaßten Gebiets werden von den Umbiegungsachsenebenen gebildet, die die flache Lagerung des Sattelhöchsten von den steilen Flanken der Hauptmulden im Norden und Süden trennen.

Lediglich im weiteren Umfeld des ehemaligen Bergwerks Herrmann V treten infolge axialen Abtauchens nach Nordost – trotz antithetischer, westfallender Sprünge – die Witten-Schichten in größerem Umfang auf und wurden daher erfaßt (Großscholle 165). Einbezogen wurde darin ausnahmsweise das obere Namur C bis Flöz Neuflöz, da es örtlich mit relativ guter Flözführung nachgewiesen worden war.

Am Rande der Bergbauzone, das heißt ab Großscholle 155 nach Osten, wurde die Lagerstätte bis zur Karbon-Oberfläche vollständig erfaßt. Dabei wurden die tektonischen Auswertungen in den aufschlußarmen Gebieten im Maßstab 1 : 25 000 beziehungsweise 1 : 50 000 vorgenommen (Großschollen 157 und 163).

4.1.2.2.3 Kohleninhaltsberechnung

Der gesamte innerhalb einer Fläche von ca. 630 km^2 erfaßte Kohleninhalt beträgt 15,827 Mrd. m^3, wovon noch ca. 115 Mio. m^3 aus abgebauten Flözteilstücken abzuziehen sind (aktualisiert bis 1990). Hiervon stehen rund 2,35 Mrd. m^3 oberhalb –1 200 m NN an, bei flachem bis halbsteilem Einfallen in Flözen von über 1 m Kohlemächtigkeit. Der Anteil der Flöze mit steiler Lagerung von über 45 gon Einfallen umfaßt ca. 25 % des Kohleninhalts aus diesen Lagerstättenteilen.

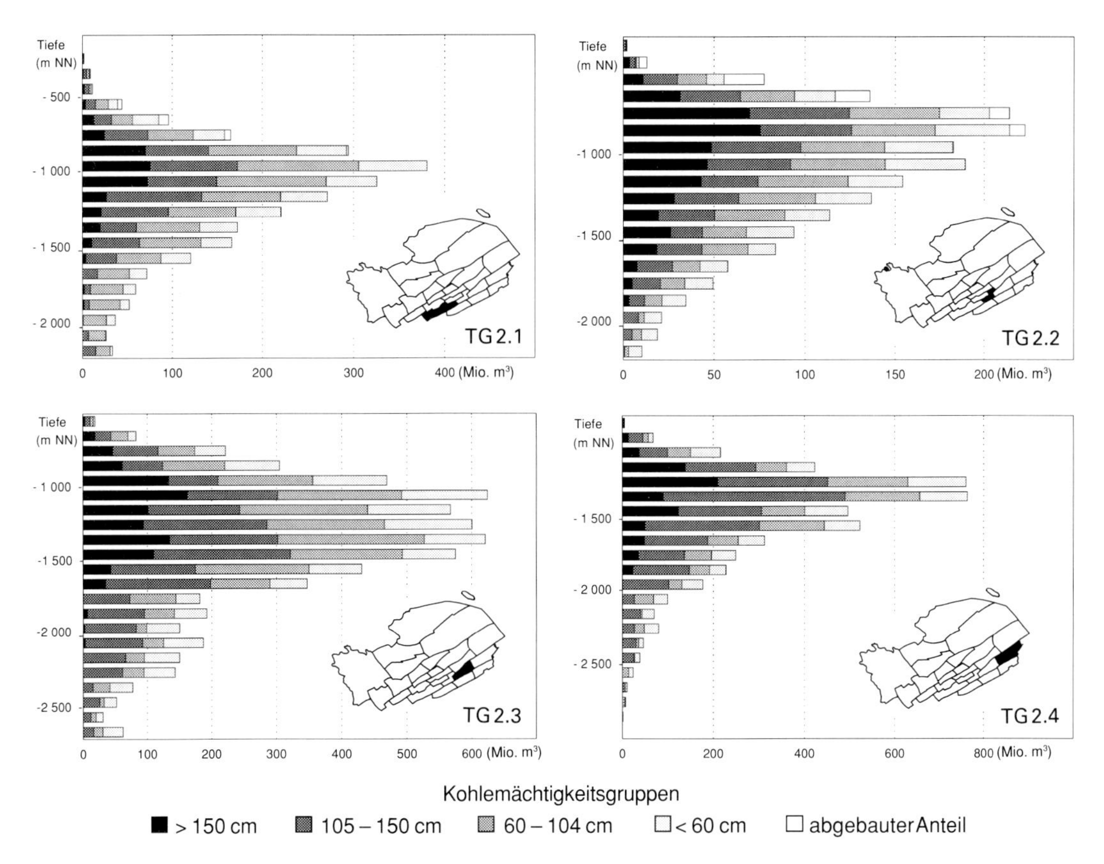

Abb. 25 Kohleninhalte der Essener Hauptmulde (Teilgebiete 2.1 bis 2.4), differenziert nach 100-m-Tiefenintervallen und vier Kohlemächtigkeitsgruppen

Der Kohleninhalt der einzelnen Großschollen wurde vor allem nach Aufschlußgesichtspunkten in vier Teilgebiete zusammengefaßt (vgl. Abb. 22, S. 235). Die Tiefendiagramme (Abb. 25) zeigen ein kontinuierliches Absinken des Abschnitts mit erhöhter Kohleführung von – 800 bis – 1 200 m NN im Südwesten auf – 1 000 bis – 1 600 m NN im Nordosten. Die Unterschiede in der Teufenverteilung des Kohleninhalts und bei den absoluten Werten der einzelnen Teufenintervalle lassen sich auf die bereits erwähnten unterschiedlichen Aufschlußverhältnisse und die Veränderungen der Tektonik im Verlauf der Essener Hauptmulde zurückführen. Veränderungen der Kohleführung aufgrund wechselnder Mächtigkeiten sind weniger deutlich zu erkennen.

4.1.2.3 Emscher-Hauptmulde

4.1.2.3.1 Abgrenzung und geologische Beschreibung

Die Emscher-Hauptmulde liegt größtenteils in der Bergbauzone. Ihr Nordostteil ist nur örtlich durch moderne Explorationsmaßnahmen erfaßt worden und gehört damit schon zur unaufgeschlossenen Zone.

Die Teilgebiete 3.1 bis 3.4 (s. Abb. 22, S. 235) umfassen nur die rechtsrheinische Emscher-Hauptmulde (ab Rheinpreußen-Sprung). Sie reichen nach Nordosten bis zu einer nicht sicher nachgewiesenen westfallenden Querstörung. Diese Störung bildet den Ostrand einer Grabenzone (Großscholle 172), die sich wahrscheinlich vom Maximilian-Graben (Großscholle 141) in der Bochumer Hauptmulde quer zum Streichen weit nach Nordnordwesten fortsetzt.

Die Verlängerung der Emscher-Hauptmulde nach Nordosten und Südwesten wurde anderen Teilgebieten zugeordnet: Im Nordosten wurden Emscher- und Lüdinghausener Hauptmulde zu einer Großscholle (173) und einem Teilgebiet (4.4) zusammengefaßt. Westlich des Rheins läuft die Emscher-Hauptmulde aus. Das Gebiet westlich des Rheinpreußen-Sprungs wurde ohnehin nicht erfaßt, da dort die Lagerstätte durch das ehemalige Bergwerk Diergardt-Mevissen weitgehend abgebaut war (zwischen den Großschollen 311 und 313).

Die Südgrenze der in der Emscher-Hauptmulde ausgewerteten Großschollen wird durch folgende tektonische Elemente gebildet (von West nach Ost): Alstadener Überschiebung, nördlichstes Sattelhöchstes des Gelsenkirchener Hauptsattels, Blumenthal- beziehungsweise Hermann-Überschiebung und Holthausener Überschiebung auf der Südflanke des Gelsenkirchener Haupsattels. Als Nordgrenze wurden im Westen der Vestische Sattel beziehungsweise die Gladbecker Überschiebung an seiner Nordflanke festgelegt. Östlich des Graf-Moltke-Sprungs (Großscholle 241) wird sie vom Blumenthal-Hauptsattel und dessen westlicher Verlängerung gebildet, weil ab dort der Vestische Hauptsattel gesondert erfaßt wurde. Die Überschiebungen fallen im Gegensatz zu den übrigen Grenzelementen recht flach ein. Hierdurch erklären sich die relativ großen Lageabweichungen der Großschollengrenzen in den verschiedenen stratigraphischen Niveaus (s. Abb. 11, S. 214).

Im Südwestteil der Emscher-Hauptmulde liegt die Karbon-Oberfläche zwischen 0 und –300 m NN, während sie im Nordosten kontinuierlich bis auf –1 200 m NN absinkt. In der Bergbauzone reicht allerdings die oberste Erfassungsgrenze auch im Südwestteil örtlich bis auf –1 000 m NN hinunter, da größere abgebaute Lagerstättenteile ausgeklammert wurden. Die Tiefenlage von Flöz Sarnsbank als unterster Erfassungsgrenze schwankt in Abhängigkeit von der axialen Position beträchtlich. Das Flöz sinkt im Südwestteil von –500 m NN auf bis zu –2 700 m NN und im Nordosten auf –3 100 m NN ab.

Das gesamte Westfal A und B ist in der Emscher-Hauptmulde vertreten, die flächige Darstellung zeigt eine sehr unregelmäßige Verteilung (s. Abb. 19, S. 230/231). Das Westfal C im Trogmuldenabschnitt des Südwestteils ist weitgehend abgebaut und wurde nicht erfaßt. Das Westfal-C-Vorkommen im Nordosten ergibt sich aus tektonischen Konstruktionszwängen. Bisher wurde es nicht erbohrt. Für die Kohleninhaltsberechnung von Bedeutung ist die im Vergleich zur Essener Hauptmulde deutlich geringere Flözführung im Westfal A. Das – vergleichsweise – regional etwas kohlereicher ausgebildete Westfal B wurde nur in relativ geringem Umfang miterfaßt, bedingt durch geologisch eingeschränkte Verbreitung und stärkeren Abbau.

Die jeweilige axiale Position beeinflußt wie in der Bochumer Hauptmulde auch den Faltenbau der Emscher-Hauptmulde in hohem Maße. So erreicht die bekannte Trogmulde im Südwestteil (Großscholle 242) eine Breite von über 5 km – bezogen auf die flache Lagerung (s. Taf. 2 in der Anl.). Aber auch die bislang unbekannte, recht langgestreckte Trogmulde im Nordosten ist durchschnittlich 3 km breit (Großschollen 271 und 272).

In den axialen Hochlagen – entsprechend den Teilgebieten 3.1 und 3.3 – wird der Muldenkern durch einige Spezialfalten und Schichtverbiegungen gegliedert, ohne daß in größerem Umfang steile Lagerung auftritt. Dies gilt besonders für den westlichsten Muldenabschnitt, wo – in Annäherung an die variscische Faltenfront (vgl. DROZDZEWSKI & WREDE 1994: Taf. 1, dieser Band) – mit dem Auslaufen des Vestischen Hauptsattels die steile Lagerung auch an den Muldenrändern kaum noch stärker ausgeprägt ist (vgl. WOLF 1985).

Der entgegengesetzte Trend – eine Zunahme der steilen Lagerung – ließ sich jedoch im Nordosten, am Rande der Bergbau- und Explorationszone, beobachten. Da es sich dabei um bisher unveröffentlichte karbongeologische Erkenntnisse handelt, wird im folgenden Kapitel ausführlicher auf den geologischen Bau dieses Gebiets eingegangen.

4.1.2.3.2 Geologische Beschreibung der nordöstlichen Emscher-Hauptmulde und ihrer benachbarten Hauptsättel (M. WOLFF)

Die Projektionen der Emscher-Hauptmulde westlich des Ehringhausener Sprungs (bzw. westlich der nordwestlichen Verlängerung des Königsborner Grabens, Großschollen 247 und 248) im Maßstab 1 : 10 000 knüpften an bekannte Strukturen aus Grubenaufschlüssen der stillgelegten Bergwerke Emscher-Lippe und Hermann V und an Ergebnisse älterer Seismik im Vorfeld an. Für die flächendeckende Auswertung innerhalb der Großschollen lieferten die Inkohlungswerte einiger Mutungsbohrungen wichtige stratigraphische Anhaltspunkte. Die Explorationsergebnisse im Norden und Osten ermöglichten relativ eindeutige Aussagen über die Einengungs- und Bruchtektonik. Zum Beispiel lassen sich von Süden und Norden her über den Blumenthal-Hauptsattel hinweg fast alle größeren Sprünge widerspruchsfrei auch in der Emscher-Hauptmulde konstruieren (s. Taf. 2 in der Anl.). Generell ändert sich also Bruchtektonik und Faltenbau im Streichen nur allmählich und nicht abrupt.

Der Spezialfaltenbau wurde besonders dort näher untersucht, wo der Einfluß der Dortmunder Achsenaufwölbung abnimmt und sich die Emscher-Hauptmulde wieder weitet. Es kann jetzt mit einiger Sicherheit belegt werden, daß sich der nördlich gelegene Emscher-Sattel nach Nordosten heraushebt und in den Blumenthal-Hauptsattel eingliedert, während der „flach“ Ostnordost streichende Nördliche Emscher-Lippe-Sattel Bestandteil des Gelsenkirchener Hauptsattels wird und die flache Lagerung im Süden begrenzt.

Zwischen diesen beiden divergierenden Spezialsätteln weitet sich die Südliche Emscher-Hauptmulde nach Nordosten stark aus. Im Ostteil des Königsborner Grabens erreicht sie schon Trogmuldencharakter, während die Spezialfalten auf die Übergangszonen zur steilen Lagerung am Rand beschränkt sind (Großscholle 171, projiziert im Maßstab 1 : 25 000). Diese Tendenz setzt sich nach Nordosten fort; sie zeigt sich besonders deutlich in der zunehmenden Versteilung der Nordflanke in diese Richtung – nachgewiesen in der modernen Seismik „Nordkirchen 1984“. Ein glaubhafter regionalgeologischer Zusammenhang ergibt sich allerdings erst nach einer stratigraphischen Umdeutung dieser Seismik: Der als Flöz Wasserfall/Sonnenschein angegebene Horizont ist in den Flözbereich Katharina zu stellen (s. Taf. 2 in der Anl.). Hierfür spricht auch die Darstellung in der Geologischen Übersichtskarte des Niederrheinisch-Westfälischen Karbons 1 : 100 000 (1971) und in der Geologischen Karte des Ruhrkarbons 1 : 100 000 (1982).

Der Südrand der Emscher-Hauptmulde ist im Bereich des Königsborner Grabens im Detail recht unklar, trotz moderner Seismik und der einzigen dort abgeteuften modernen Explorationsbohrung Südkirchen 1. Diese Unsicherheit beruht auf der komplexeren Einengungstektonik auf der Nordflanke des Gelsenkirchener Hauptsattels, der in diesem Raum – möglicherweise diskontinuierlich – vom Koffer- in einen Spitzsattel übergeht. Um diese gravierende Veränderung des Faltenbaus möglichst richtig zu erfassen, wurde dort Flöz Karl als höchstes flächendeckendes Flöz im Maßstab 1 : 10 000 projiziert.

Die Nordverlängerung des Königsborner Grabens von der Essener in die Emscher-Hauptmulde ist ebenfalls nicht sicher belegt, da sich die beiden Randstörungen – Fliericher und Königsborner Sprung – nicht eindeutig weiterverfolgen lassen. Wahrscheinlich übernimmt der Ehringhausener Sprung im Nordwesten die Funktion des Königsborner Sprungs als große westliche Randstörung. Für den Fliericher Sprung ist eine solche Verbindung nicht gegeben, da „Aufschlüsse" aus Bohrungen und Seismik fehlen. Auf den Grabencharakter der Großscholle 171 bis in die Lüdinghausener Hauptmulde hinein deuten jedoch vier westfallende, scholleninterne Sprünge hin, die Verwürfe bis über 100 m aufweisen.

Am Ostrand des Königsborner Grabens läßt sich der Faltenbau von Süden nach Norden grob folgendermaßen darstellen (vgl. Abb. 26 u. 27, Taf. 2 in der Anl.):

- Nördlich der Holthausener Überschiebung (südliche Großschollengrenze) liegt der dort relativ enggefaltete und überschobene Gelsenkirchener Hauptsattel.
- Es folgt mit ca. 3 km Breite die sehr flache Lagerung der Emscher-Hauptmulde.
- Nördlich schließt sich der ungewöhnlich hoch heraushebende Blumenthal-Hauptsattel an, dessen große Breite auf seine Ausbildung als Doppelsattel

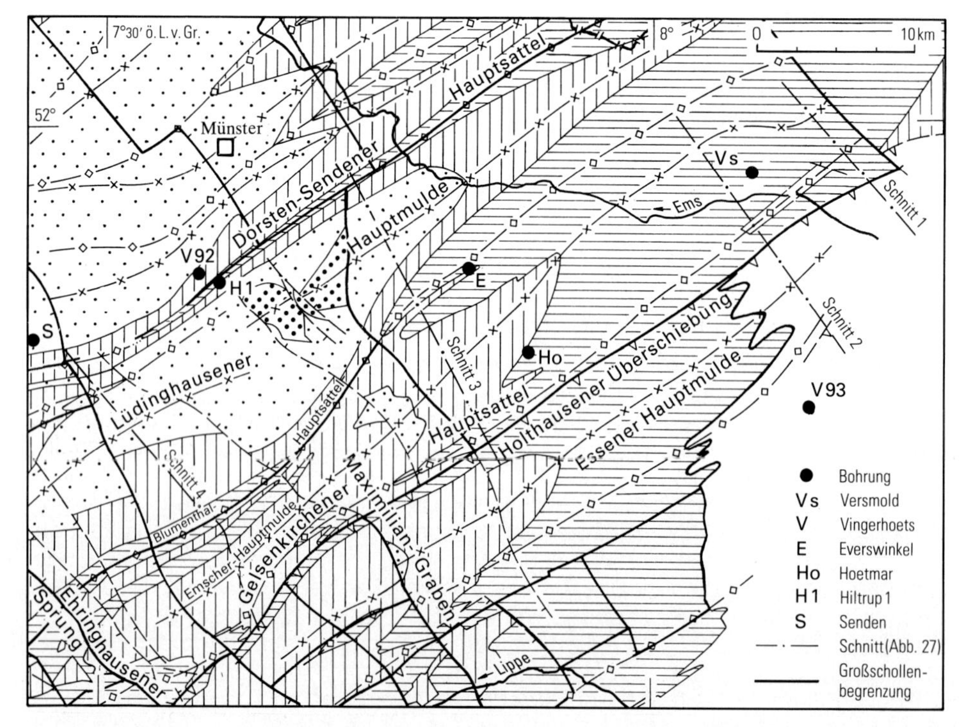

Abb. 26 Geologie des Karbons im östlichen Ruhrrevier, dargestellt an der Karbon-Oberfläche (Legende s. Abb. 19, S. 230/231)

zurückzuführen ist. (Die Zwischenmulde entspricht der Nördlichen Emscher-Mulde.)

Dieser Faltenbau dürfte sich wenig modifiziert etwa 20 km weit nach Nordosten (Großscholle 172) fortsetzen – belegt durch moderne Exploration im Gelsenkirchener Hauptsattel. Weitere Hinweise geben ältere Bohrungen (s. Kap. 4.1.2.4.2) und seismische Untersuchungen im Blumenthal-Hauptsattel und in der flachen Lagerung der Emscher-Hauptmulde.

Lediglich die Emscher-Hauptmulde verengt sich etwas, bedingt durch das „steiler" werdende Südwest-Nordost-Streichen des Muldensüdrandes. Im Bereich des Sachsen-Sprungs schwenkt sie jedoch wieder bogenförmig ins Generalstreichen um und erfährt eine neue Ausweitung. Gleichzeitig scheint der Blumenthal-Hauptsattel in die Südwest-Nordost-Richtung umzubiegen.

Grundsätzliche Unterschiede in der Flözstratigraphie zwischen Gelsenkirchener Hauptsattel und Lüdinghausener Hauptmulde konnten in den weiter westlich gelegenen, gut aufgeschlossenen Großschollen nicht festgestellt werden. So wurde auch die Großscholle 172 als relativ homogen angesehen und ein Abstandsprofil aus dem südlich angrenzenden Gebiet übernommen.

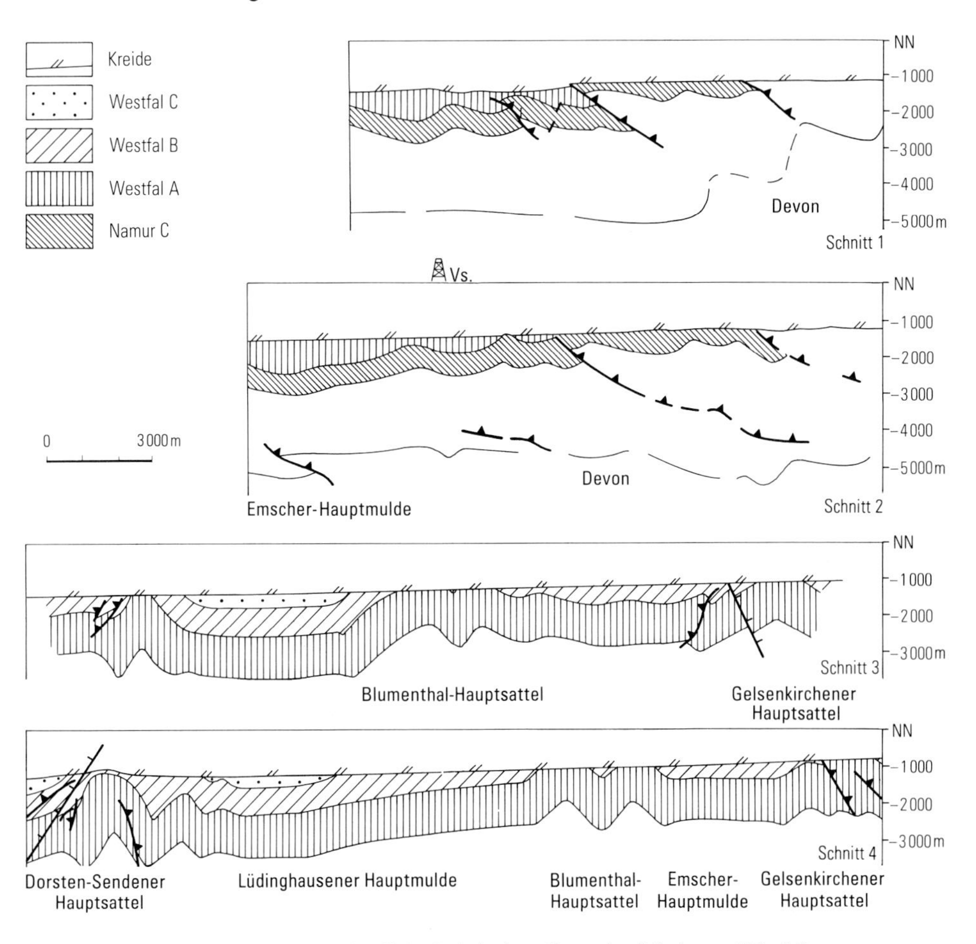

Abb. 27 Schnittserie durch das nordöstliche Ruhrkarbon (Lage der Schnitte s. Abb. 26)

4.1.2.3.3 Erfassung nach dem KVB-Modell und Kohleninhaltsberechnung

Die Flöze der meisten Großschollen in der Emscher-Hauptmulde wurden im Maßstab 1 : 10 000 projiziert und eine engräumige Blockeinteilung vorgenommen. Die Großscholle 246 (ehem. Bergwerk Emscher-Lippe) wurde auf vereinfachte Weise erfaßt (vgl. Kap. 4.1.2.1.2).

Die Flöze der Großschollen 171 und 172 in der randlichen Explorationszone wurden wie in der gesamten unaufgeschlossenen Zone auch im Maßstab 1 : 50 000 projiziert. In diesen Gebieten lassen die wenigen Bohrungsaufschlüsse und seismischen Untersuchungen oft keine eindeutige geologische Interpretation zu (vgl. Kap. 4.1.2.4.2). Das Ergebnis ist ein nur grobes Bild der tektonischen Hauptstrukturen, das – von einigen wenigen, relativ sicheren „Zwangspunkten" ausgehend – auch stratigraphisch „eingehängt" werden kann. Aussagen über Spezialfalten und Störungen mit weniger als 100 m Verwurfshöhe würden eine nicht vorhandene Projektionssicherheit vortäuschen. Aus diesen sowie arbeitstechnischen Gründen wurde der kleinere Projektionsmaßstab 1 : 50 000 gewählt. Das Schema der geometrischen Blockeinteilung und -konstruktion hingegen blieb unverändert.

Die stärker abgebauten Lagerstättenteile in der Emscher-Hauptmulde wurden nicht berücksichtigt (s. Abb. 23, S. 235). So reicht die Erfassung in der Bergbau-

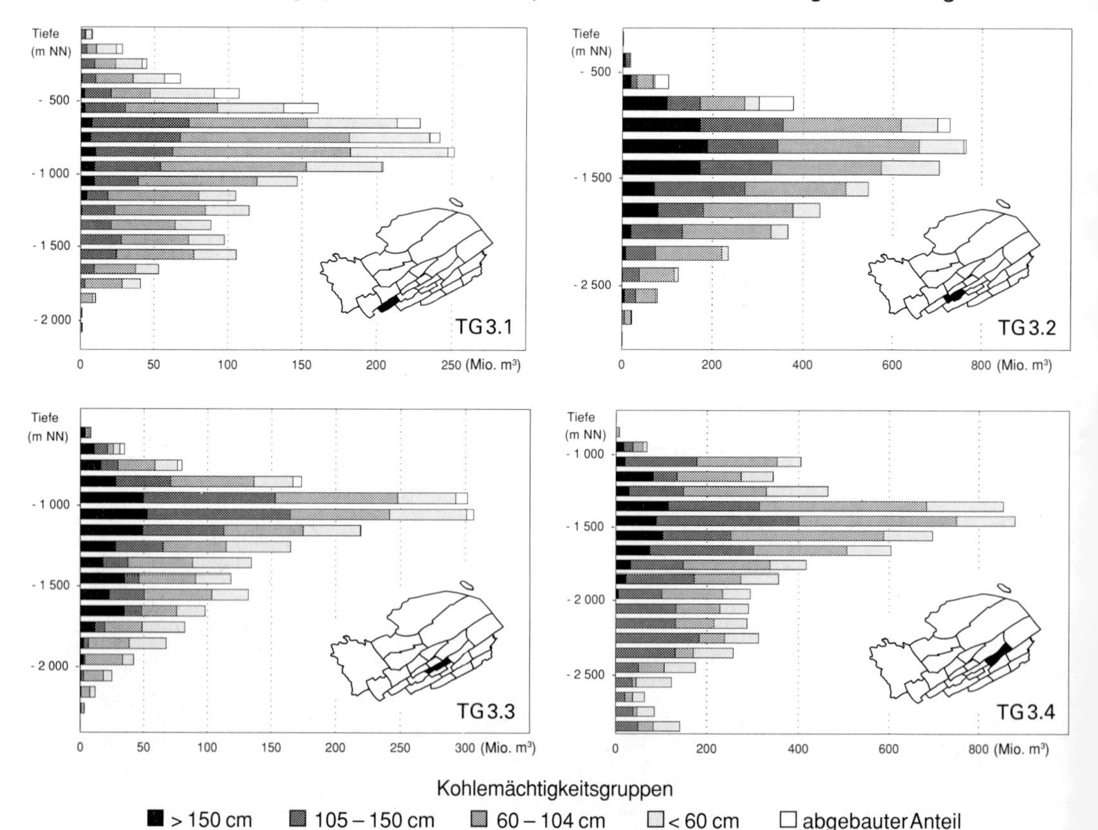

Abb. 28 Kohleninhalte der Emscher-Hauptmulde (Teilgebiete 3.1 bis 3.4), differenziert nach 100-m- und 200-m-Tiefenintervallen und vier Kohlemächtigkeitsgruppen

zone nur selten deutlich über das Westfal A hinaus. In den Großschollen 241 und 242 sind noch ein Teil der Essen-Schichten und in Großscholle 243 ein Teil der Horst-Schichten mit einbezogen.

Der gesamte innerhalb ca. 540 km^2 erfaßte Kohleninhalt beträgt 15,805 Mrd. m^3. Hiervon sind 257 Mio. m^3 aus abgebauten Flözteilstücken abzuziehen sowie ca. 102 Mio. m^3, die sich aus der Förderung in der Emscher-Hauptmulde zwischen 1980 und 1990 ergeben. Von diesem Gesamtkohleninhalt liegen ca. 2 Mrd. m^3 in Flözen mit über 1 m Kohlemächtigkeit oberhalb –1 200 m NN, wovon rund 10 % steile Lagerung aufweisen.

Die Einteilung der Emscher-Hauptmulde in vier Teilgebiete orientiert sich stark an den beschriebenen geologischen Kriterien. So spiegeln auch die Diagramme in Abbildung 28 das axiale Auf und Ab wider: in den Senken (Teilgebiete 3.2 u. 3.4) große und tiefreichende Mengen, in den Aufwölbungen wesentlich kleinere Mengen oberhalb –2 000 m NN (Teilgebiete 3.1 u. 3.3).

Der Anteil mächtiger Flöze ist im Vergleich zu den südöstlich gelegenen Gebieten relativ gering. Dies fällt besonders im Teilgebiet 3.1 auf, wo allerdings der Anteil der Witten-Schichten am Gesamtkohleninhalt und der Abbauanteil recht hoch sind.

4.1.2.4 Lüdinghausener Hauptmulde und Vestischer Hauptsattel

Im folgenden Kapitel wird das bisherige Gliederungsschema der regionalen Beschreibung etwas erweitert. Das ist in der Bergbau- und Explorationszone bedingt durch den relativ kontinuierlichen Übergang des Vestischen Hauptsattels in die breite Lüdinghausener Hauptmulde. In der randlichen Explorations- und unaufgeschlossenen Zone hingegen ist die geologische Beschreibung ausführlicher und geht über die Lüdinghausener Hauptmulde hinaus, da dort grundsätzlich neue, bislang unveröffentlichte Erkenntnisse über den geologischen Bau vorliegen. Sie beruhen auf einer einheitlichen Auswertung im gesamten Raum südlich des Dorsten-Sendener Hauptsattels und werden deshalb im Zusammenhang dargestellt.

4.1.2.4.1 Abgrenzung

Der sich von Westen nach Osten vergrößernde Vestische Hauptsattel erreicht nördlich der trogförmigen Emscher-Hauptmulde eine Breite von 5 km (s. Abb. 19, S. 230/231, u. Taf. 2 in der Anl.). So wurde er westlich des Graf-Moltke-Wilhelmine-Victoria-Sprungs den Großschollen der Emscher-Hauptmulde zugeordnet, östlich davon jedoch gesondert erfaßt (Großschollen 252 – 254).

Die Südgrenze bilden der Blumenthal-Hauptsattel und weiter im Südosten, wo Lüdinghausener und Emscher-Hauptmulde zusammengefaßt sind (Großscholle 173), die hypothetische Holthausener Überschiebung auf der Südflanke des Gelsenkirchener Hauptsattels. Die Nordgrenze liegt generell im Höchsten des Auguste-Victoria- und des Dorsten-Sendener Hauptsattels. Abweichend davon wurde in der Großscholle 252 westlich des Marler Grabens noch die steile Sattelnordflanke miterfaßt, während östlich des Halterner Sprungs der gesamte Auguste-Victoria-Hauptsattel den zur Lippe-Hauptmulde gehörenden Großschollen zugeordnet wurde (Großscholle 265; s. Abb. 22, S. 235). Die Westbegrenzung ist der westfallende Graf-Moltke-Wilhelmine-Victoria-Sprung, die Ostbegrenzung ein hypothetischer ostfallender Sprung.

4.1.2.4.2 Grundlagen der geologischen Auswertung (M. WOLFF)

Da sich die Hauptfaltenstrukturen des mittleren Ruhrreviers nach Nordosten in den unverritzten Raum fortsetzen, bildeten Bergbauaufschlüsse und moderne Exploration eine wichtige Ausgangsbasis für weitere Auswertungen der in diesem Raum nur unzureichend bekannten Karbon-Geologie. Das galt vor allem für den „Planungsraum Olfen", heute Bergwerk Haard (vgl. STEUERWALD & WOLFF 1985). Von dort aus ließen sich die tektonischen Hauptstrukturen mit Hilfe eines groben Netzes vorwiegend älterer linienseismischer Untersuchungen (1948 – 1977) sowie einiger Steinkohlenmutungsbohrungen weiterverfolgen.

Von ausschlaggebender Bedeutung für die stratigraphische „Einhängung" der tektonischen Projektionen des gesamten Raumes waren jedoch mehrere Versuchsbohrungen der Erdölindustrie (die Vingerhoets-Bohrungen aus den 30er/40er Jahren, Versmold 1 und Hiltrup 1). Im wesentlichen an vier Stellen auf dem Blumenthal- und dem Dorsten-Sendener Hauptsattel angesetzt, erlauben sie als stratigraphische Fixpunkte eine annähernd realistische Darstellung der örtlichen Tektonik (s. Abb. 26, S. 244).

Bei der Einstufung wurden neben lithostratigraphischen und faunistischen Kriterien der Flözgleichstellung auch Inkohlungswerte herangezogen (vgl. RIEDEL 1942, R. TEICHMÜLLER & WEBER 1950). Hierbei ergeben sich nun stratigraphische Diskrepanzen, die nicht immer sedimentologisch oder faziell erklärbar sind. So sind auch tektonisch bedingte alternative stratigraphische Einstufungen möglich, die bis zu 200 m bankrecht von den für die Erfassung nach dem KVB-Modell zugrundegelegten Flözprojektionen abweichen. Dies gilt beispielsweise für die Bohrungen auf dem Blumenthal-Hauptsattel sowie für die Bohrung Vingerhoets 95 in der flachgelagerten Lüdinghausener Hauptmulde.

Die Bohrung Versmold 1 wurde in ihrem obersten Abschnitt stratigraphisch neu eingestuft. Bislang (HEDEMANN et al. 1984) ging man davon aus, daß dort unter der Karbon-Oberfläche nur Namur C und kein Westfal A mehr anzutreffen ist. Einer Mächtigkeitsbetrachtung der Witten-Schichten im nordwestlichen Ruhrkarbon von G. DROZDZEWSKI (mdl. Mitt. 1987) folgte eine Untersuchung, die neue Flözzuordnungen ergab (D. SCHMITZ in JUCH & Arbeitsgruppe GIS 1988 a). In den Bohrungen Isselburg 3 und Münsterland 1 wurde beispielsweise Flöz Sarnsbank 400 m tiefer als von RICHWIEN et al. (1963) beziehungsweise 200 m tiefer als von JESSEN & MICHELAU (1963) angenommen angetroffen (vgl. auch DROZDZEWSKI & WREDE 1994, dieser Band, S. 7 – 187). Ähnliches gilt wahrscheinlich auch für die Bohrung Versmold 1. Allerdings sind in dem jetzt vermuteten Westfal A am Top der Bohrung (mehr als 300 m) über eine Bohrstrecke von mindestens 50 m steile Lagerung und/oder Überschiebungen anzunehmen.

Die Seismiken der Erdölexploration stammen im gesamten Gebiet aus dem Zeitraum 1943 – 1979; sie sind demzufolge von unterschiedlicher Qualität und Aussagekraft. Die Seismiken älteren Datums sind generell teufengewandelte Linienauswertungen, bei denen der Teufenfehler maximal 100 m betragen dürfte. Dieser Betrag liegt für die strukturelle Auswertung im Karbon und selbst für die Projektion der Karbon-Oberfläche im Rahmen der Auswertegenauigkeit, zumal auch in engbenachbarten Mutungsbohrungen die Teufenangaben lokal stärker abweichen.

Die jüngere Erdölseismik aus dem Zeitraum 1970 bis 1979 bietet nur Seismogramme mit Zeitabspielungen. Für die teufengerechte Interpretation wurden die meist gut erkennbaren Grenzreflektoren Deckgebirge/Karbon an die Projektion der Karbon-Oberfläche (konstruiert aus Daten der Mutungsbohrungen und Linienauswertungen) angepaßt. Eine weitergehende Teufenkorrektur erwies sich nicht als notwendig, da in den Seismogrammen keine deutlichen Stockwerkeffekte erkennbar sind. Einzige Ausnahme ist die Seismik „Münsterland-Mitte" (1972 – 1973), wo unter der nördlichen Flanke des Dorsten-Sendener Hauptsattels im Bereich des Sarnsbank-Niveaus deutlich südfallende Reflexionen als Tiefenüberschiebung interpretiert werden könnten (vgl. auch FRANKE et al. 1990: Abb. 6). Drei Seismikprofile ließen sich stratigraphisch relativ sicher einhängen: die Profile 1 und 2 der Seismik „Münsterland-Mitte" (1970 – 1971) und das Profil V 31 der Seismik „Münsterland-Mitte" (1979). Die stratigraphische Interpretation der übrigen Seismiken basiert auf tektonisch-geometrischen Konstruktionszwängen und Analogieschlüssen bei der Flözprojektion (s. Abb. 27, S. 245).

Deutliche Hinweise für den streichenden Verlauf der Großstrukturen ergaben sich aus der Tiefenlage des Grenzreflektors Karbon/Deckgebirge. So ließ sich der Sendener Sattel beziehungsweise sein südlicher Vorsattel in den einzelnen Seismiken schon eindeutig durch entsprechende Aufwölbungen der Diskordanzfläche fixieren, was für seine Verbindung mit dem Dorstener Hauptsattel von ausschlaggebender Bedeutung war.

Bei der Auswertung im Karbon wurden die Einfallsrichtungen der Reflexionen berücksichtigt – deren Einfallsbeträge jedoch nur mit Vorbehalt, da sie sich allgemein als zu flach erwiesen. Dies gilt besonders für die steile Südflanke des Dorsten-Sendener Hauptsattels, wo sich Winkelabweichungen bis zu 40° zwischen Reflexionshorizonten und in Bohrungen nachgewiesenem Schichteneinfallen herausstellten. Bei Schichteinfallswerten unterhalb 45° reduziert sich die Winkelabweichung auf Werte um 20°. Bei flacheren Werten, zum Beispiel nachgewiesen durch Mutungsbohrungen in Hauptmulden, decken sich Reflexionslinien und Schichtung.

Aussagen über die Sprungtektonik in der unaufgeschlossenen Zone erlauben nur zwei seismische Ost-West-Profile im Gebiet zwischen den Bohrungen Vingerhoets 92 und Everswinkel. Dort konnten der Ostrandsprung und interne Sprünge eines breiteren Grabensystems fixiert werden, das dem Maximilian-Graben in der Bochumer Hauptmulde zugeordnet werden kann. Der Westrandsprung dieses Grabens, eventuell eine Fortsetzung des Sachsen-Sprungs, ergab sich aus Konstruktionszwängen. Weitergehende Detailfragen zum Sprungverlauf und zur Einengungstektonik in den Sattelbereichen waren nicht lösbar. Jedoch bieten die Seismiken, obwohl lückenhaft und vieldeutig, ein annähernd schlüssiges Bild der Hauptfaltenstrukturen.

Für die Flözprofile wurden ausschließlich die jeweils am nächsten gelegenen modernen Bohrungs- oder Grubenaufschlüsse herangezogen. Dabei wurden auch verschiedene Bohrungen kombiniert und neben der bevorzugten Richtung im Generalstreichen auch in Nord-Süd-Richtung extrapoliert. Abgesehen von örtlichen Mittelwertbildungen und anders als in den Gebieten weiter nördlich wurden die Werte aus den jeweiligen Bezugsbohrungen unverändert übernommen.

Im folgenden werden die strukturgeologischen Arbeitsergebnisse etwas differenzierter vorgestellt, wobei die oben erörterten Einschränkungen hinsichtlich der Aussagesicherheit vorausgesetzt werden. Wo nicht besonders vermerkt, wurden die Schnitte im Maßstab 1 : 25 000 und die Flözrisse im Maßstab 1 : 50 000 entworfen.

4.1.2.4.3 Geologische Beschreibung (M. WOLFF)

Bergbau- und Explorationszone

Westlich des Marler Grabens entwickelt sich der Vestische Hauptsattel von einem Spitzsattel zu einem breiten, spezialgefalteten Antiklinorium. Östlich des Marler Grabens beherrschen zwei divergierende Randsättel das Faltenbild (Großscholle 254), und mit Ausklingen der Spezialfaltung nach Osten entsteht allmählich die weitgespannte Lüdinghausener Hauptmulde (s. Taf. 2 in der Anl.).

Stratigraphisch beinhalten Bergbau- und Explorationszone (Teilgebiete 4.1 u. 4.2) überwiegend Westfal A. Westfal B tritt nur im Marler Graben (Großscholle 253) und auf den steilen Sattelflanken (Großscholle 252) auf. Erst am Rande der Bergbauzone östlich des Halterner Sprungs (Großscholle 256) setzt es in größerem Umfang ein und nimmt nach Osten an Bedeutung zu.

Die Deckgebirgsbasis sinkt im gesamten Gebiet kontinuierlich von ca. –200 m auf –700 m NN ab, während Flöz Sarnsbank –2 500 m NN kaum unterschreitet (s. Taf. 1 in der Anl.).

Unaufgeschlossene Zone

Die Auswertungen im Südwestteil der Lüdinghausener Hauptmulde („Planungsraum Olfen") basieren auf modernen Explorationsergebnissen, so daß die Großscholle 257 zwischen Antruper und Olfener Sprung im Maßstab 1 : 10 000 ausgewertet werden konnte. Nach Norden und Osten nimmt die Bohrdichte jedoch rasch ab. Schon die Verlängerung des Ehringhausener (= Königsborner) Sprungs zwischen den Großschollen 258 und 259 in der Nähe der Bohrung Vingerhoets 95 ist sehr fraglich. Dies gilt auch für den weiteren Verlauf und das vermutete Ausklingen des Auguste-Victoria-Hauptsattels nach Nordosten.

Die stratigraphische Bearbeitung findet in den Bohrungen im Nordosten kaum eine Stütze, so daß Flözprofile aus dem Explorationsgebiet in allen weiteren Großschollen der Lüdinghausener Hauptmulde verwendet wurden. Die hier nicht aufgeschlossene Schichtenfolge des Westfals C und D wurde aus Bohrungen in der Raesfelder Hauptmulde und aus dem Ibbenbürener Karbon übernommen.

Noch innerhalb der Explorationszone, zwischen dem Antruper und dem Olfener Sprung in den Großschollen 257 und 258, wechselt das flach eingesenkte Muldentiefste von der durch die Dillermark-Überschiebung begleiteten Nördlichen Westerholter Mulde nach Norden in die Stever-Mulde (STEUERWALD & WOLFF 1985). Die Stever-Mulde wiederum geht nach Osten im Bereich des Königsborner Grabens in eine Begleitstruktur des Blumenthal-Hauptsattels über und hebt heraus. Gleichzeitig vertieft sich die Lenkerbecker Mulde östlich des Olfener Sprungs zunehmend und biegt nach Nordosten ab. Dadurch verlagert sich das Hauptmuldentiefste weit nach Norden. Eine bis 5 km breite, flach nordfallende Muldensüdflanke prägt nun die Lüdinghausener Hauptmulde über eine streichende Erstreckung von mehr als 20 km (Großscholle 174; s. Abb. 27, S. 245, u. Taf. 2 in der Anl.).

An ihrem Nordostrand wird die Großscholle 174 von einer Grabenstruktur gequert, die in der nordwestlichen Verlängerung des Maximilian-Grabens der Bochumer und Essener Hauptmulde liegt. Konstruktionsbedingt und abgesichert durch eine benachbarte moderne Explorationsbohrung (Hiltrup 1) sowie neuere Seismik muß dort ca. 60 m über dem höchsten im Ruhrkarbon bekannten Flöz (Xanten 3 in der Bohrung Specking 1, Raesfelder Hauptmulde) noch eine bis zu 100 m mächtige Folge aus dem Westfal D angenommen werden, die eine Fläche von ca. 15 km^2 einnehmen könnte.

Gleichzeitig verengt sich die Zone mit flacher Lagerung in der Lüdinghausener Hauptmulde aufgrund der örtlichen Umbiegung des Blumenthal-Hauptsattels in die Nordost-Südwest-Richtung. Der weitere Verlauf und das Herausheben der Hauptmulde nach Nordosten wurden in Anlehnung an die gesicherten Erkenntnisse im engeren Bereich der Bohrung Versmold 1 konstruiert (Großscholle 173).

Hinweise auf die Verlängerung der Emscher-Hauptmulde nach Nordosten geben die älteren Bohrungen Hoetmar und Everswinkel (z. T. steile Lagerung und stratigraphische Einstufung in die Mittleren/Unteren Bochum-Schichten). Gebiete mit flacher Lagerung wurden mit Hilfe der Seismik „Versmold I" (1950) lokalisiert. Wichtigste Absicherung der Projektionen im Osten sind jedoch die Bohrung Versmold 1 und das dort 1963 angelegte seismische Netz. Letzteres bestätigt die axiale Hochlage des Faltenbaus durch das Auftreten von nur mittelgroßen Falten und das Fehlen größerer steiler Flanken. Mit diesem Faltenbau allein ist es nicht möglich, eine tektonisch plausible Verbindung zur weiter südlich nachgewiesenen Hochposition in der Bohrung Vingerhoets 93 zu konstruieren (vgl. CLAUSEN & JÖDICKE & R. TEICHMÜLLER 1982: Taf. 2). Daher wurde am Südrand der Verlängerung des Gelsenkirchener Hauptsattels noch die Existenz einer größeren (Holthausener?) Überschiebung angenommen (s. Abb. 27, S. 245).

Insofern wurde die gesamte Faltentektonik der Großscholle 173 schematisch als Übergangszone zwischen einer axialen Tieflage mit Trogmuldencharakter (im Südwesten) und einer axialen Aufwölbung im Nordosten konstruiert. Dabei nimmt der Niveauunterschied zwischen Sattelhöchstem und Muldentiefstem kontinuierlich nach Nordosten ab, was möglicherweise noch durch Effekte der Stockwerktektonik verstärkt wird (s. Taf. 2 in der Anl.).

Trotz mancher Unsicherheiten bei der Interpretation von Falten und Störungen im Zehner- bis Hundertmeterbereich ließ sich der Faltenbau auch über die Bohrung Versmold 1 hinaus nach Nordosten bis zu einer großen nordostfallenden Abschiebung verfolgen und scheint sich dann sogar wieder zu verstärken. Diese bedeutende Abschiebung läßt sich mit einer Störung verbinden, die ca. 20 km nordwestlich in der Bohrung Ostbevern 2 angetroffen wurde. Sie wurde als östliche Erfassungsgrenze gewählt.

Bei der detaillierten Bearbeitung des Sendener Hauptsattels am Nordrand der Lüdinghausener Hauptmulde, der zum Beispiel in der Geologischen Übersichtskarte des Niederrheinisch-Westfälischen Karbons 1 : 100 000 (1971) und in der Geologischen Karte des Ruhrkarbons 1 : 100 000 (1982) dargestellt ist, ergaben sich Konstruktionsprobleme bei der – bislang angenommenen – Verbindung mit dem Auguste-Victoria-Hauptsattel. So ist einerseits der Querschnitt des Sendener Hauptsattels durch mehrere Bohrungen (Vingerhoets 94, Karl Mahne 2, Senden und Senden 11/11a) in groben Umrissen recht gut und sicher belegt; andererseits weist an der gleichen Stelle und bis zu 10 km westlich der genannten Bohrungen eine Reihe unterschiedlicher seismischer Profile auf das ziemlich flache Ostnordost-Westsüdwest- bis Ost-West-Streichen einer Aufwölbung an der Karbon-Oberfläche hin. Zur Verbindung mit dem Auguste-Victoria-Hauptsattel wäre jedoch Nordost-Südwest-Streichen erforderlich.

Die daraufhin alternativ angenommene Verbindung mit dem Dorstener Hauptsattel ergab eine wesentlich plausiblere Lösung dieses Konstruktionsproblems. Sie wurde zusätzlich durch die ausgeprägte Aufwölbung der Karbon-Oberfläche über dem Sattelhöchsten gestützt, die beiden Strukturen gemeinsam ist und auch als ein sicheres Indiz für den Verlauf des Sattels in weniger guten seismischen Profilen gilt. Hinzu kommt die starke Abflachung und Verbreiterung der Nordflanke der Lüdinghausener Hauptmulde östlich der Explorationszone („Planungsraum Olfen"), was ein Hinweis auf das Auslaufen des Auguste-Victoria-Hauptsattels nach Nordosten sein könnte (s. Taf. 2 in der Anl.). Aus diesen Gründen wurde also der Hypothese einer Verbindung des Dorstener mit dem Sendener Hauptsattel der Vorrang gegeben (JUCH & Arbeitsgruppe GIS 1988 a, 1988 b), wenn auch der letzte Beweis mittels Bohrungen oder Seismik noch aussteht. Diese Verbindung wurde zum Beispiel auch schon von HAHNE (1955) vermutet.

Im Detail ist natürlich die Flözkonstruktion insbesondere im Bereich des Auslaufens der Lippe-Hauptmulde (Großscholle 266) und des Auguste-Victoria-Hauptsattels nach Osten mangels Aufschlüssen unsicher. Die in dieser tektonisch recht komplizierten Zone zu erwartenden Strukturen dürften relativ engräumig sein und sich rasch im Streichen verändern. Erfahrungsgemäß tritt an solchen Stellen auch schwer vorhersehbare Bruchtektonik auf.

Der Dorsten-Sendener Hauptsattel wurde mit Hilfe einer umfangreichen Schnittserie untersucht. Charakteristisch auf lange Erstreckung ist er ein großer Sattel mit relativ steilen Flanken, begleitet von Überschiebungen und Spezialfalten. Im Westen der Großscholle 174 ist er anscheinend mehr als breiter Koffersattel ausgebildet, nach Osten geht er möglicherweise in einen Spitzsattel über (s. Abb. 26, S. 244).

Die weitere hypothetische Verlängerung des Dorsten-Sendener Hauptsattels bis über die Bearbeitungsgrenze hinaus stützt sich auf einige strukturelle Hinweise in der Seismik „Versmold I" (1950) sowie auf die Annahme einer Verbindung mit dem mesozoischen Rothenfelder Sattel am Osning (s. Abb. 18, S. 229, u. Taf. 1 in der Anl.).

4.1.2.4.4 Erfassung nach dem KVB-Modell und Kohleninhaltsberechnung

Entsprechend den wechselhaften Lagerstätten- und Aufschlußverhältnissen wurde das nordöstliche Ruhrkarbon auf unterschiedliche Weise erfaßt: In der Bergbauzone (Teilgebiet 4.1) sind die meisten abgebauten Lagerstättenteile nicht miterfaßt. Bei der westlichsten Großscholle 252 wurde die Tektonik stärker generalisiert und die Blockeinteilung oft so vereinfacht, daß über den sonst üblichen Grenzkriterien hinweg tektonische Einheiten zu jeweils einem Block zusammengefaßt wurden. Die anschließenden Großschollen 253 und 254 sind auf „vereinfachte Weise" (s. Kap. 4.1.2.1.2) erfaßt.

In den teils zur Bergbau-, teils zur Explorationszone zu rechnenden Großschollen 255 bis 257 (Teilgebiet 4.2) erfolgten die tektonischen Auswertungen im Maßstab 1 : 10 000 und die Blockeinteilung in differenzierter Form. Die übrigen Großschollen (Teilgebiete 4.3 u. 4.4) wurden nach dem KVB-Modell auf der Grundlage von Projektionen im Maßstab 1 : 50 000 erfaßt, da sie zur randlichen Explorations- beziehungsweise unaufgeschlossenen Zone zu rechnen sind.

Der gesamte Kohleninhalt auf einer Fläche von 1 070 km^2 beträgt 34,212 Mrd. m^3 abzüglich eines Abbauanteils von rund 50 Mio. m^3. Die rund 1,2 Mrd. m^3 Kohleninhalt aus Flözen mit über 1 m Kohlemächtigkeit oberhalb –1 200 m NN finden sich hauptsächlich in der Bergbau- und Explorationszone. Die Teilgebiete 4.3 und 4.4 haben hieran einen Anteil von nur ca. 16 %. Betrachtet man jedoch den darunterliegenden Kohleninhalt von ca. 1,8 Mrd. m^3 zwischen –1 200 m NN und –1 500 m NN, so verschiebt sich deren Anteil auf 80 %. Dieser Trend spiegelt sich noch besser im Vergleich der Diagramme in Abbildung 29 wider.

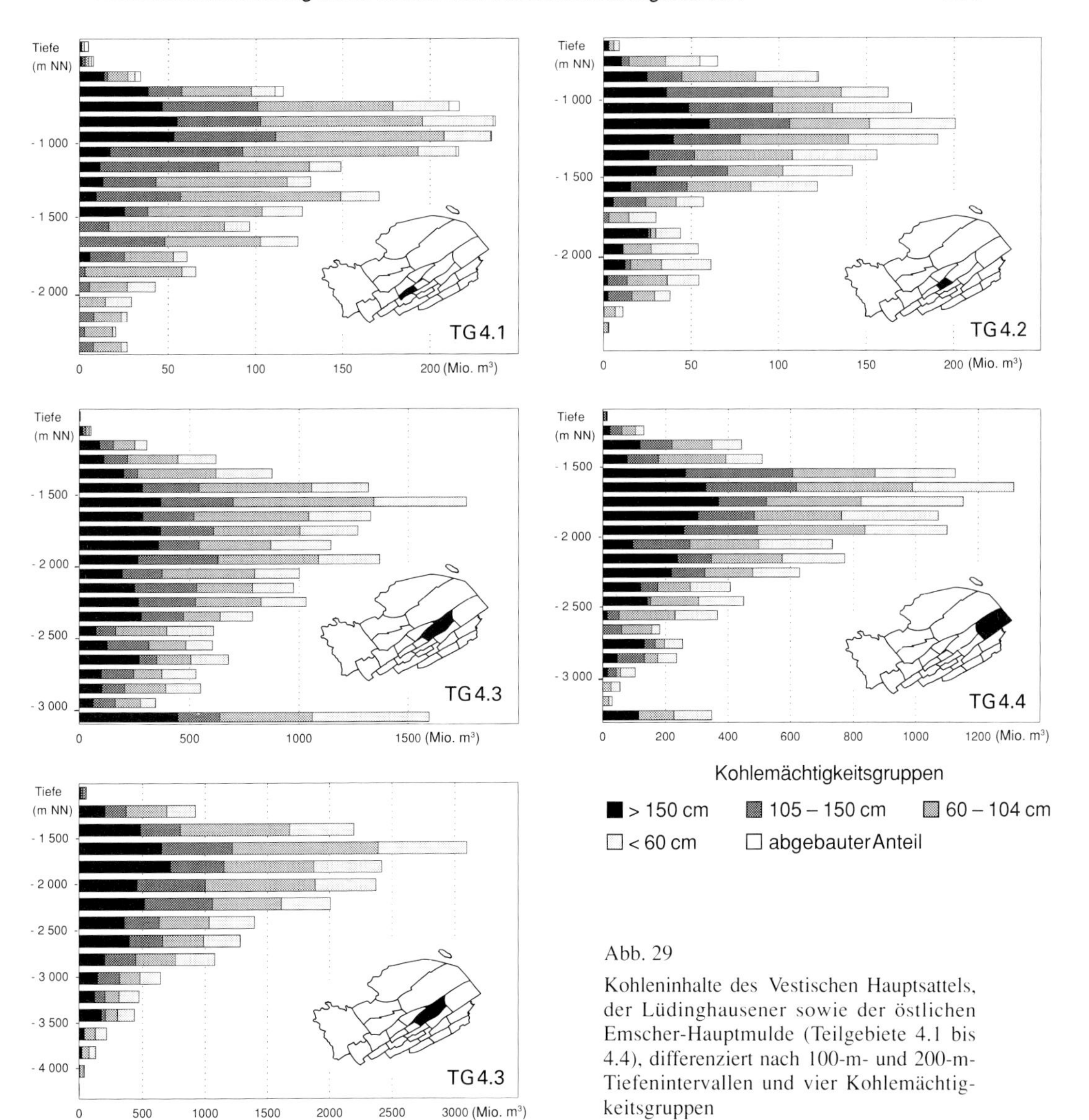

Abb. 29

Kohleninhalte des Vestischen Hauptsattels, der Lüdinghausener sowie der östlichen Emscher-Hauptmulde (Teilgebiete 4.1 bis 4.4), differenziert nach 100-m- und 200-m-Tiefenintervallen und vier Kohlemächtigkeitsgruppen

4.1.2.5 Lippe-Hauptmulde und Explorationszone Niederrhein

4.1.2.5.1 Abgrenzung und geologische Beschreibung

Die weitgehend durch Bergbau und Exploration erschlossene Lippe-Hauptmulde bildet rechtsrheinisch die nördlichste ausgeprägte Trogmulde des Ruhrkarbons. Im Süden grenzt sie an den Vestischen Hauptsattel beziehungsweise dessen nordöstlichen Ausläufer, den Auguste-Victoria-Hauptsattel. Im Norden bildet im allgemeinen das Höchste des Dorsten-Sendener Hauptsattels die Begrenzung. Da beide Hauptelemente nach Westen zu weitgehend auslaufen und kaum noch eindeutig festzulegen sind oder gar eine bedeutendere tektonische Struktur darstellen, wurden dort die Abgrenzungen anders gewählt: So reicht das westlichste Teilgebiet 5.1 vom Ausstrich des Flözes Sarnsbank im Süden bis zum Nordrand der Explorationszone, die auch die Grenze des Teilgebiets 5.2 im äußersten Nordwesten bildet.

Die Karbon-Oberfläche liegt zwischen ca. –200 m NN im Westen und –1 300 m NN im Nordosten (s. Abb. 18, S. 229). In den westlichen Teilgebieten 5.1 und 5.2 sinkt sie flach nach Nordwesten ab, wird aber durch eine ausgeprägte Bruchtektonik in unterschiedlicher Weise versetzt. In den östlichen Teilgebieten hingegen sinkt sie zwar relativ kontinuierlich nach Nordosten ab, steigt jedoch zum Dorstener Hauptsattel hin wieder etwas an.

Die Tiefenlage von Flöz Sarnsbank sinkt im westlichsten Teilgebiet 5.1 von –500 m NN im Südwesten rasch auf –2 500 m NN im Nordosten ab. In den übrigen Teilgebieten schwankt sie hingegen meist um –2 500 m NN und erreicht im Nordosten zunehmend auch Werte unter –3 000 m bis hin zu –3 500 m NN (s. Abb. 20, S. 233).

In größeren Gebietsteilen der Lippe-Hauptmulde liegen bedeutende Abschnitte des Westfals C auf dem fast überall recht vollständig verbreiteten Westfal A und B. Die über ca. 30 km streichender Länge sehr regelmäßig gebaute Trogmulde erreicht ca. 10 km Breite und weist nur flachwellige Spezialfaltung sowie geringfügige Überschiebungstektonik auf. Trotz dieses generellen Unterschieds zu den im Südosten liegenden Hauptmulden könnte das Auslaufen der Lippe-Hauptmulde in beiden Richtungen mit den dortigen axialen Hochstrukturen zusammenhängen: So geht der axiale Anstieg zum Krefelder Gewölbe einher mit der Auflösung der Hauptstruktur in zahlreiche kleinere Falten- und Überschiebungselemente. Durch das – vermutete – Konvergieren vom Dorstener Hauptsattel und Auguste-Victoria-Hauptsattel im weiteren Bereich der Dortmunder Achsenaufwölbung verschwindet die Lippe-Hauptmulde nach Osten, möglicherweise analog zum Auslaufen der Lüdinghausener Hauptmulde nach Westen.

Wie in den südlich gelegenen Hauptmulden bestimmen auch in der Lippe-Hauptmulde größere Querstörungen die Grenzen der Großschollen. Horstschollen sind durch Bergbau erschlossen, während Grabenschollen meist erst in den letzten Jahren durch moderne Exploration erkundet wurden (vgl. Abb. 22, S. 235).

4.1.2.5.2 Erfassung nach dem KVB-Modell und Kohleninhaltsberechnung

Die oberste Erfassungsgrenze ist in der Lippe-Hauptmulde meistens die Karbon-Oberfläche. Stärker abgebaute Lagerstättenteile wurden nur örtlich in größerem Umfang ausgeklammert, so vor allem in den Großschollen 324 und 325 (vgl. Abb. 23, S. 235). Die Erfassung nach dem KVB-Modell erfolgte im allgemeinen auf der Grundlage von Flözprojektionen im Maßstab 1 : 10 000, mit Ausnahme der Großscholle 336 (1 : 25 000) und 266 (1 : 50 000). Auch die Blockeinteilung war meist in der üblichen Weise möglich. Ausnahmen bilden die Großschollen 261, 262, 328 und 335, wo teils aus arbeitstechnischen Gründen, teils infolge geringer Aufschlußdichte eine mehr zusammenfassende vereinfachte Blockeinteilung vorgenommen wurde.

Insgesamt beträgt der in der Lippe-Hauptmulde auf ca. 920 km^2 erfaßte Kohleninhalt 35,860 Mrd. m^3. Hiervon sind noch ca. 725 Mio. m^3 abzuziehen, die sich aus den im KVB-Modell erfaßten abgebauten Flözteilstücken und den Förderzahlen der letzten 10 Jahre errechnen. Unter Berücksichtigung dieser Abbauanteile stehen in der Lippe-Hauptmulde noch ca. 5,37 Mrd. m^3 in Flözen mit mehr als 1 m Kohlemächtigkeit oberhalb von –1 200 m NN an, wovon sich über die Hälfte (ca. 2,9 Mrd. m^3) im Teilgebiet 5.2 befinden.

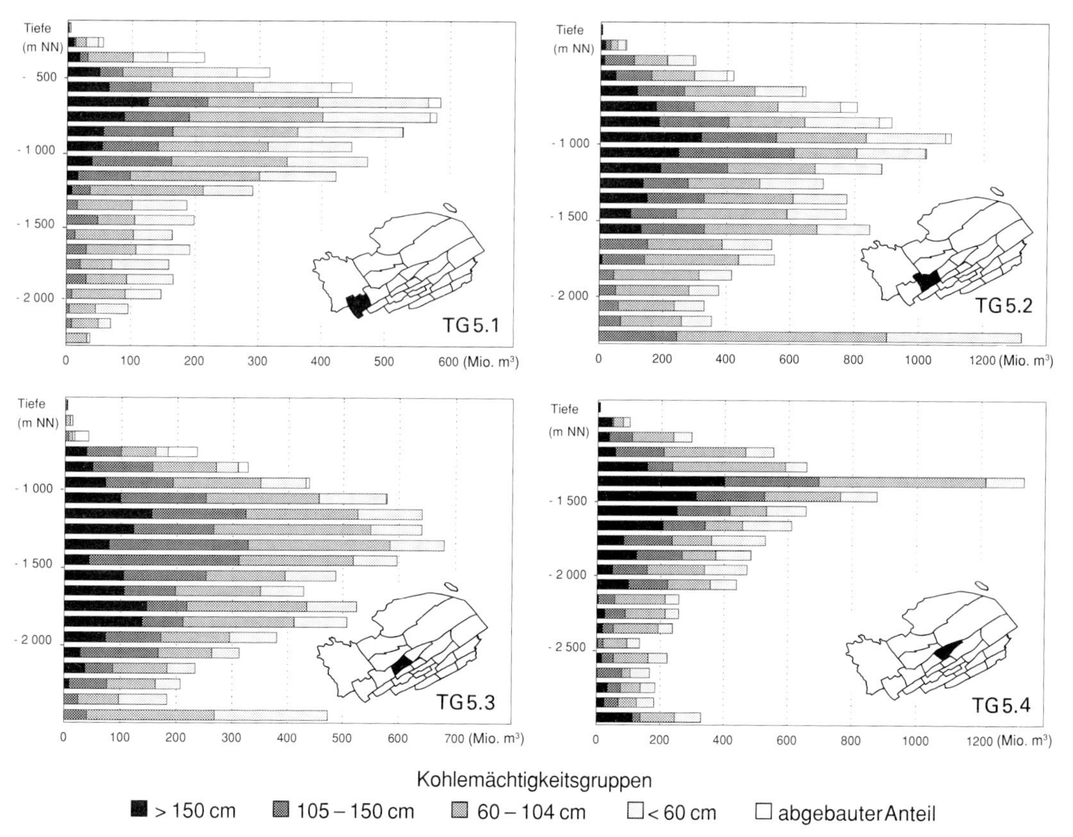

Abb. 30 Kohleninhalte der Lippe-Hauptmulde (Teilgebiete 5.1 bis 5.4), differenziert nach 100-m-Tiefenintervallen und vier Kohlemächtigkeitsgruppen

Diese – trotz regelmäßiger Lagerstättenstruktur – ungleichmäßige Verteilung des Kohleninhalts läßt sich auf folgende geologische Gegebenheiten und Grenzkriterien zurückführen. Nach Westen hin steigt das Karbon stark an, so daß neben der Verringerung des gesamten Kohleninhalts und starkem Abbau sich auch die flözärmeren Abschnitte des unteren Teils des Westfals A entsprechend auswirken. Zusätzlich ist dort die Kohleführung der Bochum-Schichten (oberer Teil des Westfals A) erheblich geringer als im Südosten. Nach Nordosten wiederum sinkt das Maximum der Kohleführung zunehmend unter die Tiefe von – 1 200 m NN (s. Abb. 30). Das zweite tiefere Kohleführungsmaximum im Teilgebiet 5.3 läßt sich vermutlich auf die regional ungewöhnlich große Tiefenlage im Marler Graben zurückführen. Darüber hinaus fällt vielfach ein relativ großer Anteil geringmächtiger Flöze auf.

4.1.2.6 Unaufgeschlossene Zone Niederrhein – Münsterland

In Anlehnung an den von Kukuk & Mintrop (1913) geprägten Begriff „unaufgeschlossene Zone“ werden alle Großschollen nördlich des Dorsten-Sendener Hauptsattels beziehungsweise im Westen nördlich der Explorationszone zusammengefaßt. Im Nordwesten werden sie durch die Staatsgrenze zu den Niederlanden begrenzt, im Nordosten durch tektonische Randelemente des Norddeutschen

Beckens (vgl. Kap. 4.1.1). Neben der regionalgeologischen Position ist allen diesen Großschollen eine große Tiefenlage der Karbon-Oberfläche und ein äußerst schlechter Bekanntheitsgrad des Karbons gemeinsam.

4.1.2.6.1 Abgrenzung und geologische Beschreibung der Bereiche Niederrhein und Schermbecker Mulde (Teilgebiete 6.1 und 6.2)

Abgesehen von Explorations- und Staatsgrenze im Süden, Westen und Norden wird dieser Bereich im Nordosten begrenzt von hypothetischen „Querstörungen" und flachwelligen Spezialfalten in der Raesfelder Hauptmulde.

Die Karbon-Oberfläche sinkt am Niederrhein von ca. –200 m NN im Südwesten nach Norden auf ca. –1 200 m NN ab, wobei die Tiefenlinien infolge intensiver Bruchtektonik recht unregelmäßig verlaufen (s. Abb. 18, S. 229, u. Taf. 1 in der Anl.). In einem ca. 15 km breiten Streifen südlich der Staatsgrenze schwankt die Tiefenlage der Karbon-Oberfläche um ca. –1 500 m NN. Auch Flöz Sarnsbank sinkt nach Norden von –500 m NN im Südwesten auf unter –3 500 m NN im Norden und Nordosten ab (s. Abb. 20, S. 233).

Wichtige Stützpunkte und -linien für die geologischen Auswertungen waren neben dem Anschluß an die gut bekannte Zone im Süden einige weiter nach Norden vorgesetzte moderne Explorationsbohrungen und seismische Linien. Die flächendeckende Bearbeitung war dort jedoch nur mit den in großen Teilen des Gebiets niedergebrachten zahlreichen Mutungsbohrungen und einer Reihe älte-

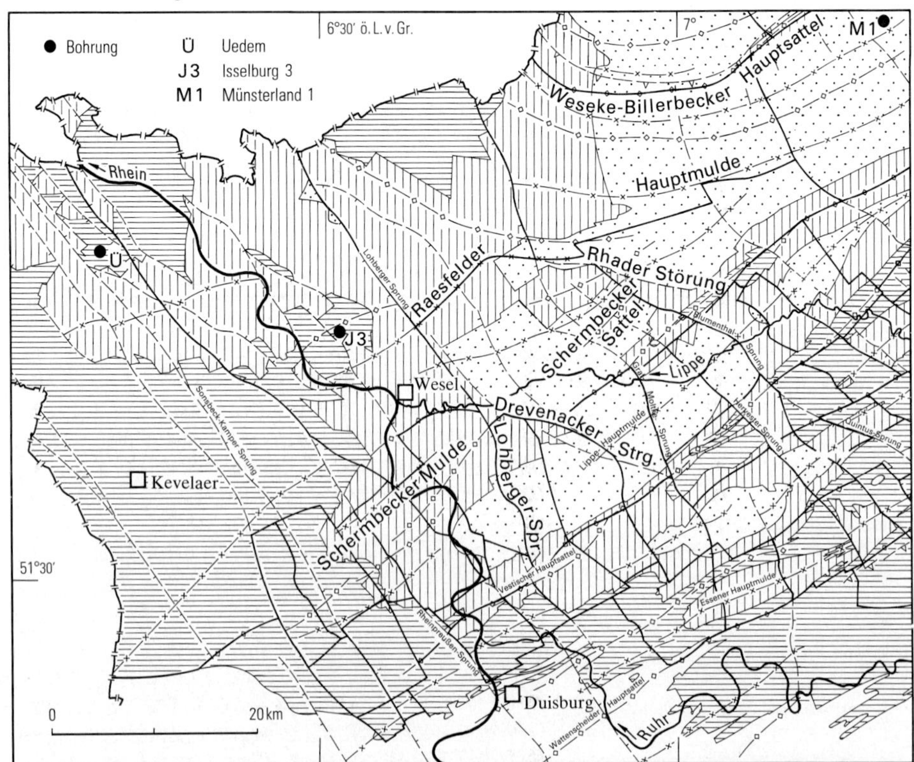

Abb. 31 Geologie des Karbons im Niederrheingebiet, dargestellt an der Karbon-Oberfläche (Legende s. Abb. 19, S. 230/231)

rer seismischer Untersuchungen möglich. So wurde ungefähr ein Drittel dieser Bohrungen (ca. 90) genauer überarbeitet (im Maßstab 1 : 200), um über die lithostratigraphische Einstufung der – in diesen Fällen – über 100 m langen Profile Hinweise für die Flözprojektionen zu bekommen. Für die Projektion der örtlichen Tiefenlage von Flöz Sarnsbank war auch eine Neueinstufung der Bohrung Isselburg 3 von Bedeutung (vgl. Kap. 4.1.2.4.2). Abweichend von der ursprünglichen Einstufung nach WOLBURG (1971), werden in dieser Bohrung der Plaßhofsbank-Horizont bei 1 990 m und der Sarnsbank-Horizont bei 2 577 m Teufe angenommen.

Trotz ausschließlich flacher Lagerung ändern sich die tektonischen Verhältnisse örtlich rasch und lassen sich – anders als in den zuvor beschriebenen Gebieten – ohne ausreichende Stützpunkte über größere Entfernung nicht einmal in groben Zügen vorhersagen. So tritt zum Beispiel nach PLEIN & DÖRHOLT & GREINER (1982) am unteren Niederrhein Namur an die Karbon-Oberfläche, während nach den vorliegenden Auswertungen dort Flöze im Grenzbereich des Westfals A/B anstehen müßten. Ursache für diese Probleme ist eine flachwellige Faltung, die zwar weitgehend dem Generalstreichen des Ruhrkarbons zu folgen scheint, dabei jedoch nur wenig ausgeprägte Strukturen zeigt. Außerdem gleicht sich die Lagerung im Karbon nach Norden in zunehmendem Maße der Lagerung im Deckgebirge an, was auf eine postvariscische Tektonik hinweist.

Die vor allem am Niederrhein (Teilgebiet 6.1, Großschollen 431 u. 432) ausgebildete Bruchtektonik folgt zwar einem scheinbar einheitlichen Trend (Nordwest – Südost; s. Abb. 31); durch sehr spitzwinkliges Störungsüberschneiden und Westnordwest – Ostsüdost streichende Elemente entsteht jedoch ein vielfältiges Schollenmosaik, das nur mit einigen Unsicherheiten projiziert werden kann. Hinzu kommt eine gewisse Eigenständigkeit der Deckgebirgstektonik, die zum Beispiel beim Auftreten von Evaporiten (Salz) auch die Interpretation der Seismik erschwert. Auf der allgemeinen Projektionserfahrung in diesem Raum aufbauend, wurden die mitunter über 500 m erreichenden Sprungbeträge an der Karbon-Oberfläche auch für das Karbon angenommen (vgl. auch WOLF 1985).

Die Änderungen dieser Tektonik nach Osten sind nur schlecht belegt. So besteht bei Schermbeck (im Südwestteil der Großscholle 433) vor allem aufgrund fehlender Seismik eine erhebliche Unsicherheit der Flözprojektionen. Die folgenden strukturgeologischen Erkenntnisse sind daher nicht vollständig abgesichert.

Am Nordostrand des Lohberger Horstes (Teilgebiet 6.2, Großscholle 326) scheinen sich die größeren Sattelstrukturen noch in kleineren Falten oder Überschiebungen jenseits der Drevenacker Störung wiederzufinden (in beiden Richtungen gesehen), demzufolge eine größere Seitenverschiebung (Versatz des Dorstener Hauptsattels um 4 km) wohl ausgeschlossen werden kann. Andererseits dürfte aber auch keine direkte Verbindung zwischen dem westlichen Dorstener Hauptsattel oder dem Spellener Sattel und dem im Bereich des Marler Grabens und weiter westlich gut ausgeprägten und belegten Sattel bei Schermbeck bestehen, der ca. 5 km nordwestlich des östlichen Dorstener Hauptsattels liegt. Dieser „Schermbecker Sattel" endet allerdings anscheinend nach Nordosten wieder rasch noch vor Erreichen der Rhader Störung, deren Existenz und Funktion durch konkrete Hinweise gesichert zu sein scheint, die jedoch keine sichere Deutung erlaubt. Weiter im Osten kann man für den größten Teil der Großscholle 274 die flachen, ruhigen Lagerungsverhältnisse der breiten Raesfelder Hauptmulde annehmen. Auch die Bruchtektonik ist im Teilgebiet 6.2 mangels Aufschlüssen und infolge mehrdeutiger alter Seismik äußerst unklar. Sie wurde daher mit nach Norden abnehmenden Verwurfsbeträgen projiziert, sofern es die anderen Konstruktionszwänge zuließen.

Die Flözprofile wurden nach einer Übersichtsauswertung von Flözabständen und Kohlemächtigkeiten aufgestellt, wobei neben Informationen der Bergbau- und Explorationszone auch die weit vorgesetzten Bohrungen, wie zum Beispiel Uedem 1 und Isselburg 3, sowie weiter entfernte Bohrungen in den Niederlanden genutzt wurden. Im Südosten wurden die Informationen direkt aus den dort stehenden Bohrungen und den jeweils benachbarten, gut aufgeschlossenen Gebieten übernommen. Dabei fielen unter anderem die zwischen Marler Graben und Lohberger Horst in Nordost-Südwest-Richtung relativ stark wechselnden faziellen Verhältnisse auf.

Der am linken Niederrhein (Großscholle 431) im unteren Teil des Westfals A nachgewiesene Trend der Flözverschlechterung wurde auch für die im Nordwesten des Teilgebiets 6.1 nicht aufgeschlossenen höheren stratigraphischen Abschnitte angenommen. Insofern wurden dort die im Südosten nachgewiesenen Kohlemächtigkeiten der Einzelflöze im Westfal A und B (Flöze Girondelle 1 bis O/N/M) halbiert unter Beibehaltung der Flözabstände.

4.1.2.6.2 Abgrenzung und geologische Beschreibung des Bereichs Münsterland (Teilgebiete 6.3 bis 6.5)

Die Südgrenze des Gebiets wird im Südosten vom Dorsten-Sendener Hauptsattel gebildet, im Südwesten von einigen Achsen flachwelliger Falten in der Raesfelder Hauptmulde und dem sehr schematisch nach Nordwesten verlängerten „Lohberger Sprung". Im Anschluß an die Staatsgrenze im Westen folgt nach Osten der Rand des Niedersächsischen Tektogens beziehungsweise der Rheinischen Masse (WOLBURG 1952) als nördliche Gebietsgrenze. Sie entspricht weitgehend der Erfassungsgrenze von HEDEMANN et al. (1984). Der schematisch konstruierte Nordrand der Großscholle 442 ist örtlich mittels Seismik als große, nach Westen hin abnehmende Abschiebung im Karbon erkennbar (s. Abb. 19, S. 230/231).

Die zur Karbon-Scholle von Ibbenbüren (Teilgebiet 6.6, Großschollen 511 u. 513) bestehende Lücke von über 5 km entspricht der südlichen Randzone des Osning-Lineaments (vgl. DROZDZEWSKI 1985). Aufgrund der verschiedenen, im Laufe der Zeit gegensinnigen tektonischen Bewegungen dürfte diese Zone recht zerrüttet sein. Insofern behält die ursprüngliche Grenzziehung in den Projektionen für das KVB-Modell noch eine gewisse Berechtigung, auch wenn die überarbeitete Projektion der Karbon-Oberfläche die Lücke zur Ibbenbürener Karbon-Scholle schließen konnte (vgl. Kap. 4.1.1.1, Abb. 18, S. 229, u. Taf. 1 in der Anl.). Weitere Diskrepanzen zwischen den tektonischen Elementen der älteren Flözprojektionen und der neueren Darstellung der Karbon-Oberfläche weisen mehr auf die generelle Projektionsunsicherheit hin als auf die Richtigkeit der einen oder anderen Version. Bezüglich der Tiefenlage der Karbon-Oberfläche und von Flöz Sarnsbank wird auf Kapitel 4.1.1.1 und 4.1.1.3 verwiesen.

Die Flözprojektionen beruhen auf der Auswertung von über 150 seismischen Profilen meist älterer Herkunft, die nur bei sehr wenigen, meist randlichen und oft nicht eindeutigen Bohrungen eingehängt werden konnten. Trotz mancher Unsicherheiten dürften folgende Strukturelemente relativ gut abgesichert sein:

In den östlichen Großschollen (276 – 279 u. 442) herrscht ein flachwelliger Faltenbau mit einem Streichen vor, das dem des Ruhrkarbons entspricht (s. Abb. 19, S. 230/231, Abb. 31 u. Taf. 2 in der Anl.). In der Mitte des Gebiets wurde der Billerbecker Hauptsattel in der Tiefbohrung Münsterland 1 nachgewiesen. Dieser Sattel steht mit weiteren ausgeprägten Sätteln in Verbindung – zum Beispiel dem Darfelder Sattel –, die Flanken mit bis zu 40° Einfallen haben können. Sie lassen

Abb. 32
Schnittserie durch den Weseke-Billerbecker Hauptsattel

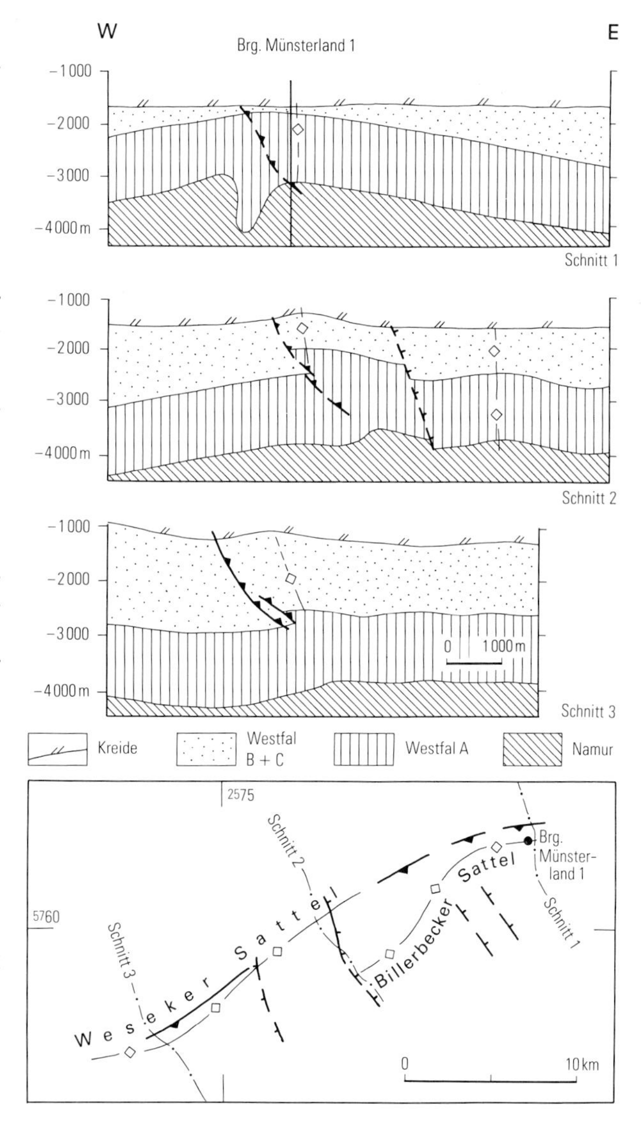

sich im Zusammenhang als „Antiklinorium" deutlich nach Nordosten und nach Westen weiterverfolgen. Dort stehen sie mit dem Weseker Sattel in Verbindung, weshalb die Bezeichnung „Weseke-Billerbecker Hauptsattel" für die Großstruktur vorgeschlagen wird. Eine Auswertung aller seismischen Profile für diese Großstruktur zeigt nach Westen deutlich den Übergang vom diskordanten zum mehr „konkordanten" Charakter des Karbon-Sattels mit dem Deckgebirge – noch vor seinem Umschwenken in die Ost-West-Richtung (s. Abb. 32).

Auch in den im Nordwesten und Südosten angrenzenden Muldenbereichen, die durch den weiten Ausstrich des Westfals C an der Karbon-Oberfläche gekennzeichnet sind, tritt vielfach flachwellige Lagerung auf. Diese wird in der Großscholle 276 und deren Nachbarschaft nach Süden durch die ruhige flache Lagerung der breiten Raesfelder Hauptmulde abgelöst. Dort ergibt sich mit einiger Wahrscheinlichkeit konstruktiv ein so großer Tiefgang der Mulde, daß noch mit dem Auftreten von Westfal D an der Karbon-Oberfläche gerechnet werden kann.

Der im Kartenbild (s. Abb. 19, S. 230/231, u. Taf. 2 in der Anl.) deutlich hervortretende axiale Anstieg nach Osten ist besonders in den Großschollen 278 und 279 seismisch nur wenig abgesichert, dürfte aber im Prinzip richtig sein. Daneben gibt es mehrere Gebiete örtlich unterschiedlichen axialen Auf- und Abtauchens der flachen Falten, deren streichende Kontinuität hierdurch bedingt vielfach stark begrenzt wird. Das trifft in besonderem Maße auch für die stärker ausgeprägten Falten im Ostteil der Großscholle 442 zu.

Ähnliche Änderungen des Faltenspiegels führen im Westen zu einer Art Querfaltung, die einhergeht mit dem Achsenumbiegen in die Ost-West-Richtung, zunehmender Konkordanz mit dem Deckgebirge und einem generellen axialen Anstieg nach Westen. Die dabei auftretenden Unsicherheiten bei der Flözkonstruktion im Detail und der Verbindung einzelner Falten und Störungselemente miteinander beruhen teils auf dem raschen Strukturwechsel (Großscholle 441), teils auf der schlechten Qualität sehr alter Seismik oder auf Informationslücken (Großscholle 434).

Grundlage der Aufstellung der Flözprofile waren neben den Bohrungen der Explorationszone die Bohrung Münsterland 1 und Profile aus der Ibbenbürener Karbon-Scholle. Wie bereits in Kapitel 4.1.2.4.2 erwähnt, war bei der Bohrung Münsterland 1 eine Revision der traditionellen Flözansprache im Westfal A notwendig (vgl. DROZDZEWSKI & WREDE 1994: Abb. 25, dieser Band, S. 62), die gleichzeitig zu einer Überarbeitung der Flözmächtigkeiten führte. Die von RICHWIEN et al. (1963) angegebenen Werte waren stark überschätzt. Die Kohlemächtigkeiten im Teilgebiet 6.5 summieren sich auf ca. 18 m im Gegensatz zu 40 m nach den alten Angaben zur Bohrung Münsterland 1. Eine erste vorsichtigere Abschätzung mit einer Summenmächtigkeit von ca. 14 m wurde bei den Profilen des Teilgebiets 6.4 zugrunde gelegt.

Die Grundinformationen für das Westfal B und C wurden aus der Explorationszone des Ruhrkarbons im Süden und der Ibbenbürener Karbon-Scholle im Norden übernommen. Aufgrund der randlichen Lage dieser Gebiete wurde bei den Flözprojektionen entsprechend der jeweiligen Entfernung gewichtet und überwiegend synthetische Flözprofile erstellt. Die Summe der Flözabstände wurde dabei konstant gehalten, während die Kohlemächtigkeit nach Norden generell stark reduziert wurde.

4.1.2.6.3 Geologische Beschreibung des Bereichs Ibbenbüren (Teilgebiet 6.6)

Im Bereich Ibbenbüren beschränkten sich die 1984 abgeschlossenen geologischen Auswertungen im Maßstab 1 : 10 000 und die Lagerstättenerfassung nach dem KVB-Modell auf die sogenannte Ibbenbürener Karbon-Scholle. Flöz Glücksburg (Ruhr-Einheitsbezeichnung: Flöz Volker 1) wurde dort als oberstes Flöz erfaßt, da die darüberliegenden Flöze entweder relativ geringmächtig oder großenteils abgebaut waren. Unterstes Flöz war ein fiktives Flöz „104“, das das Westfal B zur Tiefe hin abschließen sollte. Dieses dem Flöz Katharina entsprechende Flöz sowie zwölf weitere Flöze darüber (davon sieben mit über 30 cm Kohlemächtigkeit) wurden noch unter den seinerzeit nachgewiesenen Flözen dieses Bereichs in die Flözprofile eingefügt, in Anlehnung an eine Bohrung in der Lippe-Hauptmulde, und zwar nach folgenden Gesichtspunkten:

Die Gesamtschichtenmächtigkeit bislang aufgeschlossener, einander entsprechender stratigraphischer Abschnitte ändert sich vom nordwestlichen Ruhrkarbon bis nach Ibbenbüren kaum, die Kohlemächtigkeit hingegen reduziert sich auf ca. ein Drittel. Dies wurde inzwischen auch durch Untertagebohrungen im Ibbenbürener Revier bestätigt. Etwas abweichend von früheren Projektionen wurde für die im Westfeld (Großscholle 513) unter Flöz 2 angetroffenen Überschiebungen ein Einfallen nach Südosten angenommen in Analogie zu den Überschiebungen im Ostfeld (Großscholle 511).

4.1.2.6.4 Erfassung nach dem KVB-Modell und Kohleninhaltsberechnung

Abgesehen von der Ibbenbürener Karbon-Scholle waren Flözprojektionen im Maßstab 1 : 50 000 die Grundlage für die Erfassung aller Großschollen dieses

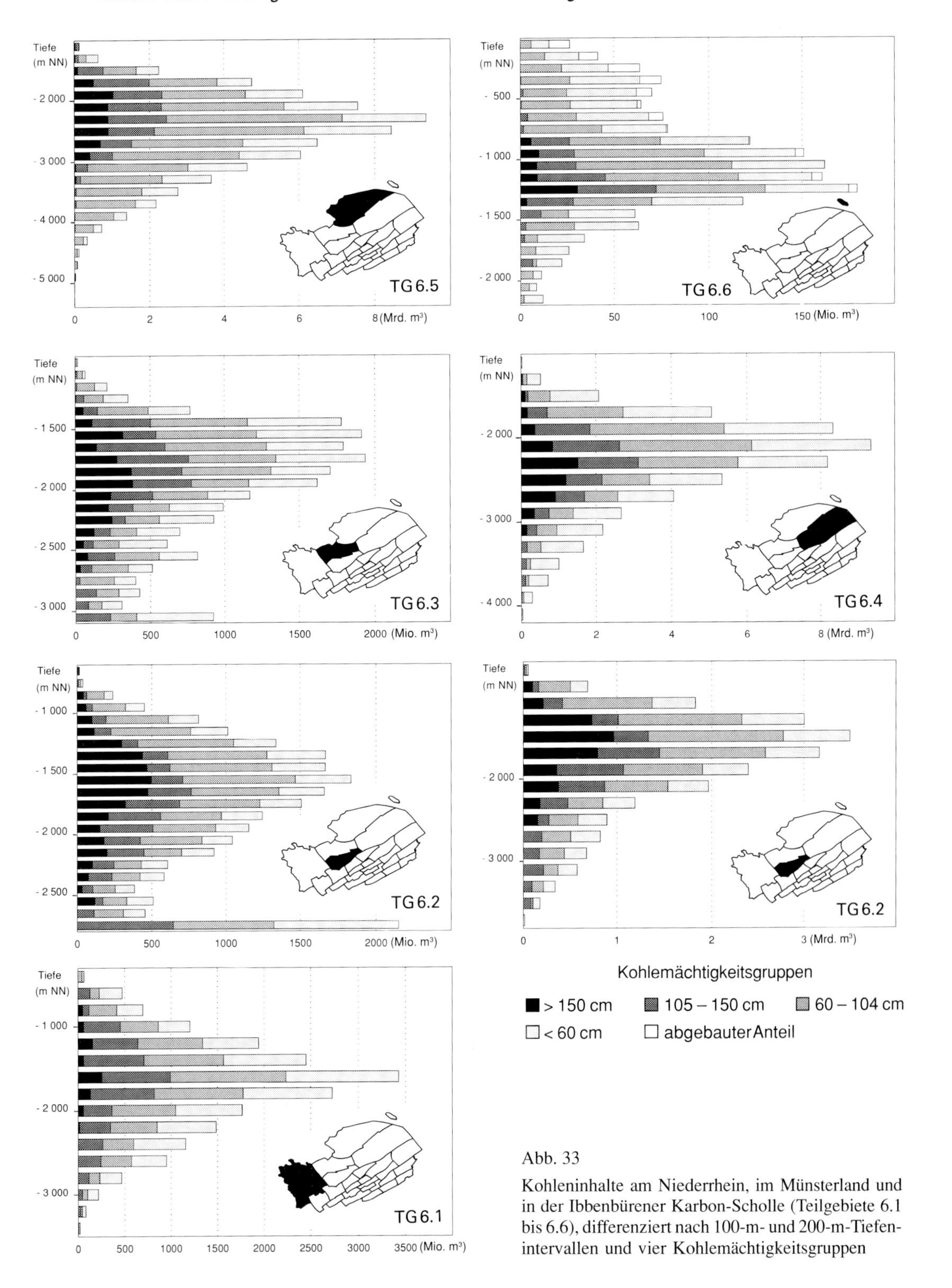

Abb. 33

Kohleninhalte am Niederrhein, im Münsterland und in der Ibbenbürener Karbon-Scholle (Teilgebiete 6.1 bis 6.6), differenziert nach 100-m- und 200-m-Tiefenintervallen und vier Kohlemächtigkeitsgruppen

Gebiets. Dabei wurden neben den Flözen Sarnsbank, Katharina, Äegir und Hagen noch zahlreiche weitere Flöze örtlich projiziert, um die Erfassungslücken zur Karbon-Oberfläche möglichst gering zu halten (vgl. Kap. 3.3.4).

Insgesamt wurden in dem ca. 5 300 km² großen Gebiet 181,2 Mrd. m³ Kohleninhalt erfaßt. Davon sind noch 105 Mio. m³ aus abgebauten Flözteilstücken der Ibbenbürener Karbon-Scholle abzuziehen. Hinzu kommen 1 Mrd. m³ für das nicht erfaßte Westfal A in der Ibbenbürener Karbon-Scholle sowie ca. 2 Mrd. für die Erfassungslücke südlich davon – setzt man die für die Bohrung Münsterland 1 angenommenen Kohlemächtigkeiten voraus. Oberhalb –1 200 m NN stehen in Flözen mit mehr als 1 m Kohlemächtigkeit ca. 1,9 Mrd. m³ an – jedoch fast ausschließlich in den Teilgebieten 6.1, 6.2 und 6.6.

Entsprechend gering dürfte auch die mögliche Korrektur sein, die sich aus einer durch die Revision der Karbon-Oberfläche bedingte Tieferlegung der Erfassungsobergrenze ergäbe (vgl. Kap. 4.1.1.1). Sie würde vor allem die Großscholle 441 im Teilgebiet 6.5 betreffen und größenordnungsmäßig einige hundert Millionen Kubikmeter nicht überschreiten.

Die Kohleführung in den westlichen Teilgebieten (6.1 – 6.3) erreicht relativ einheitlich ihr Maximum bei ca. –1 500 m NN und weist erhöhte Werte zwischen –1 300 m und –2 000 m NN auf (s. Abb. 33). Gleichzeitig nehmen jedoch die Teilmengen unter –2 000 m NN von Südwesten nach Nordosten zu. Wie bereits erörtert, ist im Teilgebiet 6.1 ein besonders geringer Anteil mächtiger Flöze zu erwarten.

Auch die nordöstlichen Teilgebiete 6.4 und 6.5 haben eine untereinander recht ähnliche Kohleführung: Die Maxima liegen bei ca. –2 200 m NN, die Intervalle mit erhöhter Kohleführung zwischen –1 600 m und –3 000 m NN (Teilgebiet 6.5) beziehungsweise –1 800 m und –2 800 m NN (Teilgebiet 6.4) (s. Abb. 33). Die in beiden Teilgebieten unterschiedlichen Mächtigkeitsanteile lassen sich teilweise auf die vorsichtigere Mächtigkeitsabschätzung beim Teilgebiet 6.4 zurückführen (s. auch Kap. 4.1.2.6.2). Die Kohleninhaltsberechnung der Ibbenbürener Karbon-Scholle läßt sich mit den anderen Teilgebieten nicht vergleichen, da das Westfal A dort nicht erfaßt und berechnet wurde.

4.1.3 Kohleninhaltsberechnung Ruhrkarbon

Faßt man die Gebiete südlich des Dorsten-Sendener Hauptsattels zusammen, so ergibt sich für das Ruhrkarbon ein mittels des KVB-Modells erfaßter Gesamtkohleninhalt von 115,121 Mrd. m³, von denen noch ca. 2 Mrd. m³ wegen Abbaus abzuziehen sind. Dazu wäre noch der Kohleninhalt des Namurs C unterhalb des erfaßten Westfals von rund 12 Mrd. m³ zu rechnen, der folgendermaßen ermittelt wurde:

Unter Bezug auf die Mächtigkeiten im Gesamtschichtenschnitt (HEDEMANN et al. 1972) und bei einer Mindestmächtigkeit von 30 cm beträgt die aufsummierte Kohlemächtigkeit ca. 330 cm. Sie verteilt sich zur Hälfte auf Flöze unter 60 cm und zu gut einem Drittel auf Flöze mit über 1 m Kohlemächtigkeit (vgl. auch HOLLMANN 1967). Nimmt man – wie beim Westfal – auch für den oberen Teil des Namurs C an, daß generelle Mächtigkeitsänderungen senkrecht zur Hauptfaltenachsenrichtung erfolgen, so könnte man diese Kohleführung bis zum Dorsten-Sendener Hauptsattel extrapolieren (gestützt auf einen Namur-C-Aufschluß bei Waltrop im Gelsenkirchener Hauptsattel). Daraus ergibt sich bei einer Fläche von rund 3 500 km² ein Gesamtkohleninhalt von ca. 12 Mrd. m³. Geht man hingegen von

Tabelle 2

Kohleninhalte im Ruhrkarbon und Münsterland

Bereich (Teilgebiete) (Lage s. Abb. 22)		Fläche (km^2)	Kohleninhalt (Mio. m^3)						
			gesamt	abgebauter Anteil (Stand 1990)	Kohlemächigkeit > 100 cm				
					Flöze oberhalb −1 200 m NN				Flöze −1 200 bis −1 500 m NN
					Flözeinfallen				
					< 20 gon	20 – 45 gon	> 45 gon	gesamt	
Bochumer Hauptmulde (1.1 – 1.4)		400	13 417	858	2 301	1 430	920	4 651	944
Essener Hauptmulde (2.1 – 2.4)		630	15 827	113	1 496	860	789	3 145	2 747
Emscher-Hauptmulde (3.1 – 3.4)		540	15 754	360	1 274	487	215	1 976	1 714
Vestischer Haupts. u. Lüdinghausener Hauptm. (4.1 – 4.4)		1 070	34 212	50	560	394	231	1 185	1 842
Lippe-Hauptmulde (5.1 – 5.4)		920	35 860	725	5 007	260	100	5 367	3 630
erfaßtes Ruhrkarbon (1.1 – 5.4)	gesamt	3 560	115 070	2 105	10 638	3 431	2 255	16 324	10 877
nicht erfaßtes Ruhrkarbon	stillgelegte Zone		ca. 14 000	ca. 7 000					
	Namur C		ca. 12 000						
Münsterland (6.1 – 6.5)		5 300	179 567		1 547	199	41	1 787	4 176
Ibbenbüren (6.6)		78	1 633	105	100	30		130	114
nicht erfaßtes Münsterland u. Ibbenbüren			ca. 3 000						
	gesamt		ca. 325 270	ca. 9 210					

einer bei HOLLMANN (1967) beschriebenen Tendenz der Flözverschlechterung in westliche Richtung aus, so könnte sich diese Fläche und dementsprechend der Kohleninhalt um ein Viertel oder ein Drittel reduzieren.

Die Angabe weiterer nicht im KVB-Modell erfaßter Kohleninhalte von rund 7 Mrd. m^3 beruht auf folgenden Überlegungen:

– Südlich der Bearbeitungsgrenze, das heißt vor allem in der westlichen Bochumer und in der Wittener Hauptmulde, läßt sich nach den Angaben von FETTWEIS (1954) ein ursprünglicher Kohlenvorrat von rund 3,4 Mrd. m^3 ermitteln. Hiervon dürfte ungefähr die Hälfte abgebaut sein.

– Nach FETTWEIS & STANGL (1975) wurden im Ruhrrevier bis 1970 ca. 8 Mrd. t abgebaut mit einer Ausschöpfung der ursprünglichen („geologischen") Vorratsbasis von ca. 18 Mrd. t. Zieht man davon die abgebaute Menge aus dem südlichen Gebiet und einen Teil des im KVB-Modell erfaßten abgebauten Kohleninhalts ab, so verbleiben ca. 5,5 Mrd. t, die wahrscheinlich in den aus der Erfassung ausgeklammerten Lagerstättenteilen gefördert worden sind. Der noch vorhandene „Restvorrat" könnte eine ähnliche Größenordnung haben.

Nach Umrechnung von Tonnen in Kubikmeter (mit dem Faktor 1,3) und Addition von 20 % Kohleninhalt für den bei FETTWEIS (1954) nicht berücksichtigten Anteil der geringmächtigen Flöze ergeben sich insgesamt rund 7 Mrd. m³ nicht erfaßten, noch nicht abgebauten Kohleninhalts.

Insgesamt stehen also heute im Ruhrkarbon südlich des Dorsten-Sendener Hauptsattels noch ca. 132 Mrd. m³ Kohlen an.

4.1.3.1 Kohleninhalt des Ruhrkarbons, differenziert nach Mächtigkeit, Tiefe und Einfallen

Grenzt man den im KVB-Modell erfaßten Kohleninhalt mit den bergbaulich bedeutsamen Grenzwerten von –1 500 m NN Tiefe und 60 cm Kohlemächtigkeit ab, so erhält man eine Teilmenge von ca. 47 Mrd. m³. Wenn auch die Grenzwerte der Definition des „technisch gewinnbaren Vorrats" (LEONHARDT 1981) entsprechen, so ist ein direkter Vergleich der vorliegenden Zahlen mit Angaben des bauwürdigen Vorrats nicht sinnvoll. Dies wäre nur mit Hilfe eines entsprechenden Gewinnungsfaktors möglich und dieser müßte aus dem Ausnutzungsgrad der Lagerstätte ermittelt werden. Eine bergbauliche Vorratsbewertung war jedoch nicht Gegenstand der Untersuchungen (vgl. DAUL, in Vorbereit.).

Um andererseits falsche Schlußfolgerungen bezüglich der tatsächlichen gewinnbaren Vorräte aus den hier gegebenen Mengenangaben zu vermeiden, sei folgender Hinweis gegeben: Nach exemplarischer Auswertung von als abgebaut geltenden Lagerstättenteilen zeigte sich an verschiedenen Stellen übereinstimmend, daß ca. 80 – 90 % des Abbaus in Flözen mit mehr als 1 m Kohlemächtigkeit stattfand, hier jedoch oft nur ca. 30 – 40 % der vorhandenen Flözfläche auch tatsächlich abgebaut worden war (HOFFMANN et al. 1984).

Vergleicht man die Grenzwerte der als „technisch gewinnbar" geltenden Flöze mit denjenigen von mehr als 90 % der Förderung in den letzten Jahren (nach den Jahresberichten der Bergbehörden), so stellt man folgende Diskrepanzen fest: Das Mächtigkeitskriterium verschiebt sich von 70 auf 120 cm (Flözmächtigkeit = Kohlemächtigkeit + 15 %; vgl. Kap. 3.4.4.1); beim Flözeinfallen berücksichtigt der moderne Abbau kaum noch die mäßig geneigte Lagerung bis 40 gon, sondern konzentriert sich auf die flache Lagerung unter 20 gon. Im Gegensatz dazu verschiebt sich zwar das Teufenkriterium ständig nach unten, trotzdem findet Abbau zumeist noch oberhalb –1 200 m NN statt und die technische Grenztiefe von –1 500 m NN hat nur langfristig eine Bedeutung.

Insofern bezieht sich die exemplarische Differenzierung des Kohleninhalts im folgenden (mehr) auf die genannten aktuellen Grenzwerte. Auch wurde nur für diese Teilmengen der Anteil des Abbaus anhand der Förderzahlen von 1980 bis

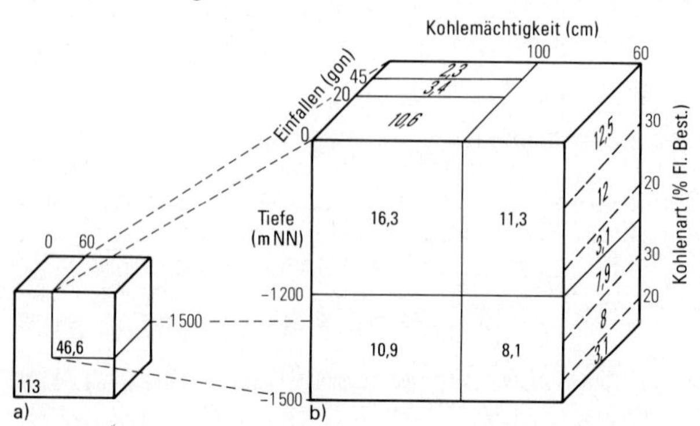

Abb. 34

Schematische Darstellung des Kohleninhalts des Ruhrkarbons südlich des Dorsten-Sendener Hauptsattels, differenziert nach unterschiedlichen Kriterien (vgl. Tab. 2 u. 4)

a) gesamter Kohleninhalt
b) Kohleninhalt oberhalb –1500 m NN in Flözen mit mehr als 60 cm Kohlemächtigkeit

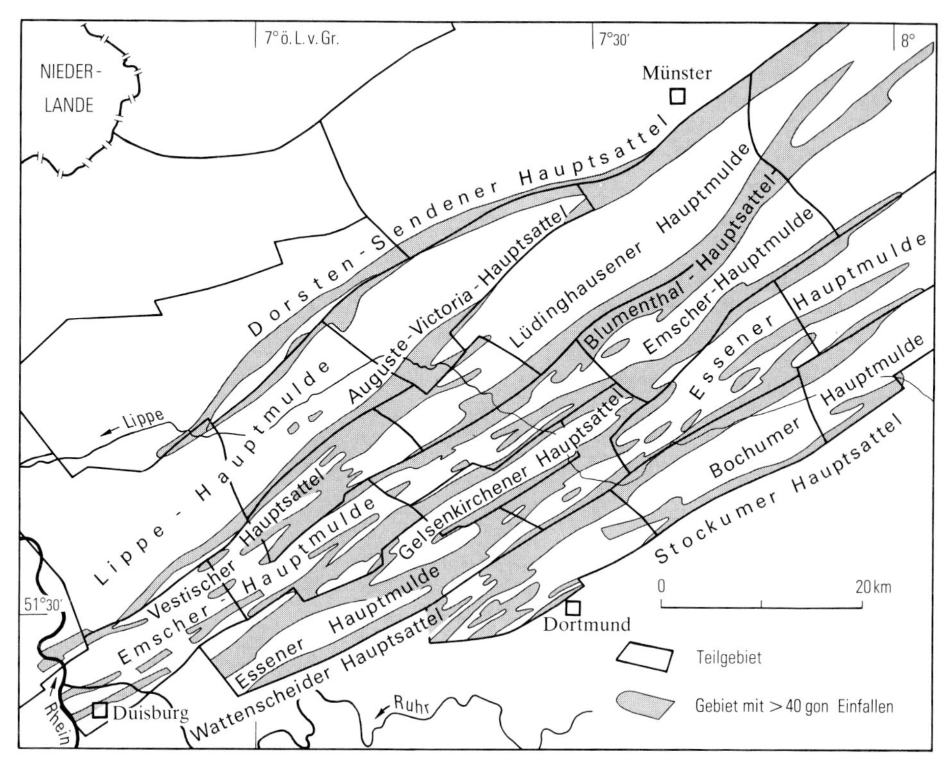

Abb. 35 Gebiete mit steiler Lagerung im Ruhrkarbon

1990 aktualisiert (s. Tab. 2). Berücksichtigt man die genannten strengeren Eingrenzungskriterien, so reduziert sich der Kohleninhalt für das Ruhrkarbon südlich des Dorsten-Sendener Hauptsattels von 47 auf 10,6 Mrd. m^3 (s. Abb. 34).

Die aus der Darstellung für den gesamten Raum zu entnehmenden Anteile des Einflusses der verschiedenen Grenzparameter auf die Gesamtmenge unterliegen dabei folgenden Schwankungen: Bezogen auf den Kohleninhalt in allen Flözen

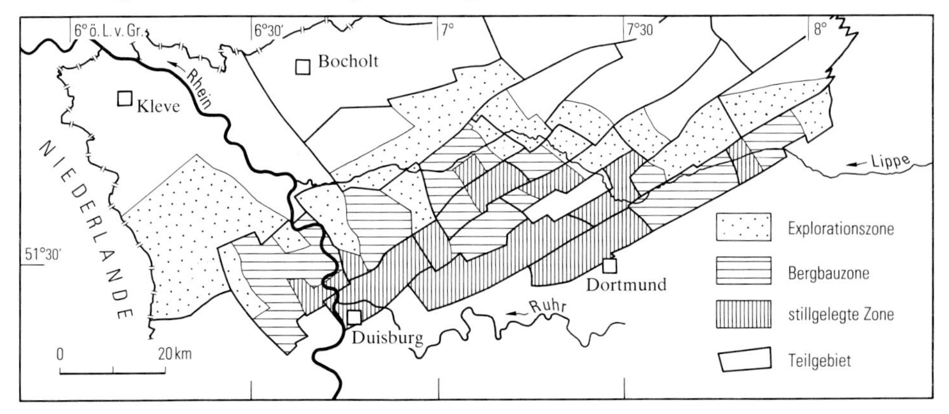

Abb. 36 Explorations-, Bergbau- und Stillegungszone des Ruhrkarbons (generalisiert). Die Begrenzung der einzelnen Zonen wurde den Grenzen der Großschollen und im Norden der Tiefenlage des Deckgebirges bei – 1000 m NN angepaßt.

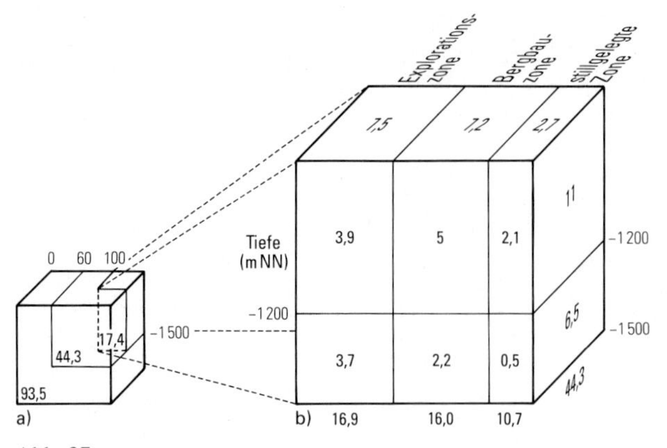

Abb. 37

Schematische Darstellung des Kohleninhalts in den unterschiedlichen Aufschlußzonen des Ruhrreviers (vgl. Tab. 3 u. Abb. 36)

a) gesamter Kohleninhalt

b) Kohleninhalt nach den Grenzbedingungen oberhalb – 1 500 m NN, über 1 m Kohlemächtigkeit und unter 20 gon Flözeinfallen, differenziert nach Explorations-, Bergbau- und Stilllegungszone. Die Zahlen außerhalb des Würfels geben den jeweiligen Kohleninhalt in Flözen mit über 60 cm Kohlemächtigkeit und ohne Einfallensbegrenzungen an.

mit über 60 cm Kohlemächtigkeit verringert sich der Anteil der Flöze mit über 100 cm Kohlemächtigkeit von 65 % im Süden auf ca. 55 % im Norden. Gleichzeitig nimmt der Anteil der flachen Lagerung von ca. 50 % in der Bochumer und Essener Hauptmulde auf ca. 64 % in der Emscher- und 93 % in der Lippe-Hauptmulde zu (vgl. Abb. 35). Der Einfluß des Tiefenkriteriums ist unter anderem stark vom Absinken der Lagerstättengrenzen (Deckgebirge, Flöz Sarnsbank) nach Norden abhängig und unterliegt größeren örtlichen Schwankungen infolge der lokalen Geologie.

Eine etwas andere Abgrenzung des Ruhrkarbons zur Differenzierung des Kohleninhalts nach den unterschiedlichen Aufschlußzonen ergibt sich aus dem Verlauf der – 1 000-m-Tiefenlinie des Deckgebirges als Nordgrenze für bergbaulich bedeutsame Lagerstättenteile (s. Abb. 36). Entsprechend der vereinfachten Darstellung der Begrenzung der einzelnen Zonen wurden auch bei der Mengenberechnung die einer Zone nur teilweise zugeordneten Großschollen schematisch jeweils mit dem halben Kohleninhalt berechnet. Auf eine genauere Festlegung der Zonen mit Hilfe einer differenzierten Blockeinteilung und -zuordnung wurde verzichtet, da sich deren genaue Definitionen beziehungsweise Lage häufig ändern.

Die berechneten Teilmengen erreichen ähnliche Größenordnungen wie bei dem oben beschriebenen Berechnungsbeispiel (s. Abb. 37). So liegen in der Bergbau- und Explorationszone ca. 9 Mrd. m^3 oberhalb – 1 200 m NN in mächtigeren Flözen und in flacher Lagerung. Ca. 6 Mrd. m^3 kommen hinzu, wenn man die Grenztiefe bis – 1 500 m NN erweitert. Um das Ausmaß der Gebietserweiterung nördlich des Dorstener Hauptsattels genauer zu quantifizieren, wurden diese Teile der Explorationszone in Tabelle 3 gesondert ausgewiesen. Im Vergleich zu den weiter südlich ausgewiesenen Gebieten zeigt sich hier ein umgekehrtes Verhältnis der tiefliegenden zu den höherliegenden Teilmengen. Bei den in dieser Tabelle angegebenen Mengen ist zu beachten, daß es sich nur um die mit dem KVB-Modell erfaßten Lagerstättenteile handelt, abzüglich der bis 1990 aktualisierten Abbaumengen (vgl. Abb. 23, S. 235).

4.1.3.2 Spezifischer Kohleninhalt des Ruhrkarbons

Die Darstellung des spezifischen Kohleninhalts ermöglicht einen Vergleich der lokalen und regionalen Kohleführung (Abb. 38, vgl. Kap. 3.3.5.4). Beim Gesamtkohleninhalt liegt der Durchschnittswert für das Ruhrkarbon bei ca. 36 m Kohle-

Tabelle 3
Kohleninhalt in den unterschiedlichen Aufschlußzonen des Ruhrreviers

Aufschlußzone (Lage s. Abb. 22)		Kohleninhalt (Mio. m³) nach Abbau			
		Kohlemächtigkeit > 60 cm	Kohlemächtigkeit > 100 cm Flözeinfallen < 20 gon		
		Flöze oberhalb −1 500 m NN	Flöze oberhalb −1 200 m NN	Flöze −1 200 bis −1 500 m NN	Flöze oberhalb −1 500 m NN
Explorationszone	südlich des Dorstener Hauptsattels	11 814	3 186	2 416	5 602
	nördlich des Dorstener Hauptsattels	5 107	666	1 275	1 941
	gesamt	16 921	3 852	3 691	7 543
Bergbauzone	gesamt	16 620	4 976	2 228	7 204
	abgebauter Anteil (Stand 1980)	1 519	1 294		
stillgelegte Zone	gesamt	10 736	2 128	549	2 677
	abgebauter Anteil (Stand 1980)	586	334		
Summe	gesamt	44 277	10 956	6 468	17 424
	abgebauter Anteil (Stand 1990)	2 105	1 628		

mächtigkeit pro Flächeneinheit. Das absolute Maximum erreicht in der Lippe-Hauptmulde über 65 m Kohle. Vor allem infolge des Anstiegs der tektonischen Strukturen nach Ost und West verringert sich die Kohleführung dort einheitlich. Im Süden weist sie ebenfalls niedrige Werte auf, da hier große Lagerstättenteile abgebaut beziehungsweise wegen Abbau nicht erfaßt sind.

In der Differenzierung nach Grenzwerten der Mächtigkeit (100 cm) und Tiefe (−1 500 m und −1 200 m NN) spiegeln sich diese Tendenzen ebenfalls wider. Die Maximalwerte erreichen dabei 23 beziehungsweise 19 m pro Flächeneinheit, während die Durchschnittswerte ca. 7,6 beziehungsweise 4,6 m betragen. Zusätzlich werden die starke Kohleführung in der Bochumer Hauptmulde sowie die Abnahme des Kohleninhalts nach Norden deutlich, die durch das Absinken der Karbon-Oberfläche bedingt ist.

4.1.3.3 Differenzierung des Kohleninhalts nach verschiedenen Kohlenarten

Die Berechnung des Kohleninhalts nach Kohlenarten basiert auf einer teilautomatischen Verbindung der Ergebnisdatei des KVB-Modells mit der Übersichtsauswertung der Inkohlung (s. Kap. 3.4.2 u. Juch 1991). Mittels der Grenzwerte 20 und 30 % Flüchtige Bestandteile wurden schematisch drei Kohlenarten (< 20 %, 20 – 30 %, > 30 % Flüchtige Bestandteile) unterschieden, die ungefähr Eß- bis Magerkohlen, Fettkohlen und Gas- bis Gasflammkohlen entsprechen.

Aus den Inkohlungskarten ließen sich großschollenweise die für 20 beziehungsweise 30 % Flüchtige Bestandteile jeweils charakteristischen Grenzflöze sowie mittleren Grenztiefen ermitteln und als Grenzwerte bei der Inhaltsberechnung nutzen. Zur Kontrolle dieser recht schematischen Vorgehensweise diente ein Vergleich der jeweils auf unterschiedliche Art errechneten Mengen.

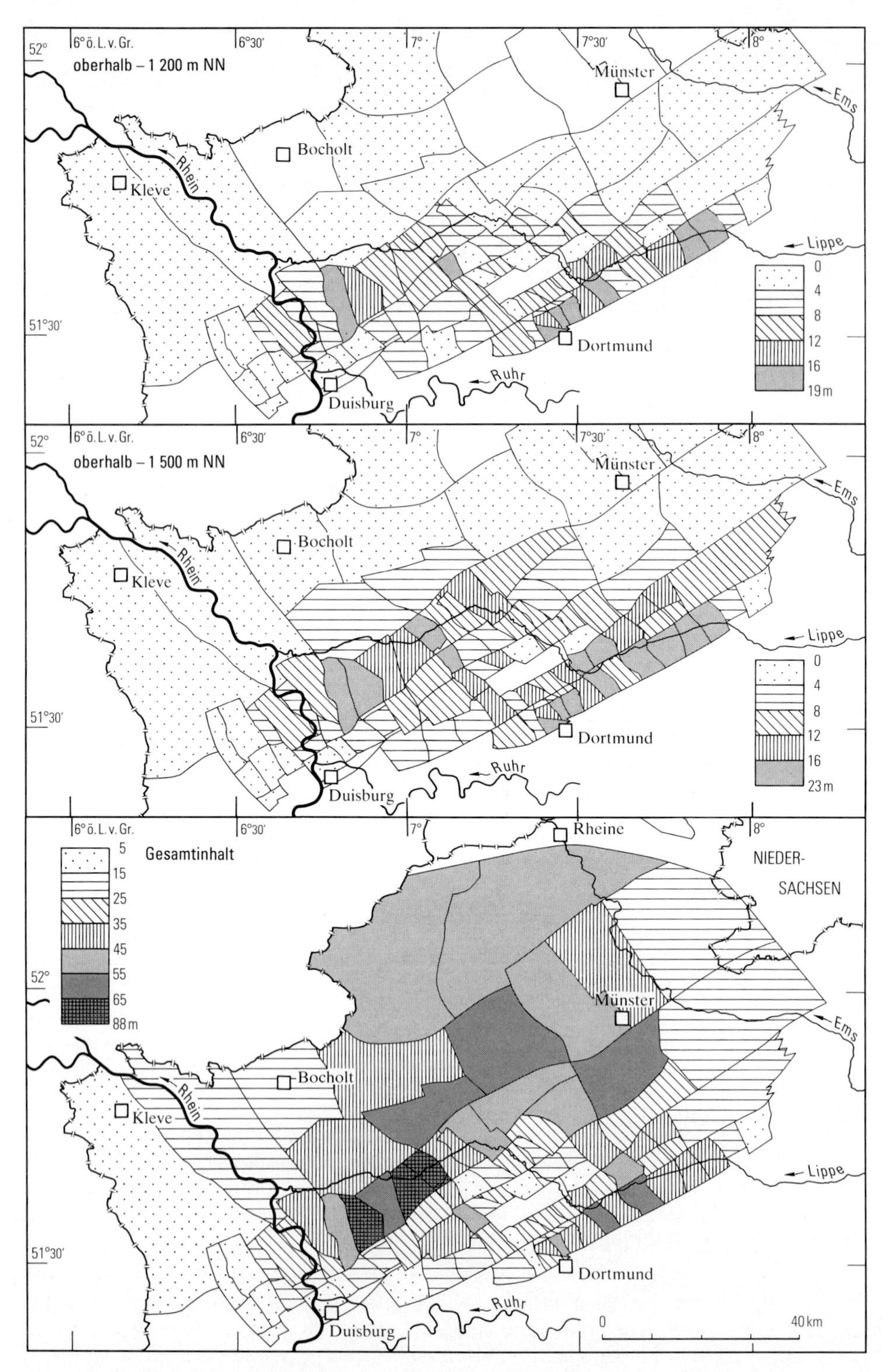

Abb. 38 Spezifischer Kohleninhalt einzelner Großschollen im Ruhrkarbon und Münsterland

Tabelle 4

Kohleninhalte des Ruhrkarbons, differenziert nach drei verschiedenen Kohlenarten mit unterschiedlichen Anteilen an Flüchtigen Bestandteilen

Bereich (Teilgebiete)	Kohleninhalt (Mio. m^3) nach Abbau (Stand 1980)								
	Kohlemächigkeit > 100 cm						gesamter Kohleninhalt		
	Flöze oberhalb -1 200 m NN			Flöze -1 200 bis -1 500 m NN					
	Flüchtige Bestandteile						Flüchtige Bestandteile		
	< 20 %	20 – 30 %	> 30 %	< 20 %	20 – 30 %	> 30 %	< 20 %	20 – 30 %	> 30 %
Bochumer Hauptmulde (1.1 – 1.3)	376	3 085	1 293	283	559	104	2 659	6 521	3 475
Essener Hauptmulde (2.1 – 2.4)	351	1 499	1 314	446	1 725	574	4 683	7 167	3 884
Emscher-Hauptmulde (3.1 – 3.4)	636	1 035	407	537	734	447	7 103	6 013	2 429
Vestischer Hauptsattel und Lüdinghausener Hauptmulde (4.1 – 4.4)	346	558	298	288	485	1 068	11 230	9 064	13 884
Lippe-Hauptmulde (5.1 – 5.4)	329	1 119	4 198	297	1 036	2 296	11 674	9 221	14 521
gesamt	2 038	7 296	7 510	1 851	4 539	4 489	37 349	37 986	38 193

Dabei zeigte sich in der Aufschlußzone eine relativ gute Übereinstimmung dieser Mengen bei Abweichungen von meist weniger als 10 – 20 %. Daher wurden dort nur die mittels der Grenzflöze berechneten Kohleninhalte angegeben (Tab. 4). Bezogen auf den Gesamtkohleninhalt beträgt der Anteil jeder Kohlenart im Ruhrkarbon recht genau ein Drittel. Die höherliegenden Teilmengen hingegen enthalten nur ca. 15 % Eßkohlen, während die beiden anderen Kohlenarten gleich groß sind. Bei stärkerer räumlicher Untergliederung zeigt sich jedoch, daß entweder die Fett- oder die Gas-(Gasflamm-)kohle stark überwiegt.

In der nördlich anschließenden unaufgeschlossenen Zone ergab die Berechnung der Kohlenarten mit Hilfe von Grenztiefen ein ähnliches Ergebnis wie in der aufgeschlossenen Zone. Bei der Berechnung anhand von Grenzflözen ergab sich hingegen eine starke Verschiebung der Mengenanteile zugunsten der Gas-(Gasflamm-)kohlen. Dieser Unterschied dürfte – neben der schlechten Datenlage – auch an der groben regionalen Vereinfachung bei dieser Vorgehensweise liegen, da die Großschollen in dieser Zone erheblich größer sind als weiter südlich. Aufgrund dieser methodisch bedingten Diskrepanz sind hier keine sicheren Aussagen über den Anteil der jeweiligen Kohlenarten möglich.

4.2 Aachen-Erkelenzer Karbon

Das im Grenzgebiet zu den Niederlanden gelegene Aachen-Erkelenzer Karbon ist das östlichste der flözführenden und durch intensiven Bergbau bekannten Oberkarbon-Vorkommen am Rande des Brabanter Massivs. Nach Nordosten ist es vom Ruhrkarbon durch das flözleere Hochgebiet der Krefelder Achsenaufwölbung getrennt. Die Südostgrenze bildet die Aachener Überschiebung, wobei das flözführende Oberkarbon der noch weiter südlich gelegenen Inde-Mulde mit

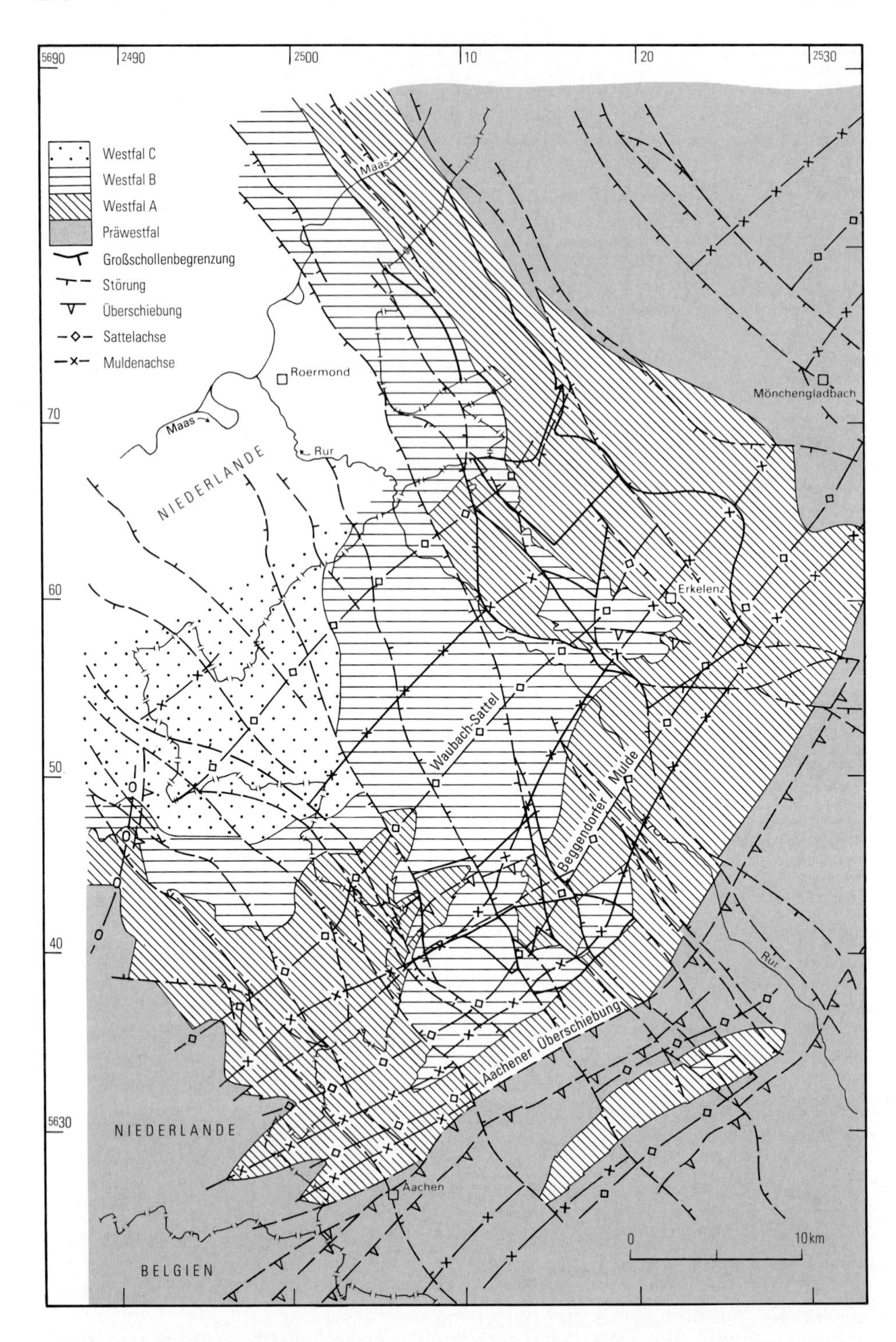

Abb. 39 Geologie des Aachen-Erkelenzer Karbons, dargestellt an der Karbon-Oberfläche

den übrigen Vorkommen wahrscheinlich nicht in Verbindung steht (s. Abb. 39 und WREDE 1985).

In Teilen der Bergbauzonen und in den älteren Explorationsgebieten des Aachen-Erkelenzer Karbons wurden die Auswertungen relativ früh abgeschlossen (1981). Dabei wurden – auch unter dem Eindruck drohender Stillegung – größere Lagerstättenteile der südlichen Bergbauzone einschließlich der Inde-Mulde ausgeklammert. Erst gegen Ende des zweiten Forschungsvorhabens wurde die unaufgeschlossene Zone zwischen dem Aachener und dem Erkelenzer Bergbaurevier bearbeitet. Im Hinblick auf die modernen geologischen Darstellungen von WREDE (1985, 1987 a) und ZELLER (1985) wird im folgenden nur auf die für die Kohleninhaltsberechnungen wichtigsten geologischen Aspekte eingegangen.

4.2.1 Tiefenlage der Karbon-Oberfläche

Die Morphologie der Karbon-Oberfläche ist durch die junge Bruchtektonik der Niederrheinischen Bucht geprägt (s. Abb. 40). Die Karbon-Oberfläche liegt im Nordosten auf dem Erkelenzer Horst relativ einheitlich zwischen –600 und –300 m NN und steigt nach Südwesten bis auf –100 m NN an. Westlich des Rurrand-Sprungs mit teilweise 1 000 m Verwurf herrscht ein relativ einheitlich nördliches Einfallen vor. Infolgedessen sinkt die Karbon-Oberfläche von der Tagesoberfläche im Südwesten bis auf –1 500 m NN und im Norden örtlich auf fast –2 000 m NN ab. Zusätzlich treten weitere Sprünge auf, von denen die größten mit Verwürfen von mehreren hundert Metern aus der Bergbauzone weit nach Nordnordwesten extrapoliert wurden.

4.2.2 Flözabfolge und Mächtigkeiten

Stratigraphisch reicht das auf flözführendem Namur liegende Westfal bis in den oberen Teil des Westfals C (Flöz Tristan), das in der unmittelbar benachbarten niederländischen Bohrung Kemperkoul 1 nachgewiesen wurde. Schichtenmächtigkeiten und Flözführung entsprechen ungefähr den Verhältnissen im nördlichen Ruhrrevier.

Die Gesamtmächtigkeit des oberhalb von Flöz Finefrau erfaßten Schichtenpakets beträgt 2 270 m. Es enthält rund 125 übereinanderliegende Flöze mit – im allgemeinen – mehr als 30 cm Kohlemächtigkeit, von denen ein Fünftel mehr als 1 m Mächtigkeit erreicht. (Bei dieser Summe der Flöze sind die seitlichen Flözveränderungen wie Scharungen und Aufspaltungen nicht mitgezählt; vgl. Kap. 4.1.1.2!) Der Kohlenanteil der Flöze an der gesamten Schichtenfolge beträgt rund 3 %. Stärkere Kohleführung mit ca. 4 % und mehr konzentriert sich vor allem auf die Mittleren und Oberen Kohlscheid-Schichten (Oberes Westfal A) und in den Alsdorf-Schichten (Westfal B1) auf einen der Zollverein-Flözgruppe des Ruhrkarbons entsprechenden Abschnitt.

Folgende aus dem Ruhrkarbon bekannte laterale Mächtigkeitsänderungen konnten auch im Aachen-Erkelenzer Karbon beobachtet werden: Schichtenmächtigkeit und Flözführung nehmen im unteren Teil des Westfals A nach Nordwesten allmählich zu, im unteren Teil des Westfals B hingegen leicht ab (vgl. DROZDZEWSKI 1993).

Eine starke Abweichung der Flözführung von im Ruhrkarbon bekannten Trends findet sich jedoch in den Mittleren und Oberen Kohlscheid-Schichten (oberer Teil des Westfals A): Zwar nimmt die gesamte Schichtenmächtigkeit noch ähnlich wie im Ruhrkarbon um ca. 10 % auf 40 km nach Nordnordwest langsam ab; die mit dem KVB-Modell erfaßte kumulative Kohlemächtigkeit hingegen verringert sich vom Aachener zum Erkelenzer Revier auf die Hälfte (vgl. MULLER & STEINGROBE 1991).

Das bekannte Fehlen mächtigerer Flöze auf dem Erkelenzer Horst läßt sich jedoch nur zum geringsten Teil auf eine generelle Abnahme der Flözführung nach

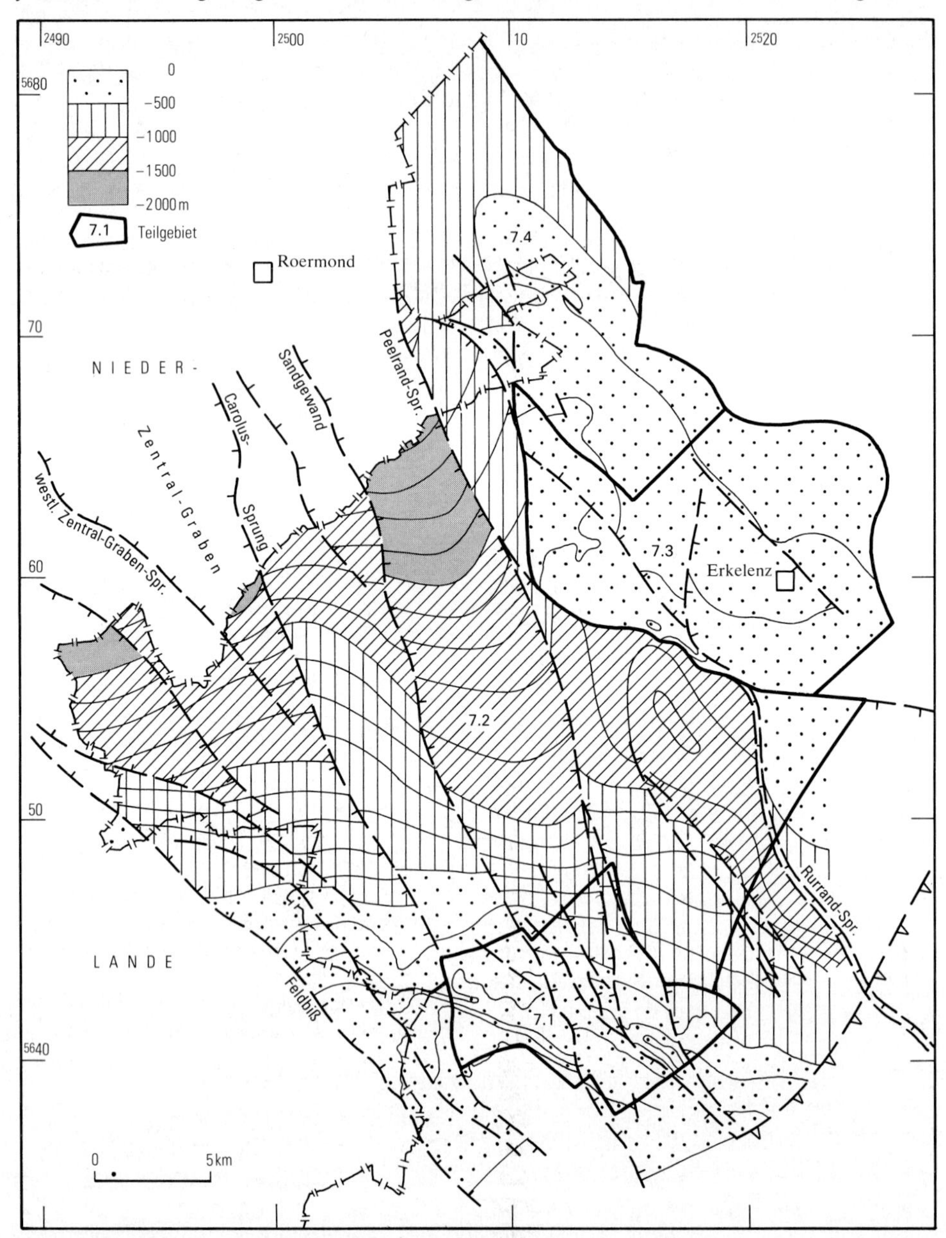

Abb. 40 Tiefenlage der Karbon-Oberfläche im Aachen-Erkelenzer Karbon

Nordwesten zurückführen. Eine solche Tendenz läßt sich zwar sowohl im Erkelenzer als auch im Aachener Revier beobachten; sie ist jedoch viel schwächer (ca. 10 % auf 10 km). Um den möglichen Einfluß von Mächtigkeitsänderungen quer zum Beckenverlauf auszuschließen, wurden im Generalstreichen (Nordost – Südwest) zueinanderliegende moderne Bohrungsaufschlüsse untersucht. Dabei wurde auch die von STRACK (1988) verbesserte Flözgleichstellung berücksichtigt, um weitere mögliche Fehlerquellen auszuschließen. Trotzdem blieb die genannte Abnahme der kumulativen Kohlemächtigkeit von Flözen mit mehr als 30 cm Kohleanteil von Südwesten nach Nordosten erhalten.

Bezieht man jedoch in den Vergleich auch die dünnen Flöze mit weniger als 30 cm Kohlemächtigkeit und die Kohle-Berge-Mischtypen (vgl. Kap. 3.4.3.1) mit ein, so verringert sich der Unterschied auf nur 20 %. Beispielsweise in den Oberen Kohlscheid-Schichten erhöht sich dadurch die kumulative Kohlemächtigkeit auf dem südlichen Erkelenzer Horst von 4 m auf 9 m, im Aachener Revier hingegen nur von 8,8 m auf 11 m. Die gesamte Kohleführung verringert sich also vom Aachener Revier über den Rurgraben hinweg nach Nordosten nur wenig, verteilt sich jedoch stärker auf dünne und unreine Flöze. Gleichzeitig vergrößert sich die Gesamtzahl der Flöze in den Oberen Kohlscheid-Schichten von 17 im Aachener Revier auf 32 im Erkelenzer Revier.

Nach M. ZELLER (mdl. Mitt.) ist außerdem auch zwischen den Bohrungen auf dem südlichen Erkelenzer Horst eine starke Abnahme der gesamten kumulativen Kohlemächtigkeit in den Oberen und Mittleren Kohlscheid-Schichten nach Osten nachzuweisen.

4.2.3 Tektonik des Karbons

Charakteristisch für das gesamte Aachen-Erkelenzer Karbon ist eine im Vergleich zum Ruhrkarbon erheblich engräumigere Einengungstektonik mit meist flachwelligen Falten und kleineren Überschiebungen – ausgenommen die steile Lagerung im Südflügel der Wurm-Mulde im Liegenden der Aachener Überschiebung.

Nach Nordwesten nimmt der Grad der Einengung deutlich ab. Während im Bereich der aufgeschlossenen Wurm-Mulde ein ausgeprägtes Westsüdwest-Cstnordost-Streichen der Faltenachsen vorherrscht, treten nach Norden und Nordosten zunehmend auch steilere Richtungen (Südwest – Nordost bis Südsüdwest – Nordnordost) auf. Diese auch für den Erkelenzer Horst charakteristischen Streichrichtungen der Einengungsstrukturen hängen mit der großtektonischen Position am Ostrand des Brabanter Massivs zusammen (WREDE 1985). Nimmt man darüber hinaus auch eine generelle Abnahme der Faltengrößen nach Nordosten an, so lassen sich größere Faltenstrukturen des südwestlich gelegenen Aachener Reviers – wie die Beggendorfer Mulde und der Waubacher Sattel – über den Rurgraben hinweg mit den Spezialfalten der Hohenbusch-Mulde im Südteil des Erkelenzer Horstes verbinden. Die erstmalig im Rahmen der vorliegenden Arbeit detailliert konstruierten Faltenstrukturen des Karbons in der aufschlußlosen Zone des Rur-Grabens besitzen damit eine gewisse Plausibilität.

Gleichzeitig deutet sich in diesem Gebiet eine Nord – Süd verlaufende Depression der Faltenachsen an, die jedoch vom Rurrand-Sprung nach Nordosten überprägt wird (s. Abb. 41). Dieser Faltenbau modifiziert auch die Tiefenlage des tiefsten projizierten Flözes Finefrau, die mit einem Absinken von –500 m NN im Südwesten auf unter –3 000 m NN im Norden ansonsten den Tendenzen der Karbon-Oberfläche folgt. Das gilt auch für den Erkelenzer Horst, wo das axiale Herausheben nach Nordosten schließlich zum Ausstrich von Flöz Finefrau an der Karbon-Oberfläche führt. Die variscisch angelegte, bis in die heutige Zeit aktive Bruchtektonik konnte in den nicht aufgeschlossenen Bereichen nur generalisiert projiziert werden. Neben der Rurrand-Störung mit teilweise über 1 000 m Verwurf handelt es sich dabei vor allem um Nordwest – Südost und steiler streichende Quersprünge mit Verwurfsbeträgen von jeweils einigen hundert Metern. Aus der Analogie zu dem aufgeschlossenen Bereich sowie aufgrund des großtektonischen Rah-

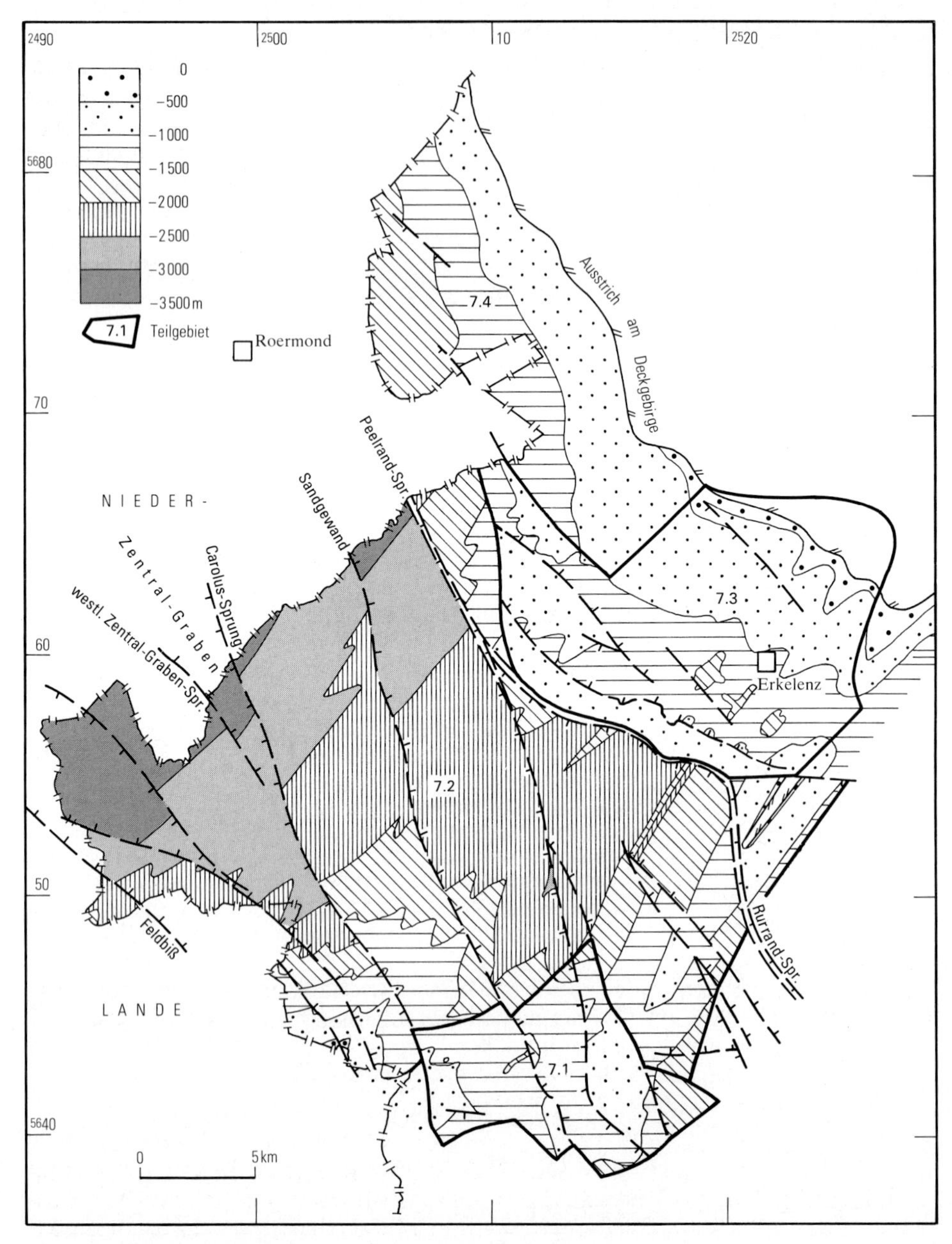

Abb. 41 Tiefenlage des Flözes Finefrau im Aachen-Erkelenzer Karbon

mens ist darüber hinaus auch mit dem Auftreten von kleineren Ost – West bis Ostsüdost – Westnordwest streichenden Diagonalsprüngen zu rechnen; diese wurden jedoch mangels sicherer Hinweise nicht dargestellt und bei der Blockeinteilung nicht berücksichtigt.

4.2.4 Erfassung nach dem KVB-Modell und Kohleninhaltsberechnung

Bedingt durch die unterschiedlichen Aufschlußverhältnisse und dem diskontinuierlichen Ablauf der Auswertung dieses Bereichs wurde die Lagerstätte nach nicht ganz einheitlichen Kriterien erfaßt, was auch bei der Zusammenfassung der Großschollen zu vier Teilgebieten berücksichtigt wurde (s. Abb. 42):

Vom südlichen (Aachener) Bergbaurevier wurden nur die Lagerstättenteile im Bereich des seinerzeit noch betriebenen Bergwerks Emil-Mayrisch sowie des ehemaligen Bergwerks Carolus Magnus (Großscholle 642) erfaßt (Teilgebiet 7.1). Ausgeklammert wurden neben den stillgelegten Bereichen auch das seinerzeit noch betriebene Feld der ehemaligen Grube Anna (südlich der Großscholle 635) sowie einzelne, weitgehend abgebaute Lagerstättenteile innerhalb der erfaßten Großschollen.

Auf der Grundlage von Projektionen im Maßstab 1 : 10 000 wurde eine sehr differenzierte Block- und Großscholleneinteilung vorgenommen. Die Flözprofile beruhen hauptsächlich auf synthetischen Profilen, die aus Mittelwerten von Flözabständen und Kohlemächtigkeiten aus zahlreichen Aufschlüssen erstellt wurden.

Die drei Großschollen der unaufgeschlossenen Zone zwischen den beiden Bergbaurevieren und der Staatsgrenze wurden zum Teilgebiet 7.2 zusammengefaßt. Trotz des kleinen Projektionsmaßstabes 1 : 50 000 ist die Blockeinteilung noch relativ engräumig.

Wie die Tektonik so ist auch die Stratigraphie und Flözführung aus randlichen Aufschlüssen generell abgesichert. Allerdings treten Diskrepanzen zu den südlich anschließenden Großschollen 643 und 644 auf, da bei ihnen neuere Explorationsergebnisse noch nicht berücksichtigt worden sind.

Die Teilgebiete 7.3 und 7.4 auf dem Erkelenzer Horst umfassen den bisherigen Abbaubereich des Bergwerks Sophia-Jacoba und die östlich und nördlich anschließenden Lagerstättenteile. Dort wurde im Maßstab 1 : 10 000 projiziert und die Blockeinteilung je nach den Aufschlußverhältnissen sehr differenziert oder recht großflächig vorgenommen. Die Flözprofile beruhen auf Einzelprofilen aus benachbarten Schächten und Bohrungen. In der Bergbauzone wurde der stark ausgekohlte Lagerstättenteil über Flöz Merl (entsprechend Flöz Präsident der Einheitsbezeichnung) nicht miterfaßt.

Die neueren Erkenntnisse aus der Exploration in Großscholle 662 führten bei einzelnen Flözen zu Veränderungen der Kohlemächtigkeiten und wurden dementsprechend bei der Mengenberechnung berücksichtigt. Bei zusätzlicher Revision der Lagerstättengeometrie im KVB-Modell wird sich allerdings der Kohleninhalt möglicherweise nur wenig ändern, sofern man ihn auf die gesamte Großscholle beziehungsweise das Teilgebiet bezieht.

Der gesamte im Aachen-Erkelenzer Karbon erfaßte Kohleninhalt beträgt 16,865 Mrd. m^3 und verteilt sich auf 700 km^2. Unter Berücksichtigung des (aktualisierten) Abbaus sind davon noch ca. 70 Mio. m^3 (37 Mio. m^3 erfaßt, 35 Mio. m^3 für den Zeitraum 1980 bis 1990 geschätzt) abzuziehen.

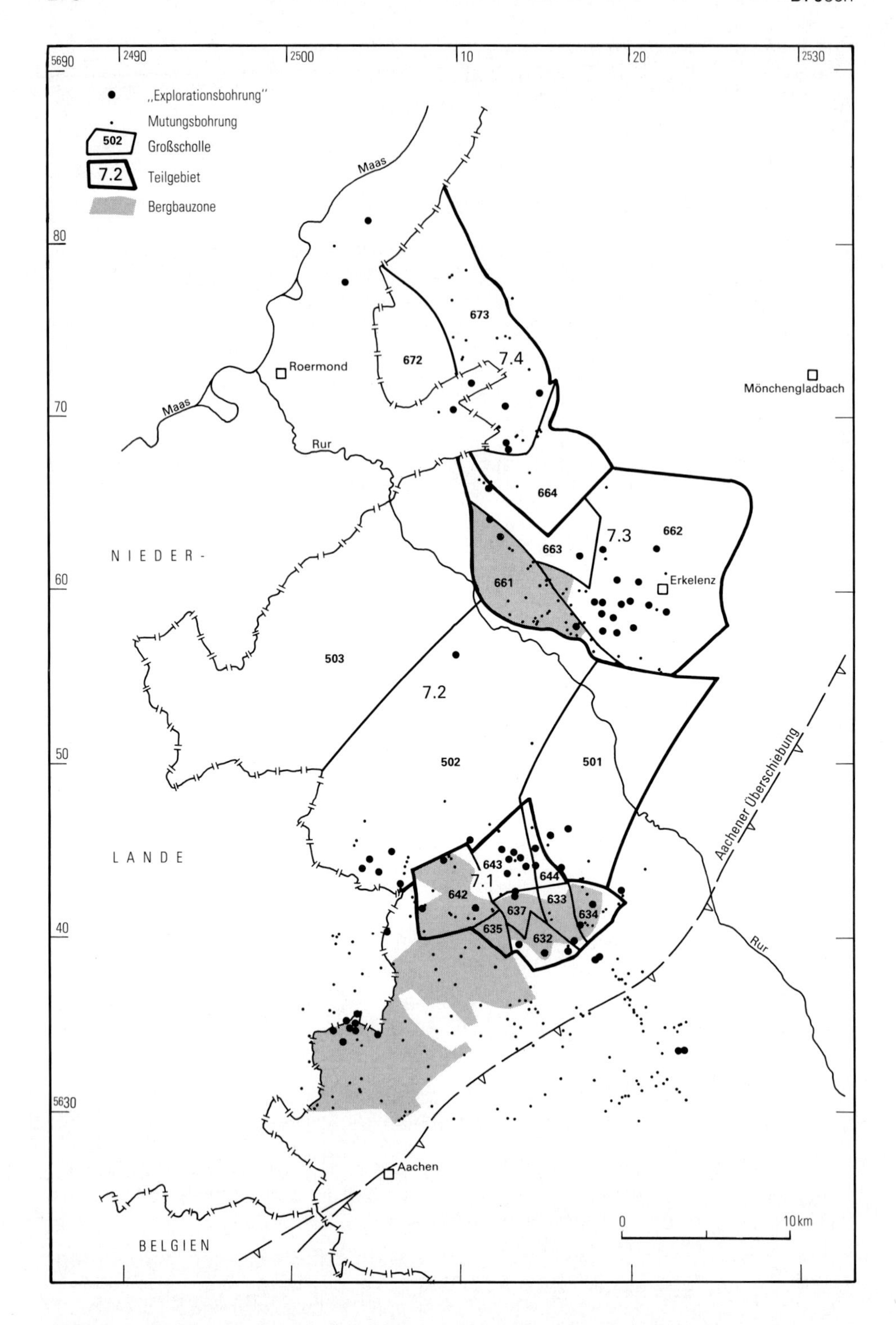

Abb. 42 Aufschlüsse, Großschollen und Teilgebiete im Aachen-Erkelenzer Karbon

Die Diagramme des Kohleninhalts der Teilgebiete spiegeln deren unterschiedliche geologischen Randbedingungen wider (s. Abb. 43). Das Maximum der Kohleführung liegt nur im Teilgebiet 7.2 recht tief bei ca. – 1 500 m NN, ansonsten relativ einheitlich bei – 700 m NN. Der Anteil mächtiger Flöze geht von Süden nach Norden stark zurück. Bei der Beurteilung der geringen Kohleführung in den nordöstlichen Teilgebieten 7.3 und 7.4 ist die Aufspaltung in dünnere und teilweise unreine Flöze zu berücksichtigen (s. Kap. 4.2.2).

Zu dem mit Hilfe des KVB-Modells erfaßten Kohleninhalt von ca. 17 Mrd. m³ ist noch rund 1 Mrd. m³ Gesamtkohleninhalt aus dem nicht erfaßten Gebiet in der stillgelegten Zone hinzuzurechnen (s. Abb. 42).

Diese Menge ergibt sich aus folgender überschlägiger Rechnung: Der spezifische Gesamtkohleninhalt des Teilgebiets 7.1 beträgt 22 m/Flächeneinheit. Überträgt man den auf 20 m gerundeten Wert auf das nicht erfaßte Gebiet mit ca. 60 km², so ergibt sich ein Gesamtkohleninhalt von 1,2 Mrd. m³. Davon sind noch ca. 100 – 200 Mio. m³ geförderte Kohle abzuziehen, was sich aus Einzelangaben unterschiedlicher Quellen ableiten läßt.

Betrachtet man nur die seinerzeit bergbaulich interessanten Gebiete – das heißt die Teilgebiete 7.1 und 7.3 – sowie das nicht im KVB-Modell erfaßte Gebiet im Südwesten, so beträgt der Gesamtkohleninhalt dort nur rund 3 Mrd. m³. Dies entspricht größenordnungsmäßig den ca. 3,15 Mrd. t, die sich aus den Angaben von FETTWEIS (1976: 250, 251) für die „Aachener Vorräte der Kategorie I" ableiten lassen.

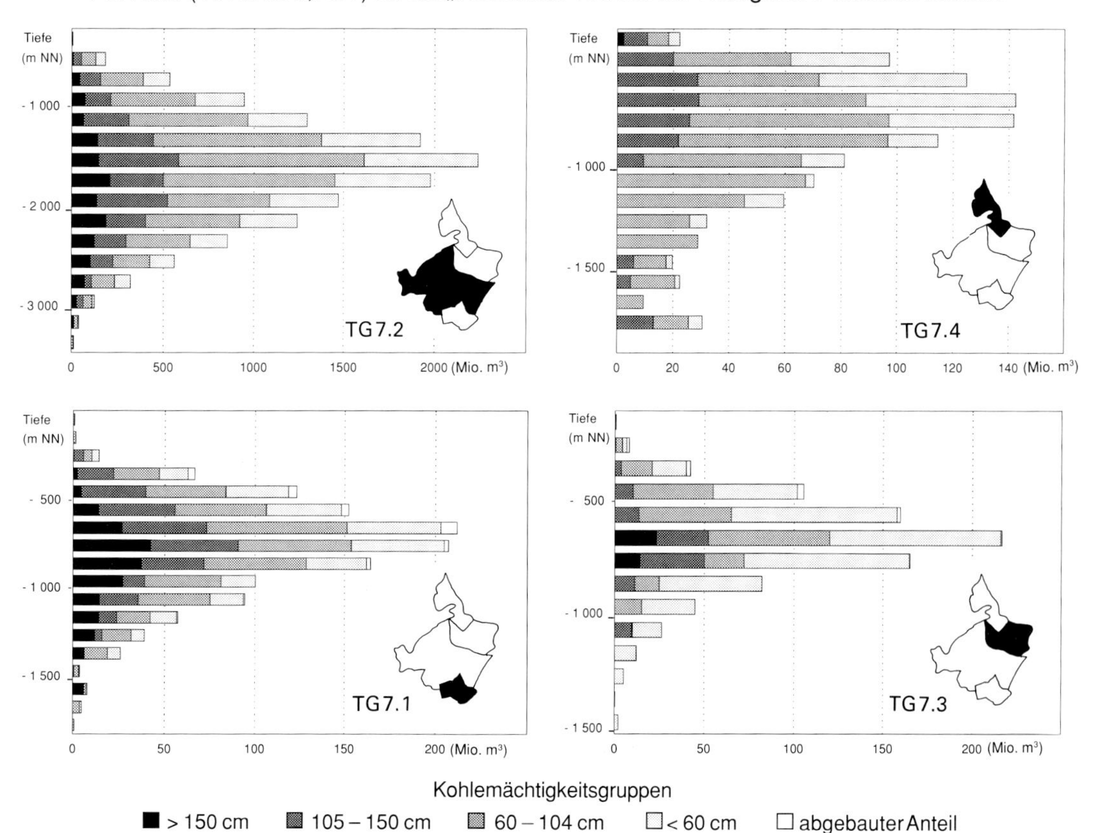

Abb. 43 Kohleninhalte des Aachen-Erkelenzer Karbons (Teilgebiete 7.1 bis 7.4), differenziert nach 100-m- und 200-m-Tiefenintervallen und vier Kohlemächtigkeitsgruppen

Tabelle 5

Spezifische Kohleninhalte des Aachen-Erkelenzer Karbons

Teilgebiet (TG) Großscholle (GRS)		Kohlemächtigkeit (m)		
		gesamt	Mächtigkeit >100 cm	
			Flöze oberhalb −1500 m NN	Flöze oberhalb −1200 m NN
TG	7.1	20,9	8,3	8,0
GRS	632	34,3	10,2	9,7
	633	10	3,9	3,9
	634	41,8	11,0	10,3
	635	18,3	9,0	9,0
	637	6,6	3,0	3,0
	642	19,1	7,4	7,4
	643	29,5	11,9	10,6
	644	13,0	6,6	6,4
TG	7.2	31,9	4,7	2,2
GRS	501	14,2	5,5	2,8
	502	28,2	7,1	3,5
	503	41,8	2,2	0,7
TG	7.3	6,7	1,3	1,3
GRS	661	4,8	0	0
	662	6,7	1,6	1,6
	663	9,3	1,4	1,4
TG	7.4	11,2	1,8	1,6
GRS	664	7,3	1,2	1,2
	672	18,2	4,0	4,5
	673	9,8	0,6	0,6

Der Kohleninhalt des gesamten Aachen-Erkelenzer Karbons beträgt hingegen rund 18 Mrd. m³. Ihm kann die Teilmenge von 1,7 Mrd. m³ gegenübergestellt werden, die sich bei Begrenzung auf Flöze mit 1 m Kohlemächtigkeit und oberhalb −1 200 m errechnet. Beschränkt man diese Menge auch auf die Teilgebiete 7.1 und 7.3, so ergibt sich mit ca. 650 Mio. m³ wiederum eine Ähnlichkeit mit den von FETTWEIS (1976: 246) genannten 900 Mio. t für Vorräte der Kategorie IIa.

Zu beachten sind bei diesen Vergleichen noch folgende Einschränkungen:

- die Umrechnung von Kubikmetern auf Tonnen mit dem Faktor 1,3
- das mögliche Fehlen dünner Flöze beim Vorrat der Kategorie I im Vergleich zum Kohleninhalt nach dem KVB-Modell
- die mögliche Einbeziehung von Flözen mit weniger als 1 m Kohlemächtigkeit beim Vorrat der Kategorie IIa, die bei der entsprechenden Teilmenge nach dem KVB-Modell nicht berücksichtigt wurde
- das Fehlen des Kohleninhalts aus den nicht erfaßten Gebieten bei den nach dem KVB-Modell errechneten Mengen

Die Ermittlung der spezifischen Kohleninhalte im Aachen-Erkelenzer Karbon erfolgte mit Hilfe des Quotienten aus Gesamt- oder Teilmenge und Flächengröße der jeweiligen Großscholle (vg. Kap. 3.3.5.4). Gemessen in Metern pro Flächeneinheit ermöglichen sie einen regionalen Vergleich der Kohleführung unabhängig von der absoluten Größe der jeweiligen Großscholle (s. Tab. 5).

Die spezifischen Kohleninhalte des Aachen-Erkelenzer Karbons weisen im Westen eine recht unregelmäßige Verteilung auf und sinken im Osten einheitlich auf Minimalwerte unter 15 bezeihungsweise 5 m pro Flächeneinheit ab, bezogen jeweils auf den Gesamtkohleninhalt beziehungsweise die Teilmengen. Die Maximalwerte des Gesamtkohleninhalts von 42 m pro Flächeneinheit liegen im Nordwesten, die der Teilmengen von 12 beziehungsweise 11 m in einigen der südlichen Großschollen. Die recht niedrigen Werte der Teilmengen im Osten sind bei Großscholle 662 aufgrund neuerer Explorationsergebnisse um 1 – 2 m nach oben zu korrigieren.

4.3 Saarkarbon

Das Saarkarbon am Südrand des Rheinischen Schiefergebirges ist Teil eines sogenannten intramontanen Beckens, das spät- bis postorogen gegen Ende des Oberkarbons entstand und im Südwesten weit nach Frankreich hineinreicht. Die außergewöhnlich reiche Flözführung (s. Abb. 44) klingt nach Nordosten im Bereich der Landesgrenze des Saarlandes weitgehend aus. In der zentralen Aufwölbung des Saarbrücker Hauptsattels und weiterer Sättel im Südwesten tritt das Karbon zutage und/oder ist durch Bergbau gut erschlossen. Nach Nordwesten und Südosten hingegen wird das Karbon so stark abgesenkt, daß dort seine Ausbildung unbekannt ist. Lediglich im Nordwesten gibt die Metzer Störung einen Hinweis auf den nördlichen Beckenrand (s. Abb. 45 u. 46).

Analog zu den regionalgeologischen Arbeiten in Nordrhein-Westfalen wurde das Saarkarbon von einer eigenständigen Arbeitsgruppe im Saarland ausgewertet. Dabei konzentrierten sich die Arbeiten zunächst vor allem auf den östlichen Raum und den äußersten Südwesten, während im Rahmen des zweiten Forschungsvorhabens die mittleren und westlichen Gebiete abgeschlossen werden konnten.

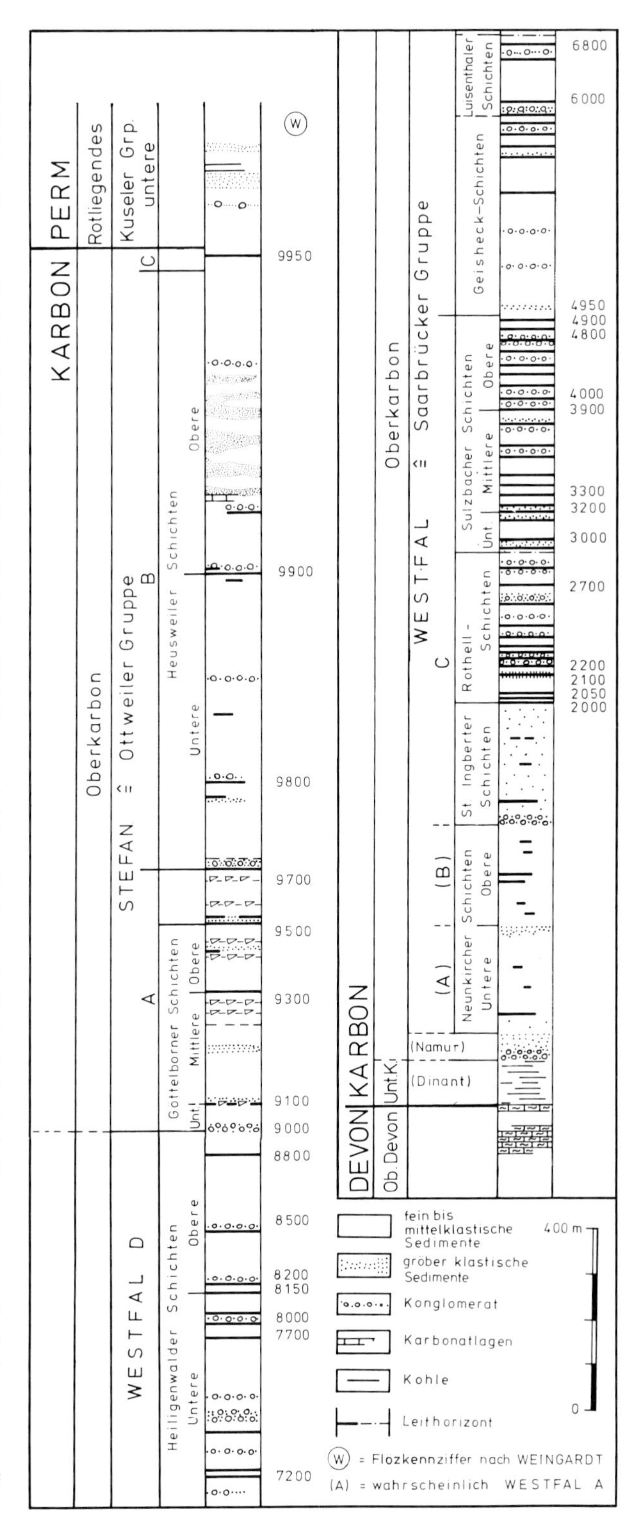

Abb. 44

Überblick über die Stratigraphie des Saarkarbons

Unter Verweis auf geologische Übersichtsdarstellungen zum Beispiel von Kneuper (1971 a, 1971 b), Falke & Kneuper (1971), Konzan (1973) und andere sowie moderne Untersuchungen von Engel (1985) und Schäfer (1986) beschränken sich die folgenden Ausführungen auf geologische Erkenntnisse, die unmittelbar für die Kohleninhaltsberechnung von Bedeutung waren oder Ergebnisse der Auswertungen sind. Da – anders als in den übrigen Gebieten – keine umfassenden modernen Darstellungen des Saarkarbons vorliegen, ist die Geologie hier etwas ausführlicher beschrieben.

Über dem im zentralen Bereich zutage tretenden Karbon folgt nach Norden ohne größere Winkeldiskordanz das Rotliegende. Im Südwesten, westlich der Saar, hingegen wird das Karbon diskordant von einem bis zu 300 m mächtigen triassischen Deckgebirge überlagert, das örtlich Rotliegendes an der Basis hat.

4.3.1 Flözabfolge und Mächtigkeiten im Karbon (W.-F. Roos)

Unter dem Deckgebirge stehen ca. 2 000 m Stefan über dem Holzer Konglomerat an. In diesem Abschnitt treten jedoch – mit nach Westen zunehmender Tendenz – nur im unteren Teil mehrere nennenswerte Flöze auf (Abb. 44). Infolgedessen liegt die Obergrenze der Erfassung im äußersten Osten an der Basis des Stefans (unter dem Holzer Konglomerat) und in den übrigen Gebieten meistens bei Flöz 9700 (Schwalbach). Unter dem Holzer Konglomerat folgt das Westfal mit über 3 000 m Mächtigkeit, wovon jedoch die unteren ca. 500 m nur durch die Bohrung Saar 1 erschlossen wurden. Infolgedessen beschränkten sich die Aus-

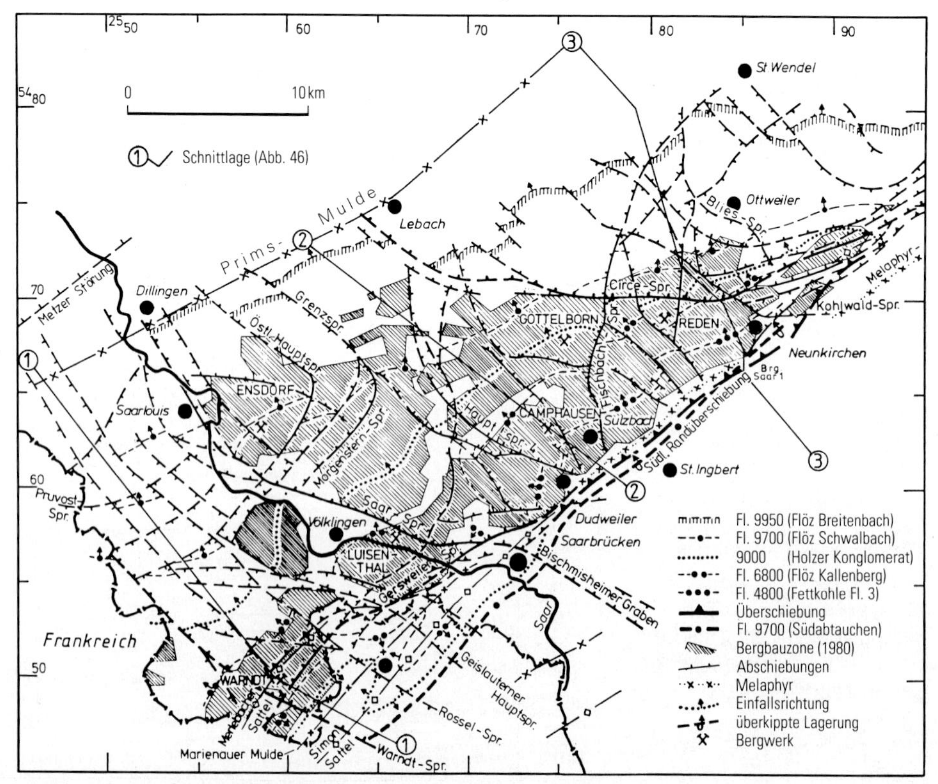

Abb. 45 Übersichtskarte des Saarkarbons (Bezugsniveau ± 0 m NN)

wertungen auf den Abschnitt oberhalb des Flözes 2000 (1 Süd) an der Basis der Rothell-Schichten. Die Zuordnung dieses Schichtenabschnittes zum Westfal C und D ist im internationalen Vergleich nicht einheitlich, wie auch die Festlegung der Karbon/Perm-Grenze noch nicht abschließend geklärt ist. Nach absoluten Altersbestimmungen (Hess & Lippolt & Burger 1988) scheinen die unter anderem von Donsimoni (1981) angegebenen Einstufungen richtig zu sein. Danach lägen die Grenzen des Westfals C rund 600 m höher, als in Abbildung 44 angegeben. Hiervon ist jedoch nicht die unmittelbare beckeninterne Flözgleichstellung betroffen.

Das bekannte Westfal nimmt von ca. 1 000 m im Osten auf über 2 600 m im mittleren und westlichen Teil des Saarkarbons zu. Dies ist teils durch die flache Winkeldiskordanz unter dem Holzer Konglomerat, teils durch starke primäre Mächtigkeitsänderungen in Ost-West-Richtung bedingt (vgl. Kneuper 1971 b: Abb. 2 u. 3).

Trotz ähnlicher Gesamtmächtigkeiten treten zwischen dem mittleren und dem südwestlichen Saarkarbon große fazielle Änderungen auf, die sich auch auf die Flözführung auswirken (s. Weingardt 1966). Infolgedessen nimmt auch die gesamte Kohlemächtigkeit von Osten nach Westen ständig zu. Dabei beträgt sie zum Beispiel im mittleren Gebiet für alle 310 im Westfal erfaßten Flöze mit mehr als 20 cm Mächtigkeit über 150 m.

Die Schwankungen der Kohleführung wurden auch innerhalb der Schichtenfolge von oben nach unten differenziert (s. Abb. 47). Hierbei wird unterschieden

- nach der Häufigkeit der vorkommenden Kohlemächtigkeitsgruppen (21 – 40 cm, 41 – 60 cm usw.) in Prozent der Kohlegesamtmächtigkeit (Balkendiagramme und Summenkurve) und

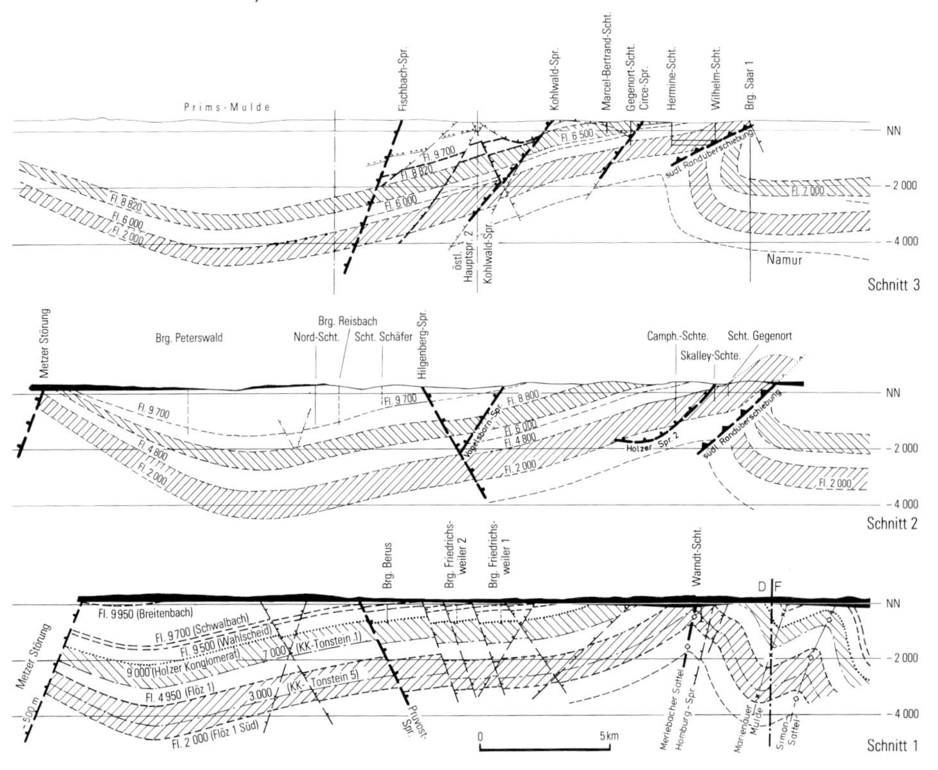

Abb. 46 Querschnitte durch das Saarkarbon (Lage der Schnitte s. Abb. 45, Legende s. Abb. 47)

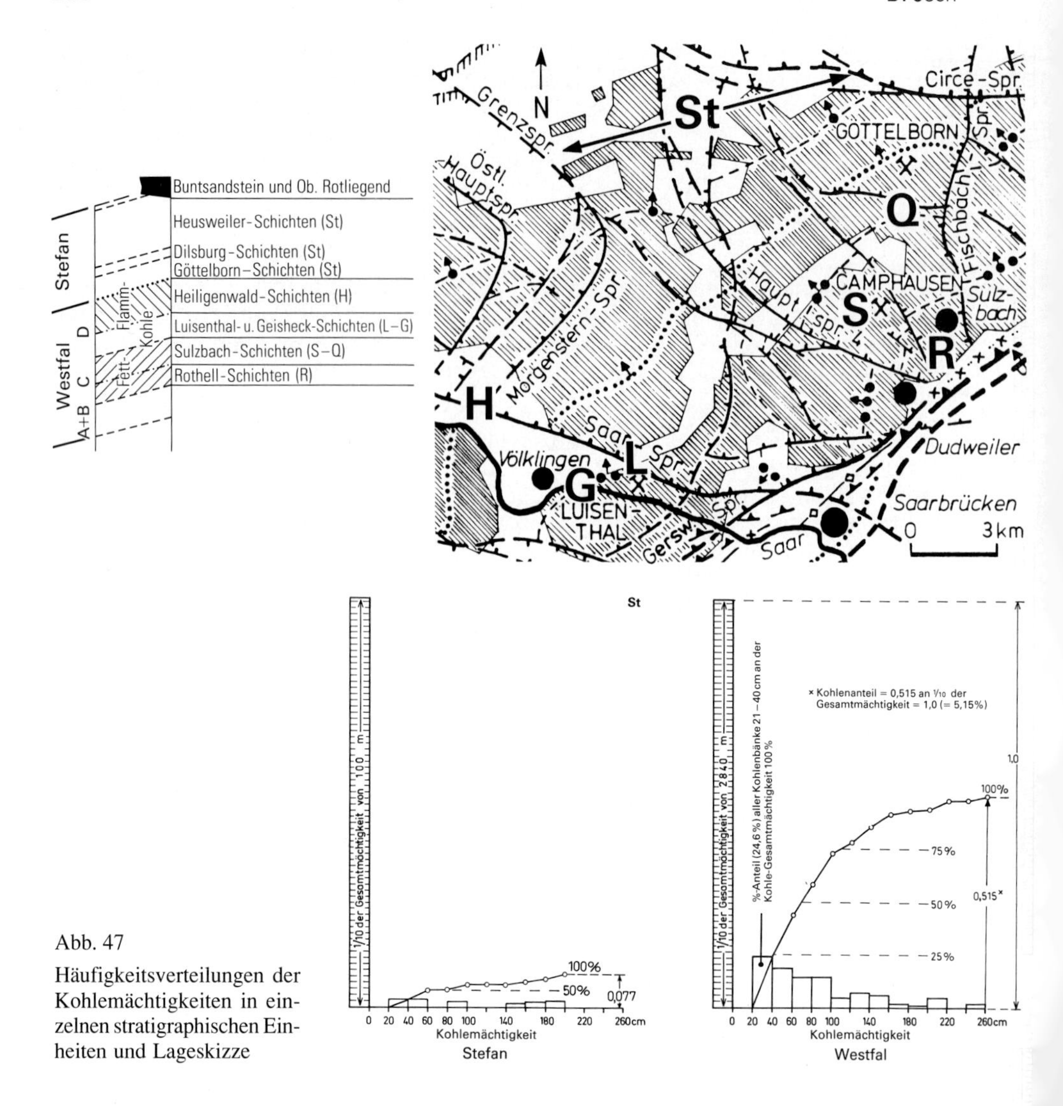

Abb. 47
Häufigkeitsverteilungen der Kohlemächtigkeiten in einzelnen stratigraphischen Einheiten und Lageskizze

– nach der Gesamtmächtigkeit (Profilsäule) des betrachteten Schichtenabschnitts. (Das Verhältnis 1/10 zur Kohlemächtigkeit wurde aus Gründen besserer Darstellbarkeit gewählt. Es soll den Trend des Kohlenanteils innerhalb des betrachteten Schichtenabschnitts deutlich machen.)

Es wurden nur Kohlemächtigkeiten von über 20 cm der einzelnen Flözbänke berücksichtigt (vgl. auch Flözdefinition Kap. 3.1.2). Die Daten zu diesen Darstellungen stammen aus verschiedenen Bereichen, die in der Lageskizze (Abb. 47) schematisch wiedergegeben sind. Für die Sulzbach-Schichten wurden zwei verschiedene Aufschlußgebiete zugrunde gelegt, die auf der Nordflanke des Saarbrücker Hauptsattels liegen (S) sowie ca. 3 km nördlich davon in der Bohrung Quierschied (Q). Daraus läßt sich unter anderem ablesen:

– die hohe Kohleführung der Sulzbach- und Rothell-Schichten im Vergleich zu den übrigen Abschnitten

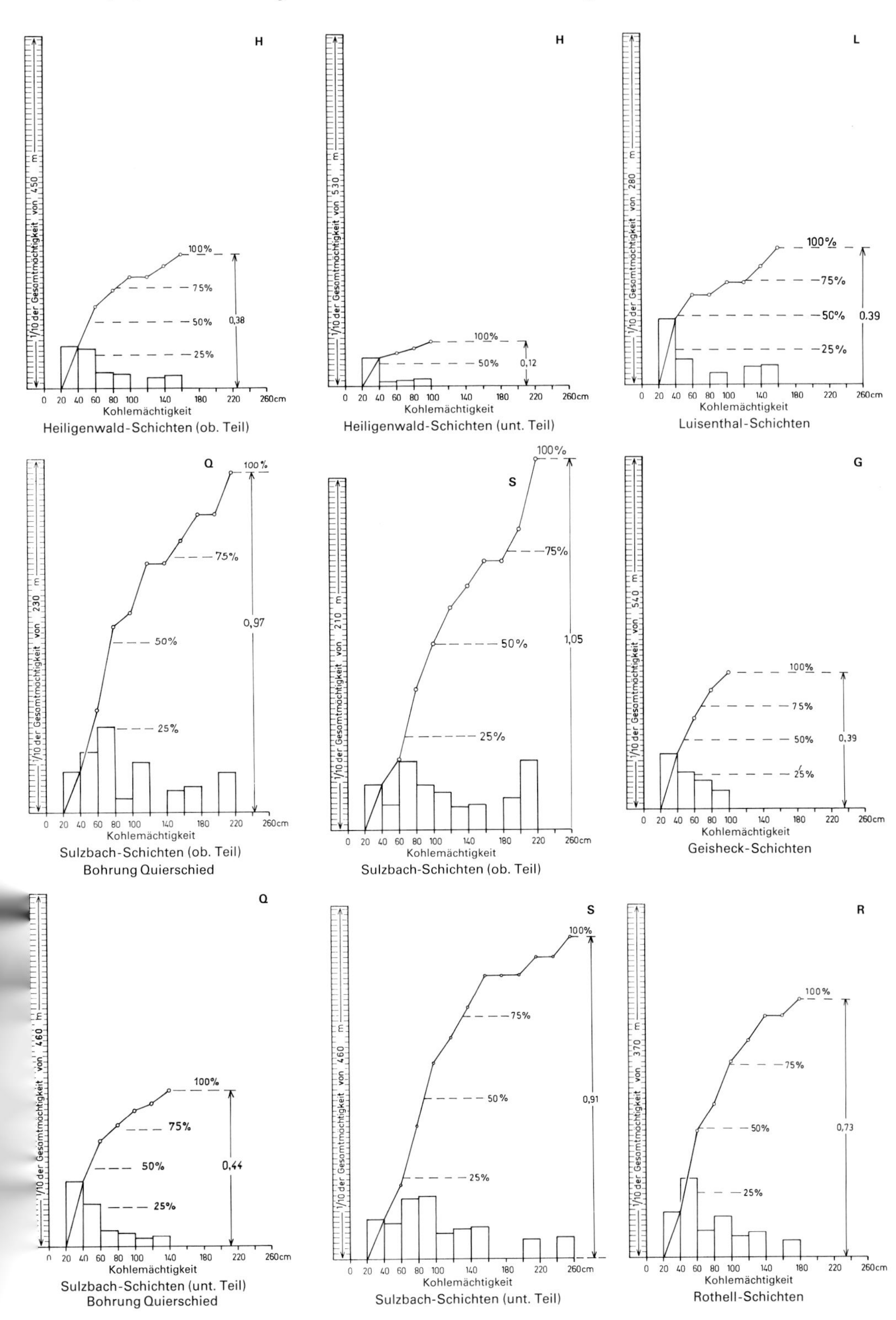
H
1/10 der Gesamtmächtigkeit von 450 m
100%
75%
50%
25%
0,38
Kohlemächtigkeit
Heiligenwald-Schichten (ob. Teil)
H
1/10 der Gesamtmächtigkeit von 530 m
100%
50%
0,12
Kohlemächtigkeit
Heiligenwald-Schichten (unt. Teil)
L
1/10 der Gesamtmächtigkeit von 280 m
100%
75%
50%
25%
0,39
Kohlemächtigkeit
Luisenthal-Schichten
Q
1/10 der Gesamtmächtigkeit von 230 m
100%
75%
50%
25%
0,97
Kohlemächtigkeit
Sulzbach-Schichten (ob. Teil)
Bohrung Quierschied
S
1/10 der Gesamtmächtigkeit von 210 m
100%
75%
50%
25%
1,05
Kohlemächtigkeit
Sulzbach-Schichten (ob. Teil)
G
1/10 der Gesamtmächtigkeit von 540 m
100%
75%
50%
25%
0,39
Kohlemächtigkeit
Geisheck-Schichten
Q
1/10 der Gesamtmächtigkeit von 460 m
100%
75%
50%
25%
0,44
Kohlemächtigkeit
Sulzbach-Schichten (unt. Teil)
Bohrung Quierschied
S
1/10 der Gesamtmächtigkeit von 460 m
100%
75%
50%
25%
0,91
Kohlemächtigkeit
Sulzbach-Schichten (unt. Teil)
R
1/10 der Gesamtmächtigkeit von 370 m
100%
75%
50%
25%
0,73
Kohlemächtigkeit
Rothell-Schichten
0 20 40 60 80 100 140 180 220 260cm

- das Fehlen größerer Flözmächtigkeiten in den Unteren Heiligenwald- und den Geisheck-Schichten, obwohl der Gesamtkohleninhalt der Geisheck-Schichten beachtlich ist
- das Auftreten einiger mächtiger Flöze in den Luisenthal-Schichten, obwohl der gesamte Kohlenanteil an der Schichtenmächtigkeit dem der Geisheck-Schichten vergleichbar ist

Die Gesamtschichtenmächtigkeit in den Sulzbach-Schichten bleibt von Süden nach Norden relativ konstant. Dies steht im Gegensatz zu früheren Auffassungen, die von einer Mächtigkeitszunahme nach Nordwesten zur Prims-Mulde hin ausgingen. (Im Bereich der Winkeldiskordanz unter dem Holzer Konglomerat trifft dies natürlich zu.) Seismische Profile auf der Nordflanke der Prims-Mulde weisen darauf hin, daß sich dort die Gesamtmächtigkeit des Karbons nach Norden hin drastisch vermindert. Es ist nicht auszuschließen, daß die tiefen, nicht aufgeschlossenen Schichtenabschnitte bereits auf der Südflanke der Prims-Mulde nach Norden geringmächtiger werden. Auch die Kohleführung verändert sich in gleicher Richtung, was sich bereits im Aufschlußbereich beobachten läßt. Sie vermindert sich im unteren Teil der Sulzbach-Schichten deutlich, während sie im oberen Teil der Sulzbach-Schichten relativ konstant bleibt. Dies weist auf ein Wandern der Beckenachsen in der Zeit nach Nordwesten (vgl. Donsimoni 1981: Abb. 9), was durch weitere Beobachtung im Rahmen der vorliegenden Auswertungen bestätigt wurde. Hieraus ergeben sich folgende Vorstellungen:

- Zur Entstehungszeit des oberen Teils der Sulzbach-Schichten lag die Beckenachse mit maximaler Kohlebildung zwischen der Bohrung Quierschied und dem heutigen Höchsten des Saarbrücker Hauptsattels. In beiden Bereichen dokumentieren die Diagramme annähernd gleichen Kohlenanteil.
- Zur Zeit des unteren Teils der Sulzbach-Schichten befand sich die Achse demgegenüber noch weiter im Südosten; das heutige Sattelhöchste war jedoch noch nicht sehr weit von ihr entfernt, während der Bereich um die Bohrung Quierschied deutlich dem Rand der Kohlebildung näher lag.
- Setzt man für die Rothell-Schichten bereits ähnliche Kohlebildungsgegebenheiten wie bei den Sulzbach-Schichten voraus, so würde man die maximale Kohlebildung für diese Schichten noch weiter im Südosten erwarten müssen.
- Eine entsprechende Achsenverlagerung beobachtet man ebenso im Stefan. Dort baut die Grube Ensdorf heute innerhalb der Dilsburg-Schichten in deren Zone größter Kohlemächtigkeit (d. h. im Bereich des „Beckentiefsten“ zur Entstehungszeit der Kohlen). Neue Bohrungen im engeren Bereich der Prims-Mulde zeigen deutliche Kohlemächtigkeitsverringerung gegenüber der südlicheren Zone des aktiven Abbaus.

4.3.2 Tektonik des Saarkarbons (W.-F. Roos)

4.3.2.1 Einengungstektonik

Das beherrschende tektonische Element im zentralen Teil des Saarkarbons ist der Westsüdwest – Ostnordost streichende Saarbrücker Hauptsattel. Er ist dort als nach Südosten überkippter Einzelsattel ausgebildet und wird von der flach nach Nordwesten einfallenden Südlichen Randüberschiebung längs zerschnitten (Abb. 45 u. 46; Engel 1985). Südwestlich des Saar-Sprungs findet er seine Fortsetzung in mehreren parallel verlaufenden Großfalten, die nach Südwesten in ein etwas „steileres“ Streichen umbiegen. Dabei verlagert sich die strukturelle Hochposition vom Simon-Sattel, der streichenden Verlängerung des Saarbrücker Hauptsattels, in den im Nordwesten anschließenden Merlebacher Sattel. Der enge genetische Zusammenhang zwischen Faltungs- und Überschiebungstektonik und deren seitliche Veränderungen und Übergänge ineinander wurden im Rahmen der vorliegenden Auswertungen erkannt (Abb. 48, 49), bedürfen jedoch über hypothetische Ansätze hinaus noch einer fundierten Erklärung.

Der Saarbrücker Hauptsattel erstreckt sich in seiner typischen Ausbildung über eine Länge von 15 km zwischen Saarbrücken und Neunkirchen. Dieser Abschnitt wird im Südwesten vom Saar-Sprung, im Nordosten von der sich bei Neunkirchen entwickelnden tektonischen „Linse“ begrenzt. Dort steht er über eine fast Nord – Süd streichende flache Aufwölbung mit dem Pfälzer Sattel in Verbindung (DROZDZEWSKI 1969).

Im zentralen Teil des Sattels – etwa bei St. Ingbert – erfolgte die maximale Heraushebung. Dort ist die Sattelfirste am stärksten erodiert und zum Teil von aus Südosten vorgreifenden Sedimenten des oberen Rotliegenden und des Buntsandsteins überdeckt. In diesem Bereich kann man darüber hinaus für die Südliche Randüberschiebung mit mindestens rund 3 000 m die größte Überschiebungsweite annehmen. Auf Bauplan und Entwicklung des Saarbrücker Hauptsattels läßt sich aus der Analyse des Übergangs zum Simon-Sattel rückschließen (vgl. Abb. 49).

Die strukturgeologischen Zusammenhänge sprechen dagegen, daß der Saar-Sprung Träger einer größeren Blattverschiebung ist, wie es von DAMBERGER et al. (1964) aufgrund eines entsprechenden Versatzes der Inkohlungslinien postuliert wurde. Es ist vielmehr davon auszugehen, daß der Sprung vor

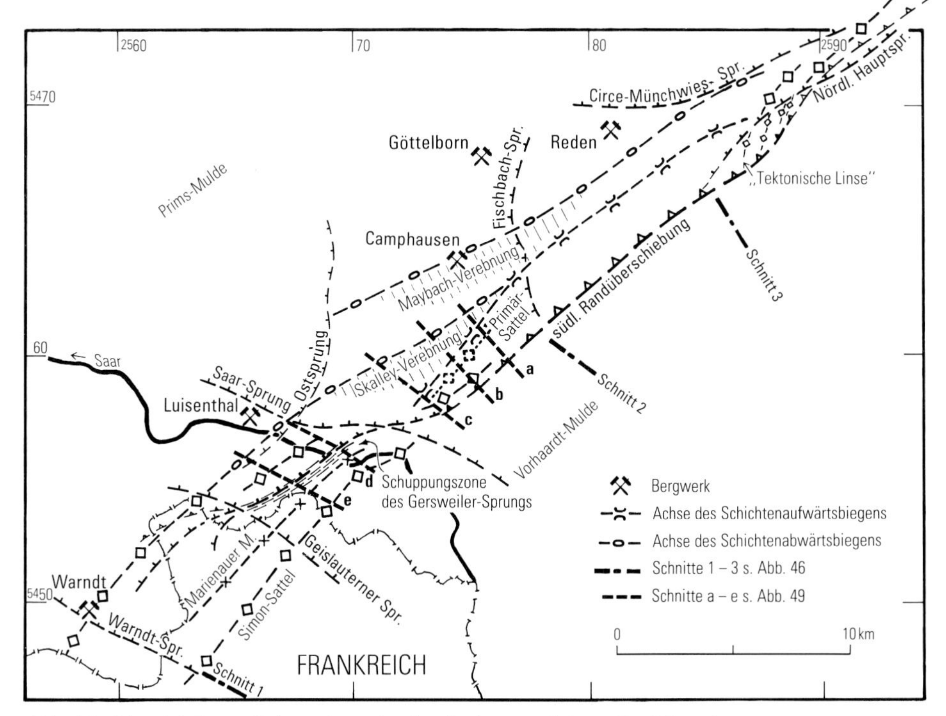

Abb. 48 Die wichtigsten Faltenachsen des Saarkarbons und deren Begleitstrukturen

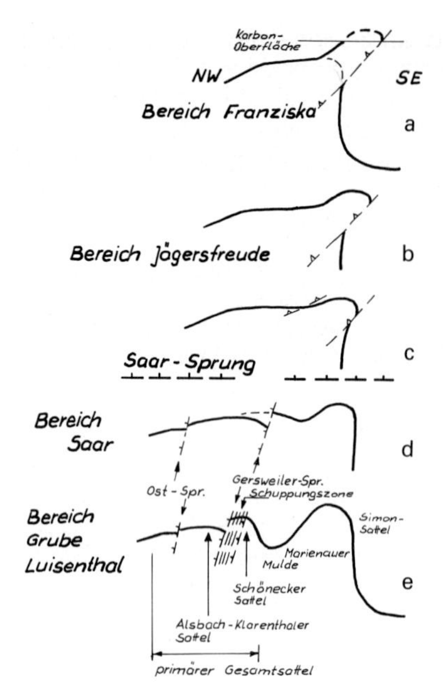

Abb. 49

Schemaschnitte des Faltenbaus in der Nachbarschaft des Saar-Sprungs (Lage der Schnitte s. Abb. 48)

der Hauptinkohlung oder vor einer örtlichen Nachinkohlung in der Tiefscholle angelegt wurde. Auch am Geislauterner Sprung gibt es im recht gut bekannten Bereich der Marienauer Mulde und des Simon-Sattels keinerlei Hinweise auf einen größeren Horizontalverschub. Die Faltenachsen laufen offenbar durch den projektierten Geislauterner Sprung hindurch.

Die Nordwestflanke des Saarbrücker Hauptsattels weist quer zum Streichen zunächst eine der Randüberschiebungsbahn nahezu parallele Zone mit steilerem Einfallen der Schichten auf (Abb. 49 oben). Nach Norden schließt sich längs einer muldenförmigen Monokline eine „mittlere Verflachungszone“ an. Diese knickt entlang einer sattelförmigen Monokline wieder ab, so daß die Schichten abermals etwas versteilt nach Nordwesten zur Prims-Mulde einfallen.

Im Bereich der Grube Camphausen treten sogar zwei sattelförmige Monoklinen und entsprechend zwei Verflachungszonen auf (in Abb. 48 schraffiert). Die südliche Zone der Schichtenverebnung verbreitert sich in Richtung Südwesten zunehmend, wobei teilweise umlaufendes Schichtenstreichen auftritt, verursacht durch Einsenkungen im Vorfeld der dortigen Querstörungen sowie des Saar-Sprungs. Die Umbiegungsachse dieser sogenannten Skalley-Verebnung ist wahrscheinlich mit der nach Nordosten verlängerten Sattelachse des Merlebacher Sattels in Verbindung zu bringen.

Die schematischen Schnitte der Abbildung 49 verdeutlichen die Entwicklung des Saarbrücker Hauptsattels über den Saar-Sprung hinweg nach Südwesten, wobei einige weitere Sprünge eliminiert sind. Schnitt e zeigt die Aufgliederung des gesamten Antiklinoriums durch die sich nach Südwesten eintiefende Marienauer Mulde. Der hierdurch bedingte nördliche „Gesamtsattel“ wurde infolge von späterer Dehnungstektonik vom Gersweiler Sprung noch weiter zerschnitten. Dabei bildeten sich durch Absenkung des Sprungvorfeldes der Alsbach-Klarenthaler Sattel sowie auf der Hochscholle der stark zerscherte Schönecker Sattel.

Dieses tektonische Bild ist in seinem äußersten Südwesten, knapp nordwestlich der französischen Grenze, nicht verträglich mit dem dort projektierten Krughütter Wechsel, der eine Überschiebungsweite von bis zu 400 m haben soll. Ändert man die stratigraphische Deutung in der Bohrung Krughütte 2, so verringert sich die Überschiebungsweite auf einen realistischen Wert von ca. 50 m. Voraussetzung hierfür ist die Umdeutung des ursprünglich als Tonstein 6 angesprochenen Horizonts in Tonstein 4, während der tatsächliche Tonstein 6 einem seinerzeit als „vermutlich verkieselter Tuffit“ angesprochenen Horizont entspräche.

Südwestlich des Geislauterner Sprungs wird der Schönecker Sattel zum flach einfallenden Vorplateau (25 gon) der steiler abtauchenden Nordflanke (60 gon) der Marienauer Mulde. Dadurch verlagert sich das Sattelhöchste des nordwestlichen Gesamtsattels nach Nordwesten und wird zur Hauptachse des Merlebacher Sattels. Gleichzeitig verengt sich das breite „Schuppungsband" des Schönecker Sattels auf französischem Gebiet extrem und findet sich schließlich als Homburg-„Sprung" im Bergwerk Warndt wieder (vgl. Abb. 46: Schnitt 1, S. 281).

Ganz im Gegensatz zu diesen ausgeprägten, relativ schmalen Sattelzonen bilden die im Nordwesten und Südosten vorgelagerten Mulden 10 – 20 km breite flachwellige Strukturen. Aufgrund der Überlagerung durch Rotliegendes ist die nördlich gelegene Prims-Mulde besser bekannt, als die unter mächtigem permotriassischen Deckgebirge begrabenen Strukturen im Süden.

Nach seismischen Untersuchungen westlich von Lebach wurde dort örtlich eine axiale Hochlage der Prims-Mulde nachgewiesen, die als flachwellige Doppelmulde nach Südwesten abtaucht. Nach Nordosten setzt sie sich jenseits des Circe-Merchweiler-Sprungsystems nur noch als eine Mulde fort, deren Tiefstes rechtssinnig nach Süden verlagert ist. Der breite südliche Flügel der Prims-Mulde fällt generell flach mit Einfallswerten unter 15 gon ein. Für den schmaleren nördlichen Muldenflügel muß hingegen ein steileres Einfallen von mehr als 20 gon angenommen werden. Die Extrapolation dieser Verhältnisse nach Nordosten hat recht spekulativen Charakter, da dort Vulkanite das strukturelle Bild stören und generell mit einer starken Verringerung der Gesamtschichtenmächtigkeit des Karbons gerechnet wird.

Die am besten als Vorhaardt-Mulde (M. TEICHMÜLLER & R. TEICHMÜLLER & LORENZ 1983) zu bezeichnende Muldenstruktur südlich des Saarbücker Hauptsattels stellt die Fortsetzung der Mulde von Landroff-Spicheren auf französischem Staatsgebiet dar (DONSIMONI 1981). Sie hat vermutlich einen mit ca. 10 gon nach Südosten einfallenden Nordflügel (vgl. VEIT 1976) und eine möglicherweise etwas steilere Südflanke im Anstieg zum Alstinger Sattel. Weitere Untergliederungen in Form flachwelliger Falten und mittelgroßer Querstörungen wurden zwar nur örtlich nachgewiesen, dürften jedoch flächendeckend auftreten. Für Faltenstrukturen, wie zum Beispiel die von DRUMM (1929) im südlichen Vorfeld des Saarbrücker Hauptsattel postulierte „Voraufwölbung", gibt es jedoch keine Hinweise.

4.3.2.2 Bruchtektonik

Die Bruchtektonik des Saarkarbons zeigt ausgeprägten Dehnungscharakter, da das Störungseinfallen meist flacher als 70 gon ist. Neben vertikalen Verwurfshöhen bis zu mehreren hundert Metern wurden mitunter auch Seitenverschübe in ähnlicher Größenordnung beobachtet. Besonders die unterschiedlichen Richtungssysteme dieser Störungen weisen ein Strukturbild auf, das sich nur schwer zum Beispiel mit der Bruchtektonik des Ruhrkarbons vergleichen läßt:

- Am auffälligsten sind die parallel zu den Einengungsstrukturen streichenden Abschiebungen, die vor allem nahe der Sattelzonen auftreten und überwiegend nach Norden abschieben (s. Abb. 50 a). Bemerkenswert ist ihr Fehlen in dem Gebiet, wo die Kompensation der Einengung im Saarbrücker Hauptsattel durch die Südliche Randüberschiebung maximale Werte erreicht.
- Größere Ähnlichkeiten mit dem Ruhrkarbon weisen hingegen die querschlägigen Sprünge senkrecht zu den Einengungsstrukturen auf (Abb. 50 b). Sie finden

sich vor allem in den flachen Teilen der Nordflanke des Saarbrücker Hauptsattels sowie im engeren Bereich der Sättel südwestlich des Saar-Sprungs.

- Zwischen beiden Richtungen vermittelt ein sich von Osten nach Westen auffächerndes Störungssystem mit bogenförmigem, konkav nach Norden geöffneten Verlauf (Abb. 50 c). Die Störungen schieben (ausnahmslos) nur nach Norden ab und haben die höchsten Verwurfsbeträge.
- Als Diagonalstörungen kann man eine Reihe von Nord – Süd und Ost – West verlaufenden Störungen bezeichnen, von denen vor allem die Westabschiebungen größere Bedeutung haben (Abb. 50 d).

Über die richtungsabhängige Gliederung der Bruchtektonik hinaus lassen sich die meisten Störungen auch anderen Systemen regionaler und genetischer Art zuordnen: Zwischen Saar und französischer Grenze erstreckt sich die „Saar-Querzone", eine breite Zone tektonischer Eigenständigkeit, die vor allem durch starke Häufung Nordwest – Südost streichender Abschiebungen gekennzeichnet ist. Ein weiteres markantes System ist die nach Westen auffächernde Staffelbruchzone des östlichen Saarkarbons mit im wesentlichen nord- bis nordwesteinfallenden Störungen. Eine im Zusammenhang mit dem Gersweiler-Sprung entwickelte faltenparallel streichende Störungszone im südwestlichen Saarkarbon ist für die genetische Deutung einiger tektonischer Strukturen wichtig.

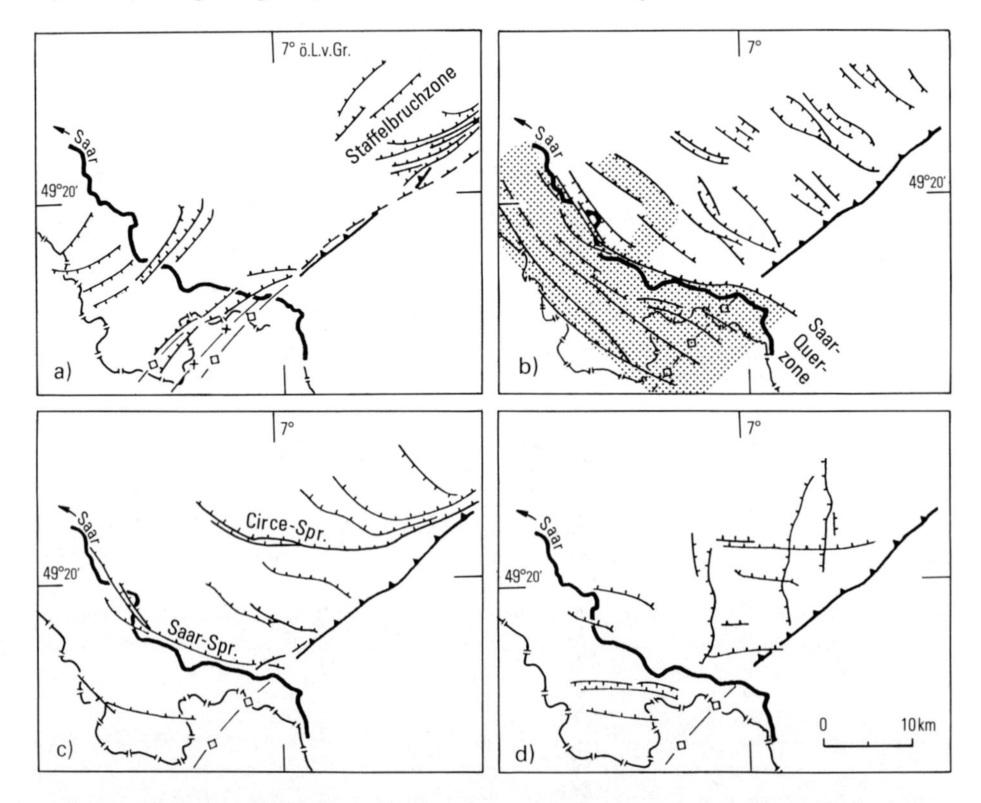

Abb. 50 Gliederung der Bruchtektonik des Saarkarbons nach Sprungsystemen, die aufgrund ihres Streichens zusammengehören

a) Sprünge parallel zur Sattelachse; b) Sprünge senkrecht zur Sattelachse; c) Sprungsystem, das sich von Osten nach Westen auffächert; d) Diagonalstörungen

Die Saar-Querzone wird im Nordosten durch den Saar-Sprung und im Südwesten durch den Warndt-Sprung begrenzt. Zwischen beiden Sprüngen und parallel zu ihnen verlaufen verschiedene weitere Abschiebungen, die sich häufig ins Deckgebirge durchpausen und daher morphologisch gut zu verfolgen sind. Quer zu ihnen verlaufende Abschiebungen erzeugen vor allem im Nordwesten ein typisches, ungefähr orthogonales Bruchschollenmosaik.

Die Saar-Querzone könnte ein altangelegtes Element sein, wie die Sedimentationsverhältnisse während des Westfals zeigen: Im Vergleich zum Bereich nordöstlich der Saar gibt es mächtigere und weit durchhaltende Grobschüttungen. Nach herkömmlicher Vorstellung führten sie zu einer Versteifung des gesamten Schichtenkomplexes und waren damit die Ursache für die gegenüber dem Saarbrücker Hauptsattel deutlich andere Einengungstektonik. Die Änderungen des Faltenbaus könnten jedoch auch mit der frühen Ausbildung des Saar-Sprungs als tektonisch wirksame Fläche oder Zone erklärt werden.

Der Saar-Querzone zuzurechnen ist eventuell noch ein Bereich nordöstlich der Saar. Er wird charakterisiert durch den rechtwinklig abknickenden Morgenstern-Ostfeld-Grabenbruch. Dieser entwickelt sich aus Nordost – Südwest streichenden Störungen, die im Bereich des Bergwerks Ensdorf dann in Richtung Nordwest abbiegen (s. Abb. 45, S. 280, u. Abb. 53, S. 292: Großschollen 751 u. 752). Die Ostgrenze dieses Grabens zeigt erhebliche fazielle Unregelmäßigkeiten, was gegebenenfalls als Hinweis auf einen Zusammenhang mit den Verhältnissen in der eigentlichen Saar-Querzone gewertet werden kann. Darüber hinaus wurde erwogen, den Morgenstern-Ostfeld-Störungsbogen mit plutonischer Aktivität im Untergrund in Verbindung zu bringen (H.-P. Konzan, mdl. Mitt.).

Die Ostnordost – Westsüdwest streichende Staffelbruchzone des östlichen Saarkarbons spaltet sich nach Westen vom Verlauf des Saarbrücker Hauptsattels ab. Südbegrenzung und Hauptstörung dieser Zone ist das System des Münchwies-Circe-Merchweiler-Sprungs. Aufgrund älterer Seismik (ca. 1960) wurde in den Projektionen für das KVB-Modell im Gebiet des Bergwerks Göttelborn ein Abschiebungsbetrag von ca. 600 m zugrunde gelegt, der sich später auch in Aufschlüssen bestätigte. Nördlich dieses Systems treten weitere Strörungen auf mit etwas geringerer Größenordnung, aber mit ähnlichem, nach Norden sich öffnendem bogenförmigem Verlauf. Die dadurch bedingte Auffächerung der Störungen führt zu einer deutlichen Zunahme der Größe der tektonischen Schollen von Osten nach Westen.

Bei einer Reihe von Abschiebungen unterschiedlicher Richtungen sind jeweils in der abgesunkenen Scholle flache Aufsattelungen zu beobachten, die möglicherweise mit einer antithetischen Schleppung infolge der abschiebenden Bewegung zusammenhängen (vgl. Suppe 1985: Abb. 9 – 41, „roll-over anticlines"). Diese Beobachtung wurde vor allem bei folgenden Strukturen gemacht:

- am Nördlichen Hauptsprung im östlichen Saarkarbon und am Gersweiler-Sprung (beide faltenparallel)
- nördlich von Saarbrücken am Ost-Sprung (nach Westen und Nordwesten einfallend)
- am Saar-Sprung im Bereich der Umbiegung des Streichens von Nordwest – Südost nach Ost – West
- am Jägersfreuder Hauptsprung (nach Norden einfallend)
- am Hauptsprung 4 (nach Nordosten einfallend)

Bei einigen dieser Sprünge (vor allem am Saar-Sprung und am Ost-Sprung) wurde gleichzeitig ein ungewöhnlich flaches Störungseinfallen von unter 45 gon

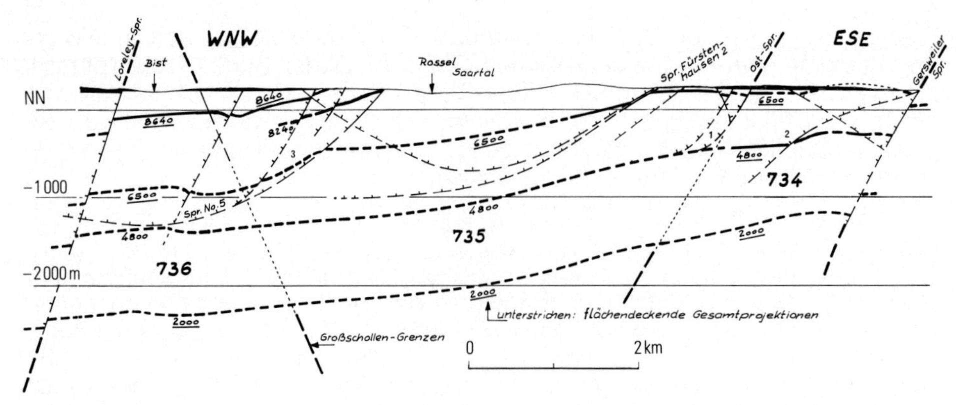

Abb. 51 Querschnitt durch die Gebiete Luisenthal-Hostenbach (Großschollen 734 – 736) im Saarkarbon

und/oder eine Tendenz des Flacherwerdens zur Tiefe, ähnlich wie bei listrischen Flächen, beobachtet. Exemplarisch konnte dies am Ost-Sprung anhand der Aufschlüsse des Bergwerks Luisenthal nachgewiesen werden, wo der zuoberst mit ca. 100 m Verwurf steil nach Nordwesten einfallende Sprung nach ca. 600 m zur Tiefe hin in eine schicht- beziehungsweise flözparallele Störungszone einmündet (s. Abb. 51 sowie SCHMIDT 1968). Darüber hinaus haben diese Störungen häufig auch einen bogenförmigen Verlauf. Diese Störungsformen weisen auf oberflächennahe Dehnungsbewegungen hin, die möglicherweise in Form gravitativer Gleitungen als Folge der Heraushebung des Saarbrückerr Hauptsattels und der anderen Sättel entstanden sind.

Der spät- bis postorogene Beckencharakter und das scheinbar ungeordnete Nebeneinander von Dehnungs- und Einengungsstrukturen lassen sich nur schwer in Einklang bringen mit der Vorstellung, die Falten und Überschiebungen seien das Produkt orogener Einengungstektonik. Auch die weite Entfernung der Einengungsstrukturen vom tektonischen Beckenrand (Metzer bzw. Hunsrück-Randstörung) spricht gegen einen für das gesamte Becken einheitlich wirksamen Beanspruchungsplan.

Möglicherweise läßt sich der gesamte tektonische Bau besser erklären, wenn man das Saarkarbon als ein durch Dehnung entstandenes Einsenkungsbecken deutet, das durch größere rechtssinnige Seitenverschiebungen geprägt wird (vgl. KORSCH & SCHÄFER 1991). Nimmt man zusätzlich zur Hunsrück-Randstörung auch im tieferen Untergrund des Saarbrücker Hauptsattels eine größere dextrale Seitenverschiebung an, so könnten über dieser Tiefenstörung Blumenstrukturen („flower structures“) mit großen örtlichen Einengungskomponenten entstanden sein (vgl. DROZDZEWSKI & JUCH 1992; ähnliche Strukturen an der Ibbenbürener Karbon-Scholle, DROZDZEWSKI 1985). Abgesehen von einer generellen Lösung der angesprochenen Deutungsprobleme würde das rechtsseitige Verspringen der „steiler“ als die Gesamtstruktur Nordost – Südwest streichenden Falten im Nordosten und Südwesten des Saarbrücker Hauptsattels dadurch besser erklärt werden können. Auch der Saarbrücker Hauptsattel ist in erster Linie ja weniger eine Falten- als eine Überschiebungsstruktur, wie sie für eine Blumenstruktur charakteristisch sein kann.

4.3.3 Erfassung nach dem KVB-Modell

Die Lagerstättenerfassung im Saarkarbon erfolgte relativ einheitlich von der Tagesoberfläche (durchschnittlich bei ca. 300 m über NN) oder der Karbon-Oberfläche bis zum tiefsten Flöz 2000 (s. Abb. 52). Im Südosten liegt es über NN und in der Prims-Mulde teilweise unter −4 500 m NN. Das erfaßte Gebiet wird im Osten durch die Landesgrenze und im Südwesten durch die Staatsgrenze begrenzt. Den Nordrand bildet die Metzer Störung beziehungsweise die Prims-Mulde (s. Abb. 53). Im Südosten endet die Erfassung nach dem KVB-Modell an der Südlichen Randüberschiebung beziehungsweise anderen Störungen in ihrer westlichen und nordöstlichen Verlängerung. Der Kohleninhalt der südlich des Saarbrücker Hauptsattels gelegenen Vorhaardt-Mulde wurde nur überschlägig berechnet (s. Kap. 4.3.4). Anders als in den übrigen Revieren wurden stark abgebaute Lagerstättenteile generell nicht ausgeklammert.

Abgesehen von tieferen erosiven Anschnitten liegt die stratigraphische Obergrenze der Erfassung im allgemeinen bei Flöz 9700 (Schwalbach). Lediglich in den Großschollen 761 – 763 reicht sie bis Flöz 9950 (Breitenbach) und in den östlichsten Großschollen 725 und 726 endet sie – faziell bedingt – bereits beim Holzer Konglomerat.

Erfaßt wurden mindestens alle Flöze mit über 20 cm Kohlemächtigkeit, dabei wurde überwiegend auf ganze Dezimeter abgerundet. Verbunden mit der punktuellen Flözmächtigkeitsaufnahme basieren die Werte im östlichen Saarkarbon auf Mittelwertberechnungen, während sie im Westen mehr aus repräsentativen Profilen stammen. Für die unverritzten Lagerstättenteile im Norden wurden starke sche-

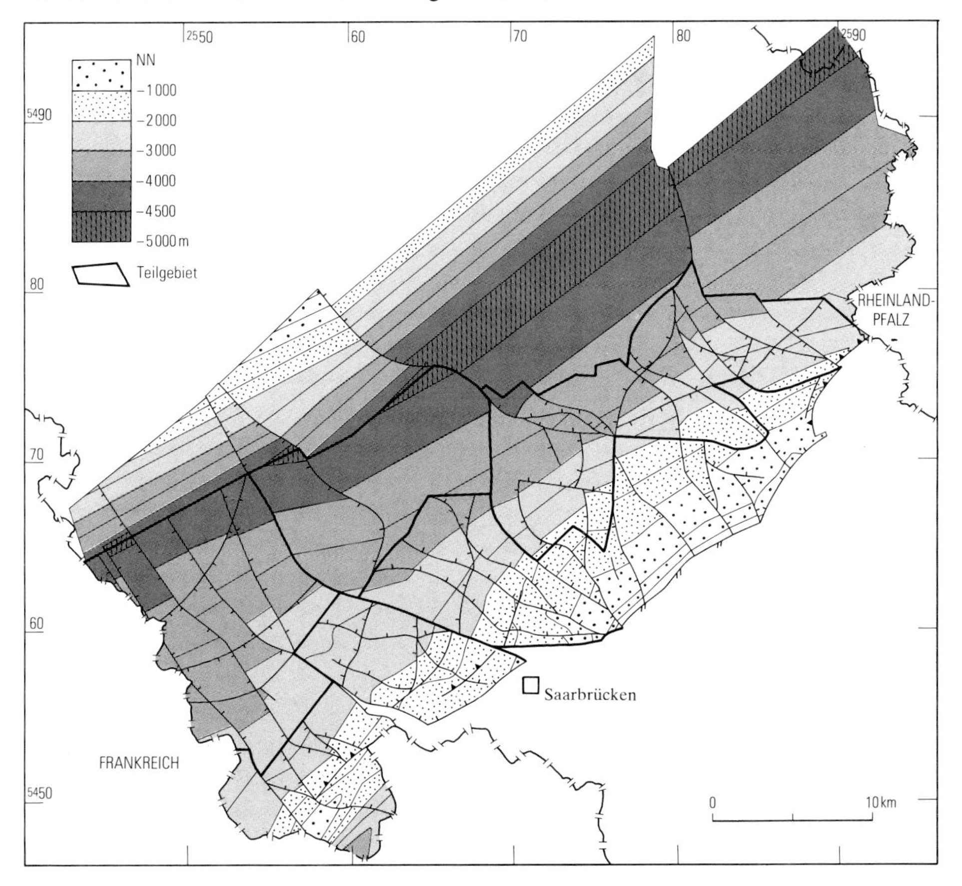

Abb. 52 Tiefenlage des Flözes 2 000 im Saarkarbon

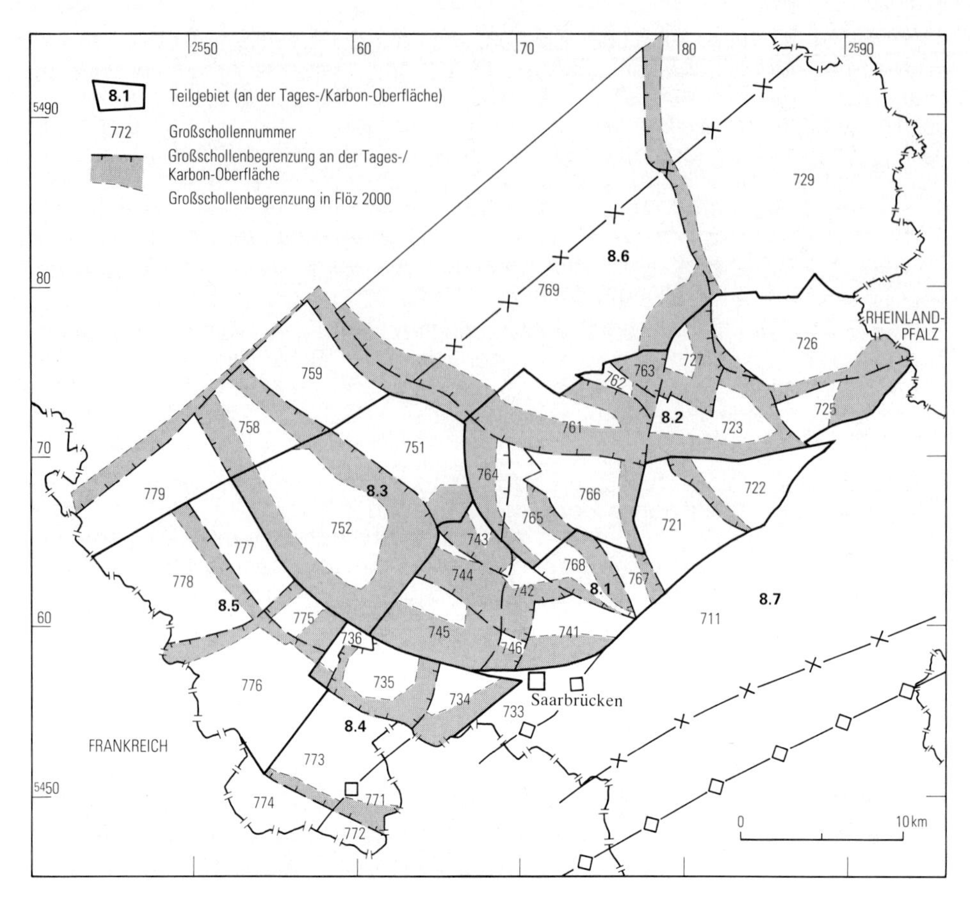

Abb. 53 Teilgebiete und Großschollen im Saarkarbon

matische Reduktionen auf bis zu einem Drittel der aus südlichen Aufschlüssen bekannten Kohlemächtigkeiten vorgenommen. Flözprojektionen, Blockeinteilung und Großschollengliederung erfolgten nach den gleichen Gesichtspunkten wie in den anderen Gebieten.

Da der tektonische Baustil im Saarkarbon vor allem durch die Bruchtektonik geprägt ist, war es fast überall möglich, das Kriterium der Blockabgrenzung durch Störungen mit mehr als 10 m Verwurfshöhe (s. Kap. 3.3.1) einzuhalten. Auch das Verschneiden von Störungen wurde bei der Extrapolation zur Tiefe und in die unaufgeschlossenen Randbereiche der Bergbauzone generell berücksichtigt. Da stärkere Schichtenverbiegungen nur in Sattelnähe auftreten, fehlten in der querschlägigen Nordwest-Südost-Richtung häufig tektonische Strukturen zur Blockabgrenzung. Um in diesen Fällen trotzdem eine angemessene Untergliederung zu erreichen, wurden zusätzliche Grenzelemente eingeführt. Hierzu gehören kleinere Störungen, schwache Schichtenverbiegungen sowie Streich- und Ausstrichlinien der Flöze, die senkrecht nach unten projiziert als „künstliche“ Blockgrenzen benutzt wurden. Die in großer Tiefe im engeren Bereich der unaufgeschlossenen Prims-Mulde liegenden Flöze wurde räumlich kaum noch untergliedert. Eine Vorhersage über die Störungsgeometrie des auch dort mit Sicherheit vorhandenen tektonischen Schollenmosaiks erschien zu spekulativ.

4.3.4 Kohleninhaltsermittlung im südöstlichen Saarkarbon und Westfal A und B

Um die Mengenbilanz des Saarkarbons zu vervollständigen, wurde auch noch das tiefliegende Karbon des Raumes südöstlich der Randüberschiebung und unterhalb des Flözes 2000 (= 1 Süd) kursorisch untersucht (Großscholle 711). Leider gibt es zur Zeit keine geologisch fundierte moderne Konzeption über die Paläogeographie und Tektonik des Saarkarbons, die eine plausible Vorhersage über Lagerung und Kohleführung südlich der durch Bergbau erschlossenen Lagerstättenteile ermöglichen würde. Es wurde daher auf die Dokumentation der Tiefbohrung Saar 1 (Bundesanstalt für Geowissenschaften und Rohstoffe und Geologische Landesämter der Bundesrepublik Deutschland 1976), DONSIMONI (1981) und Darstellungen von M. TEICHMÜLLER & R. TEICHMÜLLER & LORENZ (1983) zurückgegriffen, um wenigstens die bekannten Fakten in ein einigermaßen widerspruchsfreies Lagerstättenkonzept einzubauen. Unter anderem aufgrund der Unsicherheiten und geringen Differenzierungsmöglichkeiten der jeweiligen geologischen Annahmen wurde auf eine Erfassung nach dem KVB-Modell verzichtet (vgl. auch Kap. 4.3.2).

Das sich zwischen den Landesgrenzen erstreckende Gebiet südöstlich des Saarbrücker Hauptsattels beziehungsweise Südlicher Randüberschiebung wird ca. 10 – 12 km im Südosten durch den Alstinger Sattel – benannt nach dem Ort Alsting – begrenzt, da hier möglicherweise der Südrand der Westfal-Verbreitung liegt (ca. 360 km^2). Für die Ausdehnung des Westfals A und B nach Nordwesten wurde schematisch ein ca. 10 km breiter Streifen entlang des Saarbrücker Hauptsattels und dessen südwestlicher Verlängerung (Simon-Sattel) angenommen (ca. 450 km^2).

Eine systematische Durchsicht der Ergebnisse der Bohrung Saar 1 als wichtigstem Aufschluß dieses Gebiets führte zu folgenden Erkenntnissen:

- Die Schichtenmächtigkeiten entsprechen den bekannten Werten und setzen sich wohl auch unverändert nach Süden fort.
- Eine nennenswerte Flözführung setzt erst unter Flöz 7000 ein.
- Ein Vergleich der aus Gamma-Ray-Bohrlochmessungen abgeleiteten Flözmächtigkeiten einzelner stratigraphischer Abschnitte mit benachbarten Grubenaufschlüssen zeigt, daß die aus den Bohrlochmessungen abgeleiteten Mächtigkeitsangaben deutlich zu hoch sind – oft um mehr als das Doppelte. Daher und auch in Analogie zu den Erkenntnissen aus der Überarbeitung der Bohrung Münsterland 1 scheint es angebracht, diese Werte zu halbieren, um ein einigermaßen realistisches Bild der Flözführung zu bekommen.

Andere Tendenzen lateraler Änderungen, wie zum Beispiel die aus der Seismik ableitbare Mächtigkeitszunahme des Westfals B nach Südwesten oder die vermutete starke Reduktion des gesamten Westfals am Alstinger Sattel, sind zu vage und können daher nicht berücksichtigt werden. Es ist jedoch zu vermuten, daß die Übertragung selbst des reduzierten Profils aus der Bohrung Saar 1 auf das gesamte Westfal eher zu einer maximalen Mengenbilanz als zu einer Unterschätzung des Kohleninhalts führt.

Insgesamt wurde für das südöstliche Saarkarbon auf diese Weise ein Kohleninhalt von ca. 20 Mrd. m^3 geschätzt, der sich im Verhältnis 3/10/7 auf Flöze mit Mächtigkeiten von über 100/100 – 60/< 60 cm verteilen könnte. Für das Westfal A und B unter der Bergbauzone ergibt sich ein Kohleninhalt von ca. 8 Mrd. m^3, der jedoch weitgehend in Flözen mit weniger als 1 m Mächtigkeit liegen dürfte.

Auch die tektonisch stark beanspruchte Scholle unter Saarbrücken (Großscholle 733, s. Abb. 53) wurde nicht nach dem KVB-Modell erfaßt, da ihre Untersuchung eine recht komplizierte Lagerstättengeometrie ergab. Ihr Kohleninhalt dürfte rund 1 Mrd. m^3 betragen.

4.3.5 Kohleninhaltsberechnung im gesamten Saarkarbon

Der im Saarkarbon mit dem KVB-Modell auf ca. 1 200 km^2 erfaßte Kohleninhalt beträgt 92,318 Mrd. m^3, von denen noch 1,522 Mrd. m^3 wegen Abbaus abzuziehen sind (s. Tab. 6). Hinzuzurechnen sind noch ca. 29 Mrd. m^3 aus dem Westfal A und B sowie aus dem Karbon südlich der Bergbauzone (s. Kap. 4.3.4). Der gesamte Kohleninhalt des Saarkarbons beträgt danach rund 120 Mrd. m^3.

Davon stehen 5,55 Mrd. m^3 in Flözen mit über 1 m Kohlemächtigkeit und oberhalb –900 m NN (entsprechend einer durchschnittlichen Teufe von 1 200 m) an. Die Grenztiefen wurden im Vergleich zu den Lagerstätten in Nordrhein-Westfalen im Saarkarbon generell um 300 m nach oben verschoben, um das Teufenkriterium an die hier höherliegende Erdoberfläche anzupassen. Setzt man eine Grenzteufe von 1 500 m (entsprechend –1 200 m NN) an, so ergibt sich ein Kohleninhalt von ca. 7,95 Mrd. m^3.

Folgt man jedoch dem Hinweis von HIERY (1978), „... daß es sinnvoller wäre, bei der Kohlenvorratsberechnung anstelle einer Grenzteufe eine Grenztemperatur festzulegen“, so ist eine andere Differenzierung notwendig. Der Grenztiefe –1 500 m NN im Ruhrkarbon entsprechen im guten Durchschnitt 64 °C Gebirgstemperatur (LEONHARDT 1981). Um den im Gegensatz dazu sehr großen Temperaturschwankungen im Saarkarbon gerecht zu werden, wurden örtlich unterschiedliche Grenztiefen festgelegt, die auf einer Isothermenkarte von HÜCKEL & KAPPELMEYER (1965) sowie einer groben Extrapolation von neueren Temperaturdaten der Saarbergwerke AG basieren und ungefähr dieser Grenztemperatur entsprechen (s. JUCH & Arbeitsgruppe GIS 1988 b: Abb. 51). Die oben angegebene Teilmenge des Kohleninhalts erhöht sich auf diese Weise von ca. 8 auf 10 Mrd. m^3.

Vergleicht man den hier erfaßten Gesamtkohleninhalt von 120 Mrd. m^3 mit dem 1913 erhobenen Gesamtvorrat von 16,5 Mrd. t (FETTWEIS 1976: 246), so kann man die auffällige Diskrepanz nicht allein mit der Teufenbegrenzung von 2 000 m und einer unteren Mächtigkeitsgrenze von 30 cm erklären. Erstaunlicherweise findet sich in derselben Vorratskategorie aus dem Jahr 1974 die Angabe von 5,5 Mrd. t, was dem oben angegebenen Wert von 5,55 Mrd. m^3 für den hochgelegenen Teil des gesamten Kohleninhalts entspricht.

Die Aufgliederung und Darstellung des gesamten Kohleninhalts in verschiedenen Teilgebieten hat mehr exemplarischen Charakter, da sich auch andere Unterteilungen oder Zusammenfassungen von Großschollen sinnvoll durchführen ließen. Es wurde versucht, die quantitativ bedeutsamen Hauptmerkmale der Lagerstätte in möglichst wenigen Darstellungen zusammenzufassen (Abb. 54).

Bei relativ großer Ähnlichkeit der Teilgebiete 8.1 und 8.2 infolge gleichartiger Kohlemächtigkeitsverteilung verschiebt sich das Maximum der Kohleführung von Süden nach Norden um ca. 2 Tiefenkilometer nach unten. Dabei ist die schwache Ausprägung des Anteils der mächtigen Flöze im oberen Abschnitt des Teilgebiets 8.1 vor allem auf den hohen Abbauanteil zurückzuführen.

Das Teilgebiet 8.3 wird im oberen Abschnitt von den vereinzelt im Stefan auftretenden mächtigeren Flözen gekennzeichnet, die jedoch insgesamt nur einen relativ kleinen Kohleninhalt umfassen. Das Fehlen mächtiger Flöze im unteren Teil ist auf eine Halbierung der aus den südlich benachbarten Aufschlüssen bekannten Kohlemächtigkeiten im Westfal zurückzuführen (vgl. Kap. 4.3.2).

Beim Teilgebiet 8.4 sind die relativ hohe Lage guter Kohleführung und der große Anteil mächtiger Flöze auffällig. Ersteres hängt mit der Sattelstruktur südwest-

Tabelle 6

Kohleninhalt der Großschollen im Saarkarbon

Teilgebiet	Großscholle	Kohleninhalt (Mio. m^3) gesamt	abgeb. Anteil (Stand 1980)	Kohlemächtigkeit > 100 cm, Flöze oberhalb −900 m NN, Flözeinfallen < 20 gon	20 – 45 gon	> 45 gon	gesamt	Kohlemächtigkeit 60 – 100 cm, Flöze oberh. −900 m NN	Kohlemächtigkeit 60 – 100 cm, Flöze −900 bis −1200 m NN	Kohlemächtigkeit > 100 cm, Flöze −900 bis −1200 m NN	≥ 60 cm Flöze unterh. −1200 m NN
8.1	721	3266	303	292	39	0	331	735	137	85	206
8.1	722	2069	223	347	97	0	443	549	32	22	14
8.2	723	4286	65	445	38	0	483	509	216	183	1205
8.1	725	1249	20	129	77	0	206	279	47	39	71
8.2	726	5124	0	79	120	0	198	186	210	171	2119
8.2	727	1932	0	1	0	0	1	12	24	29	1143
8.6	729	3294	0	0	0	0	0	0	0	0	0
8.4	734	1872	47	226	4	0	230	375	161	164	290
8.4	735	2332	15	98	12	0	110	205	112	101	909
8.4	736	1419	4	35	0	0	35	45	48	1	772
8.1	741	1376	77	308	31	3	342	302	56	47	19
8.1	742	1168	6	56	24	0	80	122	53	81	332
8.1	743	869	5	42	3	0	44	45	15	1	371
8.1	744	1371	18	22	1	0	23	76	30	3	589
8.1	745	2527	25	35	0	0	35	159	68	5	1079
8.1	746	844	7	50	0	0	50	72	45	110	223
8.3	751	3219	35	37	0	0	37	41	14	43	813
8.3	752	3025	110	68	0	0	68	91	81	27	632
8.6	758	319	0	10	0	0	10	10	4	5	40
8.6	759	1011	0	28	4	0	33	44	11	0	72
8.2	761	2470	0	25	0	0	25	46	37	63	1208
8.2	762	1746	0	0	0	0	0	8	9	6	1011
8.2	763	81	0	0	0	0	0	4	3	0	45
8.2	764	225	0	31	0	0	31	28	12	10	32
8.2	765	3057	20	59	24	0	82	207	95	34	1220
8.2	766	4134	102	188	118	0	306	379	121	90	1365
8.1	767	1007	82	151	10	4	166	257	44	24	50
8.1	768	846	67	139	1	4	143	169	37	30	53
8.6	769	5357	0	0	0	0	0	0	0	0	0
8.4	771	1690	36	59	85	366	510	240	77	170	463
8.4	772	1666	41	0	6	266	272	106	44	137	816
8.4	773	4977	68	165	379	0	544	418	176	401	2042
8.4	774	2711	68	13	227	0	240	214	59	140	1293
8.5	775	1270	0	47	0	0	47	47	6	8	668
8.5	776	7111	0	225	0	0	225	196	109	76	4093
8.5	777	4960	0	94	0	0	94	44	25	35	2950
8.5	778	5542	0	154	0	0	154	54	42	58	3152
8.6	779	896	0	32	0	0	32	16	18	5	68
Summe		92318	1444	3696	1292	642	5630	6289	2278	2404	31428

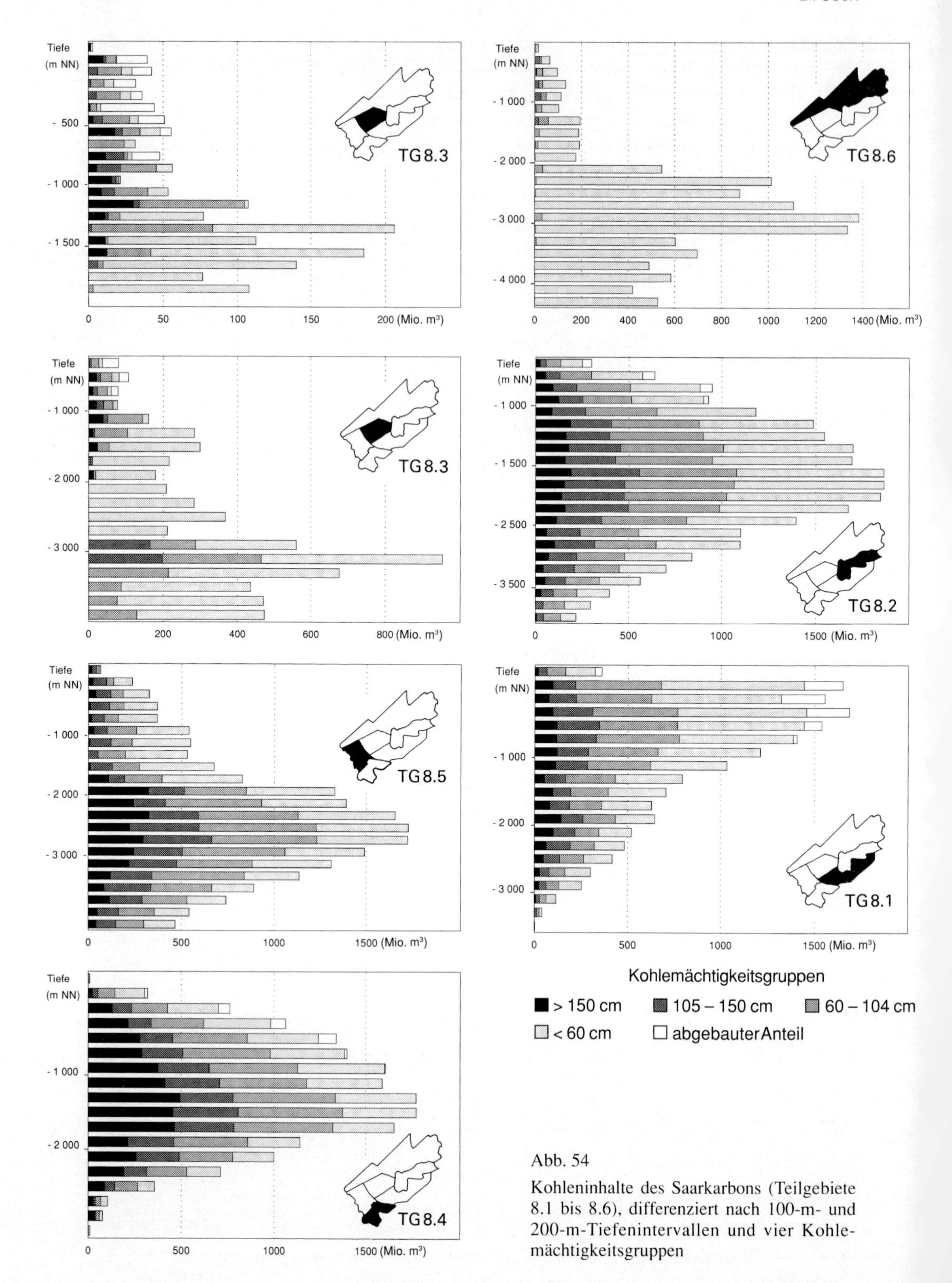

Abb. 54

Kohleninhalte des Saarkarbons (Teilgebiete 8.1 bis 8.6), differenziert nach 100-m- und 200-m-Tiefenintervallen und vier Kohlemächtigkeitsgruppen lich des Saar-Sprungs zusammen, die in den Großschollen 771 und 772 zu dem einzigen, aber gleichzeitig auch recht bedeutenden Kohleninhalt in steiler Lagerung führt (s. Tab. 6). Das zweite hängt mit der faziellen Verbesserung der Kohleführung in südwestlicher Richtung zusammen.

Dieser durch grenznahe französische Aufschlüsse im Westfal D gestützte Trend führte im nordwestlich anschließenden Teilgebiet 8.5 dazu, keine Reduktion der Kohlemächtigkeiten des hier nicht aufgeschlossenen Westfals vorzunehmen. Insofern unterscheidet sich das Diagramm dieses Teilgebiets signifikant von dem des unmittelbar benachbarten Teilgebiets 8.3. Im oberen Abschnitt (Stefan) fällt hingegen auch hier wieder die unregelmäßige Verteilung der mächtigeren Flöze auf.

Die Zweiteilung in einen oberen kohlearmen und einen unteren kohlereicheren Abschnitt prägt auch das Teilgebiet 8.6 in der nur unzureichend bekannten Prims-Mulde. Die starke Reduktion der bekannten Kohlemächtigkeiten der Einzelflöze auf jeweils ein Drittel führte zum weitgehenden Fehlen der mächtigeren Flöze.

Die Verteilung der Werte des spezifischen Kohleninhalts (Abb. 55, vgl. Kap. 3.3.5.4) spiegelt zwei Haupttendenzen wider: die faziell bedingte hohe Kohleführung im südwestlichen und mittleren Saarkarbon und die – bezüglich der Kohleführung – optimale Lagerstättengeometrie entlang der gesamten Nordflanke des Saarbrükker Hauptsattels und seiner südwestlichen Verlängerung. Maximale Werte finden sich immer auf der Südflanke des Merlebacher Sattels (Großschollen 771 – 772) mit 208 m pro Flächeneinheit für den Gesamtkohleninhalt sowie 68 beziehungsweise 46 m für die Teilmengen. Nördlich davon erreichen die Werte maximal 170 m für den Gesamtkohleninhalt sowie 30 beziehungsweise 19 m für die Teilmenge in Flözen mit über 1 m Kohlemächtigkeit oberhalb – 1 500 m NN beziehungsweise 1 200 m Teufe. Die entsprechenden Mittelwerte des spezifischen Kohleninhalts für das gesamte erfaßte Saarkarbon liegen bei 77 m sowie 6,6 beziehungsweise 4,6 m. Da der nördliche Teil des Saarkarbons sehr tief liegt, scheint es wenig sinnvoll, die Werte für die höheren Teilmengen auf das gesamte Gebiet zu beziehen. Beschränkt man ihre Ermittlung auf die höhergelegene Südosthälfte des Saarkarbons, so verdoppeln sich diese Werte auf ca. 13 und 9 m.

5 Schlußbetrachtung und Zusammenfassung der Ergebnisse

Für eine einheitliche Kohleninhaltserfassung der westdeutschen Steinkohlenreviere wurde ein EDV-gestütztes Verfahren neu entwickelt. Kernstück dieses Verfahrens ist ein mathematisch-geometrisches Lagerstättenmodell, das generell für die Erfassung geschichteter geologischer Körper auf Datenträgern und deren Berechnung geeignet ist.

Grundlage für die digitale Lagerstättenaufnahme waren umfassende regionalgeologische Auswertungen, die sich in zahlreichen stratigraphischen und tektonischen Schnitten sowie in Flözprojektionen niederschlagen. Teils füllten sie bislang bestehende Wissenslücken, teils führten sie auch zur Neuinterpretation geologischer Zusammenhänge. Exemplarisch seien einige wichtige Ergebnisse dieser Auswertungen aufgeführt:

- Insbesondere im Saarkarbon wurden größere Lücken der Flözgleichstellung geschlossen.
- Die Flözmächtigkeitsangaben aus den Bohrungen Münsterland 1 und Saar 1, die für große Lagerstättenteile die einzigen bedeutsamen Aufschlüsse sind, wurden als stark überhöht erkannt und revidiert.

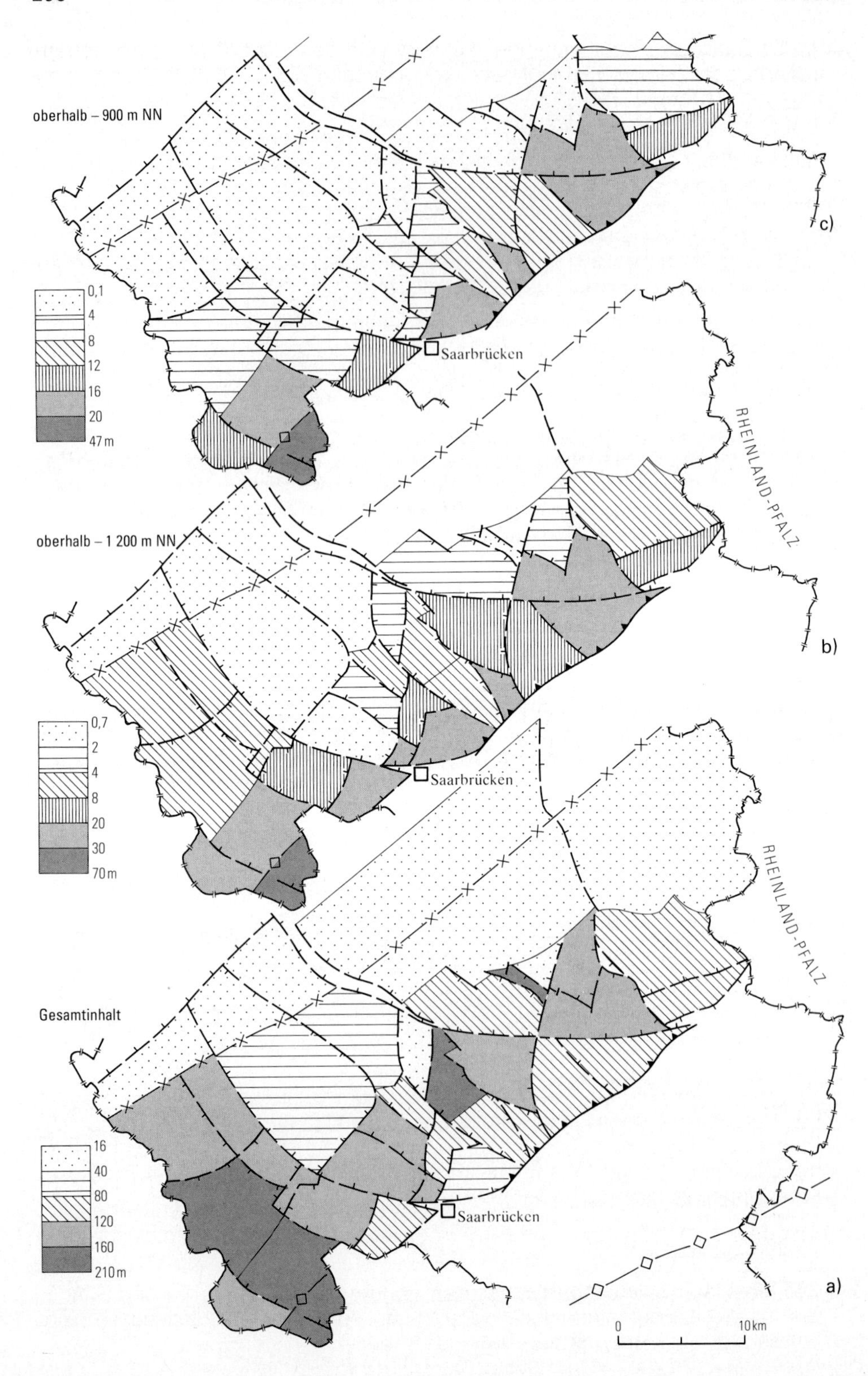
oberhalb – 900 m NN
0,1
4
8
12
16
20
47 m
Saarbrücken
c)
oberhalb – 1 200 m NN
0,7
2
4
8
20
30
70 m
Saarbrücken
RHEINLAND-PFALZ
b)
Gesamtinhalt
16
40
80
120
160
210 m
Saarbrücken
RHEINLAND-PFALZ
a)
0
10 km

- Im Saarkarbon deutet sich eine Verschiebung des Flözoptimums mit abnehmendem stratigraphischen Alter nach Nordwesten an.
- Die tektonischen Auswertungen führten vor allem in den unaufgeschlossenen Räumen häufig zu starken Abweichungen von bislang bestehenden Darstellungen.

Bei der Ermittlung des Strukturbildes in nicht oder unzureichend aufgeschlossenen Gebieten wurde zum Beispiel erkannt, daß

- die Emscher-Hauptmulde auf ca. 30 km Länge als schmale Trogmulde ausgebildet ist;
- die Lüdinghausener Hauptmulde in nordnordwestlicher Verlängerung des Maximilian-Grabens Westfal D führt;
- der Dorstener und Sendener Sattel einen gemeinsamen Hauptsattel bilden bei gleichzeitigem Auslaufen der Lippe-Hauptmulde nach Nordosten;
- das Karbon des Münsterlandes nördlich des Dorsten-Sendener Hauptsattels noch einen recht vielgliedrigen variscischen Faltenbau aufweist;
- der im Kartenbild häufig bogenförmige Verlauf der Störungen des Saarkarbons auch zur Tiefe hin – vergleichbar listrischen Flächen – nachweisbar ist;
- ein Zusammenhang der Falten- und Überschiebungsstrukturen des Saarkarbons im Streichen besteht, was unter anderem gegen größere Seitenverschiebungsanteile der großen Sprünge (z. B. Saar-Sprung) spricht.

Es wurden 47 000 punktuelle Angaben zu Flözmächtigkeiten und Rohstoffeigenschaften der Kohle erfaßt. Ihre einheitliche stratigraphische Verschlüsselung erlaubt eine Fülle flözbezogener Auswertungsmöglichkeiten, die jedoch aus technischen Gründen bislang nur unzureichend ausgeschöpft werden konnten. Eine exemplarische, flächendeckende Auswertung der Flüchtigen Bestandteile von 25 Flözen des Ruhrkarbons lieferte immerhin erstmalig für eine Schichtenfolge von ca. 2 500 m Mächtigkeit eine vollständige Übersicht über die regionalen Inkohlungsverhältnisse.

Aufbauend auf den geologischen Auswertungen wurden 237 000 einzelne Flözteilstücke der westdeutschen Steinkohlenlagerstätten auf Datenträgern erfaßt und berechnet. Daraus wurde ein gesamter Kohleninhalt von 464,2 Mrd. m^3 errechnet, wovon ca. 60 Mrd. m^3 Kohle in randlichen und schlecht bekannten Vorkommen global geschätzt wurden (vgl. Tab. 7). Dieser Kohleninhalt läßt sich nach räumlichen und geologischen Parametern frei differenzieren. Bezogen auf die einzelnen Lagerstätten und wichtigen Grenzwerte schlüsselt er sich folgendermaßen auf:

- Von den insgesamt 465 Mrd. m^3 ursprünglich anstehender Kohle sind bis heute ca. 11 Mrd. m^3 abgebaut. Gut die Hälfte des gesamten Kohleninhalts liegt zu fast gleichen Teilen in den hier als Ruhrkarbon (vgl. Fußn. 1, S. 226) und Saarkarbon bezeichneten beiden großen Bergbaugebieten.
- Der Kohleninhalt des Aachen-Erkelenzer Karbons ist relativ gering.

Abb. 55 Spezifischer Kohleninhalt einzelner Großschollen im Saarkarbon

a) in allen Flözen; b) in Flözen mit über 1 m Kohlemächtigkeit oberhalb – 1 200 m NN;
c) in Flözen mit über 1 m Kohlemächtigkeit oberhalb – 900 m NN

- Der große Rest des Gesamtkohleninhalts liegt im Münsterland fast ausschließlich in Teufen, die für eine Gewinnung durch konventionellen Bergbau zu groß sind.
- Vom gesamten Kohleninhalt liegen 85 Mrd. m³ oberhalb von 1 500 m Teufe in Flözen mit mehr als 60 cm Kohlemächtigkeit (entsprechend ca. 70 cm Flözmächtigkeit). Über die Hälfte dieses auch als „technisch gewinnbar" bezeichneten Kohleninhalts findet sich im Ruhrkarbon, während das Saarkarbon nur noch ein Fünftel davon umfaßt. (Legt man statt einer Grenztiefe eine entsprechende Grenztemperatur zugrunde, erhöht sich der Anteil des Saarkarbons auf ein Viertel.) Der Rest verteilt sich auf das Aachen-Erkelenzer Karbon und das Münsterland.

Ähnliche Anteile der einzelnen Gebiete finden sich auch bei dem weiter eingegrenzten Kohleninhalt von insgesamt 17,5 Mrd. m³. Diese Reduzierung ergibt sich aus einer Anwendung der Grenzwerte des Hauptanteils (ca. 80 – 90 %) der heutigen Förderung. Das sind 1 m Kohlemächtigkeit (entsprechend ca. 1,20 m Flözmächtigkeit), 20 gon Schichteneinfallen und 1 200 m Teufe.

Aus einer Differenzierung des Kohleninhalts nach den drei verschiedenen Hauptkohlenarten errechnen sich für das Ruhrkarbon folgende Verhältnisse: Bezogen auf den Gesamtkohleninhalt beträgt der Anteil jeder Kohlenart recht genau ein Drittel. Bei den höherliegenden Teilmengen reduziert sich die Gruppe der Eß- und Magerkohlen hingegen auf ca. 15 %, während die anderen beiden Kohlenarten jeweils einander ähnliche Größenordnungen erreichen. Eine räumliche Differenzierung zeigt allerdings, daß dabei im Südosten der Anteil der Fettkohlen und im Nordwesten der Anteil der Gas-(Gasflamm-)Kohlen stark überwiegt.

Um die örtliche Kohleführung der einzelnen Lagerstättenteile unabhängig von ihrer jeweiligen Flächengröße beurteilen zu können, wurde auch der spezifische Kohleninhalt, gemessen in Kohlemächtigkeit pro Flächeneinheit, berechnet. Dabei fielen die starken Unterschiede zwischen dem Ruhr- und dem Saarkarbon auf. So liegt der mittlere spezifische Kohleninhalt an der Saar bei 77 m pro Flächen-

Tabelle 7

Kohleninhalte der westdeutschen Steinkohlenlagerstätten

Bereich		Fläche (km²)	Kohleninhalt (Mrd. m³)			
			gesamt	abgebauter Anteil	Kohlemächigkeit > 60 cm Flöze oberhalb -1500 m NN	Kohlemächtigkeit > 100 cm Flöze oberhalb -1200 m NN Flözeinfallen < 20 gon
Ruhrkarbon (südlich des Dorsten-Sendener Hauptsattels)	erfaßt	3 560	115	2	47	10,6
	geschätzt	500	26	7		
Münsterland und Ibbenbüren	erfaßt	5 380	181	0,1	14,5	1,9
	geschätzt	100	3			
Aachen-Erkelenzer Karbon	erfaßt	700	17	0,07	6,5	1,4
	geschätzt	60	1,2	0,2		
Saarkarbon	erfaßt	1 200	92	1,5	16,6	3,6
	geschätzt	360	29			
	gesamt	11 860	464,2	10,87	84,6	17,5

einheit, während er im Ruhrkarbon nur 32 m erreicht. Bei den Maximalwerten ist dieser Unterschied noch größer: 208 zu 65 m.

Bei den höherliegenden Teilmengen hingegen gleichen sich die Mittelwerte – bis auf örtliche Maxima im Saarkarbon – weitgehend an. Sie schwanken in beiden Lagerstätten je nach den Grenzwerten zwischen 3 und 15 m. Das Aachen-Erkelenzer Karbon hat bei dieser Betrachtungsweise eine etwas geringere Kohleführung.

Weitergehende Schlüsse oder Bewertungen sollten aus diesen überregionalen Vergleichen nicht gezogen werden. Wie ausführlich dargestellt, weisen die Lagerstätten in sich bereits sehr große Schwankungsbreiten bezüglich der geologisch kontrollierten Kohleninhalte auf. Darüber hinaus spielen bei ihrer Nutzung oft andere als die hier genannten Kriterien eine ausschlaggebende Rolle. So sind zum Beispiel in allen Revieren Lagerstättenteile mit relativ hohem spezifischen Kohleninhalt mitunter bereits stillgelegt, während anderenorts trotz relativ niedriger Werte noch Abbau umgeht.

Die in der vorliegenden Arbeit wiedergegebenen Auswertungen zeigen jedoch, daß mit Hilfe geologischer und räumlicher Grenzbedingungen eine gezielte Auswahl und Berechnung von bergtechnisch interessanten Lagerstättenteilen möglich ist. Da der für sie angegebene Kohleninhalt nur bei einer fiktiven Gewinnungsrate von 100 % auch gefördert wird, liegen die tatsächlich gewinnbaren Vorräte deutlich darunter. Insofern stellen die hier berechneten Kohleninhalte eine Obergrenze des unter bestimmten technischen Grenzbedingungen gewinnbaren Vorrats dar. Verändern sich diese Grenzbedingungen, so muß auch der geologisch abgegrenzte Kohleninhalt neu definiert und berechnet werden. In dieser Hinsicht handelt es sich bei den hier angegebenen Mengen nur um einige wenige Beispiele aus einer großen Anzahl leicht durchzuführender Kohleninhaltsberechnungen auf einheitlicher Datenbasis (vgl. auch DAUL, in Vorbereit.).

Darüber hinaus lassen sich aus dem vorliegenden Lagerstätteninformationssystem auch quantitative Angaben zur unkonventionellen Kohlegewinnung, Flözgasgewinnung oder ähnlichem abrufen. Bei Bedarf und geeigneten technischen Rahmenbedingungen läßt sich das System leicht aktualisieren oder universell für die Erfassung aller schichtig aufgebauten geologischen Körper nutzen.

6 Schriftenverzeichnis

Bundesanstalt für Geowissenschaften und Rohstoffe und Geologische Landesämter der Bundesrepublik Deutschland [Hrsg.] (1976): Die Tiefbohrung Saar 1. – Geol. Jb., **A 27:** 551 S., 128 Abb., 23 Tab., 32 Taf.; Hannover.

BURGER, H., & SCHOELE, R., & SKALA, W. (1982): Kohlenvorratsberechnung mit Hilfe geostatistischer Methoden. – Glückauf-Forsch.-H., **43:** 63 – 67, 4 Abb.; Essen.

BÜTTNER, D., & ENGEL, H., & JUCH, D., & ROOS, W.-F., & STEINBERG, L., & THOMSEN, A., & WOLFF, M. (1985 a): Kohlenvorratsberechnung in den Steinkohlenlagerstätten Nordrhein-Westfalens und im Saarland. – BMFT-FB-T, **85-147:** 208 S., 72 Abb., 7 Tab.; Bonn (B.-Minist. Forsch. u. Technol.).

BÜTTNER, D., & ENGEL, H., & JUCH, D., & ROOS, W.-F., & STEINBERG, L., & THOMSEN, A., & WOLFF, M. (1985 b): Ergebnisse des Forschungsvorhabens 03E-2007-A. Kohlenvorratsberechnung in den Steinkohlenlagerstätten Nordrhein-Westfalens und im Saarland. – Statusreport 1985, Geotechn. u. Lagerst.: 764 – 775, 1 Abb., 1 Tab.; Jülich (Projektleit. Energieforsch.; KFA).

CLAUSEN, C.-D., & JÖDICKE, H., & TEICHMÜLLER, R. (1982): Geklärte und ungeklärte Probleme im Krefelder und Lippstädter Gewölbe. – Fortschr. Geol. Rheinld. u. Westf., **30:** 413 – 432, 2 Taf.; Krefeld.

DAMBERGER, H., & KNEUPER, G., & TEICHMÜLLER, M., & TEICHMÜLLER, R. (1964): Das Inkohlungsbild des Saarkarbons. – Glückauf, **100:** 209 – 217, 9 Abb.; Essen.

DAUL, J.: Untersuchung über Verteilung und Veränderung von Steinkohlenvorräten im Ruhrgebiet und über deren Ausnutzung. – Leoben. – [In Vorbereit.]

DIN 21 900 (1951): Markscheidewesen; Bergmännisches Rißwerk, Richtlinien für Herstellung und Ausgestaltung. – Berlin, Köln (Beuth).

DONSIMONI, M. (1981): Le bassin houiller lorrain. Synthèse géologique. – Mém. Bur. Rech. géol. min., **117:** 118 S., 21 Abb., 21 Tab., 15 Taf.; Paris.

DROZDZEWSKI, G. (1969): Sedimentation und Struktur des nordöstlichen Saarbeckens. – Oberrhein. geol. Abh., **18:** 77 – 117, 8 Abb., 6 Tab., 2 Taf.; Karlsruhe.

DROZDZEWSKI, G. (1980 a): Zielsetzung, Methodik und Ergebnisse des Untersuchungsvorhabens „Tiefentektonik des Ruhrkarbons“. – In: DROZDZEWSKI, G., & BORNEMANN, O., & KUNZ, E., & WREDE, V.: Beiträge zur Tiefentektonik des Ruhrkarbons: 15 – 43, 19 Abb.; Krefeld (Geol. L.-Amt Nordrh.-Westf.).

DROZDZEWSKI, G. (1980 b): Tiefentektonik der Emscher- und Essener Hauptmulde im mittleren Ruhrgebiet. – In: DROZDZEWSKI, G., & BORNEMANN, O., & KUNZ, E., & WREDE, V.: Beiträge zur Tiefentektonik des Ruhrkarbons: 45 – 83, 23 Abb., 1 Tab., 7 Taf.; Krefeld (Geol. L.-Amt Nordrh.-Westf.).

DROZDZEWSKI, G. (1985): Tiefentektonik der Ibbenbürener Karbon-Scholle. – In: DROZDZEWSKI, G., & ENGEL, H., & WOLF, R., & WREDE, V.: Beiträge zur Tiefentektonik westdeutscher Steinkohlenlagerstätten: 189 – 216, 18 Abb., 5 Taf.; Krefeld (Geol. L.-Amt Nordrh.-Westf.).

DROZDZEWSKI, G. (1992): Zur Faziesentwicklung im Oberkarbon des Ruhrbeckens, abgeleitet aus Mächtigkeitskarten und lithostratigraphischen Gesamtprofilen. – Z. angew. Geol., **38:** 41 – 48, 9 Abb.; Hannover.

DROZDZEWSKI, G. (1993): The Ruhr coal basin (Germany). Structural evolution of an autochthonous foreland basin. – Internat. J. Coal Geol., **23:** 231 – 250, 11 Abb.; Amsterdam.

DROZDZEWSKI, G., & BORNEMANN, O., & KUNZ, E., & WREDE, V. (1980): Beiträge zur Tiefentektonik des Ruhrkarbons. – Textbd.: 192 S., 108 Abb., 7 Tab.; Anlagenbd.: 31 Taf.; Krefeld (Geol. L.-Amt Nordrh.-Westf.).

DROZDZEWSKI, G., & JUCH, D. (1992): Der Saarbrücker Sattel – eine Blumenstruktur? – Nachr. dt. geol. Ges., **48:** 90 – 91; Hannover.

DROZDZEWSKI, G., & WREDE, V. (1994): Faltung und Bruchtektonik – Analyse der Tektonik im Subvariscikum. – Fortschr. Geol. Rheinld. u. Westf., **38:** 7 – 187, 101 Abb., 2 Tab., 2 Taf.; Krefeld.

DRUMM, R. (1929): Die Geologie des Saar-Nahe-Beckens, **1,** Das Steinkohlengebirge. – 148 S., 48 Abb.; Neunkirchen (C. Didie).

ENGEL, H. (1985): Zur Tektogenese des Saarbrücker Hauptsattels und der Südlichen Randüberschiebung. – In: DROZDZEWSKI, G., & ENGEL, H., & WOLF, R., & WREDE, V.: Beiträge zur Tiefentektonik westdeutscher Steinkohlenlagerstätten: 217 – 235, 17 Abb., 2 Taf.; Krefeld (Geol. L.-Amt Nordrh.-Westf.).

ERASMUS, F. C. (1975): Die Entwicklung des Steinkohlenbergbaus im Ruhrrevier in den siebziger Jahren. – Glückauf, **111:** 311 – 318, 9 Abb.; Essen.

FALKE, H., & KNEUPER, G. (1971): Das Karbon in limnischer Entwicklung. – Congr. Stratigr. Géol. Carbonif., 7. internat., 1971, Krefeld, C. R., **1:** 49 – 67, 20 Abb.; Krefeld.

FETTWEIS, G. (1954): Die Steinkohlenvorräte des Ruhrgebiets nach den Angaben verschiedener Verfasser. – Glückauf, **90:** 485 – 493, 9 Abb., 8 Tab.; Essen.

FETTWEIS, G. (1955): Über die Steinkohlenvorräte im niederrheinisch-westfälischen Gebiet und ihre Nachhaltigkeit. – Glückauf, **91:** 493 – 506, 7 Abb., 5 Tab.; Essen.

FETTWEIS, G. (1976): Weltkohlenvorräte. – Bergb., Rohst., Energ., **12:** 435 S., 69 Abb., 44 Tab.; Essen.

FETTWEIS, G., & STANGL, P. (1975): Aufschluß und Nutzung der Kohlenvorräte in der aufgeschlossenen Zone des Ruhrreviers bis 1970. – Glückauf, **111:** 101 – 108, 11 Abb., 7 Tab.; Essen.

FRANKE, W., & BORTFELD, R. K., & BRIX, M., & DROZDZEWSKI, G., & DÜRBAUM, H. J., & GIESE, P., & JANOTH, W., & JÖDICKE, H., & REICHERT, CHR., & SCHERP, A., & SCHMOLL, J., & THOMAS, R., & THÜNKER, M., & WEBER, K., & WIESNER, M. G., & WONG, H. K. (1990): Crustal structure of the Rhenish Massif: results of deep seismic reflection lines DECORP 2-North and 2-North-Q. – Geol. Rdsch., **79:** 523 – 566, 21 Abb.; Stuttgart.

Geologische Karte des Ruhrkarbons 1 : 100 000, dargestellt an der Karbonoberfläche (1982). – Hrsg. Geol. L.-Amt Nordrh.-Westf., Bearb. DROZDZEWSKI, G., & JANSEN, F., & KUNZ, E., & PIEPER, B., & RABITZ, A., & STEHN, O., & WREDE, V.; Krefeld.

Geologische Übersichtskarte des Niederrheinisch-Westfälischen Karbons 1 : 100 000, dargestellt an der Karbonoberfläche (1971). – Hrsg. Geol. L.-Amt Nordrh.-Westf.: 2 Bl.; Krefeld.

Geotektonischer Atlas von Nordwest-Deutschland 1 : 100 000, Bl. C 3906 Gronau (1986). – Hrsg. Geowiss. u. Rohstoffe, Bearb. KOCKEL, F.: 27 S., 18 Anl.; Hannover. – [Unveröff.]

GROSCURTH, J., & THOMSEN, A. (1981): Zwei Arbeitsbeispiele aus dem Forschungsvorhaben Kohlenvorratsberechnung (KVB). – Sitz. Arbeitskr. Geol. Fachaussch. Markscheidewes. beim Steinkohlenbergbauver., 42., 1981, Essen Prot.: 26 S., 13 Abb.; Essen. – [Unveröff.]

HAHNE, C. (1955): Die Tiefbohrung Senden 11a im Münsterland. – Glückauf, **91:** 47 – 53, 4 Abb.; Essen.

HAHNE, C. (1957): Grundsätzliches und Kritisches zur Flözidentifizierung im Steinkohlenbergbau und die Gleichstellung und einheitliche Benennung der Flöze im niederrheinisch-westfälischen Steinkohlengebiet. – Mitt. westf. Berggewerkschaftskasse, **12:** 37 – 45, 1 Tab.; Bochum.

HEDEMANN, H.-A., & FABIAN, H.-J., & FIEBIG, H., & RABITZ, A. (1972): Das Karbon in marin-paralischer Entwicklung. – Congr. Stratigr. Géol. Carbonif., 7. internat., 1971, Krefeld, C. R., **1:** 29 – 47, 10 Abb.; Krefeld.

HEDEMANN, H.-A., & SCHUSTER, A., & STANCU-KRISTOFF, G., & LÖSCH, J. (1984): Die Verbreitung der Kohlenflöze des Oberkarbons in Nordwestdeutschland und ihre stratigraphische Einstufung. – Fortschr. Geol. Rheinld. u. Westf., **32:** 39 – 88, 16 Abb.; Krefeld.

HESS, J. C., & LIPPOLT, H. J., & BURGER, K. (1988): New time-scale calibration points in the upper Carboniferous from Kentucky, Donetz-Basin, Poland and West Germany. – Symp. Time scale calibration, internat., 1988, Besançon, Fission track Workshop, IGCP Proj. 196: 1 S.; Besançon. – [Unveröff.]

HEYNISCH, S. (1984): Geostatistische Untersuchungen im Rahmen eines Projektes der Kohlenvorratsberechnung. – Dipl.-Arb. FU Berlin: 125 S., 90 Abb., 14 Tab.; Berlin. – [Unveröff.]

Hiery, A. (1978): Die Steinkohlenlagerstätte an der Saar, gegenwärtiger Stand der Erkundung und Zielsetzung für die weitere Untersuchung. – Mitt. Markscheidewes., **85:** 33 – 48, 12 Abb.; Essen.

Hoffmann, M., & Krege, B., & Röder, R., & Steinberg, L. (1984): Arbeitsergebnisse aus dem Forschungsvorhaben Kohlenvorratsberechnung – dargestellt an Beispielen aus dem Ruhrkarbon. – Fortschr. Geol. Rheinld. u. Westf., **32:** 297 – 322, 17 Abb., 12 Tab.; Krefeld.

Hollmann, F. (1967): Die Sprockhöveler Schichten des Niederrheinisch-Westfälischen Steinkohlengebietes. Die Identifizierung und Ausbildung ihrer Flöze, Fazies und Paläogeographie sowie ihr Lagerstättenvorrat. – Diss. TH Aachen: 172 S., 38 Abb., 12 Taf.; Aachen.

Hoyer, P. (1967): Die Tektonik des Steinkohlengebirges nörldich des Ruhrgebietes. – Fortschr. Geol. Rheinld. u. Westf., **13** (2): 1 359 – 1 388, 1 Taf.; Krefeld.

Hückel, B., & Kappelmeier, O. (1965): Geothermische Untersuchungen im Saarkarbon. – Z. dt. geol. Ges., **117:** 280 – 311, 12 Abb., 5 Tab.; Hannover.

Jessen, W., & Michelau, P. (1963): Das flözführende Oberkarbon der Bohrung Münsterland 1 im Vergleich zum Ruhrkarbon. – Fortschr. Geol. Rheinld. u. Westf., **11:** 469 – 486, 2 Abb., 1 Taf.; Krefeld.

Jessen, W., & Michelau, P., & Rabitz, A. (1962): Zur Flözgleichstellung in den Bochumer und Essener Schichten im Raum Essen – Gladbeck – Bottrop – Oberhausen. – Fortschr. Geol. Rheinld. u. Westf., **3** (3): 873 – 906, 2 Abb., 9 Tab., 4 Taf.; Krefeld.

Juch, D. (1978): Arbeitskonzept des Forschungsvorhabens „Kohlenvorratsberechnung in den Steinkohlenlagerstätten Nordrhein-Westfalens und im Saarland“. – Programm Energieforschung und Energietechnologien 1977 – 1980. Statusreport 1978, Geotechn. u. Lagerst., **2:** 899 – 906; Jülich (Projektleit. Energieforsch.; KFA).

Juch, D. (1980): Methodik und Stand des Forschungsvorhabens „Kohlenvorratsberechnung“. – Programm Energieforschung und Energietechnologien 1979 – 1982. Statusreport 1980, Geotechn. u. Lagerst., **2:** 539 – 551, 1 Abb.; Jülich (Projektleit. Energieforsch.; KFA).

Juch, D. (1991): Das Inkohlungsbild des Ruhrkarbons – Ergebnisse einer Übersichtsauswertung. – Glückauf-Forsch.-H., **52** (1): 37 – 47, 9 Abb.; Essen.

Juch, D., & Arbeitsgruppe GIS (1988 a): Aufbau eines geologischen Informationssystems für die Steinkohlenlagerstätten Nordrhein-Westfalens und im Saarland. – Abschl.-Ber. Forsch.-Vorhab. BMFT, **03E-6288-A:** 112 S., 59 Abb., 84 Tab., 2 Anh., 5 Anl.; Krefeld.

Juch, D., & Arbeitsgruppe GIS (1988 b): Aufbau eines geologischen Informationssystems für die Steinkohlenlagerstätten Nordrhein-Westfalens und im Saarland. – Programm Energieforschung und Energietechnologien. Statusreport 1988, Geotechn. u. Lagerst.: 683 – 692, 1 Abb.; Jülich (Projektleit. Biol., Ökol., Energ.; KFA).

Juch, D., & Arbeitsgruppe Kohlenvorratsberechnung (1982 a): Statusbericht zum Forschungsvorhaben O3E-2007-A. Kohlenvorratsberechnung in den Steinkohlenlagerstätten Nordrhein-Westfalens und im Saarland. – Zweites Programm Energieforschung und Energietechnologien. Statusreport 1982, Geotechn. u. Lagerst., **2:** 619 – 628; Jülich (Projektleit. Energieforsch.; KFA).

Juch, D., & Arbeitsgruppe Kohlenvorratsberechnung (1982 b): Die Erfassung von Steinkohlenlagerstätten mittels eines Blockmodells und geostatistischer Methoden. – Schr.-R. Ges. dt. Metallhütten- u. Bergleute, **39:** 131 – 144, 2 Abb.; Weinheim.

Juch, D., & Schäfer, W. (1979): Methods and progress of a new assessment of hard coal reserves and resources in the Fed. Rep. of Germany. – UN-Symp. on world coal prospects, **3:** 205 – 211; Kattowice.

JUCH, D., & Working group (1984): New methods of coal resources calculation. – Congr. Stratigr. Géol. Carbonif., 10. internat., 1983, Madrid, C. R., **4:** 117 – 124, 3 Abb.; Madrid.

JUCH, D., & Working group (1989): Development and application of a new computer based assessment system of the hard coal resources in the Federal Republic of Germany. – Congr. Stratigr. Géol. Carbonif., 11. internat., 1987, Bêijing, C. R., **5:** 320 – 331, 3 Abb.; Nanjing.

KNEUPER, G. (1964): Grundzüge der Sedimentation und Tektonik im Oberkarbon des Saarbrücker Hauptsattels. – Oberrhein geol. Abh., **13:** 1 – 49, 3 Abb, 8 Taf.; Karlsruhe.

KNEUPER, G. (1971 a): Abgrenzung und Genese. – Fortschr. Geol. Rheinld. u. Westf., **19:** 143 – 148, 3 Abb., 2 Taf.; Krefeld.

KNEUPER, G. (1971 b): Stratigraphie. – Fortschr. Geol. Rheinld. u. Westf., **19:** 149 – 158, 3 Abb., 1 Tab.; Krefeld.

KONZAN, H.-P. (1973): Das Westfal C/D im Saarland. – Beih. geol. Landesaufn. Saarl., **4:** 100 S., 18 Abb., 7 Tab., 17 Beibl.; Saarbrücken.

KORSCH, R. J., & SCHÄFER, A. (1991): Geological interpretation of DEKORP deep seismic reflection profiles 1C and 9N across the Variscan Saar-Nahe Basin, Southwest Germany. – Tectonophysics, **191:** 127 – 146, 8 Abb.; Amsterdam.

KUKUK, P. (1938): Geologie des Niederrheinisch-Westfälischen Steinkohlengebietes. – 706 S., 743 Abb., 48 Tab., 14 Taf.; Berlin (Springer).

KUKUK, P., & MINTROP, L. (1913): Die Kohlenvorräte des rechtsrheinisch-westfälischen Steinkohlenbezirks. – Glückauf, **49:** 1 – 13, 1 Abb., 12 Tab., 1 Taf.; Essen.

KUNZ, E., & WREDE, V. (1988): Ergänzende Untersuchungen zur Tiefentektonik der Essener Hauptmulde im östlichen Ruhrgebiet. – In: KUNZ, E., & WOLF, R., & WREDE, V.: Ergänzende Beiträge zur Tiefentektonik des Ruhrkarbons: 53 – 61, 5 Abb., 1 Tab., 5 Taf.; Krefeld (Geol. L.-Amt Nordrh.-Westf.).

Landesoberbergamt [Hrsg.] (1978): Einheitsbezeichnung der Flöze. – Verfügung 11.95.4-11-4: 50 Bl.; Dortmund.

LAUTSCH, H. (1970): Über die Ermittlung von wirtschaftlich realen Kohlenvorräten unter Berücksichtigung der speziellen Lagerungsverhältnisse. – Bergb.-Wiss., **17** (10): 368 – 374, 5 Abb.; Goslar.

LAUTSCH, H. (1977): Tektonische Grundbereiche als Grundlage für die lagerstättenkundliche Beurteilung und für die bergbauliche Planung im Ruhrkarbon. – Glückauf, **113** (13): 712 – 717, 11 Abb.; Essen.

LEONHARDT, J. (1970): Möglichkeiten der Erfassung, Verschlüsselung und Auswertung geologischer Daten im Steinkohlenbergbau. – Glückauf-Forsch.-H., **30:** 309 – 319, 14 Abb.; Essen.

LEONHARDT, J. (1981): Die Kohlengrundlagen des deutschen Steinkohlenbergbaus. – Glückauf, **117:** 846 – 855, 29 Abb.; Essen.

LOMMERZHEIM, A. (1994): Die Genese und Migration der Erdgase im Münsterländer Bekken. – Fortschr. Geol. Rheinld. u. Westf., **38:** 309 – 348, 21 Abb.; Krefeld.

LÜTZENKIRCHEN, K. (1980): Bemerkungen zu den allgemeingültigen Vorstellungen über Weltenergievorräte. – Markscheidewesen, **116** (4): 263 – 267, 4 Abb., 2 Tab.; Essen.

MULLER, A., & STEINGROBE, B. (1991): Sedimentologie der oberkarbonischen Schichtenfolge in der Forschungsbohrung Frenzer Staffel 1 (1985), Aachen – Erkelenzer Steinkohlenrevier – Deutung der vertikalen und lateralen Trendentwicklung. – Geol. Jb., **A 116:** 87 – 127, 13 Abb., 2 Tab., 3 Taf.; Hannover.

NEUROHR, F. (1966): Aufnahme und Darstellung der geologischen Gegebenheiten im Bergbau durch den Markscheider. – Z. dt. geol. Ges., **117:** 108 – 119, 7 Abb.; Hannover.

OBERSTE-BRINK, K., & BÄRTLING, R. (1930): Die Gliederung des Karbon-Profils und die einheitliche Flözbenennung im Ruhrkohlenbecken. – Glückauf, **66:** 889 – 893 u. 921 – 933, 11 Abb., 1 Taf.; Essen.

PLEIN, E., & DÖRHOLT, W., & GREINER, G. (1982): Das Krefelder Gewölbe in der Niederrheinischen Bucht – Teil einer großen Horizontalverschiebungszone? – Fortschr. Geol. Rheinld. u. Westf., **30:** 15 – 29, 9 Abb.; Krefeld.

PREUSSE, A. (1987): Beitrag über den Nutzungsgrad der Ruhrkohle-Lagerstätte. – Markscheidewesen, **94:** 309 – 315, 7 Abb.; Essen.

RAWERT, H. (1985): Die Nordwanderung des Ruhrbergbaus – Fragen, Thesen, Probleme. – Markscheidewesen, **92:** 70 – 82, 20 Abb.; Essen.

RICHWIEN, J., & SCHUSTER, A., & TEICHMÜLLER, R., & WOLBURG, J. (1963): Überblick über das Profil der Bohrung Münsterland 1. – Fortschr. Geol. Rheinld. u. Westf., **11:** 9 – 18, 3 Abb., 4 Taf.; Krefeld.

RIEDEL, L. (1942): Zur Frage der Erdölhöffigkeit des Münsterlandes. – Oel u. Kohle, **38:** 1 331 – 1 336, 7 Tab.; Berlin.

ROOS, W.-F. (1978): Vergleichende Erfassung der Kaolin-Kohlentonsteine 3 und 3 a des Saarkarbons in ihrer lateralen Erstreckung mittels biogeochemisch-petrographischer Methoden. – Diss. Univ. Würzburg: 258 S., 53 Abb., 29 Taf.; Würzburg.

SCHÄFER, A. (1986): Die Sedimentologie des Oberkarbons und Unterrotliegenden im Saar-Nahe-Becken. – Mainzer geowiss. Mitt., **15:** 239 – 365, 63 Abb., 1 Tab., 29 Prof. im Anh.; Mainz.

SCHMIDT, C. (1968): Kleintektonische Untersuchungen im Karbon des westlichen Saarreviers, der tektogenetische Formungsablauf im Gebiet der Grube Luisenthal/Völklingen. – Diss. Univ. Hamburg: 132 S., 39 Abb., 9 Anl.; Hamburg.

STAUDE, H. (1986), mit Beitr. von ADAMS, U., & DUBBER, H.-J., & KOCH, M., & REHAGEN, H.-W., & VOGLER, H.: Erläuterungen zu Blatt 3911 Greven. – Geol. Kt. Nordrh.-Westf. 1 : 25 000, Erl., **3911:** 137 S., 15 Abb., 8 Tab., 2 Taf.; Krefeld.

STEUERWALD, K., & WOLFF, M. (1985): Der tektonische Bau der Lippe- und Lüdinghausener Hauptmulde zwischen Marl und Lüdinghausen (Westfalen). – Fortschr. Geol. Rheinld. u. Westf., **33:** 33 – 50, 2 Abb., 1 Taf.; Krefeld.

STRACK, Ä. (1988): Stratigraphie in den Explorationsräumen des Steinkohlenbergbaus. – Mitt. westf. Berggewerkschaftskasse, **62:** 210 S., 100 Abb., 147 Taf.; Bochum.

STRACK, Ä., & FREUDENBERG, U. (1984): Schichtenmächtigkeiten und Kohleninhalte im Westfal des Niederrheinisch-Westfälischen Steinkohlenreviers. – Fortschr. Geol. Rheinld. u. Westf., **32:** 243 – 256, 13 Abb.; Krefeld.

SUPPE, J. (1985): Principles of structural geology. – 537 S., zahlr. Abb.; Englewood Cliffs/N. J.

TEICHMÜLLER, M., & TEICHMÜLLER, R. (1966): Die Inkohlung im saar-lothringer Karbon, verglichen mit der im Ruhrkarbon. – Z. dt. geol. Ges., **117:** 243 – 279, 29 Abb.; Hannover.

TEICHMÜLLER, M., & TEICHMÜLLER, R., & BARTENSTEIN, H. (1984): Inkohlung und Erdgas – eine neue Inkohlungskarte der Karbon-Oberfläche in Nordwestdeutschland. – Fortschr. Geol. Rheinld. und Westf., **32:** 11 – 34, 3 Abb., 3 Tab., 1 Taf.; Krefeld.

TEICHMÜLLER, M., & TEICHMÜLLER, R., & LORENZ, V. (1983): Inkohlung und Inkohlungsgradienten im Permokarbon der Saar-Nahe-Senke. – Z. dt. geol. Ges., **134:** 153 – 200, 13 Abb., 8 Tab.; Hannover.

TEICHMÜLLER, R., & WEBER, R. (1950): Zur physikalischen und geologischen Untersuchung von Steinkohlenbohrungen. – Glückauf, **86:** 193 – 204, 10 Abb.; Essen.

THOMSEN, A. (1984): Digital representation of geological information and geostatistics in coal resources calculation in the F. R. G. – Sci. de la Terre, Sér. Inf., **21:** 79 – 105, 12 Abb.; Fontainebleau.

VEIT, E. (1976): Geophysik und Bau des Untergrundes des Saarbrücker Hauptsattels. – Geol. Jb., **A 27:** 409 – 428, 11 Abb.; Hannover.

WEINGARDT, H. W. (1966): Probleme und Methoden der Flözgleichstellung im Saarkarbon. – Z. dt. geol. Ges., **117** (1): 136 – 146, 5 Abb.; Hannover.

WOLBURG, J. (1952): Der Nordrand der Rheinischen Masse. – Geol. Jb., **67:** 83 – 115, 15 Abb.; Hannover.

WOLBURG, J. (1971), mit Beitr. von WOLF, M.: Das Westfal-A-Profil der Bohrung Isselburg 3 nordwestlich Wesel. – Geol. Mitt., **11:** 165 – 180, 7 Abb.; Aachen.

WOLF, R. (1985): Tiefentektonik des linksrheinischen Steinkohlengebietes. – In: DROZDZEWSKI, G., & ENGEL, H., & WOLF, R., & WREDE, V.: Beiträge zur Tiefentektonik westdeutscher Steinkohlenlagerstätten: 105 – 167, 37 Abb., 3 Tab., 9 Taf.; Krefeld (Geol. L. Amt Nordrh.- Westf.).

WREDE, V. (1985): Tiefentektonik des Aachen – Erkelenzer Steinkohlengebietes. – In: DROZDZEWSKI, G., & ENGEL, H., & WOLF, R., & WREDE, V.: Beiträge zur Tiefentektonik westdeutscher Steinkohlenlagerstätten: 9 – 103, 65 Abb., 4 Tab., 13 Taf.; Krefeld (Geol. L.-Amt Nordrh.-Westf.).

WREDE, V. (1987 a): Der Einfluß des Brabanter Massivs auf die Tektonik des Aachen-Erkelenzer Steinkohlengebietes. – N. Jb. Geol. Paläont., Mh., **1987** (3): 177 – 192, 7 Abb.; Stuttgart.

WREDE, V. (1987 b): Einengung und Bruchtektonik im Ruhrkarbon. – Glückauf-Forsch.-H., **48:** 116 – 121, 8 Abb.; Essen.

WREDE, V., & ZELLER, M. (1983), mit Beitr. von JOSTEN, K.-H.: Geologie der Steinkohlenlagerstätte des Erkelenzer Horstes. – 40 S., 4 Abb., 1 Tab., 3 Taf., 1 Kt.; Krefeld (Geol. L.-Amt Nordrh.-Westf.).

Fortschr. Geol. Rheinld. u. Westf.	38	309 – 348, 21 Abb.	Krefeld 1994

Die Genese und Migration der Erdgase im Münsterländer Becken

Von ANDREE JÜRGEN LOMMERZHEIM*

Hydrocarbons, gases, methane, generation, migration, geothermal heatflow, maturity, reservoir rocks, Rhenish-Westphalian basin, North Rhine-Westphalia (Münsterland)

Kurzfassung: Im östlichen Ruhrgebiet dauert die Abspaltung von Kohlenwasserstoffen aus dem Karbon aufgrund des hohen rezenten Wärmeflusses bis heute an. Neben thermokatalytischen Gasen treten mit zum Hangenden zunehmender Menge bakterielle und diagenetische Gase auf.

Die thermokatalytischen Anteile der adsorbierten Blender-Gase und der freien Headspace-Gase sind im Deckgebirge sowohl von ihrer organischen Ausgangssubstanz wie auch von ihrer Reife her deutlich verschieden. Es ist wahrscheinlich, daß die geringer reifen Blender-Gase während einer oberkretazischen Aufheizung abgespalten, synsedimentär bis frühdiagenetisch in die kretazischen Kalk- und Kalkmergelsteine eingebaut und so konserviert wurden. Während einer zweiten miozänen bis rezenten Aufheizung bildeten sich die höher reifen Headspace-Gase, die die älteren Gase aufgrund der höheren diagenetischen Reife der Gesteine aber nicht mehr aus den Sorptionspositionen verdrängen konnten. Auch ein erneuter Einbau von Gasen in die Carbonate fand nicht statt. Dieser Gastyp tritt daher nur als freies Headspace-Gas auf.

Das mittlere Ruhrgebiet blieb postkarbonisch geothermisch relativ kühl. Daher treten dort nur geringe Gasspuren auf, wobei bakterielle Gase dominieren.

In Karbon-Sedimenten sind die adsorbierten Blender-Gase immer isotopisch schwerer als die meist bakteriell beeinflußten freien Headspace-Gase. Die thermischen Anteile beider Gastypen sind aber nahezu identisch. Die Korrelation einiger Gasparameter mit der Kerogenzusammensetzung deutet entweder auf eine selektive Sorption oder auf Autochthonie. Ein Reifetrend ist an den Blender-Gasen erst bei einer sehr starken Aufheizung der Muttergesteine erkennbar. Aufgrund der geringeren Reife der karbonen Muttergesteine sind die Münsterländer Karbon-Gase isotopisch deutlich leichter als die norddeutschen Lagerstättengase.

Die regionale Verbreitung der thermischen Erdgase im Münsterländer Becken wird in erster Linie von den heutigen geothermischen Verhältnissen bestimmt. Südöstliche und nordwestliche Beckenteile mit starker Gasführung zeigen einen deutlich erhöhten rezenten Wärmefluß. Die in den kühlen Beckenteilen verbreiteten bakteriellen Gase spielen quantitativ nur eine untergeordnete Rolle.

Eine starke Quarzzementation bewirkt, daß die Karbon-Sandsteine meist nur von geringer Bedeutung als Erdgasspeichergesteine sind. Im Deckgebirge bildeten sich unterhalb des Emscher-Mergels in den klüftigen Turon-Kalksteinen sowie in Rinnensanden, die in die campanen Mergel eingeschaltet sind, häufig Gasanreicherungen.

* Anschrift des Autors: Dr. A. J. LOMMERZHEIM, Heinrich-Heine-Straße 5, D-31224 Peine

[Formation and Migration of Natural Gas in the Münsterland Basin]

Abstract: In the eastern Ruhr area the differentiation of hydrocarbons from Carboniferous source rocks continues until now, caused by a high recent heat flow. Together with thermocatalytic gases, bacterial and diagenetic gases occur, becoming more frequent towards the overlying beds.

The thermocatalytic part adsorbed "blender gases", and of the free "headspace gases" within the overburden are distinctly different as well, considering their organic source material and according to their maturity. Probably the blender gases of lower maturity differentiated during an Upper Cretaceous heating period and were included from the sedimentation period to the early diagenetic process into Cretaceous limestones and marls, thus being conserved. During a second, Miocene to recent heating period, gases of greater maturity were generated, not being able to displace the older gases from their sorptional positions because of the greater diagenetic maturity of the rocks. No additional inclusion of gases into the carbonates took place. Therefore, this type of gas only occurs as free headspace gas.

After the Carboniferous, the central Ruhr area geothermically remained relatively cool. Therefore, only small traces of gas, dominantly of bacterial origin, appear.

The adsorbed blender gases in Carboniferous sediments always contain more heavy isotopes (^{13}C, D) than the free headspace gases which are mostly bacterically influenced. However, their thermal portions are nearly identical. The correlation between several gas parameters and the kerogen composition indicate either a selective sorption or the autochthony of the gas. A maturity trend of the blender gases can only be recognized when affected by a strong heating process. Due to a lower maturity of the Carboniferous source rocks, the Carboniferous gases from the Münsterland Basin are distinctly lighter in concern to their isotopic weight than the reservoir gases of the North German Basin.

The distribution of natural thermal gas in the Münsterland Basin is mainly controlled by recent geothermal conditions. High gas yields in the southeastern and northwestern parts of the basin clearly indicate an increase of the recent heat flow. Bacterial gases, occuring in geothermal low temperatured places of the basin, only play a minor role.

An intensive quartz cementation effects that the Carboniferous sandstones only rarely have reservoir rock qualities. In the overburden underneath the "Emscher" marlstones, gas accumulations have often been generated within the jointed Turonian limestones and in channel sands, intercalated in Campanian marlstones.

[Genèse et Migration du gaz naturel dans le bassin de Münster]

Résumé: Dans l'Est de la région de Ruhr la différenciation des hydro-carbures du Carbonifère se poursuit jusqu'à aujourd'hui à cause d'un flux geothermique récent élevé. Aux gaz thermocatalytiques se sont associés des gaz bactériens et diagénétiques, s'accroissant vers le toit.

La partie thermocatalytique des gaz adsorbés («blender gases») et des gaz libres du type «Headspace», se trouvant dans les roches de recouvrement, sont nettement différents concernant leur substance organique d'origine et leur maturité. Les gaz moins mûrs («blender gases») ont été probablement séparés pendant un échauffement au Crétacé supérieur, puis ont été inclus dans les calcaires et marnes du Crétacé pendant la sédimentation jusqu'au début de la diagenèse et y ont été ainsi conservés. Pendant un deuxième échauffement du Miocène à aujourd'hui, les gaz plus mûrs («Headspace») se sont formés, ne pouvant plus remplacer les gaz précédents dans leurs positions d'absorption à cause de la maturité diagénétique plus élevée des roches. Une inclusion nouvelle des gaz dans les carbonates ne se produisit plus de sorte que ce type de gaz n'existe que comme gaz libre.

Pendant la période postcarbonifère, le bassin moyen de la Ruhr eut des températures géothermiques relativement basses. En conséquence, il n' y a que des traces minimes de gaz avec dominance de gaz bactériens.

Dans les sédiments carbonatés, les gaz adsorbés du type «blender gases» sont isotopiquement toujours plus lourds que les gaz libres du type «Headspace», le plus souvent bactériellement influencés. Par contre, leurs composants thermiques sont pratiquement identiques. La corrélation entre plusieurs paramètres des gaz et leur composition de kérogène indique ou une absorption sélective ou leur autochthonie. Une tendance vers une maturité élevée de gaz du type «blender gases» ne peut être remarquée qu'après un réchauffement extrême. A cause de la maturité moins élevée des roches-mères du Carbonifère, les gaz du Carbonifère de la région de Münster sont nettement plus légers au regard de leurs poids isotopiques que ceux des gisements au Nord de l'Allemagne.

La répartition régionale des gaz naturels thermiques dans le bassin de Münster dépend en première ligne des conditions géothermiques récentes. Des parties au Sud-Est et au Nord-Ouest du bassin avec abondance de gaz démontrent un flux thermique récent remarquablement élevé. Les gaz bactériens répandus dans les parties du bassin à température géothermique basse ne jouent qu'un rôle quantitativement subordonné.

Dûs à une cimentation quartzeuse prononcée, les grès du Carbonifère n'ont qu'une importance inférieure comme roches réservoirs de gaz naturel. Dans les roches de recouvrement, des enrichissement gazeux se sont souvent produits dans les calcaires fissurés du Turonien en dessous des marnes de l'Emscher, ainsi que dans des chenaux de grès, intercalés dans les marnes du Campanien.

Inhalt

1 Einleitung

Der intensive Kohlenbergbau im südlichen Münsterland und das dadurch bedingte dichte Aufschlußnetz haben bereits im letzten Jahrhundert zu einer Vielzahl geologischer Untersuchungen Anlaß gegeben – teils im Bereich der Grundlagenforschung, teils mit kommerziellen Zielsetzungen (Literatur bei KUKUK 1938, KUKUK et al. 1962, HAHNE & SCHMIDT 1982, LOMMERZHEIM 1988). Während die Beckenrandbereiche vor allem im Hinblick auf tektonische („Osning-Tektonik") und geothermische Ereignisse („Krefelder" und „Lippstädter Achsenaufwölbung", „Bramscher Massiv") untersucht wurden (Literatur bei LOMMERZHEIM 1988, 1991), sind aus dem tiefen Untergrund des Beckeninneren bisher nur relativ wenige Daten aus Erdöl/Erdgas-Explorationsbohrungen bekannt. Insgesamt gehört das Münsterländer Bekken aber zu den am besten bekannten Ablagerungsräumen Mitteleuropas.

Das Münsterländer Becken ist Teil der Rheinischen Masse. Die tektonischen und geothermischen Verhältnisse während des Karbons werden daher von der Entwicklung der subvariscischen Saumsenke geprägt, die von England bis nach Polen reichte (Abb. 1). Das flözführende Oberkarbon zeichnet sich durch eine ca. 3 000 – 3 500 m mächtige, klastische Molasse-Sedimentation mit verbreiteter Kohlebildung in einem paralischen Ablagerungsraum aus. Da es sich um den Randtrog eines aktiven Orogens handelte, war der Wärmefluß bereits während des Namurs und Westfals sehr hoch (BUNTEBARTH & KOPPE & M. TEICHMÜLLER 1982), und es muß mit dem frühen Einsetzen einer Kohlenwasserstoffabspaltung aus den verbreiteten Muttergesteinen gerechnet werden. Im Anschluß an die von Südosten (Beginn der Faltung im oberen Westfal C) nach Nordwesten (Beginn der Faltung im Grenzbereich Westfal D/Stefan) fortschreitende variscische Orogenese wird das Münsterland vom Stefan bis zum Apt Festland und Erosionsgebiet. Postasturisch und vor der Zechstein-Transgression setzte ein intensiver, subsequenter Vulkanismus ein, der mit dem Aufreißen von Tiefenbrüchen und dem Aufdringen von Plutonen (Krefelder und Lippstädter Intrusiva) im Zusammenhang stand und lokal eine weitere Phase der Kohlenwasserstoffgenese bewirkte. Als Ausgleichsbewegung zu verstärkten Riftbewegungen im Bereich des Nordsee-Grabensystems sank in der höchsten Unterkreide die Rheinischen Masse ab (BETZ et al. 1987). Damit verknüft war das Aufreißen großer Dehnungsbrüche am Nordostrand zum Niedersächsischen Tektogen und das Aufdringen der Intrusiva von Bramsche und Vlotho (STADLER & R. TEICHMÜLLER 1971). Seitengänge dieser Intrusiva heizten auch das paläozoische Lippstädter Gewölbe auf (LOMMERZHEIM 1991). Die-

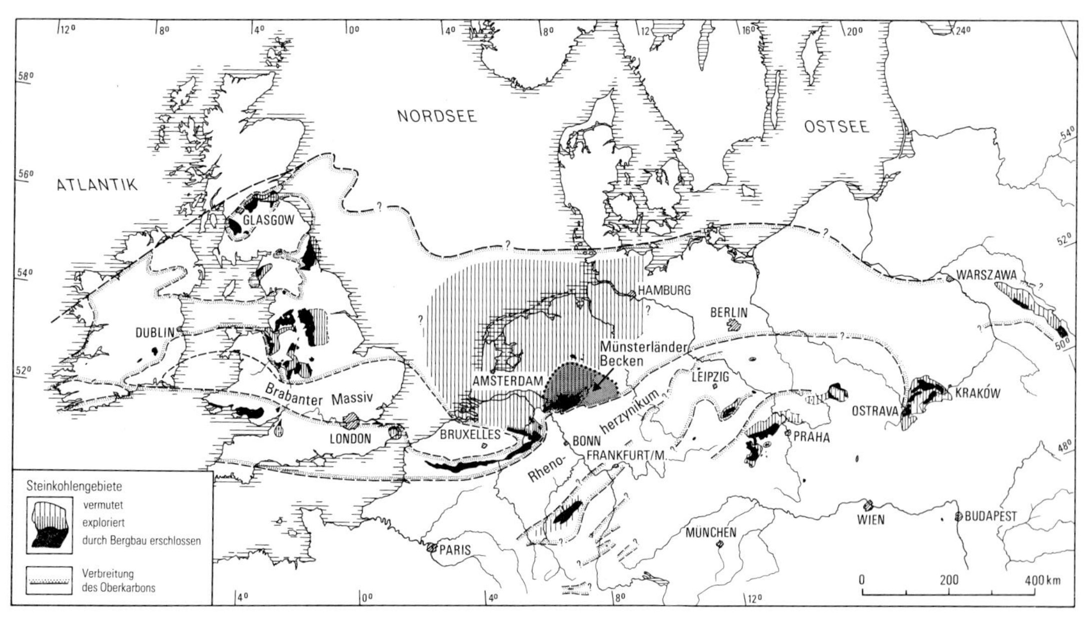

Abb. 1 Lage des Untersuchungsgebiets im nordwest- und mitteleuropäischen Steinkohlengürtel (nach LIPPOLT & HESS & BURGER 1984: Abb. 1)

se Aufheizungen führten zur dritten Phase der Kohlenwasserstoffgenese. Die Subsidenz der Rheinischen Masse fiel zeitlich mit einem globalen Anstieg des Meeresspiegels zusammen (ZIEGLER 1982), so daß das Münsterländer Becken im Alb großräumig überflutet wurde. An der Grenze zum Niedersächsischen Tektogen bildete sich ein schmaler, tiefer Senkungstrog, der bis zu 2 400 m mächtige Kreide-Sedimente aufnahm und sich in der höheren Oberkreide in südwestliche Richtung verlagerte. Epirogene Hebungen der Rheinischen Masse im Anschluß an Inversionsbewegungen im Campan/Maastricht sowie eine globale Regression beendeten die marine Sedimentation im Münsterländer Becken. Im Tertiär wurden nur noch die westlichen Randbereiche des Beckens überschwemmt. Jungtertiäre bruchtektonische Bewegungen beeinflußten große Teile des Beckens. Im Südost- und Ostteil verbreitete hydrothermale Mineralisationen werden mit dem miozänen Basaltvulkanismus in Zusammenhang gebracht. Auch die rezent noch deutlich erhöhten geothermischen Gradienten im Südostteil des Beckens sowie das verbreitete Auftreten von hochtemperierten Thermalwässern mit magmatogenem CO_2 am Ostrand des Beckens werden als Nachwirkungen dieses miozänen Vulkanismus gesehen (LOMMERZHEIM 1991). In relativ niedrig inkohlten Karbon-Sedimenten im Südostteil des Beckens reicht der heutige erhöhte Wärmefluß aus, um die Kohlenwasserstoffgenese in Gang zu halten.

Die horizontale und vertikale Verbreitung von Kohlenwasserstoffen im südlichen Münsterländer Becken ist schon seit langer Zeit bekannt (Literatur bei WEGNER 1924; KUKUK 1938; HOYER & KÖWING & R. TEICHMÜLLER 1969; HOLLMANN & SCHÖNE-WARNEFELD 1981, 1982; VON TRESKOW 1984, 1985, 1987; LOMMERZHEIM 1988); doch da bislang keine wirtschaftlich nutzbaren Lagerstätten beobachtet wurden, ist dem Aspekt der Kohlenwasserstoffgenese und -migration in diesem Raum bisher nur geringe Bedeutung zugemessen worden. Erste Untersuchungen der chemischen und physikalischen Vorgänge bei der Abspaltung und Migration von Kohlenwasserstoffen wurden von FRIEDRICH (1972), FRIEDRICH & JÜNTGEN (1973), HANBABA &

JÜNTGEN (1969), VAN HEEK et al. (1971), JÜNTGEN & KLEIN (1975), KARWEIL (1966), KLEIN & JÜNTGEN (1972) und WINGERNING & JÜNTGEN (1977) durchgeführt.

Diese Aspekte sollen im folgenden unter Berücksichtigung der heutigen analytischen Möglichkeiten und des stark angewachsenen Kenntnisstandes neu beschrieben und diskutiert werden. Die guten Aufschlußverhältnisse bieten ideale Voraussetzungen für die Analyse der karbonen Muttergesteine, der Kohlenwasserstoffmigration sowie der Anreicherung in Speichergesteinen. Die Zusammenhänge zwischen der zum Teil komplexen und regional sehr unterschiedlichen geothermischen Entwicklung und der Kohlenwasserstoffgenese wurden bereits an anderer Stelle diskutiert (LOMMERZHEIM 1991). Da die Gase der meisten großen norddeutschen Lagerstätten ebenfalls aus karbonen Muttergesteinen hergeleitet werden (BOIGK & STAHL 1970; BOIGK et al. 1976; FABER & SCHMITT & STAHL 1979; KETTEL 1982; STAHL 1968 a, 1968 b; 1974, 1978), kommt den Verhältnissen im Münsterländer Becken auch Modellcharakter zu, wenn man versucht, die Vorgänge bei der Bildung der norddeutschen Lagerstätten besser zu verstehen.

Dank: Die vorliegende Arbeit baut auf meiner 1988 abgeschlossenen Dissertation auf, die freundlicherweise von Prof. Dr. E. LÖHNERT (Univ. Münster) und Prof. Dr. W. STAHL (B.-Anst. Geowiss. u. Rohstoffe, Hannover) betreut wurde. Die Arbeiten wurde von der Mobil Oil AG (Celle) finanziell und durch die Bereitstellung von Material großzügig unterstützt, wobei ich besonders Dr. G. PFLANZL und Dr. W. HOFMANN zu danken habe. Für die freundliche Bereitstellung von Probenmaterial und Bohrungsdaten danke ich der BEB Erdgas und Erdöl GmbH (Hannover), der DEA Mineraloel AG (Hamburg), der Gelsenberg AG (Hamburg), der Gewerkschaft Auguste Viktoria (Marl), der Preussag AG (Hannover), der Ruhrkohle AG (Essen) sowie der Wintershall AG (Kassel). Mein besonderer Dank gilt Markscheider H. PALM (Ruhrkohle AG, Essen) sowie Markscheider Dipl.-Ing. U. DICKEL, Dr. U. KLINGE und Dipl.-Geol. H. SCHNIGGENFITTIG (Ruhrkohle Westfalen AG, Dortmund u. Herne). Die Gasuntersuchungen wurden freundlicherweise von Dr. E. FABER (B.-Anst. Geowiss. u. Rohstoffe, Hannover) durchgeführt und mit mir diskutiert. Weitere Daten, Diskussionen und Anregungen verdanke ich Dr. H. FIEBIG, Dr. CL. FRIEG und Dipl.-Geol. W. MÜLLER (alle Westf. Berggewerkschaftskasse, heute DeutscheMontanTechnologie DMT, Essen) sowie Dr. K. KÖWING (Geol. L.-Amt Nordrh.-Westf., Krefeld).

2 Genese und Migration der Erdgase

2.1 Methodik

Für die vorliegenden Untersuchungen wurden beim Abteufen der Bohrungen Herbern 45 E1 und Wulfen 6 Kernproben in 50-m-Abständen genommen. Diese Kernproben wurden unmittelbar nach der Entnahme aus dem Kernrohr in Blechdosen (Volumen 1 l) gasdicht verpackt und zur Vermeidung bakterieller Aktivitäten bei −20 °C gelagert. An diesen Proben wurden in zwei Analysengängen die Gasfraktionen der Headspace- und der Blender-Gase untersucht. Ergänzend wurden an den Bohrungen Herbern 45, Herbern 46 und Drensteinfurt 31 Proben zur Untersuchung der karbonen Blender-Gase im Kernmagazin genommen.

Als Headspace-Gase oder freie Gase werden die nur schwach sorbierten Gase bezeichnet, die sich während der Lagerung der Proben im Kopfraum des Probenbehälters ansammeln. Im Unterschied dazu entsprechen die Blender-Gase den an Mineralien und/oder organische Substanz fest sorbierten Gasen. Der für die Headspace- und Blender-Gase getrennte Analysengang setzt sich aus Sedimententgasung, Gasaufbereitung (Gaschromatographie und Oxidation/Reduktion der Homologe Methan, Ethan und Propan) sowie Massenspektrometrie zusammen. Die Arbeitsmethodik wird detailliert bei FABER et al. (1986), GERLING (1986) und LOMMERZHEIM (1988) beschrieben, worauf hier verwiesen sei.

Die Isotopenwerte sind als δ-Werte angegeben, die für C-Isotopen auf den PDB-Carbonatstandard (Craig 1957) und für H-Isotopen auf den SMOW-Standard (Craig 1961), dem Standard Mean Ocean Water, bezogen werden:

$$\delta = \frac{R_{Probe} - 1 \cdot 1\,000\ (\%)}{R_{Stand.}}$$

Für R ist das $^{13}C/^{12}C$- oder D/H-Isotopenverhältnis einzusetzen.

Genaue absolute Gasinhalte sind für die freien Headspace-Gase nicht anzugeben, da die Ausgasung der Kerne bereits während des Kernens im Bohrloch beginnt und die dabei freigesetzte Gasmenge nicht sicher abzuschätzen ist. Die entsprechenden Mengenangaben sind daher nur Relativangaben und beziehen sich auf die Volumenanteile der Kohlenwasserstoffgase am Gesamtgas im Kopfraum des Probenbehälters (% tot.). Bei den Blender-Gasen errechnen sich aus den Volumenanteilen der freigesetzten Kohlenwasserstoffgase, die in Beziehung gesetzt werden zur Sedimenteinwaage im Blender, die absoluten Gasinhalte in ppb (g Gas/g Sediment).

Die Gaszusammensetzung leitet sich aus der volumetrischen Zusammensetzung des Methans bis Pentans (höhere Kohlenwasserstoffe sind meist nur in so geringen Konzentrationen enthalten, daß sie unterhalb der Nachweisgrenze liegen) und den aus diesen Daten abgeleiteten Verhältnissen ($C_1/\Sigma C_n$, $C_1/(C_2 + C_3)$) ab.

2.2 Gasuntersuchungen im östlichen Ruhrgebiet (Bohrungen Herbern 45/45 E1, TK 25: 4212 Drensteinfurt)

2.2.1 Geologische Situation

Die im Karbon gekernte Explorationsbohrung Herbern 45 (1 599,6 m Endteufe) und die komplett gekernte Bohrung Herbern 45 E1 (933,5 m Endteufe) wurden am Südostrand des Münsterländer Beckens 30 km nordöstlich von Dortmund abgeteuft. Es handelt sich um Vorbohrungen für den Schacht Radbod 6 der Ruhrkohle Westfalen AG.

Die Bohrungen haben ein 703,55 m mächtiges Oberkarbon-Profil von Flöz Helene (Mittlere Bochum-Schichten, Oberes Westfal A) bis zur Viktoria-Flözgruppe (Untere Essen-Schichten, Unteres Westfal B) aufgeschlossen. Die 896,05 m mächtigen Kreide-Deckgebirgsschichten umfassen das Mittelalb bis Obercampan (Abb. 2). Strukturell liegen die Bohrungen an der Nordostflanke des Walstedder Karbon-Sattels und im Deckgebirge in einer Halbgrabenstruktur, die sich etwa am Streichen dieses Sattels orientiert. Die Bohrungen wurden in einem Gebiet abgeteuft, das seit langem für die starke Ausgasung der Kohlenflöze und die Gasführung des Deckgebirges bekannt ist (Hollmann et al. 1978; Hollmann & Schöne-Warnefeld 1981, 1982; von Treskow 1984, 1985, 1987).

In den aufgeschlossenen Karbon-Schichten beträgt das Mächtigkeitsverhältnis der an Kerogen III reichen Gesteine zu den an Kerogen I/II reichen Gesteinen ca. 3 : 1 (entspricht nicht dem Volumenverhältnis von Kerogen III zu Kerogen I/II!). Die Vitrinit-Reflexion verringert sich von 1,27 % R_m bei 1 582 m Teufe (Fl. Präsident) auf 0,94 % R_m an der Karbon-Oberfläche. Aufgrund synsedimentärer Änderungen im Wärmefluß beträgt der Inkohlungsgradient im Westfal A 0,048 % R_m/100 m und im Westfal B 0,008 % R_m/100 m (Lommerzheim 1991).

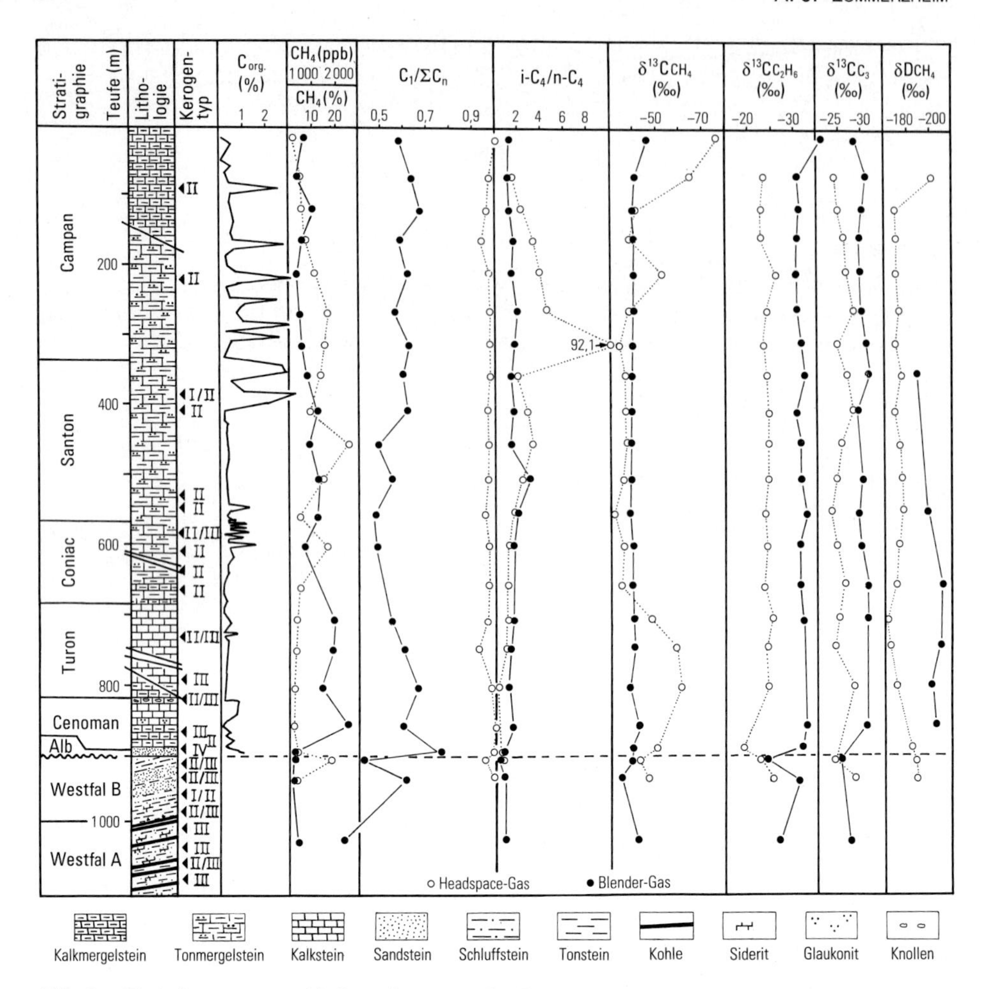

Abb. 2 Veränderungen verschiedener Parameter der Gaszusammensetzung im Bohrprofil der Bohrungen Herbern 45/45 E1 (östliches Münsterland)

Die organische Substanz in den meist tonig-mergeligen Deckgebirgsgesteinen ist dem Kerogen-II-Typ zuzuordnen und reichert sich in der höheren Oberkreide lagenweise an (bis 3,28 % $C_{org.}$), so daß die Sedimente teilweise gute Muttergesteinsqualitäten aufweisen. Reifemäßig liegen diese Sedimente alle im „Ölfenster" (0,49 – 0,74 % R_m). Geothermische Untersuchungen haben für diesen Raum zwei postkarbone Aufheizungsphasen belegt (LOMMERZHEIM 1991). Wie die heutigen hohen geothermischen Gradienten zeigen, dauert die im Jungtertiär einsetzende Erhöhung des Wärmeflusses bis heute an und bewirkt eine intensive Nachinkohlung des Karbons.

Von den 22 auf ihre Gaszusammensetzung untersuchten Proben stammen 3 aus dem Karbon und die restlichen Proben aus dem Deckgebirge. Zur Beurteilung der Gasverteilung im Karbon wurden ergänzend die Gasinhaltsbestimmungen an 11 Kohlenflözen (NOACK 1985) herangezogen, deren Ergebnisse nach der angegebenen Probennahme und -aufbereitungsmethode weitgehend mit den freien Headspace-Gasen vergleichbar sind. Allerdings werden bei diesen Gasinhaltsbestimmungen auch N_2 und CO_2 mitgemessen.

2.2.2 Methangasinhalt

Der Gasinhalt der Flöze zeigt eine nahezu kontinuierliche Abnahme von 11,0 m³/t bei 1 424,2 m Teufe auf 8 m³/t bei 1 025 m Teufe (vgl. NOACK 1985). Ein Zusammenhang zwischen der Mazeralzusammensetzung der Flöze und dem Gasinhalt ist nicht erkennbar. Ca. 450 m unter der Karbon-Oberfläche ist eine Gasanreicherungszone erkennbar. Eine zweite geringmächtige Gasanreicherungszone, die normalerweise unter der Deckgebirgsbasis liegt (VON TRESKOW 1984, 1985, 1987), wurde bei den Flözgasinhaltsbestimmungen nicht erfaßt, da die oberste Probe 130 m unter der Karbon-Oberfläche genommen wurde. Zwei Headspace-Gasproben zeigen aber einen Anstieg des CH_4-Inhalts von 2,46 % tot. bei 932,5 m auf 18 % tot. bei 906,05 m Teufe – ca. 10 m unterhalb der Deckgebirgsbasis (Abb. 2).

Die Grünsande des Albs und Cenomans an der Kreide-Basis zeichnen sich durch eine Ölimprägnation aus. Trotz guter Porositäten von 7 – 20 % weisen diese Sandsteine nur geringe Permeabilitäten von 0,2 – 0,7 md auf. Der CH_4-Inhalt der Headspace-Gase beträgt 4,2 % tot. In den hangenden Teilen des Deckgebirges sind die CH_4-Inhalte bis in das höhere Coniac relativ gering. Allerdings treten in diesem Profilbereich vor allem Kalk- und Kalkmergelsteine auf, bei denen sich die Gasführung erfahrungsgemäß vor allem auf die Kluftzonen konzentriert. Dieses Gas ist von den Headspace-Proben nicht erfaßt worden. Die Spülungsgasmessungen ergaben auch keine Hinweise auf gasführende Klüfte in diesem Bereich. Ein deutlicher Anstieg auf 17,6 % tot. ist bei 602 m Teufe an der petrographischen Grenze zwischen liegenden Kalkmergelsteinen und hangenden Tonmergelsteinen zu beobachten. Zu einem weiteren Anstieg des Gasinhalts kommt es in einer feinschichtigen Tonmergelstein/Tonstein-Wechselfolge des Mittelsantons, die reich an $C_{org.}$ ist (Abb. 2). Die hier erkennbare Korrelation zwischen CH_4-Inhalten und $C_{org.}$-Gehalten deutet auf eine Zumischung von Kreide-Gasen zum Headspace-Gas (Abb. 3). Auch bei den Spülungsgasmessungen fällt dieser Bereich durch sehr hohe mittlere Gasgehalte (ca. 10 000 ppm) auf. Im obersten Profilbereich verringert sich der CH_4-Inhalt mit ansteigendem Kalkgehalt wieder. Eine stark gasführende Kluft (100 000 ppm im Spülungsgas) wurde bei 203,15 m Teufe in Tonmergel-/Kalkmergelsteinen beobachtet.

Der CH_4-Inhalt der Blender-Gase ist in den Karbon-Schichten sowie in den Grünsanden an der Kreide-Basis sehr gering (<300 ppb). In den mittelcenomanen Kalksteinen folgt ein rascher Anstieg bis auf max. 2 628 ppb bei 858,0 m Teufe. Der CH_4-Inhalt bleibt auch in der überlagernden Kalksteinfolge des Obercenomans und Turons hoch (≈ 2 000 ppb). Es zeigt sich eine deutliche positive Korrelation zwischen dem

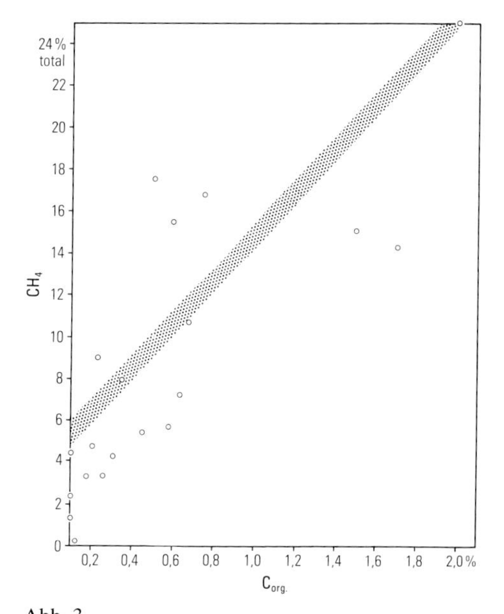

Abb. 3

Korrelation zwischen dem Methangasinhalt (CH_4) der Headspace-Gase und dem Gehalt an organischem Kohlenstoff ($C_{org.}$) im Kreide-Deckgebirge der Bohrungen Herbern 45/45 E1

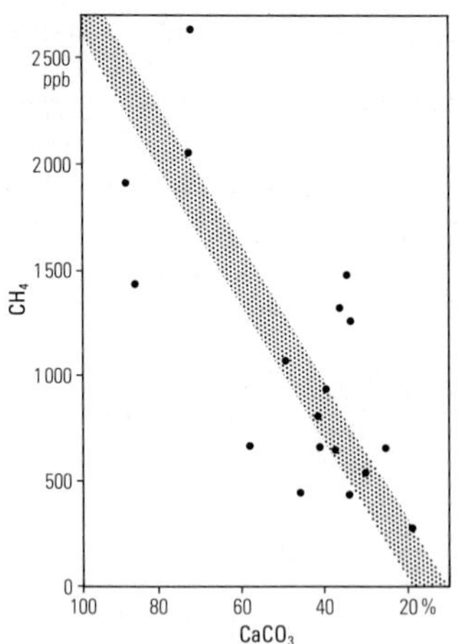

Abb. 4
Positive Korrelation zwischen dem Methangasinhalt (CH_4) der Blender-Gase und dem Kalkgehalt ($CaCO_3$) im Kreide-Deckgebirge der Bohrungen Herbern 45/45 E1

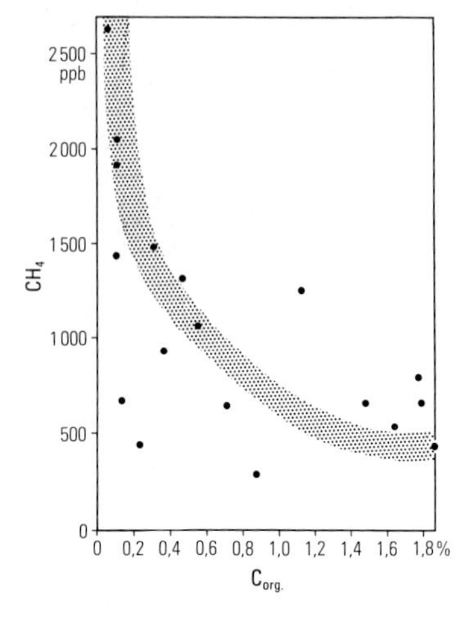

Abb. 5
Negative Korrelation zwischen dem Methangasinhalt (CH_4) der Blender-Gase und dem Gehalt an organischem Kohlenstoff ($C_{org.}$) im Kreide-Deckgebirge der Bohrungen Herbern 45/45 E1

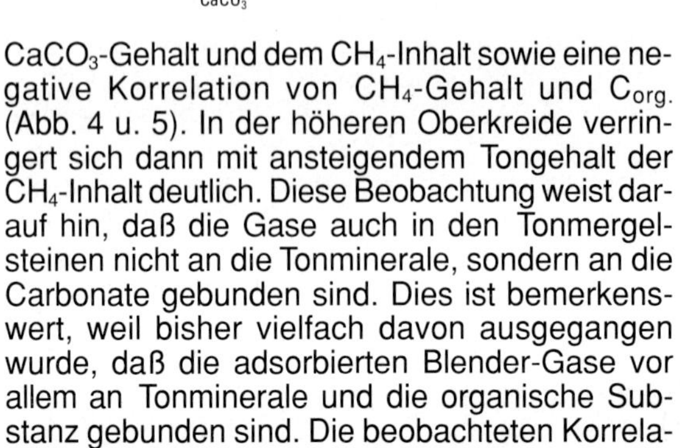
$CaCO_3$-Gehalt und dem CH_4-Inhalt sowie eine negative Korrelation von CH_4-Gehalt und $C_{org.}$ (Abb. 4 u. 5). In der höheren Oberkreide verringert sich dann mit ansteigendem Tongehalt der CH_4-Inhalt deutlich. Diese Beobachtung weist darauf hin, daß die Gase auch in den Tonmergelsteinen nicht an die Tonminerale, sondern an die Carbonate gebunden sind. Dies ist bemerkenswert, weil bisher vielfach davon ausgegangen wurde, daß die adsorbierten Blender-Gase vor allem an Tonminerale und die organische Substanz gebunden sind. Die beobachteten Korrelationen zeigen aber deutlich, daß hier andere Bindungs- und Adsorptionsmechanismen vorliegen. Die maximalen CH_4-Inhalte treten in Kalksteinen mit >80 % $CaCO_3$ und 0 % $C_{org.}$ auf. Möglicherweise sind die Gase in die Calcitkristalle eingebaut oder an die Grenzflächen der Kristalle fixiert, wobei dieser Mechanismus im einzelnen aber noch unklar ist. In den klastischen Sedimenten an der Kreide-Basis und im Karbon sind die CH_4-Ausbeuten sehr gering (88 – 314 ppb). Aufgrund der negativen Korrelation zwischen den CH_4-Inhalten und dem $C_{org.}$-Gehalt ist eine bedeutendere Zumischung von Kreide-Gasen zu den sorbierten Blender-Gasen auszuschließen.

2.2.3 Gaszusammensetzung

Die Gaszusammensetzung, dargestellt durch das Verhältnis $C_1/\Sigma C_n$, kann unter Berücksichtigung weiterer Gasparameter als Reifeindikator genutzt werden (CONNAN & CASSOU 1980; STAHL 1968 a, 1968 b, 1974, 1975, 1978; SCHOELL 1984). Das Verhältnis $C_1/\Sigma C_n$ der Headspace-Gase ist im Karbon und Deckgebirge weitgehend konstant und liegt zwischen 0,93 und 1,00 (s. Abb. 2, S. 316). Diese homogene Gaszusammensetzung deutet auf einen einheitlichen, höher reifen, trockenen Gastyp, der aus dem Karbon stammt. Die an den Gasausbeuten erkennbare Gaszumischung im Deckgebirge spiegelt sich nicht in einem größeren Anteil höherer Kohlenwasserstoffe wider, so daß auch die Kreide-Gase einen hohen CH_4-Anteil besitzen müssen. Dies ist ein Merkmal bakterieller und diagenetischer Gase.

Im Unterschied zu den höher reifen, trockenen Headspace-Gasen sind die Blender-Gase geringer reif und besitzen durch den großen Anteil an höheren Kohlenwasserstoffen einen Kondensatcharakter (s. Abb. 2, S. 316). Die Zusammensetzung ist auch bei den Blender-Gasen recht homogen, wobei allerdings der Anteil der höheren Kohlenwasserstoffe im Karbon ($C_1/\Sigma C_n$: im Mittel 0,33) etwas größer ist als im Deckgebirge ($C_1/\Sigma C_n$: im Mittel 0,59). Diese Unterschiede sind eventuell auf unterschiedliche Adsorptionseigenschaften der diagenetisch höher reifen klastischen Karbon-Sedimente und der diagenetisch geringer reifen karbonatischen Kreide-Sedimente zurückzuführen.

2.2.4 Verhältnis i-Butan/n-Butan

Das Verhältnis i-Butan/n-Butan (i-C_4/n-C_4) wird von verschiedenen Autoren zur Reifecharakterisierung von Erdgasen herangezogen, wobei die einzelnen Bearbeiter allerdings zu widersprüchlichen Ergebnissen kommen. So soll nach CONNAN & CASSOU (1980) das Verhältnis in unreifen Gasen (bis 0,6 % R_m) >1 sein und sich mit zunehmender Reife vermindern. Zu ähnlichen Ergebnissen kommen auch WEHNER & WELTE (1969). Genau entgegengesetzte Ergebnisse führen STAHL et al. (1978, zit. in FABER & SCHOELL & STAHL 1981) an. Danach soll das i-Butan/n-Butan-Verhältnis in geringer reifen Gasen mit Isotopenzusammensetzungen des CH_4 von –50 bis –40 ‰ ungefähr 1 oder <1 sein und in reiferen Gasen mit Isotopenwerten von –40 bis –30 ‰ wieder auf Werte >1 ansteigen.

Von HUNT (1984), HUNT & HUC & WHELAN (1980), TANNENBAUM & AIZENSHTAT (1985) sowie TANNENBAUM & HUIZINGA & KAPLAN (1986) wird das hohe i-Butan/n-Butan-Verhältnis in Gasen aus geringen Teufen auf die katalytische Wirkung von Tonmineralen (vor allem Montmorillonit) zurückgeführt. Eine tiefere Versenkung bewirkt demnach eine Zunahme des n-Butans. Die Abnahme der katalytischen Wirkung in tieferen Profilbereichen ist somit eine Auswirkung der Umbildung der quellfähigen Tonmineralen zu Illit. Stimmt diese Annahme, so wäre die Veränderung des i-Butan/n-Butan-Verhältnisses ein sekundärer Diageneseeffekt.

Im untersuchten Profil steigt das i-Butan/n-Butan-Verhältnis der Headspace- und Blender-Gase vom Liegenden zum Hangenden an (s. Abb. 2, S. 316). In den diagenetisch höher reifen klastischen Karbon-Sedimenten ist das i-Butan/n-Butan-Verhältnis durchweg sehr niedrig (unter 0,75), während in den geringer reifen karbonatischen Deckgebirgsgesteinen immer das i-Butan dominiert (i-C_4/n-C_4 in

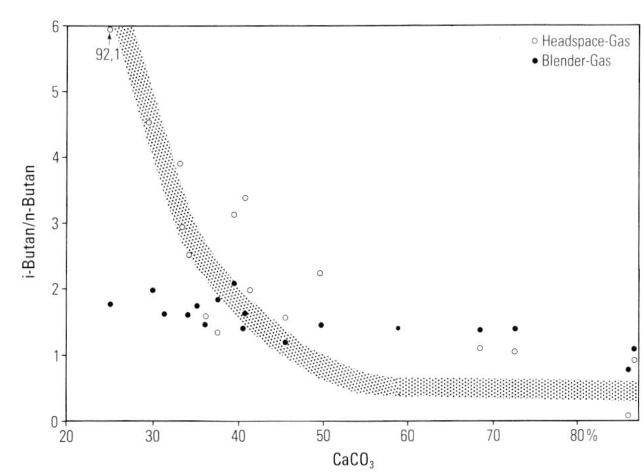

Abb. 6
Zusammenhang zwischen dem Verhältnis i-Butan/n-Butan (i-C_4/n-C_4) und dem Kalkgehalt ($CaCO_3$) der Headspace- und Blender-Gase der Bohrungen Herbern 45/45 E1

Headspace-Gasen im Mittel 2,14, in Blender-Gasen im Mittel 1,55). Vor allem bei den Headspace-Gasen ist eine negative Korrelation zwischen dem $CaCO_3$-Gehalt und dem i-Butan/n-Butan-Verhältnis deutlich erkennbar (Abb. 6). Dies entspricht in dieser Fazies einer positiven Korrelation mit dem Tongehalt. Ein vergleichbarer Zusammenhang ist bei den Blender-Gasen nur schwach angedeutet.

Ob die beobachteten Trends des i-Butan/n-Butan-Verhältnisses wirklich auf die katalytische Wirkung der Tonfraktion zurückzuführen sind, ist unklar, denn parallel zum Tongehalt nimmt auch der $C_{org.}$-Gehalt in den Sedimenten zu, so daß die Änderung des i-Butan/n-Butan-Verhältnisses auch auf die Beimischung diagenetischer Gase aus der Kreide zurückgeführt werden könnte. Für diese letztere Interpretation spricht die Beobachtung, daß die Schwankungen im i-Butan/n-Butan-Verhältnis bei den Blender-Gasen, bei denen eine stärkere Zumischung von Kreide-Gasen sehr unwahrscheinlich ist, wesentlich schwächer ausgeprägt sind als bei den Headspace-Gasen.

2.2.5 Verhältnis i-Pentan/n-Pentan

Das Verhältnis i-Pentan/n-Pentan ($i\text{-}C_5/n\text{-}C_5$) konnte nur an den „nassen" Blender-Gasen bestimmt werden. Im Gegensatz zum Butan ist beim Pentan keine deutliche Korrelation mit dem $CaCO_3$- oder $C_{org.}$-Gehalt nachweisbar. Es zeigt sich ein sprunghafter Anstieg des i-Pentan/n-Pentan-Verhältnisses in den Kreide-Schichten; aber es ist weder ein Teufentrend noch eine Korrelation mit dem $CaCO_3$-Gehalt erkennbar.

2.2.6 $\delta^{13}C$- und δD-Messungen an Methan

Wie bei den meisten anderen Gasparametern, so fällt auch bei den Isotopenmessungen ein deutlicher Unterschied zwischen den Headspace- und Blender-Gasen auf.

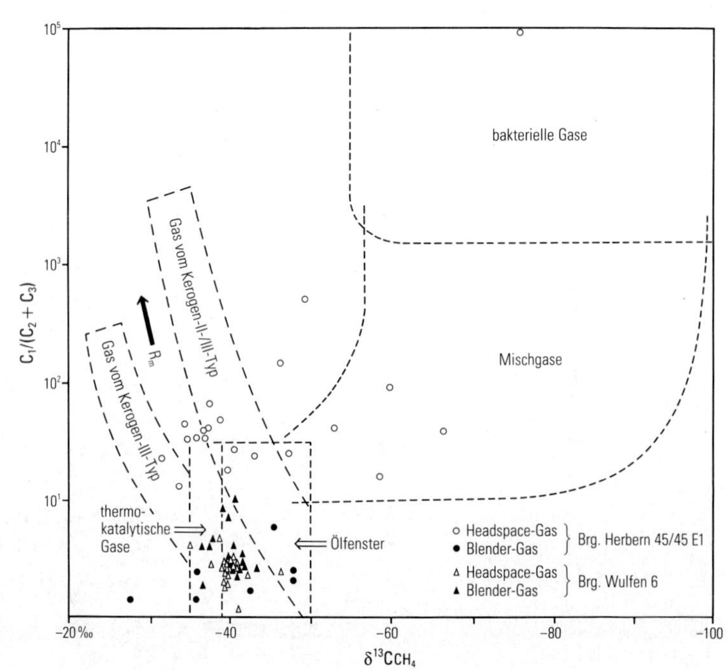

Abb. 7
Gasproben der Bohrungen Herbern 45/45 E1 (östliches Ruhrgebiet) und Wulfen 6 (mittleres Ruhrgebiet) in einem Klassifikationsdiagramm nach BERNARD (1978)

Isotopisch relativ leichte Gase der Headspace-Fraktion ($\delta^{13}C_{CH_4}$: −76 bis −53 ‰) weisen auf eine bakterielle Zumischung – besonders in den Profilbereichen von 711,35 – 893,1 m Teufe und von 0 – 211 m Teufe – hin (s. Abb. 2, S. 316). Dazwischen sowie im Karbon liegen Bereiche mit einem hohen Anteil thermischer Gase, die isotopisch schwerer sind als die Blender-Gase ($\delta^{13}C_{CH_4}$: −39 bis −31 ‰).

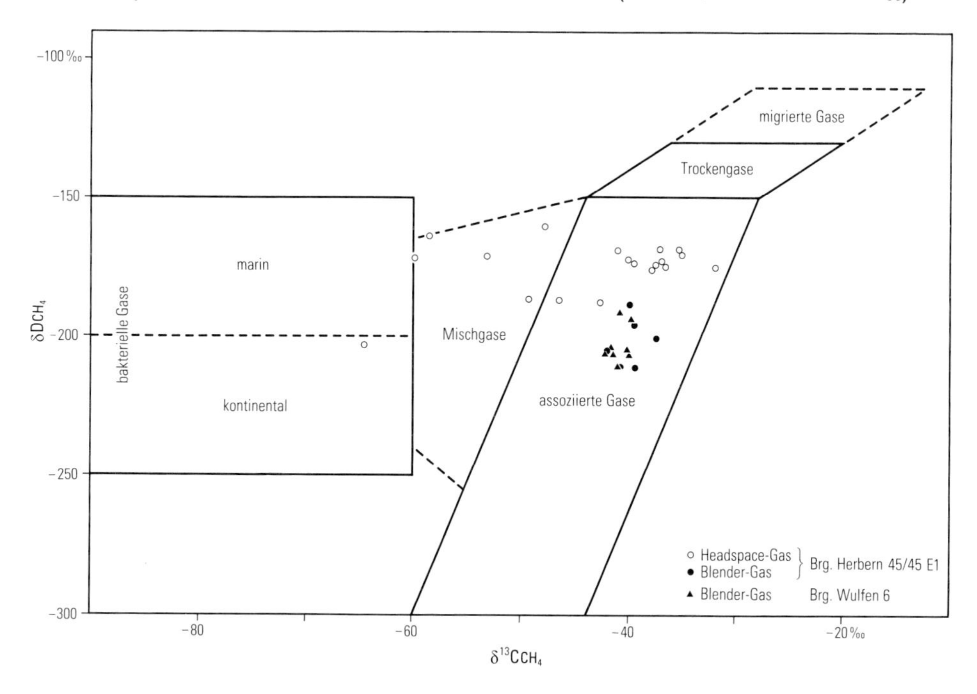

Abb. 8 Gasproben der Bohrungen Herbern 45/45 E1 (östliches Ruhrgebiet) und Wulfen 6 (mittleres Ruhrgebiet), klassifiziert nach ihren Gehalten an Deuterium und Kohlenstoff ^{13}C

Die D-Gehalte des Methans der Headspace-Gase sind relativ konstant; nur in den obersten Proben zeigt sich eine deutliche Abnahme. Im Klassifikationsdiagramm nach Bernard (1978) und im $\delta D/\delta^{13}C_{CH_4}$-Klassifikationsdiagramm nach Schoell (1980, 1983) zeigen die Headspace-Gase einen hoch reifen thermischen Anteil aus Kerogen-II/III-Muttergesteinen und eine deutliche bakterielle Zumischung, während die Blender-Gase im Bereich niedrig reifer thermischer Gase („Ölgase") liegen. Annähernd dieselbe Reife weisen auch die thermischen Gase der Bohrung Wulfen im mittleren Ruhrgebiet (s. Kap. 2.3) auf. Die Headspace-Gase dieser Bohrung lassen aber keine Zumischung bakterieller Gase erkennen (Abb. 7 u. 8).

Ein Teil der Headspace-Gase liegt im Bernard-Diagramm im Oxidationstrend (vgl. Faber & Stahl 1984). Bei der bakteriellen Oxidation des CH_4 zu CO_2 finden eine Anreicherung des ^{13}C im restlichen Methan sowie eine relative Anreicherung der höheren Kohlenwasserstoffe im Vergleich zum Methan statt. Daher unterscheiden sich oxidierte Gase von Mischgasen durch eine Verschiebung im Bernard-Diagramm nach links, wobei die Übergänge zwischen beiden Gastypen aber fließend sind. Mit der genetischen Charakterisierung bakterieller Gase haben sich Faber et al. (1986) sowie Whiticar & Faber & Schoell (1986) detailliert beschäftigt.

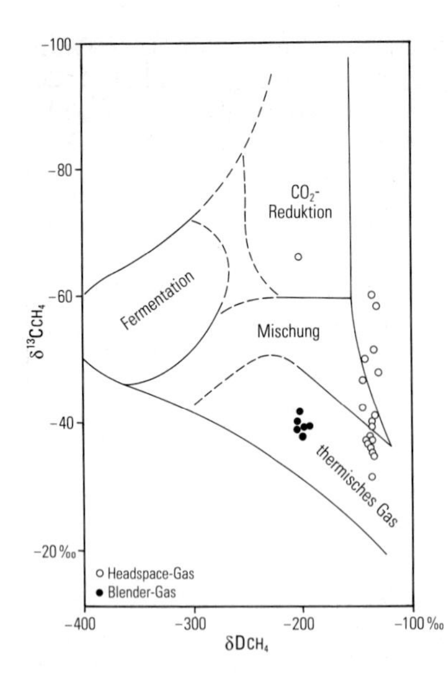

Abb. 9

Headspace- und Blender-Gase der Bohrungen Herbern 45/45 E1, klassifiziert nach ihren Gehalten an Deuterium und Kohlenstoff ^{13}C (Klassifikationsdiagramm nach WHITICAR & FABER & SCHOELL 1986)

Anhand der δD- und $\delta^{13}C$-Werte sind zwei Gruppen bakterieller Gase deutlich zu unterscheiden: einerseits Gase, die durch Acetat-Fermentationsprozesse überwiegend im limnischen Milieu gebildet wurden, und andererseits Gase, die auf die CO_2-Reduktion überwiegend im marinen Milieu zurückzuführen sind. Wie aufgrund der marinen kretazischen Muttergesteine zu erwarten war, zeigten die Proben der Bohrung Herbern 45 E1 einen Mischungstrend, der auf marine, bakterielle Gase hindeutet (Abb. 9). Im Klassifikationsdiagramm nach WHITICAR & FABER & SCHOELL (1986) erkennt man, daß ein Teil der bakteriell/thermischen Mischgase nach rechts von der Mischungskurve verschoben ist und sich folglich durch eine Deuterium-(D-)Anreicherung auszeichnet. Diese Deuterium-Anreicherung kann nach COLEMAN & RISATTI & SCHOELL (1981) als Folge einer bakteriellen Oxidation interpretiert werden, bei der neben dem ^{13}C-Anstieg eine im Vergleich dazu achtfach größere Deuterium-Anreicherung im CH_4 auftritt.

Im Gegensatz zu den Headspace-Gasen zeigen die Blender-Gase vom Deckgebirge bis in das Karbon eine nahezu konstante Zusammensetzung und sind sowohl im Kohlenstoff wie auch im Wasserstoff isotopisch deutlich leichter als der thermische Anteil der Headspace-Gase (s. Abb. 2, S. 316). Wie bereits nach der Interpretation anderer Gasparameter zu erwarten war, sind keine Hinweise auf eine Zumischung bakterieller oder diagenetischer Gase aus dem Deckgebirge zu beobachten. Die konstante Zusammensetzung der Gase im gesamten Profil weist auf eine Herkunft der Gase aus dem Karbon. Im BERNARD- und im $\delta^{13}C$/δD-Klassifikationsdiagramm liegen die Proben alle sehr dicht beieinander im Bereich nasser, assoziierter Gase (Abb. 7 u. 8). Hier ist die deutlich geringere Reife der Blender-Gase im Vergleich zum thermischen Anteil der Headspace-Gase erkennbar.

2.2.7 $\delta^{13}C$-Messungen an Ethan und Propan

Bei den Isotopenmessungen an Ethan und Propan weisen beide Gasfraktionen eine vom Deckgebirge bis in das Karbon konstante Zusammensetzung auf, was wiederum belegt, daß der thermische Anteil der beiden Gase im wesentlichen aus dem Karbon stammen muß (s. Abb. 2, S. 316). Auf die vermutete Zumischung von diagenetischen Kreide-Gasen (s. Kap. 2.2.6) ergeben sich aus den Isotopenmessungen keine sicheren Hinweise. Deutlich erkennbar ist aber der Reifeunterschied zwischen dem thermischen Anteil der Headspace- und der Blender-Gase.

In den Reifediagrammen von FABER (1987), die für Gase aus Kerogen-II-Muttergesteinen entworfen wurden, erkennt man, daß die beiden Gasfraktionen zu verschiedenen Gastypen gehören. Im $\delta^{13}C_{Methan}/\delta^{13}C_{Ethan}$-Diagramm liegen die Blender-Gase in einem Reifebereich von 1,1 – 1,3 % R_m (Abb. 10). Die Tatsache, daß die Proben so dicht an der Reifelinie des Diagramms liegen, spricht dafür, daß diese Gase überwiegend wirklich aus Muttergesteinen des Kerogen-Typs II stammen. Zwei Karbon-Proben zeigen Tendenzen in Richtung auf die Headspace-Gase und sind deshalb möglicherweise wie diese auf Kerogen-II/III- oder -III-Muttergesteine zurückzuführen. Aufgrund der Überlagerung des thermischen Anteils der Headspace-Gase durch die bakterielle Zumischung zum Methan und eine teilweise bakterielle Oxidation ist eine reifemäßige Interpretation mit diesem Diagramm nicht zufriedenstellend möglich.

Da Ethan und Propan im wesentlichen thermisch gebildet werden, wird die Darstellung der Proben im $\delta^{13}C_{Ethan}/\delta^{13}C_{Propan}$-Reifediagramm nicht durch bakterielle Einflüsse verfälscht. Hier zeigt sich, daß auch der thermische Anteil der Headspace-Gase eine relativ homogene Zusammensetzung hat und sich deutlich von den Blender-Gasen unterscheidet (Abb. 11). Beide Gastypen sind im Deckgebirge ohne Mischungstendenzen deutlich voneinander getrennt, während sich die Unterschiede im Karbon verwischen. Da die Headspace-Gase unterhalb der Reifelinie des Kerogen-II-Typs liegen, stammen sie wahrscheinlich überwiegend aus Muttergesteinen des Kerogentyps II/III oder III. Zur Reifeansprache des thermischen Teils der Headspace-Gase kann daher die Reifelinie dieses Diagramms nicht herangezogen werden. Gase aus Kerogen-III-Muttergesteinen sind bei gleicher Reife isotopisch schwerer als Gase aus Kerogen-II-Muttergesteinen, so daß sich bei gleichem Isotopenwert für Gase aus Kerogen-III-Muttergesteinen eine deutlich geringere Reife ergibt. Da Reifediagramme für Gase aus Kerogen-III-Muttergesteinen aber noch nicht bekannt sind, kann diese Aussage nicht weiter quantifiziert werden. Für Lagerstättengase, die wahrscheinlich aus karbonen Muttergesteinen stammen, wurden zwar verschiedentlich „Reifekurven" aufge-

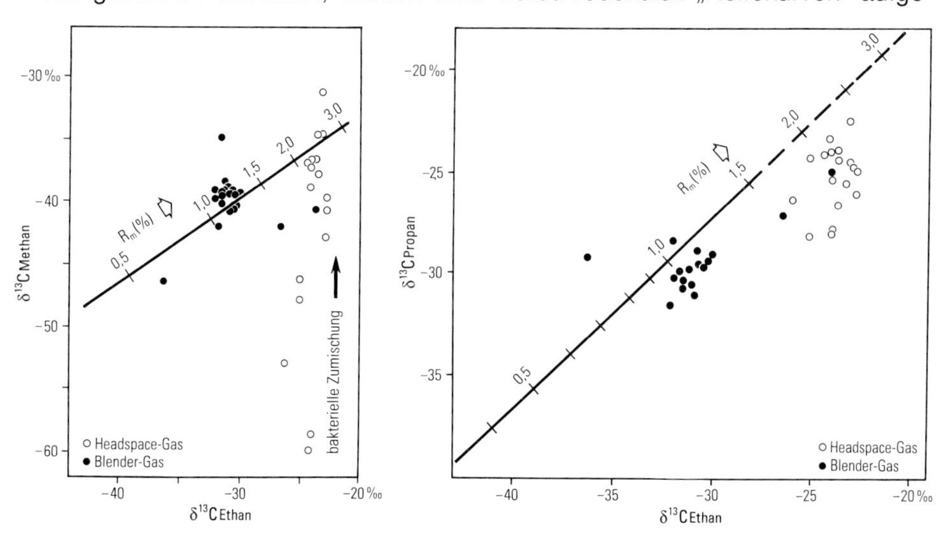

Abb. 10 (links) Headspace- und Blender-Gasproben der Bohrungen Herbern 45/45 E1 in einem Methan/Ethan-Diagramm nach FABER (1987)

Abb. 11 (rechts) Headspace- und Blender-Gasproben der Bohrungen Herbern 45/45 E1 in einem Ethan/Propan-Diagramm nach FABER (1987) stellt (BOIGK et al. 1976; STAHL 1975, 1978), doch stimmen die Ergebnisse dieser Untersuchungen nicht mit Untersuchungen an „autochthonen" Gasen im Karbon überein (COLOMBO et al. 1970, FRIEDRICH 1972, FRIEDRICH & JÜNTGEN 1973, M. TEICHMÜLLER et al. 1970, WINGERNING 1975 und WINGERNING & JÜNTGEN 1977). Auch unter Berücksichtigung der verschiedenen Kerogentypen scheint aber in den Bohrungen Herbern 45/45 E1 ein Reifeunterschied zwischen den Headspace- und Blender-Gasen zu bestehen.

Für die sorbierten Blender-Gase ergibt sich nach dem $\delta^{13}C_{Ethan}/\delta^{13}C_{Propan}$-Diagramm eine deutlich niedrigere Reife von 0,95 – 1,2 % R_m (Abb. 11). Zwei Karbon-Proben kommen den Headspace-Gasen in ihrer Isotopenzusammensetzung sehr nahe. Möglicherweise wurde bei diesen Proben das primäre, isotopisch leichtere Gas von den isotopisch schwereren Gasen der Headspace-Fraktion aus den Adsorptionspositionen verdrängt und ersetzt, da es sich in diesen Fällen um stark siltig-sandige Gesteine handelt, die über kein so hohes Adsorptionsvermögen wie die kretazischen Tonsteine verfügen.

2.2.8 Interpretation der Ergebnisse

Die Bohrungen Herbern 45/45 E1 wurden in einem Bereich mit hohem, bis heute anhaltenden Wärmefluß abgeteuft. Die während der karbonen Aufheizungen abgespaltenen Kohlenwasserstoffe sind im Verlauf der anschließenden, vom Stefan bis zum Apt dauernden Festlands- und Erosionsphase ausgegast und nicht mehr erhalten. Während einer oberkretazischen und einer neogenen bis rezenten Aufheizungsphase kam es aber zu einer intensiven Nachinkohlung der Karbon-Sedimente. Die im Neogen einsetzende Abspaltung leichtflüchtiger Kohlenwasserstoffe dauert bis heute in größerem Umfang an (LOMMERZHEIM 1991). Die hohe rezente Gassättigung der Gesteine im gesamten Profil deutet darauf hin, daß sich die Karbon- und Deckgebirgssedimente in einem dynamischen Gleichgewichtszustand zwischen Diffusionsverlust und der Nachlieferung neuer Kohlenwasserstoffe aus den karbonen Muttergesteinen befinden, so daß die Voraussetzung für die Bildung von Gasanreicherungen und Gaslagerstätten gegeben sind (vgl. LEYTHAEUSER & SCHAEFER & POOCH 1983, LEYTHAEUSER & SCHAEFER 1984 und WELTE et al. 1984). Neben den thermokatalytischen Karbon-Gasen treten im Deckgebirge in begrenztem Umfang auch bakterielle und diagenetische Kreide-Gase auf.

Auffällig ist die im Deckgebirge beobachtete positive Korrelation zwischen dem Carbonatgehalt und dem Gasinhalt der Blenderfraktion, die auf einen Einbau der Gase in das Kristallgitter der Calcite oder eine Sorption an den Kristallgrenzflächen hinweist.

Von besonderer Bedeutung ist die Beobachtung, daß alle Gasparameter auf eine unterschiedliche Genese der freien Headspace- und der sorbierten Blender-Gase deuten. Differenzen zwischen diesen beiden Gasfraktionen wurden auch an anderen Bohrungen bereits beobachtet (FABER et al. 1986, HORVITZ 1972) und auf die unterschiedliche Genese der beiden Gasfraktionen zurückgeführt (Headspace-Gase überwiegend bakteriell und Blender-Gase überwiegend thermisch). Im Unterschied zu diesen Untersuchungen konnte in den Bohrungen Herbern 45/45 E1 aber nachgewiesen werden, daß im Deckgebirge zwei deutlich verschiedene thermische Gastypen auftreten, die ohne Mischungstendenzen getrennt als freie Headspace-Gase und sorbierte Blender-Gase auftreten.

Da von anderen Bohrungen keine vergleichbaren Beobachtungen vorliegen, ist dieses Phänomen bisher auch noch nicht sicher zu interpretieren. Es wurde versucht, ein Arbeitsmodell zu entwickeln, das die Beobachtungen möglichst umfassend und ohne Widersprüche erklären kann: Die Verteilung der Gase belegt eindeutig, daß die beiden thermischen Gastypen aus dem Karbon stammen. Außerdem konnte nachgewiesen werden, daß die sorbierten Blender-Gase im wesentlichen aus geringer reifen Kerogen-II-Muttergesteinen und die freien Headspace-Gase im wesentlichen aus höher reifen Kerogen-III-Muttergesteinen herzuleiten sind. Da beide Gastypen deutlich voneinander getrennt sind und keinerlei Mischungstendenzen zeigen, ist eine kogenetische Bildung auszuschließen. Auch eine selektive, kerogengesteuerte Gassorption scheidet aus, da die sorbierten Gase mit konstanter Zusammensetzung in Carbonaten ohne organischen Kohlenstoff am häufigsten sind.

Es wird daher angenommen, daß die beiden thermischen Gase auf verschiedene postkarbone Aufheizungsphasen dieses Beckenteils zurückzuführen sind. Da der karbone Wärmefluß in diesem Bereich, der am Rand der subvariscischen Saumsenke liegt, wahrscheinlich relativ gering gewesen ist und die Versenkung relativ spät einsetzte und nur kurz andauerte (BUNTEBARTH & KOPPE 1984), waren die Sedimente gegen Ende des Karbons noch relativ gering inkohlt. Eine Nachinkohlung konnte daher bereits bei einer relativ geringen Aufheizung einsetzen. Während der Oberkreide-Zeit kam es zu einer erneuten Absenkung (Abb. 12) und Überlagerung des Karbons durch ca. 1 100 m mächtige Sedimente. Außerdem fand in der unteren Oberkreide eine subvulkanische Aufheizung des Gebiets statt, die altersgleich ist mit den Intrusionen von Bramsche

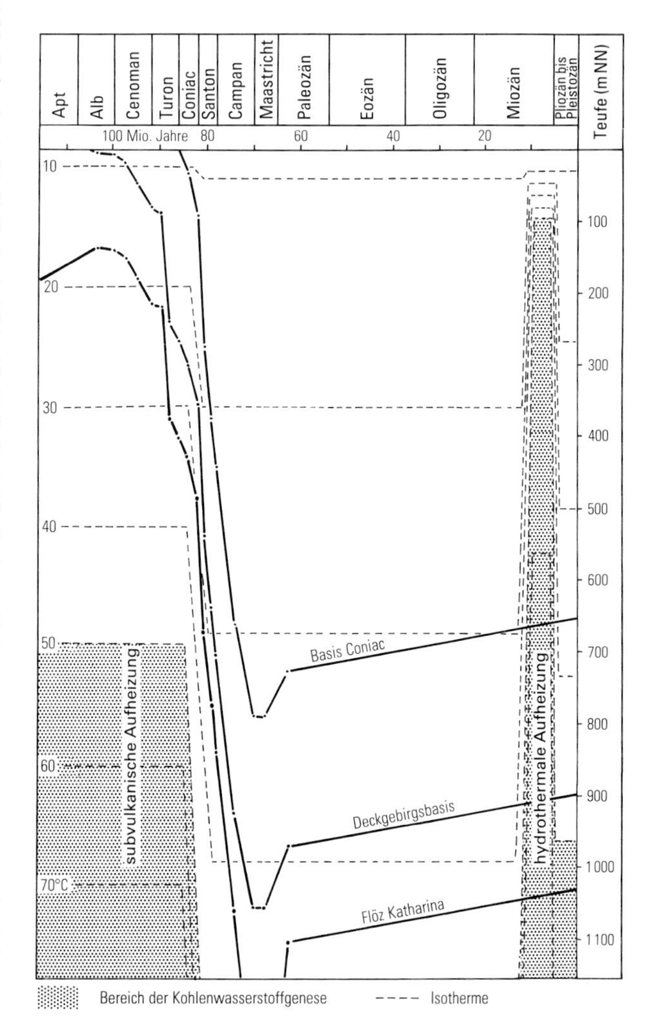

Abb. 12

Postkarbone geothermische Entwicklung und Kohlenwasserstoffgenese im östlichen Ruhrrevier, dargestellt in einem Versenkungsdiagramm der Bohrungen Herbern 45/45 E1 und Vlotho und einen ersten Nachinkohlungsschub bewirkte (LOMMERZHEIM 1991). Diese Nachinkohlung führte zu einer Reifung der Schichten des Westfals A und B auf ca. 0,9 – 1,2 % R_m.

Hierdurch kam es zur Bildung von Erdöl und nassen Gasen, die in das Deckgebirge einwanderten und dort heute als sorbierte Blender-Gase erhalten sind. Da die Gase die Kreide-Sedimente synsedimentär beziehungsweise frühdiagenetisch durchströmten, konnten sie in das Kristallgitter oder auf den Kristallgrenzflächen der Calcite eingebaut werden. Die Bildung dieses Gastyps wurde während der gesamten Oberkreide durch das sich langsam abkühlende Intrusiv und die weitere Absenkung in Gang gehalten. Nach der Hebung der Rheinischen Masse gegen Ende der Kreide-Zeit setzte die Ausgasung der freien Gase des Deckgebirges ein. Nur die sorbierten Gase blieben erhalten. Wahrscheinlich im oberen Miozän kam es zu einer erneuten subvulkanischen Aufheizung des Gebiets (Abb. 12), die bis heute andauert und einen weiteren Nachinkohlungsschub bewirkte (LOMMERZHEIM 1991). Hierdurch erhielt das Karbon seine heutige Reife, und es kam und kommt zur Bildung leichtflüchtiger Kohlenwasserstoffe im Karbon.

In den klastischen Karbon-Sedimenten konnten diese Gase die Kreide-Gase aus ihren Sorptionspositionen verdrängen. Dies erklärt, weshalb die Blender- und Headspace-Gase hier fast die gleiche isotopische Zusammensetzung besitzen. Im Deckgebirge waren die Kreide-Gase in die Kalksteine eingeschlossen und somit konserviert. Ein Gasaustausch war hier nicht möglich. Auch ein erneuter Einbau von Gasen in die Kalksteine war aufgrund der höheren diagenetischen Reife der Gesteine nicht mehr möglich. Daher findet sich der jungtertiäre/rezente Gastyp im Deckgebirge heute nur als thermischer Anteil der freien Headspace-Gase.

Dieses Modell ermöglicht eine relativ problemlose Erklärung für die Trennung und unterschiedliche Reife der beiden Gasfraktionen sowie das Fehlen des „nassen“ Gastyps der Blender-Gase in den Headspace-Gasen. In den Kalksteinen sind die geringer reifen Gase durch ihren frühdiagenetischen Einbau wirkungsvoll gegen jeden späteren Austausch geschützt. Auffällig ist aber, daß bisher von keiner anderen Bohrung vergleichbare, in Kalksteinen konservierte, geringer reife Gase beschrieben wurden. In den meisten Fällen scheinen die Blender-Gase mit der heutigen Reife der Muttergesteine übereinzustimmen. Der Schlüssel zur eindeutigen Klärung der Genese der beiden Gastypen liegt letztlich in der Frage der Adsorptionsmechanismen der Blender-Gase, die noch weitgehend unbekannt sind.

2.3 Gasuntersuchungen im mittleren Ruhrgebiet (Bohrung Wulfen 6, TK 25: 4208 Wulfen)

2.3.1 Geologische Situation

Die 1 075,1 m tiefe, komplett gekernte Schachtvorbohrung Wulfen 6 (Abb. 13) wurde im mittleren Ruhrrevier abgeteuft. Dieser Raum zeichnet sich nur durch eine geringe Gasführung aus (HOLLMANN et al. 1978; HOLLMANN & SCHÖNE-WARNEFELD 1981, 1982; VON TRESKOW 1984, 1985, 1987). Strukturell steht die Bohrung an der Südostflanke des Dorstener Karbon-Sattels im Bereich des Marler Grabens.

Das 345,3 m mächtige Karbon-Profil erschließt das Westfal C vom Flöz Ägir bis zur Nibelung-Flözgruppe. Diese Karbon-Gesteine haben eine sehr geringe Reife (0,68 – 0,80 % R_m) und sind reich an Kerogen III. Bei einem Inkohlungsgradienten von 0,037 % R_m/100 m ist mit einer Reife von 1,1 % R_m – bei der die Ausgasung aus dem Kerogen III verstärkt einsetzt (JÜNTGEN & KLEIN 1975) – erst ab einer Teufe von ca. 1 900 m zu rechnen. Allerdings beträgt die heutige Temperatur in 2 000 m Tiefe aufgrund des niedrigen geothermischen Gradienten nur ca. 69 °C, was nicht ausreicht, um hier die thermische Abspaltung von Kohlenwasserstoffen in Gang zu halten (LOMMERZHEIM 1991).

Abweichend von den Bohrungen Herbern 45/45 E1 gliedert sich das 729,8 m mächtige Deckgebirge (s. Abb. 13) hier in (?) Rotliegendes (1 m), Zechstein (16,9 m), Buntsandstein (119,2 m), Kreide (Alb bis Santon, 582,4 m) und Quartär (10,3 m). Abgesehen vom geringmächtigen Kupferschiefer (max. 5,05 % $C_{org.}$, Kerogen I) ist das Muttergesteinspotential der meist sandig-kalkigen Deckgebirgsgesteine relativ gering. Der an der Deckgebirgsbasis erreichte Reifewert von 0,32 % R_m liegt noch deutlich unterhalb des Grenzwertes von 0,4 – 0,5 % R_m, bei dem die Genese thermischer Kohlenwasserstoffe einsetzt. Die geringe Reife weist darauf hin, daß die postkarbonische Versenkung um 800 – 900 m bei einem niedrigen geothermischen Gradienten erfolgt sein muß. Hinweise auf ein thermisches Ereignis fehlen. Auch die heutigen geothermischen Gradienten von 2,92 °C/100 m im Deckgebirge und 1,5 °C/100 m im Karbon deuten auf ein ruhiges, geothermisch kühles Gebiet hin (LOMMERZHEIM 1991).

An der Bohrung wurden insgesamt 19 Gasproben genommen, von denen 13 aus dem Deckgebirge und 6 aus dem Karbon stammen. Da im gesamten Profil lediglich geringe Gasspuren auftreten, bewegen sich die untersuchten Gasmengen häufig an der Untergrenze der Analysierbarkeit und sind meist nur unter Vorbehalt zu interpretieren.

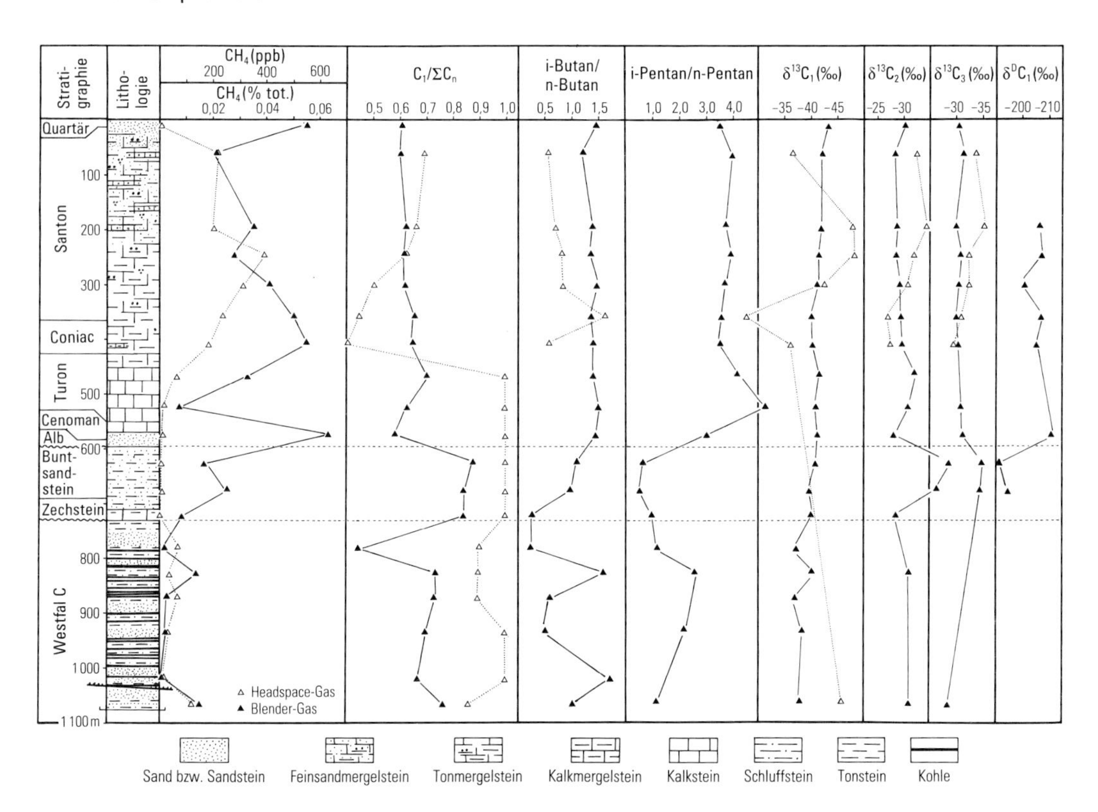

Abb. 13 Veränderungen verschiedener Parameter der Gaszusammensetzung im Bohrprofil der Bohrung Wulfen 6 (mittleres Ruhrgebiet)

2.3.2 Methangasinhalt

Der CH_4-Inhalt der Headspace-Gase ist im Profil der Bohrung Wulfen 6 im Durchschnitt drei Zehnerpotenzen geringer als in der Bohrung Herbern 45 E1. Die höchsten Gasinhalte treten in Tonmergelsteinen der höheren Oberkreide auf, während Buntsandstein, Zechstein und Karbon weitgehend entgast sind (Abb. 13). An lithologische Grenzen geknüpfte Gasanreicherungen konnten nicht beobachtet werden, doch beschreibt VON TRESKOW (1984, 1985, 1987) in der benachbarten Schachtanlage Wulfen unterhalb der Deckgebirgsbasis eine derartige, ca. 35 m mächtige Zone mit erhöhtem Gasinhalt der Kohlenflöze (max. 2 m^3/t). Flöze, die tiefer als 100 m unterhalb der Deckgebirgsbasis liegen, sind gasfrei. Die in den obersten Karbon-Schichten auftretenden Gase sind – wie Isotopenmessungen bestätigen – bakterieller Herkunft.

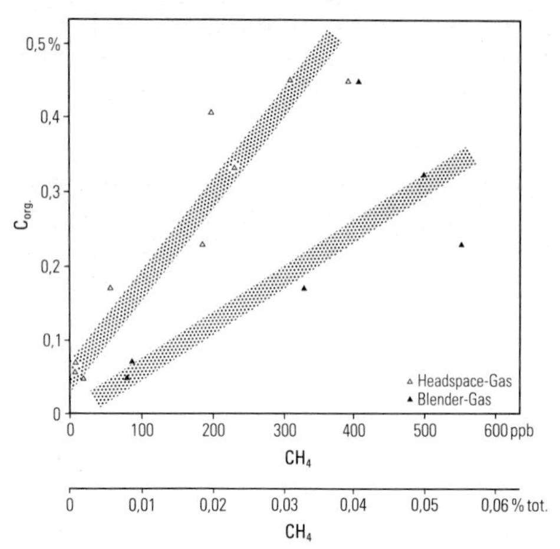

Abb. 14

Positive Korrelation zwischen dem Methangasinhalt (CH_4) und dem Gehalt an organischem Kohlenstoff ($C_{org.}$) im Kreide-Deckgebirge der Bohrung Wulfen 6

Da die liegenden Sedimente weitgehend ausgegast sind, kann die leicht erhöhte Gasführung in der höheren Oberkreide nur auf autochthone Kreide-Gase zurückzuführen sein. Hierauf deutet auch die positive Korrelation zwischen der CH_4-Ausbeute und dem $C_{org.}$-Gehalt der Sedimente (Abb. 14). Bei den Kreide-Gasen kann es sich entsprechend der geringen Reife der Muttergesteine nur um bakterielle und/oder diagenetische Gase handeln.

Die Verteilung der CH_4-Inhalte der Blender-Gase im Profil entspricht im Prinzip der Verteilung der Headspace-Gase. Die höchsten CH_4-Ausbeuten treten wiederum in der Kreide auf (max. 551 ppb), während das Karbon nur noch Gasspuren enthält. Bei den sorbierten Gasen ist ebenfalls eine Beziehung von CH_4-Ausbeuten und $C_{org.}$-Gehalt nachzuweisen (Abb. 14). Dies deutet darauf hin, daß auch den Blender-Gasen bakterielle Kreide-Gase zugemischt sind. Der in den Bohrungen Herbern 45/45 E1 beobachtete Zusammenhang zwischen dem $CaCO_3$-Gehalt und den CH_4-Ausbeuten der sorbierten Gase ist hier nur schwach angedeutet.

2.3.3 Gaszusammensetzung

Aufgrund der geringen Gasspuren in der Headspace-Fraktion ist nur für einige Bereiche im Karbon sowie für die höheren Kreide-Schichten die Bestimmung weiterer Gasparameter möglich. Die starke Verschiebung der Gaszusammensetzung in den gasarmen Proben ist meßtechnisch bedingt. Die höheren Kohlenwasserstoffe liegen hier unter der analytischen Nachweisgrenze.

Soweit die Daten interpretierbar sind, sind die Karbon-Gase deutlich trockener ($C_1/\Sigma Cn$ im Mittel 0,88) als die Kreide-Gase ($C_1/\Sigma Cn$ im Mittel 0,56; s. Abb. 13). Dieser relativ große Anteil höherer Kohlenwasserstoffe spricht gegen eine rein bakterielle Genese der Gase, wäre aber durch diagenetische Gase zu erklären.

Bei den Blender-Gasen war die Ausbeute bei allen Proben – abgesehen von vier Karbon-Proben – groß genug, um eine komplette Gasanalyse zu erlauben. Die Zusammensetzung der Blender-Gase ist im gesamten Profil nahezu konstant, wobei das Verhältnis $C_1/\Sigma Cn$ im Mittel bei 0,68 liegt (Abb. 13). Diese Zusammensetzung entspricht in etwa einer Mittelstellung zwischen den Headspace-Gasen des Karbons und der Kreide.

2.3.4 Verhältnis i-Butan/n-Butan

Das i-Butan/n-Butan-Verhältnis ($i\text{-}C_4/n\text{-}C_4$) ist bei den Headspace- und Blender-Gasen deutlich verschieden. Nur die Headspace-Proben aus der höheren Oberkreide haben für eine Analyse genügend Butan geliefert. Abgesehen von einer Probe bei 359,8 m Teufe ist das $i\text{-}C_4/n\text{-}C_4$-Verhältnis etwa konstant, wobei das $n\text{-}C_4$ gegenüber dem $i\text{-}C_4$ dominiert (Verhältnis im Mittel 0,67; Abb. 13).

An allen Blender-Gasproben konnte das $i\text{-}C_4/n\text{-}C_4$-Verhältnis bestimmt werden; es muß allerdings bei einigen gasarmen Karbon-Proben mit Vorsicht interpretiert werden. Vom Karbon bis zum unteren Buntsandstein schwankt das $i\text{-}C_4/n\text{-}C_4$-Verhältnis sehr stark zwischen 0,24 – 1,68, während die Zusammensetzung in den höheren Deckgebirgsabschnitten etwa konstant ist (im Mittel 1,39; Abb. 13).

Ein Zusammenhang zwischen dem $i\text{-}C_4/n\text{-}C_4$-Verhältnis und der Lithologie war in der Bohrung Wulfen 6 bei beiden Gasfraktionen nicht nachweisbar. Auf welche Faktoren die beobachteten Unterschiede zurückzuführen sind, ist noch unklar. Wie die Konstanz der anderen Gasparameter belegt, liegt nur ein Gastyp vor. Dies schließt eine Interpretation als Reifeparameter aus und läßt eine Beeinflussung des $i\text{-}C_4/n\text{-}C_4$-Verhältnisses durch die physikochemischen Verhältnisse in den Speichergesteinen vermuten.

2.3.5 Verhältnis i-Pentan/n-Pentan

Das nur an den Blender-Gasen zu bestimmende i-Pentan/n-Pentan-Verhältnis ($i\text{-}C_5/n\text{-}C_5$) läßt eine deutliche Gliederung des Profils in einen unteren Abschnitt (Karbon bis unterer Buntsandstein) mit niedrigerem, stark schwankenden $i\text{-}C_5/n\text{-}C_5$-Verhältnis (0,48 – 2,64) und einem höheren Abschnitt (höherer Buntsandstein bis Santon) mit hohem, nahezu konstanten $i\text{-}C_5/n\text{-}C_5$-Verhältnis (im Mittel 3,84) erkennen (Abb. 13). Ein Zusammenhang mit dem $CaCO_3$-Gehalt oder anderen lithologischen Parametern ist nicht erkennbar.

2.3.6 $\delta^{13}C$- und δD-Messungen an Methan

Ähnlich wie in den Bohrungen Herbern 45/45 E1 ergaben die Isotopenmessungen am Methan deutliche Unterschiede zwischen den Headspace- und Blender-Gasen (Abb. 13).

Aufgrund der geringen Kohlenwasserstoffmengen in den Headspace-Gasen konnten $\delta^{13}C$-Messungen in dieser Gasfraktion nur an der tiefsten Karbon-Probe sowie an sechs Oberkreide-Proben durchgeführt werden. Die Gase aus den meisten dieser Proben sind isotopisch leichter als die Blender-Gase. Im BERNARD-Diagramm liegen die Proben im Bereich nasser, thermokatalytischer Gase (s. Abb. 7, S. 320). Die eingangs vermutete Zumischung von bakteriellem Methan ist

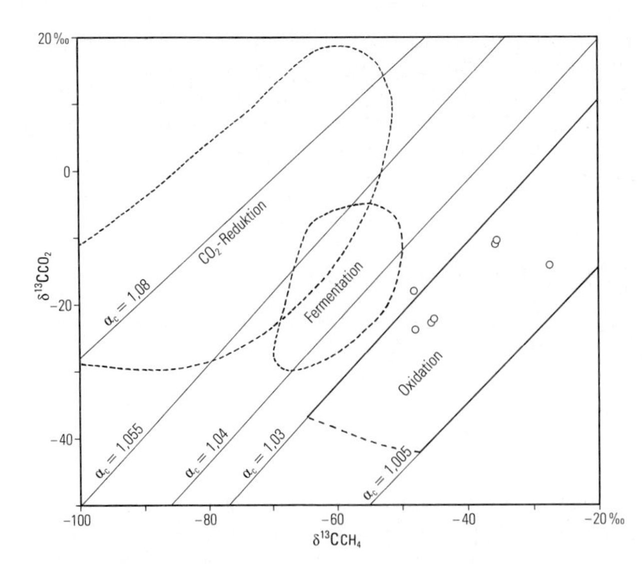

Abb. 15

Headspace-Gase der Bohrung Wulfen 6 in einem Klassifikationsdiagramm nach WHITICAR & FABER (1986)

in diesem Diagramm nicht erkennbar. Wie weiter unten erläutert wird, ist diese „Maskierung" auf bakterielle Oxidationsvorgänge zurückzuführen. Bei der höchsten Probe (71,6 m Teufe) ist aufgrund des hohen Ethen- (5,93 %) und Propengehalts (8,88 %) von einer pyrolytischen Veränderung des Gases durch den Bohrvorgang auszugehen (GERLING 1986).

Aufgrund der geringen CH_4-Ausbeuten konnten an den Headspace-Gasen keine Deuterium-Messungen vorgenommen werden. Um die mikrobielle Beeinflussung dieses Gastyps zu klären, wurden aber ergänzend Isotopenmessungen am CO_2 durchgeführt. Es zeigt sich eine gute Korrelation der $\delta^{13}C_{CO_2}$- und $\delta^{13}C_{CH_4}$-Werte, was auf eine kogenetische Entstehung hinweist. Nach dem Klassifikationsdiagramm von WHITICAR & FABER (1986) für die methanogenetische Charakterisierung von CO_2-CH_4-Paaren liegen alle Headspace-Gase im Bereich mikrobiologisch, anaerobisch oxidierten Methans (Abb. 15). Dies erklärt auch die für bakteriell/thermische Mischgase relativ geringen $\delta^{13}C$-Werte, denn die Oxidation des CH_4 zu CO_2 führt zu einer Anreicherung des ^{13}C im restlichen CH_4. Daher ist im BERNARD-Diagramm keine bakterielle Zumischung erkennbar. Nach der Formel

$$\alpha C = \frac{(\delta^{13}C_{CO_2} + 1\,000)}{(\delta^{13}C_{CH_4} + 1\,000)}$$

von WHITICAR & FABER (1986) errechnen sich für die Headspace-Gase Fraktionierungsfaktoren (αC) von 1,013 – 1,031, die im Bereich der C-Isotopen-Fraktionierung durch eine CH_4-Oxidation liegen. Da höhere Kohlenwasserstoffe von dieser Oxidation nicht oder nur in sehr geringem Umfang betroffen werden, führt dieser Vorgang gleichzeitig zu einer relativen Anreicherung der höheren Kohlenwasserstoffe. Im Vergleich zu den Blender-Gasen zeichnen sich fast alle Headspace-Gase durch einen größeren Anteil an höheren Kohlenwasserstoffen aus.

Die Isotopenuntersuchungen an Methan der Blender-Gase ergaben eine kontinuierliche Abnahme der $\delta^{13}C$-Werte von – 37,5 ‰ bei 1 062,8 m Teufe auf – 43,2 ‰ bei 9,1 m Teufe (Abb. 13, S. 327). Da vergleichbare Trends beim Ethan und Propan nicht beobachtet werden können, scheidet eine Zumischung diagenetischer Gase aus dem Deckgebirge ebenso aus wie eine vom Liegenden zum Hangenden abnehmende Zumischung von Karbon-Gasen. Die Tatsache, daß die Zumischung nur die Methan-Fraktion betrifft, deutet auf eine bakterielle Beeinflussung der Blender-Gase. Hierauf weist auch die bereits eingangs erwähnte Korrelation der CH_4-Ausbeuten mit dem $C_{org.}$-Gehalt. Bakterielle Beeinflussungen von Blender-Gasen sind nach FABER et al. (1986) zwar relativ selten, wurden aber doch verschiedentlich beobachtet. In den Klassifikationsdiagrammen nach BERNARD (1978) und SCHOELL (1980, 1983) ist die bakterielle Beeinflussung der Gase nicht erkennbar (s. Abb. 7 u. 8, S. 320 u. 321). Hier liegen die Proben relativ dicht beieinander im Bereich assoziierter Gase.

Die δD-Werte konnten aufgrund der geringen CH_4-Mengen auch an den Blender-Gasen nur in einem Teufenbereich von 196,3 – 676,9 m bestimmt werden. Im Unterschied zu den recht konstanten C-Isotopenverhältnissen zeigen die δD-Werte einen deutlichen Unterschied zwischen den Buntsandstein-Proben (im Mittel –192 ‰) und den Kreide-Proben (im Mittel –206 ‰; Abb. 13, S. 327).

2.3.7 $\delta^{13}C$-Messungen an Ethan und Propan

$\delta^{13}C_2$ und $\delta^{13}C_3$-Messungen der Headspace-Gase konnten nur an den Oberkreide-Proben durchgeführt werden. Die Blender-Gase und die thermischen Anteile der Headspace-Gase sind hinsichtlich ihrer $\delta^{13}C_2$- und $\delta^{13}C_3$-Werte fast identisch, was auf eine ähnliche Genese hinweist (Abb. 13, S. 327). Da der Methananteil der freien Gase stark bakteriell beeinflußt ist, kann die Reifeabschätzung des thermischen Anteils dieser Gasfraktion nur mit Hilfe des $\delta^{13}C_2$- und $\delta^{13}C_3$-Diagramms erfolgen (Abb. 16 u. 17). Der thermische Anteil beider Gase scheint aus ähnlichen Muttergesteinen zu stammen, wobei den Headspace-Gasen aber wohl noch niedrig reife Gase zugemischt sind. Für die Headspace-Gase läßt sich eine Mischungskurve mit einem Gastyp aus niedrig reifen Kerogen-II-Muttergesteinen (ca. 0,5 % R_m) und einem anderen Gastyp aus höher reifen Kerogen-II/III-Muttergesteinen (ca. 1,2 % R_m) konstruieren.

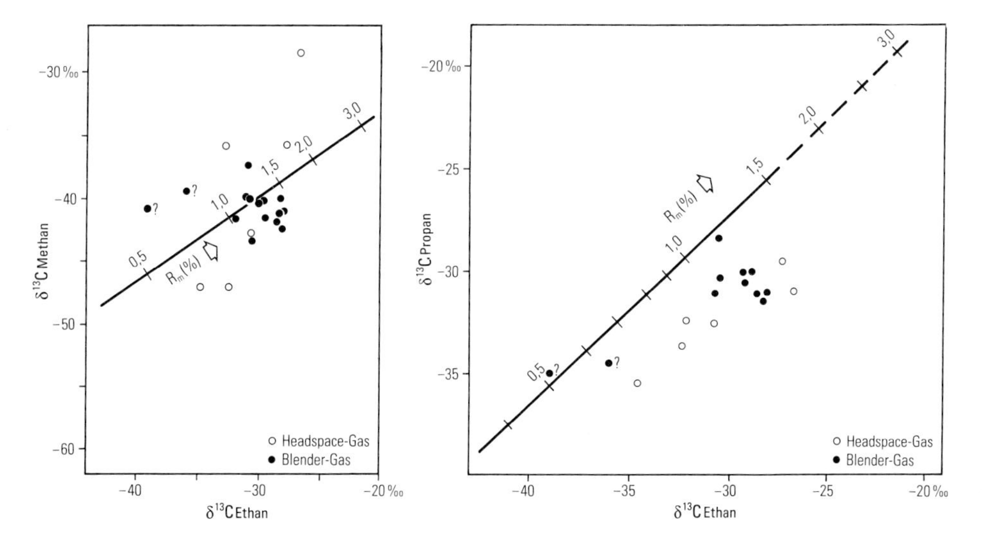

Abb. 16 (links) Gasproben der Bohrung Wulfen 6 in einem Methan/Ethan-Diagramm nach FABER (1987)

Abb. 17 (rechts) Gasproben der Bohrung Wulfen 6 in einem Ethan/Propan-Diagramm nach FABER (1987)

Die Isotopenwerte des Ethans und Propans der sorbierten Gase sind praktisch durch das ganze Deckgebirge bis in das Karbon konstant und liegen für das Ethan im Mittel bei – 29,66‰ und für das Propan im Mittel bei – 30,4‰ (Abb. 13, S. 327). Lediglich die beiden Buntsandstein-Proben zeichnen sich durch isotopisch leichtere Gase aus, doch sind die entsprechenden Werte aufgrund der geringen Gasmengen sehr unsicher. Nur drei Proben liegen auf der Reifekurve für Kerogen-II-Muttergesteine, während die anderen Proben seitlich verschoben sind und daher vermutlich aus Kerogen-II/III- und -III-Muttergesteinen stammen. Die Reifeabschätzung ergibt identische Werte (0,5 – 1,2 % R_m) wie für die Headspace-Gase (Abb. 16 u. 17). In diesem Reifebereich erfolgt eine Gasabspaltung vor allem aus den liptinitischen Komponenten des Kerogens.

2.3.8 Interpretation der Ergebnisse

Das mittlere Ruhrgebiet war ein postkarbonisch geothermisch recht kühles Gebiet, in dem es zu keiner nennenswerten Nachinkohlung des Karbons mehr gekommen ist (LOMMERZHEIM 1991). Dementsprechend ist die Gasführung in diesem Gebiet sehr gering. Die freien Gase zeigen eine starke Zumischung bakterieller Kreide-Gase, eine bakterielle Oxidation der thermischen Gaskomponenten sowie eventuell einen geringen Anteil diagenetischer Gase. Auch die sorbierten Gase scheinen bakteriell beeinflußt zu sein. Im Unterschied zu den Verhältnissen im östlichen Ruhrgebiet zeigen die thermischen Anteile der beiden Gasfraktionen eine identische Zusammensetzung. Sie stammen aus gering reifen karbonen Muttergesteinen mit den Kerogentypen II und III. Diese homogene Gaszusammensetzung ist vermutlich eine Folge der ruhigen geothermischen Entwicklung. Die fehlende Korrelation zwischen dem Gasinhalt und dem Kalkgehalt deutet darauf hin, daß hier keine Gase frühdiagenetisch an die Kalksteine gebunden wurden.

2.4 Untersuchungen an Karbon-Gasen

Im folgenden werden die Karbon-Gase gesondert beschrieben und diskutiert, weil sie aus dem Muttergesteinsbereich der thermokatalytischen Erdgase stammen. An 14 karbonen Tonsteinproben aus dem östlichen Ruhrgebiet wurden die sorbierten Blender-Gase untersucht. Die Proben stammen aus Gesteinen mit einer Reife von 0,69 bis 1,09 % R_m. Sie wurden gezielt aus Tonsteinen mit unterschiedlichem Muttergesteinspotential genommen.

Weiterhin wurden die Untersuchungsergebnisse von 179 Gasproben aus Kohlenflözen berücksichtigt und nach modernen Gesichtspunkten neu interpretiert (FRIEDRICH 1972, SCHWARZKOPF & SCHOELL 1985, WINGERNING 1975). Während die von SCHWARZKOPF & SCHOELL (1985) angewandten Verfahren den eigenen Methoden entsprechen, unterscheiden sich die Probennahme- und Aufbereitungsverfahren der beiden anderen Autoren deutlich davon. Dies gilt vor allem für die thermisch gewonnene 3. Gasfraktion („adsorbierte Gase"), während die 1. Gasfraktion den „freien" Headspace-Gasen entspricht.

Ziel der Untersuchungen war es, mögliche Zusammenhänge zwischen verschiedenen Gasparametern und der Kerogenzusammensetzung sowie der Reife der Gesteine nachzuweisen, um Aussagen zur Genese, Migration und Reifeentwicklung der Gase machen zu können.

2.4.1 Zusammenhänge zwischen Gasparametern und der Kerogenzusammensetzung

Das Gasbildungspotential der einzelnen Mazerale in den Muttergesteinen ist sehr unterschiedlich und reifeabhängig. Nach JÜNTGEN & KLEIN (1975) setzt die CH_4-Abgabe aus den Liptiniten bereits bei einer Reife von 0,85 % R_m, aus den Vitriniten aber erst bei 1,1 % R_m verstärkt ein. Die untersuchten Tonsteinproben stammen demnach aus dem Reifebereich maximaler Ausgasung aus den Liptiniten und beginnender Ausgasung aus den Vitriniten. Diese Interpretation wird gestützt durch die positive Korrelation zwischen der Gasausbeute und den Liptinit- sowie Vitrinitgehalten. Umgekehrt sinkt die Gasausbeute mit steigendem Anteil der reaktionsträgen Inertinite. Ein Zusammenhang zwischen der CH_4-Ausbeute und dem $C_{org.}$-Gehalt konnte nicht beobachtet werden. Die Literaturdaten für die Kohleproben umfassen reifemäßig einen größeren Bereich von 0,60 – 2,30 % R_m und liegen somit überwiegend im Bereich maximaler Entgasung aus den Vitriniten und sekundären Inertiniten.

Auffällig ist, daß ein Zusammenhang zwischen der Gaszusammensetzung ($C_1/\Sigma C_n$) und den Parametern der Kerogenzusammensetzung weder bei den analysierten Tonsteinproben noch bei den Literaturdaten der Kohleproben beobachtet werden konnte.

Den Zusammenhang zwischen der Kerogenzusammensetzung der Kohlen und der Isotopenzusammensetzung analysierten SCHWARZKOPF & SCHOELL (1985). Nach diesen Untersuchungen unterscheiden sich Sapropelkohlen mit hohen Exinit- und Alginit/Mikrinit-Anteilen von Vitrinit-reichen Humuskohlen nur geringfügig hinsichtlich des $^{13}C/^{12}C$-Verhältnisses (Variationsbreite: – 0,9 ‰), aber deutlich im Deuterium-Gehalt (Variationsbreite: – 35 ‰). Diese Beobachtungen sind in erster Linie durch primäre Isotopenunterschiede in den pflanzlichen Ausgangsstoffen zu erklären.

Auch an den hier analysierten Tonsteinproben zeigen die $\delta^{13}C_1$- und $\delta^{13}C_2$-Werte eine schwache positive Korrelation mit dem Verhältnis Vitrinit + Inertinit/Liptinit, was sich dadurch erklärt, daß Vitrinit und Inertinit isotopisch schwerer sind als der Liptinit. Wie zu erwarten, sind die Proben, die reich an Liptinit sind, im Vergleich zu den Proben, die reich an Vitrinit/Inertinit sind, deutlich an Deuterium verarmt. Auffällig ist, daß die Blender-Gase der Tonsteinproben eine größere Schwankungsbreite der Isotopenwerte als die Kohleproben zeigen und selbst bei gleicher Reife und sehr ähnlicher Kerogenzusammensetzung sowohl an ^{13}C wie auch an D deutlich verarmt sind. So wurden zum Beispiel an liptinitreichen Tonsteinen $\delta^{13}C_1$-Werte von – 37,1 bis – 44,1 ‰ und δD-Werte von – 178 bis – 214 ‰ gemessen (zum Vergleich Kohleproben: $\delta^{13}C_1$ – 23,3 bis – 24,7 ‰, δD – 106 bis –126 ‰). Da die Gaszusammensetzung sowie die $\delta^{13}C$-Werte des Ethans und Propans den Isotopenwerten des Methans entsprechen, ist eine bakterielle Beeinflussung unwahrscheinlich. Eventuell beeinflussen die differierenden physikochemischen Verhältnisse in tonigen Sedimenten und Kohlen die Gasabspaltung. So besitzen Tonsteine beispielsweise eine wesentlich höhere Wärmeleitfähigkeit als die Kohlen, was dazu führt, daß die Reife in den Tonsteinen im Mittel um 20 % geringer ist als in benachbarten Kohlen (LOMMERZHEIM 1991). Außerdem ist das Sorptionsvermögen der Tonsteine deutlich geringer als das der Kohlen, so daß es zu einer stärkeren Vermischung autochthoner und allochthoner Gase kommt. Isotopenfraktionierungen im Verlauf der Migration werden meist als vernachlässigbar gering angesehen (COLEMAN et al. 1977, FUEX 1980, REITSEMA & KALTENBACK & LINDBERG 1981), aber vielleicht ist dieser Effekt bisher doch unterschätzt worden.

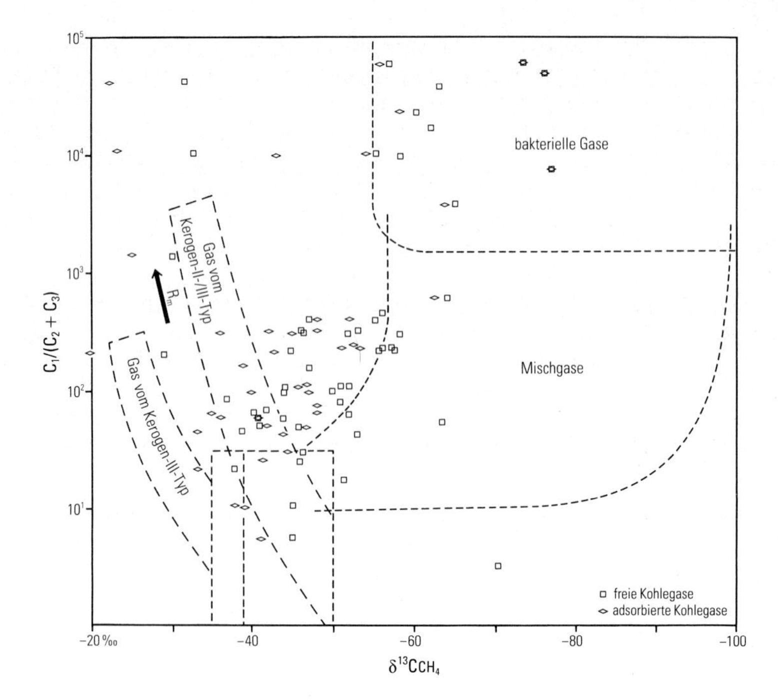

Abb. 18 Adsorbierte und freie Kohlegase in einem BERNARD-Diagramm (Daten nach FRIEDRICH 1972 und WINGERNING 1975)

Früher wurden die in Bohrungen häufig zu beobachtenden Isotopen/Teufentrends durch Fraktionierungsprozesse bei der Desorption und Migration der Gase durch das Ultrafeinstporensystem der Kohle erklärt (COLOMBO et al. 1970; FRIEDRICH 1972; FRIEDRICH & JÜNTGEN 1972, 1973; M. TEICHMÜLLER et al. 1970; WINGERNING 1975; WINGERNING & JÜNTGEN 1977). Da die beobachtete Verarmung an ^{13}C aber nur das Methan betrifft, während die $\delta^{13}C$-Werte des Ethans konstant bleiben und sich gleichzeitig der Anteil an höheren Kohlenwasserstoffen verringert, wird dieser Teufentrend heute durch die Zumischung bakterieller Gase in den oberen Profilbereichen erklärt. Die Darstellung der vorliegenden Literaturdaten in einem Klassifikationsdiagramm nach BERNARD (1978) zeigt deutlich, daß sowohl die freien wie auch die sorbierten Gase bakteriell beeinflußt werden (Abb. 18). An einigen Proben von Mischgasen ist eine Anreicherung von ^{13}C und höheren Kohlenwasserstoffen zu beobachten, die auf eine bakterielle Oxidation hinweist. Hohe Anteile bakterieller Gase sind vor allem im westlichen und mittleren Ruhrgebiet zu beobachten, wo keine nennenswerte Nachinkohlung stattgefunden hat.

2.4.2 Beeinflussung der Isotopenverhältnisse durch die Inkohlung

In Gasproben aus dem Karbon sind die Blender-Gase immer isotopisch schwerer als die bakteriell beeinflußten Headspace-Gase. Betrachtet man aber nur die thermischen Anteile, so unterscheidet sich die Isotopenzusammensetzung der beiden Gasfraktionen meist nur geringfügig, was auf eine kogenetische Entstehung hinweist.

Aufgrund der beobachteten Beziehungen zwischen der Kerogenzusammensetzung und verschiedenen Gasparametern scheint trotz der migrationsbedingten Vermischung verschieden reifer Gase keine vollständige Homogenisierung der Karbon-Gase stattgefunden zu haben. Statt dessen kann ein Teil der sorbierten Blender-Gase, aber auch der „freien“ Headspace-Gase, als autochthon betrachtet werden. Daher erschien der Versuch einer Reifekorrelation durchaus erfolgversprechend zu sein, doch lassen die vorliegenden Daten, ebenso wie alle früheren Untersuchungen (FRIEDRICH 1972, SCHWARZKOPF & SCHOELL 1985, WINGERNING 1975 u. a.), keinen entsprechenden Zusammenhang erkennen. Auffallend ist, daß ein Reifetrend auch bei den Gasen aus liptinitreichen Gesteinen, die weitgehend dem Kerogentyp II oder I entsprechen, nicht nachweisbar ist. Von marinen Muttergesteinen dieser Kerogentypen sind seit langem Reifetrends bekannt (FABER 1987, SCHOELL 1984). Der Grund für das Fehlen des Reifetrends kann aber nicht in der geringfügig anderen organischen Ausgangssubstanz der limnisch-brackischen Karbon-Sedimente liegen, sondern muß auf andere physikochemische Verhältnisse in diesen Gesteinen zurückzuführen sein.

Für die Interpretation von Kohlegasen ist die von REDDING et al. (1979) an Gesamtkohleproben gemachte Beobachtung wichtig, daß die Menge des bei der Inkohlung entweichenden, isotopisch leichten Gases nicht ausreicht, um das Isotopenverhältnis der Restsubstanz signifikant zu verändern, so daß die Gaszusammensetzung während langer Phasen des Inkohlungsprozesses nahezu konstant bleibt. Lediglich bei sehr hochinkohlten Anthrazitkohlen – etwa von Ibbenbüren – ist eine deutliche ^{13}C-Anreicherung zu beobachten (FRIEDRICH 1972, WINGERNING 1975).

In den Tonsteinen wird der Reifetrend vermutlich durch migrierende Gase, die während der Migration (sowie einer vom Kerogen abhängigen, selektiven Sorption?) einer Isotopenfraktionierung unterliegen, verwischt. Daneben muß beim Methan mit der „Maskierung“ des thermischen Anteils durch die Zumischung bakterieller Gase sowie durch Oxidationsvorgänge gerechnet werden.

2.4.3 Vergleich Karbon-Gase – Lagerstättengase

Die thermischen Karbon-Gase des Münsterländer Beckens liegen im BERNARD-Diagramm überwiegend im Bereich relativ nasser, isotopisch leichter Gase, während sich ein kleinerer Teil der Proben im Entwicklungstrend trockener, isotopisch schwerer Inkohlungsgase aus Kerogen-II/III-Muttergesteinen befindet. Nur wenige Proben sind dem Entwicklungstrend von Gasen aus Kerogen-III-Muttergesteinen zuzuordnen und kommen somit typischen norddeutschen Lagerstättengasen nahe. Norddeutsche Lagerstättengase, die karbonen Muttergesteinen zugeschrieben werden, zeichnen sich in der Regel durch $\delta^{13}C_1$-Werte von −23 bis −30 ‰ und sehr geringe Anteile höherer Kohlenwasserstoffe aus (BOIGK & STAHL 1970; BOIGK et al. 1976; FABER & SCHMITT & STAHL 1979; KETTEL 1982; STAHL 1968 a, 1968 b, 1974, 1978; STAHL & KOCH 1974). Vergleichbar schwere Gase sind im Münsterländer Karbon nur selten beobachtet worden, wobei es sich immer um sorbierte Flözgase handelt. In der freien Gasfraktion tritt eine derartige ^{13}C-Anreicherung nur in den sehr hochinkohlten Anthrazitkohlen des Ibbenbürener Karbons auf (BOIGK et al. 1971, WINGERNING 1975). Die Gase aus dem Ruhrgebiet sind gegenüber den norddeutschen Lagerstättengasen meist deutlich im ^{13}C verarmt ($\delta^{13}C_1$: −35 bis −45 ‰), was auf die geringere Reife des Ruhrkarbons im Vergleich zum Karbon des norddeutschen Beckens zurückzuführen ist (M. TEICHMÜLLER & R. TEICHMÜLLER & BARTENSTEIN 1984).

3 Gasverbreitung und geothermische Entwicklung

Aufgrund ihrer Bedeutung für den Kohlebergbau sowie von exploratorischen Interessen der Mineralölwirtschaft wurde die Verbreitung der Erdgase im Ruhrgebiet und im südlichen Münsterland bereits mehrfach dargestellt (WEGNER 1924; KUKUK 1938; HOYER & KÖWING & R. TEICHMÜLLER 1969; HOLLMANN et al. 1978; HOLLMANN & SCHÖNE-WARNEFELD 1981, 1982; LOMMERZHEIM 1988). Den Zusammenhang zwischen der geothermischen Entwicklung und der Verbreitung der Erdgase untersuchten M. TEICHMÜLLER & R. TEICHMÜLLER & BARTENSTEIN (1979, 1984) und LOMMERZHEIM (1991) detailliert.

In Abbildung 19 ist die großregionale Verbreitung der Bohrungen mit Gasanzeichen im Münsterländer Becken dargestellt. Eingetragen sind 60 Bohrungen mit stärkeren Gasanzeichen (über 6 Std. dauernde Gasausbrüche bzw. Testförderungen mit Förderraten > 100 m^3/h).

Die von HOLLMANN & SCHÖNE-WARNEFELD (1982) ermittelte Grenze der CH_4-Ausgasungen im Deckgebirge im südlichen Münsterland entspricht in etwa der 0,5 %-R_m-Isoreflexionslinie für die Deckgebirgsbasis (LOMMERZHEIM 1991). Parallel zu den Isoreflexionslinien deutet sich eine reifemäßige Zonierung der auftretenden Kohlenwasserstoffe an. Dabei erhöht sich mit Annäherung an das Zentrum der geothermischen Anomalie im Bereich des Lippstädter Gewölbes die Reife der Kohlenwasserstoffe, und das quantitative Verhältnis Erdöl/Erdgas verschiebt sich zunehmend zugunsten des Erdgases.

Im Bereich zwischen den 0,5 %-R_m- und 0,7 %-R_m-Isoreflexionslinien der Deckgebirgsbasis erreichen die Ölspuren ihre maximale Häufigkeit und Intensität (LOMMERZHEIM 1991). Gleichzeitig treten verbreitet auch thermische Karbon-Gase auf, denen in den oberen Karbon-Schichten und im Deckgebirge bakterielle Gase zugemischt sind (FRIEDRICH 1972, GEDENK 1969, HOYER & KÖWING & R. TEICHMÜLLER 1969, WINGERNING 1975).

Im Gebiet östlich von Lüdinghausen verringert sich die Intensität der Ölspuren deutlich, während eine ausgeprägte Häufung der Gasvorkommen im Südostteil des Beckens im Raum Lüdinghausen – Bork – Werne – Herbern – Drensteinfurt zu erkennen ist. In diesem Raum fand eine intensive oberkretazische und miozäne bis rezente Nachinkohlung des Karbons statt (LOMMERZHEIM 1991). Nach Isotopenuntersuchungen (s. Kap. 2.2.8) dominieren dort thermische Gase aus dem Karbon. Aufgrund der hohen rezenten Untergrundtemperaturen reicht die bakterielle Beeinflussung der Gase hier nicht bis in so große Tiefen wie in den kühleren Beckenteilen. Die bei Gasausbrüchen aus den Turon-Kalksteinen (und/oder campanen Kalksandsteinbänken?) aufgefangenen Gase der Bohrungen Herbern 48, Walstedde 11 und Walstedde 12 zeigen einen hohen thermokatalytischen Gasanteil (FABER 1986, STAHL & FABER 1982). Bakterielle Gase treten mit vom Liegenden zum Hangenden ansteigender Häufigkeit im Deckgebirge auf, wobei $C_{org.}$-reiche Tonmergelsteine des Santons und Campans die wichtigsten Muttergesteine sind. In oberflächlichen CH_4-Ausgasungen ist der bakterielle Anteil aus marinen, kretazischen Muttergesteinen sehr hoch (FABER 1983, 1986; STAHL & FABER 1982). Vielfach zeigen diese Gase auch eine bakterielle Oxidation.

Deckgebirge und Karbon befinden sich in diesem Raum aufgrund der andauernden Kohlenwasserstoffgenese in einem thermodynamischen Gleichgewicht zwischen Diffusionsverlust und Gasnachlieferung. Daher sind die Voraussetzungen für die Bildung von Gasanreicherungen und Gaslagerstätten gegeben. In früheren Zeiten war es hier beim Anbohren gasführender Kreide-Sande und -klüfte zu

Gasausbrüchen und schweren Unfällen gekommen (WEGNER 1924, KUKUK 1938, HOYER & KÖWING & R. TEICHMÜLLER 1969). Die heutigen Kohlenexplorationsbohrungen werden daher mit Preventer geschützt.

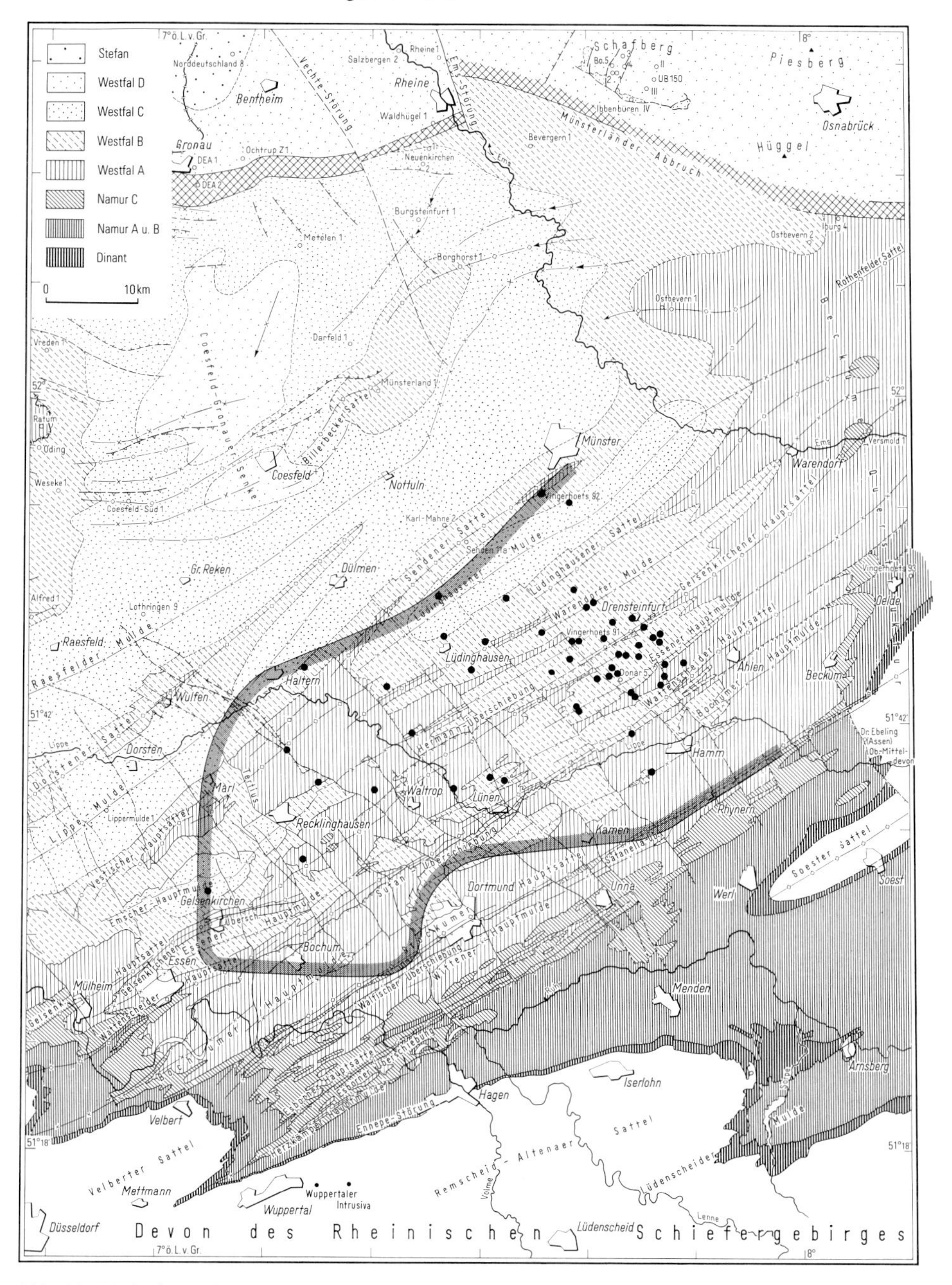

Abb. 19 Verbreitung der Bohrungen mit Gasanzeichen im Münsterländer Becken (Karbon-Oberfläche nach HOYER & KÖWING & R. TEICHMÜLLER 1969). Die graue Umrandung markiert die Grenze der beobachteten CH_4-Ausgasungen im Deckgebirge des südlichen Münsterlandes nach HOLLMANN & SCHÖNE-WARNEFELD (1981, 1982).

Aus dem zentralen und nördlichen Teil des Münsterländer Beckens liegen kaum Hinweise auf eine nennenswerte Erdgasführung vor. Diese Feststellung ist jedoch dahingehend zu relativieren, daß das Bohrungsnetz sehr dünn und die Aussage dementsprechend unsicher ist.

Von den im Beckenzentrum abgeteuften Bohrungen (Münsterland 1, Coesfeld-Süd 1, Darfeld 1, Oberdarfeld 1, Metelen 1001, Longinusturm 1, Beerlage 1, Borghorst 1 und Burgsteinfurt 1) hat keine nennenswerte Gasspuren geliefert. Berücksichtigt man die geothermische Entwicklung in diesem Raum, so ist dieses Ergebnis aber nicht erstaunlich. Nach LOMMERZHEIM (1991) ist das Beckenzentrum ein Gebiet mit nur schwacher postkarboner Aufheizung (unter 0,55 % R_m an der Deckgebirgsbasis) und einem bis heute geringen Wärmefluß, so daß die Voraussetzungen für die Abspaltung thermischer Gase aus den karbonen Muttergesteinen offensichtlich nicht gegeben waren. In einer Wasserbohrung in Münster-Hiltrup wurden 1987 größere Mengen CH_4 beobachtet. Nach Isotopenuntersuchungen der Bundesanstalt für Geowissenschaften und Rohstoffe, Hannover, handelte es sich dabei im wesentlichen um bakterielle Gase.

Etwas andere Verhältnisse trifft man an den Beckenrändern an, wo das Karbon unter immer mächtigere Deckgebirgsschichten abtaucht. Dort sind verschiedentlich Gasanzeichen beobachtet worden, allerdings in wesentlich geringerem Umfang als es aufgrund der zunehmenden Versenkungstiefe zu erwarten gewesen wäre. Die Inkohlung an der Deckgebirgsbasis liegt dort zwischen 0,5 und 0,9 % R_m. Die teilweise hohen Inkohlungswerte täuschen einen hohen postkarbonen Wärmefluß vor. Wie die niedrigen Inkohlungsgradienten zeigen (LOMMERZHEIM 1991), sind die hohen Reifewerte aber im wesentlichen eine Folge der tiefen Versenkung.

Nördlich der permokarbonen Anomalie bei Gronau – Ochtrup steigen die rezenten geothermischen Gradienten wieder an und parallel dazu treten auch wieder verstärkt karbone Gase auf. In diesem Bereich liegt das einzige produktive Erdgasfeld Nordrhein-Westfalens (LIESCHE 1990).

Die Gebiete am Nordostrand des Beckens, die durch die Intrusion des Bramscher Massivs in der unteren Oberkreide mehr oder weniger stark aufgeheizt wurden (BARTENSTEIN & M. TEICHMÜLLER & R. TEICHMÜLLER 1971), sind postkretazisch relativ kühle Räume, so daß die Kohlenwasserstoffgenese dort in den meisten Fällen zum Erliegen gekommen ist. So konnten die Bohrungen Bevergern 1 und Iburg 4 nur ganz geringe Mengen niedrig reifer, kondensatreicher Gase nachweisen.

Bemerkenswerterweise zeigen die Kohlenflöze im Raum Ibbenbüren trotz relativ niedriger, rezenter, geothermischer Gradienten eine zum Teil sehr starke Ausgasung (VON TRESKOW 1987).

4 Speichergesteine und Lagerstättenstrukturen

Obwohl Gasvorkommen in großer Zahl speziell aus dem Südostteil des Münsterländer Beckens bekannt sind, wurde bisher nur ein einziges wirtschaftlich interessantes Vorkommen im Nordwesten des Beckens nachgewiesen (LIESCHE 1990). Die wichtigsten Speichergesteine des Münsterländer Beckens bilden Sandsteine des Westfals C, die klüftigen Kalksteine des Cenomans und Turons sowie Kalksandsteinlagen im Untercampan.

4.1 Oberkarbon

Auffällig ist, daß Karbon-Sandsteine nicht die bedeutende Rolle als Erdgasspeicher spielen, die man aufgrund der Nachbarschaft zu den Muttergesteinen sowie der großen Mächtigkeit und Verbreitung erwarten sollte. Am Südrand des Münsterländer Beckens wurden in den karbonen Sandsteinen nur geringe Gasmengen beobachtet, während die Gasführung am Nordrand stärker ist.

Viele gröberklastische Karbon-Sedimente, vor allem des tieferen Westfals, weisen aufgrund einer starken Quarzzementation nur geringe Porositäten und Permeabilitäten auf. Porositäten über 5 % und Permeabilitäten über 1 md sind nur in den diagenetisch geringer reifen Mittel- und Grobsandsteinen des Westfals B und C zu erwarten (Karrenberg & Meinicke 1962, Schmitz 1983 u. a.). Die Maximalwerte liegen in Sandsteinen des Westfals C bei Porositäten von 25 % und Permeabilitäten von 1 000 md.

In einigen Fällen können auch in Sandsteinen des tieferen Westfals relativ hohe Porositäten auftreten, wenn die Quarzzementation durch eine frühe Einwanderung von Kohlenwasserstoffen gehemmt worden ist. Außerdem kann sich in ursprünglich dichten Sandsteinen in den oberen 200 m unter der Karbon-Oberfläche als Folge einer tiefgreifenden Verwitterung und Zersetzung der Feldspäte während der postkarbonen Festlands- und Erosionsphase eine neue Sekundärporosität bilden (Sedat 1987). Ein beträchtlicher Teil der porösen Sandsteine ist aber, vor allem in Deckgebirgsnähe, verwässert und enthält nur geringe Gasmengen.

Von Treskow (1984, 1985, 1987) hat die Verbreitung der Erdgase im Karbon des Ruhrreviers und im südlichen Münsterland anhand von Gasinhaltsbestimmungen an Kohlenflözen untersucht. Die von ihm analysierte Gasfraktion entspricht im Prinzip den freien Headspace-Gasen, umfaßt aber neben den Kohlenwasserstoffen auch N_2 und CO_2. Nach seinen Beobachtungen hängt der Gasinhalt kaum von der absoluten Teufe, sondern vielmehr vom Abstand von der Karbon-Oberfläche und von Störungen ab. So nimmt der Gasinhalt mit Annäherung an einen Sprung, infolge der Gesteinszerrüttung, um 20 – 50 % ab und mit Annäherung an eine Überschiebung, aufgrund der damit verbundenen Gesteinsverdichtung, zu. In Antiklinalen zeigt sich, wie erwartet, eine Gasanreicherung im Sattelscheitel und in der tektonisch beanspruchten Zentralzone.

Die Gasinhalte und die Gasverteilung ändern sich regional stark und in Übereinstimmung mit der Intensität der Nachinkohlung (Abb. 20). Die höchsten absoluten Gasinhalte treten im östlichsten Abbaufeld der Ruhrkohle AG, dem Donarfeld, auf. Dort hat die intensivste postkarbone Nachinkohlung stattgefunden. Innerhalb des Karbons ist eine Zonierung der Gasinhalte zu beobachten. So tritt am Top Karbon eine 30 – 120 m mächtige Gasanreicherungszone auf, in der besonders im Bereich von Antiklinalen teilweise extrem hohe Gaswerte von max. 76 m^3/t Kohle (im Bergwerk Radbod; vgl. von Treskow 1985) nachgewiesen wurden. Durch den Abbaubetrieb sind diese Werte allerdings inzwischen auf 10 – 40 m^3/t Kohle zurückgegangen. Trotzdem sind diese Profilabschnitte im Abbaubetrieb sehr gasausbruchsgefährdet. Unterhalb dieser Gasanreicherungszone sinkt der Gasinhalt bis 250 – 400 m unter der Karbon-Oberfläche ab, um anschließend wieder anzusteigen. Unterhalb dieser 2. gasreichen Zone verringert sich ab ca. 1 400 m unter der Karbon-Oberfläche der Gasinhalt erneut.

Nach Westen zu verringern sich langsam die Gasinhalte der Kohlenflöze im gesamten Karbon. Bereits im 15 km weiter westlich gelegenen Nordfeld Haus Aden liegen die Gasausbeuten im Schnitt um 2 – 6 m^3/t Kohle niedriger als im

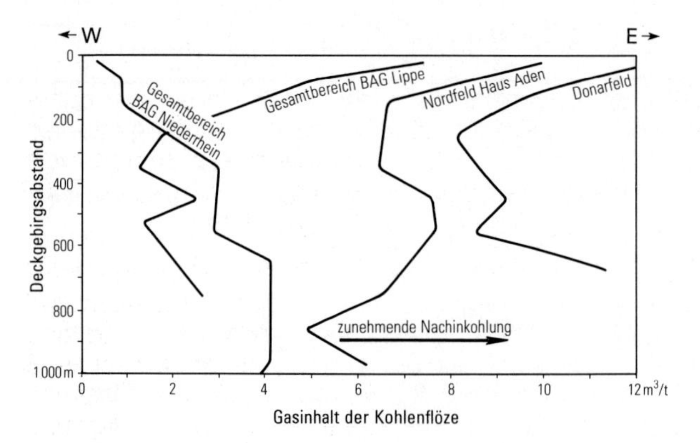

Abb. 20

Gasinhalt der Kohlenflöze in den Karbon-Profilen von vier auf einem West-Ost-Schnitt gelegenen Abbaubereichen der Ruhrkohle AG (Daten nach VON TRESKOW 1984, 1985, 1987)

Donarfeld (Abb. 20). In dem sich westlich davon anschließenden Abbaubereich der ehemaligen Bergbau AG Lippe treten nur in deckgebirgsnahen Bereichen Gasinhalte über 4 m^3/t Kohle auf. Im darunterliegenden Karbon betragen die Gasinhalte max. 1,5 – 3,5 m^3/t Kohle. Im westlichsten Teil dieses Abbaugebiets (Schacht Wulfen), wo keine bedeutende postkarbonische Nachinkohlung mehr stattgefunden hat, konnte VON TRESKOW (1984, 1985, 1987) eine geringmächtige Gasanreicherungszone (max. 2 m^3/t Kohle) über ansonsten fast gasfreiem Karbon (unter 0,2 m^3/t Kohle) beobachten. Diese Gase sind überwiegend bakteriellen Ursprungs (vgl. Daten der Bohrung Wulfen 6).

Auch in den Abbaubereichen der ehemaligen Bergbau AG Niederrhein ist ein beträchtlicher Teil der Gase, vor allem in den höheren Abschnitten des Karbons, bakterieller Herkunft (vgl. FRIEDRICH 1972 u. WINGERNING 1975). Da der Top Karbon hier durch poröse und permeable Deckgebirgsschichten überlagert wird, konnte sich keine Gasanreicherungszone in den obersten Karbon-Schichten ausbilden; statt dessen ist eine langsame Zunahme der Gasinhalte mit der Teufe zu beobachten.

Ein Konsortium aus Conoco Mineraloel GmbH, Ruhrkohle AG und Ruhrgas AG wird vermutlich 1995 ein Pilotprojekt starten, um die technischen und wirtschaftlichen Möglichkeiten zur Gewinnung der an die Steinkohle gebundenen Methangasvorkommen zu prüfen (ANONYMUS 1994).

4.2 Zechstein bis Apt

Sedimente vom Zechstein bis zum Apt treten nur in den Beckenrandbereichen auf. Dort sind verschiedentlich geringe Gasmengen in porösen Zechstein-Carbonaten sowie im Buntsandstein zu beobachten.

Außerdem können die bituminösen Tonsteine im Lias, Berrias, Valangin, Barrême, Hauterive und Apt ausgasen. Entsprechend der geringen Reife dieser Muttergesteine (< 0,5 % R_m) handelt es sich dabei wohl überwiegend um autochthone bakterielle und/oder diagenetische Gase.

4.3 Oberkreide

In den Oberkreide-Sedimenten überwiegen Kluftspeichergesteine (klüftige Kalksteine des Cenomans und Turons). Gasanreicherungen bilden sich vor allem im höheren Turon unterhalb des abdichtenden Emscher-Mergels, der als Caprock

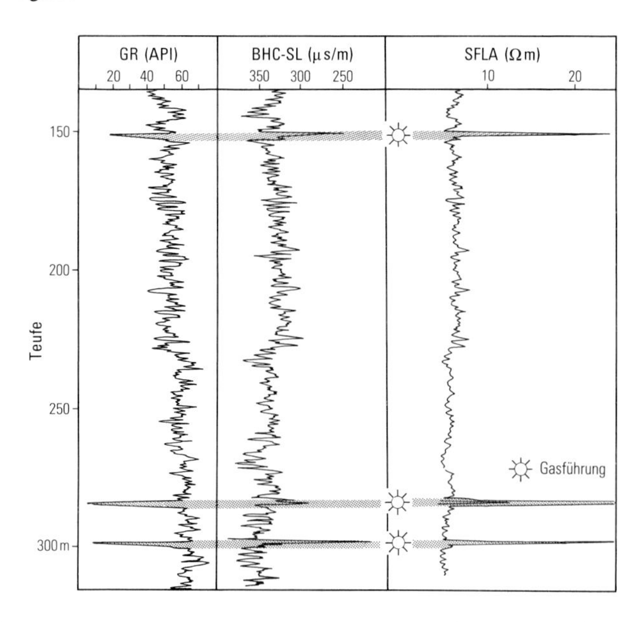

Abb. 21
Gasführende Kalksandsteinbänke im Untercampan der Bohrung Drensteinfurt 20 (östliches Ruhrgebiet). Geophysikalisch sind die Horizonte durch geringe Strahlung (GR), hohe Schall-Laufzeiten (BHC-SL) und sehr hohe Widerstände (SFLA) gekennzeichnet.

wirkt. Die karbonen Antiklinalstrukturen pausen sich in vielen Fällen bis in das Deckgebirge durch, doch scheint die intensive, subherzyne bis neogene Bruchtektonik eine wesentlich größere Rolle bei der Begrenzung der Gasanreicherungen zu spielen. In einigen Fällen sind auch laterale Fazieswechsel von Bedeutung.

Die Gasausbrüche aus den Turon-Kalksteinen zeichnen sich meist durch große Heftigkeit (hohe Lagerstättendrucke), aber relativ geringe Dauer (geringes Speichervolumen) aus. So wurde in der Bohrung Hiltrup 1 bei Münster während eines Fördertests aus einer 5 m mächtigen Kluftzone in diesen Gesteinen ein Gaszufluß von max. 100 m^3/h erzielt. Der rasche Druckabfall in der Lagerstätte während des Tests ließ aber auf ein sehr geringes Speichervolumen schließen. Von den 51 hier untersuchten Fällen, in denen stärkere Gasausbrüche im Turon beobachtet wurden, hat die Gasausströmung nur in einem Drittel aller Fällen mehrere Tage oder Wochen gedauert. Dabei ist allerdings nicht in allen Fällen sicher zu entscheiden, ob das Gas wirklich aus dem Turon oder aus einem höheren Horizont stammt. In manchen Fällen hat wahrscheinlich der Druckabfall im Bohrloch durch die starken Spülungsverluste beim Anbohren offener Klüfte im Turon zu Gasausbrüchen aus höheren Horizonten geführt.

Im Südostteil des Beckens schalten sich hochporöse Rinnensande („Netteberger Sande“), die von Westen her unregelmäßig fingerförmig nach Osten und Nordosten in das Becken vorgreifen, in die untercampanen Tonmergelsteine ein. Es handelt sich um mehrere, bis zu 3 m mächtige Kalksandsteinbänke mit hohen Porositäten und Permeabilitäten (Abb. 21). Diese Porenspeicher sind in vielen Fällen gasführend und gelten beim Abteufen von Kohlebohrungen in diesem Raum als extrem gasausbruchsgefährdet.

Fünf alte Kohlebohrungen liefern im Raum Lüdinghausen – Drensteinfurt seit über 80 Jahren aus dem Deckgebirge Erdgas, das zur Versorgung einiger Anlieger und kleinerer Betriebe genutzt wird und zeitweise auch in das öffentliche Erdgasnetz eingespeist wurde. Da diese alten Bohrungen durchweg nicht geophysikalisch vermessen wurden, sind die Speichergesteine nicht eindeutig identifizierbar. Wahrscheinlich handelt es sich zum Teil um Gasausströmungen aus Kalksandsteinbänken des Untercampans und zum Teil um Gasanreicherungen in den turonen

Kluftspeichern unterhalb des Emscher-Mergels. Die lange Förderdauer dieser Vorkommen ist nur aufgrund eines großen Speichervolumens und des ständig aus dem Untergrund nachströmmenden Erdgases möglich gewesen. Trotzdem hat sich die Fördermenge von anfänglich einigen 100 m^3/h kontinuierlich bis auf die heutigen Raten von meist <10 m^3/h verringert. Kumulativ dürften die einzelnen Sonden mehrere 10 Mio. m^3 Erdgas geliefert haben.

Die sandigen Kreide-Basisschichten spielen ebenso wie sandige Flachwassersedimente in den Randbereichen und Sandschüttungen im Obercampan des zentralen und nordöstlichen Beckens keine Rolle als Speichergesteine, da ihnen die Abdeckung fehlt.

5 Zusammenfassung der Ergebnisse

Detaillierte Gasuntersuchungen wurden an zwei Bohrungen des östlichen und mittleren Ruhrreviers durchgeführt. Diese beiden Gebiete haben eine unterschiedliche postkarbone geothermische Entwicklung durchlaufen, die zu einer deutlich differierenden Kohlenwasserstoffgenese führte.

Das östliche Ruhrgebiet zeichnet sich durch einen hohen, bis heute anhaltenden Wärmefluß aus, so daß dort die Abspaltung von Gasen aus dem Karbon rezent andauert. Da sich Diffusionsverluste und Nachlieferung neuer Kohlenwasserstoffe dort in einem dynamischen Gleichgewichtszustand befinden, sind die Voraussetzungen für die Bildung von Gasanreicherungen und Gaslagerstätten gegeben. Neben den thermokatalytischen Karbon-Gasen treten im Deckgebirge mit vom Liegenden zum Hangenden zunehmender Menge bakterielle und diagenetische Kreide-Gase auf. Die Ausbeute an adsorbierten Blender-Gasen zeigt im Deckgebirge eine positive Korrelation mit dem Kalkgehalt, so daß diese Gase hier wohl in das Kristallgitter der Calcite eingebaut oder an die Kristallgrenzflächen sorbiert sind. Dieser bislang noch nicht beobachtete Sorptionsmechanismus ermöglichte die Konservierung eines älteren, geringer reifen Gastyps im Deckgebirge.

Während sich die thermischen Anteile der freien Headspace- und sorbierten Blender-Gase im Karbon nur geringfügig unterscheiden, sind diese beiden Gasfraktionen im Deckgebirge zwei deutlich verschiedenen thermischen Gasen zuzuordnen, die ohne Mischungstendenzen getrennt vorliegen. Nach den beobachteten Isotopendaten stammen die sorbierten Blender-Gase aus Kerogen-II-Muttergesteinen mit einer Reife von ca. 0,9 – 1,2 % R_m und die freien Headspace-Gase aus Kerogen-III-Muttergesteinen mit höherer Reife. Die Genese der geringer reifen Blender-Gase wird auf eine oberkretazische Aufheizung zurückgeführt. Diese Gase durchströmten die Kreide-Sedimente synsedimentär bis frühdiagenetisch und wurden in die Calcite eingebaut und konserviert. Die freien Gase dieses Inkohlungsschubs gasten postkretazisch aus. Im höheren Miozän kam es zu einer erneuten subvulkanischen Aufheizung des Gebiets, die bis heute anhält. Durch diese Aufheizung setzte eine erneute Abspaltung von Gasen aus dem Karbon ein. In den klastischen Karbon-Sedimenten konnten diese Gase die Kreide-Gase aus den Sorptionspositionen verdrängen, während dies in den Kalksteinen des Deckgebirges nicht möglich war. Auch ein erneuter Einbau von Gasen in die Kalksteine war aufgrund der höheren diagenetischen Reife nicht mehr möglich. Daher sind alle heutigen Karbon-Gase sowie die freien Headspace-Gase des Deckgebirges dieser letzten Phase der Kohlenwasserstoff-Abspaltung zuzuordnen.

Postkarbonisch fand im mittleren Ruhrgebiet keine wesentliche Aufheizung und Nachinkohlung des Karbons mehr statt. Daher treten dort nur geringe Gasspuren auf, wobei bakterielle Gase dominieren. Aufgrund der ruhigen geothermischen Entwicklung sind die geringen thermischen Anteile der Headspace- und Blender-Gase weitgehend identisch. Sie stammen aus niedrig reifen Kerogen-II/III-Muttergesteinen des Karbons. Eine frühdiagenetische Bindung von Gasen an Kalksteine ist hier nicht zu beobachten.

Untersuchungen an Karbon-Gasen des Münsterländer Beckens haben eine deutliche Korrelation einiger Gasparameter mit der Kerogenzusammensetzung nachgewiesen. Dieser Zusammenhang ist entweder durch eine selektive Sorption bestimmter Gase an bestimmte Kerogene oder durch eine autochthone Genese der Gase zu erklären. Auffällig ist, daß die in Tonsteinen sorbierten Gase selbst bei gleicher Reife und gleicher Kerogenzusammensetzung isotopisch deutlich leichter sind als die in Kohlen sorbierten Gase. Dies ist vermutlich auf unterschiedliche physikochemische Eigenschaften der Gesteine, zum Beispiel differierende Wärmeleitfähigkeit und Sorptionsvermögen, möglicherweise stärkere Vermischung autochthoner und allochthoner Gase in den Tonsteinen und anderes, zurückzuführen.

In karbonen Sedimenten sind die sorbierten Blender-Gase immer isotopisch schwerer als die meist bakteriell beeinflußten freien Headspace-Gase. Die thermischen Anteile beider Gasfraktionen unterscheiden sich nur geringfügig, was auf eine kogenetische Entstehung hinweist.

Ein Reifetrend der Gase ist im Karbon auch für die sorbierte Gasfraktion nicht erkennbar. In Kohlenflözen kann dies dadurch erklärt werden, daß die im Verlauf der Inkohlung abgespaltene Menge an isotopisch leichten Gasen nicht ausreicht, um das Isotopenverhältnis der Restsubstanz zu verändern. Lediglich in sehr hochinkohlten Anthrazitkohlen ist eine deutliche ^{13}C-Anreicherung zu beobachten. In den Tonsteinen wird der Reifetrend vermutlich durch migrierende Gase verwischt.

Es fällt auf, daß die Münsterländer Karbon-Gase isotopisch deutlich leichter sind als die norddeutschen karbonen Lagerstättengase. Dieser Unterschied ist vermutlich auf die wesentlich höhere Inkohlung des Karbons im norddeutschen Becken zurückzuführen.

Die regionale Verbreitung der Erdgase im Münsterländer Becken spiegelt die unterschiedliche geothermische Entwicklung der einzelnen Beckenteile wider. So ist eine Reifezonierung der auftretenden Kohlenwasserstoffe parallel zu den kretazischen Isoreflexionslinien erkennbar. Selbst bei einer Abdeckung durch mächtige tonige Caprocks können Erdgaslagerstätten aufgrund der relativ hohen Diffusionsgeschwindigkeiten von Erdgasen nur in Gebieten mit ständiger Gasnachlieferung aus dem Untergrund über längere Zeit erhalten bleiben. Daher wird die heutige Verbreitung der thermischen Erdgase in erster Linie von den rezenten geothermischen Verhältnissen und der Fortdauer der Kohlenwasserstoffgenese gesteuert.

Die maximale Häufigkeit der Erdgasvorkommen des Münsterländer Beckens liegt an der Westflanke des Lippstädter Gewölbes im Südosten des Beckens. In diesem Raum fanden eine oberkretazische und eine obermiozäne bis rezente Aufheizung statt. Die hier auftretenden Gase bestehen im wesentlichen aus thermischen Karbon-Gasen, denen im Deckgebirge bakterielle und diagenetische Kreide-Gase zugemischt sind.

Ein anderer Bereich mit stärkerer Gasführung liegt am Nordwestrand des Beckens bei Gronau – Ochtrup. Auch dort sind die rezenten geothermischen Gradienten deutlich erhöht.

Alle anderen Teile des Münsterländer Beckens sind heute geothermisch kühl und die geringen Mengen nachgewiesener Gase sind meist bakterieller Genese.

Als Erdgasspeichergesteine spielen die karbonen Sandsteine aufgrund ihrer Quarzzementation meist nur eine relativ geringe Rolle. Fehlt diese Zementation aufgrund einer frühen Einwanderung von Kohlenwasserstoffen oder wurde durch eine spätere Feldspatlösung eine neue Sekundärporosität gebildet, so haben die Gesteine aber häufig gute Speichereigenschaften.

In den Gasinhalten der Kohlenflöze spiegelt sich die Verteilung der Gase im Karbon wider. Demnach treten in Bereichen mit Nachinkohlung zwei gasreiche Zonen übereinander im Karbon auf. Daneben bilden sich auch Gasanreicherungen an tektonischen Strukturen (Antiklinalen, Störungen etc.). Die Intensität der Gasführung hängt dabei wiederum von der geothermischen Entwicklung des jeweiligen Beckenteils ab. In Gebieten ohne postkarbone Aufheizung ist das Karbon fast gasleer. Lediglich in den obersten Karbon-Schichten finden sich geringe Mengen bakterieller Gase.

Das Gros der im Münsterländer Becken beobachteten stärkeren Gasanzeichen stammt aus klüftigen Kalksteinen des Cenomans und Turons. In diesen Kluftspeichern bildeten sich unterhalb des tonigen Caprocks aus Emscher-Mergel Gasanreicherungen. Im Südostteil des Beckens schalten sich außerdem hochporöse, meist gasführende Rinnensande in die untercampanen Tonmergelsteine ein. Einige alte Kohlebohrungen liefern aus dem Deckgebirge bereits seit über 80 Jahren Erdgas, das zeitweise in das öffentliche Erdgasnetz eingespeist wurde.

6 Schriftenverzeichnis

ANONYMUS (1994): Methangasvorkommen im Münsterland werden exploriert. – Erdöl, Erdgas, Kohle, **110** (6): 250; Hamburg, Wien.

BARTENSTEIN, H., & TEICHMÜLLER, M., & TEICHMÜLLER, R. (1971): Die Umwandlung der organischen Substanz im Dach des Bramscher Massivs. – Fortschr. Geol. Rheinld. u. Westf., **18:** 501 – 538, 6 Abb., 7 Tab., 1 Taf.; Krefeld.

BERNARD, B. B. (1978): Light hydrocarbons in marine sediments. – Diss. Univ. Texas: 144 S.; Texas.

BETZ, D., & FÜHRER, F., & GREINER, G., & PLEIN, E. (1987): Evolution of the Lower Saxony Basin. – Tectonophysics, **137:** 127 – 170, 17 Abb.; Amsterdam.

BOIGK, H., & HAGEMANN, H. W., & STAHL, W., & WOLLANKE, G. (1976): Isotopenphysikalische Untersuchungen. Zur Herkunft und Migration des Stickstoffs nordwestdeutscher Erdgase aus Oberkarbon und Rotliegend. – Erdöl u. Kohle – Erdgas – Petrochem., **29** (3): 103 – 112, 16 Abb., 5 Tab.; Leinfelden-Echterdingen.

BOIGK, H., & STAHL, W. (1970): Zum Problem der Entstehung nordwestdeutscher Erdgaslagerstätten. – Erdöl u. Kohle – Erdgas – Petrochem., **23** (6): 325 – 333, 11 Abb.; Hamburg.

BOIGK, H., & STAHL, W., & TEICHMÜLLER, M., & TEICHMÜLLER, R. (1971): Inkohlung und Erdgas. – Fortschr. Geol. Rheinld. u. Westf., **19:** 101 – 108, 5 Abb.; Krefeld.

BUNTEBARTH, G., & KOPPE, I. (1984): Erwärmung der Flöze Sonnenschein und Zollverein 2 im Ruhrkarbon bei maximaler Versenkung. – Fortschr. Geol. Rheinld. u. Westf., **32:** 275 – 281, 3 Abb., 2 Tab.; Krefeld.

BUNTEBARTH, G., & KOPPE, I., & TEICHMÜLLER, M. (1982): Palaeogeothermics in the Ruhr Basin. – In: ČERMÁK, V., & HÄNEL, R. [Hrsg.]: Geothermics and Geothermal Energy: 45 – 55, 3 Abb., 1 Tab.; Stuttgart (Schweizerbart).

COLEMANN, D. D., & MEENTS, W. E., & LIU, CHAO-LI, & KEOGH, R. A. (1977): Isotopic identification of leakage gas from underground storage reservoirs – A progress report. – Ill. Petrol., **111:** 1 – 10, 12 Abb.; Urbana/Ill.

COLEMANN, D. D., & RISATTI, J. B., & SCHOELL, M. (1981): Fractionation of carbon and hydrogen isotopes by methane – oxidizing bacteria. – Geochim. cosmochim. Acta, **45:** 1 033 – 1 037; Oxford, New York.

COLOMBO, U., & GAZZARRINI, F., & GONFIANTINI, R., KNEUPER, G., TEICHMÜLLER, M., & TEICHMÜLLER, R. (1970): Das C12/C13-Verhältnis von Kohlen und kohlenbürtigem Methan. – Congr. Stratigr. Géol. Carbonif., 6. internat., 1967, Sheffield, C. R., **2:** 557 – 574, 21 Abb.; Sheffield.

CONNAN, J., & CASSOU, A. M. (1980): Properties of gases and petroleum liquids derived from terrestrial kerogen at various maturation levels. – Geochim. cosmochim. Acta, **44:** 1 – 23, 20 Abb., 6 Tab.; Oxford, New York.

CRAIG, H. (1957): Isotopic standards for carbon and oxygen and correction factors for mass-spectrometric analysis of carbon dioxide. – Geochim. cosmochim. Acta, **12:** 133 – 149; Oxford, New York.

CRAIG, H. (1961): Standard for reporting concentrations of deuterium and oxygen-18 in natural waters. – Sciences, **133:** 1 833 – 1 834; Washington.

FABER, E. (1983): Bericht über Isotopenuntersuchungen an Erdgasen. – 2 S., 1 Tab.; Hannover (B.-Anst. Geowiss. u. Rohstoffe). – [Unveröff.]

FABER, E. (1986): Bericht über Isotopenuntersuchungen an Oberflächengasen aus dem Raum Hamm. – 3 S., 3 Abb., 3 Tab.; Hannover (B.-Anst. Geowiss. u. Rohstoffe). – [Unveröff.]

FABER, E. (1987): Zur Isotopengeochemie gasförmiger Kohlenwasserstoffe. – Erdöl u. Kohle – Erdgas – Petrochem., **103** (5): 210 – 218, 9 Abb., 5 Tab.; Leinfelden-Echterdingen.

FABER, E., & DUMKE, I., & OTT, A., & POGGENBURG, J. (1986): DGMK-Projekt 298, Weiterentwicklung von Isotopenverfahren für die Kohlenwasserstoff-Exploration. – 56 S., 30 Abb., 12 Tab.; Hamburg.

FABER, E., & SCHMITT, M., & STAHL, W. J. (1979): Geochemische Daten nordwestdeutscher Oberkarbon-, Zechstein- und Buntsandsteingase. – Erdöl u. Kohle – Erdgas – Petrochem., **32** (2): 65 – 70, 7 Abb., 6 Tab.; Leinfelden-Echterdingen.

FABER, E., & SCHOELL, M., & STAHL, W. J. (1981): Geochemische Untersuchungen der gasförmigen Kohlenwasserstoffe der Tiefbohrung Vorderriß 1. – Geol. Bavariae, **81:** 145 – 158, 4 Abb., 2 Tab.; München.

FABER, E., & STAHL, W. (1984): Geochemical surface exploration for hydrocarbons in North Sea. – Bull. amer. Assoc. Petrol. Geol., **68:** 363 – 386, 11 Abb., 5 Tab.; Tulsa/Okla.

FRIEDRICH, H.-U. (1972): Untersuchung der stabilen Kohlenstoff-Isotope bei der Methan-Bildung aus Steinkohlen. – Diss. TU Aachen: 119 S., 34 Abb.; Aachen.

FRIEDRICH, H.-U., & JÜNTGEN, H. (1972): Some Measurements of the $^{12}C/^{13}C$-Ratio in Methane or Ethane Desorbed from Hard Coal or Released by Pyrolysis. – Adv. org. Geochem., **1971:** 639 – 646, 5 Abb.; Oxford, Braunschweig.

FRIEDRICH, H.-U., & JÜNTGEN, H. (1973): Aussagen zum $^{13}C/^{12}C$-Verhältnis des bei der Inkohlung gebildeten Methans aufgrund von Pyrolyse-Versuchen. – Erdöl u. Kohle – Erdgas – Petrochem., **26** (11): 636 – 639, 5 Abb., 2 Tab.; Leinfelden-Echterdingen.

FUEX, A. N. (1980): Experimental evidence against an appreciable isotopic fractionation of Methane during migration. – Adv. org. Geochem., **1979:** 725 – 732; Oxford.

GEDENK, R. (1969): Konzession Münsterland-Mitte: Gasprobenentnahme, Gasanalyse und Auswertung. – 6 S., 4 Tab.; Wietze (DEA). – [Unveröff.]

GERLING, P. (1986): Isotopenchemische Gasuntersuchungen im südlichen Emsland und im Einflußbereich des Bramscher Massivs. – Diss. Univ. Münster: 165 S., 56 Abb., 15 Tab.; Münster.

HAHNE, C., & SCHMIDT, R. (1982): Die Geologie des Niederrheinisch-Westfälischen Steinkohlengebietes. – 106 S., 88 Abb., 11 Tab., 1 Taf.; Essen (Glückauf).

HANBABA, P. (1967): Reaktionskinetische Untersuchungen zur Kohlenwasserstoffentbindung aus Steinkohlen bei niedrigen Aufheizungsgeschwindigkeiten (10-3-1 grad/min). – Diss. TU Aachen: 101 S., 44 Abb., 20 Tab.; Aachen.

Hanbaba, P., & Jüntgen, H. (1969): Zur Übertragbarkeit von Laboratoriumsuntersuchungen auf geochemische Prozesse der Gasbildung aus Steinkohle und über den Einfluß von Sauerstoff auf die Gasbildung. – Adv. org. Geochem., **1968:** 459 – 471, 9 Abb.; Oxford, Braunschweig.

Heek, K. H. van, & Jüntgen, H., & Luft, K.-F., & Teichmüller, M. (1971): Aussagen zur Gasbildung in frühen Inkohlungsstadien auf Grund von Pyrolyseversuchen. – Erdöl u. Kohle – Erdgas – Petrochem., **24** (9): 566 – 572, 11 Abb., 3 Taf.; Hamburg.

Hollmann, F., & Hülsmann, K. H., Schmidt-Schleicher, H., & Schöne-Warnefeld, G. (1978): Die Ausgasungen an der Erdoberfläche im niederrheinisch-westfälischen Steinkohlenrevier (Ruhrgebiet) als ingenieurgeologisches und bautechnisches Problem. – Bergbau, **5:** 211 – 219, 1 Abb.; Essen.

Hollmann, F., & Schöne-Warnefeld, G. (1981): Grubengas-(CH4-)Ausströmungen an der Erdoberfläche und dessen Vorkommen im oberflächennahen Untergrund im westfälischen Teil des Ruhrgebietes und im Münsterland. – 57 S., 1 Kt.; Nachtr. 8 S.; Bochum (Westf. Berggewerkschaftskasse). – [Unveröff.]

Hollmann, F., & Schöne-Warnefeld, G. (1982): Methan-(CH4-)Ausströmungen an der Oberfläche und Vorkommen im oberflächennahen Untergrund im westfälischen Teil des Ruhrgebietes und im Münsterland. – Bergbau, **33:** 418 – 424, 1 Abb.; Essen.

Horvitz, I. (1972): Vegetation and Geochemical Prospecting for Petroleum. – Bull. amer. Assoc. Petrol. Geol., **56** (5): 925 – 940, 9 Abb., 1 Tab.; Tulsa/Okla.

Hoyer, P., & Köwing, K., & Teichmüller, R. (1969): Gutachten des Geologischen Landesamtes NRW über das Auftreten von Kohlenwasserstoffen in der Kreide des Konzessionsgebietes Münsterland-Mitte. – 24 S., 5 Deckbl., 1 Tab., 1 Taf.; Krefeld (Geol. L.-Amt Nordrh.-Westf.). – [Unveröff.]

Hunt, J. M. (1984): Generation and migration of light hydrocarbons. – Science, **226:** 1 265 – 1 270; Washington.

Hunt, J. M., & Huc, A. Y., & Whelan, J. K. (1980): Generation of light hydrocarbons in sedimentary rocks. – Nature, **288:** 688 – 690, 4 Abb.; London.

Jüntgen, H., & Karweil, J. (1966): Gasbildung und Gasspeicherung in Steinkohlenflözen. – Erdöl u. Kohle – Erdgas – Petrochem., **19** (4): 251 – 258, 7 Abb.; **19** (5): 339 – 344, 10 Abb.; Hamburg.

Jüntgen, H., & Klein, J. (1975): Entstehung von Erdgas aus kohligen Sedimenten. – Erdöl u. Kohle – Erdgas – Petrochem., **28** (2): 65 – 73, 22 Abb., 1 Tab.; Leinfelden.

Karrenberg, H., & Meinicke, K. (1962): Porosität und Raumgewicht von Sandsteinen des Ruhrkarbons. – Fortschr. Geol. Rheinld. u. Westf., **3** (2): 667 – 678, 3 Abb., 3 Tab., 2 Taf.; Krefeld.

Karweil, J. (1966): Inkohlung, Pyrolyse und primäre Migration des Erdöls. – Brennstoff-Chem., **6:** 3 – 11, 2 Tab.; Essen.

Kettel, D. (1982): Norddeutsche Erdgase. Stickstoffgehalt und Isotopenvariationen als Reife- und Faziesindikatoren. – Erdöl u. Kohle – Erdgas – Petrochem., **35** (12): 557 – 559, 5 Abb.; Leinfelden-Echterdingen.

Klein, J., & Jüntgen, H. (1972): Studies on the Emission of Elemental Nitrogen from Coals of Different Rank and its Release under Geochemical Conditions. – Adv. org. Geochem., **1971:** 647 – 656, 4 Abb., 2 Tab.; Oxford, Braunschweig.

Köwing, K. (1977): Zusammenhänge zwischen dem geologischen Bau und dem Auftreten von Gasausbrüchen. – Glückauf, **117** (20): 996 – 999, 5 Abb., 2 Tab.; Essen.

Köwing, K. (1981): Geologische Voraussetzungen für das Auftreten von Gasausbrüchen im Steinkohlenbergbau. – Glückauf, **117:** 763 – 765; Essen.

Kukuk, P. (1938): Geologie des Niederrheinisch-Westfälischen Steinkohlengebietes. – 706 S., 743 Abb., 48 Tab., 14 Taf.; Berlin (Springer).

Kukuk, P., & Hahne, C., & Seidel, G., & Wolansky, D. (1962): Die Geologie des niederrheinisch-westfälischen Steinkohlengebietes (Ruhrrevier). – Herne (Kartenberg).

LEYTHAEUSER, D., & SCHAEFER, R. G. (1984): Diffusion niedrigmolekularer Kohlenwasserstoffe durch den Porenraum sedimentärer Gesteine: Erkennung, Quantifizierung und geologische Bedeutung. – Mitt. geol.-paläont. Inst. Univ. Hamburg, Festbd. GEORG KNETSCH, **56:** 287 – 306, 12 Abb.; Hamburg.

LEYTHAEUSER, D., & SCHAEFER, R. G., & POOCH, H. (1983): Diffusion of Light Hydrocarbons in Subsurface Sedimentary Rocks. – Bull. amer. Assoc. Petrol. Geol., **67** (6): 889 – 895, 4 Abb., 2 Tab.; Tulsa/Okla.

LIESCHE, S. (1990):Erdgas in Ochtrup. – Unser Betrieb, **3:** 4 – 5, 6 Abb.; Bad Bentheim (C. Deilmann AG).

LIPPOLT, H. J., & HESS, J., & BURGER, K. (1984): Isotopische Alter von pyroklastischen Sanidinen aus Kaolin-Kohlentonsteinen als Korrelationsmarken für das mitteleuropäische Oberkarbon. – Fortschr. Geol. Rheinld. u. Westf., **32:** 119 – 150, 3 Abb., 6 Tab., 3 Taf.; Krefeld.

LOMMERZHEIM, A. (1988): Die Genese und Migration von Kohlenwasserstoffen im Münsterländer Becken. – Inaug.-Diss. Univ. Münster: VI + 260 S., 129 Abb., 28 Tab., 50 Taf., 6 Kt.; Münster.

LOMMERZHEIM, A. (1991): Die geothermische Entwicklung des Münsterländer Beckens und ihre Bedeutung für die Kohlenwasserstoff-Genese in diesem Raum. – DGMK-Ber., **468:** 319 – 372, 13 Abb.; Hamburg.

NOACK, K. (1985): Über die Untersuchung des Gasinhaltes von Kohleproben aus Explorationsbohrungen der Bergbau AG Westfalen. Explorationen der Steinkohlenlagerstätten der Ruhrkohle AG durch Aufschlußbohrungen. – Bochum (Westf. Berggewerkschaftskasse). – [Unveröff.]

REDDING, C., & SCHOELL, M., & MONIN, J. C., & DURAND, B. (1979): Hydrogen and carbon isotopic composition of coals and kerogen. – Adv. org. Geochim., **1978:** 711 – 725, 12 Abb., 4 Tab.; London.

REITSEMA, R. H., & KALTENBACK, A. J., & LINDBERG, F. A. (1981): Source and Migration of Light Hydrocarbons indicated by Carbon Isotopic Ratios. – Bull. amer. Assoc. Petrol. Geol., **65** (9): 1 536 – 1 542, 8 Abb.; Tulsa/Okla.

SCHMITZ, D. (1983): Die Interpretation der verschiedenen Gesteinstypen des Oberkarbons (Westfal A – C) aus Kernbohrungen des Ruhrreviers nach geophysikalischen Bohrlochmessungen. – Diss. TU Hannover: 147 S., 33 Abb., 7 Tab.; Hannover.

SCHOELL, M. (1980): The hydrogen and carbon isotopic composition of methane from natural gases of various origin. – Geochim. cosmochim. Acta, **44:** 649 – 661; Oxford, New York.

SCHOELL, M. (1983): Genetic Characterization of Natural Gases. – Bull. amer. Assoc. Petrol. Geol., **67** (12): 2 225 – 2 238, 7 Abb.; Tulsa/Okla.

SCHOELL, M. (1984): Wasserstoff- und Kohlenstoffisotope in organischen Substanzen, Erdölen und Erdgasen. – Geol. Jb., **D 67:** 3 – 161, 97 Abb., 28 Tab.; Hannover.

SCHWARZKOPF, T., & SCHOELL, M. (1985): Die Variation der C- und H-Isotopenverhältnisse in Kohlen und deren Abhängigkeit von Maceralzusammensetzung und Inkohlungsgrad. – Fortschr. Geol. Rheinld. u. Westf., **33:** 161 – 168, 2 Abb., 1 Tab.; Krefeld.

SEDAT, B. (1987): Petrographie und Diagenese tiefversenkter Sandsteine im Oberkarbon Nordwestdeutschlands. – Diss. Univ. Bochum; Bochum.

STADLER, G., & TEICHMÜLLER, R. (1971): Zusammenfassender Überblick über die Entwicklung des Bramscher Massivs und des Niedersächsischen Tektogens. – Fortschr. Geol. Rheinld. u. Westf., **18:** 547 – 564, 3 Abb., 1 Tab.; Krefeld.

STAHL, W. J. (1968 a): Kohlenstoff-Isotopenanalysen zur Klärung der Herkunft nordwestdeutscher Erdgase. – Diss. TH Clausthal: 98 S., 19 Abb., 40 Tab.; Clausthal-Zellerfeld.

STAHL, W. J. (1968 b): Zur Herkunft nordwestdeutscher Erdgase. – Erdöl u. Kohle – Erdgas – Petrochem., **21** (9): 514 – 518, 7 Abb., 4 Taf.; Hamburg.

STAHL, W. J. (1974): Carbon isotope fractionations in natural gases. – Nature, **251:** 134 – 135; London.

STAHL, W. J. (1975): Kohlenstoff-Isotopenverhältnisse von Erdgasen. Reifekennzeichen ihrer Muttersubstanzen. – Erdöl u. Kohle – Erdgas – Petrochem., **28** (4): 188 – 191, 2 Abb.; Leinfelden.

STAHL, W. J. (1978): Reifeabhängigkeit der Kohlenstoff-Isotopenverhältnisse des Methans von Erdölgasen aus Norddeutschland. – Erdöl u. Kohle – Erdgas – Petrochem., **31** (11): 515 – 517, 3 Abb., 1 Tab.; Leinfelden-Echterdingen.

STAHL, W. J., & FABER, E. (1982): Geochemische Untersuchungen an CH_4-Gasproben aus den Bohrungen Walstedde 11, 12 und einem Oberflächenaustritt. – Hannover (B.-Anst. Geowiss. u. Rohstoffe). – [Unveröff.]

STAHL, W. J., & KOCH, J. (1974): $^{13}C/^{12}C$-Verhältnis norddeutscher Erdgase. Reifemerkmal ihrer Muttersubstanzen. – Erdöl u. Kohle – Erdgas – Petrochem., **27** (10): 623, 1 Abb.; Leinfelden.

TANNENBAUM, E., & AIZENSHTAT, Z. (1985): Role of minerals in the thermal alteration of organic matter, **1**, Generation of gases and condensates undern dry condition. – Geochim. cosmochim. Acta, **49:** 2 589 – 2 604; Oxford, New York.

TANNENBAUM, E., & HUIZINGA, B. J., & KAPLAN, I. R. (1986): Role of Minerals in Thermal Alteration of Organic Matter, **2,** A Material balance. – Bull. amer. Assoc. Petrol. Geol., **70** (9): 1 156 – 1 165, 8 Abb., 2 Tab.; Tulsa/Okla.

TEICHMÜLLER, M., & TEICHMÜLLER, R., & BARTENSTEIN, H. (1979): Inkohlung und Erdgas in Nordwestdeutschland. Eine Inkohlungskarte der Oberfläche des Oberkarbons. – Fortschr. Geol. Rheinld. u. Westf., **27:** 137 – 170, 2 Abb., 5 Tab., 1 Taf.; Krefeld.

TEICHMÜLLER, M., & TEICHMÜLLER, R., & BARTENSTEIN, H. (1984): Inkohlung und Erdgas – eine neue Inkohlungskarte der Karbon-Oberfläche in Nordwestdeutschland. – Fortschr. Geol. Rheinld. u. Westf., **32:** 11 – 34, 3 Abb., 3 Tab., 1 Taf.; Krefeld.

TEICHMÜLLER, M., & TEICHMÜLLER, R., & COLOMBO, U., & GAZZARRINI, F., & GONFIANTINI, R., & KNEUPER, G. (1970): Das Kohlenstoff-Isotopenverhältnis im Methan von Grubengas und Flözgas und seine Abhängigkeit von den geologischen Verhältnissen. – Geol. Mitt., **9** (3): 181 – 256, 41 Abb., 2 Tab.; Aachen.

TRESKOW, A. VON (1984): Die Zusammenhänge zwischen dem Gasinhalt und der Geologie im Ruhrrevier. – Sitz. Arbeitskr. „Geologie", 51., 1984, Essen, Niederschr.: 11 S., 16 Abb., 1 Tab.; Essen (Bergbauforsch.). – [Unveröff.]

TRESKOW, A. VON (1985): Die Zusammenhänge zwischen dem Gasinhalt und der Geologie im Ruhrrevier. – Glückauf, **121** (23): 1 744 – 1 755, 11 Abb., 1 Tab.; Essen.

TRESKOW, A. VON (1987): Die Zusammenhänge zwischen dem Gasinhalt und der Geologie im Ruhrrevier. – 84 S., 58 Abb.; Essen (Bergbauforsch.). – [Unveröff.]

WEGNER, TH. (1924): Das Auftreten von Kohlenwasserstoffen im Bereiche des westfälischen Karbons. – Glückauf, **60** (30): 631 – 642; **60** (31): 659 – 664, 4 Abb., 1 Tab.; Essen.

WEHNER, H., & WELTE, D. H. (1969): Untersuchungen zum Gasabspaltungsvermögen des organischen Materials in Gesteinen und Kohlen des saarländischen Karbons und Devons. – Kongreß Amsterdam, **1969:** 443 – 457, 8 Abb., 2 Tab.; Amsterdam.

WELTE, D. H., & Schaefer, R. G., STOESSINGER, W., & RADKE, M. (1984): Gas Generation and Migration in the Deep Basin of Western Canada. – Mitt. geol.-paläont. Inst. Univ. Hamburg, Festbd. GEORG KNETSCH, **56:** 263 – 285, 17 Abb.; Hamburg.

WHITICAR, M. J., & FABER, E. (1986): Methane oxidation in sediment and water column environments – Isotope evidence. – Adv. org. Geochem., **1985** (10): 759 – 768, 11 Abb., 2 Tab.; Oxford.

WHITICAR, M. J., & FABER, E., & SCHOELL, M. (1986): Biogenic methane formation in marine and freshwater environments: CO_2 reduction vs. acetate fermentation – Isotope evidence. – Geochim. cosmochim. Acta, **50:** 693 – 709, 12 Abb., 1 Tab.; Oxford, New York.

WINGERNING, W. (1975): Die Änderung des natürlichen Kohlenstoff-Isotopenverhältnisses im Methan von Grubengasen auf Grund physikalischer Vorgänge. – Diss. TU Aachen: 113 S., 32 Abb.; Aachen.

WINGERNING, W., & JÜNTGEN, H. (1977): Kohlenstoffisotopen von Methan. Modellversuche zur Veränderung des $^{12}C/^{13}C$-Verhältnisses von Methan während der Adsorption und Desorption an Steinkohle. – Erdöl u. Kohle – Erdgas – Petrochem., **30** (6): 268 – 272, 13 Abb., 3 Tab.; Leinfelden-Echterdingen.

ZIEGLER, P. A. (1982): Geological Atlas of Western and Central Europe, 1. Aufl. – Text-Bd.: 130 S., 29 Abb.; Taf.-Bd.: 40 Taf.; Amsterdam (Elsevier).

Gesamtverzeichnis der Abbildungen, Tabellen und Tafeln

Seite

G. Drozdzewski und V. Wrede

Faltung und Bruchtektonik – Analyse der Tektonik im Subvariscikum

D. Juch, mit Beiträgen von W.-F. Roos und M. Wolff

Kohleninhaltserfassung in den westdeutschen Steinkohlenlagerstätten

A. J. Lommerzheim

Die Genese und Migration der Erdgase im Münsterländer Becken